Hermann Haken

Synergetik

Eine Einführung

Übersetzt von A. Wunderlin

Mit 151 Abbildungen

Springer-Verlag Berlin Heidelberg New York 1982

Professor Dr. Hermann Haken

Institut für Theoretische Physik der Universität Stuttgart, Pfaffenwaldring 57/IV,
D-7000 Stuttgart 80

Übersetzer:

Dr. Arne Wunderlin

Institut für Theoretische Physik, Universität Stuttgart, Pfaffenwaldring 57/IV,
D-7000 Stuttgart 80

Titel der englischen Originalausgabe:
H. Haken: *Synergetics. An Introduction.* (Second Enlarged Edition)

ISBN 3-540-08866-0 Springer-Verlag Berlin Heidelberg New York
ISBN 0-387-08866-0 Springer-Verlag New York Heidelberg Berlin

ISBN 3-540-11050-X Springer-Verlag Berlin Heidelberg New York
ISBN 0-387-11050-X Springer-Verlag New York Heidelberg Berlin

CIP-Kurztitelaufnahme der Deutschen Bibliothek
Haken, Hermann:
Synergetik : e. Einf. / H. Haken. Übers. von A. Wunderlin. –
Berlin ; Heidelberg ; New York : Springer, 1982.
Engl. Ausg. u.d.T.: Haken, Hermann: Synergetics
ISBN 3-540-11050-X (Berlin, Heidelberg, New York);
ISBN 0-387-11050-X (New York, Heidelberg, Berlin)

Satz: K + V, 6124 Beerfelden
Offsetdruck und Bindearbeiten: Konrad Triltsch, Graphischer Betrieb, 8700 Würzburg
2153/3130-543210

Maria und Anton Vollath

zum Gedenken

Vorwort

Nachdem dieses Buch, das zuerst in Englisch veröffentlicht wurde, inzwischen auch in Russisch und Japanisch erschienen ist und seine Übersetzung in weitere Sprachen vorbereitet wird, wird es hiermit auch der deutschsprachigen Leserschaft zugänglich gemacht. Das noch junge Gebiet der Synergetik befindet sich in einer stürmischen Entwicklungsphase. Dies dokumentiert sich in der wachsenden Zahl internationaler Tagungen, aber auch darin, daß die VW-Stiftung einen neuen Schwerpunkt „Synergetik" errichtet hat und der Springer-Verlag ihr die Buchreihe „Springer Series in Synergetics" widmet. Immer mehr wird deutlich, daß die Selbstorganisation eine weitverbreitete Erscheinung ist und allgemeingültigen Prinzipien unterliegt.

Herrn Dr. A. Wunderlin, der mich schon bei der Abfassung des englischen Originals tatkräftig unterstützte, danke ich für die Übersetzung ins Deutsche. Darüber hinaus haben wir uns beide bemüht, das Buch noch lesbarer und damit besonders den Studenten der Anfangssemester zugänglicher zu machen.

So haben wir insbesondere das zuweilen als schwierig empfundene Kapitel 7 neu bearbeitet und die Darstellung wesentlich vereinfacht. Einige schwierige Teile haben wir gänzlich weggelassen, da im Buche davon kein weiterer Gebrauch gemacht wird. Der in diesen Teilen interessierte Leser wird ohnehin auf die englische Ausgabe zurückgreifen. Die Musterbildung in Flüssigkeiten, insbesondere die Bénard-Instabilität, wurde in neuer und ausführlicherer Weise von Herrn Dr. Wunderlin dargestellt. An einer Reihe weiterer Stellen des Buches wurden Ergänzungen angebracht – wieder im Hinblick auf eine noch größere Verständlichkeit. An anderer Stelle, so bei den Laserpulsen, wurde hingegen die Darstellung gestrafft. Neu aufgenommen wurde ein weiteres Modell zur Meinungsbildung und ein Wirtschaftsmodell, das dic Auswirkungen verschiedenartiger Investitionen beleuchtet.

Da auch hier die Denkweisen der Synergetik immer mehr eindringen, sollte im genannten Kapitel wenigstens ein kurzer Abriß als Denkanstoß gegeben werden.

Wie auch in der englischen Ausgabe sind Kapitel, die schwieriger sind und bei einer ersten Lektüre weggelassen werden können, durch einen Stern gekennzeichnet.

Den Mitarbeitern des Springer-Verlags danke ich für die gute Zusammenarbeit und den Herren Dr. A. Wunderlin und K. Zeile für das sorgfältige Lesen der Korrekturen.

Stuttgart, Oktober 1981 Hermann Haken

Vorwort zur ersten englischen Ausgabe

Die spontane Bildung geordneter Strukturen aus Keimen oder sogar aus dem Chaos ist eines der faszinierendsten Phänomene und eines der herausfordernsten Probleme, mit denen Wissenschaftler konfrontiert werden. Derartige Erscheinungen sind eine alltägliche Erfahrung, wenn wir das Wachstum von Pflanzen und Tieren beobachten. Denken wir in sehr viel größeren Zeiträumen, dann werden Wissenschaftler auf Probleme der Evolution und schließlich auf das Problem des Ursprungs des Lebens geführt. Versuchen wir, diese außerordentlich komplexen biologischen Erscheinungen in einem gewissen Sinne zu erklären oder zu verstehen, dann kommen wir zu der natürlichen Frage, ob nicht auch Prozesse der Selbstorganisation in sehr viel einfacheren Systemen der unbelebten Natur gefunden werden können.

In den letzten Jahren wurde immer offensichtlicher, daß es eine Vielzahl von Beispielen physikalischer und chemischer Systeme gibt, bei denen wohlorganisierte räumliche, zeitliche oder raumzeitliche Strukturen aus ungeordneten Zuständen heraus entstehen. Ferner kann die Funktionsweise dieser Systeme – ganz entsprechend wie bei den lebenden Organismen – nur durch einen Fluß von Energie (oder Materie) aufrechterhalten werden. Im Gegensatz zu von Menschen gemachten Maschinen, die konstruiert sind, um spezielle Strukturen und Funktionen auszuführen, entwickeln sich diese Strukturen spontan – sie organisieren sich selbst.

Es war für viele Wissenschaftler überraschend, daß eine Vielzahl derartiger Systeme in ihrem Verhalten eindrucksvolle Ähnlichkeiten aufweisen, sobald sie vom ungeordneten in einen geordneten Zustand übergehen. Dies ist ein nachdrücklicher Hinweis darauf, daß die Funktionsweisen solcher Systeme denselben grundlegenden Prinzipien unterliegen. In unserem Buch wollen wir derartige Grundprinzipien sowie die zugehörigen Konzepte erklären und das mathematische Rüstzeug bereitstellen, um sie zu behandeln.

Dieses Buch ist für Studenten der Physik, Chemie und Biologie geschrieben, die diese Prinzipien und Methoden kennenlernen wollen. Ich habe versucht, die Mathematik, wo immer es möglich war, in sehr elementarer Weise darzustellen, Kenntnisse der Mathematik bis zum Vordiplom sind daher ausreichend. Ein beträchtlicher Teil der wesentlichen mathematischen Resultate ist heutzutage hinter einer komplizierten Nomenklatur verborgen. Ich habe diese soweit als möglich vermieden, obwohl natürlich eine Reihe technischer Ausdrücke verwendet werden mußte, die ich jeweils, sobald sie das erste Mal auftreten, erklären werde. Schließlich kann eine Vielzahl der Methoden auch auf andere Probleme angewendet werden, nicht nur auf sich selbst organisierende Systeme. Um eine in sich geschlossene Darstellung zu erreichen, habe ich einige Kapitel aufgenommen, die etwas mehr Geduld und gründlichere mathematische Kenntnisse des Lesers erfordern. Diese Kapitel sind durch einen Stern gekennzeichnet. Einige davon enthalten erst kürzlich erzielte Resultate, so daß auch der Forscher davon profitieren kann.

Die Grundkenntnisse, die zum Verständnis von physikalischen, chemischen und biologischen Systemen erforderlich sind, sind im allgemeinen nicht sehr spezieller Natur. Die entsprechenden Kapitel sind so angeordnet, daß ein Student dieser oder jener Disziplin nur „sein" Kapitel zu lesen braucht. Trotzdem ist es empfehlenswert, auch die anderen Kapitel zumindest zu überfliegen, um ein Gefühl zu erhalten, welche Analogien zwischen all diesen Systemen bestehen. Ich habe diese Disziplin „Synergetik" genannt. Was wir untersuchen, ist das gemeinsame Wirken vieler Untersysteme (meistens derselben Sorte oder von nur wenigen verschiedenen Sorten), die derart verläuft, daß sie Strukturen und Funktionen auf einer makroskopischen Skala erzeugt. Auf der anderen Seite arbeiten hier sehr viele verschiedene Disziplinen zusammen, um allgemeine Prinzipien, die sich selbstorganisierenden Systemen zugrundeliegen, zu entdecken.

Ich möchte mich bei Herrn Dr. Lotsch vom Springer-Verlag bedanken, der mir vorschlug, eine erweiterte Version meines Artikels „Cooperative phenomena in systems far from thermal equilibrium and in nonphysical systems", der in Rev. Mod. Phys. (1975) erschien, zu schreiben. Während der Abfassung dieser „Erweiterung" entstand schließlich ein vollständig neues Manuskript. Ich wollte dieses Gebiet insbesondere auch für Studenten der Physik, Chemie und Biologie verständlich machen. In diesem Sinne ist dieses Buch komplementär zu meinen früheren Artikeln.
Meinen Kollegen und Freunden, insbesondere Prof. W. Weidlich, danke ich für viele fruchtbare Diskussionen über mehrere Jahre hinweg. Die Unterstützung meiner Sekretärin, Frau U. Funke und meines Mitarbeiters, Dr. A. Wunderlin, war mir eine große Hilfe beim Schreiben dieses Buches und ich möchte ihnen dafür meine tiefe Dankbarkeit ausdrücken. Dr. Wunderlin hat die Formeln sorgfältig nachgeprüft, viele davon nachgerechnet, viele der Figuren erstellt und wertvolle Vorschläge zur Abfassung des Manuskripts gegeben. Trotz ihrer ausgedehnten Verwaltungsarbeit hat Frau Funke die meisten der Figuren gezeichnet und verschiedene Versionen des Manuskripts samt Formeln in perfekter Weise geschrieben. Ihre Bereitwilligkeit und unermüdliche Unterstützung haben mich immer wieder ermutigt, dieses Buch fertig zu stellen.

Stuttgart, November 1976 Hermann Haken

Inhaltsverzeichnis

1. Das Ziel

1.1 Ordnung und Unordnung: Typische Erscheinungen 1
1.2 Einige charakteristische Problemstellungen 12
1.3 Wie wir vorgehen 16

2. Wahrscheinlichkeit

2.1 Das Objekt unserer Untersuchungen: die Ergebnismenge 19
2.2 Zufallsvariable 22
2.3 Wahrscheinlichkeit 23
2.4 Verteilungen 24
2.5 Zufallsvariable und Wahrscheinlichkeitsdichten 26
2.6 Die Verbundwahrscheinlichkeit 29
2.7 Erwartungswerte $E(X)$, Momente 31
2.8 Bedingte Wahrscheinlichkeiten 32
2.9 Unabhängige und abhängige Zufallsvariable 34
2.10* Erzeugende Funktionen und charakteristische Funktionen 35
2.11 Eine spezielle Wahrscheinlichkeitsverteilung: die Binomialverteilung 37
2.12 Die Poisson-Verteilung 40
2.13 Die Normalverteilung (Gauss-Verteilung) 42
2.14 Die Stirlingsche Formel 44
2.15* Der zentrale Grenzwertsatz 44

3. Information

3.1 Grundlegende Ideen 47
3.2* Informationsgewinn. Eine anschauliche Herleitung 52
3.3 Informationsentropie und Nebenbedingungen 55
3.4 Ein Beispiel der Physik: Die Thermodynamik 61
3.5* Ein Zugang zur irreversiblen Thermodynamik 64
3.6 Die Entropie – Fluch der statistischen Mechanik? 74

4. Der Zufall

4.1 Ein Modell für die Brownsche Bewegung 77
4.2 Die Zufallsbewegung und ihre Master-Gleichung 83
4.3* Verbundwahrscheinlichkeit und Wege. Markov-Prozesse. Die Chapman-Kolmogorov-Gleichung 88
4.3.1 Ein Beispiel für die Verbundwahrscheinlichkeit: das Wegintegral als Lösung der Diffusionsgleichung 92

4.4* Über den Gebrauch von Verbundwahrscheinlichkeiten. Momente. Die charakteristische Funktion. Gauss-Prozesse 94
4.5 Die Master-Gleichung 97
4.6 Die exakte stationäre Lösung der Master-Gleichung für Systeme in detaillierter Bilanz 99
4.7* Die Master-Gleichung bei detaillierter Bilanz. Symmetrisierung, Eigenwerte und Eigenzustände 102
4.8* Die Kirchhoffsche Methode zur Lösung der Master-Gleichung .. 105
4.9* Theoreme zu Lösungen der Master-Gleichung 108
4.10 Die Bedeutung von Zufallsprozessen. Stationärer Zustand, Fluktuationen, Wiederkehrzeit 109
4.11* Master-Gleichung und Grenzen der irreversiblen Thermodynamik 113

5. Notwendigkeit
5.1 Dynamische Prozesse 115
5.1.1 Ein Beispiel: der überdämpfte anharmonische Oszillator 115
5.1.2 Grenzzyklen 121
5.1.3 Weiche und harte Moden, weiche und harte Anregung 122
5.2* Kritische Punkte und Trajektorien in der Phasenebene. Grenzzyklen 123
5.3* Stabilität 131
5.3.1 Lokales Kriterium 133
5.3.2 Globale Stabilität (Ljapunov-Funktion) 135
5.4 Beispiele und Aufgaben zu Bifurkation und Stabilität 138
5.5* Klassifikation von statischen Instabilitäten – ein elementarer Zugang zur Thomschen Katastrophentheorie 145
5.5.1 Der eindimensionale Fall 145
5.5.2 Der zweidimensionale Fall 150
5.5.3 Der n-dimensionale Fall 156

6. Zufall und Notwendigkeit
6.1 Die Langevin-Gleichungen: ein Beispiel 159
6.2* Reservoire und Zufallskräfte 165
6.3 Die Fokker-Planck-Gleichung 171
6.3.1 Die völlig deterministische Bewegung 171
6.3.2 Ableitung der Fokker-Planck-Gleichung, eindimensionale Bewegung 174
6.4 Einige Eigenschaften und stationäre Lösungen der Fokker-Planck-Gleichung 179
6.4.1 Die Fokker-Planck-Gleichung als Kontinuitätsgleichung 179
6.4.2 Stationäre Lösungen der Fokker-Planck-Gleichung 180
6.4.3 Beispiele 181
6.5 Zeitabhängige Lösungen der Fokker-Planck-Gleichung 186
6.5.1 Ein wichtiger Spezialfall: ein eindimensionales Beispiel 186
6.5.2 Die Reduktion der zeitabhängigen Fokker-Planck-Gleichung auf eine zeitunabhängige Gleichung 188

6.5.3 Eine formale Lösung 189
6.5.4* Ein Iterationsverfahren 190
6.6* Die Lösung der Fokker-Planck-Gleichung mittels Wegintegralen 190
6.6.1 Der eindimensionale Fall 190
6.6.2 Der n-dimensionale Fall 193
6.7 Die Analogie zu Phasenübergängen 193
6.8 Die Analogie zu Phasenübergängen in kontinuierlichen Medien: ortsabhängige Ordnungsparameter 201

7. Selbstorganisation
7.1 Organisation 207
7.2 Selbstorganisation 211
7.3 Die Rolle der Fluktuationen: Zuverlässigkeit oder Anpassungsfähigkeit? Schaltung 217
7.4* Adiabatische Elimination der schnell relaxierenden Variablen aus der Fokker-Planck-Gleichung 219
7.5* Adiabatische Elimination der schnell relaxierenden Variablen aus der Master-Gleichung 222
7.6 Selbstorganisation in räumlich ausgedehnten Medien. Eine Darstellung der mathematischen Methoden 223
7.7* Die verallgemeinerten Ginzburg-Landau-Gleichungen für Nichtgleichgewichtsphasenübergänge 224
7.8* Beiträge höherer Ordnung zu den verallgemeinerten Ginzburg-Landau-Gleichungen 232

8. Systeme der Physik
8.1 Kooperative Effekte beim Laser: Selbstorganisation und Phasenübergang 235
8.2 Die Lasergleichungen im Modenbild 236
8.2.1 Feldgleichungen 236
8.2.2 Materiegleichungen 237
8.3 Das Ordnungsparameter-Konzept 237
8.4 Der Einmodenlaser 238
8.5 Der Vielmodenlaser 242
8.6 Laser mit kontinuierlich vielen Moden. Die Analogie zur Supraleitung 244
8.7 Phasenübergänge erster Ordnung beim Einmodenlaser 246
8.7.1 Der Einmodenlaser mit vorgegebenem äußeren Signal 247
8.7.2 Der Einmodenlaser mit sättigbarem Absorber 249
8.7.3 Höhere Instabilitäten 250
8.8 Instabilitäten in der Flüssigkeitsdynamik: das Bénard- und das Taylor-Problem 251
8.9 Die Grundgleichungen 252
8.10 Gedämpfte und neutrale Lösungen 255
8.11 Die Lösung in der Umgebung $R = R_c$ (nichtlinearer Bereich). Die effektiven Langevin-Gleichungen 257
8.12 Die Fokker-Planck-Gleichung und ihre stationäre Lösung 260

8.13 Ein Modell für die statistische Dynamik der Gunn-Instabilität nahe der Schwelle ... 264
8.14 Elastische Stabilität: Skizze einiger grundlegender Ideen ... 269

9. Systeme der Chemie und Biochemie
9.1 Chemische und biochemische Reaktionen ... 275
9.2 Deterministische Prozesse ohne Diffusion in einer Variablen ... 275
9.3 Reaktions- und Diffusions-Gleichungen ... 280
9.4 Ein Reaktions-Diffusions-Modell mit zwei oder drei Variablen: der Brusselator und der Oregonator ... 283
9.5 Stochastisches Modell für eine chemische Reaktion ohne Diffusion. Geburts- und Todesprozesse. Eine Variable ... 290
9.6 Stochastisches Modell für eine chemische Reaktion mit Diffusion. Eine Variable ... 295
9.7* Die stochastische Behandlung des Brusselators in der Umgebung seiner Instabilität, die mit einer weichen Mode verknüpft ist ... 300
9.8 Chemische Netzwerke ... 303

10. Anwendungen in der Biologie
10.1 Ökologie, Populationsdynamik ... 307
10.1.1 Wettbewerb und Koexistenz ... 308
10.1.2 Die Räuber-Beute-Beziehung ... 310
10.1.3 Die Symbiose ... 311
10.1.4 Einige allgemeine Bemerkungen ... 311
10.2 Stochastisches Modell für ein Räuber-Beute-System ... 312
10.3 Ein einfaches mathematisches Modell für evolutionäre Vorgänge sowie die Grundidee von Eigens Hyperzyklus ... 313
10.4 Ein Modell zur Morphogenese ... 315
10.5 Ordnungsparameter und Morphogenese ... 318
10.6 Einge Bemerkungen zu den Modellen der Morphogenese ... 329

11. Soziologie und Wirtschaftswissenschaften
11.1 Ein stochastisches Modell zur öffentlichen Meinungsbildung ... 333
11.2 Ein Ratengleichungsmodell zur öffentlichen Meinungsbildung ... 336
11.3 Phasenübergänge in der Wirtschaft ... 337

12. Chaos
12.1 Was ist Chaos? ... 341
12.2 Das Lorenz-Modell – seine Begründung und Realisierung ... 342
12.3 Wie Chaos entsteht ... 344
12.4 Chaos und das Versagen des Versklavungsprinzips ... 350
12.5 Korrelationsfunktion und Frequenzverteilung ... 351
12.6 Weitere Beispiele zu chaotische Bewegungen ... 354

13. Historische Bemerkungen und Ausblick ... 355

Referenzen, weitere Literatur und Bemerkungen ... 359

Sachverzeichnis ... 375

1. Das Ziel

Warum Sie dieses Buch interessieren könnte

1.1 Ordnung und Unordnung: Typische Erscheinungen

Beginnen wir mit der Beschreibung typischer Beobachtungen aus dem Alltag. Bringen wir einen kalten Körper mit einem heißen in Kontakt, so erfolgt ein Wärmeaustausch, bis schließlich beide Körper dieselbe Temperatur haben (Abb. 1.1). Der Endzustand des Systems ist – zumindest makroskopisch gesehen – völlig homogen. Der umgekehrte Prozeß wird dagegen in der Natur niemals beobachtet: Ein Körper mit homogener Temperaturverteilung erwärmt sich nie spontan am einen Ende, um sich gleichzeitig am anderen abzukühlen. Man folgert daraus, daß es eine eindeutige Richtung gibt, in die dieser Prozeß verläuft. Entfernen wir in einem Gefäß, das mit Gasatomen gefüllt ist (Abb. 1.2), den Stempel, wird das Gas sofort das gesamte Volumen des Gefäßes ausfüllen. Der umgekehrte Prozeß tritt nicht auf: Das Gas wird sich nicht von selbst wieder in einer Hälfte des Gefäßes konzentrieren. Bringt man einen Tropfen Tinte in Wasser, zerfließt der Tropfen mehr und mehr, bis als Endzustand eine homogene Verteilung vorliegt (Abb. 1.3). Wiederum wird der umgekehrte Prozeß niemals beobachtet. Schreibt ein Flugzeug mittels Rauch Wörter an den Himmel, werden die Buchsta-

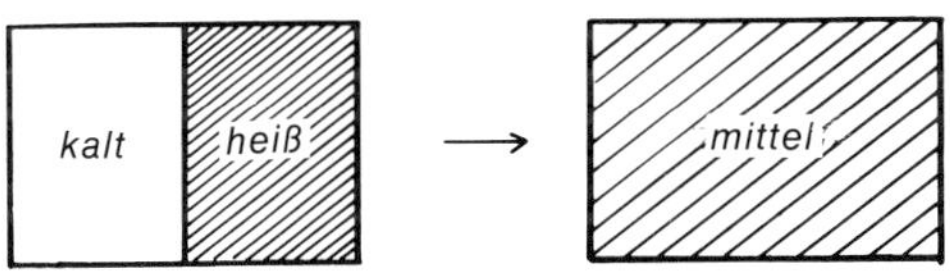

Abb. 1.1. Irreversibler Austausch von Wärme

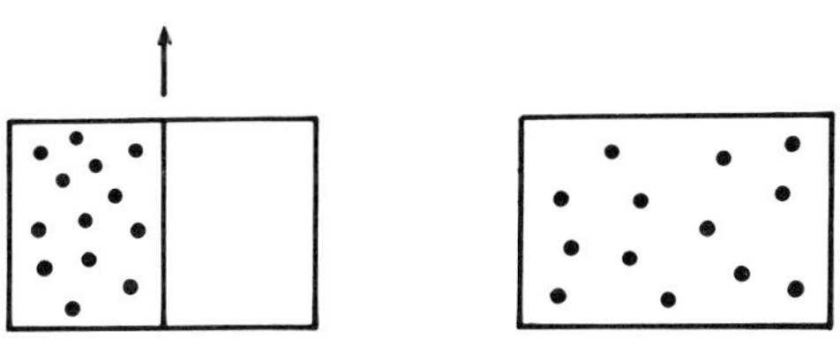
Abb. 1.2. Irreversible Ausdehnung eines Gases

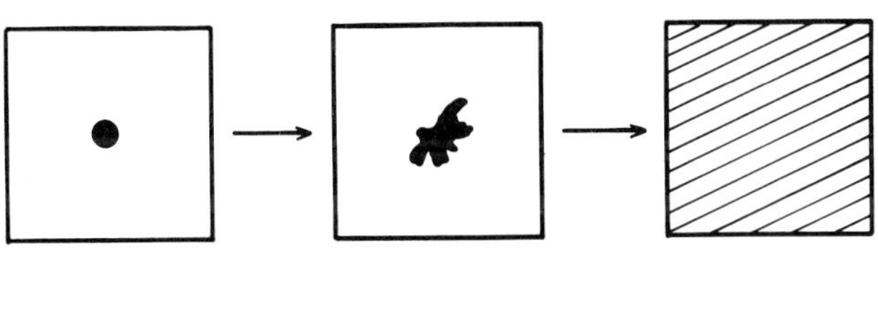
Abb. 1.3. Ein Tropfen Tinte, der sich in Wasser verteilt

Abb. 1.4. Diffusion von Wolken

ben im Laufe der Zeit immer diffuser, um schließlich zu vergehen (Abb. 1.4). In allen betrachteten Fällen strebt das System einem eindeutigen Endzustand zu, dem Zustand des thermischen Gleichgewichts. Ursprünglich vorhandene Strukturen zerfallen und werden durch den homogenen Zustand ersetzt. Analysiert man diese Vorgänge auf einer mikroskopischen Ebene, die die Bewegung der Atome und Moleküle betrachtet, stellt sich heraus, daß die Unordnung immer zugenommen hat.

Wir wollen die Reihe der Beispiele durch ein weiteres abschließen, bei dem wir die Degradation der Energie verfolgen. Betrachten wir ein fahrendes Auto, dessen Motor abgestellt wurde. Zunächst wird sich das Auto weiter bewegen. Vom Standpunkt des Physikers aus hat es einen Freiheitsgrad der Bewegung (Bewegung in eine Richtung) mit einer bestimmten kinetischen Energie. Diese kinetische Energie wird durch die Reibung aufgebraucht, Energie wird in Wärme umgewandelt (Erwärmung der Räder usw.). Da Wärme die thermische Bewegung vieler Teilchen bedeutet, wird die Energie eines einzelnen Freiheitsgrades auf viele Freiheitsgrade verteilt. Andererseits können wir offenbar durch bloßes Erwärmen der Räder kein Fahrzeug in Bewegung setzen.

Im Bereich der Thermodynamik haben diese Phänomene ihre präzise Beschreibung gefunden. Dort wird eine Größe definiert, die Entropie, welche ein Maß für die Unordnung darstellt. Die (phänomenologisch abgeleiteten) Gesetze der Thermodynamik besagen, daß in einem abgeschlossenen System (das ist ein System ohne Kontakt zur äußeren Umgebung) die Entropie immer anwächst, bis sie schließlich ihren maximalen Wert erreicht hat.

Andererseits können wir ein System von außen her so beeinflussen, daß sich der Grad seiner Ordnung ändert. Nehmen wir als Beispiel Wasserdampf (Abb. 1.5). Bei hohen Temperaturen bewegen sich die Moleküle frei ohne gegenseitige Korrelation. Wird die Temperatur erniedrigt, so bilden sich Wassertropfen; die Moleküle halten jetzt einen mittleren Abstand zwischeneinander ein. Endlich, bei noch tieferen Temperaturen, am Gefrierpunkt, wird das Wasser in einen Eis-

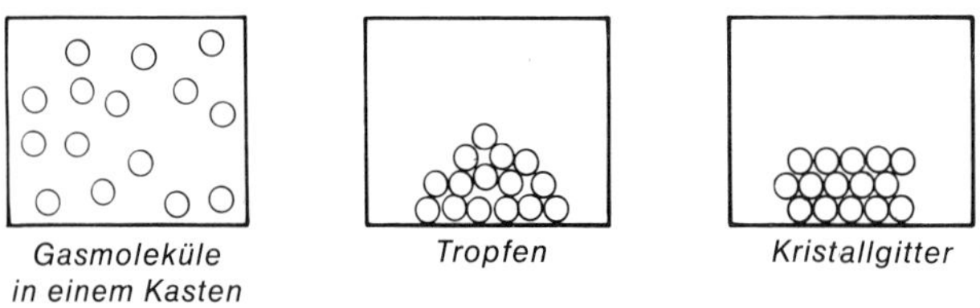

Abb. 1.5. Die verschiedenen Aggregatzustände von Wasser

kristall umgewandelt. Die Moleküle sind nun in einer festen Ordnung aneinandergereiht. Die Übergänge zwischen den verschiedenen Aggregatzuständen, auch Phasen genannt, erfolgen sehr abrupt. Und obwohl immer dieselbe Molekülsorte vorliegt, unterscheiden sich die makroskopischen Eigenschaften der verschiedenen Phasen drastisch: das wird deutlich durch den Hinweis auf ihre mechanischen, optischen, elektrischen und thermischen Eigenschaften.

Ein anderer Typ der Ordnung tritt in Ferromagneten auf (z. B. der magnetischen Nadel eines Kompasses). Sobald ein Ferromagnet erwärmt wird, verliert er plötzlich seine Magnetisierung. Wird die Temperatur wieder erniedrigt, erhält er seine Magnetisierung ebenso plötzlich zurück (Abb. 1.6). Auf einer mikroskopischen, atomaren Skala passiert dabei folgendes: Wir können uns den Magneten so vorstellen, als sei er aus vielen elementaren (atomaren) Magneten (Spins genannt) zusammengesetzt. Bei hohen Temperaturen zeigen die Elementarmagnete in beliebige Richtungen (Abb. 1.7). Die einzelnen magnetischen Momente heben sich gegenseitig auf, so daß keine makroskopische Magnetisierung auftritt. Unterhalb einer kritischen Temperatur T_c richten sich die Elementarmagnete aus, woraus sich eine makroskopische Magnetisierung ergibt. So wird die Ordnung im mikroskopischen Bereich die Ursache einer neuen Eigenschaft im makroskopischen. Der Übergang von einer Phase zur anderen wird als Phasenübergang bezeichnet. Ein ähnlich dramatischer Phasenübergang wird bei Supraleitern beobachtet. In verschiedenen Metallen und Legierungen verschwindet plötzlich der elektrische Widerstand vollständig unterhalb einer gewissen Temperatur (Abb. 1.8). Dieses Phänomen hat seine Ursache in einer gewissen Ordnung der Metall-

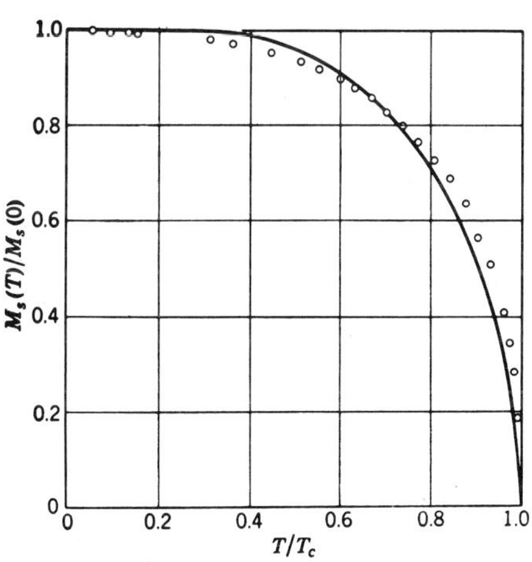

Abb. 1.6. Die Magnetisierung eines Ferromagneten als Funktion der Temperatur. Nach C. Kittel: *Einführung in die Festkörperphysik* (Oldenbourg Verlag, München 1976)

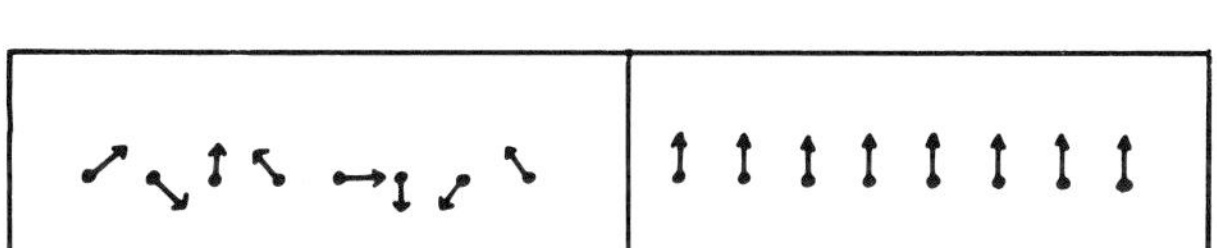

Abb. 1.7. Der linke Teil zeigt Elementarmagnete, die in zufällige Richtungen ($T > T_c$) weisen; der rechte Teil ausgerichtete Elementarmagnete ($T < T_c$)

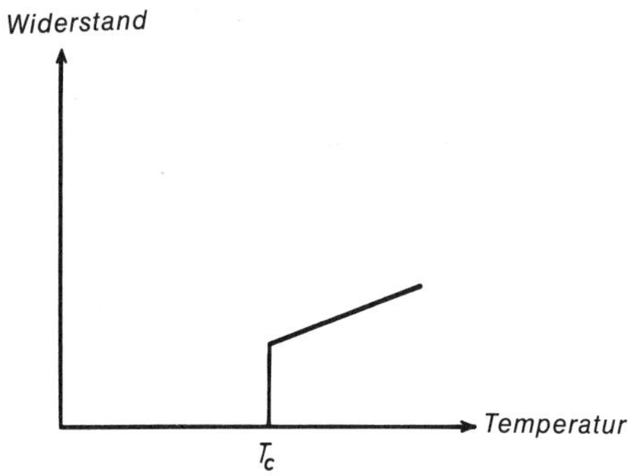

Abb. 1.8. Schematische Darstellung des Widerstands eines Supraleiters als Funktion der Temperatur

elektronen. Es existiert eine Vielzahl weiterer Beispiele für solche Phasenübergänge, die oft bemerkenswerte Ähnlichkeit aufweisen.

Obwohl dies ein außerordentlich interessantes Forschungsgebiet darstellt, kann es uns keinen Hinweis zur Erklärung irgendeines biologischen Prozesses liefern. Dort werden Ordnung und Funktion nicht durch eine Erniedrigung der Temperatur erreicht, vielmehr durch die Aufrechterhaltung eines Flusses von Energie und Materie durch das System. Dabei spielt sich unter anderem folgendes ab: Energie wird dem System in Form chemischer Energie zugeführt. Deren Verarbeitung basiert auf vielen mikroskopischen Einzelschritten und führt schließlich zu Phänomenen, die Ordnung auf einer makroskopischen Skala erzwingen: der Bildung von makroskopischen Mustern (Morphogenese), der Fähigkeit zur Fortbewegung (d.h. wenige Freiheitsgrade!) usw.

Im Hinblick auf die physikalischen Phänomene und thermodynamischen Gesetzmäßigkeiten, die wir oben erwähnt haben, erscheint es ziemlich aussichtslos, biologische Erscheinungen, insbesondere die Erzeugung einer Ordnung im Makroskopischen aus dem Chaos, zu erklären. Dieser Tatbestand hat viele prominente Wissenschaftler glauben lassen, daß eine physikalische Erklärung überhaupt unmöglich sei. Wir sollten uns jedoch nicht von der Meinung einiger Autoritäten entmutigen lassen. Vielmehr wollen wir das Problem von einer anderen Warte aus neu aufwerfen. Das Beispiel Auto lehrt uns nämlich, daß es möglich ist, Energie aus vielen Freiheitsgraden auf einen einzigen zu konzentrieren. In der Tat wird im Motor eines Fahrzeugs die chemische Energie des Benzins zunächst im wesentlichen in Wärme umgewandelt. Im Zylinder wird der Kolben in eine vorgeschriebene Richtung getrieben, wodurch die Transformation von Energie aus vielen Freiheitsgraden in einen einzelnen erreicht wird. Zwei Tatsachen sind dabei so wichtig, daß es sich lohnt, sie an dieser Stelle zu wiederholen:

1) Der Prozeß wird möglich durch eine von Menschenhand gebaute Maschine. In einer solchen Maschine haben wir genau definierte Bedingungen vorgegeben.
2) Wir befinden uns in einer Situation fern vom thermischen Gleichgewicht. Tatsächlich entspricht der Antrieb der Kolben einem Weg hin zum thermischen Gleichgewicht unter den vorgegebenen Bedingungen.

Der sofortige Einwand gegen diese Maschine als Modell für ein biologisches System beruht auf der Tatsache, daß sich biologische Systeme selbst organisieren, also nicht von Menschenhand erbaut sind. Das führt uns zu der Frage,

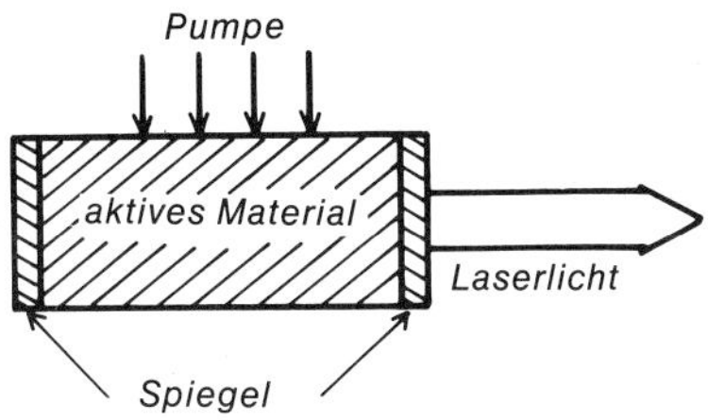

Abb. 1.9. Typischer Aufbau eines Lasers

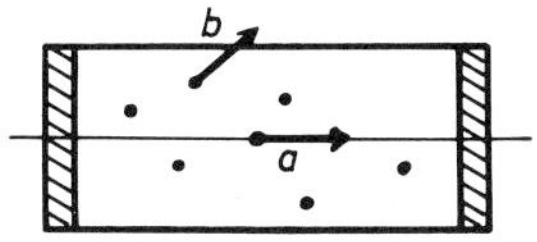

Abb. 1.10. Photonen, die in axialer Richtung (a) emittiert werden, haben im Resonator eine sehr viel größere Lebensdauer als alle anderen Photonen (b)

ob wir in der Natur Systeme finden können, die weit vom thermischen Gleichgewicht operieren (vgl. 2) oben) und unter natürlichen Bedingungen arbeiten. Tatsächlich wurden einige Systeme dieser Art erst vor kurzem entdeckt, andere sind schon länger bekannt. Wir beschreiben einige typische Beispiele:

Ein System, das auf der Grenzlinie zwischen natürlichem System und von Menschenhand gemachtem Apparat liegt, ist der *Laser.* Wir behandeln den Laser hier als Apparat, obwohl das Auftreten von Lasertätigkeit (im Mikrowellenbereich) auch im interstellaren Raum beobachtet wurde. Wir betrachten als Beispiel den Festkörperlaser. Er besteht aus einem Materialstab, in den spezifische Atome eingebettet sind (Abb. 1.9). An den Endflächen des Stabes sind gewöhnlich Spiegel angebracht. Jedes der Atome kann von außen angeregt werden, beispielsweise indem man es mit Licht bestrahlt. Das Atom verhält sich dann wie eine mikroskopische Antenne und sendet Lichtwellenzüge aus. Dieser Emissionsprozeß dauert typischerweise 10^{-8} s, und der Wellenzug hat eine Länge von 3 m. Die Spiegel sorgen für eine Selektion der Wellenzüge: Solche, die sich in axialer Richtung ausbreiten, werden mehrere Male zwischen den Spiegeln reflektiert und halten sich länger im Laser auf, während ihn andere sehr schnell verlassen (Abb. 1.10). Sobald wir anfangen, dem Laser Energie zuzuführen, passiert folgendes: Bei niedriger Energiezufuhr verhält sich der Laser wie eine normale Glühlampe. Die atomaren Antennen emittieren unabhängig voneinander Lichtwellenzüge (d.h. statistisch regellos). Ab einer gewissen Höhe der Energiezufuhr, bekannt als Laserschwelle, tritt ein vollkommen neues Phänomen auf. Ein unbekannter Dämon scheint die Atome anzuleiten, in Phase zu schwingen. Sie emittieren jetzt

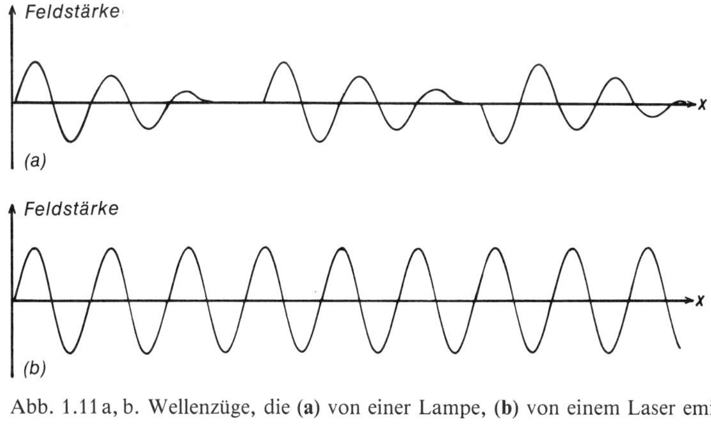

Abb. 1.11 a, b. Wellenzüge, die (**a**) von einer Lampe, (**b**) von einem Laser emittiert werden

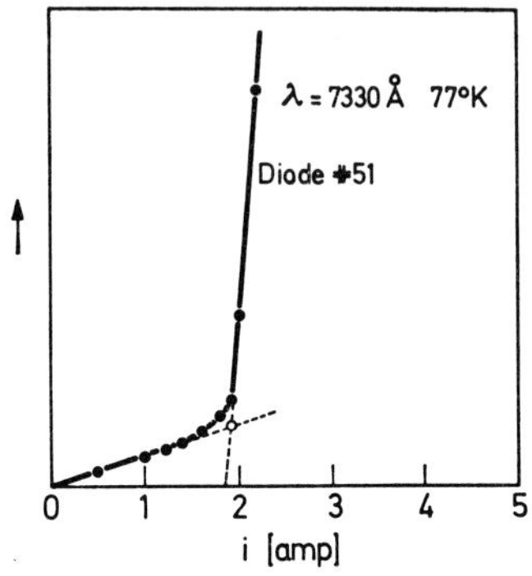

Abb. 1.12. Die Ausgangsleistung eines Lasers über der Eingangsleistung unterhalb und oberhalb der Schwelle. Nach M. H. Pilkuhn: Unveröffentlichte Messung

einen einzelnen gigantischen Wellenzug mit einer Länge – um eine Größenordnung zu nennen – von 300000 km! (Abb. 1.11). Die emittierte Lichtintensität (d. h. die Ausgangsleistung) wächst bei weiter gesteigerter Eingangs-(Pump-) Leistung drastisch an (Abb. 1.12). Es ist evident, daß sich die makroskopischen Eigenschaften des Lasers dramatisch verändert haben, ähnlich einem Phasen-

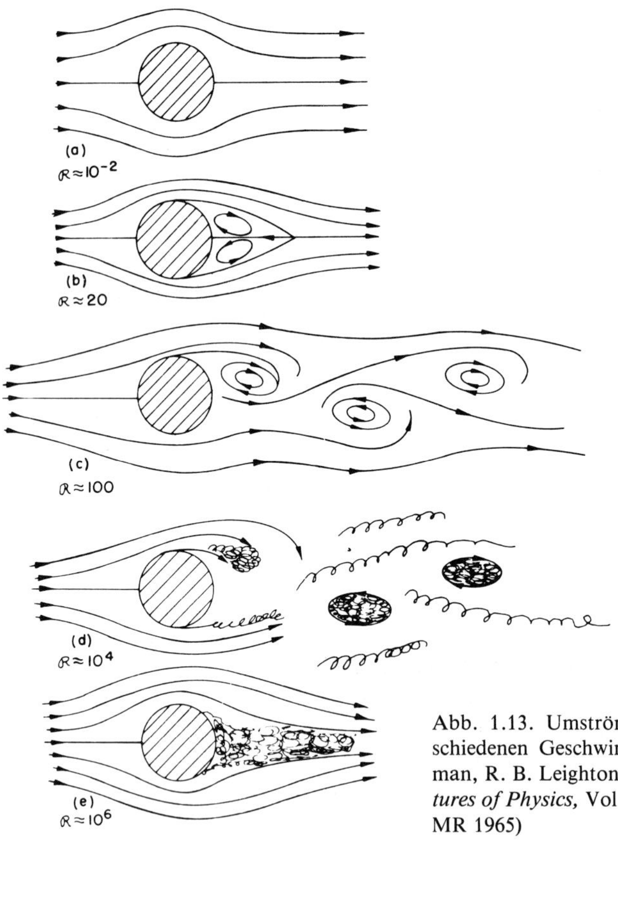

Abb. 1.13. Umströmung eines Zylinders bei verschiedenen Geschwindigkeiten. Nach R. P. Feynman, R. B. Leighton, M. Sands: *The Feynman Lectures of Physics,* Vol II (Addison-Wesley, Reading, MR 1965)

übergang wie etwa beim Ferromagneten. Wie wir in diesem Buch später noch sehen werden, reicht diese Analogie weit tiefer. Offenbar handelt es sich beim Laser um ein System fern vom thermischen Gleichgewicht. Die Pumpenergie wird in Laserlicht mit seinen einzigartigen Eigenschaften umgewandelt. Dieses Licht verläßt dann den Laser. Die naheliegende Frage ist folgende: Welches ist der Dämon, der den Untersystemen (d.h. den Atomen) Anweisung gibt, sich in derart gut organisierter Weise zu verhalten? Oder in mehr wissenschaftlicher Sprechweise, welche Mechanismen und Prinzipien sind in der Lage, die Selbstorganisation der Atome (oder atomaren Antennen) zu erklären? Wird der Laser noch höher gepumpt, tritt plötzlich wieder ein völlig neues Phänomen auf. Der Stab emittiert regelmäßige Lichtblitze von extrem kurzer Dauer – um eine Größenordnung zu nennen – von 10^{-12} s.

Als ein zweites Beispiel betrachten wir die Flüssigkeitsdynamik, speziell die Strömung einer Flüssigkeit um einen Zylinder. Für niedrige Geschwindigkeiten ist das Portrait der Strömungslinien in Abb. 1.13(a) dargestellt. Bei höheren Geschwindigkeiten tritt plötzlich ein neues, statisches Muster auf: ein Wirbelpaar (b). Bei noch höherer Geschwindigkeit erscheint ein dynamisches Muster, die Wirbel oszillieren jetzt (c). Bei noch höheren Geschwindigkeiten schließlich findet man ein irreguläres Muster, die turbulente Strömung (e). Dieses Beispiel wollen wir in unserem Buch nicht weiter verfolgen, das nächste werden wir aber genauer betrachten.

Die *Konvektionsinstabilität* (Bénard-Instabilität). Wir betrachten eine Flüssigkeitsschicht, die von unten her erwärmt und oben bei einer festen Temperatur gehalten wird (Abb. 1.14). Bei einer geringen Temperaturdifferenz (präziser, einem kleinen Temperaturgradienten) erfolgt der Wärmetransport durch Wärmeleitung, die Flüssigkeit bleibt in Ruhe. Sobald der Temperaturgradient einen kritischen Wert erreicht, setzt eine makroskopische Bewegung der Flüssigkeit ein. Da sich erwärmte Teile ausdehnen, bewegen sich diese durch den Auftrieb nach oben, kühlen ab und fallen wieder zurück auf den Boden. Amüsanterweise ist diese Bewegung wohlgeordnet. Man beobachtet entweder Rollen (Abb. 1.15) oder Hexagone (Abb. 1.16). Bemerkenswert ist also, daß sich aus einem vollkommen homogenen Zustand ein dynamisches, streng geordnetes räumliches Muster entwickelt. Neue Phänomene treten auf, wenn der Temperaturgradient weiter erhöht wird. Längs den Achsen der Rollen setzt eine wellenförmige Bewegung ein. Weitere Muster sind in Abb. 1.17 dargestellt. Die dort zu beobachtenden Speichen oszillieren zeitlich. Derartige Phänomene spielen eine fundamentale Rolle in der Meteorologie, wo sie die Luftbewegungen und die Wolkenbildung bestimmen (Abb. 1.18).

Eine eng verwandte Erscheinung ist die *Taylor-Instabilität*. Dort befindet sich die Flüssigkeit zwischen zwei koaxialen rotierenden Zylindern. Oberhalb einer kritischen Rotationsgeschwindigkeit treten die sogenannten Taylor-Wirbel auf. In erweiterten Experimenten wird zusätzlich ein Zylinder erwärmt. Da Sterne in vielen Fällen als rotierende Flüssigkeitsmassen beschrieben werden können, wird die Bedeutung dieses Effekts wie seiner Erweiterungen besonders deutlich. Es existiert eine Vielzahl weiterer Beispiele derartiger Ordnungsphänomene in physikalischen Systemen fern vom thermischen Gleichgewicht. Wir wollen uns aber jetzt der *Chemie* zuwenden.

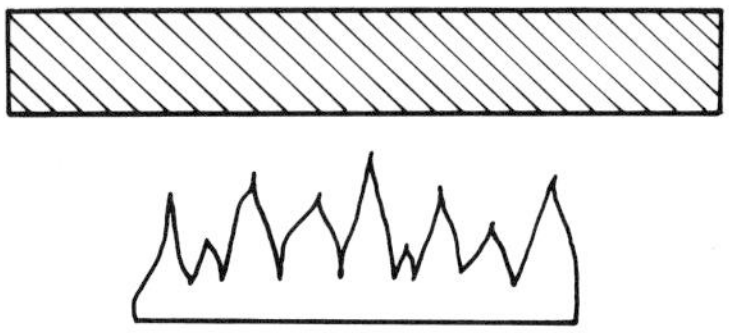

Abb. 1.14. Flüssigkeitsschicht, die von unter her erwärmt wird, bei kleinen Rayleigh-Zahlen. Wärme wird über Wärmeleitung transportiert

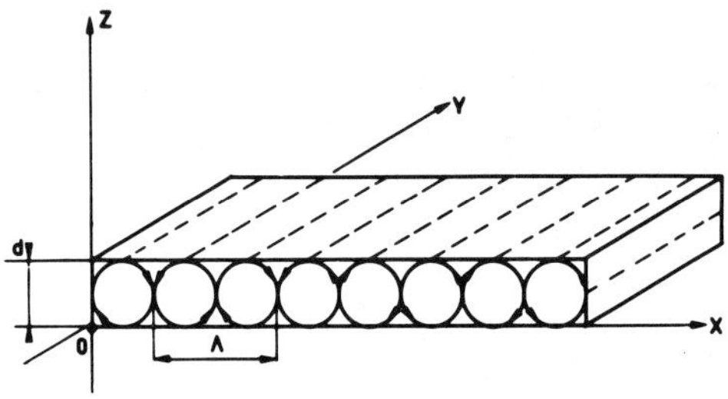

Abb. 1.15. Flüssigkeitsbewegung in der Form von Rollen bei Rayleigh-Zahlen, die etwas über der kritischen Rayleigh-Zahl liegen

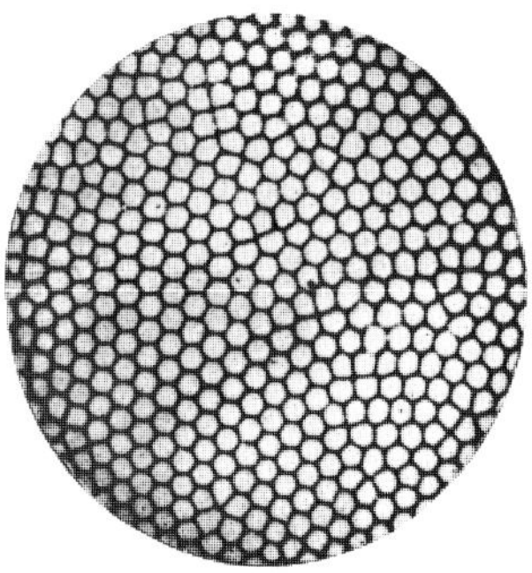

Abb. 1.16. Zellstruktur der Bénard-Instabilität von oben her gesehen. Nach S. Chandrasekhar: *Hydrodynamic and Hydromagnetic Stability* (Clarendon Press, Oxford 1961)

Abb. 1.17. Muster der Flüssigkeitsbewegung bei sehr hohen Rayleigh-Zahlen. Nach F. H. Busse, J. A. Whitehead: J. Fluid Mech. *47*, 305 (1971)

In verschiedenen chemischen Reaktionen treten räumliche, zeitliche oder raumzeitliche Muster auf. Ein Beispiel ist die Belousov-Zhabotinsky-Reaktion. Dort werden $Ce_2(SO_4)_3$, $KBrO_3$, $CH_2(COOH)_2$, H_2SO_4 zusammen mit einigen Tropfen Ferroin (Redox-Indikator) gemischt und verrührt. Die so resultierende homogene Mischung wird dann in einen Testkolben gebracht, in dem sofort zeitliche Oszillationen einsetzen. Die Lösung wechselt periodisch ihre Farbe von rot nach blau. Die rote Färbung hat ihre Ursache in einem Überschuß von Ce^{3+}, die blaue im Überschuß von Ce^{4+} (Abb. 1.19). Da diese Reaktion in einem abgeschlossenen System verläuft, zerfällt das System schließlich in einen homogenen Gleichgewichtszustand. Weitere Beispiele von chemischen Strukturen, die sich entwickeln können, sind in Abb. 1.20 dargestellt. Wir werden in späteren Kapiteln dieses Buches chemische Reaktionen unter *stationären Bedingungen* untersuchen, wo ebenfalls raumzeitliche Strukturen auftreten. Es wird sich dabei herausstellen, daß das Auftreten solcher Strukturen durch Prinzipien bestimmt wird, die analog denen sind, die die Unordnungs-Ordnungs-Übergänge in Lasern, in der Hydrodynamik und in anderen Systemen beschreiben.

Abb. 1.18. Ein typisches Muster von Wolkenstraßen. Nach R. Scorer: *Clouds of the World* (Lothian Publ., Melbourne 1972)

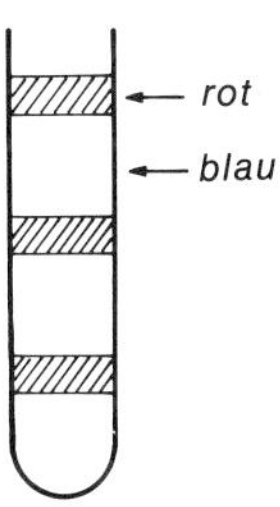

Abb. 1.19. Die Belousov-Zhabotinsky-Reaktion für den Fall eines räumlichen Musters (schematisch)

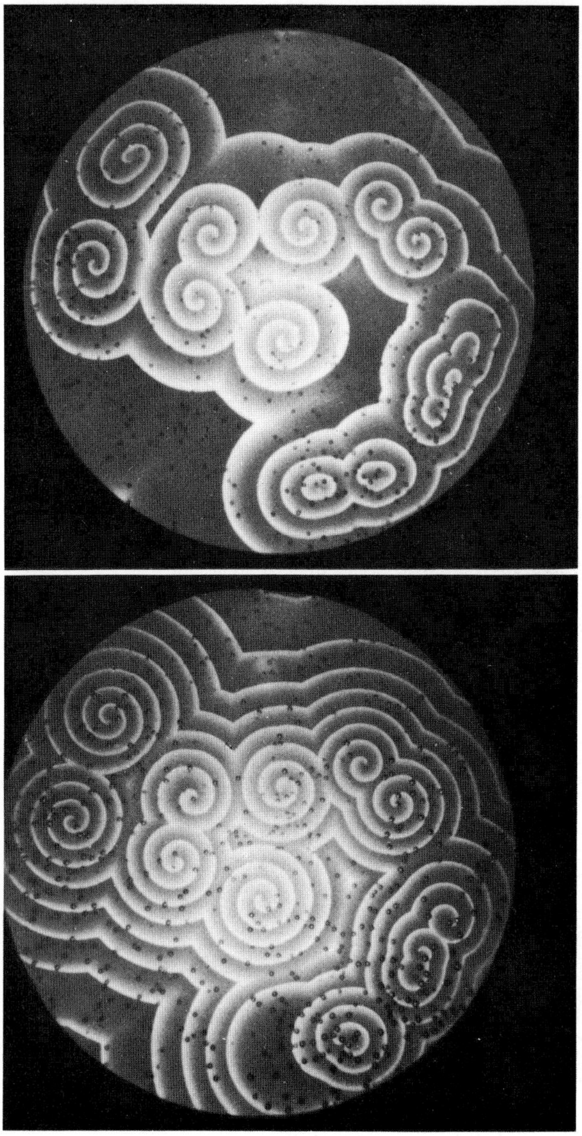

Abb. 1.20. Spiralen chemischer Aktivität in einer flachen Schüssel. Treffen sich zwei Wellenfronten, verschwinden beide. Die Photographien wurden von A. T. Winfree mit einer Polaroid Sx · 70 Kamera aufgenommen

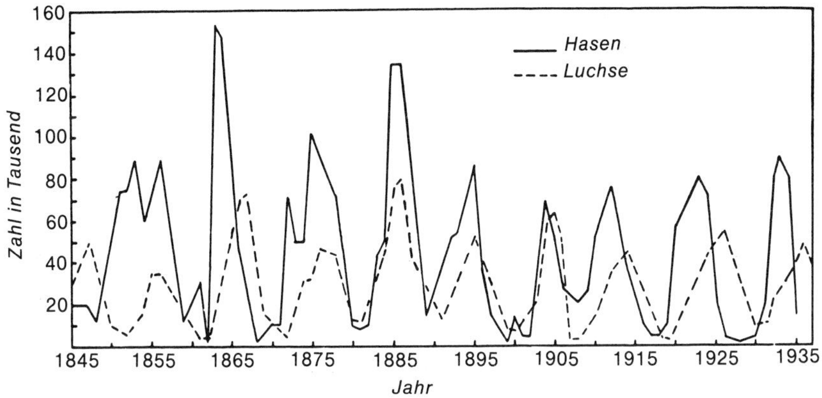

Abb. 1.21. Änderungen im Auftreten von Luchsen und Schneehasen. Es handelt sich hierbei um die Zahl der Felle, die bei der Hudson Bay Company eingingen. Nach D. A. McLulich: *Fluctuations in the Number of Varying Hare* (Univ. of Toronto Press, Toronto 1937)

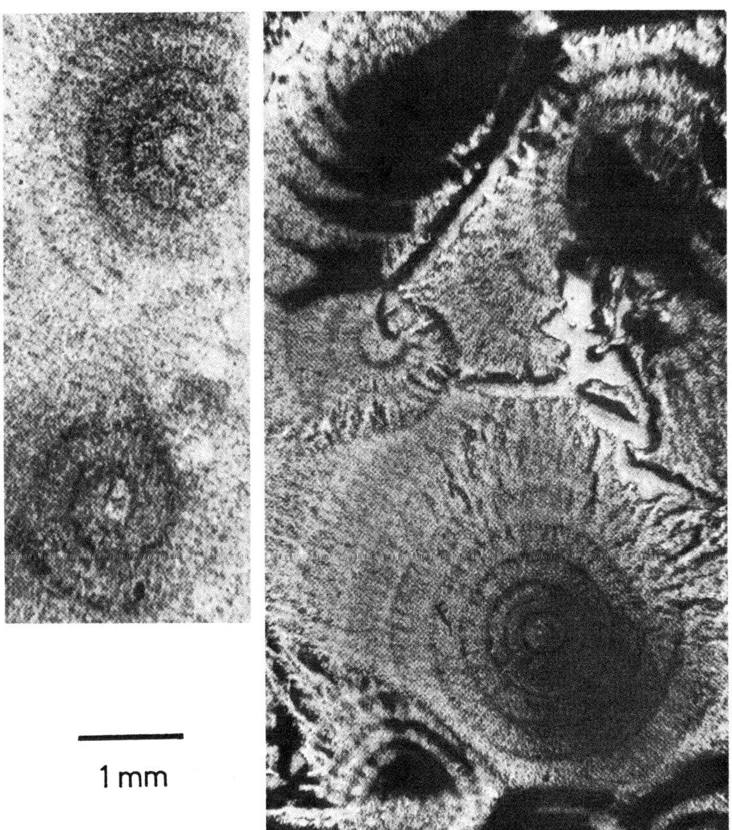

Abb. 1.22. Wellenmuster der chemotaktischen Aktivität in dichten Zellschichten des Schleimpilzes (nach Gerisch und Mitarbeitern)

Unsere letzte Klasse von Beispielen beziehen wir aus der *Biologie.* Auf ganz verschiedenen Beschreibungsebenen wird dort eine ausgeprägte spontane Formation von Strukturen beobachtet. In einer globalen Beschreibung findet man eine enorme Vielfalt der Arten. Welche Faktoren bestimmen ihre Verteilung und ihre Menge? Um die Art der Korrelationen aufzuzeigen, die man hier finden kann, betrachten wir Abb. 1.21. Die Abbildung zeigt zeitliche Oszillationen im Auftreten von Schneehasen und Luchsen. Welche Mechanismen verursachen diese Oszillation? In der Evolution spielt Selektion eine fundamentale Rolle. Wir werden feststellen, daß die Selektion der Arten denselben Gesetzen unterliegt wie beispielsweise die der Lasermoden.

Wir kommen zu unserem letzten Beispiel. Es ist in der Entwicklungsphysiologie seit langem bekannt, daß eine Menge gleichartiger (äquipotenter) Zellen sich selbst in Strukturen mit präzise differenzierten Zonen organisieren kann.

Eine Aggregation von Zellen, der Schleimpilz (*Dictyostelium disciodeum*) könnte ein Modell für Zellwechselwirkungen bei der Entstehung eines Embryos sein. Dictyostelium bildet durch Aggregation einzelner Zellen einen vielzelligen Organismus. Während der Wachstumsphase existiert der Organismus in Form von einzelnen amöbenartigen Zellen. Einige Stunden nach dem Wachstum bilden die aggregierten Zellen einen polaren Körper, entlang dem sie sich weiter differenzieren: in Sporen- oder Stielzellen. Diese Zellsorten bauen dann gemeinsam den Fruchtkörper auf. Die einzelnen Zellen sind in der Lage, spontan eine besondere Sorte von Molekülen, cAMP genannt (zyklisches Adenosin 3′5′ Monophosphat), pulsartig in ihre Umgebung auszusenden. Weiterhin sind die Zellen fähig, solche cAMP-Pulse zu verstärken. Sie emittieren also spontan und stimuliert Chemikalien (in Analogie zur spontanen und stimulierten Emission von Licht im Fall der Laseratome). Dieses führt zur kollektiven Emission von chemischen Pulsen, die sich in Form von Konzentrationswellen vom Zentrum ausbreiten und einen Konzentrationsgradienten von cAMP verursachen. Die einzelne Zelle kann die Richtung des Gradienten messen und mit Hilfe von Ausstülpungen, die auch Pseudopoden genannt werden, auf das Zentrum zuwandern. Makroskopisch ergeben sich Wellenmuster (Spiralen oder konzentrische Kreise), wie sie in Abb. 1.22 dargestellt sind. Diese zeigen eine bemerkenswerte Ähnlichkeit zu den chemischen Konzentrationswellen der Abb. 1.20.

1.2 Einige charakteristische Problemstellungen

Im vorhergehenden Abschnitt haben wir mehrere typische Beispiele von Phänomenen besprochen, von denen wir verschiedene studieren werden. Die erste Klasse der Beispiele bezog sich auf abgeschlossene Systeme. Daraus, sowie aus einer Vielzahl anderer Beispiele, schließt die Thermodynamik, daß die Entropie in abgeschlossenen Systemen niemals abnimmt. Dieses Theorem zu beweisen ist Aufgabe der statistischen Mechanik. Um es offen auszusprechen: trotz vieler Bemühungen ist dieses Problem nicht vollständig gelöst. Wir werden dieses Problem ansprechen, im wesentlichen aber einen anderen Blickwinkel einnehmen. Wir werden nicht fragen, *wie* man *ganz allgemein* beweisen kann, daß die Entropie immer zunimmt, sondern vielmehr, *wie* und *wie schnell* nimmt die Entropie in einem vorgegebenen System zu. Darüber hinaus wird uns klar werden, warum das Entropiekonzept – wie auch darauf bezogene Konzepte – zwar außerordentlich nützliche Werkzeuge für die Thermostatik und die sogenannte irreversible Thermodynamik sind, jedoch ein viel zu grobes Instrumentarium, um Probleme der Selbstorganisation zu meistern. Im allgemeinen ändert sich die Entropie bei derartigen Strukturen nur um winzige Bruchteile. Darüberhinaus ist aus der statistischen Mechanik bekannt, daß Fluktuationen der Entropie auftreten können. Andere Zugänge müssen also gefunden werden. Aus diesem Grund versuchen wir zu analysieren, welche Eigenschaften den Nichtgleichgewichtssystemen, die wir oben besprochen haben, gemeinsam sind, den Lasern also, hydrodynamischen Systemen, chemischen Reaktionen usw. In all diesen Fällen ist das Gesamtsystem aus sehr vielen Untersystemen zusammengesetzt, den Atomen beispielsweise, den Molekülen, den Zellen usw. Unter bestimmten Bedingungen führen diese Untersysteme eine wohl definierte kollektive Bewegung oder Funktion aus.

Um einige der zentralen Probleme zu verdeutlichen, wollen wir eine Kette betrachten, deren Enden fest sein sollen. Sie sei aus sehr vielen Atomen zusammengesetzt – um eine Größenordnung zu nennen 10^{22} –, die über Kräfte zusammengehalten werden. Um dieses Problem behandeln zu können, wollen wir uns ein Modell machen: das Modell einer Kette von Massenpunkten, die durch Federn gekoppelt sind (Abb. 1.23). Da das Modell „realistisch“ sein soll, werden wir eine genügend große Zahl von Massenpunkten zulassen. Wir müssen dann die Bewegung sehr vieler wechselwirkender „Teilchen“ (der Massenpunkte) oder Untersysteme ermitteln. Wir wollen folgenden Standpunkt beziehen: Wir verwenden einen Computer, um dieses komplizierte Vielteilchenproblem zu lösen. Diesen „füttern“ wir mit den Bewegungsgleichungen der Massenpunkte und mit einer „realistischen“ Anfangsbedingung, beispielsweise der in Abb. 1.24 dargestellten. Im vorliegenden Fall wird uns der Computer lange Tabellen und Zahlenkolonnen ausdrucken, die die Positionen der Massenpunkte als Funktionen der Zeit an-

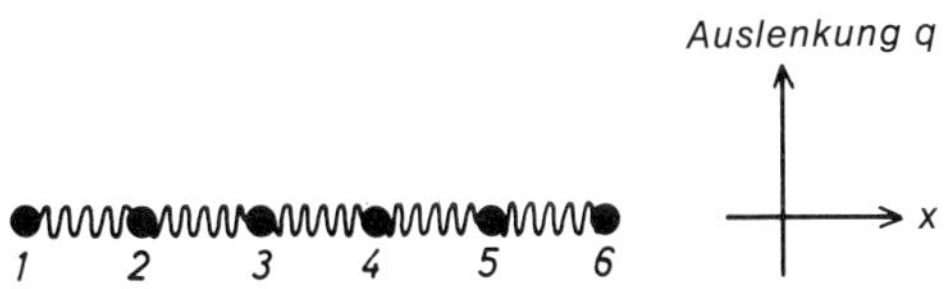

Abb. 1.23. Massenpunkte, die über Federn aneinander gekoppelt sind

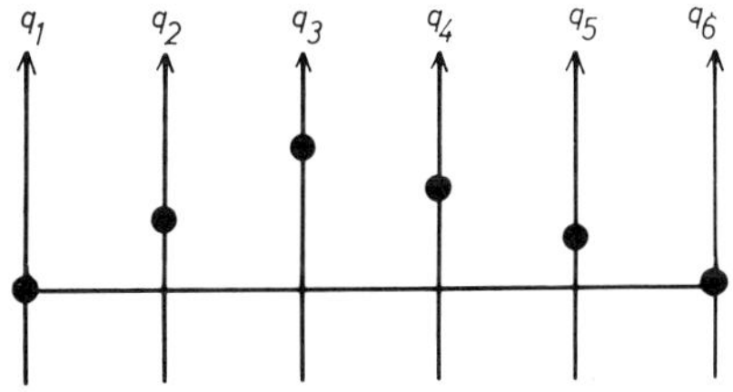

Abb. 1.24. Eine Ausgangskonfiguration der Massenpunkte

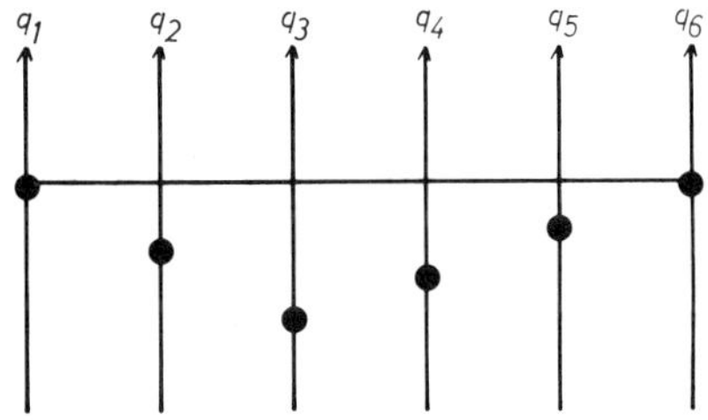

Abb. 1.25. Die Koordinaten der Massenpunkte zu einer späteren Zeit

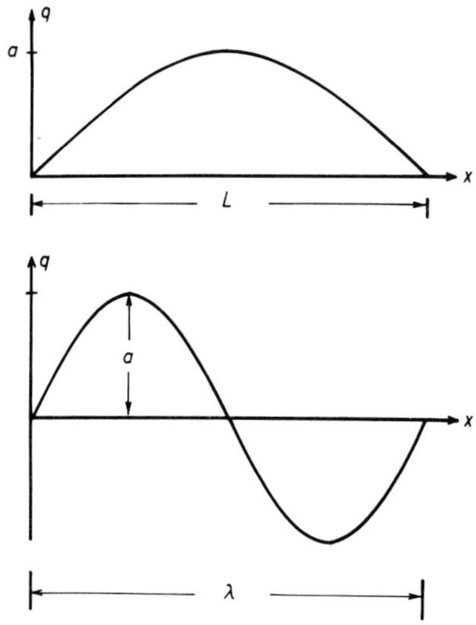

Abb. 1.26. Beispiele für Sinuswellen, die in Ketten ausgebildet werden ($q = \xi \sin(2\pi x/\lambda)$, ξ: Amplitude, λ: Wellenlänge. $\lambda = 2L/n$, n: ganze Zahl)

geben. Der erste wesentliche Punkt ist folgender: Diese Tabellen sind kaum brauchbar, solange unser Gehirn nicht gewisse „typische Merkmale" herausliest. Auf diese Weise werden wir entdecken, daß zwischen den Lagen benachbarter Atome Korrelationen bestehen (Abb. 1.25). Überdies werden wir bei sorgfältiger Beobachtung feststellen, daß die Bewegung zeitlich periodisch verläuft. Auf diesem Weg können wir aber niemals entschlüsseln, daß die natürliche Beschreibung der Bewegung der Kette durch eine räumliche Sinuswelle geleistet wird (Abb. 1.26), sofern wir diese nicht schon kennen und dem Computer als Anfangsbedingung eingeben. Nun, die räumliche Sinuswelle wird durch bestimmte Größen charakterisiert, die Wellenlänge und die Amplitude, die beide auf einem mikroskopischen Niveau vollkommen unbekannt sind. Die wesentliche Schlußfolgerung aus unserem Beispiel besteht in folgendem: Um kollektives Verhalten beschreiben zu können, brauchen wir gänzlich neuartige Konzepte im Vergleich zur mikroskopischen Beschreibung. Die Begriffsbildungen von Wellenlänge und Amplitude sind völlig verschieden von denen atomarer Lagen. Selbstverständlich können wir bei Kenntnis der Sinuswelle die Lage der einzelnen Atome bestimmen.

In komplizierteren Systemen können es allerdings ganz andere „Moden" sein, die raumzeitliche Muster und Funktionen angemessen beschreiben. Unser mechanisches Beispiel muß daher als „Allegorie" gewertet werden. Immerhin beleuchtet es das erste Grundproblem bei vielkomponentigen Systemen: Wie sieht eine adäquate Beschreibung in makroskopischen Begriffen aus oder, in welchen Moden wird das System arbeiten? Warum führte die Computerrechnung bei unserem Beispiel nicht auf diese Moden? Der Grund liegt in der Linearität der entsprechenden Bewegungsgleichungen, die dazu führt, daß irgendeine Superposition von Lösungen wieder eine Lösung dieser Gleichungen darstellt. Es wird sich herausstellen, daß die Gleichungen, die die Selbstorganisation regieren, nichtlinear sind. Im folgenden werden wir bei derartigen Gleichungen feststellen, daß

Moden entweder in Wettbewerb treten, so daß nur eine überlebt, oder durch gegenseitige Stabilisierung koexistieren. Offensichtlich bietet das Modenkonzept einen enormen Vorteil gegenüber der mikroskopischen Beschreibung. Anstatt alle atomaren Koordinaten von sehr vielen Freiheitsgraden zu kennen, benötigen wir nur einen einzelnen oder sehr wenige Parameter, z. B. die Amplitude einer Mode. Wie wir später sehen werden, bestimmen die Modenamplituden die Art und den Grad der Ordnung. Aufgrund dieser Tatsache werden wir sie als *Ordnungsparameter* bezeichnen und eine Verbindung zur Idee der Ordnungsparameter bei Phasenübergängen herstellen. Das Modenkonzept schließt eine Skalierungseigenschaft ein. Raumzeitliche Muster können ähnlich sein, unterschieden bloß durch die Ausdehnung (Skala) der Amplitude. (Im übrigen spielt dieses „Ähnlichkeitsprinzip" eine wichtige Rolle bei der Mustererkennung im Gehirn. Allerdings ist bisher kein Mechanismus bekannt, der dies erklären könnte. So wird beispielsweise ein Dreieck als solches erkannt, unabhängig von seiner Ausdehnung (Größe) und Lage.)

Soweit haben wir durch eine *Allegorie* demonstriert, wie wir möglicherweise durch sehr wenige Parameter (oder „Freiheitsgrade") makroskopisch geordnete Zustände beschreiben können. In unserem Buch werden wir verschiedene Methoden erarbeiten, um Gleichungen für diese Ordnungsparameter aufzustellen. Dies bringt uns zum letzten Punkt des gegenwärtigen Abschnitts: Wenn wir solche „Parameter" sogar schon vorliegen haben, wie kommt dann Selbstorganisation, etwa eine spontane Musterbildung, zustande? Um bei unserer Allegorie der Kette zu bleiben, stellen wir die Frage folgendermaßen. Wir gehen von einer Kette aus, die sich in Ruhe befindet, Amplitude $\xi = 0$. Sie soll sich nun plötzlich in einer gewissen Mode bewegen. Dieses ist selbstverständlich unmöglich, da der Vorgang fundamentalen physikalischen Gesetzen widerspräche, etwa dem der Energie-Erhaltung. Wir müssen also dem System Energie zuführen, um es in Bewegung zu setzen und um die Reibung zu kompensieren, falls es in Bewegung bleiben soll. Der bemerkenswerte Vorgang bei sich selbst organisierenden Systemen, wie wir sie in Abschn. 1.1 diskutiert haben, ist der folgende: Obwohl dem System in völlig *regelloser* Weise Energie zugeführt wird, formiert es sich in einer genau festgelegten makroskopischen Mode. Um es klar hervorzuheben: Hier bricht unser mechanisches Modell der Kette zusammen. Eine regellos angeregte Kette oszilliert regellos. Diejenigen Systeme, die wir untersuchen werden, organisieren sich in *kohärenter* Weise. Im nächsten Abschnitt werden wir die von uns entwickelte Methode diskutieren, um diese rätselhaften Besonderheiten zu erklären.

Wie beschließen diesen Abschnitt mit einer Bemerkung über das Zusammenspiel zwischen mikroskopischen Variablen und Ordnungsparametern. Wieder benützen wir unsere mechanische Kette als Beispiel: Das Verhalten der Koordinate des μ-ten ($\mu = 1, 2, 3, \ldots$) Massenpunktes wird durch die Sinuswelle und den Wert des Ordnungsparameters sowohl be- als auch vorgeschrieben. Daraus folgt, daß es der Ordnungsparameter ist, der den Atomen deren Bewegung vorschreibt. Auf der anderen Seite wird die Sinuswelle nur durch die entsprechende kollektive Bewegung der Atome möglich. Dieses Beispiel besorgt uns eine Allegorie für viele Gebiete. Wir wollen hier einen extremen Fall wählen, das Gehirn. Die Neuronen samt ihren Verknüpfungen behandeln wir als Untersysteme. Die chemischen und elektrischen Aktivitäten der Neuronen können durch eine Vielzahl mikroskopischer Variabler beschrieben werden. Als Ordnungsparameter wirken dann aber letzten Endes die Gedanken. Beide Teile bedingen einander. Das führt auf unsere letzte Bemerkung. Wir haben oben gesehen, daß auf einer makroskopischen Ebene völlig andere Konzepte notwendig werden als auf der mikroskopischen. Die Konsequenz daraus ist, daß es niemals ausreichen kann, sich auf die elektrochemischen Vorgänge im Gehirn zu beschränken, wenn man seine Funktionsweise befriedigend beschreiben will. Ferner bildet das Ensemble der Gedanken wieder ein „mikroskopisches" System, dessen makroskopische Ordnungsparameter wir nicht kennen. Um diese hinlänglich zu beschreiben, sind neue Konzepte erforderlich, die über unsere Gedanken hinausgehen – für uns ein unlösbares Problem. Aus Platzgründen können wir hier auf diese Probleme nicht eingehen. Sie sind eng mit tiefliegenden Problemen der Logik verwandt, die in anderer Form den Mathematikern wohl bekannt sind, z. B. dem Entscheidungsproblem. Die Probleme, die in unserem Buch abgehandelt werden, sind jedoch einfacherer Natur; obige werden hier nicht auftreten.

1.3 Wie wir vorgehen

Da sich Strukturen in vielen Fällen aus *chaotischen* Zuständen[1] herausbilden, müssen wir zunächst Methoden entwickeln, die letztere Zustände adäquat beschreiben. Offenbar bergen chaotische Zustände in sich etwas für uns Unbekanntes oder zumindest Unbestimmtes. Wären nämlich alle Größen bekannt, könnten wir sie zumindest auflisten, für ihre Anordnung sogar einige Regeln auffinden und so Chaos behandeln. Wir müssen also lernen, wie wir auch Unbekanntes, Vages, mathematisch in den Griff bekommen können. Dies gelingt uns mit Hilfe des Begriffs der Wahrscheinlichkeit. Unser erstes wichtiges Kapitel ist deshalb der Wahrscheinlichkeitstheorie gewidmet. Die nächste Frage ist dann, wie man Systeme behandeln kann, über die man nur sehr wenig weiß. Das wird uns in ganz natürlicher Weise auf die grundlegenden Konzepte der Informationstheorie führen. Bei deren Anwendung auf die Physik werden wir die grundlegenden Gleichungen der Thermodynamik wiederentdecken, gewissermaßen als Nebenprodukt. Dort werden wir auf das Konzept der Entropie geführt, ihre Bedeutung kennenlernen und sehen, wo dieses Konzept problematisch ist. Wir gehen dann zu dynamischen Prozessen über. Dabei beginnen wir mit einfachen Beispielen für Prozesse, die durch zufällige Ereignisse ausgelöst werden, und entwickeln in einfacher, aber gründlicher Weise den mathematischen Apparat zu ihrer korrekten Darstellung. Nach der Abhandlung des „Zufalls" gehen wir zur „Notwendigkeit" über, wobei wir die völlig deterministische Bewegung untersuchen. Darunter fallen die Gleichungen der Mechanik; viele andere Prozesse können jedoch ebenfalls durch deterministische Gleichungen erfaßt werden. Ein zentrales Problem besteht dort in der Bestimmung von Gleichgewichtskonfigurationen

[1] Wir verwenden hier den Begriff „chaotisch" im Sinne der Umgangssprache. In der mathematischen Literatur ist „Chaos" inzwischen zu einem terminus technicus mit etwas anderer Bedeutung geworden (vgl. Kap. 12)

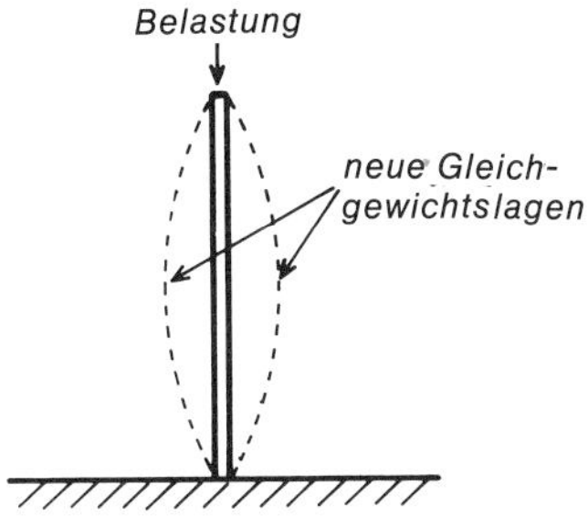

Abb. 1.27. Deformation eines Stabes bei Belastung

(oder „Moden“) sowie der Untersuchung ihrer Stabilität. Sobald nämlich äußere Parameter verändert werden (z. B. die Pumpleistung beim Laser, der Temperaturgradient in Flüssigkeiten, chemische Konzentrationen), kann die ursprüngliche Konfiguration instabil werden. Diese Instabilität ist eine Voraussetzung für das Auftreten neuer Moden. Überraschenderweise stellt sich heraus, daß häufig eine Situation eintritt, bei der es eines zufälligen Ereignisses bedarf, um zur Lösung zu kommen. Betrachten wir dazu als statisches Beispiel einen belasteten Stab (Abb. 1.27). Bei niedrigen Belastungen bleibt die gestreckte Position noch stabil. Oberhalb einer kritischen Belastung wird die gestreckte Lage jedoch instabil und zwei neue, gleichwertige Positionen treten auf (Abb. 1.27). Welche der beiden Lagen der Stab schließlich einnimmt, kann mittels einer rein deterministischen Theorie nicht entschieden werden (zumindest dann, wenn keine Asymmetrien zugelassen sind). In der Realität wird die Entwicklung eines

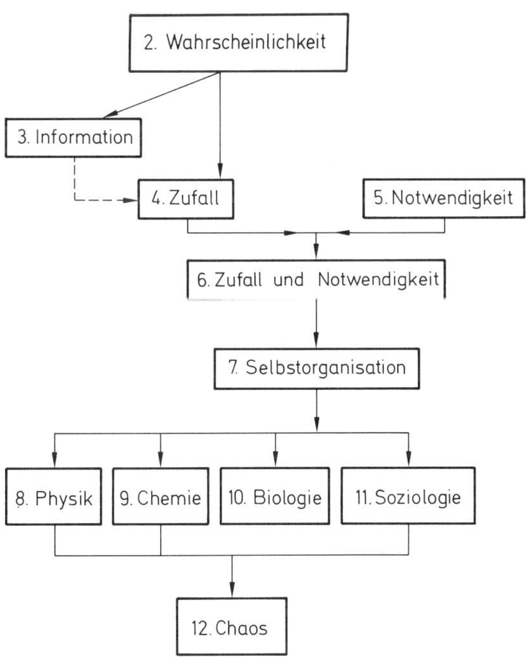

Tabelle 1.1

Systems durch beide Faktoren, deterministische und zufällige Ursachen („Kräfte"), bestimmt oder, um Monods Worte zu gebrauchen, durch „Zufall und Notwendigkeit". Wieder werden wir unter Zuhilfenahme des einfachsten Falls das grundlegende Konzept und den mathematischen Zugang erklären.

Nach diesen Vorarbeiten kommen wir in Kapitel 7 zur zentralen Frage der Selbstorganisation. Wir werden dort entdecken, wie Ordnungsparameter aufgefunden werden können, wie sie Untersysteme versklaven und wie Gleichungen für Ordnungsparameter abgeleitet werden können. Auch die fundamentale Rolle der Fluktuationen in sich selbst organisierenden Systemen wird dort diskutiert. Die Kapitel 8 und 10 sind der detaillierten Behandlung ausgewählter Beispiele aus Physik, Chemie und Biologie vorbehalten. Die logische Verknüpfung zwischen den verschiedenen Kapiteln ist in Tabelle 1.1 dargestellt. Im Laufe dieses Buches wird klar werden, daß sich scheinbar vollkommen verschiedene Systeme in völlig analoger Weise verhalten. Dieses Verhalten wird durch wenige fundamentale Prinzipien bestimmt. Andererseits *suchen wir* – zugegebenermaßen – nach solchen Analogien, die in den wesentlichen makroskopischen Eigenschaften unserer Systeme auftreten. Wird jedes dieser Systeme immer weiter im Detail bis hin zu den Untersystemen analysiert, werden sich natürlich immer mehr Unterschiede auftun.

2. Wahrscheinlichkeit

Was wir von Glücksspielen lernen können

2.1 Das Objekt unserer Untersuchungen: die Ergebnismenge

Die Objekte, die wir in unserem Buch untersuchen wollen, können ganz unterschiedlich sein. In den meisten Fällen werden wir aber Systeme behandeln, die aus sehr vielen Untersystemen zusammengesetzt sind; gleichen Untersystemen oder sehr wenigen verschiedenen Sorten von Untersystemen. In diesem Kapitel betrachten wir die Untersysteme und definieren einige einfache Beziehungen. Folgende Objekte können u. a. ein einzelnes Untersystem bilden:

Atome	Pflanzen
Moleküle	Tiere
Photonen (Lichtquanten)	Studenten
Zellen	

Wir wollen im besonderen eine Gruppe von Studenten betrachten. Die einzelnen Mitglieder der Gruppe werden wir mit einer Nummer $\omega = 1, 2, \ldots, M$ versehen. Diese einzelnen Mitglieder bezeichnen wir als „Ergebnispunkte". Die gesamte Gruppe oder, mathematisch gesprochen, die gesamte Menge der Individuen heißt Ergebnisraum oder Ergebnismenge Ω. Die Menge Ω von Ergebnispunkten $1, 2, \ldots, M$ wird durch $\Omega = \{1, 2, \ldots, M\}$ festgelegt. Das Wort Ergebnis soll andeuten, daß eine gewisse (ausgewählte) Untermenge von Individuen bei statistischen Untersuchungen das Ergebnis bestimmt. Der Münzwurf stellt eines der einfachsten Beispiele dar. Bezeichnet man „Kopf" mit 0 und „Wappen" mit 1, dann besteht die Ergebnismenge aus $\Omega = \{0, 1\}$. Die Münze werfen heißt nun, zufällig die 0 oder die 1 herausgreifen. Ein anderes Beispiel liefern die verschiedenen Resultate beim Würfelspiel. Numeriert man wie üblich die verschiedenen Flächen mit den Zahlen $1, 2, \ldots, 6$, dann wird der Ergebnisraum durch $\Omega = \{1, 2, 3, 4, 5, 6\}$ aufgespannt. Obwohl wir uns nicht mit Spielen befassen werden (einem nichtsdestoweniger außerordentlich interessanten Gebiet), werden wir doch so einfache Beispiele benützen, um unsere grundlegenden Ideen zu veranschaulichen. In der Tat, statt zu würfeln können wir auch verschiedene Experimente oder Messungen durchführen, deren Resultate zufälliger Natur sind. Ein Ergebnispunkt wird auch als Elementarereignis bezeichnet.

Es wird sich als hilfreich erweisen, die folgenden Bezeichnungen für Mengen einzuführen. Eine Auswahl von Punkten ω werden wir als Untermenge $A, B\ldots$ von Ω bezeichnen. Die leere Menge wird $\emptyset$ geschrieben, die Zahl der Punkte einer Menge S als $|S|$. Sind alle Punkte einer Menge A in einer Menge B enthalten, dann schreiben wir

$$A \subset B \quad \text{oder} \quad B \supset A\,. \tag{2.1}$$

Falls beide Mengen dieselben Punkte haben, ist

$$A = B\,. \tag{2.2}$$

Die Vereinigung

$$A \cup B = \{\omega \,|\, \omega \in A \;\text{ oder }\; \omega \in B\} \qquad (2.3)^{1}$$

bedeutet eine neue Menge, die alle Punkte enthält, die entweder zu A oder zu B gehören (Abb. 2.1). Der Schnitt

$$A \cap B = \{\omega \,|\, \omega \in A \;\text{ und }\; \omega \in B\} \tag{2.4}$$

ist die Menge aller Punkte, die in beiden Mengen A und B enthalten sind (Abb. 2.2). Die Mengen A und B sind disjunkt, wenn (Abb. 2.3)

$$A \cap B = \emptyset\,. \tag{2.5}$$

Alle Ergebnispunkte von Ω, die nicht in A enthalten sind, bilden eine Menge, die als Komplementärmenge A^{c} von A bezeichnet wird (Abb. 2.4). Die oben erwähnten Beispiele schließen auch eine abzählbare Menge von Ergebnispunkten ein, $\omega = 1, 2, \ldots, n$, (wobei n unendlich sein kann). Es gibt aber auch andere Fälle, bei denen die Untersysteme kontinuierlich sind. Als Beispiel kann man sich eine dünne Schale vorstellen, deren Fläche immer weiter unterteilt wird. Es existieren dann kontinuierlich viele Möglichkeiten, eine Fläche auszuwählen. Allerdings werden wir, sofern nicht anderes ausdrücklich erwähnt wird, annehmen, daß der Ergebnisraum Ω diskret ist.

Aufgaben

Man beweise die folgenden Beziehungen 1) bis 4):

1) Wenn $A \subset B$ und $B \subset C$ dann $A \subset C$
   wenn $A \subset B$ und $B \subset A$ dann $A = B$

2) $(A^{\mathrm{c}})^{\mathrm{c}} = A\,,\quad \Omega^{\mathrm{c}} = \emptyset\,,\quad \emptyset^{\mathrm{c}} = \Omega$

3) a) $(A \cup B) \cup C = A \cup (B \cup C)$ (Assoziativität)
   b) $A \cup B = B \cup A$ (Kommutativität)
   c) $(A \cap B) \cap C = A \cap (B \cap C)$ (Assoziativität)
   d) $A \cap B = B \cap A$ (Kommutativität)
   e) $A \cap (B \cup C) = (A \cap B) \cup (A \cap C)$ (Distributivität)
   f) $A \cup A = A \cap A = A,\ A \cup \emptyset = A,\ A \cap \emptyset = \emptyset$
   g) $A \cup \Omega = \Omega,\ A \cap \Omega = A,\ A \cup A^{\mathrm{c}} = \Omega,\ A \cap A^{\mathrm{c}} = \emptyset$

[1] Die rechte Seite von (2.3) ist folgendermaßen zu lesen: alle ω für die ω entweder ein Element von A *oder* B ist.

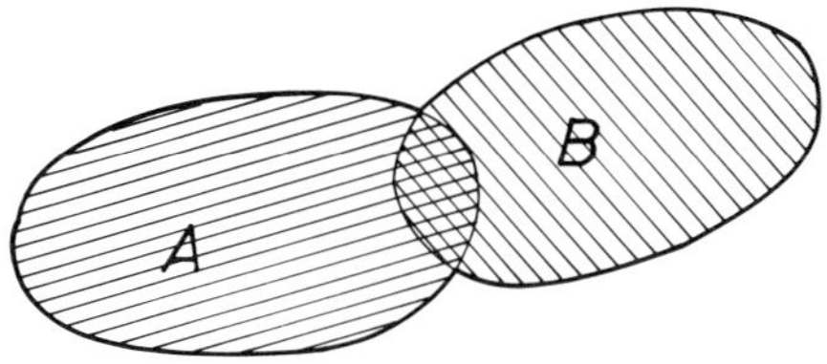

Abb. 2.1. Die Vereinigung $A \cup B$ der Mengen A und B besteht aus allen Elementen von A und B. [Um die Relation (2.3) zu veranschaulichen, stellen wir die Mengen A und B durch Punkte in der Ebene und nicht entlang der reellen Achse dar]

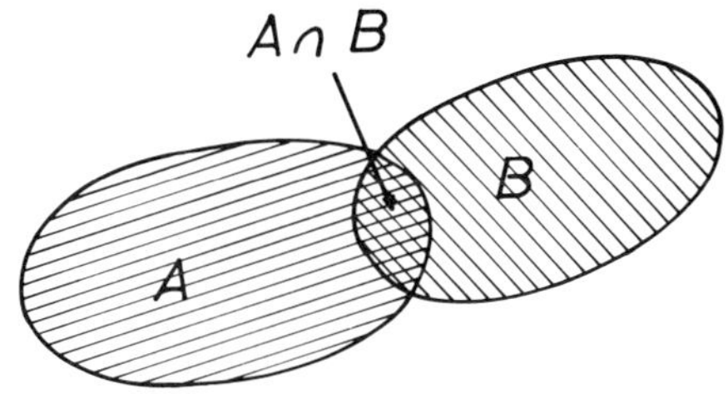

Abb. 2.2. Die Schnittmenge $A \cap B$ der Mengen A und B

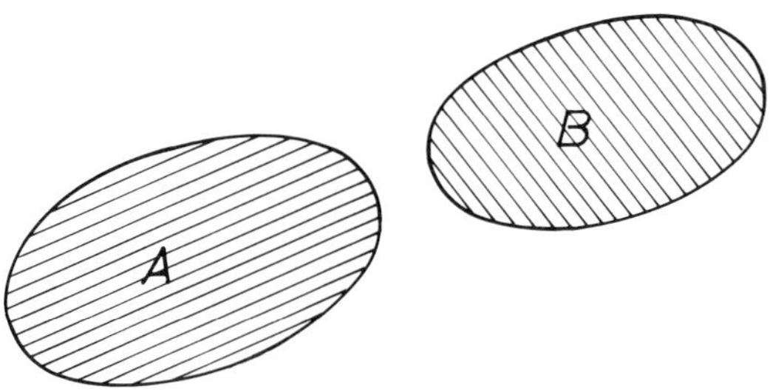

Abb. 2.3. Disjunkte Mengen haben kein gemeinsames Element

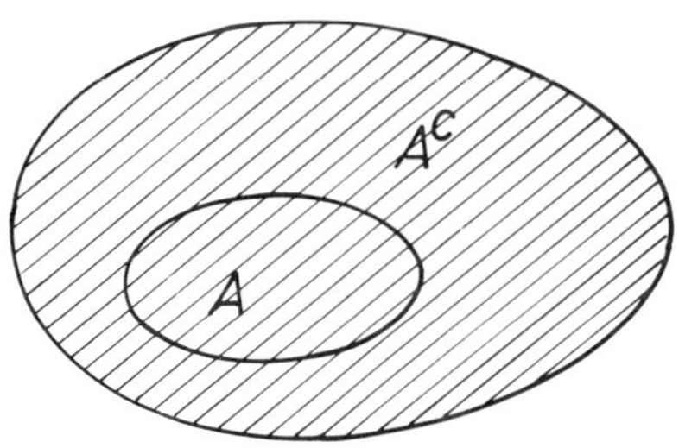

Abb. 2.4. Die Menge Ω ist durch dargestellt und hier in A und sein Komplement A^c zerlegt

h) $A \cup (B \cap C) = (A \cup B) \cap (A \cup C)$ (Distributivität)

i) $(A \cap B)^c = A^c \cup B^c$; $(A \cup B)^c = A^c \cap B^c$

Hinweis: Man greife ein beliebiges Element ω der Mengen, die auf der linken Seite des Gleichheitszeichens stehen, heraus und zeige, daß es auch in der Menge auf der rechten Seite des Gleichheitszeichens enthalten ist. Man verfahre dann entsprechend mit einem beliebigen Element ω' der rechten Seite.

4) das Gesetz von de Morgan

a) $(A_1 \cup A_2 \cup \ldots \cup A_n)^c = A_1^c \cap A_2^c \cap \ldots \cap A_n^c$

b) $(A_1 \cap A_2 \cap \ldots \cap A_n)^c = A_1^c \cup A_2^c \cup \ldots \cup A_n^c$

Hinweis: Der Beweis erfolgt durch vollständige Induktion.

2.2 Zufallsvariable

Da unser Endziel darin besteht, eine quantitative Theorie aufzustellen, müssen wir die Eigenschaften der Ergebnispunkte quantitativ beschreiben. Als Beispiel hierfür betrachten wir ein Gas aus Atomen, die wir mit dem Index ω durchnumerieren. In jedem Moment hat dann das Atom ω eine gewisse Geschwindigkeit, die meßbar ist. Weitere Beispiele sind etwa Menschen, die durch ihre Größe klassifiziert werden können; oder Leute, die mit ja oder nein abstimmen, wobei die Zahlen 1 und 0 dem Votum ja bzw. nein zugeordnet werden. In jedem Fall können wir dem Ergebnispunkt ω eine numerische Funktion X zuordnen, so daß jedem ω eine Zahl $X(\omega)$ entspricht oder, in mathematischer Schreibweise, $\omega \to X(\omega)$ (vgl. Abb. 2.5). Diese Funktion X heißt Zufallsvariable; einfach deswegen, weil der Ergebnispunkt ω zufällig gewählt wird: sowohl bei der Geschwindigkeitsmessung eines einzelnen Gasmoleküls als auch beim Würfeln. Ist der Ergebnispunkt einmal gewählt, ist $X(\omega)$ bestimmt. Selbstverständlich ist es möglich, mehrere Zahlenfunktionen X_1, $X_2 \ldots$ einem Ergebnispunkt zuzuordnen; beispielsweise können Moleküle durch ihr Gewicht, ihre Geschwindigkeiten, ihre Rotationsenergien usw. unterschieden werden. Wir erwähnen noch einige einfache Tatsachen, die Zufallsvariable betreffen: Sind X und Y Zufallsvariable, dann sind auch ihre Linearkombination $aX + bX$, ihr Produkt $X \cdot Y$ und das Verhältnis X/Y $(Y \neq 0)$ Zufallsvariable. Allgemeiner läßt sich folgendes feststellen: Ist φ eine Funktion von zwei gewöhnlichen Variablen und sind X und Y Zufallsvariable, dann ist auch $\omega \to \varphi[X(\omega), Y(\omega)]$ eine Zufallsvariable. Ein Fall, der besonderes Interesse verdient, liegt bei der Summe von Zufallsvariablen vor

$$S_n(\omega) = X_1(\omega) + \ldots + X_n(\omega)\,. \tag{2.6}$$

Derartigen Summen werden wir sehr oft begegnen, da wir später die gemeinsame Aktion von vielen Untersystemen (die wir durch einen Index i, $i = 1, 2, \ldots, n$ unterscheiden) untersuchen wollen.

Beispiele sind etwa das Gewicht von n Personen in einem Aufzug, die gesamte „Feuerrate" von n Neuronen oder die Lichtwelle, die aus den n Wellenzügen aufgebaut wird, die von den einzelnen Atomen emittiert werden. Wir werden später sehen, daß Funktionen wie (2.6) anzeigen, ob die Untersysteme (Personen, Neuronen, Atome) unabhängig voneinander agieren oder in wohl-organisierter Form.

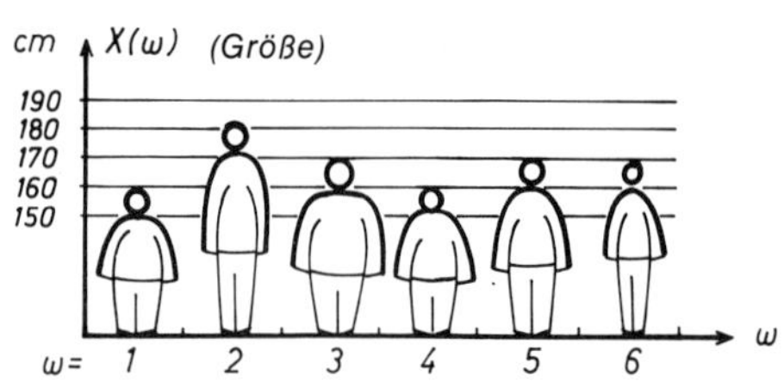

Abb. 2.5. Die Zufallsvariable $X(\omega)$ (Größe von Personen)

2.3 Wahrscheinlichkeit

Zumindest bis zu einem gewissen Grad hat die Wahrscheinlichkeitstheorie ihre Wurzeln in der Beobachtung von Glücksspielen. In der Tat erweist es sich immer als vorteilhaft, auf diese Beispiele zurückzugreifen, wenn man die grundlegenden Ideen darlegen will. Eines der einfachsten Beispiele ist der Münzwurf, wo man „Kopf" oder „Wappen" werfen kann. Es gibt also zwei Möglichkeiten. Setzt man aber auf „Wappen", bleibt nur ein erwünschtes Ergebnis übrig. Intuitiv wird sofort klar, daß man als Wahrscheinlichkeit für das positive Ergebnis das Verhältnis zwischen der Zahl der positiven Möglichkeiten 1, und der Gesamtzahl der Möglichkeiten 2, definieren wird. Wir erhalten so $P = 1/2$. Beim Würfeln hat man sechs mögliche Ergebnisse, der Ergebnisraum ist $\Omega = \{1, 2, 3, 4, 5, 6\}$. Die Wahrscheinlichkeit, eine ausgewählte Zahl $k = 1, 2, 3, 4, 5, 6$ zu finden, ist $P(k) = 1/6$. Dieses Ergebnis kann auch auf einem anderen Wege abgeleitet werden. Ordnen wir nämlich aus Symmetriegründen jeder der sechs Möglichkeiten dieselbe Wahrscheinlichkeit zu und fordern, daß die Summe der Wahrscheinlichkeiten eins ergibt, dann erhalten wir wieder

$$P(k) = \tfrac{1}{6}, \quad k = 1, 2, 3, 4, 5, 6 . \tag{2.7}$$

Derartige Symmetrieargumente spielen auch bei anderen Beispielen eine wichtige Rolle, verlangen aber in vielen Fällen eine weitergehende Analyse. Zunächst wird bei unserem Beispiel angenommen, daß wir einen perfekten Würfel vorliegen haben. Ferner ist jedes Ergebnis davon abhängig, wie der Würfel geworfen wurde. Man muß deshalb annehmen, daß dieses wieder in symmetrischer Weise geschieht, was bei sorgfältigem Überdenken viel weniger offensichtlich ist. Im folgenden werden wir annehmen, daß die Symmetriebedingungen näherungsweise verwirklicht sind. Die Aussagen können im Sinne der Wahrscheinlichkeitstheorie umformuliert werden. Die 6 möglichen Ergebnisse werden als gleich wahrscheinlich behandelt, und unsere Annahme gleicher Wahrscheinlichkeit basiert auf der Symmetrie.

Im folgenden nennen wir $P(k)$ (k fest) eine Wahrscheinlichkeit, wird k aber als variabel angesehen, werden wir P als Wahrscheinlichkeitsmaß bezeichnen. Solche Wahrscheinlichkeitsmaße müssen nicht auf einzelne Ergebnispunkte beschränkt sein, sondern können auch für Untermengen A, B usw. definiert werden. Nehmen wir als Beispiel dazu den Würfel; eine Untermenge kann etwa aus allen geraden Zahlen 2, 4, 6 bestehen. Die Wahrscheinlichkeit, eine gerade Zahl zu würfeln, ist offensichtlich $P(\{2, 4, 6\}) = 3/6 = 1/2$ oder kurz $P(A) = 1/2$, wobei $A = \{2, 4, 6\}$.

Wir sind jetzt in der Lage, ein Wahrscheinlichkeitsmaß über einem Ergebnisraum Ω zu definieren. Es handelt sich um eine Funktion auf Ω, die folgende Axiome erfüllt:

1) Für jede Menge $A \subset \Omega$ ist der Wert der Funktion nichtnegativ, $P(A) \geqq 0$.
2) Für zwei disjunkte Mengen A und B ist der Wert der Funktion für die Vereinigungsmenge gleich der Summe ihrer Werte für A und B,

$$P(A \cup B) = P(A) + P(B), \text{ vorausgesetzt } A \cap B = \emptyset . \tag{2.8}$$

3) Der Wert der Funktion für Ω (als Untermenge aufgefaßt) ist gleich 1,

$$P(\Omega) = 1\,. \tag{2.9}$$

2.4 Verteilungen

In Abschn. 2.2 führten wir das Konzept der Zufallsvariablen ein, wobei einem Ergebnispunkt ω (z. B. einer Person) eine gewisse Größe X (z. B. die Größe dieser Person) zugeordnet wird. Wir verfolgen jetzt einen Weg, der in gewissem Sinne invers zu dieser Beziehung ist. Wir schreiben der Zufallsvariablen ein Intervall vor, z. B. die Körpergröße zwischen 160 cm und 170 cm, und fragen nach der Wahrscheinlichkeit, in der Bevölkerung eine Person anzutreffen, deren Größe im vorgegebenen Intervall liegt (Abb. 2.6). In einer abstrakten mathematischen Formulierung lautet unser Problem folgendermaßen: X sei eine Zufallsvariable und a und b zwei konstante Zahlen ($a < b$). Wir untersuchen dann diejenige Menge von Ergebnispunkten ω, für die $a \leqslant X(\omega) \leqslant b$, kurz

$$\{a \leqslant X \leqslant b\} = \{\omega | a \leqslant X(\omega) \leqslant b\}\,. \tag{2.10}$$

Wir nehmen wieder an, daß die Gesamtmenge Ω abzählbar ist. Bereits in Abschn. 2.3 haben wir gesehen, daß wir in diesem Fall jeder Untermenge von Ω ein Wahrscheinlichkeitsmaß zuordnen können. Wir können deshalb für die in (2.10) definierte Untermenge eine Wahrscheinlichkeit angeben, die wir mit

$$P(a \leqslant X \leqslant b) \tag{2.11}$$

bezeichnen.

Um diese Definition zu verdeutlichen, betrachten wir das Beispiel Würfel. Wir fragen nach der Wahrscheinlichkeit, daß die Zahl der Augen bei einmaligem Würfeln zwischen 2 und 5 liegt. Die Untermenge von Ereignissen, die wir gemäß (2.10) zu berücksichtigen haben, ist durch die Zahlen 2, 3, 4, 5 vorgegeben. (Wir machen darauf aufmerksam, daß in diesem Beispiel $X(\omega) = \omega$ gilt.) Da jede Zahl mit der Wahrscheinlichkeit 1/6 auftritt, ist die Wahrscheinlichkeit, die Untermenge $\{2, 3, 4, 5\}$ zu finden, $P = 4/6 = 2/3$. Dieses Beispiel führt von selbst auf eine Verallgemeinerung. Mit gleichem Recht können wir nach Wahrscheinlichkeit fragen, eine ungerade Zahl von Augen zu werfen: $X = 1, 3, 5$. In diesem

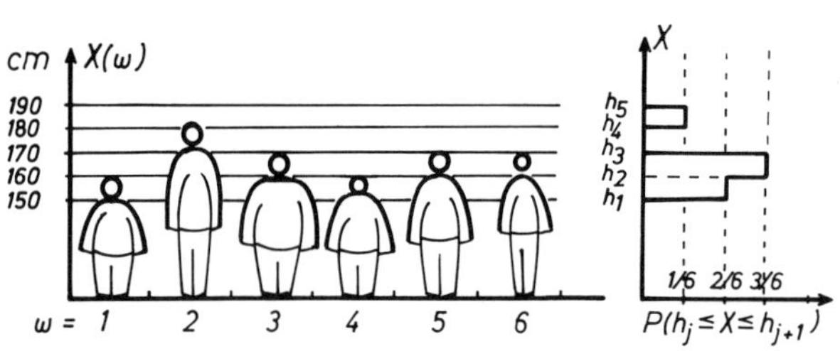

Abb. 2.6. Die Wahrscheinlichkeit P, eine Person mit der Größe zwischen h_j und h_{j+1} anzutreffen ($h_1 = 150$ cm, $h_2 = 160$ cm usw.)

Fall nimmt man X nicht aus einem Intervall, sondern einer wohldefinierten Untermenge A, so daß wir nun ganz allgemein definieren können

$$P(X \in A) = P(\{\omega | X(\omega) \in A\}) , \tag{2.12}$$

wobei A eine Menge aus ganzen Zahlen ist. Als Spezialfall zur Definition (2.11) oder (2.12) nehmen wir an, daß der Wert der Zufallsvariablen X gegeben ist, $X = x$. Dann reduziert sich (2.11) auf

$$P(X = x) = P(X \in \{x\}) . \tag{2.13}$$

Wir leiten jetzt eine allgemeine Regel her, nach der man $P(a \leqslant x \leqslant b)$ ausrechnen kann. Diese wird durch die Methode nahegelegt, mit der wir beim Würfeln die Wahrscheinlichkeit dafür ermittelt haben, daß die Zahl der Augen zwischen 2 und 5 liegt. Wir machen von der Tatsache Gebrauch, daß $X(\omega)$ abzählbar ist, wenn Ω abzählbar ist. Die verschiedenen Werte von $X(\omega)$ bezeichnen wir mit v_1, v_2, ..., v_n und die Menge $\{v_1, v_2, \ldots\}$ mit V_x. Ferner definieren wir, daß $P(X = x) = 0$, sobald $x \notin V_x$. Darüber hinaus lassen wir zu, daß einige der v_n die Wahrscheinlichkeit 0 haben können. Wir führen die Abkürzung $p_n = P(X = x_n)$ (Abb. 2.7a, b) ein. Unter Verwendung der Axiome von Seiten 23, 24 kann man schließen, daß die Wahrscheinlichkeit $P(a \leqslant X \leqslant b)$ durch

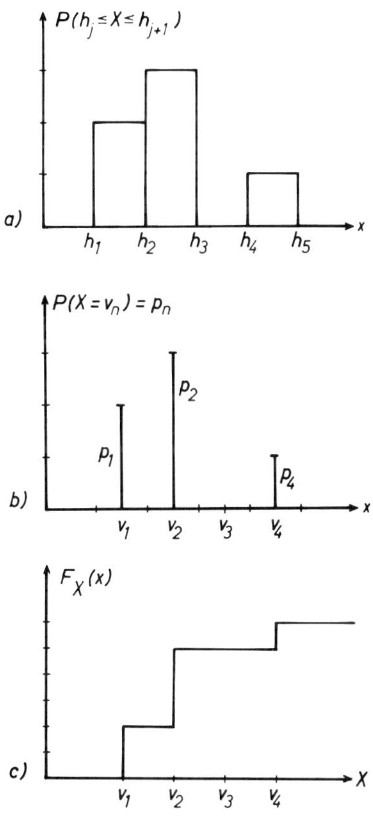

Abb. 2.7. (**a**) stellt denselben Sachverhalt dar wie die rechte Seite von Abb. 2.6, wobei aber Ordinate und Abszisse vertauscht wurden. (**b**) Das Wahrscheinlichkeitsmaß p_n. Wir machten die Größe diskret unter Verwendung des Mittelwerts $v_n = 1/2(h_n + h_{n+1})$ für die Größe einer Person in jedem Intervall $h_n \ldots h_{n+1}$. (**c**) Die Verteilungsfunktion $F_X(x)$, die zu (**b**) gehört

$$P(a \leqslant X \leqslant b) = \sum_{a \leqslant v_n \leqslant b} p_n \tag{2.14}$$

gegeben ist und, allgemeiner, die Wahrscheinlichkeit $P(X \in A)$ durch

$$P(X \in A) = \sum_{v_n \in A} p_n \,. \tag{2.15}$$

Setzt sich die Menge A aus allen reellen Zahlen X des Intervalls $-\infty$ bis x zusammen, dann definieren wir die sogenannte *Verteilungsfunktion* von X durch (Abb. 2.7c)

$$F_X(x) = P(X \leqslant x) = \sum_{v_n \leqslant x} p_n \,. \tag{2.16}$$

Die p_n werden manchmal auch als Elementarwahrscheinlichkeiten bezeichnet. Sie haben die Eigenschaften

$$p_n \geqslant 0 \quad \text{für alle } n \tag{2.17}$$

und

$$\sum_n p_n = 1 \,, \tag{2.18}$$

wieder in Übereinstimmung mit den Axiomen. Der Leser sei davor gewarnt, daß der Begriff „Verteilung“ in zwei verschiedenen Bedeutungen gebraucht wird:

I	II
„Verteilungsfunktion“ definiert in (2.16)	„Wahrscheinlichkeitsverteilung“ (2.13) oder „Wahrscheinlichkeitsdichte“

2.5 Zufallsvariable und Wahrscheinlichkeitsdichten

In vielen praktischen Anwendungen ist die Zufallsvariable X nicht diskret, sondern kann kontinuierliche Werte annehmen. Wir betrachten als Beispiel eine Nadel, die um eine Achse drehbar sein soll. Kommt die Nadel zur Ruhe (bedingt durch die Reibung), kann ihre Endlage als Zufallsvariable aufgefaßt werden. Beschreiben wir diese Lage durch einen Winkel ψ, dann ist ψ offensichtlich eine kontinuierliche Zufallsvariable (Abb. 2.8). Wir müssen deshalb insbesondere die allgemeine Formulierung (2.14) aus dem vorhergehenden Abschnitt angemessen erweitern. Wir erwarten, daß diese Verallgemeinerung darin bestehen wird, die Summe in (2.14) durch ein Integral zu ersetzen. Um dies auf mathematisch gesicherte Grundlagen zu stellen, betrachten wir zunächst eine Abbildung $\xi \to f(\xi)$,

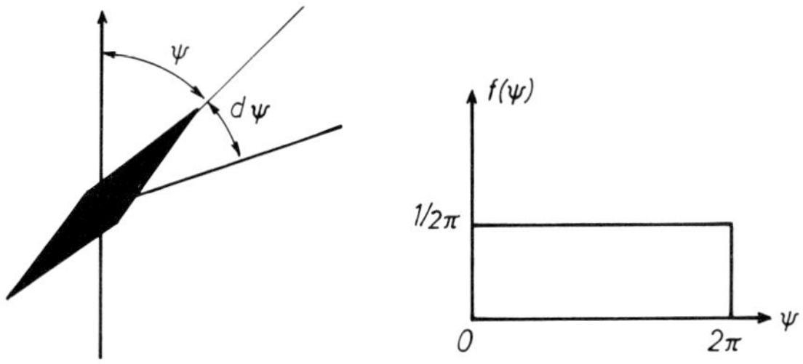

Abb. 2.8. Der Winkel ψ und seine Dichtefunktion $f(\psi)$

wobei die Funktion $f(\xi)$ auf der reellen Achse definiert sein soll ($-\infty < \xi < +\infty$). Wir stellen folgende Forderungen an ξ:

$$1) \quad \forall \xi: f(\xi) \geqslant 0\,, \tag{2.19}$$ [2]

$$2) \quad \int_{-\infty}^{+\infty} f(\xi)\, d\xi = 1\,. \tag{2.20}$$

(Das Integral ist im Riemannschen Sinne aufzufassen.) Wir bezeichnen f als Dichtefunktion, die wir als stückweise stetig voraussetzen, so daß $\int_a^b f(\xi)\,d\xi$ existiert. Wieder bezeichnen wir eine Zufallsvariable X, die über Ω definiert sein soll, mit $\omega \to X(\omega)$. Wir beschreiben die Wahrscheinlichkeit jetzt durch (Abb. 2.9)

$$P(a \leqslant X \leqslant b) = \int_a^b f(\xi)\,d\xi\,. \tag{2.21}$$ [3]

Die Bedeutung dieser Definition wird sofort klar, wenn wir wieder an die Nadel denken. Die Zufallsvariable ψ kann im Intervall 0 bis 2π kontinuierliche Werte annehmen. Schließen wir beispielsweise Gravitationseffekte aus, so daß wir annehmen können, daß alle Richtungen mit derselben Wahrscheinlichkeit angenommen werden (Englisch: equal likelihood), dann ist die Wahrscheinlichkeit,

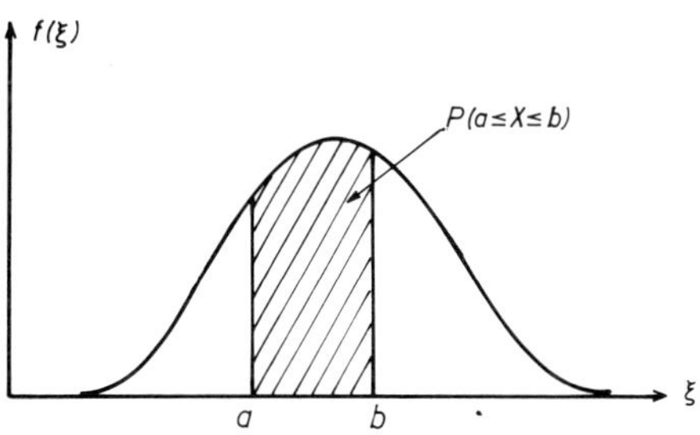

Abb. 2.9. $P(a \leqslant X \leqslant b)$ als Fläche

---

[2] $\forall \xi$ heißt „für alle Werte von ξ".

[3] Präziser: $f(\xi)$ sollte den Index X tragen, um anzuzeigen, daß $f_X(\xi)$ sich auf die Zufallsvariable X bezieht.

die Nadel in einer gewissen Richtung im Intervall zwischen ψ_0 und $\psi_0 + d\psi$ anzutreffen, gleich $[1/(2\pi)]\,d\psi$. Die Wahrscheinlichkeit, ψ im Intervall zwischen ψ_1 und ψ_2 anzutreffen, wird dann

$$P(\psi_1 \leqslant \psi \leqslant \psi_2) = \int_{\psi_1}^{\psi_2} \frac{1}{2\pi}\,d\psi = \frac{1}{2\pi}(\psi_2 - \psi_1)\,.$$

Der Faktor $(2\pi)^{-1}$ ergibt sich aus der Normierungsbedingung (2.20) und ist im vorliegenden Fall eine Konstante. Wir können (2.21) verallgemeinern, falls sich A aus einer Vereinigung von Intervallen zusammensetzt. Wir definieren dann entsprechend

$$P(X \in A) = \int_A f(\xi)\,d\xi\,. \tag{2.22}$$

Eine Zufallsgröße mit einer Wahrscheinlichkeitsdichte wird manchmal auch als kontinuierliche Zufallsvariable bezeichnet. Verallgemeinert man die Definition (2.16) auf kontinuierliche Zufallsvariable, erhält man folgendes Resultat: Ist $A = (-\infty, x]$, dann ist die zugehörige Verteilungsfunktion $F_X(x)$ durch

$$F_X(x) = P(X \leqslant x) = \int_{-\infty}^{x} f(\xi)\,d\xi \tag{2.23}$$

gegeben. Ist f insbesondere stetig, dann finden wir

$$F'_X(x) = f_X(x)\,. \tag{2.24}$$

Aufgaben

1) Die Diracsche δ-Funktion wird durch

$$\delta(x - x_0) = 0 \quad \text{für} \quad x \neq x_0$$

und

$$\int_{x_0-\varepsilon}^{x_0+\varepsilon} \delta(x - x_0)\,dx = 1 \quad \text{für beliebiges} \quad \varepsilon > 0$$

definiert. Man zeige: Die Verteilungsfunktion

$$f(x) = \sum_{j=1}^{n} p_j \delta(x - x_j)$$

ermöglicht es, (2.16) auf die Form (2.23) zu bringen.

2) a) Man trage $f(x) = \alpha \exp(-\alpha x)$ und das entsprechende $F_X(x)$, $x \geqslant 0$ gegen x auf.

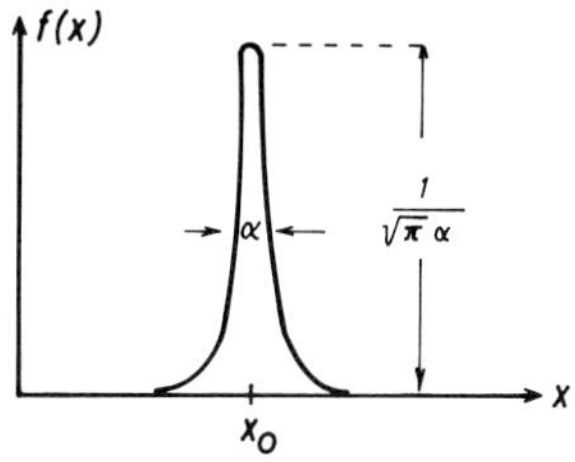

Abb. 2.10. Die δ-Funktion kann als Gauß-Verteilung $\alpha^{-1}\pi^{-1/2}\exp[-(x-x_0)^2/\alpha^2]$ im Grenzwert $\alpha \to 0$ aufgefaßt werden

b) Man trage $f(x) = \beta[\exp(-\alpha x) + \gamma\delta(x - x_1)]$ und das entsprechende $F_X(x)$, $x \geqslant 0$ über x auf. Man bestimme β aus der Normierungsbedingung (2.20).

Hinweis: Die δ-Funktion ist „unendlich hoch". Dies kann man durch einen Pfeil andeuten.

2.6 Die Verbundwahrscheinlichkeit

Wir haben bisher nur eine einzelne Zufallsgröße betrachtet, z. B. die Größe von Personen. Wir können ihnen aber parallel andere Zufallsgrößen, z. B. ihr Gewicht, ihre Haarfarbe usw. (Abb. 2.11) zuordnen. Auf diese Weise werden wir dazu geführt, die „Verbundwahrscheinlichkeit" einzuführen. Gemeint ist damit die Wahrscheinlichkeit, eine Person mit vorgegebenem Gewicht, vorgegebener Größe usw. anzutreffen. Um dieses Problem auf eine mathematische Form zu bringen, untersuchen wir das Beispiel zweier Zufallsgrößen. Wir führen die Menge S aller Wertepaare (u, v) ein, die die Zufallsvariablen (X, Y) annehmen. Für

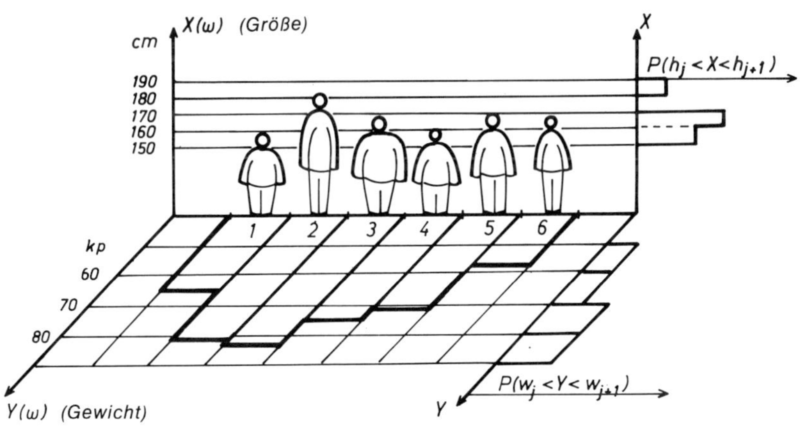

Abb. 2.11. Die Zufallsgrößen X (Größe) und Y (Gewicht). Auf der rechten Seite sind die Wahrscheinlichkeitsmaße für die Größe (unabhängig vom jeweiligen Gewicht) und das Gewicht (unabhängig von der jeweiligen Größe) aufgetragen

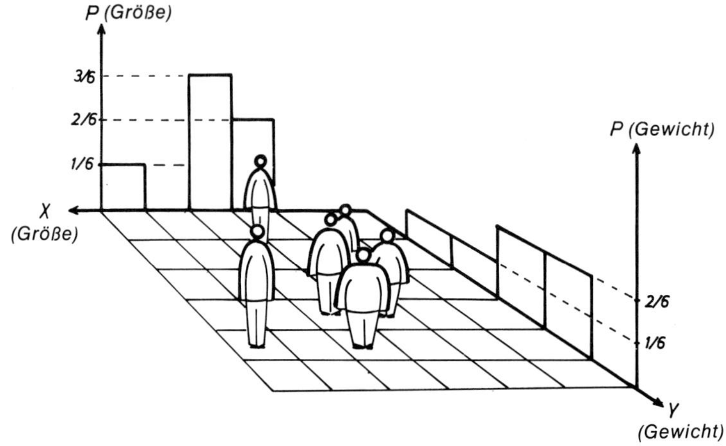

Abb. 2.12. Die Personen sind nach Gewicht und Größe gruppiert

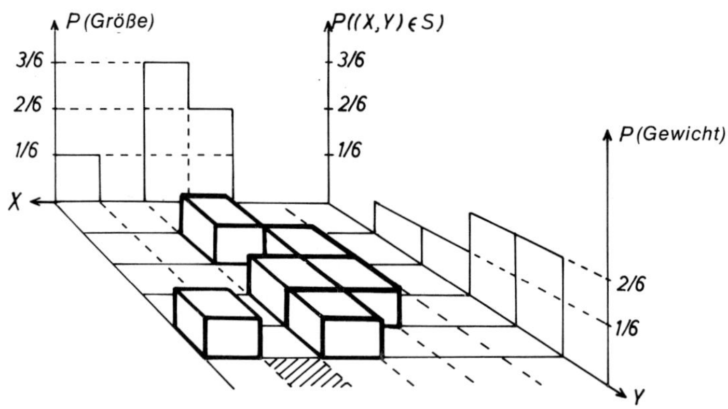

Abb. 2.13. Die Verbundwahrscheinlichkeit $P((X, Y) \in S)$ ist über X und Y aufgetragen. Die Untermengen S werden durch die einzelnen Quadrate gebildet (beispielsweise durch das schraffierte Quadrat)

jede Untermenge $S' \in S$ definieren wir dann die Verbundwahrscheinlichkeit unter Verallgemeinerung von (2.12) als (vgl. Abb. 2.13)

$$P[(X, Y) \in S'] = P(\{\omega \,|\, [X(\omega), Y(\omega)] \in S'\}) \,. \tag{2.25}$$

Wir numerieren die verschiedenen Werte von $X(\omega) = u_m$ mit m, diejenigen von $Y(\omega) = v_n$ durch n und setzen

$$P(X = u_m, Y = v_n) = p_{mn} \,. \tag{2.26}$$

Unter Verwendung der Axiome aus Abschn. 2.3 läßt sich sofort zeigen, daß die Wahrscheinlichkeit $P(X = u_m)$, d.h. die Wahrscheinlichkeit, daß $X(\omega) = u_m$, gleichgültig welche Werte Y annimmt, durch

$$P(X = u_m) = \sum_n P(X = u_m, Y = v_n) \tag{2.27}$$

gegeben ist.

Die Verbundwahrscheinlichkeit wird manchmal auch als gemeinsame Wahrscheinlichkeit bezeichnet.

Aufgaben

1) Man verallgemeinere die Definitionen und Beziehungen der Abschn. 2.4 und 2.5 auf den gegenwärtigen Fall.
2) Man verallgemeinere die obigen Definitionen für mehrere Zufallsvariable $X_1(\omega), X_2(\omega), \ldots, X_N(\omega)$.

2.7 Erwartungswerte $E(X)$, Momente

Wir wollen die Größe $E(X)$, die als Erwartungswert, Mittelwert oder erstes Moment bezeichnet wird, definieren. Dazu gehen wir von einer Zufallsgröße X aus, die über einem abzählbaren Raum Ω definiert sein soll. Als Beispiel betrachten wir einen Würfel. Wir fragen nach dem Mittelwert der Augen, die wir erhalten, wenn wir sehr oft würfeln. In diesem Fall wird der Mittelwert als die Summe der Zahlen 1, 2, ..., 6 dividiert durch die Gesamtzahl der möglichen Würfe, nämlich 6, definiert. Erinnern wir uns daran, daß Eins dividiert durch die Zahl der verschiedenen möglichen Würfe gleich der Wahrscheinlichkeit ist, eine vorgegebene Augenzahl zu würfeln, dann werden wir auf folgenden Ausdruck für den Mittelwert geführt:

$$E(X) = \sum_{\omega \in \Omega} X(\omega) P(\{\omega\}) , \tag{2.28}$$

wobei $X(\omega)$ eine Zufallsvariable und P die Wahrscheinlichkeit für den Ergebnispunkt ω ist. Die Summe erstreckt sich über alle Punkte der Ergebnismenge Ω. Numerieren wir die Ergebnispunkte mit Hilfe der natürlichen Zahlen 1, 2, ..., n, dann können wir die Definition des Abschn. 2.4 verwenden und erhalten

$$E(X) = \sum_n p_n v_n . \tag{2.29}$$

Da jede Funktion einer Zufallsvariablen wieder eine Zufallsvariable ist, können wir (2.28) mühelos für den Mittelwert einer Funktion $\varphi(X)$ verallgemeinern. In Analogie zu (2.28) finden wir dann

$$E[\varphi(X)] = \sum_{\omega \in \Omega} \varphi[X(\omega)] P(\{\omega\}) \tag{2.30}$$

und in Analogie zu (2.29)

$$E[\varphi(X)] = \sum_n p_n \varphi(v_n) . \tag{2.31}$$

Die Definition des Mittels (oder mathematischen Erwartungswerts) kann auf kontinuierliche Variable erweitert werden. Wie geben hier nur das Resultat an

$$E[\varphi(X)] = \int_{-\infty}^{+\infty} \varphi(\xi) f(\xi) d\xi \,. \tag{2.32}$$

Setzen wir in (2.30), (2.31) oder (2.32) $\varphi(X) = X^r$, $r = 1, 2, 3, \ldots$, dann bezeichnet man den Erwartungswert $E(X^r)$ als r-tes Moment von X. Wir definieren die Varianz durch

$$E\{[X - E(X)]^2\} = \sigma^2 , \tag{2.33}$$

deren Wurzel σ heißt mittlere Abweichung.

2.8 Bedingte Wahrscheinlichkeiten

Bisher haben wir Wahrscheinlichkeiten ohne zusätzliche Bedingungen betrachtet. In vielen praktischen Anwendungen treffen wir auf Situationen, die, falls wir sie in das einfache Würfelspiel übersetzen, folgendermaßen beschrieben werden können: Wir würfeln und fragen jetzt nach der Wahrscheinlichkeit, daß die erwürfelte Augenzahl drei ist *unter der Bedingung*, daß die Zahl ungerade ist. Wir treffen also eine Vorauswahl, indem wir die ursprüngliche Ereignismenge Ω (im Falle des Würfels $\Omega = \{1, 2, 3, 4, 5, 6\}$) auf eine Untermenge S, nämlich hier $S = \{1, 3, 5\}$, einschränken. Um ein geeignetes Werkzeug zur Berechnung der zugehörigen Wahrscheinlichkeit zu finden, erinnern wir den Leser an die schon früher aufgestellten einfachen Regeln. Ist Ω endlich und haben alle Ergebnispunkte dasselbe Gewicht, dann ist die Wahrscheinlichkeit, ein Mitglied der Menge A anzutreffen, durch

$$P(A) = \frac{|A|}{|\Omega|} \tag{2.34}$$

gegeben, wobei $|A|$, $|\Omega|$ die Zahl der jeweiligen Elemente von A bzw. Ω bedeutet. Diese Vorschrift kann verallgemeinert werden, falls Ω abzählbar ist und jeder Punkt ω das Gewicht $P(\omega)$ hat. Dann gilt

$$P(A) = \frac{\sum_{\omega \in A} P(\omega)}{\sum_{\omega \in \Omega} P(\omega)} \,. \tag{2.35}$$

Wir fragen nun nach folgender Wahrscheinlichkeit: Beschränken wir die Ergebnispunkte auf eine gewisse Untermenge $S(\omega)$, welches ist das proportionale Gewicht des Teils A von S relativ zu S? Für das Würfeln bedeutet das, daß wir eben nur ungerade Ergebnispunkte zulassen. In Analogie zu Formel (2.35) ergibt sich für diese Wahrscheinlichkeit

$$P(A|S) = \frac{\sum\limits_{\omega \in A \cap S} P(\omega)}{\sum\limits_{\omega \in S} P(\omega)}. \tag{2.36}$$

Erweitert man in (2.36) Zähler und Nenner mit $1/\sum\limits_{\omega \in \Omega} P(\omega)$, dann kann man (2.36) auf die Form

$$P(A|S) = \frac{P(A \cap S)}{P(S)} \tag{2.37}$$

bringen. (Da $\sum\limits_{\omega \in \Omega} P(\omega) = 1$ ist, ist der Übergang von (2.36) zu (2.37) nur formaler Natur.) Diese Größe nennt man *bedingte* Wahrscheinlichkeit von A relativ zu S. In der englischen Literatur werden auch andere Termini verwendet wie „knowing S", „given S", „under the hypothesis of S".

Wir zeigen am eben betrachteten Beispiel des Würfels, wie (2.36) oder (2.37) auszuwerten sind, wobei auch die eben genannten Ausdrücke klarer werden. Die Ereignismenge lautet $\Omega = \{1, 2, 3, 4, 5, 6\}$, die Untermenge $S = \{1, 3, 5\}$. Da die gefragte Augenzahl 3 ist, gilt $A = \{3\}$. Damit ergibt sich $A \cap S = \{3\}$. Von der Summe $\sum\limits_{\omega \in A \cap S} P(\omega)$ bleibt also nur der Summand mit $\omega = 3$ übrig, und da für alle $P(\omega) = 1/6$ gilt, finden wir

$$\sum_{\omega \in A \cap S} P(\omega) = P(A \cap S) = 1/6\,. \tag{2.37a}$$

Da sich die Summe im Nenner von (2.36) bzw. (2.37) über $\omega = 1, 3, 5$ erstreckt, erhalten wir

$$\sum_{\omega \in S} P(\omega) = P(S) = 3 \cdot 1/6 = 1/2 \tag{2.37b}$$

und somit, indem wir (2.37a) durch (2.37b) dividieren,

$$P(\{3\}|\{1, 3, 5\}) = \frac{1/6}{1/2} = 1/3\,, \tag{2.37c}$$

wie wir dies auch intuitiv erwartet hätten.

Ein zweites Beispiel: $A = \{2\}$. In diesem Falle ist $A \cap S = \emptyset$, und die Summe über $A \cap S$ ist durch Null zu ersetzen, so daß

$$P(\{2\}\,|\,\{1, 3, 5\} = 0$$

ist. Dieses Beispiel zeigt, daß der Formalismus auch noch dann ein „vernünftiges" Resultat liefert, wenn wir eine Frage stellen, die einen Widerspruch in sich darstellt: Wir nehmen ja jetzt an, daß $\{2\}$ ungerade ist!

Aufgabe

1) Vorgegeben seien die stochastischen Variablen X und Y mit dem Wahrscheinlichkeitsmaß

$$P(m,n) \equiv P(X = m,\ Y = n)\ .$$

Man zeige, daß

$$P(m \mid n) = \frac{P(m,n)}{\sum\limits_{m} P(m,n)}\ .$$

2.9 Unabhängige und abhängige Zufallsvariable

Der Einfachheit wegen betrachten wir Zufallsvariable, die abzählbare Werte annehmen, obwohl die Definition leicht auf kontinuierliche Zufallsgrößen verallgemeinert werden kann. Wir haben bereits darauf hingewiesen, daß mehrere Zufallsgrößen gleichzeitig definiert werden können, beispielsweise Gewicht und Größe von Personen. In diesem Fall erwarten wir tatsächlich eine gewisse Beziehung zwischen dem Gewicht und der Größe, so daß die Zufallsvariablen nicht unabhängig voneinander sein werden. Würfeln wir aber andererseits mit zwei Würfeln gleichzeitig und fassen die Augenzahl des ersten als Zufallsvariable X_1, die des zweiten als Zufallsvariable X_2 auf, dann werden wir erwarten, daß diese Zufallsvariablen voneinander unabhängig sind. Wie man sich an diesem Beispiel leicht klarmachen kann, ist die Verbundwahrscheinlichkeit einfach das Produkt der Wahrscheinlichkeiten für jeden einzelnen Würfel.

Das führt auf folgende allgemeine Definition: Zufallsgrößen $X_1, X_2, \ldots, X_n$ sind dann voneinander unabhängig, wenn wir für irgendwelche reellen Zahlen $x_1, \ldots, x_n$

$$P(X_1 = x_1, \ldots, X_n = x_n) = P(X_1 = x_1)P(X_2 = x_2) \cdots P(X_n = x_n) \qquad (2.38)$$

finden. In einer allgemeineren Formulierung, die aus (2.38) gewonnen werden kann, wird man sagen, daß die Zufallsvariablen dann und nur dann voneinander unabhängig sind, wenn für beliebige abzählbare Mengen $S_1, \ldots, S_n$ folgendes erfüllt ist:

$$P(X_1 \in S_1, \ldots, X_n \in S_n) = P(X_1 \in S_1) \cdots P(X_n \in S_n)\ . \qquad (2.39)$$

Als Konsequenz aus (2.38) können wir folgende Bemerkung anfügen, die von großer praktischer Bedeutung ist. $\varphi_1, \ldots, \varphi_n$ seien beliebige reellwertige Funktionen, die auf der gesamten reellen Achse definiert sein sollen, und $X_1, \ldots, X_n$ seien unabhängige Zufallsvariable. Unter diesen Voraussetzungen sind die Zufallsvariablen $\varphi_1(X_1), \ldots, \varphi_n(X_n)$ ebenfalls unabhängige Zufallsvariable.

Falls die Zufallsgrößen *nicht* voneinander unabhängig sind, wird es wünschenswert, ein Maß für den Grad ihrer Unabhängigkeit oder, positiv formuliert, den Grad ihrer Korrelation zu haben. Da man den Erwartungswert aus Produkten von unabhängigen Variablen faktorisieren kann [das folgt aus (2.38)], wird die Abweichung $E(XY)$ von $E(X)E(Y)$ ein Maß für die Korrelation sein. Damit bei großen Werten der Zufallsvariablen X, Y, aber geringer Korrelation keine große Korrelation vorgespiegelt wird, normiert man die Differenz

$$E(XY) - E(X)E(Y)\,, \tag{2.40}$$

indem man sie durch die mittleren Abweichungen $\sigma(X)$ und $\sigma(Y)$ dividiert. Wir definieren also die Korrelation als

$$\rho(X, Y) = \frac{\mathrm{E}(XY) - E(X)E(Y)}{\sigma(X)\,\sigma(Y)}\,. \tag{2.41}$$

Benützt man die Definition (2.33) der mittleren quadratischen Abweichung, kann man im Fall unabhängiger Zufallsgrößen zeigen, daß

$$\sigma^2(X + Y) = \sigma^2(X) + \sigma^2(Y) \tag{2.42}$$

(mit endlichen Varianzen) gilt.

Aufgaben

Die Zufallsgrößen X und Y sollen beide die Werte 0 und 1 annehmen. Man prüfe für folgende Verbundwahrscheinlichkeiten nach, ob diese Zufallsgrößen statistisch unabhängig sind

a)	b)	c)
$P(X = 0, Y = 0) = \frac{1}{4}$	$= \frac{1}{2}$	$= 1$
$P(X = 1, Y = 0) = \frac{1}{4}$	$= 0$	$= 0$
$P(X = 0, Y = 1) = \frac{1}{4}$	$= 0$	$= 0$
$P(X = 1, Y = 1) = \frac{1}{4}$	$= \frac{1}{2}$	$= 0\,.$

Man mache sich die Resultate durch Werfen einer Münze klar.

2.10* Erzeugende Funktionen und charakteristische Funktionen

Wir beginnen mit einem Spezialfall und untersuchen eine Zufallsvariable X, die als Werte nur nichtnegative ganze Zahlen annehmen kann. Beispiele für X sind die Zahl der Gasmoleküle in einer Zelle mit vorgegebenem Volumen, die aus einer größeren Zelle herausgegriffen wurde, oder die Zahl der Viren in einem Teilvolumen eines sehr viel größeren Volumens. Die Wahrscheinlichkeitsverteilung von X soll durch

$$P(X = j) = a_j, \quad j = 0, 1, 2, \ldots \tag{2.43}$$

gegeben sein. Wir wollen die Verteilung (2.43) jetzt durch eine einzelne Funktion ausdrücken. Um dies zu erreichen, führen wir die Hilfsvariable z ein und definieren die erzeugende Funktion durch

$$g(z) = \sum_{j=0}^{\infty} a_j z^j . \tag{2.44}$$

Die Koeffizienten a_j können wir unter Zuhilfenahme der Taylor-Entwicklung von $g(z)$ sofort angeben. Dazu bilden wir die j-te Ableitung von $g(z)$ und dividieren durch $j!$

$$a_j = \frac{1}{j!} \left. \frac{d^j g}{dz^j} \right|_{z=0} . \tag{2.45}$$

Der besondere Vorteil von (2.44) und (2.45) liegt in der Tatsache begründet, daß $g(z)$ in einer Vielzahl von wichtigen praktischen Anwendungen eine explizit definierte Funktion ist und daß mit Hilfe von $g(z)$ Erwartungswerte und Kumulanten (s. w. u.) einfach berechnet werden können. Wir überlassen es dem Leser, herauszufinden, wie man den Ausdruck für das erste Moment der Zufallsvariablen X aus (2.44) gewinnt. Nachdem uns (2.45) erlaubt, die Wahrscheinlichkeitsverteilung (2.43) unter Verwendung von (2.44) zu bestimmen, ist es umgekehrt auch möglich, (2.44) als Funktion der Zufallsgröße anzugeben, nämlich durch

$$g(z) = E(z^X) . \tag{2.46}$$

Das kann man folgendermaßen einsehen: Für jedes z ist die Abbildung $\omega \to z^{X(\omega)}$ eine Zufallsgröße. Wir erhalten deshalb in Übereinstimmung mit (2.30) und (2.43)

$$E(z^X) = \sum_{j=0}^{\infty} P(X = j) z^j = g(z) . \tag{2.47}$$

Wir erläutern eine wichtige Konsequenz, die wir aus (2.44) ziehen. Sind die Zufallsgrößen $X_1, \ldots, X_n$ unabhängig und sind $g_1, \ldots, g_n$ die zugehörigen erzeugenden Funktionen, dann ist die erzeugende Funktion der Summe $X_1 + X_2 + \ldots + X_n$ durch das Produkt $g_1 g_2 \ldots g_n$ gegeben. Die Definition der erzeugenden Funktion führt von selbst auf eine Verallgemeinerung für allgemeinere Zufallsvariable. So definiert man für nichtnegative Variable eine erzeugende Funktion, indem man z durch $\exp(-\lambda)$ ersetzt:

$$\text{Laplace-Transformierte } (z \to \mathrm{e}^{-\lambda});\ E(z^X) \to E(\mathrm{e}^{-\lambda X}) \tag{2.48}$$

[wir erinnern in diesem Zusammenhang an die Definition der Laplace-Transformation. Die Laplace-Transformierte $f(p)$ einer Funktion $f(t)$ ist gegeben durch

$$f(p) = \int_0^\infty dt \, e^{-pt} f(t)$$

und für beliebige Zufallsgrößen durch den Übergang: $z \to e^{i\Theta}$

$$\text{Fourier-Transformierte}\,(z \to e^{i\Theta});\; E(z^X) \to E(e^{i\Theta X})\,. \tag{2.49}$$

[Die Fourier-Transformierte $f(\omega)$ einer Funktion $f(t)$ ist durch

$$f(\omega) = \int_{-\infty}^{+\infty} dt \;\; e^{i\omega t} f(t)$$

festgelegt]. $E(e^{i\Theta X})$ heißt charakteristische Funktion.

Die Definitionen (2.48) und (2.49) sind nicht darauf beschränkt, daß X diskrete Werte annimmt, sondern können auch für kontinuierliche Variable X verwendet werden. Die entsprechende Formulierung überlassen wir dem Leser als Übungsaufgabe.

Aufgabe

Man überzeuge sich, daß die Ableitungen der charakteristischen Funktion

$$\Phi_X(\Theta) = E\{e^{i\Theta X}\}$$

auf die Momente

$$\left.\frac{d^n \Phi_X(\Theta)}{d\Theta^n}\right|_{\Theta=0} = i^n E(X^n)$$

führen.

2.11 Eine spezielle Wahrscheinlichkeitsverteilung: die Binomialverteilung

In vielen praktischen Fällen wird ein Experiment, das zwei mögliche Ergebnisse liefern kann, sehr oft wiederholt. Das einfachste Beispiel etwa ist der Münzwurf. Ganz allgemein wird man zwei mögliche Resultate als Erfolg oder Mißerfolg werten. Die Wahrscheinlichkeit für einen Erfolg bei einem Einzelereignis werden wir mit p, die des Mißerfolgs mit q bezeichnen, wobei $p + q = 1$ gilt. Wir wollen nun einen Ausdruck für die Wahrscheinlichkeit herleiten, bei n Versuchen k Erfolge zu verzeichnen. Wir leiten also eine Wahrscheinlichkeitsverteilung für die Zufallsvariable X der Erfolge her, wobei X die Werte $k = 0, 1, \ldots, n$ annehmen kann. Als Beispiel wählen wir den Münzwurf und ordnen dem Erfolg die 1, dem Mißerfolg die 0 zu. Haben wir die Münze n mal geworfen, erhalten wir eine Folge von Zahlen 0, 1, 0, 0, 1, 1 ... 1, 0. Da aufeinanderfolgende Ereignisse voneinander unabhängig sind, ist die Wahrscheinlichkeit, diese spezielle Folge anzutreffen, einfach das Produkt der zugeordneten Wahrscheinlichkeiten p oder q. Im soeben beschriebenen Fall finden wir $P = qpqqpp \dots pq = p^k q^{n-k}$. Beim Gesamtversuch hatten wir k Erfolge, allerdings in einer *speziellen Reihenfolge.*

Bei vielen praktischen Anwendungen ist man an einer speziellen Reihenfolge nicht interessiert, sondern an allen Folgen, die zur selben Zahl von Erfolgen führen. Wir stellen deshalb die Frage, wie viele verschiedene Folgen von Nullen und Einsen man finden kann, die dieselbe Anzahl, nämlich k, Einsen aufweisen. Dazu gehen wir von n Zellen aus, von denen jede mit einer Nummer besetzt werden kann, Eins oder Null. (Gewöhnlich wird ein solches Zellenmodell zur Bestimmung der Verteilung schwarzer und weißer Kugeln verwendet.) Da sich die entsprechende Argumentationsweise sehr häufig wiederholen wird, stellen wir sie im Detail dar. Greifen wir eine Zahl heraus, 0 oder 1. Wir haben dann n Möglichkeiten, diese Zahl in eine der n Zellen zu plazieren. Für die nächste Zahl bleiben uns $n - 1$ Möglichkeiten (eine Zelle ist ja bereits besetzt), für die dritte $n - 2$ Möglichkeiten usw. Die Gesamtzahl der Möglichkeiten, die Zellen entsprechend zu besetzen, ist dann das Produkt dieser Einzelmöglichkeiten, also

$$n(n-1)(n-2) \dots 2 \cdot 1 = n! \, .$$

Diese Besetzung der Zellen mit Zahlen führt jedoch nicht in allen Fällen zu unterschiedlichen Konfigurationen. Vertauschen wir nämlich zwei oder mehrere gleiche Einheiten untereinander, so erhalten wir wieder dieselbe Konfiguration. Da die „1“ in $k!$ verschiedenen und ähnlich die „0“ in $(n-k)!$ verschiedenen Weisen über die Zellen verteilt werden kann, müssen wir die Gesamtzahl $n!$ noch durch $k!(n-k)!$ dividieren. Der Ausdruck $n!/[k!(n-k)!]$ wird als $\binom{n}{k}$ geschrieben und heißt Binomialkoeffizient. Wir finden nun die endgültige Wahrscheinlichkeitsverteilung folgendermaßen: Es gibt $\binom{n}{k}$ verschiedene Folgen, jede einzelne kommt mit der Wahrscheinlichkeit $p^k q^{n-k}$ vor. Da für verschiedene Untermengen im Ereignisraum die Wahrscheinlichkeiten additiv sind, ist die Wahrscheinlichkeit, unabhängig von einer speziellen Sequenz k-mal Erfolg zu haben, durch

$$B_k(n, p) = \binom{n}{k} p^k q^{n-k} \tag{2.50}$$

gegeben *(Binomialverteilung)*. Beispiele zeigt Abb. 2.14. Der Mittelwert der Binomialverteilung ist

$$E(X) = np \, , \tag{2.51}$$

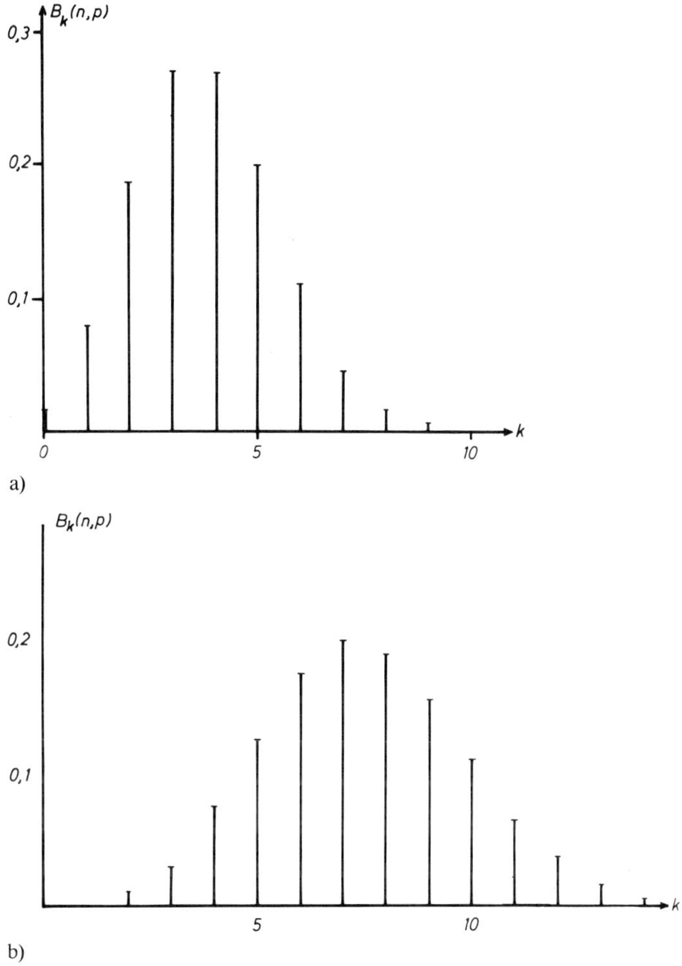

Abb. 2.14a, b. Die Binomialverteilung $B_k(n, p)$ als Funktion von k für $p = 1/4$ und $n = 15$ (**a**), $n = 30$ (**b**)

die Varianz

$$\sigma^2 = n \cdot p \cdot q\,. \tag{2.52}$$

Den Beweis überlassen wir dem Leser als Übungsaufgabe. Für große n ist es allerdings schwierig, B auszurechnen. Andererseits kann in der Praxis die Zahl der Versuche n außerordentlich hoch sein. In diesem Fall reduziert sich (2.50) auf gewisse Grenzfälle, die wir in den folgenden Abschnitten diskutieren wollen.

Der große Vorteil des Wahrscheinlichkeitskonzepts beruht auf seiner Flexibilität, die es erlaubt, es in völlig verschiedenen Disziplinen anzuwenden. Als ein Beispiel für die Binomialverteilung betrachten wir in einem Mikroskop die Verteilung von Viren in einer Blutzelle (Abb. 2.15). Wir bedecken die Zelle mit einem

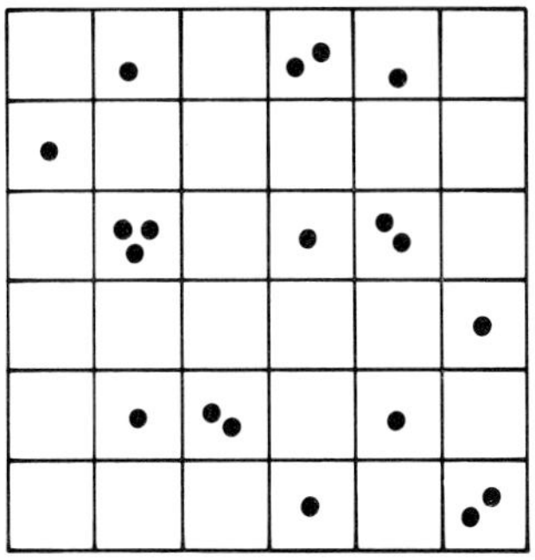

Abb. 2.15. Verteilung von Teilchen unter einem Gitter

quadratischen Gitter und interessieren uns für die Wahrscheinlichkeitsverteilung, eine vorgegebene Zahl von Teilchen in einer quadratischen Unterzelle anzutreffen.

Wir gehen von N Quadraten aus und nehmen an, daß $n = \mu N$ Teilchen vorliegen; μ ist dann die mittlere Zahl der Teilchen, die in einer Zelle gefunden wird. Dieses Problem kann auf unser früheres, den Münzwurf, folgendermaßen abgebildet werden: Wir beobachten eine spezielle Unterzelle und beschränken uns zunächst auf einen Virus. Wir erhalten dann ein positives Ergebnis (Erfolg), wenn wir diesen Virus in der Zelle antreffen, ein negatives (Mißerfolg), wenn er sich außerhalb befindet. Die Wahrscheinlichkeit für das positive Ergebnis ist offenbar $p = 1/N$. Wir müssen nun $\mu N = n$ Teilchen auf zwei Zellen verteilen, nämlich die kleine Unterzelle, die wir betrachten, und das Restvolumen. Wir machen dazu n Versuche. Bringen wir in einem Gedankenexperiment einen Virus nach dem anderen in das Gesamtvolumen, dann entspricht dies genau dem Wurf einer Münze. Die Wahrscheinlichkeit, eine spezielle Folge mit k Erfolgen anzutreffen, das bedeutet, daß sich k Viren in der betrachteten Unterzelle aufhalten, ist wie früher $p^k q^{n-k}$. Da auch hier verschiedene Folgen existieren, wird die Gesamtwahrscheinlichkeit wieder durch (2.50) festgelegt. Benützen wir die spezielle Form $n = \mu N$, dann folgt

$$B_k(n,p) = \binom{n}{k} p^k q^{n-k} = \binom{\mu N}{k} \left(\frac{1}{N}\right)^k \left(1 - \frac{1}{N}\right)^{\mu N - k} . \tag{2.53}$$

Praktische Anwendungen erlauben es, N und ebenso n als große Zahlen zu betrachten, während μ fest ist und p nach Null geht. Liegt die Bedingung $n \to \infty$, μ fest, $p \to 0$ vor, dann kann man (2.53) durch die sogenannte Poisson-Verteilung ersetzen.

2.12 Die Poisson-Verteilung

Wir gehen von (2.53) aus und bringen die Gleichung nach elementaren Umformungen auf die Form

$$B_k(n,p) = \frac{n(n-1)(n-2)\dots(n-k+1)}{k!} \cdot \left(\frac{\mu}{n}\right)^k \left(1-\frac{\mu}{n}\right)^n \left(1-\frac{\mu}{n}\right)^{-k}$$

$$= \underbrace{\frac{\mu^k}{k!}}_{1} \underbrace{\left(1-\frac{\mu}{n}\right)^n}_{2} \underbrace{\left[\left(1-\frac{1}{n}\right)\left(1-\frac{2}{n}\right)\dots\left(1-\frac{k-1}{n}\right)\left(1-\frac{\mu}{n}\right)^{-k}\right]}_{3} . \tag{2.54}$$

Für μ und k fest, jedoch $n \to \infty$ ergeben sich folgende Ausdrücke für die Faktoren 1, 2, 3 aus (2.54). Der erste Faktor bleibt unverändert, während der zweite auf die Exponentialfunktion

$$\lim_{n\to\infty} \left(1-\frac{\mu}{n}\right)^n = e^{-\mu} \tag{2.55}$$

führt. Der dritte Faktor reduziert sich einfach auf

$$\lim_{n\to\infty} [\dots] = 1 . \tag{2.56}$$

Wir erhalten so die Poisson-Verteilung

$$\pi_{k,\mu} \equiv \lim_{n\to\infty} B_k(n,p) = \frac{\mu^k}{k!} e^{-\mu} . \tag{2.57}$$

Beispiele zeigt Abb. 2.16. Wenn wir von der Schreibweise aus Abschn. 2.10 Gebrauch machen, können wir auch schreiben

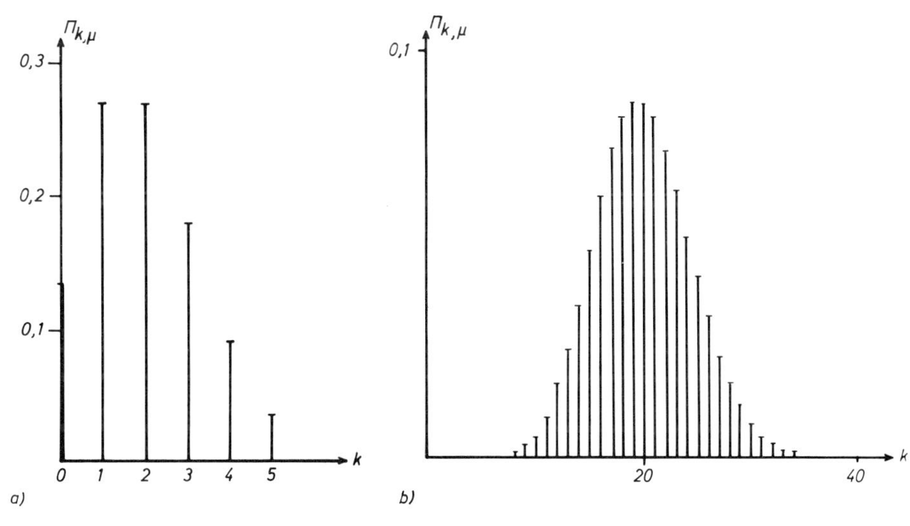

Abb. 2.16a, b. Poisson-Verteilung $\pi_{k,\mu}$ als Funktion von k für $\mu = 2$ (**a**) und $\mu = 20$ (**b**)

$$a_k = \frac{\mu^k}{k!} e^{-\mu} . \tag{2.58}$$

Damit finden wir die erzeugende Funktion

$$g(z) = \sum_{k=0}^{\infty} a_k z^k = e^{(z-1)\mu} . \tag{2.59}$$

Das erste Moment wie auch die Varianz lassen sich (was dem Leser als Übungsaufgabe überlassen sei) sofort angeben.

$$E(X) = g'(1) = \mu , \tag{2.60}$$

$$\sigma^2(X) = \mu . \tag{2.61}$$

Aufgabe

Man beweise

$$E[X(X-1)\ldots(X-l+1)] = \mu^l$$

Hinweis: Man differenziere $g(z)$ aus (2.59) l mal.

2.13 Die Normalverteilung (Gauß-Verteilung)

Die Normalverteilung kann man für $n \to \infty$ wieder aus der Binomialverteilung erhalten, doch dürfen p oder q jetzt nicht klein sein, beispielsweise also $p = q = 1/2$. Da die Durchführung des Grenzübergangs mathematisch anspruchsvoller ist und zuviel Raum in Anspruch nähme, stellen wir die Details nicht dar, sondern beschränken uns auf die wesentlichen Ideen. Wir verweisen hier auch auf Abschn. 4.1. Zunächst führen wir eine neue Variable u ein. Wir legen sie fest durch die Bedingung, daß der Mittelwert von $k = np$ dem Wert $u = 0$ entspricht. Weiter führen wir über $k \to k/\sigma$ einen neuen Maßstab ein; σ^2 ist die Varianz. Da nach (2.52) die Varianz für $n \to \infty$ nach Unendlich strebt, bedeutet die Maßstabsänderung (Skalierung), daß wir die diskrete Variable k schließlich durch eine kontinuierliche Variable ersetzen. Es ist deshalb nicht weiter verwunderlich, daß wir anstelle der ursprünglichen Verteilung B eine Dichtefunktion φ finden, wobei wir noch die Transformation $\varphi = \sigma B$ durchgeführt haben. Präziser ausgedrückt, wir setzen

$$\varphi_n(u) = \sigma B_k(n, p) . \tag{2.62}$$

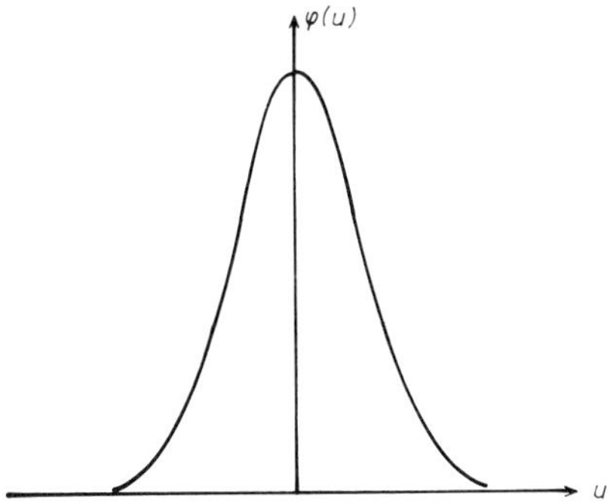

Abb. 2.17. Die Gauß-Verteilung $\varphi(u)$ als Funktion von u. Man beachte die Glockenform

Die Normalverteilung erhalten wir, wenn wir $n \to \infty$ ausführen.

$$\lim_{n \to \infty} \varphi_n(u) = \varphi(u) = \frac{1}{\sqrt{2\pi}} e^{-u^2/2} . \tag{2.63}$$

$\varphi(u)$ ist eine Dichtefunktion (Abb. 2.17), deren Integral die Normal- (oder Gauß-)Verteilung ist:

$$F(x) = \frac{1}{\sqrt{2\pi}} \int_{-\infty}^{x} e^{-u^2/2} du . \tag{2.64}$$

Normal- (oder Gaußsche) Wahrscheinlichkeitsdichte für mehrere Variable

Sobald in praktischen Anwendungen mehrere Zufallsvariable auftreten, trifft man häufig die folgende Gaußsche Verbundwahrscheinlichkeit an

$$f_X(\boldsymbol{x}) = (2\pi)^{-n/2} |Q|^{-1/2} \exp\left[-\tfrac{1}{2}(\boldsymbol{x} - \boldsymbol{m})^T Q^{-1} (\boldsymbol{x} - \boldsymbol{m})\right] . \tag{2.65}$$

Dabei ist X ein Vektor, der aus Zufallsvariablen $X_1, \ldots, X_n$ gebildet wird, $\boldsymbol{x}$ ist der zugeordnete Vektor der Werte, die die Zufallsvariable X annehmen kann. $Q(\mu_{ij})$ ist eine $n \times n$ Matrix. Wir nehmen an, daß die zugehörige Inverse Q^{-1} existiert. $|Q| = \det Q$ bezeichnet die Determinante von Q, $\boldsymbol{m}$ ist ein vorgegebener konstanter Vektor. T bezeichnet den transponierten Vektor. Dabei gilt die folgende Beziehung: Der Mittelwert der Zufallsgröße X_j ist gleich der j-ten Komponente von $\boldsymbol{m}$.

$$m_j = E(X_j); \quad j = 1, \ldots, n . \tag{2.66}$$

Weiterhin stimmen die Koeffizienten der Varianz, definiert durch

$$\mu_{ij} = E[(X_i - m_i)(X_j - m_j)] , \tag{2.67}$$

mit den Matrixelementen von $Q = (Q_{ij})$ überein, also $\mu_{ij} = Q_{ij}$.

Aufgaben

1) Man verifiziere, daß die ersten Momente der Gaußschen Wahrscheinlichkeitsdichte

$$f(x) = \sqrt{\frac{\alpha}{\pi}}\, e^{-\alpha x^2}$$

durch $m_1 = 0$, $m_2 = 1/(2\alpha)$ gegeben sind.

2) Man verifiziere, daß die charakteristische Funktion der Gaußschen Wahrscheinlichkeitsdichte

$$E(e^{i\Theta X}) = e^{-\Theta^2/(4\alpha)}$$

ist.

3) Man verifiziere (2.66) und (2.67).

Hinweis: Man führe neue Variable $y_i = x_j - m_j$ ein und diagonalisiere Q durch neue Linearkombinationen $\xi_k = \sum_j a_{kj} y_j$; Q ist eine symmetrische Matrix.

4) Man verifiziere

$$E\{X_1^{l_1} X_2^{l_2} \cdots X_n^{l_n}\} = i^{-(l_1+l_2+\cdots+l_n)} \left\{ \frac{\partial^{l_1+l_2+\cdots+l_n}}{\partial\Theta_1^{l_1}\partial\Theta_2^{l_2}\cdots\partial\Theta_n^{l_n}} \Phi_x(\Theta) \right\}_{\Theta=0}.$$

2.14 Die Stirlingsche Formel

Wir müssen häufig bei den Anwendungen in späteren Kapiteln $n!$ ausrechnen, und zwar für große Werte von n. Das wird durch die Anwendung der Stirlingschen Formel

$$n! = \left(\frac{n}{e}\right)^n \sqrt{2\pi n}\, e^{\omega(n)}, \quad \text{wobei} \quad \frac{1}{12(n+\frac{1}{2})} < \omega(n) < \frac{1}{12n} \tag{2.68}$$

wesentlich erleichtert. Da in vielen praktischen Fällen $n \gg 1$ ist, kann der Faktor $\exp[\omega(n)]$ weggelassen werden.

2.15* Der zentrale Grenzwertsatz

$X_j (j \geqslant 1)$ soll eine Folge von unabhängigen und identisch verteilten Zufallsvariablen sein. Wir nehmen an, daß der Mittelwert m und die Varianz σ^2 jeder Zufallsgröße X_j endlich sind. Die Summe $S_n = X_1 + X_2 + \cdots + X_n$; $n \geqslant 1$ ist dann wieder eine Zufallsvariable (vgl. Abschn. 2.2). Da die Zufallsgrößen X_j unabhängig sind, finden wir für den Mittelwert

$$E(S_n) = n \cdot m \tag{2.69}$$

und für die Varianz

$$\sigma^2(S_n) = n \cdot \sigma^2 . \tag{2.70}$$

Subtrahieren wir $n \cdot m$ von S_n und dividieren die Differenz durch $\sigma\sqrt{n}$, dann erhalten wir die neue Zufallsvariable

$$Y_n = \frac{S_n - n \cdot m}{\sigma\sqrt{n}} , \tag{2.71}$$

die den Mittelwert Null und die Varianz 1 hat. Der zentrale Grenzwertsatz trifft dann eine Aussage über die Wahrscheinlichkeitsverteilung von Y_n für den Grenzfall $n \to \infty$. Er besagt,

$$\lim_{n\to\infty} P(a < Y_n \leqslant b) = \frac{1}{\sqrt{2\pi}} \int_a^b e^{-\xi^2/2} d\xi . \tag{2.72}$$

In der Physik findet er insbesondere in folgender Form Anwendung. Bezeichnet dx ein kleines Intervall und setzen wir $a = x$, $b = x + dx$, dann kann das Integral näherungsweise ausgeführt werden. Das Resultat ist

$$\lim_{n\to\infty} P(x < Y_n < x + dx) = \frac{1}{\sqrt{2\pi}} e^{-x^2/2} dx \tag{2.73}$$

oder, in Worten: Im Grenzfall $n \to \infty$ ist die Wahrscheinlichkeit, Y_n im Intervall zwischen x und $x + dx$ anzutreffen, durch die Gaußsche Wahrscheinlichkeitsdichte multipliziert mit dx gegeben. Es ist wichtig zu bemerken, daß das Intervall dx nicht weggelassen werden darf. Andernfalls sind Fehler möglich, sobald Koordinatentransformationen durchgeführt werden. Für andere praktische Anwendungen benützt man (2.72) häufig in der grob genäherten Form

$$P(x_1\sigma\sqrt{n} < S_n - mn < x_2\sigma\sqrt{n}) \approx \Phi(x_2) - \Phi(x_1) , \tag{2.74}$$

mit

$$\Phi(x) = \frac{1}{\sqrt{2\pi}} \int_{-\infty}^{x} e^{-\xi^2/2} d\xi . \tag{2.75}$$

Der zentrale Grenzwertsatz spielt in zweifacher Hinsicht auf dem Gebiet der Synergetik eine bedeutsame Rolle. Er findet in allen Fällen Anwendung, wo sich das Resultat aus der Summe vieler unabhängiger Ereignisse zusammensetzt. Andererseits wird die Ungültigkeit des zentralen Grenzwertsatzes darauf hinweisen, daß die Zufallsgrößen X_j nicht länger unabhängig, sondern *korreliert* sind. Später werden wir zahlreiche Beispiele für derartiges *kooperatives Verhalten* kennenlernen.

3. Information

Wie wird man unvoreingenommen?

3.1 Grundlegende Ideen

In diesem Kapitel wollen wir aufzeigen, wie wir durch eine gewisse Neuinterpretation der Wahrscheinlichkeit in eine scheinbar völlig verschiedene Disziplin, die Informationstheorie nämlich, Einblick gewinnen können. Wieder gehen wir von einer Folge von Ergebnissen 0 und 1 aus, die wir beim Werfen einer Münze erzielen. Wir interpretieren jetzt 0 und 1 als Strich und Punkt des Morsealphabets. Wie jedermann bekannt, kann man mit Hilfe des Morsealphabets Signale übertragen, indem man einer gewissen Folge von Symbolen eine Bedeutung zuschreibt. Mit anderen Worten, eine gewisse Sequenz aus Symbolen trägt Information. In der Informationstheorie versuchen wir, ein *Maß für die Größe der Information* aufzufinden.

Betrachten wir ein einfaches Beispiel, nämlich R_0 verschiedene Ergebnisse („Realisierungen"), die *a priori* gleich wahrscheinlich sein sollen. Beim Münzwurf, wo wir die Ergebnisse 0 und 1 finden können, wird also $R_0 = 2$. Für den Fall des Würfelspiels gibt es 6 mögliche Resultate, also ist $R_0 = 6$.

Das Resultat beim Münzwurf oder beim Würfeln interpretieren wir als Empfang einer Botschaft, wobei nur eine von R_0 Möglichkeiten beobachtet wird. Offensichtlich wird die Unsicherheit vor Erhalt der Botschaft umso größer, je größer R_0 ist; und desto größer ist der Gewinn an Information nach Erhalt des Signals. Wir können den gesamten Vorgang deshalb folgendermaßen interpretieren: Die Ausgangssituation gibt uns keine Information I_0, d.h. $I_0 = 0$ bei R_0 gleich wahrscheinlichen Möglichkeiten. Im Endzustand besitzen wir eine Information $I_1 \neq 0$ mit $R_1 = 1$, d.h. es wurde eine einzelne Möglichkeit realisiert. Wir wollen nun ein Maß für die Größe der Information I einführen, das offenbar mit R_0 zusammenhängen muß. Um eine Vorstellung dafür zu erhalten, wie diese Verknüpfung zwischen R_0 und I aussehen muß, fordern wir die Additivität von I bei unabhängigen Ereignissen. Liegen also zwei Mengen mit R_{01} und R_{02} möglichen Realisierungen vor, so daß die Gesamtzahl der Möglichkeiten

$$R_0 = R_{01} \cdot R_{02} \tag{3.1}$$

ist, dann fordern wir

$$I(R_{01} \cdot R_{02}) = I(R_{01}) + I(R_{02}) \,. \tag{3.2}$$

Diese Beziehung kann durch die Wahl

$$I = K \cdot \ln R_0 \tag{3.3}$$

erfüllt werden, wobei K eine Konstante bedeutet. Es kann sogar gezeigt werden, daß (3.3) die einzige Lösung von (3.2) ist. Die Konstante K ist noch beliebig und kann durch eine Definition festgelegt werden. Gewöhnlich verwendet man folgende Definition. Wir gehen von einem sogenannten „Binärsystem" aus, das nur zwei Symbole (oder Buchstaben) kennt. Solche Symbole können „Wappen" und „Kopf" einer Münze, die Antworten ja und nein oder die Zahlen 0 und 1 in einem Dualsystem sein. Bilden wir alle möglichen „Wörter" (oder Folgen) der Länge n, dann ergeben sich 2^n Möglichkeiten. Wir wollen nun in einem derartigen Binärsystem I mit n identifizieren: Dementsprechend fordern wir

$$I \equiv K \ln R \equiv K n \ln 2 = n . \tag{3.4}$$

Das ist erfüllt, falls

$$K = 1/\ln 2 = \log_2 \mathrm{e} . \tag{3.5}$$

Mit dieser Wahl von K lautet die Darstellung von (3.4)

$$I = \log_2 R . \tag{3.4a}$$

Bekanntlich wird eine einzelne Position in der Folge von Symbolen (Zeichen) im Binärsystem als „Bit" bezeichnet, die Information I ist also direkt in Bit gegeben. So finden wir für $R = 8 = 2^3$, $I = 3$ Bit und allgemein $R = 2^n$, $I = n$ Bit. Die Definition der Information (3.3) kann ohne weiteres auf den Fall verallgemeinert werden, bei dem wir anfangs R_0 Möglichkeiten haben und am Ende R_1 gleich wahrscheinliche Möglichkeiten vorfinden. Dann ist die Information

$$I = K \ln R_0 - K \ln R_1 , \tag{3.6}$$

die sich für $R_1 = 1$ wieder auf die frühere Definition (3.3) reduziert. Ein einfaches Beispiel bietet das Würfelspiel. Wir wollen ein Spiel definieren, bei dem gerade Zahlen Gewinn und ungerade Verlust bedeuten. Dann ist $R_0 = 6$ und $R_1 = 3$. Der Informationsgehalt ist in diesem Fall genau derselbe wie bei der Münze mit ihren ursprünglich genau zwei Möglichkeiten.

Wir wollen an dieser Stelle einen zweckmäßigeren Ausdruck für die Information ableiten. Dazu betrachten wir im folgenden das Beispiel des vereinfachten Morse-Alphabets[1] mit Strich und Punkt. Wir untersuchen ein Wort der Länge N, das aus N_1 Strichen und N_2 Punkten zusammengesetzt ist, wobei

$$N_1 + N_2 = N . \tag{3.7}$$

Wir fragen nach der Information, die beim Empfang eines solchen Wortes erhalten wird. Im Sinne der Informationstheorie müssen wir die gesamte Zahl von Wörtern berechnen, die aus beiden Symbolen für *festes* N_1, N_2 gebildet werden können. Diese Überlegung ist ähnlich der, die wir in Abschn. 2.11 auf Seite 38

[1] Beim üblichen Morse-Alphabet ist die Pause ein drittes Symbol.

angestellt haben. Entsprechend den Möglichkeiten, Striche und Punkte über N Positionen zu verteilen, finden wir die Zahl

$$R = \frac{N!}{N_1!\,N_2!}\,. \tag{3.8}$$

Mit anderen Worten, R ist die Zahl der verschiedenen Botschaften, die übertragen werden können, und zwar mit N_1 Strichen und N_2 Punkten. Wir wollen nun die Information pro Symbol, d. h. $i = I/N$, bestimmen. Setzen wir (3.8) in (3.3) ein, dann erhalten wir

$$I = K \ln R = K(\ln N! - \ln N_1! - \ln N_2!)\,. \tag{3.9}$$

Verwenden wir die Stirlingsche Formel, die in (2.68) dargestellt ist, in der Näherung

$$\ln Q! \approx Q(\ln Q - 1)\,, \tag{3.10}$$

was für $Q > 100$ gerechtfertigt ist, dann finden wir ohne weiteres

$$I \approx K[N(\ln N - 1) - N_1(\ln N_1 - 1) - N_2(\ln N_2 - 1)]\,. \tag{3.11}$$

Benützen wir (3.7), dann erhalten wir

$$i \equiv \frac{I}{N} \approx -K\left(\frac{N_1}{N}\ln\frac{N_1}{N} + \frac{N_2}{N}\ln\frac{N_2}{N}\right). \tag{3.12}$$

Wir führen nun eine Größe ein, die man als Wahrscheinlichkeit dafür interpretieren kann, „Strich“ oder „Punkt“ anzutreffen. Die Wahrscheinlichkeit ist identisch mit der relativen Häufigkeit, mit der wir Strich oder Punkt antreffen.

$$p_j = \frac{N_j}{N}\,; \quad j = 1, 2\,. \tag{3.13}$$

Damit nimmt unsere Endformel die Gestalt

$$i = \frac{I}{N} = -K(p_1 \ln p_1 + p_2 \ln p_2) \tag{3.14}$$

an. Dieser Ausdruck kann ohne weiteres auf den Fall verallgemeinert werden, bei dem wir nicht bloß zwei, sondern mehrere Symbole verwenden, wie etwa bei Buchstaben des Alphabets. Dann erhalten wir auf ganz ähnliche Weise wie soeben einen Ausdruck für die Information pro Symbol, der durch

$$i = -K \sum_j p_j \ln p_j \tag{3.15}$$

gegeben ist. p_j ist die relative Häufigkeit für das Auftreten des Symbols j. Aus dieser Interpretation wird deutlich, daß i in der Theorie der Informationsübertragung eine bedeutsame Rolle spielen wird.

Bevor wir fortfahren, sollten wir noch einige Hinweise zum Begriff Information geben, insbesondere dazu, wie wir ihn hier verwenden. Es ist wichtig zu bemerken, daß Aussagen wie „nützlich", „sinnlos", „bedeutungsvoll" oder „bedeutungslos" in der Theorie nicht vorkommen. So können im oben definierten Morse-Alphabet eine Vielzahl von Wörtern bedeutungslos sein. Information in dem Sinne, wie der Begriff hier verwendet wird, bezieht sich vielmehr auf die Seltenheit eines Ereignisses. Obwohl das die Theorie zunächst beträchtlich einzuschränken scheint, erweist sie sich doch als extrem nützlich.

Der Ausdruck für die Information kann unter zwei völlig unterschiedlichen Gesichtspunkten betrachtet werden. Einerseits können wir annehmen, daß die p_i durch ihre numerischen Werte vorgegeben sind, und wir können dann eine Zahl für I niederschreiben, die sich nach der Anwendung der Vorschrift (3.3) ergibt. Von größerer Bedeutung ist allerdings eine zweite Interpretation, bei der man I als *Funktion* der p_i auffaßt. Das heißt, verändern wir die Werte der p_i, dann wird sich I entsprechend ändern. Um diese Interpretation zu erläutern, nehmen wir eine Anwendung vorweg, die wir später sehr viel weiter im Detail behandeln werden. Betrachten wir ein Gas aus Atomen, die sich in einem Behälter bewegen. (Dieses Problem ist mit dem in Abschn. 2.11 gestellten identisch. Wir werden es allerdings unter einem anderen Gesichtspunkt abhandeln.) Wir teilen den Behälter in M gleich große Zellen und bezeichnen die Zahl der Teilchen in der Zelle k durch N_k, die Gesamtzahl der Teilchen durch N. Die relative Häufigkeit, ein Teilchen in der Zelle k anzutreffen, ist dann durch

$$\frac{N_k}{N} = p_k\,, \quad k = 1, 2, \ldots, M \tag{3.16}$$

gegeben. p_k kann man als Verteilungsfunktion der Teilchen über die Zellen k auffassen. Da jede Zelle dieselbe Form haben soll, und sie sich auch in ihren physikalischen Eigenschaften nicht unterscheiden sollen, erwarten wir, daß die Teilchen mit gleicher Wahrscheinlichkeit in jeder Zelle angetroffen werden können, d.h.

$$p_k = \frac{1}{M}\,. \tag{3.17}$$

Dieses Resultat (3.17) wollen wir nun aus den Eigenschaften der Information ableiten. In der Tat kann die Information folgendermaßen ermittelt werden: Vor einer Messung oder vor Erhalt einer Botschaft bestehen R Möglichkeiten oder, mit anderen Worten, $K \cdot \ln R$ ist ein Maß für unsere Unkenntnis. Eine andere Sichtweise ergibt sich folgendermaßen: R gibt uns die Zahl der im Prinzip möglichen Realisierungen an.

(Selbstverständlich kann man auch das Konzept der Zelleneinteilung des Einzelsystems aufgeben und dafür ein ganzes Ensemble von Einzelsystemen betrachten, was auf dasselbe hinausläuft). Nun soll eine Folge von relativen Häufigkeiten vorliegen (die Anzahl M ist hier die Wortlänge):

$$p_1, p_2, \ldots, p_M .$$

Dementsprechend erhalten wir eine unterschiedliche Zahl von Realisierungen, d. h. unterschiedliche Information. Sind beispielsweise $N_1 = N$, $N_2 = N_3 = \ldots = 0$, dann finden wir $p_1 = 1$, $p_2 = p_3 = \ldots = 0$ und deshalb $I = 0$. Sind andererseits $N_1 = N_2 = N_3 = \ldots = N/M$, dann erhalten wir $p_1 = 1/M$, $p_2 = 1/M, \ldots$, so daß $I = -M \log_2(1/M) = M \log_2 M$, also eine sehr große Zahl, wenn nur die Zahl der Zellen groß ist. Deshalb wird, wenn wir irgendeinen Behälter mit Gasatomen herausgreifen, die Wahrscheinlichkeit sehr viel größer sein, einen mit der zweiten Verteilung anzutreffen als einen mit der ersten. Das bedeutet, daß es eine überwältigende Wahrscheinlichkeit dafür gibt, diejenige Wahrscheinlichkeitsverteilung anzutreffen, bei der p_k vorliegen, die die größte Zahl von Möglichkeiten R und damit die größte Information beinhalten. Wir werden so darauf hingeführt zu fordern, daß

$$-\sum p_i \ln p_i = \text{Extr!} \tag{3.18}$$

ein Extremum (Extr) ist, und zwar unter der Nebenbedingung, daß die Gesamtsumme der Wahrscheinlichkeiten p_i gleich Eins ist:

$$\sum_{i=1}^{M} p_i = 1 . \tag{3.19}$$

Es wird sich herausstellen, daß dieses Prinzip im Hinblick auf die Anwendungen auf realistische Systeme der Physik, Chemie und Biologie von fundamentaler Bedeutung ist. Wir werden später darauf zurückkommen.

Das Problem (3.18) mit (3.19) kann mit der Methode der sogenannten Lagrange-Multiplikatoren gelöst werden. Diese Methode besteht darin, (3.19) mit einem noch zu bestimmenden Parameter λ zu multiplizieren und zur linken Seite von (3.18) zu addieren: Die Forderung heißt jetzt, dieser Gesamtausdruck soll ein Extremwert werden. Das erlaubt es uns, die p_i unabhängig voneinander zu variieren, ohne daß wir auf die Nebenbedingung (3.19) Rücksicht nehmen müssen. Variation der linken Seite von

$$-\sum p_i \ln p_i + \lambda \sum_i p_i = \text{Extr!} \tag{3.20}$$

heißt Ableitung nach p_j. Das führt auf

$$-\ln p_i - 1 + \lambda = 0 . \tag{3.21}$$

Die Gleichung (3.21) wird gelöst durch

$$p_i = e^{\lambda - 1} . \tag{3.22}$$

Die Lösung ist unabhängig vom Index i, d.h. die p_i sind Konstante. Setzen wir sie in (3.19) ein, dann können wir λ sofort bestimmen, und zwar derart, daß

$$M\,\mathrm{e}^{\lambda-1} = 1\,. \tag{3.23}$$

Damit finden wir

$$p_i = \frac{1}{M}\,, \tag{3.24}$$

was, wie erwartet, mit (3.17) übereinstimmt.

Aufgaben

1) Man zeige unter Verwendung von (3.8) und des Binomischen Lehrsatzes, daß $R = 2^N$, wenn N_1 und N_2 (in (3.7)) beliebig gewählt werden können.
2) Gegeben sei ein Behälter, der 5 Kugeln enthält. Diese Kugeln können auf äquidistante Energieniveaus angeregt werden. Die Energiedifferenz zwischen den Niveaus wird mit Δ bezeichnet. In das System soll die Energie $E = 5\Delta$ eingebracht werden. Welcher Zustand bietet die größte Zahl von Realisierungsmöglichkeiten, wenn ein Zustand durch die Zahl der „angeregten" Kugeln charakterisiert wird? Wie groß ist die Gesamtzahl der Realisierungsmöglichkeiten? Man vergleiche die Wahrscheinlichkeiten für den einzelnen Zustand und die zugehörige Zahl von Realisierungen. Man verallgemeinere die Formel für die Zahl der Zustände auf 6 Kugeln, die die Energie $E = N\cdot\Delta$ besitzen sollen.
3) Man überzeuge sich davon, daß die Zahl der Realisierungsmöglichkeiten bei N_1 Strichen und N_2 Punkten, die über N Positionen verteilt werden, genauso für den Fall erhalten werden kann, bei dem N Teilchen (oder Kugeln) auf zwei Gefäße verteilt werden, wobei die Zahl der Teilchen (Kugeln) N_1, N_2 in den Gefäßen 1, 2 fest sein soll.
4) Auf einer Insel sollen fünf verschiedene Vogelpopulationen existieren mit folgendem relativen Vorkommen: 80%, 10%, 5%, 3%, 2%. Was ergibt sich für die Informationsentropie dieser Population?

   Hinweis: Man verwende (3.15).

3.2* Informationsgewinn. Eine anschauliche Herleitung

Wir gehen von der Verteilung von Kugeln auf Behälter, die mit den Zahlen 1, 2 ... durchnumeriert sein sollen, aus. Wir stellen dann die Frage nach der Zahl der Möglichkeiten, N Kugeln über diese Behälter derart zu verteilen, daß sich N_1, N_2 usw. Kugeln in den entsprechenden Behältern befinden. Diese Aufgabe wurde in Abschn. 2.11 bereits für zwei Behälter behandelt (3.8). Genauso erhalten wir nun für die Anzahl der Konfigurationen

$$Z_1 = \frac{N!}{\prod_k N_k!}\,. \tag{3.25}$$

Berechnen wir den Logarithmus zur Basis 2 von Z_1, erhalten wir die zugehörige Information. Wir untersuchen nun dieselbe Situation, lassen aber zu, daß die Kugeln verschiedene Farben haben können, schwarz und weiß (Abb. 3.1). Die schwarzen Kugeln bilden jetzt eine Untermenge der Menge aller Kugeln. Die Zahl der schwarzen Kugeln soll N', ihre Zahl im Behälter k, N_k' sein. Wir berechnen für den Fall, wo zwischen schwarzen und weißen Kugeln unterschieden wird, die Zahl der Konfigurationen. In jedem Behälter müssen wir dazu N_k in N_k' und $N_k - N_k'$ unterteilen. Wir finden daher

$$Z_2 = \frac{N'!}{\prod_k N_k'!} \cdot \frac{(N - N')!}{\prod_k (N_k - N_k')!} \tag{3.26}$$

Realisierungen. Wir untersuchen jetzt das Verhältnis zwischen der Zahl von Realisierungen

$$Z = \frac{Z_1}{Z_2} \tag{3.27}$$

oder, bei Anwendung von (3.25) und (3.26),

$$Z = \frac{N!}{\prod N_k!} \cdot \frac{\prod N_k'!}{N'!} \; \frac{\prod (N_k - N_k')!}{(N - N')!}\,. \tag{3.28}$$

Aus der Stirlingschen Formel (2.68) können wir nach kurzer Rechnung ableiten, daß

$$\frac{N!}{(N - N')!} \approx N^{N'} \tag{3.29}$$

und

$$\frac{N_k!}{(N_k - N_k')!} \approx N_k^{N_k'}\,, \tag{3.30}$$

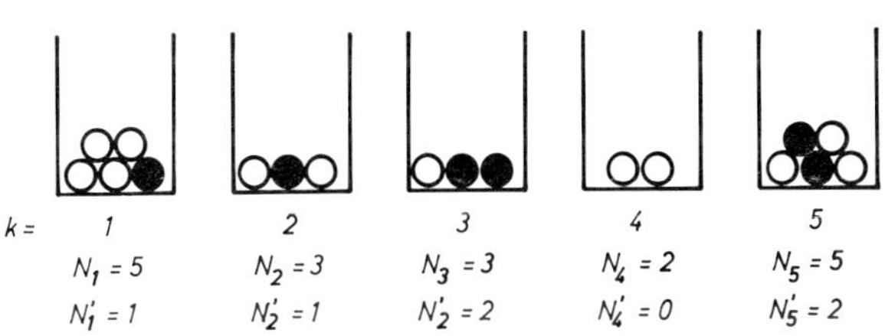

Abb. 3.1. Die Verteilung von schwarzen und weißen Kugeln über Behälter

womit

$$Z \approx N^{N'} \frac{1}{N'!} \Pi N'_k! \frac{1}{\Pi N_k^{N'_k}} \tag{3.31}$$

wird. Wenden wir wieder die Stirlingsche Formel an, finden wir

$$\ln Z = N' \ln N - N' \ln N' + \sum_k N'_k (\ln N'_k - \ln N_k) . \tag{3.32}$$

Mit

$$N' = \sum_k N'_k \tag{3.33}$$

erhalten wir

$$\ln Z = \sum_k N'_k \ln \frac{N'_k}{N_k} - \sum_k N'_k \ln \frac{N'}{N} , \tag{3.34}$$

was wir kürzer in der Form

$$\ln Z = N' \sum_k \frac{N'_k}{N'} \ln \frac{N'_k/N'}{N_k/N} \tag{3.35}$$

schreiben können.

Wie oben führen wir jetzt die relativen Häufigkeiten oder Wahrscheinlichkeiten

$$N_k/N = p_k \tag{3.36}$$

und

$$N'_k/N' = p'_k \tag{3.37}$$

ein. Dividieren wir noch beide Seiten durch N' (und multiplizieren dann mit der Konstanten K aus (3.5)), erhalten wir unser endgültiges Resultat für den *Informationsgewinn* in der Form

$$K(p', p) = \frac{K}{N'} \ln Z = K \sum_k p'_k \ln \frac{p'_k}{p_k} , \tag{3.38}$$

wobei

$$\sum p_k = 1 \tag{3.39}$$

und

$$\sum p'_k = 1 . \tag{3.40}$$

Der Informationsgewinn $K(p',p)$ hat folgende wichtige Eigenschaft, die wir in späteren Abschnitten verwenden werden:

$$K(p',p) \geqslant 0 . \tag{3.41}$$

Das Gleichheitszeichen ist dann und nur dann erfüllt, wenn gilt

$$p' \equiv p , \quad \text{d.h.} \quad p_k' = p_k \quad \text{für alle } k .$$

3.3 Informationsentropie und Nebenbedingungen

In diesem und den beiden folgenden Abschnitten haben wir vor, die speziellen Anwendungen des Informationskonzepts auf die *Physik* aufzuzeigen. Aus diesem Grund werden wir der Konvention folgen und die Information mit S bezeichnen sowie die Konstante K aus (3.3) mit der Boltzmann-Konstanten k_B identifizieren. Aus Gründen, die später erklärt werden, werden wir S als Informationsentropie bezeichnen. Da sowohl chemische als auch biologische Systeme letztlich als physikalische Syteme aufgefaßt werden können, werden unsere Betrachtungen auch dort gleichermaßen anwendbar. Noch wichtiger ist, daß der allgemeine Formalismus dieses Kapitels auch in anderen Wissenschaften wie der Datenverarbeitung usw. anwendbar ist. Wir gehen von dem grundlegenden Ausdruck

$$S = -k_B \sum_i p_i \ln p_i \tag{3.42}$$

aus. Man kann die Indizes i so interpretieren, daß sie die individuellen Merkmale der Teilchen oder Untersysteme beschreiben sollen. Wir wollen das im Detail erklären. Der Index i kann z.B. den Ort eines Gasteilchens, seine Geschwindigkeit oder beides beinhalten. In unseren früheren Beispielen bezog sich der Index i auf die einzelnen mit Kugeln gefüllten Behälter. In unseren Eingangsabschnitten über Wahrscheinlichkeit und Zufallsgrößen bezeichnete der Index i die Werte, die die Zufallsvariablen annehmen konnten. Der Einfachheit wegen nehmen wir in diesem Paragraphen an, daß der Index i diskret ist.

Eine zentrale Aufgabe, die in diesem Buch gelöst werden soll, besteht in der Angabe von Regeln, nach denen die p_i zu bestimmen sind. (Man kann als Vergleich das Beispiel der Gasmoleküle in einem Behälter verwenden, wobei man den Ort kennen will.) Das Problem, mit dem wir in vielen Disziplinen konfrontiert werden, besteht darin, „*unvoreingenommene* Schätzungen" zu machen, welche auf die p_i führen und mit aller möglichen zugänglichen Kenntnis über das System in Übereinstimmung sind. Betrachten wir ein ideales Gas in einer Dimension. Was wir beispielweise messen können, ist der Schwerpunkt. In diesem Fall werden wir als Nebenbedingung einen Ausdruck der Form

$$\sum_i p_i q_i = M \tag{3.43}$$

haben. Dabei mißt q_i die Position der Zelle i. M ist eine feste Größe und gleich Q/N, wobei Q die Koordinate des Schwerpunkts bezeichnet und N die Zahl der Teilchen. Es existieren natürlich viele Sätze von p_i, die die Beziehung (3.43) erfüllen. Wir können deshalb eine Satz von $\{p_i\}$ ziemlich beliebig auswählen. Das bedeutet, daß wir den einen Satz gegenüber dem anderen favorisieren. Ähnlich wie im Alltagsleben handelt es sich hierbei um eine voreingenommene Handlung. Wann sind wir vorurteilslos? Betrachten wir dazu wieder das Beispiel der Gasatome, denn dann können wir unser Prinzip aus Abschn. 3.1 zu Hilfe nehmen. Mit einer überwältigenden Wahrscheinlichkeit werden wir solche Verteilungen antreffen, für die (3.42) maximal wird. Wir haben aber zu beachten, daß wegen (3.43) *keineswegs alle* Verteilungen berücksichtigt werden dürfen. Statt dessen haben wir das Maximum von (3.42) unter der Nebenbedingung (3.43) aufzusuchen. Dieses Prinzip kann verallgemeinert werden für den Fall, daß ein gewisser Satz von Nebenbedingungen vorliegt. Beispielsweise kann die Variable i zwischen verschiedenen Geschwindigkeiten unterscheiden. Dann werden wir als Nebenbedingung annehmen, daß die gesamte kinetische Energie der Teilchen konstant ist. Bezeichnen wir die kinetische Energie eines Teilchens der Masse m und der Geschwindigkeit v_i durch f_i ($f_i = (m/2)v_i^2$), dann ist die mittlere kinetische Energie pro Teilchen durch

$$\sum_i p_i f_i = E_{\text{kin}} \tag{3.43a}$$

gegeben. Im allgemeinen Fall wird das einzelne System i durch Größen $f_i^{(k)}$, $k = 1, 2, \ldots, M$ (Ort, kinetische Energie oder andere typische Eigenschaften) charakterisiert. Sind diese Eigenschaften additiv und werden die zugehörigen Summen mit Werten f_k festgehalten, dann nehmen die Nebenbedingungen die Form

$$\sum_i p_i f_i^{(k)} = f_k \tag{3.44}$$

an. Weiter haben wir die Nebenbedingung, daß die Wahrscheinlichkeitsverteilung normiert sein muß, hinzuzufügen:

$$\sum_i p_i = 1\,. \tag{3.45}$$

Unser Problem, das Extremum von (3.42) unter den Nebenbedingungen (3.44) und (3.45) aufzufinden, kann mit der Methode der Lagrange-Multiplikatoren λ_k gelöst werden, $k = 1, 2, \ldots, M$, (Abschn. 3.1). Wir multiplizieren dazu die linke Seite von (3.44) mit λ_k und die von (3.45) mit $(\lambda - 1)$. Schließlich bilden wir die Summe über die so erhaltenen Ausdrücke. Wir subtrahieren dann das Gesamtergebnis von $(1/k_\mathrm{B}) \cdot S$. Der Faktor $1/k_\mathrm{B}$ gibt zu einer bestimmten Normierung von λ und λ_k Anlaß. Wir müssen nun die gesamte Summe bezüglich p_i variieren

$$\delta\left[\frac{1}{k_\mathrm{B}} S - (\lambda - 1)\sum_i p_i - \sum_k \lambda_k \sum_i p_i f_i^{(k)}\right] = 0\,. \tag{3.46}$$

Differentiation nach p_i sowie Nullsetzen des resultierenden Ausdrucks liefert

$$-\ln p_i - 1 - (\lambda - 1) - \sum_k \lambda_k f_i^{(k)} = 0 . \tag{3.47}$$

Daraus ergibt sich sehr einfach die Lösung für p_i, nämlich

$$p_i = \exp\,(-\lambda - \sum_k \lambda_k f_i^{(k)}) . \tag{3.48}$$

Setzt man (3.48) in (3.45) ein, dann erhält man

$$\mathrm{e}^{-\lambda} \sum_i \exp\,(-\sum_k \lambda_k f_i^{(k)}) = 1 . \tag{3.49}$$

Es erweist sich jetzt als zweckmäßig, die Summe über i, $\sum_i$ in (3.49) durch

$$\sum_i \exp\,(-\sum_k \lambda_k f_i^{(k)}) = Z(\lambda_1, \ldots, \lambda_M) \tag{3.50}$$

abzukürzen. Z bezeichnen wir als Zustandssumme. Setzen wir (3.50) in (3.49) ein, dann erhalten wir

$$\mathrm{e}^{\lambda} = Z \tag{3.51}$$

oder

$$\lambda = \ln Z . \tag{3.52}$$

(3.52) ermöglicht uns die Bestimmung von λ, sofern die λ_k bestimmt sind. Um Gleichungen für die λ_k aufzufinden, setzen wir (3.48) in die Gleichungen für die Nebenbedingungen (3.44) ein, um sofort

$$\langle f_i^{(k)} \rangle = \sum_i p_i f_i^{(k)} = \mathrm{e}^{-\lambda} \sum_i \exp\,(-\sum_l \lambda_l f_i^{(l)}) \cdot f_i^{(k)} \tag{3.53}$$

zu erhalten. Gleichung (3.53) hat eine sehr ähnliche Struktur wie (3.50). Der Unterschied zwischen diesen beiden Ausdrücken rührt daher, daß in (3.53) jede Exponentialfunktion noch mit $f_i^{(k)}$ multipliziert wird. Wir können jedoch die Summe, die in (3.53) auftritt, sehr leicht durch Differentiation von (3.50) nach λ_k erhalten. Drücken wir den ersten Faktor auf der rechten Seite von (3.53) durch Z gemäß (3.51) aus, so erhalten wir

$$\langle f_i^{(k)} \rangle = \frac{1}{Z}\left(-\frac{\partial}{\partial \lambda_k}\right) \underbrace{\sum_i \exp\,(-\sum_l \lambda_l f_i^{(l)})}_{Z} \tag{3.54}$$

oder in noch knapperer Form

$$f_k \equiv \langle f_i^{(k)} \rangle = -\frac{\partial \ln Z}{\partial \lambda_k} . \tag{3.55}$$

Da die linke Seite festgelegt ist – vgl. (3.44) – und Z durch (3.50) in spezieller Form als Funktion der λ_k gegeben ist, stellt (3.55) eine prägnante Fassung des Gleichungssystems für die λ_k dar.

Ferner wollen wir eine Formel angeben, die für uns später noch von Nutzen sein wird. Setzen wir (3.48) in (3.42) ein, erhalten wir

$$\frac{1}{k_B} S_{\max} = \lambda \sum_i p_i + \sum_k \lambda_k \sum_i p_i f_i^{(k)} . \tag{3.56}$$

Unter Verwendung von (3.44) und (3.45) kann man auch schreiben

$$\frac{1}{k_B} S_{\max} = \lambda + \sum_k \lambda_k f_k . \tag{3.57}$$

Das Maximum der Informationsentropie kann also durch die Mittelwerte f_k und die Parameter λ_k dargestellt werden. Leser, die mit den Lagrange-Gleichungen erster Art der Mechanik vertraut sind, werden sich erinnern, daß die Lagrange-Parameter dort eine physikalische Bedeutung besitzen, nämlich die von Kräften. Ähnlich werden wir später sehen, daß die Lagrange-Parameter λ_k eine physikalische (oder chemische oder biologische usw.) Interpretation finden werden. Nach der Ableitung der obigen Formeln [d.h. der Formeln (3.48, 52) zusammen mit (3.42, 55 und 57)] ist unsere ursprüngliche Aufgabe, die p und $S_{\max}$ zu finden, abgeschlossen.

Wir wollen nun einige weitere hilfreiche Beziehungen herleiten. Zuerst untersuchen wir, wie sich die Informationsentropie $S_{\max}$ verändert, wenn wir die Funktionen $f_i^{(k)}$ und f_k in (3.44) variieren. Da S in Übereinstimmung mit (3.57) nicht nur von den f, sondern zusätzlich von λ und den λ_k abhängt, müssen wir etwas vorsichtig sein, wenn wir die Ableitungen nach den f_k berechnen. Aus diesem Grund berechnen wir zunächst die Änderung von λ aus (3.52):

$$\delta\lambda \equiv \delta \ln Z = \frac{1}{Z} \delta Z .$$

Setzen wir (3.50) für Z ein, dann erhalten wir

$$\delta\lambda = \mathrm{e}^{-\lambda} \sum_i \sum_k (-\delta\lambda_k f_i^{(k)} - \lambda_k \delta f_i^{(k)}) \exp(-\sum_l \lambda_l f_i^{(l)}) .$$

Berücksichtigen wir die Definition der p_i, (3.48), so läßt sich der Ausdruck umformen:

$$\delta\lambda = -\sum_k (\delta\lambda_k \sum_i p_i f_i^{(k)} + \lambda_k \sum_i p_i \delta f_i^{(k)}) .$$

Gleichung (3.53) und eine analoge Definition von $\langle \delta f_i^{(k)} \rangle$ erlauben uns, die letzte Zeile als

$$= -\sum_k (\delta\lambda_k \langle f_i^{(k)} \rangle + \lambda_k \langle \delta f_i^{(k)} \rangle) \tag{3.58}$$

zu schreiben. Setzen wir diesen Ausdruck in die Gleichung für $\delta S_{\max}$ aus (3.57) ein, dann stellt sich heraus, daß die Variation der λ_k herausfällt, und der Ausdruck

$$\delta S_{\max} = k_B \sum_k \lambda_k (\delta \langle f_i^{(k)} \rangle - \langle \delta f_i^{(k)} \rangle) \tag{3.59}$$

übrig bleibt. Wir schreiben diesen in der Form

$$\delta S_{\max} = k_B \sum_k \lambda_k \delta Q_k , \tag{3.60}$$

wobei wir vermittels

$$\delta Q_k = \delta \langle f_i^{(k)} \rangle - \langle \delta f_i^{(k)} \rangle \tag{3.61}$$

eine „verallgemeinerte Wärmemenge" definiert haben. Die Bezeichnung „verallgemeinerte Wärmemenge" wird uns noch klarer werden, sobald wir den Zusammenhang mit der Thermodynamik hergestellt haben. In Analogie zu (3.55) kann ein einfacher Ausdruck für die Varianz von $f_i^{(k)}$ [vgl. (2.33)] hergeleitet werden:

$$\langle f_i^{(k)2} \rangle - \langle f_i^{(k)} \rangle^2 = \frac{\partial^2 \ln Z}{\partial \lambda_k^2} . \tag{3.62}$$

Bei vielen praktischen Beispielen hängt $f_i^{(k)}$ noch von einer weiteren Größe α (oder einem Satz solcher Größen $\alpha_1, \alpha_2, \ldots$) ab. Wir sind dann an der Änderung des Mittelwerts (3.44) interessiert, wenn α verändert wird. Leiten wir $f_{i,\alpha}^{(k)}$ nach α ab und mitteln, dann ergibt sich

$$\left\langle \frac{\partial f_{i,\alpha}^{(k)}}{\partial \alpha} \right\rangle = \sum_i p_i \frac{\partial f_{i,\alpha}^{(k)}}{\partial \alpha} . \tag{3.63}$$

Verwendet man die p_i in der Form (3.48) und benützt (3.51), kann (3.63) auf die Form

$$\frac{1}{Z} \sum_i \frac{\partial f_{i,\alpha}^{(k)}}{\partial \alpha} \exp\left(-\sum_j \lambda_j f_{i,\alpha}^{(j)}\right) \tag{3.64}$$

gebracht werden. Dieser Ausdruck kann ohne besondere Mühe als Ableitung von Z nach α dargestellt werden:

$$(3.64) = -\frac{1}{Z} \frac{1}{\lambda_k} \frac{\partial Z}{\partial \alpha} . \tag{3.65}$$

Wir werden so auf die Endformel

$$-\frac{1}{\lambda_k} \frac{\partial \ln Z}{\partial \alpha} = \left\langle \frac{\partial f_{i,\alpha}^{(k)}}{\partial \alpha} \right\rangle \tag{3.66}$$

geführt. Sind mehrere Parameter α_l zu berücksichtigen, kann diese Formel ohne weiteres verallgemeinert werden; man hat nur die α, nach denen differenziert wird, auf der rechten und linken Seite mit diesem Index l zu versehen.

Wie wir bereits mehrmals gesehen haben, ist die Größe Z (vgl. (3.50)) oder ihr Logarithmus eine besonders hilfreiche Funktion, siehe z. B. (3.55, 62 und 66). Wir wollen uns davon überzeugen, daß $\ln Z \equiv \lambda$ – (3.52) – direkt aus einem Variationsprinzip bestimmt werden kann. Ein Blick auf (3.46) zeigt nämlich, daß diese Gleichung auch folgendermaßen interpretiert werden kann: Man bestimme den Extremwert von

$$\frac{1}{k_\mathrm{B}} S - \sum_k \lambda_k \sum_i p_i f_i^{(k)} \tag{3.67}$$

unter der einzigen Nebenbedingung

$$\sum p_i = 1\,! \tag{3.68}$$

Tatsächlich ist auf Grund von (3.44, 57 und 52) das Extremum von (3.67) mit $\ln Z$ identisch. Es ist dabei zu bedenken, daß die Bedeutung des Variationsprinzips für $\ln Z$ von dem für S verschieden ist. Im letzteren Fall hatten wir das Maximum von S unter den Nebenbedingungen (3.44, 45) bei festem f_k und unbekanntem λ_k zu bestimmen. Jetzt kommt nur eine Nebenbedingung, nämlich (3.68) zum Zuge, und die λ_k werden als *gegeben* angenommen. Wie ein derartiges Umschalten von einem Satz festgehaltener Größen zu einem neuen durchgeführt werden kann, wird das folgende Beispiel aus der Physik klarer machen, das zudem viele weitere Aspekte des Vorangegangenen erhellen wird.

Aufgaben

Die Beantwortung der folgenden Fragen soll ein Gefühl dafür vermitteln, wieviel durch das Extremalprinzip erreicht wird.

1) Man bestimme alle Lösungen von $p_1 + p_2 = 1,$ (A.1)

alle Lösungen von $p_1 + p_2 + p_3 = 1\,,$ (A.2)

alle Lösungen von $\sum_i p_i = 1\,,$ (A.3)

wobei $0 \leqslant p_i \leqslant 1$ sein soll.

2) Zusätzlich zu (A.1) – (A.3) soll eine weitere Nebenbedingung (3.44) vorgegeben sein. Man bestimme für diesen Fall alle Lösungen p_i.

Hinweis: Man interpretiere (A.1) – (A.3) als Gleichungen in der (p_1, p_2)-Ebene, im (p_1, p_2, p_3)-Raum, im n-dimensionalen Raum. Welche geometrische Interpretation haben zusätzliche Nebenbedingungen? Was bedeutet eine spezielle Lösung $p_1^{(0)}, \ldots, p_n^{(0)}$ im $(p_1, p_2, \ldots, p_n)$-Raum?

3.4 Ein Beispiel der Physik: Die Thermodynamik

Um die Bedeutung des Index i zu erkennen, wollen wir ihn mit der Geschwindigkeit eines Teilchens identifizieren. In einer anspruchsvolleren Theorie wäre p_i etwa die Besetzungswahrscheinlichkeit für einen Quantenzustand bei einem Vielteilchenproblem. Weiterhin identifizieren wir $f_{i,\alpha}^{(k)}$ mit der Energie E und den Parameter α mit dem Volumen V. Wir setzen also

$$f_{i,\alpha}^{(k)} = E_i(V); \quad k = 1\,, \tag{3.69}$$

wobei wir folgende Zuordnungen vornehmen

$$f_1 \leftrightarrow U \equiv \langle E_i \rangle; \alpha \leftrightarrow V; \lambda_1 = \beta\,. \tag{3.70}$$

Insbesondere haben wir $\lambda_1 = \beta$ gesetzt. Damit sind wir in der Lage, eine Reihe von früheren Formeln so anzugeben, daß sie unmittelbar mit bekannten Beziehungen der Thermodynamik und der statistischen Mechanik identifiziert werden können. Anstelle von (3.48) finden wir

$$p_i = \mathrm{e}^{-\lambda - \beta E_i(V)}. \tag{3.71}$$

Das ist die berühmte *Boltzmannsche Verteilungsfunktion.* Gleichung (3.57) erhält die Gestalt

$$\frac{1}{k_\mathrm{B}} S_{\max} = \ln Z + \beta U \tag{3.72}$$

und nach einer kleinen Umformung

$$U - \frac{1}{k_\mathrm{B}\beta} S_{\max} = -\frac{1}{\beta} \ln Z\,. \tag{3.73}$$

Diese Gleichung ist in der Thermodynamik und statistischen Mechanik wohl bekannt. Der erste Term kann als die innere Energie U interpretiert werden, $1/\beta$ ist die absolute Temperatur T multipliziert mit der Boltzmann-Konstanten k_B, $S_{\max}$ ist die Entropie. Die rechte Seite schließlich stellt die freie Energie $\mathscr{F}$ dar, so daß (3.73) in der Schreibweise der Thermodynamik lautet:

$$U - TS = \mathscr{F}. \tag{3.74}$$

Durch Vergleich finden wir

$$\mathscr{F} = -k_\mathrm{B} T \ln Z \tag{3.75}$$

und $S = S_{\max}$. Wir wollen deshalb im folgenden den Index „max" weglassen. Gleichung (3.50) lautet jetzt

$$Z = \sum_i \mathrm{e}^{-\beta E_i} \tag{3.76}$$

und ist nichts anderes als die gewöhnliche Zustandssumme. Eine ganze Reihe weiterer Identitäten der Thermodynamik können durch Anwendung obiger Formeln leicht nachgeprüft werden.

Das einzige Problem, das einen gewissen Aufwand erfordert, ist die Identifizierung von *abhängigen* und *unabhängigen* Variablen. Wir wollen von der Informationsentropie $S_{\max}$ ausgehen. Sie tritt in (3.57) als Funktion von λ, den λ_k und f_k auf. λ und die λ_k sind jedoch durch diejenigen Gleichungen festgelegt, die die f_k und $f_i^{(k)}$ als *vorgegebene* Größen – vgl. (3.50, 52 und 53) – enthalten. Dementsprechend sind die unabhängigen Variablen die f_k, $f_i^{(k)}$, die abhängigen λ, λ_k und auf Grund von (3.57) $S_{\max}$. In der Praxis sind die $f_i^{(k)}$ bestimmte Funktionen von i (z. B. der Energie des Zustandes „i"), die noch von Parametern α [z. B. dem Volumen, vgl. (3.69)] abhängen. Die tatsächlich unabhängigen Variablen sind also bei unserem Vorgehen die f_k (wie oben) und die α. Zusammenfassend schließen wir daraus $S = S(f_k, \alpha)$. In unserem Beispiel ist $f_1 = E \equiv U$, $\alpha = V$, woraus folgt

$$S = S(U, V)\,. \tag{3.77}$$

Wir wollen nun unsere allgemeine Beziehung (3.59) auf unser spezifisches Modell anwenden. Variieren wir nur die innere Energie U und lassen V ungeändert, dann ist

$$\delta\langle f_i^{(1)}\rangle \equiv \delta f_1 \equiv \delta U \neq 0\,, \tag{3.78}$$

und

$$\delta f_{i,\alpha}^{(1)} \equiv \delta E_i(V) = [\delta E_i(V)/\delta V]\,\delta V = 0 \tag{3.79}$$

und deshalb

$$\delta S = k_{\mathrm{B}}\lambda_1\,\delta U$$

oder

$$\frac{\delta S}{\delta U} = k_{\mathrm{B}}\lambda_1 (\equiv k_{\mathrm{B}}\beta)\,. \tag{3.80}$$

In Übereinstimmung mit der Thermodynamik definiert die linke Seite von (3.80) das Inverse der absoluten Temperatur

$$\delta S/\delta U = 1/T\,. \tag{3.81}$$

Daraus ergibt sich $\beta = 1/(k_{\mathrm{B}}T)$, wie wir bereits oben antizipiert haben. Variieren wir andererseits V und halten U fest, d. h.

$$\delta\langle f_i^{(1)}\rangle = 0\,, \tag{3.82}$$

aber

$$\langle \delta f_i^{(1)} \rangle = \langle \delta E_i(V)/\delta V \rangle \cdot \delta V \neq 0\,, \tag{3.83}$$

dann führt (3.59) auf

$$\delta S = k_{\mathrm{B}}(-\lambda_1)\langle \delta E_i(V)/\delta V \rangle \delta V$$

oder

$$\frac{\delta S}{\delta V} = -\frac{1}{T}\langle \delta E_i(V)/\delta V \rangle\,. \tag{3.84}$$

Da uns die Thermodynamik lehrt, daß

$$\frac{\delta S}{\delta V} = \frac{P}{T} \tag{3.85}$$

gilt, wobei P den Druck bedeutet, finden wir durch Vergleich mit (3.84)

$$\langle \delta E_i(V)/\delta V \rangle = -P\,. \tag{3.86}$$

Variieren wir U *und* V und setzen (3.81 und 85) in (3.59) ein, erhalten wir

$$\delta S = \frac{1}{T}\delta U + \frac{1}{T}P\delta V\,. \tag{3.87}$$

In der Thermodynamik ist die rechte Seite gleich dQ/T, mit dQ als Wärmemenge. Damit haben wir die Begriffsbildung „verallgemeinerte Wärme" erklärt, die wir im Anschluß an (3.61) eingeführt hatten. Unsere Überlegungen können auf viele Teilchensorten verallgemeinert werden, deren Mittelwerte $\bar{N}_k$, $k = 1, \ldots, m$, vorgeschriebene Größen sind. Wir identifizieren deshalb f_1 mit E, aber $f_{k'+1}$ mit $\bar{N}_{k'}$, $k' = 1, \ldots, m$ (man beachte die Verschiebung des Index!). Da jede Teilchensorte l in verschiedener Anzahl N_l vorliegen kann, erweitern wir den Index i zu $i, N_1, \ldots, N_m$ und setzen

$$f_i^{(k+1)} \to f_{i,N_1,\ldots,N_m}^{(k+1)} = N_k\,.$$

Um die Übereinstimmung mit der Thermodynamik zu wahren, setzen wir

$$\lambda_{k+1} = -\frac{1}{k_{\mathrm{B}}T}\cdot \mu_k\,, \tag{3.88}$$

wobei μ_k als chemisches Potential bezeichnet wird. Die Gl. (3.57) zusammen mit (3.52) nimmt jetzt (nach Multiplikation beider Seiten mit $k_{\mathrm{B}}T$) die Form

$$TS = \underbrace{k_{\mathrm{B}}T\ln Z}_{-\mathcal{F}} + U - \mu_1\bar{N}_1 - \mu_2\bar{N}_2 - \cdots - \mu_m\bar{N}_m \tag{3.89}$$

an. Gleichung (3.59) erlaubt die folgende Identifizierung:

$$\frac{\delta S}{\delta N_k} = -k_B \lambda_{k+1} = \frac{1}{T} \mu_k \,. \tag{3.90}$$

Die Zustandssumme lautet

$$Z = \sum_{N_1 N_2 \dots N_m} \sum_i \exp\left\{ -\frac{1}{k_B T} [E_i(V) - \mu_1 N_1 - \dots - \mu_m N_m] \right\}. \tag{3.91}$$

Obwohl obige Überlegungen außerordentlich hilfreich sind zur Diskussion der irreversiblen Thermodynamik (s. den folgenden Abschn. 3.5), wird in der Thermodynamik selbst die Rolle zwischen abhängigen und unabhängigen Variablen teilweise vertauscht. Wir haben nicht vor, diese Transformationen, die zu den verschiedenen thermodynamischen Potentialen Anlaß geben (Gibbs, Helmholtz usw.), durchzuführen. Wir wollen vielmehr einen wichtigen Fall herausgreifen. Statt U, V (und $N_1, \dots, N_m$) als unabhängigen Variablen kann man V und $T = (\partial S/\partial U)^{-1}$ (und $N_1, \dots, N_m$) als neue unabhängige Variable einführen. Den $U-V$-Fall behandeln wir als Beispiel (formal setzen wir $\mu_1 = \mu_2 = \dots = 0$). Nach (3.75) ist die freie Energie $\mathscr{F}$ direkt als Funktion von T gegeben. Das Differential $\partial \mathscr{F}/\partial T$ führt auf

$$-\frac{\partial \mathscr{F}}{\partial T} = k_B \ln Z + \frac{1}{T} \frac{1}{Z} \sum_i E_i \mathrm{e}^{-\beta E_i} \,.$$

Der zweite Term auf der rechten Seite ist gerade U, so daß

$$-\frac{\partial \mathscr{F}}{\partial T} = k_B \ln Z + \frac{1}{T} U \,. \tag{3.92}$$

Vergleichen wir diese Relation mit (3.73), wobei $1/\beta = k_B T$, dann erhalten wir die wichtige Beziehung

$$-\frac{\partial \mathscr{F}}{\partial T} = S \,. \tag{3.93}$$

Den Index „max" haben wir dabei wieder weggelassen.

3.5* Ein Zugang zur irreversiblen Thermodynamik

Die Überlegungen des vorangegangenen Abschnitts erlauben uns in sehr einfacher Weise, die Konzepte der irreversiblen Thermodynamik einzuführen und verständlich zu machen. Wir betrachten ein System, das aus zwei Untersystemen zusammengesetzt ist, beispielsweise ein Gas bestehend aus Atomen, dessen Volumen in zwei Teilvolumina unterteilt ist. Wir nehmen an, daß die Wahrscheinlichkeitsverteilungen für beide Untersysteme, die p_i und p_i', vorgegeben sind. Wir können dann die zugehörigen Entropien für die Untersysteme definieren

$$S = -k_{\mathrm{B}} \sum_i p_i \ln p_i \tag{3.94a}$$

und

$$S' = -k_{\mathrm{B}} \sum_i p_i' \ln p_i' . \tag{3.94b}$$

Entsprechend sind die Nebenbedingungen in beiden Untersystemen durch

$$\sum_i p_i f_i^{(k)} = f_k \tag{3.95a}$$

und

$$\sum_i p_i' f_i^{(k)} = f_k' \tag{3.95b}$$

gegeben. Wir fordern, daß die Summen der f in beiden Untersystemen vorgeschriebene Konstanten sind

$$f_k + f_k' = f_k^0 \tag{3.96}$$

(z. B. die Gesamtzahl der Teilchen, die Gesamtenergie usw.). Entsprechend (3.57) kann man die Entropien durch

$$\frac{1}{k_{\mathrm{B}}} S = \lambda + \sum_k \lambda_k f_k \tag{3.97a}$$

und

$$\frac{1}{k_{\mathrm{B}}} S' = \lambda' + \sum_k \lambda_k' f_k' \tag{3.97b}$$

darstellen. (Hier wie im folgenden wird der Index „max" weggelassen.) Des weiteren führen wir die Summe der Entropien im Gesamtsystem ein

$$S + S' = S^0 . \tag{3.98}$$

Um die Verbindung zur irreversiblen Thermodynamik herzustellen, führen wir eine „extensive" Variable X ein. Extensiv werden Variable genannt, die bezüglich des Volumens additiv sind. Zerlegen wir also das System in zwei Volumina, so daß $V_1 + V_2 = V$, dann hat eine extensive Variable die Eigenschaft $X_{V_1} + X_{V_2} = X_V$. Beispiele bieten die Teilchenzahl, die Energie (falls die Wechselwirkung kurzreichweitig ist) usw. Wir unterscheiden die verschiedenen physikalischen Größen (Teilchenzahl, Energien usw.) durch einen oberen Index k; die Werte dieser Größen im Zustand i durch einen unteren Index (oder einen Satz von Indizes) i. Wir schreiben also $X_i^{(k)}$.

Beispiel: Wir wählen die Teilchenzahl und die Energie als extensive Variable. $k = 1$ beziehen wir auf die Teilchenzahl, $k = 2$ auf die Energie. Mithin gilt

$$X_i^{(1)} = N_i$$

und

$$X_i^{(2)} = E_i \,.$$

Offenbar haben wir $X_i^{(k)}$ mit $f_i^{(k)}$ zu identifizieren.

$$X_i^{(k)} \equiv f_i^{(k)} \,. \tag{3.99}$$

Entsprechend führen wir für die rechte Seite von Gl. (3.95) die Bezeichnung X_k ein. Im ersten Teil dieses Abschnitts lenken wir unsere Aufmerksamkeit auf den Fall, bei dem die extensiven Variablen X_k sich ändern können, die $X_i^{(k)}$ jedoch fest sind. Wir differenzieren (3.98) nach X_k. Verwenden wir (3.97) sowie

$$X_k + X_k' = X_k^0 \,, \tag{3.100}$$

vgl. (3.96), dann finden wir

$$\frac{\partial S^0}{\partial X_k} = \frac{\partial S}{\partial X_k} - \frac{\partial S'}{\partial X_k'} = k_{\mathrm{B}}(\lambda_k - \lambda_k') \,. \tag{3.101}$$

Betrachten wir ein Beispiel: Setzt man $X_k = U$ (innere Energie), dann ist $\lambda_k = \beta = 1/(k_{\mathrm{B}}T)$ (vgl. Abschn. 3.4). T bezeichnet wieder die absolute Temperatur.

Da wir *Prozesse* untersuchen wollen, lassen wir jetzt zu, daß die Entropie S von der Zeit abhängt. Präziser ausgedrückt, wir betrachten zwei Untersysteme mit den Entropien S und S', die anfangs unter verschiedenen Bedingungen gehalten werden, z. B. auf unterschiedlichen Temperaturen. Dann bringen wir diese Systeme zusammen, so daß beispielsweise Wärme ausgetauscht werden kann. Es ist typisch für die Untersuchungen der Thermodynamik, daß keine detaillierten Annahmen über den Transfermechanismus gemacht werden. Beispielsweise ignoriert man vollkommen die detaillierten Stoßmechanismen zwischen den Molekülen in Gasen oder Flüssigkeiten. Man behandelt die Mechanismen vielmehr in einer sehr globalen Weise, die von einem lokalen thermischen Gleichgewicht ausgeht. Dieses rührt von der Tatsache her, daß die Entropien S und S' genauso bestimmt werden wie für ein Gleichgewichtssystem bei gegebenen Nebenbedingungen. Bedingt durch den Transfer von Energie oder anderen physikalischen Größen, wird sich die Wahrscheinlichkeitsverteilung p_i verändern. So werden in einem Gas die Moleküle verschiedene kinetische Energien annehmen, sobald das Gas erwärmt wird. Dementsprechend werden sich die p_i ändern. Bei einem dauernden Transfer von Energie oder anderen Größen wird sich die Wahrscheinlichkeitsverteilung p_i ebenfalls laufend ändern. Mit der Änderung der p_i werden natürlich auch die Werte der f_k – vgl. (3.95a) oder (3.95b) – Funktionen der Zeit. Wir erweitern nun den Formalismus zum Auffinden des Entropiemaximums auf den zeitabhängigen Fall, d.h. wir stellen uns vor, daß die physikalischen Größen f_k als Funktionen der Zeit vorgegeben sind und die p_i durch Maximierung der Entropie

$$S = -k_B \sum_i p_i(t) \ln p_i(t) \tag{3.102}$$

und unter den Nebenbedingungen

$$\sum_i p_i(t) f_i^{(k)} = f_k(t) \tag{3.103}$$

bestimmt werden. Wir haben in (3.103) zugelassen, daß die f_k Funktionen der Zeit sind, z.B. wäre etwa die innere Energie eine Funktion der Zeit. Wir bestimmen nun die Zeitableitung von (3.102), wobei wir berücksichtigen, daß S über Nebenbedingungen (3.103) von $f_k \equiv X_k$ abhängt. Wir erhalten

$$\frac{dS}{dt} = \sum_k \frac{\partial S}{\partial X_k} \frac{dX_k}{dt} . \tag{3.104}$$

Wie wir bereits vorher gesehen haben – vgl. (3.101) –, führt

$$\frac{1}{k_B} \frac{\partial S}{\partial X_k} = \lambda_k \tag{3.105}$$

die Lagrange-Parameter ein, die die sogenannten intensiven Variablen definieren. Der zweite Faktor in (3.104) liefert uns die zeitliche Änderung der extensiven Größen X_k, z.B. die zeitliche Änderung der inneren Energie. Auf Grund der Existenz von Erhaltungssätzen, z.B. für die Energie, muß die Ab- und Zunahme der Energie durch einen Energiefluß zwischen verschiedenen Teilsystemen bedingt sein. Das führt dazu, den Fluß durch die Gleichung

$$J_k = \frac{dX_k}{dt} \tag{3.106}$$

zu definieren. Ersetzen wir in (3.104) S durch S^0 und verwenden (3.101) und (3.106), dann erhalten wir

$$\frac{dS^0}{dt} = \sum_k J_k(\lambda_k - \lambda_k') k_B . \tag{3.107a}$$

Die Differenz $(\lambda_k - \lambda_k')k_B$ wird als *verallgemeinerte thermodynamische Kraft* (oder *Affinität*) bezeichnet. Wir setzen deshalb

$$F_k = (\lambda_k - \lambda_k') k_B . \tag{3.107b}$$

Die Motivation für diese Nomenklatur wird aus den noch abzuhandelnden Beispielen klar werden. Mit (3.107b) können wir (3.107a) auf die Form

$$\frac{dS^0}{dt} = \sum_k F_k J_k \tag{3.108}$$

bringen. Diese Gleichung drückt die zeitliche Änderung der Entropie S^0 des Gesamtsystems (1 + 2) in Flüssen und Kräften aus. Ist $F_k = 0$, befindet sich das System im Gleichgewicht; sobald $F_k \neq 0$, treten irreversible Prozesse auf.

Beispiele: 1) Wir betrachten zwei Systeme, die durch eine wärmedurchlässige Wand getrennt sind, und wählen $X_k = U$ (U: innere Energie). Auf Grund der Thermodynamik ist

$$\frac{\partial S}{\partial U} = \frac{1}{T}, \tag{3.109}$$

und wir finden

$$F_k = \frac{1}{T} - \frac{1}{T'}. \tag{3.110}$$

Wir wissen, daß eine Temperaturdifferenz einen Wärmestrom verursacht. Die verallgemeinerten Kräfte treten also als Ursache für die Flüsse auf. 2) Als ein weiteres Beispiel betrachten wir X_k als Molzahl. Dann kann man folgendes ableiten:

$$F_k = (\mu'/T' - \mu/T). \tag{3.111}$$

Unterschiede im chemischen Potential μ geben zu einer Änderung der Molzahlen Anlaß.

In den obigen Beispielen 1) und 2) treten zugehörige Flüsse auf, nämlich der Wärmefluß in 1) und ein Teilchenfluß in 2). Wir wollen nun den Fall untersuchen, bei dem die *extensiven Variablen* X als *Parameter* α in den f auftreten. In diesem Fall haben wir zusätzlich zu (3.99)

$$X_k = \alpha_k, \tag{3.112}$$

$$f_i^{(k)} = f_{i,\alpha_1,\ldots,\alpha_j,\ldots}^{(k)}. \tag{3.113}$$

(Explizite Beispiele aus der Physik werden wir unten angeben.) Wir finden dann in Übereinstimmung mit (3.59) ganz allgemein

$$\frac{\partial S}{\partial \alpha_j} = \sum_k k_B \lambda_k \left(\frac{\partial f_k}{\partial \alpha_j} - \left\langle \frac{\partial f_{i,\alpha_1\ldots}^{(k)}}{\partial \alpha_j} \right\rangle \right). \tag{3.114}$$

Wir beschränken unsere weiteren Betrachtungen auf den Fall, wo f_k nicht von α abhängt, d.h. wir behandeln f_k und α als unabhängige Variable. (Beispiel: Bei

$$f_{i,\alpha} \equiv E_i(V) \tag{3.115}$$

ist das Volumen eine unabhängige Variable, und ebenso ist es die innere Energie $U = \langle E_i(V) \rangle$). Gleichung (3.114) vereinfacht sich dann auf

$$\frac{1}{k_\mathrm{B}} \frac{\partial S}{\partial \alpha_j} = \sum_k \lambda_k (-\langle \partial f^{(k)}_{i,\alpha_1,\ldots} / \partial \alpha_j \rangle) . \tag{3.116}$$

Für zwei Systeme, die durch (3.98) und (3.100) charakterisiert werden, haben wir nun die zusätzlichen Bedingungen

$$\alpha_j(t) + \alpha_j'(t) = \alpha_j^{(0)} . \quad (1 \leqslant j \leqslant m) . \tag{3.117}$$

(Z. B. α: Volumen.)

Die Änderung der Entropie des Gesamtsystems S^0 bezüglich der Zeit, $dS^{(0)}/dt$, kann nun mit Hilfe von (3.107a), (3.116) und (3.117) gefunden werden

$$\frac{1}{k_\mathrm{B}} \frac{dS^{(0)}}{dt} = \sum_k (\lambda_k - \lambda_k') \frac{dX_k}{dt} - \sum_{i,j,k} \left(\lambda_k \left\langle \frac{\partial X_i^{(k)}}{\partial \alpha_j} \right\rangle - \lambda_k' \left\langle \frac{\partial X_i'^{(k)}}{\partial \alpha_j'} \right\rangle \right) \cdot \frac{d\alpha_j}{dt} . \tag{3.118}$$

Verwendet man die Definitionen (3.106) und (3.107b) zusammen mit

$$\frac{d\alpha_j}{dt} = \tilde{J}_j \tag{3.119}$$

und

$$\tilde{F}_j = k_\mathrm{B} \sum_{i,k} \left(\lambda_k' \left\langle \frac{\partial X_i'^{(k)}}{\partial \alpha_j} \right\rangle - \lambda_k \left\langle \frac{\partial X_i^{(k)}}{\partial \alpha_j} \right\rangle \right), \tag{3.120}$$

dann können wir (3.118) auf die Form

$$\frac{dS^{(0)}}{dt} = \sum_{k=1}^{n} F_k J_k + \sum_{j=1}^{m} \tilde{F}_j \tilde{J}_j \tag{3.121}$$

bringen. Setzen wir

$$\left. \begin{array}{lll} \hat{F}_l = F_l;\ \hat{J}_l = J_l & \text{wenn} & 1 \leqslant l \leqslant n \\ \hat{F}_l = \tilde{F}_{l-n};\ \hat{J}_l = \tilde{J}_{l-n} & \text{wenn} & n+1 \leqslant l \leqslant n+m \end{array} \right\} , \tag{3.122}$$

dann kommen wir zu einer Gleichung von derselben Struktur wie (3.108), haben aber jetzt die Parameter α mit berücksichtigt,

$$\frac{dS^{(0)}}{dt} = \sum_l \hat{F}_l \hat{J}_l . \tag{3.123}$$

Die Bedeutung dieser Verallgemeinerung wird aus dem folgenden Beispiel klar werden, das wir bereits im vorhergehenden Abschnitt benützt haben ($\alpha = V$; $i \to i, N$):

$$\begin{aligned} f_{i,\alpha}^{(1)} &= E_i(V), \quad f_1 \equiv X_1 = U; \; \lambda_1 = \frac{1}{k_B T}, \\ f_{i,\alpha}^{(2)} &= N, \quad\quad f_2 \equiv X_2 = \bar{N}; \; \lambda_2 = \frac{-\mu}{k_B T}. \end{aligned} \tag{3.124}$$

Setzen wir (3.124) in (3.118) ein, dann kommen wir auf

$$\frac{dS^{(0)}}{dt} = \left(\frac{1}{T} - \frac{1}{T'}\right)\frac{dU}{dt} + \left(\frac{\mu'}{T'} - \frac{\mu}{T}\right)\frac{d\bar{N}}{dt} + \left(\frac{P}{T} - \frac{P'}{T'}\right)\frac{dV}{dt}. \tag{3.125}$$

Die Interpretation von (3.125) wird offensichtlich, wenn wir uns an das Beispiel (3.110, 111) erinnern. Die beiden ersten Terme sind in (3.107) enthalten, der andere ist eine Konsequenz der verallgemeinerten Gleichung (3.123).

Die Beziehung (3.125) gibt ein in der irreversiblen Thermodynamik wohl bekanntes Resultat wieder. Es ist jedoch evident, daß unser gesamter Formalismus auch auf ganz andere Disziplinen anwendbar ist, vorausgesetzt natürlich, daß ein Analogon zum lokalen Gleichgewicht existiert. Da die irreversible Thermodynamik hauptsächlich *kontinuierliche Systeme* behandelt, wollen wir nun demonstrieren, wie obige Überlegungen auch auf solche Systeme verallgemeinert werden können. Wir gehen dazu aus vom Ausdruck für die Entropie

$$S = -k_B \sum_i p_i \ln p_i \tag{3.126}$$

und nehmen an, daß die Wahrscheinlichkeitsverteilung p_i eine Funktion von Raum und Zeit ist.

Die grundlegende Idee ist die folgende. Wir unterteilen das gesamte kontinuierliche System in Untersysteme (oder das Gesamtvolumen in Teilvolumina) und nehmen an, daß jedes Teilvolumen so groß ist, daß wir immer noch die Methoden der Thermodynamik anwenden dürfen; andererseits jedoch sollen sie so klein sein, daß die Wahrscheinlichkeitsverteilung oder der Wert der extensiven Variablen f als konstant betrachtet werden kann. Wir nehmen wieder an, daß die p_i durch die Nebenbedingungen (3.103) instantan und lokal bestimmt sind, wobei $f_k(t)$ nun durch

$$f_k(x, t) \tag{3.127}$$

ersetzt werden muß. Wir überlassen es dem Leser als Übungsaufgabe, unsere Überlegungen auf den Fall auszudehnen, bei dem die $f^{(k)}$ von Parametern α abhängen,

$$f_{i,\alpha(x,t)}^{(k)}. \tag{3.128}$$

Wir lesen die Gleichungen

$$\sum_i p_i(x,t) f_i^{(k)}(x,t) = f_k(x,t) \tag{3.129}$$

so, als bestimmten sie die p_i. Die Entropie S dividieren wir durch das Volumen V_0 und untersuchen im folgenden die Änderung dieser Entropiedichte

$$s = \frac{S}{V_0}\,. \tag{3.130}$$

Wieder identifizieren wir die extensiven Variablen, die jetzt Funktionen von Raum und Zeit sind, mit den f

$$X_k \equiv f_k(x,t)\,. \tag{3.131}$$

Ferner ersetzen wir

$$\frac{X_k}{V_0} \to X_k, \quad \text{und} \quad \frac{f_k}{V_0} \to f_k\,. \tag{3.132}$$

Es bereitet keinerlei Schwierigkeiten, alle Überlegungen des Abschn. 3.3 für den Fall zu wiederholen, wo die f raum- und zeitabhängig sind. Man zeigt dann sofort, daß die Entropiedichte wieder in der Form

$$\frac{1}{k_{\mathrm{B}}} s = \lambda_0 + \sum_k \lambda_k(x,t) f_k(x,t) \tag{3.133}$$

angebbar wird, in Korrespondenz zu (3.97).

Wir haben vor, eine Kontinuitätsgleichung für die Entropiedichte abzuleiten, sowie explizite Ausdrücke für die lokale zeitliche Änderung der Entropie wie auch den Entropiefluß zu gewinnen. Wir behandeln zunächst die lokale zeitliche Änderung der Entropie. Dazu berechnen wir die Ableitung von (3.133). Wir erhalten [wie wir bereits in Formel (3.59) gesehen haben]

$$\frac{1}{k_{\mathrm{B}}} \frac{\partial s}{\partial t} = \sum_k \lambda_k \left(\frac{\partial}{\partial t} f_k - \left\langle \frac{\partial f^{(k)}}{\partial t} \right\rangle \right). \tag{3.134}$$

Wir konzentrieren uns auf den Fall, bei dem $\langle \partial f^{(k)}/\partial t \rangle$ verschwindet. $(\partial/\partial t) f_k$ liefert uns die lokale zeitliche Änderung der extensiven Variablen, z. B. der Energie, des Impulses usw. Da wir annehmen können, daß diese Variablen X_k einer Kontinuitätsgleichung der Form

$$\dot{X}_k + \nabla \boldsymbol{J}_k = 0 \tag{3.135}$$

genügen, wobei die $\boldsymbol{J}_k$ die zugehörigen Flüsse benennen, werden wir in (3.134) $\dot{X}_k$ durch $-\nabla \boldsymbol{J}_k$ ersetzen. Damit lautet (3.134)

$$\frac{1}{k_B}\frac{\partial s}{\partial t} = -\sum_k \lambda_k \nabla \boldsymbol{J}_k . \tag{3.136}$$

Verwenden wir die Identität $\lambda_k \nabla \boldsymbol{J}_k = \nabla(\lambda_k \boldsymbol{J}_k) - \boldsymbol{J}_k \nabla \lambda_k$ und ordnen in (3.136) die Terme um, dann kommen wir zu unserer endgültigen Relation

$$\frac{1}{k_B}\frac{\partial s}{\partial t} + \nabla \sum_k \lambda_k \boldsymbol{J}_k = \sum_k (\nabla \lambda_k)\boldsymbol{J}_k , \tag{3.137}$$

bei der die linke Seite die typische Form einer Kontinuitätsgleichung hat. Das legt den Gedanken nahe, die Größe

$$k_B \sum_k \lambda_k \boldsymbol{J}_k$$

als adäquaten Ausdruck für den Entropiefluß zu betrachten. Andererseits können wir die rechte Seite als lokale Produktionsrate der Entropie deuten. Wir schreiben also

$$\frac{ds}{dt} = k_B \sum_k (\nabla \lambda_k)\boldsymbol{J}_k . \tag{3.138}$$

Gleichung (3.137) kann jetzt folgendermaßen interpretiert werden: Die lokale Produktionsrate der Entropie führt zu einer zeitlichen Entropieänderung (erster Term auf der linken Seite) und einem Entropiefluß (zweiter Term). Die Bedeutung dieser Gleichung beruht darauf, daß die Größen $\boldsymbol{J}_k$ und $\nabla \lambda_k$ wieder mit makroskopisch meßbaren Größen identifiziert werden können. Ist beispielsweise $\boldsymbol{J}_k$ der Energiefluß, dann ist $k_B \nabla \lambda_k = \nabla(1/T)$ die thermodynamische Kraft. Eine wichtige Bemerkung muß hinzugefügt werden. Auf dem Gebiet der irreversiblen Thermodynamik müssen mehrere zusätzliche Hypothesen gemacht werden, um Bewegungsgleichungen für die Flüsse zu finden. Gewöhnlich trifft man die Annahmen 1) das System ist markovsch, d. h. die Flüsse zu einem vorgegebenen Moment sollen nur von den Affinitäten zur gleichen Zeit abhängen und 2) man beschränkt sich auf lineare Prozesse, bei denen die Flüsse proportional zu den Kräften sind. Damit ist gemeint, daß man die Gültigkeit von Gleichungen der Form

$$J_k = \sum L_{jk} F_j \tag{3.139}$$

annimmt. Die Koeffizienten L_{jk} heißen *Onsager-Koeffizienten.* Nehmen wir als Beispiel den Wärmefluß. Phänomenologisch ist er mit der Temperatur T über einen Gradienten verknüpft

$$\boldsymbol{J} = -\kappa \nabla T \tag{3.140}$$

oder, in etwas anderer Schreibweise

$$\boldsymbol{J} = \kappa T^2 \nabla \frac{1}{T} . \tag{3.141}$$

Vergleichen wir mit (3.139) und (3.138), dann werden wir $\nabla(1/T)$ als Affinität und κT^2 mit dem kinetischen Koeffizienten identifizieren. Weitere Beispiele sind das Ohmsche Gesetz der elektrischen Leitung oder das Ficksche Gesetz im Fall der Diffusion.

Im Vorhergehenden haben wir einen gerafften Überblick über einige grundlegende Beziehungen gegeben. Es gibt verschiedene wichtige Erweiterungen. Wo wir eine instantane Beziehung zwischen $p_i(t)$ und $f_k(t)$ – vgl. (3.129) – angenommen haben, wird neuerdings auch eine retardierte Beziehung [Zubarev u. a] postuliert. Auch ein derartiger Zugang enthält immer noch Einschränkungen, die wir in Abschn. 4.11 diskutieren werden.

Damit kommen wir zu der folgenden wichtigen Bemerkung. Die Annahme des lokalen thermischen Gleichgewichts ist fast zu einer Art Dogma der irreversiblen Thermodynamik geworden. So nützlich und wertvoll die irreversible Thermodynamik bei der Behandlung von Ausgleichsprozessen ist, so wenig kann sie andererseits zur Erklärung der *Strukturbildung* bei irreversiblen Prozessen beitragen. Wie wir nämlich in Abschn. 4.11 sehen werden, schließt die Annahme eines lokalen thermischen Gleichgewichts die Möglichkeit einer Strukturbildung gerade aus.

Aufgaben

1) Da $S^{(0)}$, S und S' in (3.98) nach (3.42) durch die Wahrscheinlichkeitsdichten $p_i \ldots$ ausgedrückt werden können, wird es interessant, die Implikationen der Additivitätsrelation (3.98) für die p zu untersuchen. Dazu beweise man das Theorem: Gegeben seien die Entropien (wir lassen den gemeinsamen Faktor k_B weg)

$$S^{(0)} = -\sum_{i,j} p(i,j) \ln p(i,j)\,, \tag{A.1}$$

$$S = -\sum_i p_i \ln p_i\,, \tag{A.2}$$

$$S' = -\sum_j p'_j \ln p'_j\,, \tag{A.3}$$

wobei

$$p_i = \sum_j p(i,j)\,, \tag{A.4}$$

$$p'_j = \sum_i p(i,j)\,. \tag{A.5}$$

Man beweise, daß die Entropien additiv sind, d. h. es gilt

$$S^{(0)} = S + S' \tag{A.6}$$

dann und nur dann, wenn

$$p(i,j) = p_i p'_j \tag{A.7}$$

(d. h. die Verbundwahrscheinlichkeit $p(i, j)$ ist ein Produkt oder, mit anderen Worten, die Ereignisse $X = i$, $Y = j$ sind statistisch unabhängig).

Hinweis: 1) Um das „dann“ zu beweisen, setze man (A.7) in (A.1) und verwende $\sum_i p_i = 1$, $\sum_j p_j' = 1$.

2) Um „nur dann“ zu beweisen, gehe man von (A.6) aus, setze in die linke Seite (A.1) ein, auf der rechten (A.2) und (A.3). Das führt schließlich auf

$$\sum_{ij} p(i, j) \ln (p(i, j)/(p_i p_j')) = 0 .$$

Man verwende jetzt die Eigenschaft (3.41) von $K(p, p')$ und ersetze in (3.38) den Index k durch den Doppelindex i, j.

2) Man verallgemeinere (3.125) auf mehrere Teilchenzahlen N_k.

3.6 Die Entropie – Fluch der statistischen Mechanik?

Wir haben in den vorangegangenen Abschnitten gesehen, daß sich die wichtigen Relationen der Thermodynamik in natürlicher Weise aus dem Konzept der Informationstheorie herauskristallisieren lassen. Leser, denen entsprechende Ableitungen in der Thermodynamik bekannt sind, werden zugeben, daß der vorliegende Zugang seine eigene Eleganz besitzt. Trotzdem bleiben noch tiefgreifende Fragen und Probleme hinter Information und Entropie bestehen. Ursprünglich haben wir uns vorgestellt, eine „unvoreingenommene Schätzung“ über die p_i anzustellen. Wie wir gesehen haben, fallen diese p_i aus den thermodynamischen Relationen heraus, so daß es scheinbar keine Rolle spielt, wie sie explizit aussehen. Es hat sogar keinen Einfluß, wie die Zufallsgrößen, über deren Werte i wir aufsummieren, gewählt wurden. Dies ist in völliger Übereinstimmung mit dem sogenannten subjektivistischen Zugang zur Informationstheorie. Dort begnügen wir uns nämlich damit, daß uns nur beschränkte Kenntnis zur Verfügung steht, die in unserem Fall durch die Nebenbedingungen repräsentiert wird.

Es gibt daneben jedoch eine andere Schule, die sogenannte objektivistische. Entsprechend ihrer Intention sollte es zumindest im Prinzip möglich sein, die p_i direkt zu bestimmen. Wir haben dann zu prüfen, ob obiger Zugang mit den direkt bestimmten p_i übereinstimmt. Betrachten wir als Beispiel die Physik. Zunächst können wir eine notwendige Bedingung aufstellen. In der statistischen Mechanik nimmt man an, daß die p_i die Liouville-Gleichung, eine völlig deterministische Gleichung (vgl. die Übungen zu Abschn. 6.3), erfüllen.

Wir wollen nun ein zeitabhängiges Problem betrachten. Für diesen Fall besagt eines der grundlegenden Postulate der Thermodynamik, daß die Entropie im abgeschlossenen System zunehmen muß. Andererseits genügen die p_i der Liouville-Gleichung; und ist der Anfangszustand des Systems mit Sicherheit bekannt, dann kann streng gezeigt werden, daß S zeitunabhängig ist. Man kann das folgendermaßen plausibel machen: Wir wollen den Index i mit der Koordinate q oder mit Zellindizes in einem Raum (tatsächlich handelt es sich um einen hochdimensionalen Raum von Orten und Impulsen) identifizieren. Da die p_i einer deterministischen Gleichung genügen, wissen wir in jedem Moment, daß $p_i = 1$, wenn die Zelle besetzt ist, und $p_i = 0$, sobald die Zelle unbesetzt ist. Damit bleibt die Information gleich Null, denn über die gesamte Zeit hinweg besteht keinerlei Unsicherheit. Um die Forderung nach dem Anwachsen der Entropie auch tatsächlich zu verwirklichen, sind zwei Methoden vorgeschlagen worden:

1) Man mittelt die Wahrscheinlichkeitsverteilung über kleine Volumina[2], wobei man p_i durch $1/(\Delta V) \cdot \int p_i dV = \bar{P}_i$ ersetzt und dann $S = -k_B \sum_i \bar{P}_i \ln \bar{P}_i$ (oder vielmehr ein Integral über i) bildet. Dieses S wird als „grobkörnige Entropie" bezeichnet. Durch die Mittelung berücksichtigen wir, daß eben keine vollständige Kenntnis über den Anfangszustand vorliegt. Man kann jetzt zeigen, daß sich die Anfangsverteilung mehr und mehr verbreitert. Damit vergrößert sich die Unsicherheit bezüglich der tatsächlichen Verteilung, was sich in einem Anwachsen der Entropie niederschlägt. Die grundlegende Idee der Vergröberung kann folgendermaßen veranschaulicht werden (Seite 1). Betrachten wir einen Tintentropfen, der in Wasser gebracht wurde. Folgen wir den einzelnen Tintenteilchen, sind deren Wege vollständig bestimmt. Mitteln wir aber über Volumina, dann wird der Zustand immer diffuser. Dieser Zugang hat einen gewissen Nachteil; es stellt sich nämlich heraus, daß das Anwachsen der Entropie von der Art der Mittelung abhängt.

2) In einem zweiten Zugang nehmen wir an, daß es unmöglich ist, die Zeitabhängigkeit der p_i aufgrund der deterministischen Gleichungen der Mechanik zu ermitteln. In der Tat ist es unmöglich, die Wechselwirkung des Systems mit seiner Umgebung zu vernachlässigen. Das System ist kontinuierlich Fluktuationen, die von der äußeren Welt herrühren, ausgesetzt. Das können, falls keine anderen Kontakte möglich sind, Vakuumfluktuationen des elektrischen Feldes, Fluktuationen des Gravitationsfeldes usw. sein. In der Praxis sind solche Wechselwirkungen sehr viel gewichtiger und können über „Wärmebäder" oder „Reservoire" (Kap. 6) berücksichtigt werden. Das ist ganz besonders dann der Fall, wenn wir es mit *offenen Systemen* zu tun haben, wo wir Zerfallskonstanten und Übergangsraten oft explizit benötigen. Wir werden uns in unserem Buch auf den Standpunkt stellen, daß die p_i sich – zumindest bis zu einem gewissen Grad – immer verbreitern, was automatisch zu einem Anwachsen der Entropie führt (in einem abgeschlossenen System) oder allgemeiner, zu einem Abnehmen des Informationsgewinns (vgl. Abschn. 3.2) in einem offenen (oder abgeschlossenen) System (Details liefern die Aufgaben 1) und 2) von Abschn. 5.3).

Platzgründe erlauben uns nicht, dieses Problem detaillierter zu diskutieren. Wir nehmen an, daß der Leser mehr lernen wird, wenn er sich um explizite Beispiele kümmert. Solche werden später in Kap. 4 im Zusammenhang mit der Master-Gleichung dargestellt, dann in Kap. 6 im Zusammenhang mit der Fokker-Planck-Gleichung und Langevin-Gleichung, in den Kap. 8 und 10 durch explizite Beispiele. Weiterhin wird der Einfluß von Fluktuationen auf das Entropieproblem im Abschn. 4.10 diskutiert.

---

[2] Gemeint sind hier Volumina im Phasenraum

4. Der Zufall

Wie weit kommt ein Betrunkener?

Während wir in Kap. 2 ein festes Wahrscheinlichkeitsmaß betrachteten, untersuchen wir nun stochastische Prozesse, bei denen sich das Wahrscheinlichkeitsmaß zeitlich ändert. Wir werden zunächst Modelle zur Brownschen Bewegung als Beispiele für völlig regellose Bewegung behandeln. Sodann werden wir zeigen, wie immer weitere zusätzliche Nebenbedingungen – beispielsweise im Zusammenhang mit der Master-Gleichung – den stochastischen Prozeß immer mehr in einen deterministischen Prozeß überführen.

Dieses Kap. 4 wie auch Kap. 5 sind gleichermaßen von Wichtigkeit für alles folgende. Kapitel 4 ist etwas schwieriger zu verstehen, Studenten werden wohl leichter zuerst Kap. 5 lesen und dann 4. Andererseits setzt Kap. 4 direkt die Linie der Gedanken aus den Kap. 2 und 3 fort. In jedem Fall können Abschnitte, die in der Überschrift mit einem Stern versehen sind, beim ersten Lesen ausgelassen werden.

4.1 Ein Modell für die Brownsche Bewegung

Dieses Kapitel soll einen dreifachen Zweck erfüllen. 1) Wir beschreiben das einfachste Beispiel eines stochastischen Prozesses. 2) Wir werden zeigen, wie die Wahrscheinlichkeit in diesem Falle explizit angegeben werden kann. 3) Wir können zeigen, was passiert, wenn die Wirkungen vieler unabhängiger Ereignisse zusammentreffen. Die Binomialverteilung, die wir in Abschn. 2.11 hergeleitet haben, erlaubt uns, die Brownsche Bewegung auf amüsante Weise abzuhandeln. Zunächst erläutern wir, was mit Brownscher Bewegung gemeint ist. Wird ein kleines Teilchen in eine Flüssigkeit gebracht, dann beobachtet man unter dem Mikroskop eine Zickzackbewegung dieses Teilchens. In unserem Modell werden wir annehmen, daß sich das Teilchen entlang einer eindimensionalen Kette bewegt. Dort soll es von einem Punkt zu den beiden benachbarten mit *gleicher Wahrscheinlichkeit* springen können. Wir fragen nun nach der Wahrscheinlichkeit, daß das Teilchen nach n Sprüngen eine Distanz x, vom Ausgangspunkt gemessen, zurückgelegt hat. Nennen wir die Bewegung nach rechts Erfolg, die nach links Mißerfolg, wird die endgültige Position des Teilchens nach, sagen wir, s Erfolgen und $n - s$ Mißerfolgen erreicht. Ist die Distanz für den einzelnen Sprung a, dann wird der erreichte Abstand x

$$x = a(s - (n - s)) = a(2s - n) . \tag{4.1}$$

Daraus ergibt sich die Zahl der Erfolge zu

$$s = \frac{n}{2} + \frac{x}{2a} . \tag{4.2}$$

Bezeichnen wir die Hüpfzeit für einen elementaren Sprung mit τ, dann ist die Zeit t für n Sprünge

$$t = n\tau . \tag{4.3}$$

In Abschn. 2.11 haben wir die Wahrscheinlichkeit dafür hergeleitet, bei n Versuchen s Erfolge zu haben. Diese ist wegen $p = q = 1/2$

$$P(s, n) = \binom{n}{s}\left(\frac{1}{2}\right)^n . \tag{4.4}$$

Ersetzen wir s und n durch die direkt zugänglichen Größen x (Weg) und t (Zeit), wobei wir (4.2) und (4.3) beachten, dann erhalten wir statt P aus (4.4)

$$\hat{P}(x, t) \equiv P(s, n) = \binom{t/\tau}{t/(2\tau) + x/(2a)}\left(\frac{1}{2}\right)^{t/\tau} . \tag{4.4a}$$

Offensichtlich ist diese Formel wenig handlich und in der Tat auch sehr schwer exakt auszuwerten. In vielen Situationen, die von praktischem Interesse sind, dehnen wir unsere Messungen über Zeiten t aus, die viele Elementarschritte einschließen. Aus diesem Grunde können wir n als sehr große Zahl betrachten. Entsprechend können wir auch annehmen, daß die Endposition x viele Schritte s erforderlich macht; wir werden also auch s als groß ansehen. Es erfordert nur wenige, einfache Überlegungen der Elementarmathematik, um (4.4a) in diesem Grenzfall zu vereinfachen. (Ungeduldige Leser können dies überblättern und direkt zum Endresultat (4.29) springen, das wir in späteren Kapiteln noch brauchen werden.) Um (4.4) für große s und n auszuwerten, schreiben wir (4.4) in der Form

$$\frac{n!}{s!\,(n-s)!}\left(\frac{1}{2}\right)^n \tag{4.5}$$

und wenden die Stirlingsche Formel (vgl. Abschn. 2.14) auf die Fakultäten an. Wir benützen die Stirlingsche Formel in der Gestalt

$$n! = \mathrm{e}^{-n} n^n \sqrt{2\pi n} \tag{4.6}$$

und ganz entsprechend für $s!$ und $(n - s)!$ Setzen wir (4.6) sowie die entsprechenden Relationen in (4.4) ein, dann erhalten wir

$$\hat{P}(x, t) = P(s, n) = A \cdot B \cdot C \cdot F , \tag{4.7}$$

wobei

$$A = \frac{e^{-n}}{e^{-s}e^{-(n-s)}} = 1 \,, \tag{4.8}$$

$$B = \exp\,[n \ln n - s \ln s - (n - s) \ln (n - s)] \,, \tag{4.9}$$

$$\begin{aligned} C &= n^{1/2}[2\pi s(n - s)]^{-1/2} \,, \\ F &= e^{-n \ln 2} \,. \end{aligned} \tag{4.10}$$

A stammt von den Potenzen von e in (4.6), die sich in (4.8) herausheben. B rührt vom zweiten Faktor in (4.6) her, der Faktor C aus dem letzten Term von (4.6), während F den letzten Faktor in (4.5) berücksichtigt. Zunächst zeigen wir, wie sich (4.9) vereinfachen läßt. Dazu ersetzen wir s mit Hilfe von (4.2), setzen

$$\frac{x}{2a} = \delta \tag{4.11}$$

und benützen die folgenden elementaren Formeln für den Logarithmus:

$$\ln (n/2 \pm \delta) = \ln n - \ln 2 + \ln \left(1 \pm \frac{2\delta}{n}\right) \tag{4.12}$$

und

$$\ln (1 + \alpha) = \alpha - \frac{\alpha^2}{2} + \cdots \,. \tag{4.13}$$

Setzen wir (4.12) zusammen mit (4.13) in (4.9) ein und berücksichtigen nur Terme bis zur zweiten Ordnung in δ, dann erhalten wir für $B \cdot F$

$$B \cdot F = e^{-2\delta^2/n} = e^{-x^2\tau/(2a^2 t)} \,. \tag{4.14}$$

Wir führen an dieser Stelle die Abkürzung

$$D = \frac{a^2}{\tau} \tag{4.15}$$

ein; D wird als Diffusionskonstante bezeichnet. Im folgenden werden wir fordern, daß, wenn a und τ gegen Null gehen, die Diffusionskonstante endlich bleiben soll. Daher erhält (4.14) die Form

$$B \cdot F = e^{-x^2/(2Dt)} \,. \tag{4.16}$$

Wir wollen jetzt den Faktor C diskutieren, der durch (4.10) gegeben ist. Später wird sich herausstellen, daß dieser Faktor eng mit der Normierungskonstanten verknüpft ist. Setzen wir (4.3) und (4.2) in den Ausdruck für C ein, dann finden wir

$$C = (2\pi)^{-1/2}\left[\frac{n}{\left(\frac{n}{2}-\frac{x}{2a}\right)\left(\frac{n}{2}+\frac{x}{2a}\right)}\right]^{1/2} \tag{4.17}$$

oder nach einfachen Umformungen

$$C = (2\pi)^{-1/2}2\left[\left(t^2 - x^2\tau\underbrace{\frac{\tau}{a^2}}_{=\frac{1}{D}}\right)\left(\frac{1}{t\tau}\right)\right]^{-1/2}. \tag{4.18}$$

Da wir vorhaben, τ und a bei jedoch *festem* D gegen Null streben zu lassen, ergibt sich

$$\tau D \to 0\,,$$

so daß die Terme mit x^2 in (4.18) weggelassen werden können. Übrig bleibt

$$C = (2\pi)^{-1/2}2\tau^{1/2}t^{-1/2}. \tag{4.19}$$

Setzen wir unsere Zwischenergebnisse für A (4.8), für BF (4.16) und C (4.19) in (4.7) ein, so erhalten wir

$$\hat{P}(x,t) = (2\pi)^{-1/2}\cdot 2\tau^{1/2}t^{-1/2}\,\mathrm{e}^{-x^2/(2Dt)}. \tag{4.20}$$

Das Auftreten des Faktors $\tau^{1/2}$ ist natürlich ziemlich verwirrend, wir haben ja vor, $\tau \to 0$ gehen zu lassen. Dieses Problem kann jedoch einfach erledigt werden, wenn wir uns daran erinnern, daß es keinen Sinn machen kann, eine kontinuierliche Variable einzuführen und nach der *Wahrscheinlichkeit* zu fragen, den *Wert* x anzutreffen[1]. Diese Wahrscheinlichkeit muß notwendigerweise gegen Null gehen. Wir müssen deshalb nach der Wahrscheinlichkeit fragen, das Teilchen nach der Zeit t in einem *Intervall* zwischen x_1 und x_2 zu finden oder in den ursprünglichen Koordinaten zwischen s_1 und s_2. Wir müssen deshalb folgenden Ausdruck ausrechnen (vgl. Abschn. 2.5)

$$\sum_{s_1}^{s_2} P(s,n) = P(s_1 \leqslant s \leqslant s_2)\,. \tag{4.21}$$

Ist $P(s, n)$ im Intervall $s_1, \ldots, s_2$ eine langsam veränderliche Funktion, können wir die Summe durch ein Integral ersetzen

[1] Man beachte, daß x über (4.15) und (4.1) eine kontinuierliche Variable wird, sobald τ gegen Null geht.

$$\sum_{s_1}^{s_2} P(s, n) = \int_{s_1}^{s_2} P(s, n) ds . \tag{4.22}$$

Wir gehen nun zu Koordinaten x, t über. Wir bemerken dazu, daß unter Berücksichtigung von (4.2) gilt

$$ds = \frac{1}{2a} dx . \tag{4.23}$$

Benützen wir darüber hinaus (4.7), dann finden wir an Stelle von (4.22)

$$\sum_{s_1}^{s_2} P(s, n) = \int_{x_1}^{x_2} \hat{P}(x, t) \frac{1}{2a} dx . \tag{4.24}$$

Wie wir gleich sehen werden, ist es zweckmäßig,

$$\frac{1}{2a} \hat{P}(x, t) = f(x, t) \tag{4.25}$$

abzukürzen, so daß (4.22) endgültig lautet

$$\sum_{s_1}^{s_2} P(s, n) = \int_{x_1}^{x_2} f(x, t) dx . \tag{4.26}$$

Wir beobachten jetzt beim Einsetzen der Wahrscheinlichkeitsverteilung (4.7), die proportional zu $\tau^{1/2}$ ist, in (4.21), daß der Faktor $\tau^{1/2}$ gleichzeitig mit $1/a$ auftritt. In Übereinstimmung mit (4.15) führen wir deshalb

$$\frac{\tau^{1/2}}{a} = D^{-1/2} \tag{4.27}$$

ein, wodurch (4.21) die endgültige Form

$$\int_{x_1}^{x_2} \mathrm{e}^{-x^2/(2Dt)} (2\pi)^{-1/2} t^{-1/2} D^{-1/2} dx \tag{4.28}$$

annimmt. Vergleichen wir die Endform (4.28) mit (2.21), können wir

$$f(x, t) = (2\pi D t)^{-1/2} \mathrm{e}^{-x^2/(2Dt)} \tag{4.29}$$

als Wahrscheinlichkeitsdichte identifizieren (Abb. 4.1). $f(x, t) dx$ gibt uns in der Sprache des Physikers die Wahrscheinlichkeit an, ein Teilchen nach der Zeit t im Intervall zwischen $x \dots x + dx$ anzutreffen. Obige Schritte [(4.21 – 29) eingeschlossen] werden oft folgendermaßen abgekürzt: Gehen wir wieder von einer langsamen stetigen Veränderlichkeit von $P(s, n)$ sowie von f aus, dann kann die Summe auf der linken Seite von (4.26) als

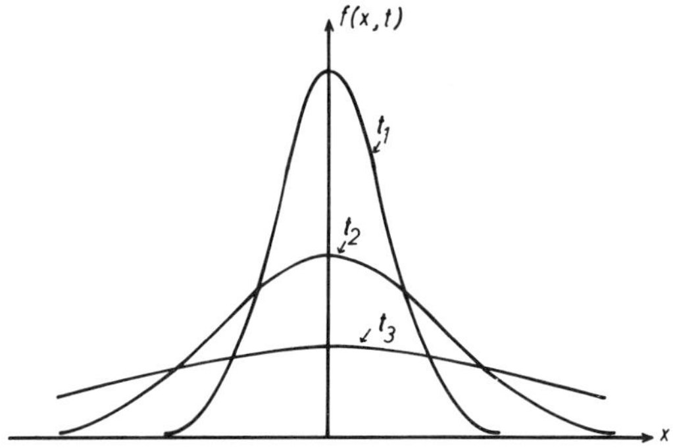

Abb. 4.1. Die Verteilungsfunktion (4.29) zu drei verschiedenen Zeiten als Funktion der Ortskoordinate x

$$P(s,n)\Delta s \quad (\Delta s \equiv s_2 - s_1)$$

geschrieben werden, die rechte Seite von (4.26) dagegen als

$$f(x,t)\Delta x \quad (\Delta x = x_2 - x_1)\,.$$

Gehen wir zum infinitesimalen Intervall über, dann ist (4.26) in der Form

$$P(s,n)ds = f(x,t)dx \tag{4.30}$$

gegeben.

Explizite Beispiele können in einer Vielzahl von Disziplinen gefunden werden, etwa in der Physik. Das Resultat (4.29) ist von fundamentaler Bedeutung, zeigt es doch, daß beim Zusammentreffen vieler unabhängiger Ereignisse (nämlich einen Schritt vorwärts oder rückwärts gehen) die Wahrscheinlichkeitsdichte der interessierenden Größe (nämlich des Weges x) durch (4.29) gegeben ist, d.h. durch die Normalverteilung. Ein amüsantes Beispiel für (4.4) und (4.29) wird durch den Glücksspielautomaten der Abb. 4.2 aufgezeigt. Ein weiteres wichtiges Resultat: Im Grenzfall kontinuierlicher Variablen nimmt die ursprüngliche Wahrscheinlichkeit eine besonders einfache Form an.

Wir wollen jetzt die *eingeschränkte Brownsche Bewegung* diskutieren. Wieder behandeln wir den Hüpfprozeß, wobei wir jetzt überall zwischen jeweils zwei Punkten ein Diaphragma einsetzen, so daß das Teilchen nur in eine Richtung hüpfen kann, sagen wir nach rechts. Dementsprechend gilt

$$p = 1 \quad \text{und} \quad q = 0\,. \tag{4.31}$$

In diesem Fall stimmt die Zahl der Sprünge n mit der Zahl der Erfolge n überein

$$s = n\,. \tag{4.32}$$

Das Wahrscheinlichkeitsmaß ist also

$$P(s,n) = \delta_{s,n}\,. \tag{4.33}$$

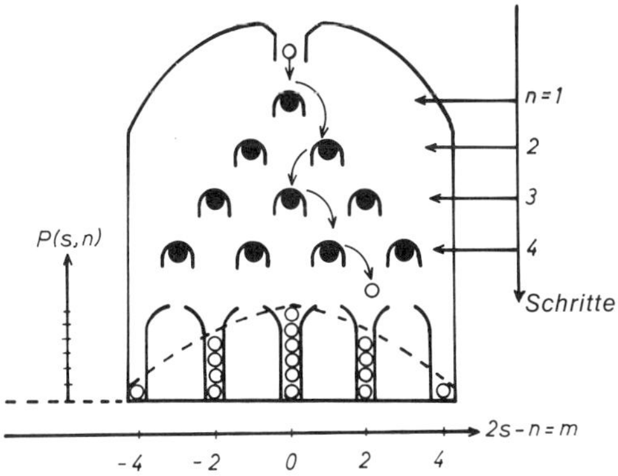

Abb. 4.2. Zufallsbewegung einer Kugel in einem Glücksspielautomaten, die auf eine Binomialverteilung (4.4) führt. Dabei ist $n = 4$. Dargestellt ist die mittlere Zahl von Kugeln in den verschiedenen Endzuständen nach 16 Versuchen

Über $s \cdot a$ führen wir wieder die Koordinate x, durch $t = n\tau$ die Zeit ein. Verwenden wir (4.30), dann erhalten wir für die Wahrscheinlichkeitsdichte

$$f(x, t) = \delta(x - vt), \quad v = \frac{a}{\tau}, \tag{4.34}$$

weil das Kronecker-Symbol beim Übergang zum Kontinuum in die Diracsche δ-Funktion übergeht. Es ist wichtig, daß $\lim_{\tau\to 0}$ und $\lim_{a\to 0}$ in der Weise vorzunehmen sind, daß $v = a/\tau$ endlich bleibt.

Aufgaben

Man bestimme die ersten beiden Momente zu (4.29) und (4.34) und vergleiche ihre Zeitabhängigkeit. Wie kann dieses Ergebnis dazu verwendet werden, bei der Nervenleitung zu entscheiden, ob es sich um einen Diffusionsprozeß oder einen einseitig gerichteten Prozeß handelt?

4.2 Die Zufallsbewegung und ihre Master-Gleichung

Bereits im vorangegangenen Abschn. 4.1 haben wir ein Beispiel für einen zeitlich verlaufenden Prozeß behandelt, nämlich die Bewegung eines Teilchens, das vor- und rückwärts springen kann. Es ist unser Ziel, eine Gleichung für das Wahrscheinlichkeitsmaß abzuleiten; oder präziser, wir wollen eine Gleichung für die Wahrscheinlichkeit aufstellen, das Teilchen nach $n + 1$ Sprüngen am Orte m, $m = 0, \pm 1, \pm 2, \pm 3$ usw. anzutreffen. Diese Wahrscheinlichkeit bezeichnen wir mit $P(m; n + 1)$. Da das Teilchen in einem Elementarschritt nur über eine Distanz „1“ hüpfen kann, muß es nach n Sprüngen am Orte $m - 1$ oder $m + 1$ gewesen sein, um dann genau die Position m zu erreichen. Dort war es mit den Wahrscheinlichkeiten $P(m - 1; n)$ oder $P(m + 1; n)$ anzutreffen. $P(m; n + 1)$ besteht deshalb aus zwei Anteilen, die von den beiden möglichen Sprüngen des

Teilchens herrühren. Von $m - 1$ nach m bewegt sich das Teilchen mit der Übergangswahrscheinlichkeit

$$w(m, m - 1) = \tfrac{1}{2}(= p)\,. \tag{4.35}$$

Die Wahrscheinlichkeit $P(m; n + 1)$, das Teilchen nach $n + 1$ Stößen bei m zu finden, wenn es zur Zeit n bei $m - 1$ war, ist durch das Produkt $w(m, m - 1) \cdot P(m - 1; n)$ gegeben. Ein völlig analoger Ausdruck kann hergeleitet werden, wenn das Teilchen von $m + 1$ herkommt. Da das Teilchen entweder von $m - 1$ oder $m + 1$ herhüpft und beides unabhängige Ereignisse sind, kann $P(m; n + 1)$ in der Form

$$P(m; n + 1) = w(m, m - 1)P(m - 1; n) + w(m, m + 1)P(m + 1; n) \tag{4.36}$$

angeschrieben werden, wobei

$$w(m, m + 1) = w(m, m - 1) = 1/2\,. \tag{4.37}$$

Wir machen darauf aufmerksam, daß von (4.37) explizit kein Gebrauch gemacht wurde, so daß (4.36) auch im allgemeinen Fall richtig bleibt, vorausgesetzt daß

$$p + q \equiv w(m, m + 1) + w(m, m - 1) = 1\,. \tag{4.38}$$

Unser gegenwärtiges Beispiel erlaubt es, einige Konzepte in einfacher Weise zu erklären. Im Abschn. 2.6 führten wir die Verbundwahrscheinlichkeit ein, die jetzt auf zeitabhängige Prozesse verallgemeinert werden kann. Als Beispiel wollen wir die Wahrscheinlichkeit $P(m, n + 1; m', n)$ betrachten, das Teilchen nach n Schritten am Punkt m' und nach $n + 1$ Schritten bei m anzutreffen. Wie wir bereits oben diskutiert haben, besteht diese Wahrscheinlichkeit aus zwei Teilen. Das Teilchen muß beim Schritt n am Punkt m' sein; das wird durch die Wahrscheinlichkeit $P(m'; n)$ beschrieben. Dann muß es vom Punkt m' nach m kommen, was durch die Übergangswahrscheinlichkeit $w(m, m')$ bestimmt wird. Die Verbundwahrscheinlichkeit kann also allgemein in der Form

$$P(m, n + 1; m', n) = w(m, m')P(m'; n) \tag{4.39}$$

geschrieben werden, wobei w offensichtlich mit der bedingten Wahrscheinlichkeit (vgl. Abschn. 2.8) identisch ist. Da das Teilchen jedesmal aus seiner Ausgangsposition herausgestoßen wird, ist

$$m \neq m'\,, \tag{4.40}$$

und weil es nur über die elementare Distanz „1“ springen kann, gilt

$$|m - m'| = 1\,, \tag{4.41}$$

woraus folgt, daß $w(m, m') = 0$, wenn nicht $m' = m \pm 1$ (in unserem Beispiel). Wir kehren zu Gl. (4.36) zurück, die wir weiter transformieren wollen. Wir setzen

$$w(m, m \pm 1)/\tau = \tilde{w}(m, m \pm 1)$$

und werden $\tilde{w}(m, m \pm 1)$ als Übergangswahrscheinlichkeit pro Sekunde (oder pro Einheitszeit) bezeichnen. Wir subtrahieren $P(m; n)$ von beiden Seiten in (4.36) und dividieren durch τ. Wenn wir noch (4.38) verwenden, erhalten wir die folgende Gleichung

$$\begin{aligned}\frac{P(m; n+1) - P(m; n)}{\tau} = {} & \tilde{w}(m, m-1)P(m-1; n) \\ & + \tilde{w}(m, m+1)P(m+1; n) \\ & - (\tilde{w}(m+1, m) + \tilde{w}(m-1, m))P(m; n)\,.\end{aligned} \tag{4.42}$$

In unserem speziellen Beispiel sind beide $\tilde{w}$ gleich $1/(2\tau)$. Wir bringen die diskrete Variable n mit der Zeit t durch $t = n\tau$ in Beziehung und führen dementsprechend jetzt ein Wahrscheinlichkeitsmaß $\tilde{P}$ ein, wobei wir

$$\tilde{P}(m, t) = P(m; n) \equiv P(m; t/\tau) \tag{4.43}$$

setzen. $\tilde{P}$ in (4.43) ist eine Abkürzung für die Funktion $P(m, t/\tau)$. Wir approximieren nun die Differenz auf der linken Seite von (4.42) durch die Zeitableitung

$$\frac{P(m; n+1) - P(m; n)}{\tau} \approx \frac{d\tilde{P}}{dt}, \tag{4.44}$$

so daß die ursprüngliche Gl. (4.36) die Form

$$\begin{aligned}\frac{d\tilde{P}(m, t)}{dt} = {} & \tilde{w}(m, m-1)\tilde{P}(m-1, t) + \tilde{w}(m, m+1)\tilde{P}(m+1, t) \\ & - [\tilde{w}(m+1, m) + \tilde{w}(m-1, m)]P(m, t)\end{aligned} \tag{4.45}$$

annimmt. Diese Gleichung ist in der Literatur als *Master-Gleichung* bekannt.

Wir wollen jetzt den stationären Zustand betrachten, in dem die Wahrscheinlichkeit P zeitunabhängig ist. Wie kann ein solcher Zustand überhaupt erreicht werden, trotz des dauernd ablaufenden Hüpfprozesses? Betrachten wir eine Linie zwischen m und $m + 1$. P ändert sich nicht, wenn (pro Einheitszeit) dieselbe Zahl von Sprüngen nach der rechten wie nach der linken Seite auftreten. Diese Forderung heißt *Prinzip der detaillierten Bilanz* (Abb. 4.3) und kann auf die mathematische Form

$$\tilde{w}(m, m')P(m'; n) = \tilde{w}(m', m)P(m; n) \tag{4.46}$$

gebracht werden. Im Abschn. 4.1 erwies es sich als vorteilhafter, m durch eine kontinuierliche Variable x zu ersetzen, wobei wir $m = x/a$ setzten. Soll x endlich sein und a nach 0 gehen, muß m sehr groß werden. In diesem Fall kann die Einheit „1" verglichen mit m als sehr kleine Größe behandelt werden. Deshalb können wir formal die 1 durch ε ersetzen. Wir behandeln den speziellen Fall

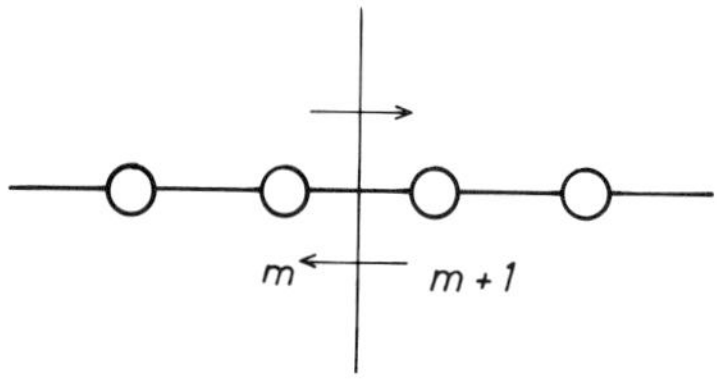

Abb. 4.3. Zur Veranschaulichung der detaillierten Bilanz

$$\tilde{w}(m, m+1) = \tilde{w}(m, m-1) = \frac{1}{2\tau}.$$

Damit erhält die rechte Seite von (4.42) die Gestalt

$$\frac{1}{2\tau}[\tilde{P}(m) - \varepsilon, t) + \tilde{P}(m + \varepsilon, t) - 2\tilde{P}(m, t)]\,. \tag{4.47}$$

Diesen Ausdruck können wir in eine Taylor-Reihe entwickeln und erhalten bis zur zweiten Ordnung in ε

$$\begin{aligned}(4.47) \approx \frac{1}{2\tau}\{&\tilde{P}(m,t) + \tilde{P}(m,t) - 2\tilde{P}(m,t) + [\tilde{P}'(m,t) - \tilde{P}'(m,t)]\,\varepsilon \\ &+ \tfrac{1}{2}[\tilde{P}''(m,t) + \tilde{P}''(m,t)]\,\varepsilon^2\}\,.\end{aligned} \tag{4.48}$$

Der Strich bezeichnet die Differentiation von $\tilde{P}$ nach m. Da sich die ersten und zweiten Terme $\propto \varepsilon^0$ oder ε^1 herausheben, bleibt als erster nicht verschwindender Term die zweite Ableitung von $\tilde{P}$. Setzen wir dieses Resultat in (4.45) ein, dann erhalten wir

$$\frac{d\tilde{P}}{dt} = \frac{1}{2\tau}\,\frac{d^2\tilde{P}}{dm^2}\,\varepsilon^2. \tag{4.49}$$

Es ist nun zweckmäßig, durch

$$\tilde{P}(m,t)\,\Delta m = f(x,t)\,\Delta x \tag{4.50}$$

eine neue Funktion f einzuführen. (Warum haben wir an dieser Stelle Δm und Δx eingeführt? (vgl. Abschn. 4.1).) Verwenden wir weiter

$$\frac{d}{dm} = \frac{a \cdot d}{dx}, \quad \varepsilon = 1\,, \tag{4.51}$$

dann finden wir die fundamentale Gleichung

$$\frac{df(x,t)}{dt} = \frac{1}{2}D\,\frac{d^2 f(x,t)}{dx^2}, \quad D = \frac{a^2}{\tau}, \tag{4.52}$$

die wir als *Diffusionsgleichung* bezeichnen werden. Wie wir sehr viel später sehen werden (vgl. Abschn. 6.3), ist diese Gleichung ein sehr einfaches Beispiel für die sogenannte Fokker-Planck-Gleichung. Die Lösung von (4.52) ist natürlich sehr viel leichter zu finden als die der Master-Gleichung. Die ε-Entwicklung beruht auf einer *Skalierungseigenschaft*. In der Tat, der Grenzübergang $\varepsilon \to 0$ kann so aufgefaßt werden, als ob die Längenskala a gegen Null ginge. Wir können deshalb obige Schritte in der Weise wiederholen, daß wir die Längenskala a als Entwicklungsparameter einführen. Wir setzen (wegen $\Delta x/\Delta m = a$)

$$\tilde{P}(m, t) = af(x, t) \tag{4.53a}$$

und parallel, da $(m + 1)$, $(x + a)$ impliziert

$$\tilde{P}(m \pm 1, t) = af(x \pm a, t) . \tag{4.53b}$$

Setzen wir (4.53 a und 53 b) in (4.45) oder (4.47) ein, dann erhalten wir nach einer Entwicklung von f bis zur zweiten Ordnung in a wieder (4.52). Die obige Verfahrensweise ist unter der Bedingung richtig, daß die Funktion f für festes a sich nur sehr langsam über Distanzen $\Delta x = a$ ändert. So schließt das ganze Verfahren eine Selbstkonsistenzbedingung ein.

Aufgaben

1) Man zeige, daß $P(s, n)$ aus (4.4) die Gleichung (4.36) mit (4.37) erfüllt, wenn s und n zu m, n entsprechend in Beziehung gesetzt werden. Die Anfangsbedingung ist $P(m, 0) = \delta_{m,0}$ (d.h. $= 1$ für $m = 0$ und $= 0$ für $m \neq 0$).
2) Man verifiziere, daß (4.29) die Gleichung (4.52) erfüllt mit der Anfangsbedingung $f(x, 0) = \delta(x)$ (δ: Diracsche δ-Funktion)
3) Man leite die Verallgemeinerung von (4.52) für den Fall her, daß $w(m, m + 1) \neq w(m, m - 1)$.
4) *Transfer von Anregungsenergie zwischen zwei Molekülen über einen Hüpfprozeß.* Wir wollen die beiden Moleküle durch den Index $j = 0, 1$ unterscheiden und die Wahrscheinlichkeit, das Molekül j zur Zeit t im angeregten Zustand anzutreffen, mit $P(j, t)$ bezeichnen. Die Übergangsrate pro Einheitszeit ist $\tilde{w}$. Die Master-Gleichung zu diesem Prozeß lautet

$$\begin{aligned} \dot{P}(0, t) &= \tilde{w}P(1, t) - \tilde{w}P(0, t) , \\ \dot{P}(1, t) &= \tilde{w}P(0, t) - \tilde{w}P(1, t) . \end{aligned} \tag{A.1}$$

Man zeige, daß die Wahrscheinlichkeitsverteilung im Gleichgewicht durch

$$P(j) = \tfrac{1}{2} \tag{A.2}$$

gegeben ist. Man bestimme die bedingte Wahrscheinlichkeit

$$P(j, t \,|\, j', 0) \tag{A.3}$$

sowie die Verbundwahrscheinlichkeit

$$P(j, t; j', t') . \tag{A.4}$$

Hinweis: Man löse (A.1) durch den Ansatz

$$P(j, t \mid j', 0) = \alpha_{1j} e^{-\lambda_1 t} + \alpha_{2j} e^{-\lambda_2 t} \tag{A.5}$$

und wähle für $j' = 0$ und $j = 1$ die Anfangsbedingung ($t = 0$)

$$P(0,0) = 1, P(1,0) = 0 . \tag{A.6}$$

4.3* Verbundwahrscheinlichkeit und Wege. Markov-Prozesse. Die Chapman-Kolmogorov-Gleichung

Um die Grundideen dieses Abschnitts zu erklären, betrachten wir zunächst wieder das Beispiel aus den beiden vorangegangenen Abschnitten: ein Teilchen, das regellos entlang einer Kette hüpft. Verfolgen wir die verschiedenen Positionen, die das Teilchen in einer spezifischen Situation realisiert, dann können wir beispielsweise das Diagramm Abb. 4.4a zeichnen. Zu den Zeiten $t_1, t_2, \ldots, t_n$ finden wir das Teilchen in n zugehörigen Positionen $m_1, m_2, \ldots, m_n$. Wiederholen wir das Experiment, finden wir eine andere Realisierung, etwa die von Abb. 4.4b. Wir fragen jetzt nach der Wahrscheinlichkeit, das Teilchen zu den Zeiten $t_1, t_2, \ldots$ an den entsprechenden Punkten $m_1, m_2 \ldots$ zu finden. Diese Wahrscheinlichkeit bezeichnen wir durch

$$P_n(m_n, t_n; m_{n-1}, t_{n-1}; \ldots; m_1, t_1) . \tag{4.54}$$

Offensichtlich ist P_n eine Verbundwahrscheinlichkeit im Sinne von Abschn. 2.6. Kennen wir einmal die Verbundwahrscheinlichkeit zu n verschiedenen Zeiten, dann können wir ohne weiteres andere Wahrscheinlichkeiten erhalten, die eine kleinere Zahl von Argumenten m_j, t_j enthalten. Sind wir beispielsweise nur an der

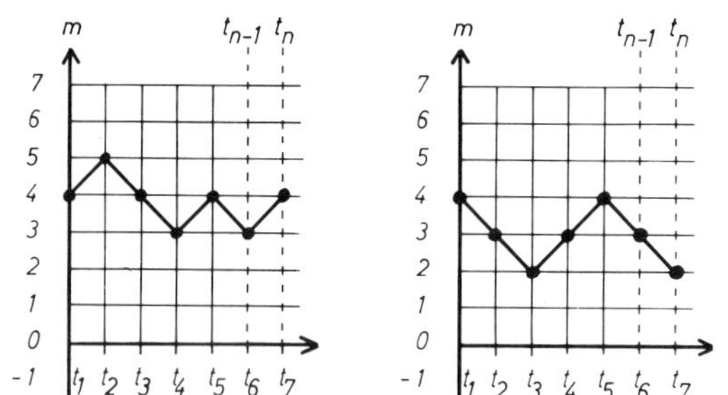

Abb. 4.4a, b. Zwei Wege eines Brownschen Teilchens $t_1 = 0$, $m_1 = 4, \ldots, n = 7$

Verbundwahrscheinlichkeit für die Zeiten $t_1, \ldots, t_{n-1}$ interessiert, dann müssen wir (4.54) über m_n aufsummieren:

$$P_{n-1}(m_{n-1}, t_{n-1}; \ldots; m_1, t_1) = \sum_{m_n} P_n . \tag{4.55}$$

Eine weitere interessante Wahrscheinlichkeit ist die, das Teilchen zur Zeit t_n in der Position m_n und zur Zeit t_1 in der Position m_1 zu finden und zwar unabhängig davon, welche Positionen das Teilchen in der Zwischenzeit angenommen hat. Wir finden diese Wahrscheinlichkeit durch Summation von (4.54) über alle Zwischenpositionen:

$$P_2(m_n, t_n; m_1, t_1) = \sum_{m_2 m_3 \cdots m_{n-1}} P_n(m_n, t_n; m_{n-1}, t_{n-1}; \ldots; n_1, t_1) . \tag{4.56}$$

Wir wollen nun ein Experiment betrachten (die Realisierung eines Zufallsprozesses), bei dem das Teilchen zu den Zeiten $t_1, \ldots, t_{n-1}$ auf den Positionen $m_1, \ldots, m_{n-1}$ angetroffen wurde. Wir fragen dann nach der Wahrscheinlichkeit, das Teilchen zur Zeit t_n in der Position m_n vorzufinden. Diese bedingte Wahrscheinlichkeit bezeichnen wir mit

$$P(m_n, t_n | m_{n-1}, t_{n-1}; m_{n-2}, t_{n-2}; \ldots; m_1, t_1) . \tag{4.57}$$

Nach Abschn. 2.8 ist diese bedingte Wahrscheinlichkeit durch

$$\begin{aligned} &P(m_n, t_n | m_{n-1}, t_{n-1}; m_{n-2}, t_{n-2}; \ldots; m_1, t_1) \\ &= \frac{P_n(m_n, t_n; m_{n-1}, t_{n-1}; \ldots; m_1, t_1)}{P_{n-1}(m_{n-1}, t_{n-1}; \ldots; m_1, t_1)} \end{aligned} \tag{4.58}$$

gegeben. (Vgl. die Aufgabe am Ende dieses Abschnitts.)

Bis jetzt sind unsere Überlegungen auf jeden Vorgang („Prozeß") anwendbar. Betrachten wir jedoch unser spezielles Beispiel aus den Abschn. 4.1 und 4.2, dann erkennen wir sofort, daß die Wahrscheinlichkeit für die Endposition m_n nur von der Wahrscheinlichkeitsverteilung zur Zeit t_{n-1} abhängt, nicht aber von der irgendeiner früheren Zeit. Mit anderen Worten, das Teilchen hat seine Erinnerung (Gedächtnis) verloren. In diesem Fall hängt die bedingte Wahrscheinlichkeit (4.57) nur noch von den Argumenten t_n und t_{n-1} ab, so daß wir schreiben können

$$P(m_n, t_n | m_{n-1}, t_{n-1}; \ldots; m_1, t_1) = p_{t_n, t_{n-1}}(m_n, m_{n-1}) . \tag{4.59}$$

Erfüllt die bedingte Wahrscheinlichkeit die Gleichung (4.59), dann wird der zugehörige Prozeß als *Markov-Prozeß* bezeichnet. Im folgenden wollen wir einige allgemeine Beziehungen für Markov-Prozesse ableiten.

Die rechte Seite von (4.59) wird häufig als Übergangswahrscheinlichkeit bezeichnet. Wir wollen nun die Verbundwahrscheinlichkeit (4.54) durch die Übergangswahrscheinlichkeit (4.59) ausdrücken. In einem ersten Schritt multiplizieren wir (4.59) mit P_{n-1},

$$P_n = p_{t_n, t_{n-1}}(m_n, m_{n-1}) P_{n-1} . \tag{4.60}$$

Ersetzen wir in dieser Gleichung n durch $n - 1$, dann finden wir

$$P_{n-1} = p_{t_{n-1},t_{n-2}}(m_{n-1}, m_{n-2})P_{n-2} \,. \tag{4.61}$$

Reduzieren wir den Index n immer wieder, so erhalten wir schließlich

$$P_2 = p_{t_2,t_1}(m_2, m_1)P_1, \tag{4.62}$$

wobei

$$P_1 \equiv P_1(m_1, t_1) \,. \tag{4.63}$$

Ersetzen wir der Reihe nach P_{n-1} durch P_{n-2}, P_{n-2} durch P_{n-3} usw., so gelangen wir zu

$$\begin{aligned} &P_n(m_n, t_n; m_{n-1}, t_{n-1}; \ldots; m_1, t_1) \\ &\quad = p_{t_n,t_{n-1}}(m_n, m_{n-1})p_{t_{n-1},t_{n-2}}(m_{n-1}, m_{n-2}) \ldots p_{t_2,t_1}(m_2, m_1)P_1(m_1, t_1) \,. \end{aligned} \tag{4.64}$$

Die Verbundwahrscheinlichkeit zu einem Markov-Prozeß kann also als Produkt von Übergangswahrscheinlichkeiten dargestellt werden. Deshalb kann beispielsweise die Wahrscheinlichkeit, ein Teilchen in einer Zeitfolge t_j an den Stellen m_j anzutreffen, aufgefunden werden, indem man einfach den Weg des Teilchens verfolgt und die individuellen Übergangswahrscheinlichkeiten von einem Punkt zum nächsten verwendet.

Um die Chapman-Kolmogorov-Gleichung abzuleiten, betrachten wir drei beliebige Zeiten, die der Bedingung

$$t_1 < t_2 < t_3 \tag{4.65}$$

unterworfen sein sollen. Wir spezialisieren (4.56) auf diesen Fall

$$P_2(m_3, t_3; m_1, t_1) = \sum_{m_2} P_3(m_3, t_3; m_2, t_2; m_1, t_1) \tag{4.66}$$

und benützen nun wieder (4.62), die für eine beliebige Zeitenfolge richtig ist. Insbesondere für die linke Seite von (4.56) finden wir dann

$$p_{t_3,t_1}(m_3, m_1)P_1(m_1, t_1) \,. \tag{4.67}$$

Mit Hilfe von (4.64) bringen wir P_3 auf der rechten Seite von (4.66) auf die Form

$$P_3(m_3, t_3; m_2, t_2; m_1, t_1) = p_{t_3,t_2}(m_3, m_2)p_{t_2 t_1}(m_2, m_1)P_1(m_1, t_1) \,. \tag{4.68}$$

Setzen wir (4.67) und (4.68) ein, dann finden wir eine Gleichung, in der auf beiden Seiten $P_1(m_1, t_1)$ als Faktor auftritt. Da die Anfangsverteilung beliebig wählbar ist, muß diese Beziehung auch ohne diesen Faktor richtig sein. Dies führt uns auf das Endresultat, die *Chapman-Kolmogorov-Gleichung*

$$p_{t_3,t_1}(m_3, m_1) = \sum_{m_2} p_{t_3,t_2}(m_3, m_2)p_{t_2,t_1}(m_2, m_1) \,. \tag{4.69}$$

Es ist wichtig zu bemerken, daß (4.69) nicht ganz so harmlos ist, wie es zunächst erscheinen mag; sie muß nämlich für jede Zeitenfolge zwischen Anfangszeit und Endzeit erfüllt sein.

Die Beziehung (4.69) kann in mehrerer Hinsicht verallgemeinert werden. Zunächst können wir m_j durch den M-dimensionalen Vektor $\boldsymbol{m}_j$ ersetzen. Des weiteren können wir $\boldsymbol{m}_j$ als eine kontinuierliche Variable auffassen, so daß P eine Verteilungsfunktion (Dichte) wird. Wir überlassen es dem Leser als Übungsaufgabe zu zeigen, daß (4.69) im letzteren Fall die Form

$$p_{t_3,t_1}(\boldsymbol{q}_3, \boldsymbol{q}_1) = \int \cdots \int p_{t_3,t_2}(\boldsymbol{q}_3, \boldsymbol{q}_2) p_{t_2,t_1}(\boldsymbol{q}_2, \boldsymbol{q}_1) d^M q_2 \tag{4.70}$$

annimmt. Eine andere Gestalt der Chapman-Kolmogorov-Gleichung erhalten wir, wenn (4.69) mit $P(m_1, t_1)$ multipliziert und über m_1 summiert wird. Verwenden wir

$$p_{t_3,t_1}(m_3, m_1) P_1(m_1, t_1) = P_2(m_3, t_3; m_1, t_1) \tag{4.71}$$

und ändern die Indizes entsprechend, dann erhalten wir im diskreten Fall

$$P(m, t) = \sum_{m'} p_{t,t'}(m, m') P(m', t') \tag{4.72}$$

sowie

$$P(\boldsymbol{q}, t) = \int \cdots \int p_{t,t'}(\boldsymbol{q}, \boldsymbol{q}') P(\boldsymbol{q}', t') d^M q' \tag{4.73}$$

für kontinuierliche Variable. (Wir lassen hier wie auch im folgenden den Index 1 bei P weg.)

Wir betrachten nunmehr infinitesimale Zeitintervalle, d.h. wir setzen $t = t' + \tau$, bilden den Ausdruck

$$\frac{1}{\tau}[P(m, t + \tau) - P(m, t)] \tag{4.74}$$

und lassen τ gegen Null gehen oder, mit anderen Worten, wir gehen in (4.72) zur Zeitableitung über und erhalten

$$\dot{P}(m, t) = \sum_{m'} \dot{p}_t(m, m') P(m', t), \tag{4.75}$$

wobei wir $\dot{p}_t(m, m') = \lim_{\tau \to 0} \tau^{-1} [p_{t+\tau,t}(m, m') - p_{t,t}(m, m')]$ gesetzt haben. Die Diskussion von $\dot{p}_t$ erfordert etwas Sorgfalt. Ist $m' \neq m$, dann ist $\dot{p}_t$ nichts anderes als die Zahl der Übergänge von m' nach m pro Sekunde, für die wir

$$\dot{p}_t(m, m') = w(m, m') \tag{4.76}$$

setzen. Mit anderen Worten, w ist die Übergangswahrscheinlichkeit pro Sekunde (oder Zeiteinheit). Die Diskussion von $\dot{p}_t(m, m)$, wo beide Indizes gleich sind,

$m = m'$, wird etwas schwieriger. Es stellt sich nämlich an dieser Stelle heraus, daß kein Übergang auftreten würde. Um eine befriedigende Diskussion durchzuführen, müssen wir auf die Definition der p, auf (4.59) zurückgreifen. Wir betrachten die Differenz der bedingten Wahrscheinlichkeiten

$$P(m, t + \tau | m, t) - P(m, t | m, t) \, . \tag{4.77}$$

Diese Differenz stellt die Änderung der Wahrscheinlichkeit dar, ein Teilchen am Punkt m zu einer späteren Zeit $t + \tau$ zu finden, wenn es zur Zeit t an demselben Punkt war. Die entsprechende Änderung der Wahrscheinlichkeit wird durch alle diejenigen Prozesse verursacht, bei denen das Teilchen seinen ursprünglichen Ort m verläßt. Dividieren wir also (4.77) durch τ und lassen τ gegen Null gehen, muß (4.77) gleich der Summe über die Raten (4.76) für die Übergänge von m zu allen anderen Zuständen sein

$$\dot{p}_t(m, m) = -\sum_{m'} w(m', m) \, . \tag{4.78}$$

Setzen wir jetzt (4.76 und 78) in (4.75) ein, dann werden wir, in Verallgemeinerung von (4.45), auf die sogenannte *Master-Gleichung*

$$\dot{P}(\boldsymbol{m}, t) = \sum_{\boldsymbol{m}'} w(\boldsymbol{m}, \boldsymbol{m}')P(\boldsymbol{m}', t) - P(\boldsymbol{m}, t) \sum_{\boldsymbol{m}'} w(\boldsymbol{m}', \boldsymbol{m}) \tag{4.79}$$

geführt. Beim Übergang von (4.75) auf diese Gleichung haben wir noch eine Verallgemeinerung vorgenommen, indem wir m durch den Vektor $\boldsymbol{m}$ ersetzt haben.

4.3.1 Ein Beispiel für die Verbundwahrscheinlichkeit: das Wegintegral als Lösung der Diffusionsgleichung

Unsere etwas abstrakten Überlegungen zur Verbundwahrscheinlichkeit zu verschiedenen Zeiten können durch ein Beispiel illustriert werden, das wir schon mehrere Male in unserem Buch angetroffen haben. Es handelt sich um die Zufallsbewegung eines Teilchens in einer Dimension. Wir führen eine kontinuierliche Ortskoordinate q ein. Die zugehörige Diffusionsgleichung wurde in Abschn. 4.2 in (4.52) angegeben. Wir schreiben sie hier in etwas anderer Form, indem wir die Funktion $f(q)$ aus (4.52) jetzt $p_{tt'}(q, q')$ benennen:

$$\left(\frac{\partial}{\partial t} - \frac{D}{2}\frac{\partial^2}{\partial q^2}\right) p_{tt'}(q, q') = 0, \quad t > t' \, . \tag{4.80}$$

Der Grund für diese neue Schreibweise ist der folgende: Wir unterwerfen die Lösung von (4.80) der Anfangsbedingung

$$p_{tt'}(q, q') = \delta(q - q') \quad \text{für} \quad t = t' \, . \tag{4.81}$$

Das bedeutet, wir nehmen an, daß sich das Teilchen zu einer Zeit t, die gleich der Anfangszeit t' ist, mit Sicherheit am Raumpunkt q' befindet. Deshalb ist

$p_{tt'}(q, q')dq$ die bedingte Wahrscheinlichkeit, das Teilchen zur Zeit t in dem Intervall $q, q + dq$ anzutreffen, wenn es nur zur Zeit t' am Punkte q' gewesen war. Mit anderen Worten, $p_{tt'}(q, q')$ ist die Übergangswahrscheinlichkeit, die wir oben eingeführt haben. Für das folgende führen wir die Ersetzungen

$$q' \to q_j \tag{4.82}$$

und

$$q \to q_{j+1} \tag{4.83}$$

durch, wobei j ein Index ist, der durch eine Zeitfolge t_j definiert wird. Glücklicherweise kennen wir die Lösung zu (4.80) mit (4.81) explizit. In der Tat haben wir in Abschn. 4.1 die bedingte Wahrscheinlichkeit für ein Teilchen hergeleitet, das einen Zufallsgang durchführt; die Wahrscheinlichkeit nämlich, das Teilchen nach einer Zeit t am Punkt q zu finden, unter der Voraussetzung, daß es zur Anfangszeit bei $q' = 0$ war. Nach einer Koordinatenverschiebung $q \to q - q' \equiv q_{j+1} - q_j$, wobei wir $t_{j+1} - t_j = \tau$ setzen, lautet diese frühere Lösung (4.29)

$$p_{tt'}(q_{j+1}, q_j) = (2\pi D\tau)^{-1/2} \exp\left[-\frac{1}{2D\tau}(q_{j+1} - q_j)^2\right]. \tag{4.84}$$

Durch Einsetzen von (4.84) in (4.80) verifiziert man leicht, daß (4.84) diese Gleichung erfüllt. Wir bemerken weiter, daß (4.84) für $\tau \to 0$ in eine δ-Funktion übergeht (s. Abb. 2.10). Es ist jetzt eine einfache Angelegenheit, für die Verbundwahrscheinlichkeit (4.54) einen expliziten Ausdruck aufzufinden. Dazu brauchen wir nur (4.84) (mit $j = 1, 2, \ldots$) in den allgemeinen Ausdruck (4.64) einzusetzen. Wir erhalten

$$\begin{aligned} &P(q_n, t_n; q_{n-1}, t_{n-1}; \ldots; q_1, t_1) \\ &= (2\pi D\tau)^{-(n-1)/2} \exp\left[-\frac{1}{2D\tau}\sum_{j=1}^{n-1}(q_{j+1} - q_j)^2\right] P(q_1, t_1)\,. \end{aligned} \tag{4.85}$$

Folgende Interpretation wird möglich: (4.85) beschreibt die Wahrscheinlichkeit, daß das Teilchen entlang des Weges $q_1 q_2 q_3 \ldots$ läuft. Wir gehen nun über zu einer kontinuierlichen Zeitskala, indem wir

$$\tau \to dt \tag{4.86}$$

sowie

$$\frac{1}{\tau}(q_{j+1} - q_j) = \frac{dq}{dt} \tag{4.87}$$

ersetzen. Das erlaubt uns, die Exponentialfunktion in (4.85) in der Form

$$\exp\left[-\frac{1}{2D}\int_{t'}^{t}\left(\frac{dq}{dt}\right)^2 dt\right] \tag{4.88}$$

zu schreiben. Zusammen mit einem Normierungsfaktor ist (4.88) die einfachste Form für die Wahrscheinlichkeitsverteilung eines Weges. Sind wir nur daran interessiert, die Wahrscheinlichkeit für das Auffinden der Endkoordinate $q_n = q$ zur Zeit $t_n = t$ anzugeben unabhängig vom speziell gewählten Weg, dann müssen wir über alle Zwischenkoordinaten $q_{n-1}, \ldots, q_1$ integrieren (s. (4.56)). Diese Wahrscheinlichkeit ist deshalb durch

$$P(q_n, t) = \lim_{\tau\to 0, n\to\infty} (2\pi D\tau)^{-(n-1)/2}$$

$$\times \int_{-\infty}^{+\infty}\int_{-\infty}^{+\infty} dq_1 \ldots dq_{n-1} \exp\left[-\frac{1}{2D\tau}\sum_{j=1}^{n-1}(q_{j+1}-q_j)^2\right] P(q_1, t_1) \tag{4.89}$$

gegeben. Diesen Ausdruck bezeichnen wir als *Wegintegral.* Solche Integrale spielen eine immer wichtigere Rolle in der statistischen Physik. Wir werden später in unserem Buch auf sie zurückkommen.

Aufgaben

1) Man bestimme

$$P_3(m_3, t_3; m_2, t_2; m_1, t_1), \quad t_2 = t_1 + \tau, \quad t_3 = t_1 + 2\tau,$$

für das Modell einer Zufallsbewegung aus Abschn. 4.1 unter der Anfangsbedingung $P(m_1, t_1) = 1$ für $m_1 = 0$; und andernfalls $= 0$.
2) Man zeige, daß sich (4.58) als Spezialfall von (2.37), Abschn. 2.8, gewinnen läßt.

Hinweis: Man identifiziere in (2.37) P mit P sowie die Untermenge S mit der Menge der Punkte $m_n, t_n; m_{n-1}, t_{n-1}; \ldots; m_1, t_1$, wobei $m_1, t_1; m_2, t_2; \ldots m_{n-1}, t_{n-1}$ *fest vorgegeben* sind, jedoch m_n, t_n (bei festem t_n) noch alle Werte m_n ($-\infty \ldots +\infty$, ganzzahlig) annehmen darf. A hingegen ist die Menge, bei der auch noch ein *bestimmtes* m_n herausgegriffen ist. Man bildet nun (2.37) und verwendet dabei (4.55).

4.4* Über den Gebrauch von Verbundwahrscheinlichkeiten. Momente. Die charakteristische Funktion. Gauß-Prozesse

Im vorangegangenen Abschnitt haben wir uns mit Verbundwahrscheinlichkeiten für zeitabhängige Prozesse

$$P(m_n, t_n; m_{n-1}, t_{n-1}; \ldots; m_1, t_1) \tag{4.90}$$

vertraut gemacht. Wir werden jetzt den Index n bei P_n weglassen. Unter Verwendung von (4.90) können wir durch Verallgemeinerung des Konzepts, das wir in Abschn. 2.7 eingeführt haben, Momente definieren

$$\langle m_n^{\nu_n} \cdots m_1^{\nu_1} \rangle = \sum_{m_1 \cdots m_n} m_n^{\nu_n} \cdots m_1^{\nu_1} P(m_n, t_n; m_{n-1}, t_{n-1}; \ldots; m_1, t_1) \,. \tag{4.91}$$

In dieser Gleichung können einige der ν gleich Null sein. Von besonderem Interesse ist der Fall

$$\langle m_n^{\nu_n} \cdot m_1^{\nu_1} \rangle \,, \tag{4.92}$$

bei dem wir nur das Produkt zweier Potenzen von m zu verschiedenen Zeiten betrachten. Führen wir entsprechend der Definition (4.91) die Summation über alle anderen m durch, dann finden wir die Wahrscheinlichkeitsverteilung, die nur von den Indizes 1 und n abhängt. (4.92) nimmt also die Form

$$\langle m_n^{\nu_n} m_1^{\nu_1} \rangle = \sum_{m_1} \sum_{m_n} m_n^{\nu_n} m_1^{\nu_1} P(m_n, t_n; m_1, t_1) \tag{4.93}$$

an. Wir führen noch verschiedene andere Schreibweisen an. Da sich die Indizes $j = 1, \ldots, n$ auf Zeiten beziehen, können wir (4.92) auch in der Form

$$\langle m^{\nu_n}(t_n) m^{\nu_1}(t_1) \rangle \tag{4.94}$$

schreiben. Diese Bezeichnungsweise darf nicht so interpretiert werden, als sei m eine vorgegebene Funktion der Zeit. Vielmehr sind t_1 und t_2 als Indizes zu interpretieren. Lassen wir für die t_j eine kontinuierliche Zeitfolge zu, dann werden wir die Indizes j weglassen und einfach t oder t' als Index benützen. (4.94) schreiben wir dann in der Form

$$\langle m^{\nu}(t) m^{\nu'}(t') \rangle \,. \tag{4.95}$$

In völlig analoger Weise können wir diese Schritte für (4.93) wiederholen, so daß wir die Beziehung

$$\langle m^{\nu}(t) m^{\nu'}(t') \rangle = \sum_{m(t), m(t')} m^{\nu}(t) m^{\nu'}(t') P(m(t), t; m(t'), t') \tag{4.96}$$

erhalten. Eine andere Möglichkeit bietet die Schreibweise m_t an Stelle von $m(t)$. Wie wir bereits erwähnt haben, können wir von m zu einer kontinuierlichen Variablen q übergehen, wobei dann P als Wahrscheinlichkeitsdichte aufzufassen ist. Nehmen wir wieder als Beispiel den Fall zweier Zeiten, dann erhalten wir für (4.96) die Form, vgl. (4.71)

$$\langle q_t^{\nu} q_{t'}^{\nu'} \rangle = \int\int q_t^{\nu} q_{t'}^{\nu'} P(q_t, t | q_{t'}, t') P(q_{t'}, t') dq_t dq_{t'} \,. \tag{4.97}$$

In Analogie zu Abschn. 2.10 führen wir über

$$\left\langle \exp\left(\mathrm{i}\sum_{l=1}^{n} u_l q_l\right)\right\rangle = \Phi(u_n, t_n; u_{n-1}, t_{n-1}; \ldots; u_1, t_1) \tag{4.98}$$

die *charakteristische Funktion* für den Fall einer diskreten Zeitfolge ein und im Fall einer kontinuierlichen Zeitfolge

$$\left\langle \exp\left(\mathrm{i}\int_{t_0}^{t} dt' u_{t'} q_{t'}\right)\right\rangle = \Phi(\{u_t\}) . \tag{4.99}$$

Unter Zuhilfenahme von gewöhnlichen oder Funktionalableitungen können wir daraus leicht die *Momente* wiedergewinnen, im Fall einer einzigen Variablen durch

$$\frac{1}{i^\nu} \frac{\delta^\nu}{\delta u_{t_1}^\nu} \Phi(\{u_t\})|_{u=0} = \langle q_{t_1}^\nu \rangle \tag{4.100}$$

und im Fall mehrerer Variabler zu verschiedenen Zeiten durch

$$(-i)^{\nu_1 + \cdots + \nu_n} \frac{\delta^{\nu_1 + \cdots + \nu_n}}{\delta u_{t_1}^{\nu_1} \delta u_{t_2}^{\nu_2} \cdots \delta u_{t_n}^{\nu_n}} \Phi|_{u=0} = \langle q_{t_n}^{\nu_n} \cdots q_{t_1}^{\nu_1} \rangle . \tag{4.101}$$

Weiterhin definieren wir *Kumulanten* über

$$\Phi(u_n, t_n; \ldots, u_1, t_1) = \exp\left[\sum_{s=1}^{\infty} \frac{i^s}{s!} \sum_{\alpha_1, \cdots \alpha_s = 1}^{n} k_s(t_{\alpha_1}, \ldots, t_{\alpha_s}) u_{\alpha_1} \ldots u_{\alpha_s}\right] . \tag{4.102}$$

Wir bezeichnen einen Prozeß als *Gauß-Prozeß*, wenn alle Kumulanten, die ersten beiden ausgenommen, verschwinden, d.h. wenn

$$k_3 = k_4 = \cdots = 0 \tag{4.103}$$

gilt. Für den Fall eines Gauß-Prozesses kann die charakteristische Funktion deshalb in der Form

$$\Phi(u_n, t_n; \ldots; u_1, t_1) = \exp\left[\mathrm{i}\sum_{\alpha=1}^{n} k_1(t_\alpha) u_\alpha - \frac{1}{2} \sum_{\alpha,\beta=1}^{n} k_2(t_\alpha, t_\beta) u_\alpha u_\beta\right] \tag{4.104}$$

geschrieben werden. Entsprechend (4.101) können alle Momente durch die ersten beiden Kumulanten ausgedrückt werden, alle höheren Momente durch die ersten beiden Momente (vgl. Aufgabe 2) von Abschn. 6.1).

Die große Nützlichkeit der Verbundwahrscheinlichkeit und von Korrelationsfunktionen beispielsweise in der Gestalt (4.97) beruht auf der Tatsache, daß es diese Größen erlauben, zeitabhängige Korrelationen zu diskutieren. Betrachten wir als Beispiel die Korrelationsfunktion

$$\langle q_t q_{t'} \rangle , \quad t > t' , \tag{4.105}$$

wobei wir annehmen wollen, daß die Mittelwerte zu den beiden Zeiten t und t' verschwinden

$$\langle q_t \rangle = 0, \quad \langle q_{t'} \rangle = 0. \tag{4.106}$$

Besteht keine Korrelation zwischen den q zu verschiedenen Zeiten, dann können wir die Verbundwahrscheinlichkeit in ein Produkt von Wahrscheinlichkeiten zu verschiedenen Zeiten aufspalten. Als Konsequenz daraus verschwindet (4.105). Bestehen andererseits Korrelationseffekte, kann die Verbundwahrscheinlichkeit nicht in ein Produkt aufgespalten werden und (4.105) wird im allgemeinen nicht verschwinden. Wir werden später diesen Formalismus noch detaillierter auswerten, um zu prüfen, wie schnell Fluktuationen abnehmen oder wie lange eine kohärente Bewegung aufrechterhalten wird. Verschwinden die Mittelwerte von q nicht, kann man (4.105) durch

$$\langle (q_t - \langle q_t \rangle)(q_{t'} - \langle q_{t'} \rangle) \rangle \tag{4.107}$$

ersetzen, um Korrelationen zu überprüfen.

Aufgaben

Für den Diffusionsprozeß bestimme man die folgenden Momente (oder Korrelationsfunktionen) unter den Anfangsbedingungen

1) $P(q, t = 0) = \delta(q)$,
2) $P(q, t = 0) = (\beta/\pi)^{1/2} \mathrm{e}^{-\beta q^2}$,

$\langle q(t) \rangle$, $\langle q^2(t) \rangle$, $\langle q(t) q(t') \rangle$, $\langle q^2(t) q^2(t') \rangle$.

Hinweis:

$$\int_{-\infty}^{+\infty} q^\nu \mathrm{e}^{-\alpha q^2} dq = 0, \quad \nu\text{: ungerade}$$

$$\sqrt{\alpha/\pi} \int_{-\infty}^{+\infty} q^2 \mathrm{e}^{-\alpha q^2} dq = \frac{1}{2\alpha},$$

$$\sqrt{\alpha/\pi} \int_{-\infty}^{+\infty} q^4 \mathrm{e}^{-\alpha q^2} dq = \frac{3}{4} \alpha^{-2}.$$

Man versuche, in $\langle \ldots \rangle$ q_t durch $q_{t+t'}$ zu ersetzen!

4.5 Die Master-Gleichung

Dieser Abschnitt kann ohne Kenntnis der vorangegangenen gelesen werden. Der Leser sollte jedoch das Beispiel aus Abschn. 4.2 kennen. Die Master-Gleichung, die wir in diesem Abschnitt ableiten wollen, ist eines der bedeutsamsten Werkzeuge, um die Wahrscheinlichkeitsverteilung zu einem Prozeß zu bestimmen. Bereits in Abschn. 4.2 sind wir auf das Beispiel eines Teilchens gekommen, das regellos vorwärts oder rückwärts gestoßen wird. Seine Bewegung wurde durch eine Gleichung beschrieben, die die zeitliche Veränderung der Wahrscheinlichkeitsverteilung bestimmt.

Wir wollen jetzt den allgemeinen Fall betrachten, wo das System durch diskrete Variable beschrieben werden soll, die wir zu einem Vektor $\boldsymbol{m}$ zusammenfassen. Um sich den Prozeß zu veranschaulichen, kann man an ein Teilchen denken, das sich auf einem dreidimensionalen Gitter bewegt.

Die Wahrscheinlichkeit, das System zur Zeit t am Punkt $\boldsymbol{m}$ anzutreffen, nimmt durch Übergänge von anderen Punkten $\boldsymbol{m}'$ her zu dem betrachteten Punkt $\boldsymbol{m}$ zu. Sie nimmt ab durch Übergänge, die aus diesem Punkt herausführen, d. h. wir haben die allgemeine Beziehung

$$\dot{P}(\boldsymbol{m}, t) = \text{Rate hinein} - \text{Rate heraus}\,. \qquad (4.108)$$

Da sich die „Rate hinein“ aus allen Übergängen von den Ausgangspunkten $\boldsymbol{m}'$ nach $\boldsymbol{m}$ zusammensetzt, besteht sie aus der Summe über alle Anfangspunkte. Jeder einzelne Term ist gegeben durch die Wahrscheinlichkeit, das Teilchen am Punkt $\boldsymbol{m}'$ zu finden multipliziert mit der Übergangswahrscheinlichkeit pro Zeiteinheit für den Übergang von $\boldsymbol{m}'$ nach $\boldsymbol{m}$. Wir erhalten also

$$\text{Rate hinein} = \sum_{\boldsymbol{m}'} w(\boldsymbol{m}, \boldsymbol{m}')P(\boldsymbol{m}', t)\,. \qquad (4.109)$$

Auf ähnliche Weise finden wir für die herausgehenden Übergänge die Beziehung

$$\text{Rate heraus} = P(\boldsymbol{m}, t) \cdot \sum_{\boldsymbol{m}'} w(\boldsymbol{m}', \boldsymbol{m})\,. \qquad (4.110)$$

Setzen wir (4.109 und 110) in (4.108) ein, erhalten wir die Gleichung

$$\dot{P}(\boldsymbol{m}, t) = \sum_{\boldsymbol{m}'} w(\boldsymbol{m}, \boldsymbol{m}')P(\boldsymbol{m}', t) - P(\boldsymbol{m}, t) \sum_{\boldsymbol{m}'} w(\boldsymbol{m}', \boldsymbol{m})\,, \qquad (4.111)$$

die als *Master-Gleichung* bezeichnet wird (Abb. 4.5). Die Schwierigkeit bei der Herleitung einer Master-Gleichung besteht weniger darin, die Ausdrücke (4.109 und 110) niederzuschreiben – das ist verhältnismäßig klar –, sondern in der expliziten Bestimmung der Übergangsraten w. Man kann dies auf zweierlei Weise tun. Entweder können wir die w mit Hilfe von Plausibilitätsargumenten gewin-

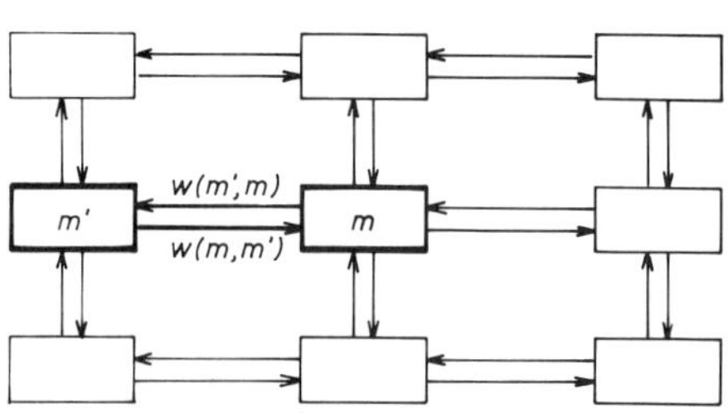

Abb. 4.5. Beispiel für das Netzwerk einer Master-Gleichung

nen; so sind wir bei unserem Beispiel aus Abschn. 4.2 verfahren. Weitere wichtige Beispiele werden wir später kennenlernen, etwa in der Anwendung auf die Chemie oder gar Soziologie. Ein anderer Weg besteht jedoch darin, die w aus Grundprinzipien herzuleiten, wobei z. B. in der Physik hauptsächlich quantenstatistische Methoden verwendet werden.

Aufgabe

Warum hat man die Markov-Annahme zu machen, um (4.109 und 110) anzuschreiben?

4.6 Die exakte stationäre Lösung der Master-Gleichung für Systeme in detaillierter Bilanz

In diesem Abschnitt werden wir folgendes beweisen: Hat die Master-Gleichung eine eindeutige stationäre Lösung ($\dot{P} = 0$) und erfüllt sie das Prinzip der detaillierten Bilanz, dann kann die Lösung durch einfache Summation oder im kontinuierlichen Fall mittels Integration explizit erhalten werden.

Das *Prinzip der detaillierten Bilanz* fordert, daß gleichviele Übergänge pro Sekunde vom Zustand $\boldsymbol{m}$ zum Zustand $\boldsymbol{n}$ erfolgen wie beim inversen Prozeß von $\boldsymbol{n}$ nach $\boldsymbol{m}$. Oder, in mathematischer Darstellung,

$$w(\boldsymbol{n},\boldsymbol{m})P(\boldsymbol{m}) = w(\boldsymbol{m},\boldsymbol{n})P(\boldsymbol{n}) \,. \tag{4.112}$$

In der Physik kann das Prinzip der detaillierten Bilanz (in den meisten Fällen) für Systeme im thermischen Gleichgewicht unter Benützung der Mikroreversibilität abgeleitet werden. Bei physikalischen Systemen fern vom thermischen Gleichgewicht oder in nichtphysikalischen Systemen gilt es nur in speziellen Fällen (für ein zugehöriges Beispiel vgl. Aufgabe 1 dieses Abschnittes).

Gleichung (4.112) stellt einen Satz homogener Gleichungen dar, die nur gelöst werden können, wenn die w gewisse Bedingungen erfüllen. Solche Bedingungen können beispielsweise durch Symmetrieüberlegungen gewonnen werden oder falls die w durch Differentialoperatoren ersetzt werden können. Mit dieser Frage befassen wir uns aber hier nicht, vielmehr wollen wir zeigen, wie (4.112) auf eine explizite Lösung führt. Für das Folgende werden wir annehmen, daß $P(\boldsymbol{n}) \neq 0$. Dann kann (4.112) als

$$\frac{P(\boldsymbol{m})}{P(\boldsymbol{n})} = \frac{w(\boldsymbol{m},\boldsymbol{n})}{w(\boldsymbol{n},\boldsymbol{m})} \tag{4.113}$$

geschrieben werden. Schreiben wir $\boldsymbol{m} = \boldsymbol{n}_{j+1}$, $\boldsymbol{n} = \boldsymbol{n}_j$, dann wandern wir von $\boldsymbol{n}_0$ nach $\boldsymbol{n}_N$ über eine Folge von Zwischenzuständen j. Beispielsweise erhalten wir dann aus (4.113) für den Übergang von $j = 0$ nach $j = 1$

$$\frac{P(n_1)}{P(n_0)} = \frac{w(n_1, n_0)}{w(n_0, n_1)},$$

für den Übergang von $j = 0$ über $j = 1$ nach $j = 2$

$$\frac{P(n_2)}{P(n_0)} = \frac{P(n_1)}{P(n_0)} \cdot \frac{P(n_2)}{P(n_1)} = \frac{w(n_1, n_0)}{w(n_0, n_1)} \cdot \frac{w(n_2, n_1)}{w(n_1, n_2)}$$

usw. Da eine eindeutige Lösung existieren soll, muß zumindest *eine* Folge $\{j\}$ existieren. Wir finden dann

$$\frac{P(n_N)}{P(n_0)} = \prod_{j=0}^{N-1} \frac{w(n_{j+1}, n_j)}{w(n_j, n_{j+1})}. \tag{4.114}$$

Setzen wir

$$P(m) = \mathcal{N} e^{\Phi(m)}, \tag{4.115}$$

wobei $\mathcal{N}$ den Normierungsfaktor bezeichnen soll, kann (4.114) als

$$\Phi(n_N) - \Phi(n_0) = \sum_{j=0}^{N-1} \ln\left[w(n_{j+1}, n_j)/w(n_j, n_{j+1})\right] \tag{4.116}$$

geschrieben werden. Da die Lösung als eindeutig angenommen wurde, ist $\Phi(n_N)$ unabhängig vom eingeschlagenen Weg. Führt man den geeignet gewählten Grenzübergang durch, kann man (4.116) auch auf kontinuierliche Variable ausdehnen.

Als *Beispiel* untersuchen wir eine lineare Kette mit nächster Nachbarwechselwirkung. Da detaillierte Bilanz erfüllt ist (vgl. Aufgabe 2) unten), können wir (4.114) anwenden. Kürzen wie die Übergangswahrscheinlichkeiten durch

$$w(m, m-1) = w_+(m), \tag{4.117}$$

$$w(m, m+1) = w_-(m) \tag{4.118}$$

ab, dann finden wir

$$P(m) = P(0) \prod_{m'=0}^{m-1} \frac{w(m'+1, m')}{w(m', m'+1)} = P(0) \prod_{m'=0}^{m-1} \frac{w_+(m'+1)}{w_-(m')}. \tag{4.119}$$

In vielen praktischen Anwendungen sind w_+ und w_- glatte Funktionen von m, denn m ist in dem interessierenden Bereich im allgemeinen sehr groß verglichen mit 1. Der Verlauf von $P(m)$ stellt dann eine glatte Kurve dar, die Extrema aufweist (vgl. Abb. 4.6). Wir wollen die *Bedingungen für Extrema* aufstellen. Ein Extremum (oder stationärer Wert) tritt dann auf, wenn

$$P(m_0) = P(m_0 + 1). \tag{4.120}$$

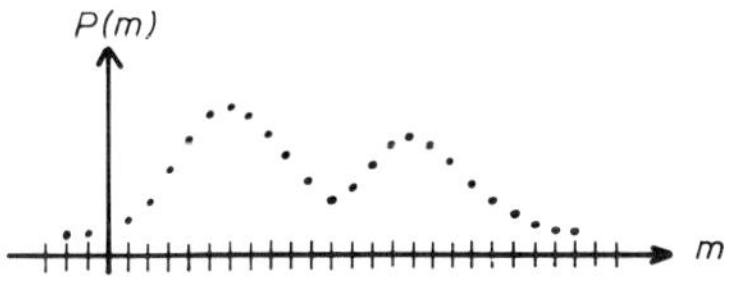

Abb. 4.6. Beispiel für $P(m)$ mit Maxima und Minima

Da wir $P(m_0 + 1)$ aus $P(m_0)$ durch Multiplikation von

$$P(m_0) \quad \text{mit} \quad \frac{w_+(m_0+1)}{w_-(m_0)}$$

erhalten, impliziert (4.120)

$$\frac{w_+(m_0+1)}{w_-(m_0)} = 1 \,. \tag{4.121}$$

$P(m_0)$ ist dann ein Maximum, wenn

$$\begin{aligned} P(m) < P(m_0) \quad &\text{für} \quad m < m_0 \\ \text{und} \quad &\text{für} \quad m > m_0 \,. \end{aligned} \tag{4.122}$$

Entsprechend ergibt sich, daß $P(m_0)$ dann (und nur dann) ein Maximum ist, wenn

$$\begin{aligned} \frac{w_+(m+1)}{w_-(m)} &> 1 \quad \text{für} \quad m < m_0 \\ \frac{w_+(m+1)}{w_-(m)} &< 1 \quad \text{für} \quad m > m_0 \,. \end{aligned} \tag{4.123}$$

In beiden Fällen, (4.122) und (4.123), gehören die Zahlen m zu einer endlichen Umgebung von m_0.

Aufgaben

1) Man verifiziere, daß der in Abb. 4.7 dargestellte Prozeß keine detaillierte Bilanz zuläßt.

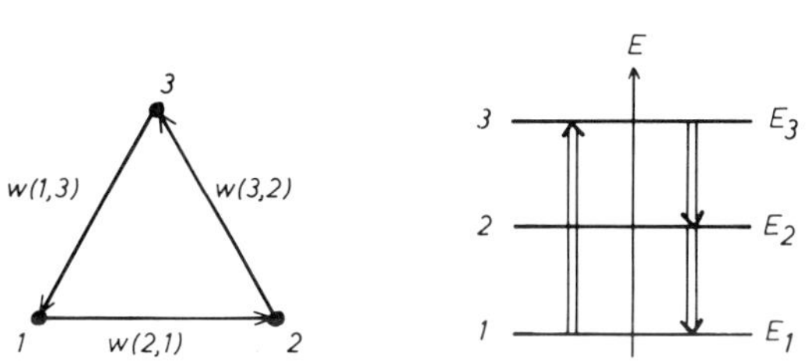

Abb. 4.7. Zirkulierende Übergänge, die das Prinzip der detaillierten Bilanz nicht erfüllen; z. B. bei einem Drei-Niveau-Atom (rechts); 1 → 3: Pumpprozeß mittels einer äußeren Quelle, 3 → 2, 2 → 1 Rekombination des Elektrons

2) Man zeige: in einer linearen Kette m mit nächsten Nachbarübergängen $m \to m \pm 1$ ist das Prinzip der detaillierten Bilanz immer erfüllt.
3) Wie lauten die Bedingungen dafür, daß $P(m_0)$ ein Minimum ist?
4) Man verallgemeinere die Extremalbedingung auf mehrere Dimensionen, d.h. $m \to \boldsymbol{m} = (m_1, m_2, \dots, m_N)$, bei nächsten Nachbarübergängen.
5) Man bestimme die Extrema und bestimme $P(m)$ explizit für

a) $$w(m, m \pm 1) = w\,,$$
$$w(m, m+n) = 0\,, \quad n \neq \pm 1\,.$$

Hinweis: Man normiere P nur für ein endliches Gebiet $-M \leqslant m \leqslant M$ und setze sonst $P(m) = 0$.

b) $$w(m, m+1) = \frac{m+1}{N} w_0 \quad \text{für} \quad 0 \leqslant m \leqslant N-1$$
$$w(m, m-1) = \frac{N-m+1}{N} w_0 \quad \text{für} \quad 1 \leqslant m \leqslant N$$
andernfalls $w(m, m') = 0$.

c) $$w(m+1, m) = w_+(m+1) = \alpha(m+2)\,, \quad m \geqslant 0$$
$$w(m, m+1) = w_-(m) = \beta(m+1)(m+2)\,.$$

Man zeige, daß für (2.57), $m \leftrightarrow k$ und $\mu \leftrightarrow \dfrac{\alpha}{\beta}$, $P(m)$ die Poisson-Verteilung $\Pi_{k,\mu}(\equiv a_k)$ ist.

Hinweis: Man bestimme $P(0)$ mit Hilfe der Normierungsbedingung

$$\sum_{m=0}^{\infty} P(m) = 1\,.$$

d) Man zeichne $P(m)$ für die Fälle a) – c).

4.7* Die Master-Gleichung bei detaillierter Bilanz. Symmetrisierung, Eigenwerte und Eigenzustände

Wir bringen die Master-Gleichung (4.111) auf die Form

$$\sum_n L_{mn} P(n) = \dot{P}(m)\,, \tag{4.124}$$

wobei wir die Abkürzung

$$L_{m,n} = w(m,n) - \delta_{m,n} \sum_l w(l,n) \tag{4.125}$$

benützt haben. Die Master-Gleichung stellt einen Satz von linearen Differentialgleichungen erster Ordnung dar. Um die Gleichung auf eine gewöhnliche algebraische Gleichung zu transformieren, setzen wir

$$P(m) = e^{-\lambda t}\varphi_m, \tag{4.126}$$

wobei φ_m zeitunabhängig sein soll. Setzen wir (4.126) in (4.124) ein, dann erhalten wir

$$\sum_n L_{mn}\varphi_n^{(\alpha)} = -\lambda_\alpha \varphi_m^{(\alpha)}. \tag{4.127}$$

Der zusätzliche Index α tritt auf, da diese algebraische Gleichung einen ganzen Satz von Eigenwerten λ und Eigenfunktionen φ_n zuläßt, die wir durch den Index α unterscheiden. Da die Matrix L_{mn} im allgemeinen nicht symmetrisch sein wird, sind die Eigenvektoren des adjungierten Problems

$$\sum_m \chi_m^{(\alpha)} L_{mn} = -\lambda_\alpha \chi_n^{(\alpha)} \tag{4.128}$$

verschieden von den Eigenvektoren aus (4.127). In Übereinstimmung mit bekannten Resultaten der linearen Algebra bilden aber φ und χ einen biorthogonalen Satz, so daß

$$(\chi^{(\alpha)}, \varphi^{(\beta)}) \equiv \sum_n \chi_n^{(\alpha)} \varphi_n^{(\beta)} = \delta_{\alpha,\beta}. \tag{4.129}$$

Die linke Seite in (4.129) stellt eine Abkürzung für die Summe über n dar. Mit Hilfe der Eigenvektoren φ und χ kann L_{mn} in der Form

$$L_{mn} = -\sum_\alpha \lambda_\alpha \varphi_m^{(\alpha)} \chi_n^{(\alpha)} \tag{4.130}$$

geschrieben werden. Wir zeigen jetzt, daß die Matrix, die in (4.127) auftritt, symmetrisiert werden kann. Wir definieren zunächst diese symmetrisierte Matrix durch

$$L_{m,n}^s = w(m,n)\frac{P^{1/2}(n)}{P^{1/2}(m)} \tag{4.131}$$

für $m \neq n$. Für $m = n$ nehmen wir die ursprüngliche Form (4.125). $P(n)$ ist dabei die stationäre Lösung der Master-Gleichung. Wir nehmen an, daß die Bedingung der detaillierten Bilanz erfüllt ist

$$w(m,n)P(n) = w(n,m)P(m). \tag{4.132}$$

Um zu beweisen, daß (4.131) eine symmetrische Matrix L^s darstellt, vertauschen wir die Indizes n, m in (4.131)

$$L_{n,m}^s = w(n,m)\frac{P^{1/2}(m)}{P^{1/2}(n)}. \tag{4.133}$$

Durch Anwendung von (4.132) finden wir

$$(4.133) = w(m,n)\frac{P(n)}{P(m)} \cdot \frac{P^{1/2}(m)}{P^{1/2}(n)}, \tag{4.134}$$

woraus sich sofort

$$L^s_{m,n} \tag{4.135}$$

ergibt, womit die Symmetrie bewiesen ist. Um die Bedeutung dieser Symmetrisierung für (4.127) aufzuzeigen, setzen wir

$$\varphi_n^{(\alpha)} = P_{(n)}^{1/2} \tilde{\varphi}_n^{(\alpha)}, \tag{4.136}$$

was auf

$$\sum_n L_{mn} P_{(n)}^{1/2} \tilde{\varphi}_n^{(\alpha)} = -\lambda_\alpha P_{(m)}^{1/2} \tilde{\varphi}_m^{(\alpha)} \tag{4.137}$$

führt. Dividieren wir diese Gleichung durch $P^{1/2}(\boldsymbol{m})$, erhalten wir die symmetrisierte Gleichung

$$\sum_n L^s_{mn} \cdot \tilde{\varphi}_n^{(\alpha)} = -\lambda_\alpha \tilde{\varphi}_m^{(\alpha)}. \tag{4.138}$$

In analoger Weise verfahren wir mit (4.128). Wir setzen

$$\chi_n^{(\alpha)} = P_{(n)}^{-1/2} \tilde{\chi}_n^{(\alpha)}, \tag{4.139}$$

bringen dies in (4.128) ein und multiplizieren mit $P^{1/2}(\boldsymbol{n})$. Wir erhalten

$$\sum_m \tilde{\chi}_m^{(\alpha)} L^s_{mn} = -\lambda_\alpha \tilde{\chi}_n^{(\alpha)}. \tag{4.140}$$

Die $\tilde{\chi}$ können jetzt mit den $\tilde{\varphi}$ identifiziert werden, weil die Matrix L^s_{mn} symmetrisch ist. Diese Tatsache ergibt zusammen mit (4.136) und (4.139) die Beziehung

$$\varphi_n^{(\alpha)} = P(\boldsymbol{n}) \chi_n^{(\alpha)}. \tag{4.141}$$

Wie über ein bekanntes Theorem der linearen Algebra gezeigt werden kann, können die Eigenwerte der Matrix L^s auf Grund ihrer Symmetrie durch ein Variationsprinzip bestimmt werden. Folgender Ausdruck muß einen Extremwert darstellen

$$-\lambda = \text{Extr.} \left\{ \frac{(\tilde{\chi} L^s \tilde{\chi})}{(\tilde{\chi}\tilde{\chi})} \right\} = \text{Extr.} \left\{ \frac{(\chi L \varphi)}{(\chi \varphi)} \right\}. \tag{4.142}$$

$\tilde{\chi}_n$ muß so gewählt werden, daß es auf allen niedrigeren Eigenfunktionen senkrecht steht. Weiterhin kann man sich unmittelbar davon überzeugen, daß sich für $\chi_n^{(0)} = 1$ auf Grund von

$$\sum_m L_{m,n} = 0 \tag{4.143}$$

der Eigenwert zur stationären Lösung ergibt. Wir wollen nun zeigen, daß alle Eigenwerte nichtnegativ sind. Dazu schreiben wir den Zähler von (4.142)

$$\sum_{m,n} \chi_m L_{m,n} P(n) \chi_n \tag{4.144}$$

[vgl. (4.139, 141 und 131)] in einer Form, die beweist, daß dieser Ausdruck nicht positiv sein kann. Wir multiplizieren $w(m, n)P(n) \geqslant 0$ mit $-\frac{1}{2}(\chi_m - \chi_n)^2 \leqslant 0$, so daß wir

$$-\sum_{m,n} \tfrac{1}{2}(\chi_m - \chi_n)^2 w(m, n)P(n) \leqslant 0 \tag{4.145}$$

erhalten. Die Auswertung der quadratischen Klammer liefert

$$\underbrace{-\tfrac{1}{2}\sum_{m,n} \chi_m^2 w(m, n)P(n)}_{(1)} \underbrace{-\tfrac{1}{2}\sum_{m,n} \chi_n^2 w(m, n)P(n)}_{(2)} + \underbrace{\sum_{m,n} \chi_m \chi_n w(m, n)P(n)}_{(3)}. \tag{4.146}$$

Im zweiten Term dieser Summe vertauschen wir die Indizes m, n und wenden die Bedingung detaillierter Bilanz (4.132) an. Es stellt sich dann heraus, daß die zweite Summe gleich der ersten ist, (4.146) stimmt also mit (4.144) überein. Dem Variationsprinzip (4.142) kann deshalb die Form

$$\lambda = \text{Extr.} \left\{ \frac{\frac{1}{2}\sum_{m,n} (\chi_m - \chi_n)^2 w(m, n)P(n)}{\sum_n \chi_n^2 P(n)} \right\} \geqslant 0\,! \tag{4.147}$$

gegeben werden, woraus offenbar wird, daß λ nicht negativ ist. Weiterhin ist evident, daß wir für die Wahl χ = konst. den Eigenwert $\lambda = 0$ erhalten.

4.8* Die Kirchhoffsche Methode zur Lösung der Master-Gleichung

Wir geben zunächst ein einfaches Gegenbeispiel zum Prinzip der detaillierten Bilanz. Wir betrachten ein System mit drei Zuständen 1, 2, 3, zwischen denen nur die Übergangsraten $w(1, 2)$, $w(2, 3)$ und $w(3, 1)$ nicht verschwinden. (Ein derartiges Beispiel stellt ein Drei-Niveau-Atom dar, das aus einem ersten Niveau auf das dritte gepumpt wird, in das zweite und daraufhin ins erste Niveau fällt; vgl. Abb. 4.7.) Aus der physikalischen Anschauung ist es klar, daß $P(1)$ und $P(2) \neq 0$ sind, jedoch bedingt durch $w(2, 1) = 0$ die Gleichung

$$w(2, 1)P(1) = w(1, 2)P(2)\,, \tag{4.148}$$

die für detaillierte Bilanz notwendig ist, nicht erfüllt sein kann. Deshalb werden andere Methoden notwendig, um die Master-Gleichung lösen zu können. Wir beschränken unsere Rechnungen auf die stationäre Lösung. In diesem Fall reduziert sich die Master-Gleichung (4.111) auf eine lineare algebraische Gleichung. Eine Lösungsmethode wird durch die Methoden der linearen Algebra vorgegeben. Jedoch handelt es sich hier um eine äußerst knifflige Prozedur, die die speziellen Eigenschaften der Master-Gleichung und ihre spezielle Form nicht berücksichtigt. Wir ziehen die Darstellung einer eleganteren Methode vor, die von

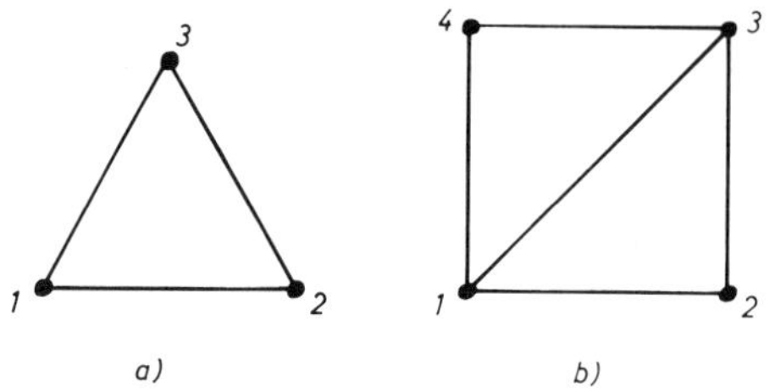

Abb. 4.8a, b. Beispiele für Graphen mit drei und vier Knoten

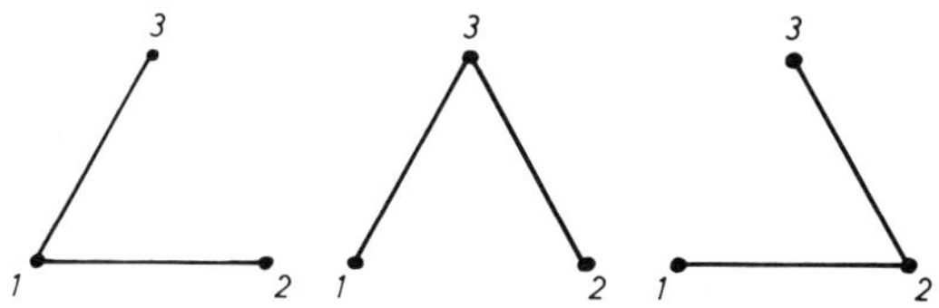

Abb. 4.9. Die maximalen Bäume $T(G)$, die zu dem Graphen aus Abb. 4.8a gehören

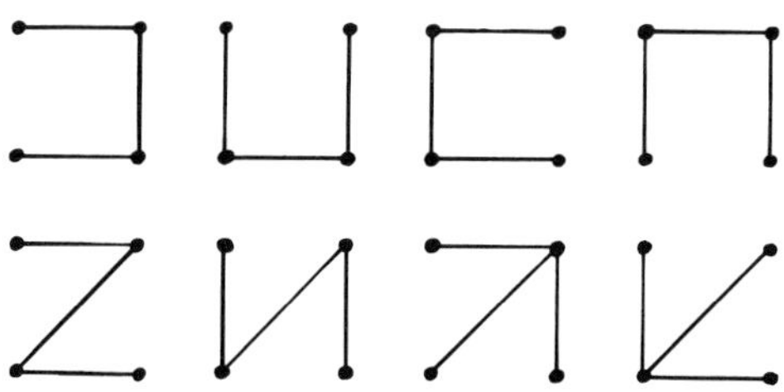

Abb. 4.10. Die maximalen Bäume des Graphen G aus Abb. 4.8b

Kirchhoff ursprünglich zur Behandlung elektrischer Netzwerke entwickelt wurde. Um die stationäre Lösung $P(n)$ der Master-Gleichung[2]

$$\sum_{n=1}^{N} w(m, n)P(n) - P(m) \sum_{n=1}^{N} w(n, m) = 0 \tag{4.149}$$

mit der Normierungsbedingung

$$\sum_{n=1}^{N} P(n) = 1 \tag{4.150}$$

zu finden, werden wir elementare Graphentheorie benützen.

Wir definieren einen Graphen (oder mit anderen Worten, eine Figur), der wir (4.149) zuordnen. Dieser Graph G enthält alle Knoten und Kanten, für die $w(m, n) \neq 0$. Beispiele von Graphen mit drei und vier Knoten sind in Abb. 4.8 dargestellt. Für die folgende Lösung müssen wir verschiedene Teile des Graphen G betrachten, die man aus G durch Weglassen bestimmter Kanten gewinnt. Dieser Subgraph, maximaler Baum $T(G)$ genannt, wird folgendermaßen definiert:

1) $T(G)$ erstreckt sich auf alle Subgraphen, bei denen
   a) alle Kanten von G auch Kanten von $T(G)$ sind,
   b) $T(G)$ alle Knoten von G enthält.

---

[2] Die Verwendung von n statt eines Vektors bedeutet keine Einschränkung, da man einen diskreten Satz immer in die Form einer Folge von einzelnen Zahlen umordnen kann.

2) $T(G)$ ist zusammenhängend.
3) $T(G)$ enthält keine Kurzschlüsse (zyklische Folge von Kanten).

Diese Definition, die ziemlich abstrakt scheint, kann am besten durch Beispiele verständlich gemacht werden. Der Leser wird sofort bemerken, daß man eine gewisse Mindestzahl von Kanten in G weglassen muß. (Vgl. die Abb. 4.9 und 10.) Um also die maximalen Bäume von Abb. 4.8b zu gewinnen, hat man dort entweder eine Kante *und* die Diagonale oder zwei Kanten wegzulassen.

Wir wollen nun den gerichteten maximalen Baum mit dem Index n, $T_n(G)$ definieren. Wir erhalten ihn aus $T(G)$ dadurch, daß wir alle Kanten von $T(G)$ auf den Knoten mit dem Index n ausrichten. Die ausgerichteten maximalen Bäume zu $n = 1$ in Abb. 4.9 sind dann in Abb. 4.11 dargestellt. Nach diesen Vorbemerkungen wollen wir jetzt ein Rezept angeben, wie man die stationäre Lösung $P(n)$ konstruieren kann. Dazu ordnen wir jedem ausgerichteten maximalen Baum einen numerischen Wert zu, den wir mit A bezeichnen: $A(T_n(G))$. Dieser Wert stellt das Produkt aller Übergangsraten $w(n, m)$ dar, deren Seiten in $T_n(G)$ mit der entsprechenden Richtung erscheinen. Für das Beispiel aus Abb. 4.11 erhalten wir so die folgenden verschiedenen maximalen Bäume

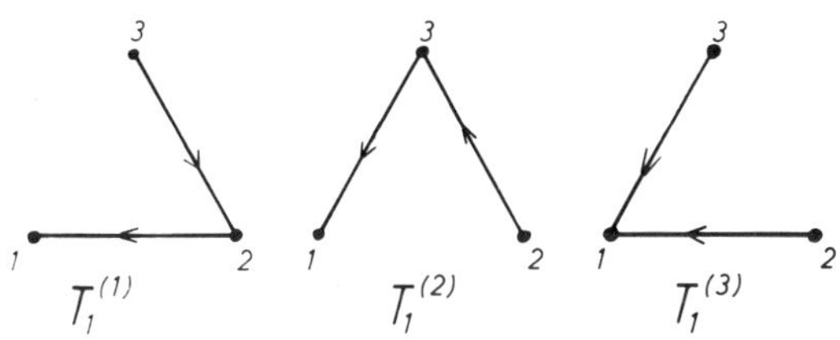

Abb. 4.11. Die gerichteten maximalen Bäume T_1 zu Abb. 4.9 mit $n = 1$

$$T_1^{(1)}: w(1,2)\,w(2,3) = A(T_1^{(1)})\,, \tag{4.151}$$

$$T_1^{(2)}: w(1,3)\,w(3,2) = A(T_1^{(2)})\,, \tag{4.152}$$

$$T_1^{(3)}: w(1,2)\,w(1,3) = A(T_1^{(3)})\,. \tag{4.153}$$

(Es ist am besten, alle Argumente von rechts nach links zu lesen.) Wir weisen darauf hin, daß in unserem Beispiel Abb. 4.11 $w(3, 2) = w(1, 3) = 0$. Wir kommen nun zum letzten Schritt und definieren S_n als die Summe über alle ausgerichteten maximalen Bäume, die denselben Index n tragen, d. h.

$$S_n = \sum_{\text{alle } T_n(G)} A(T_n(G))\,. \tag{4.154}$$

Beispielsweise finden wir für unser Beispiel des Dreiecks

$$\begin{aligned} S_1 &= w(1,2)\,w(2,3) + w(1,3)\,w(3,2) + w(1,2)\,w(1,3) \\ &= w(1,2)\,w(2,3) \quad [\text{denn } w(3,2) = w(1,3) = 0]\,. \end{aligned} \tag{4.155}$$

Die Kirchhoffsche Formel für die Wahrscheinlichkeitsverteilung $P(n)$ ist dann durch

$$P(n) = \frac{S_n}{\sum_{l=1}^{N} S_l} \qquad (4.156)$$

gegeben. Bei unserem Standardbeispiel erhalten wir unter Verwendung von (4.151) usw.

$$P(1) = \frac{w(1,2)\,w(2,3)}{w(1,2)\,w(2,3) + w(2,3)\,w(3,1) + w(3,1)\,w(1,2)} . \qquad (4.157)$$

Obwohl diese Prozedur für eine größere Anzahl von Knoten ziemlich aufwendig wird, erlaubt sie doch zumindest in vielen Fällen der Praxis eine sehr viel größere Einsicht in die Konstruktion der Lösung. Weiterhin erlaubt sie die Aufspaltung des Problems in mehrere Teile, sobald die Master-Gleichung einige geschlossene Kreise enthält, die nur durch eine einzelne Linie verbunden sind.

Aufgabe

Vorgegeben sei eine Kette, bei der nur nächste Nachbarübergänge erlaubt seien. Man zeige, daß die Kirchhoffsche Formel gerade auf die Formel der detaillierten Bilanz (4.119) führt.

4.9* Theoreme zu Lösungen der Master-Gleichung

Wir wollen mehrere Theoreme anführen, die für die Anwendungen der Master-Gleichung wichtig sind. Da die zugehörigen Beweise rein mathematischer Natur sind und zu keinerlei weiterem Verständnis der Vorgänge führen, werden wir sie weglassen. Wir nehmen an, daß die w *zeitunabhängig* sind.

1) Es existiert immer zumindest eine stationäre Lösung $P(m)$, $\dot{P}(m) = 0$.
2) Diese stationäre Lösung ist dann eindeutig, wenn der Graph G zusammenhängend ist (d.h. ein beliebiges Paar von zwei Punkten m, n durch mindestens eine Sequenz von Linien (über andere Punkte) verbunden wenden kann).
3) Gilt zu einer Anfangszeit $t = 0$ für alle m

$$0 \leqslant P(m, 0) \leqslant 1 \qquad (4.158)$$

und

$$\sum_m P(m, 0) = 1 , \qquad (4.159)$$

dann gilt auch für alle späteren Zeiten $t > 0$

$$0 \leqslant P(m, t) \leqslant 1 , \qquad (4.160)$$

und

$$\sum_m P(m, t) = 1 . \qquad (4.161)$$

Die Normierung und *Positivität* der Wahrscheinlichkeit ist also für alle Zeiten garantiert.

4) Setzen wir $P(m, t) = a_m \exp(-\lambda t)$ in die Master-Gleichung ein, dann erhalten wir einen Satz linearer algebraischer Gleichungen für a_m mit den Eigenwerten λ. Diese Eigenwerte λ haben folgende Eigenschaften:
   a) Der Realteil der λ ist nicht negativ, $\mathrm{Re}\{\lambda\} \geqslant 0$.
   b) Ist die Bedingung detaillierter Bilanz erfüllt, sind alle λ rein reell.
5) Ist die stationäre Lösung eindeutig, dann geht die zeitabhängige Lösung $P(m, t)$ für jede Anfangsverteilung $P^0(m)$ [so daß $P(m, 0) = P^0(m)$] für $t \to \infty$ gegen die stationäre Lösung. Für einen Beweis mit Hilfe des Informationsgewinns siehe Aufgabe 1 des Abschn. 5.3.

4.10 Die Bedeutung von Zufallsprozessen. Stationärer Zustand, Fluktuationen, Wiederkehrzeit

Im Vorhergehenden behandelten wir Prozesse, die durch zufällige Aktionen verursacht wurden. In diesem Abschnitt wollen wir einige sehr allgemeine Aspekte diskutieren, wobei wir hauptsächlich von einem spezifischen Modell Gebrauch machen werden. Wir untersuchen, was passiert, wenn wir zwei mit Gas gefüllte Gefäße verbinden. Die Gasatome aus dem einen Gefäß werden dann in das andere Gefäß diffundieren und umgekehrt. Die Übergänge können als vollkommen zufällig betrachtet werden; sie werden nämlich durch viele Stöße verursacht, die die Gasatome erleiden. Ein anderes Beispiel stellt ein chemischer Prozeß dar; dort kann eine Reaktion nur dann stattfinden, wenn zwei entsprechende Moleküle aufeinandertreffen. Wieder handelt es sich um ein zufälliges Ereignis. Es ist deshalb nicht überraschend, daß Zufallsprozesse in vielen verschiedenen Disziplinen auftreten und zum Verständnis von Ordnungsphänomenen von außerordentlicher Bedeutung sind.

Um die Grundideen zu erhellen, betrachten wir ein besonders einfaches Beispiel, das sogenannte Ehrenfestsche Urnenmodell. Urspünglich wurde dieses Modell dazu vorgeschlagen, die Bedeutung des sogenannten H-Theorems in der Thermodynamik zu diskutieren (vgl. Aufgabe 1 und 2 des Abschn. 5.3). Hier werden wir das Modell dazu verwenden, einige typische Effekte, die Zufallsprozessen eigen sind und die auch bei der Herstellung eines Gleichgewichts wesentlich sind, zu illustrieren. Wir betrachten zwei Urnen A, B, die mit N Kugeln, denen wir die Nummern $1, 2, \ldots, N$ zuordnen, gefüllt sein sollen. Wir wollen von einer Anfangsverteilung ausgehen, bei der N_1 Kugeln in der Box A und N_2 in der Box B sind. Wir nehmen an, daß wir einen Mechanismus haben, der eine der Zahlen $1, 2, \ldots, N$ mit derselben Wahrscheinlichkeit $1/N$ zufällig auswählt. Dieser Selektionsprozeß soll sich regelmäßig nach Zeitintervallen τ wiederholen. Ist die Zahl gewählt, wird die betreffende Kugel aus ihrer Urne herausgenommen und in die andere gebracht. Wir sind nun an der Änderung der Zahlen N_1 und N_2 im Laufe der Zeit interessiert und bezeichnen die Wahrscheinlichkeit, N_1 Kugeln nach s Schritten zur Zeit t anzutreffen, (d.h. $t = s$), mit $P(N_1, s)$.

Zunächst stellen wir eine Gleichung auf, die uns die Änderung der Wahrscheinlichkeitsverteilung als Funktion der Zeit liefert, und diskutieren dann mehrere wichtige Eigenschaften. Die Wahrscheinlichkeitsverteilung P ändert sich aufgrund eines der beiden folgenden Ereignisse. Entweder wird eine Kugel der Urne A hinzugefügt oder entnommen. Die gesamte Wahrscheinlichkeit $P(N_1, s)$ ist die Summe der Wahrscheinlichkeiten, die zu diesen beiden Ereignissen gehört. Im ersten Fall, wo A eine Kugel hinzugefügt wird, müssen wir von einer Situation ausgehen, bei der sich $N - 1$ Kugeln in der Urne A befinden. Wir bezeichnen die Wahrscheinlichkeit, daß eine Kugel hinzugefügt wird, mit $w(N_1, N_1 - 1)$. Wird eine Kugel herausgenommen, müssen wir von einer Situation ausgehen, bei der $N_1 + 1$ Kugeln zur „Zeit" $s - 1$ in A sind. Die Wahrscheinlichkeit, die zur Entnahme einer Kugel gehört, bezeichnen wir mit $w(N_1, N_1 + 1)$. Somit finden wir die Beziehung

$$\begin{aligned} P(N_1, s) = {} & w(N_1, N_1 - 1) P(N_1 - 1, s - 1) \\ & + w(N_1, N_1 + 1) P(N_1 + 1, s - 1)\,. \end{aligned} \tag{4.162}$$

Da die Wahrscheinlichkeit, eine bestimmte Zahl herauszugreifen, $1/N$ ist und in der Urne B $N_2 + 1 = N - N_1 + 1$ Kugeln sind, ist die Übergangsrate $w(N_1, N_1 - 1)$ durch den Ausdruck

$$w(N_1, N_1 - 1) = \frac{N_2 + 1}{N} = \frac{N - N_1 + 1}{N} \tag{4.163}$$

gegeben. Entsprechend ergibt sich für die Übergangsrate, eine Kugel aus A herauszunehmen,

$$w(N_1, N_1 + 1) = \frac{N_1 + 1}{N}\,. \tag{4.164}$$

Damit nimmt (4.162) die Form

$$P(N_1, s) = \frac{N - N_1 + 1}{N} P(N_1 - 1, s - 1) + \frac{N_1 + 1}{N} P(N_1 + 1, s - 1) \tag{4.165}$$

an.

Ist irgendeine Anfangsverteilung der Kugeln vorgegeben, kann man fragen, zu welcher Endverteilung man schließlich gelangt. Nach Abschn. 4.9 gibt es eine eindeutige stationäre Lösung, in die jede Anfangsverteilung übergeht. Diese Lösung ist durch

$$\lim_{s \to \infty} P(N_1, s) \equiv P(N_1) = \frac{N!}{N_1!\,(N - N_1)!}\,\alpha \equiv \frac{N!}{N_1!\,N_2!}\,\alpha \tag{4.166}$$

gegeben, wobei die Normierungskonstante α aus der Bedingung

$$\sum_{N_1} P(N_1, s) = 1 \tag{4.167}$$

bestimmt wird. Sie kann einfach angegeben werden

$$\alpha = 2^{-N}. \tag{4.168}$$

Wir überlassen es dem Leser zur Übung, sich von der Richtigkeit von (4.166) durch Einsetzen in (4.165) zu überzeugen. (Es sei bemerkt, daß P nicht mehr von s abhängt.) Wir haben diese Verteilungsfunktion bereits sehr viel früher schon angetroffen, als wir in Abschn. 3.1 von ganz anderen Überlegungen ausgingen. Dort haben wir die Anzahl von Konfigurationen betrachtet, mit denen wir einen Makrozustand, N_1 Kugeln in A und N_2 Kugeln in B, realisieren können, wobei die Gesamtzahlen N_1 und N_2 konstant gehalten wurden. Unser jetziges Modell wird uns erlauben, einige sehr wichtige und ziemlich allgemeine Schlüsse zu ziehen.

Wir haben zunächst zu unterscheiden zwischen einem vorgegebenen einzelnen System und einem *Ensemble* von Systemen. Betrachten wir ein einzelnes System, so werden wir im Laufe der Zeit beobachten, daß die Zahl N_1 (die ja eine Zufallsgröße ist) gewisse Werte annehmen wird

$$N_1^{(1)}(s = 1), N_1^{(2)}(s = 2), \ldots, N_1^{(s)}, \ldots . \tag{4.169}$$

In der Sprache der Wahrscheinlichkeitstheorie besteht also ein einzelnes Ereignis in einer Folge (4.169). Ist diese Sequenz einmal ausgewählt, bleibt nichts Beliebiges zurück. Andererseits behandeln wir, sobald wir von Wahrscheinlichkeit sprechen, eine Menge von Ereignissen, d. h. die Ereignismenge (Ereignisraum). In der Thermodynamik bezeichnen wir diese Menge als „Ensemble" (wobei wir die Änderung in der Zeit mit einschließen). Ein einzelnes System entspricht dem Ereignispunkt.

In der Thermodynamik, aber auch in anderen Disziplinen, wird die folgende Frage untersucht: Wenn ein System für eine sehr lange Zeit einem Zufallsprozeß unterliegt, stimmt dann der zeitliche Mittelwert mit dem Ensemblemittelwert überein? In unserem Buch werden wir, falls anderes nicht besonders hervorgehoben wird, Ensemblemittelwerte behandeln. Der Ensemblemittelwert wird als Mittelwert über irgendeine Funktion von Zufallsgrößen bezüglich der Verbundwahrscheinlichkeit aus Abschn. 4.3 definiert.

Bei der folgenden Diskussion sollte der Leser immer sorgfältig zwischen dem Einzelsystem, das diskutiert wird, und dem gesamten Ensemble unterscheiden. Dieser Warnung eingedenk, wollen wir einige der hauptsächlichen Folgerungen diskutieren: Die stationäre Verteilung ist keineswegs völlig scharf, d. h. wir werden nicht $N/2$ Kugeln in A und $N/2$ Kugeln in B mit der Wahrscheinlichkeit 1 finden. Auf Grund des Ausleseverfahrens besteht immer eine gewisse Möglichkeit, eine andere Zahl $N_1 \neq N/2$ in der Box A anzutreffen. Es treten also Fluktuationen auf. Weiterhin können wir zeigen: Hatten wir ursprünglich eine vorgegebene Zahl N_1, kann das System zu dieser bestimmten Zahl nach einer gewissen Zeit wieder zurückkommen. In der Tat besteht zu jedem Einzelprozeß, etwa $N_1 \to N_1 + 1$, eine endliche Wahrscheinlichkeit für den inversen Prozeß. (Offenbar kann dieses Problem auf eine präzisere mathematische Formulierung gebracht werden, dies ist aber hier nicht unsere Aufgabe.) Das Gesamtsystem nimmt also keinen eindeutigen Gleichgewichtszustand $N_1 = N/2$ ein. Dieses scheint in gewaltigem Widerspruch zu stehen mit dem, was wir aus thermodynamischen Gründen erwarten, und es ist gerade diese Schwierigkeit, die Physiker für eine lange Zeit beschäftigt hat.

Es ist jedoch nicht zu schwierig, diese Überlegungen mit dem in Einklang zu bringen, was wir aus der Thermodynamik erwarten, nämlich dem Erreichen des Gleichgewichts. Wir wollen den Fall betrachten, bei dem N eine sehr große Zahl bedeutet. Das ist eine typische Annahme der Thermodynamik (man nimmt sogar $N \to \infty$ an). Wir wollen zunächst die stationäre Verteilungsfunktion diskutieren. Falls N sehr groß ist, können wir uns sehr schnell davon überzeugen, daß die Wahrscheinlichkeitsverteilung um $N_1 = N/2$ ein sehr scharfes Maximum hat. Mit anderen Worten, die Verteilungsfunktion wird effektiv eine δ-Funktion. Dies wirft neues Licht auf die Bedeutung der Entropie. Es gibt $N!/(N_1!\,N_2!)$ Realisierungen des Zustands N_1, die Entropie ist durch

$$S = k_{\mathrm{B}} \ln \frac{N!}{N_1!\,N_2!} \tag{4.170}$$

gegeben oder

$$S = k_{\mathrm{B}}(-N_1 \ln N_1 - N_2 \ln N_2 + N \ln N)\,. \tag{4.171}$$

Dividieren wir durch N (d.h. pro Kugel), dann ergibt sich

$$S/N = -k_{\mathrm{B}}(p_1 \ln p_1 + p_2 \ln p_2)\,, \tag{4.172}$$

wobei

$$p_j = \frac{N_j}{N}\,. \tag{4.173}$$

Da die Wahrscheinlichkeitsverteilung $P(N_1)$ ein sehr scharfes Maximum hat, werden wir in allen praktischen Fällen $N_1 = N/2$ finden. Nehmen wir also im Experiment irgendeine Verteilung heraus, dann können wir erwarten, daß die Entropie ihren maximalen Wert, bei dem $p_1 = p_2 = 1/2$, angenommen hat. Andererseits müssen wir berücksichtigen, daß wir andere Anfangszustände aufbauen können, bei denen wir die Bedingung vorgeben, daß N_1 gleich einer vorgegebenen Zahl ist: $N_0 \neq N/2$.

Ist N_0 vorgegeben, besitzen wir maximale Kenntnis über den Anfangszustand. Lassen wir nun die Zeit fortschreiten, dann wird sich P in eine neue Verteilung bewegen und der gesamte Prozeß gewinnt den Charakter eines *irreversiblen Prozesses*. Um diese Bemerkung zu untermauern, wollen wir die zeitliche Entwicklung einer Anfangsverteilung betrachten, bei der alle Kugeln in einer Urne sind. Die Wahrscheinlichkeit, daß eine Kugel entnommen wird, ist gleich 1. Die Wahrscheinlichkeit wird nahe bei 1 bleiben, solange nur wenige Kugeln entnommen wurden. Das System wird sich also sehr schnell von seinem Anfangszustand entfernen. Andererseits wird die Wahrscheinlichkeit für eine Kugel, von der Urne A zur Urne B zu gelangen, nahezu gleich der Wahrscheinlichkeit für den inversen

Prozeß, sobald die Urnen gleich gefüllt sind. Diese Wahrscheinlichkeiten werden aber keineswegs verschwinden, d.h. es sind weiterhin Fluktuationen der Teilchenzahlen in jeder Urne möglich. Warten wir eine extrem lange Zeit t_r, dann besteht eine endliche Wahrscheinlichkeit, daß das System zu seinem Anfangszustand zurückkehrt. Diese Wiederkehrzeit t_r wurde zu

$$t_r \sim \tau/P(N_1) \tag{4.174}$$

berechnet, wobei t_r als mittlere Zeit zwischen dem Auftreten zweier identischer Makrozustände definiert ist.

Zusammenfassend läßt sich folgendes sagen: Sogar wenn N groß ist, bleibt N_1 nicht fest, sondern kann fluktuieren. Große Abweichungen von $N_1 = N/2$ sind aber selten. Der wahrscheinlichste Zustand ist der mit $N_1 = N/2$. Steht aber keine Information über den Zustand zur Verfügung oder, mit anderen Worten, haben wir das System nicht in einer speziellen Weise präpariert, dann müssen wir annehmen, daß der stationäre Zustand vorliegt. Die obigen Überlegungen lösen den Widerspruch zwischen einem irreversiblen Prozeß, der nur in einer Richtung zum Gleichgewicht hin verläuft, und den Fluktuationen, die ein einzelnes System sogar in seinen Anfangszustand zurücktreiben können. Beides kann passieren, und es ist gerade eine Frage der Wahrscheinlichkeit, die von der Präparation des Anfangszustandes abhängt, welcher Prozeß tatsächlich stattfindet. Die wichtige Rolle, die Fluktuationen in verschiedenen Arten von Systemen übernehmen, wird in späteren Kapiteln durchsichtig werden.

Aufgaben

1) Warum ist $\sigma^2 = \langle N_1^2 \rangle - \langle N_1 \rangle^2$ ein Maß für die Fluktuationen von N_1? Wie groß ist σ^2?
2) Man diskutiere die Brownsche Bewegung vom Einzelsystem und vom Ensemble her.

4.11* Master-Gleichung und Grenzen der irreversiblen Thermodynamik

Wir wollen annehmen, daß ein System, das aus vielen Untersystemen zusammengesetzt sein soll, durch eine Master-Gleichung beschrieben wird. Wir werden daran aufzeigen, daß der Zugang der irreversiblen Thermodynamik, den wir in Abschn. 3.5 erklärt haben, sehr einschränkende Annahmen beinhaltet. Der wesentliche Punkt kann bereits dann erklärt werden, wenn nur zwei Untersysteme vorliegen. Diese Untersysteme müssen nicht notwendigerweise räumlich getrennt sein, beispielsweise sind im Laser die beiden Untersysteme die Atome und das Lichtfeld. Um die Verbindung zur früheren Schreibweise herzustellen, bezeichnen wir die Indizes des einen Untersystems mit i, solche, die sich auf das andere

Untersystem beziehen, mit i'. Die Wahrscheinlichkeitsverteilung trägt die Indizes ii'. Die zugehörige Master-Gleichung (4.111) für $P_{jj'} \equiv P(j, j', t)$, $(j, j' \leftrightarrow \boldsymbol{m})$, lautet

$$\dot{P}_{ii'} = \sum_{jj'} w_{ii';jj'} P_{jj'} - P_{ii'} \sum_{jj'} w_{jj';ii'} \, . \tag{4.175}$$

Wir haben entsprechende Indizes in den Abschn. 3.3 und 3.4 eingeführt. Insbesondere haben wir dort gesehen (Abschn. 3.5), daß die Entropie S aus der Wahrscheinlichkeitsverteilung p_i gebildet wird, wohingegen die Entropie des Systems S' durch eine zweite Wahrscheinlichkeitsverteilung p_i' bestimmt wird. Weiter hatten wir dabei angenommen, daß die Entropien additiv sind. Diese Additivität impliziert, daß $P_{ii'}$ faktorisiert (vgl. Aufgabe 1) zu Abschn. 3.5),

$$P_{ii'} = p_i p_{i'}' \, . \tag{4.176}$$

Setzen wir (4.176) in (4.175) ein, dann zeigt eine kurze Prüfung, daß (4.175) durch (4.176) nur unter sehr speziellen Annahmen gelöst werden kann, dann nämlich, wenn

$$w_{ii';jj'} = \delta_{i'j'} w_{ij}^{(1)} + \delta_{ij} w_{i'j'}^{(2)} . \tag{4.177}$$

(4.177) besagt, daß es zwischen den beiden Untersystemen keine Wechselwirkung gibt. Der Ansatz (4.176) zur Lösung von (4.175) kann also nur als Approximation verstanden werden, ähnlich der Hartree-Fock-Näherung in der Quantenmechanik (vgl. die Aufgabe unten). Unser Beispiel zeigt, daß die irreversible Thermodynamik nur Gültigkeit hat, solange die Korrelationen zwischen den beiden Untersystemen nicht wesentlich sind und im Sinne der Methode der selbstkonsistenten Felder auf sehr globale Weise berücksichtigt werden können.

Aufgabe

Man formuliere ein Variationsprinzip und bestimme die resultierenden Gleichungen für p_i, p_i', für den Fall, daß die Master-Gleichung den Bedingungen der detaillierten Bilanz genügt.

Hinweis: Man verwende den Ansatz (4.176), transformiere die Master-Gleichung in eine mit selbstadjungiertem Operator L (entsprechend Abschn. 4.7) und variiere den sich so ergebenden Ausdruck bezüglich $p_i p_i' = \chi_{ii'}$. Für Leser, die mit der Hartree-Fock-Methode vertraut sind: Man überzeuge sich davon, daß das vorliegende Verfahren mit der Hartree-Fock-Methode der selbstkonsistenten Felder in der Quantenmechanik übereinstimmt.

5. Notwendigkeit

Alte Strukturen machen neuen Strukturen Platz

Dieses Kapitel behandelt vollkommen deterministische Prozesse. Die Frage nach der Stabilität einer Bewegung spielt eine zentrale Rolle. Sobald sich gewisse Parameter verändern, kann die stabile Bewegung instabil werden, wobei völlig neue Bewegungsformen (oder Strukturen) entstehen. Obwohl viele Konzepte aus der Mechanik abgeleitet werden, finden sie in vielen Disziplinen Anwendung.

5.1 Dynamische Prozesse

5.1.1 Ein Beispiel: der überdämpfte anharmonische Oszillator

In praktisch allen Disziplinen, die quantitativ untersucht werden können, beobachten wir die Änderung gewisser Größen als Funktionen der Zeit. Diese Änderungen von Größen rühren von gewissen Ursachen her. Ein erheblicher Teil der entsprechenden Terminologie wurde in der Mechanik entwickelt. Betrachten wir als Beispiel die Beschleunigung eines Teilchens mit der Masse m unter der Wirkung einer Kraft F_0. Die Geschwindigkeit des Teilchens verändert sich in der Zeit nach der Newtonschen Gleichung

$$m \frac{dv}{dt} = F_0 . \tag{5.1}$$

Wir wollen weiter annehmen, daß die Kraft F_0 in einen „antreibenden" Anteil F und eine Reibungskraft proportional zur Geschwindigkeit v zerlegt werden kann. Wir ersetzen also

$$F_0 \rightarrow F - \gamma v \tag{5.2}$$

und erhalten als Bewegungsgleichung

$$m \frac{dv}{dt} + \gamma v = F . \tag{5.3}$$

In vielen praktischen Fällen ist F eine Funktion der Teilchenkoordinate q. Im Falle eines harmonischen Oszillators etwa (Abb. 5.1) ist F proportional zur Auslenkung q aus der Gleichgewichtslage. Bezeichnen wir die Federkonstante mit k, dann erhält man (vgl. Abb. 5.1 b)

$$F(q) = -kq . \tag{5.4}$$

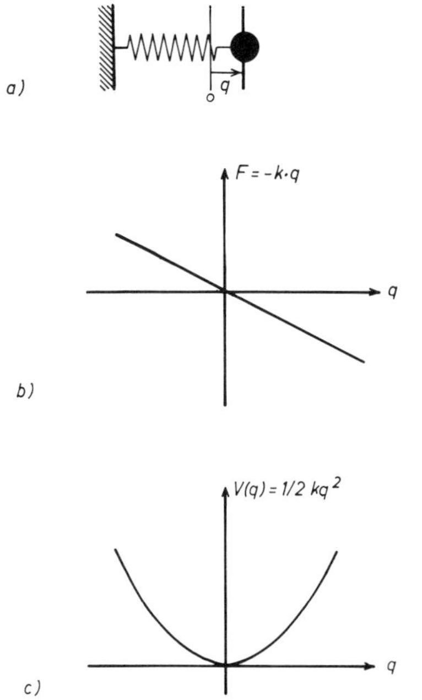

Abb. 5.1 a – c. Der harmonische Oszillator. (**a**) Anordnung mit Feder und Massenpunkt m. „0" deutet die Gleichgewichtslage an. (**b**) Die Kraft als Funktion der Auslenkung q. (**c**) Das Potential (5.14, 15)

Das Minuszeichen ergibt sich aus der Tatsache, daß die elastische Kraft dazu tendiert, das Teilchen in seine Gleichgewichtslage zurückzubringen. Wir drücken die Geschwindigkeit durch die Ableitung der Koordinate nach der Zeit aus und deuten diese durch einen Punkt an

$$v = \frac{dq}{dt} \equiv \dot{q} . \tag{5.5}$$

Mit (5.2 und 5) nimmt (5.1) die Form

$$m\ddot{q} + \gamma\dot{q} = F(q) \tag{5.6}$$

an. Wir werden diese Gleichung dazu benützen, mehrere allgemeine Folgerungen aufzuzeigen, die auch für andere Systeme gültig bleiben und uns erlauben, die Terminologie zu motivieren. Wir betrachten hauptsächlich den Fall, bei dem m sehr klein ist und die Dämpfungskonstante γ sehr groß, so daß wir auf der linken Seite von (5.6) den ersten Term gegenüber dem zweiten vernachlässigen können. Mit anderen Worten, wir untersuchen die sogenannte überdämpfte Bewegung. Wir bemerken ferner, daß wir in einem entsprechenden Zeitmaßstab, nämlich

$$t = \gamma t' , \tag{5.7}$$

die Dämpfungskonstante γ eliminieren können. Gleichung (5.6) erhält dann die Form

$$\dot{q} = F(q) . \tag{5.8}$$

Gleichungen dieser Gestalt werden in vielen Disziplinen angetroffen. Wir illustrieren dies durch wenige Beispiele: In der Chemie kann q die Dichte einer bestimmten Molekülsorte Q bezeichnen, die durch die Reaktion zweier anderer Molekülsorten A und B mit den Konzentrationen a bzw. b erzeugt wird. Die Produktionsrate für die Dichte q wird dann durch

$$\dot{q} = kab \tag{5.9}$$

beschrieben, wobei k den Reaktionskoeffizienten bedeutet. Eine wichtige Klasse von chemischen Reaktionen wird später eingeführt werden. Dabei handelt es sich um die sogenannten autokatalytischen Reaktionen, bei denen einer der Konstituenten, beispielsweise B, identisch ist mit Q, so daß (5.9) lautet

$$\dot{q} = kaq\,. \tag{5.10}$$

Gleichungen des Typs (5.10) treten speziell in der Biologie auf, wo sie die Vermehrung von Zellen oder Bakterien beschreiben, oder in der Ökologie, wo q mit der Zahl einer gegebenen Tierart identifiziert wird. Wir werden auf solche Beispiele in Abschn. 5.4 zurückkommen sowie später in den Kap. 8 bis 11 in sehr viel allgemeinerer Weise. Im Moment wollen wir das mechanische Beispiel näher untersuchen. Dort führt man den Begriff der „Arbeit" ein, der durch Arbeit = Kraft mal Weg definiert ist. Betrachten wir beispielsweise einen Körper mit dem Gewicht G (das von der Gravitationskraft herrührt, die die Erde auf den Körper ausübt). Wir können das Gewicht mit der Kraft F identifizieren. Heben wir den Körper auf eine Höhe h ($\equiv$ Weg q), dann „verrichten wir Arbeit"

$$W = G \cdot h = F \cdot q\,. \tag{5.11}$$

In allgemeineren Fällen hängt die Kraft F von der Position q ab. Dann kann (5.11) nur für eine infinitesimale Wegstrecke dq formuliert werden und wir finden statt (5.11)

$$dW = F(q)dq\,. \tag{5.12}$$

Um die gesamte Arbeit über eine endliche Wegstrecke zu erhalten, müssen wir aufsummieren oder vielmehr integrieren

$$W = \int_{q_0}^{q_1} F(q)dq\,. \tag{5.13}$$

Das Negative von W wird als Potential V bezeichnet. Verwenden wir (5.12), dann finden wir

$$F(q) = -\frac{dV}{dq}\,. \tag{5.14}$$

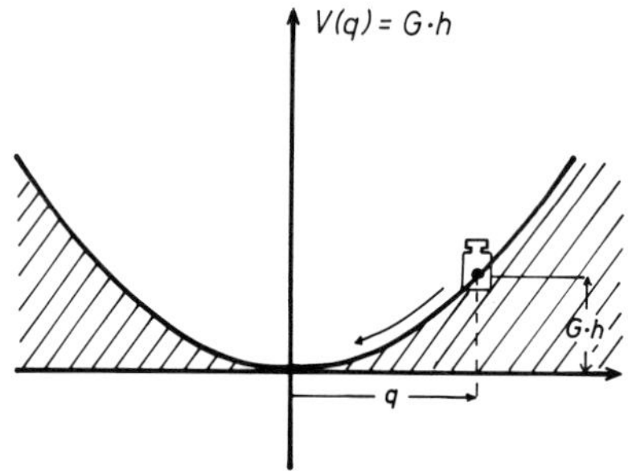

Abb. 5.2. Deutung der Potentialkurve als Neigung eines Hügels

Wir wollen das Beispiel des harmonischen Oszillators betrachten, mit F aus (5.4). Man überzeugt sich leicht, daß das Potential die Form

$$V(q) = \tfrac{1}{2}kq^2 \tag{5.15}$$

hat (neben einer additiven Konstanten, die wir gleich Null gesetzt haben). Um V, das in Abb. 5.1c aufgezeichnet ist, zu interpretieren, vergleichen wir es mit der Arbeit, die beim Heben eines Gewichts aufgebracht wird. Dies legt es nahe, die durchgezogene Kurve in Abb. 5.2 als Steigung eines Hügels aufzufassen. Bringen wir das Teilchen an einen gewissen Punkt der Steigung, wird es entlang der Steigung herabfallen, um schließlich in der Talsohle zur Ruhe zu kommen. Bedingt durch die horizontale Steigung bei $q = 0$ verschwindet $F(q)$ – (5.14) – d.h. $\dot{q} = 0$. Das Teilchen befindet sich im Gleichgewichtspunkt. Da das Teilchen zu diesem Gleichgewichtspunkt zurückkehrt, wenn wir es entlang der Steigung auslenken, ist diese Position *stabil.*

Wir betrachten nun ein etwas komplizierteres System, dessen fundamentale Bedeutung für die Selbstorganisation (obwohl dies momentan keineswegs offensichtlich ist) sich später noch herausstellen wird. Wir betrachten den sogenannten anharmonischen Oszillator, der neben dem linearen Term in der Kraft F ein kubisches Glied enthält

$$F(q) = -kq - k_1q^3 . \tag{5.16}$$

Die Bewegungsgleichung lautet dann

$$\dot{q} = -kq - k_1q^3 . \tag{5.17}$$

Das Potential ist für zwei verschiedene Fälle in Abb. 5.3 aufgezeichnet, nämlich für $k > 0$ und $k < 0$ $(k_1 > 0)$. Die Gleichgewichtslagen sind durch

$$\dot{q} = 0 \tag{5.18}$$

bestimmt. Aus Abb. 5.3 wird sofort klar, daß zwei völlig verschiedene Situationen vorliegen, je nachdem, ob $k > 0$ oder $k < 0$. Dies wird durch eine algebraische Diskussion von (5.17) unter der Nebenbedingung (5.18) bestätigt. Die einzige Lösung im Falle

a) $k > 0, \quad k_1 > 0, \quad$ ist (5.19)

$\quad q = 0 , \quad$ stabil,

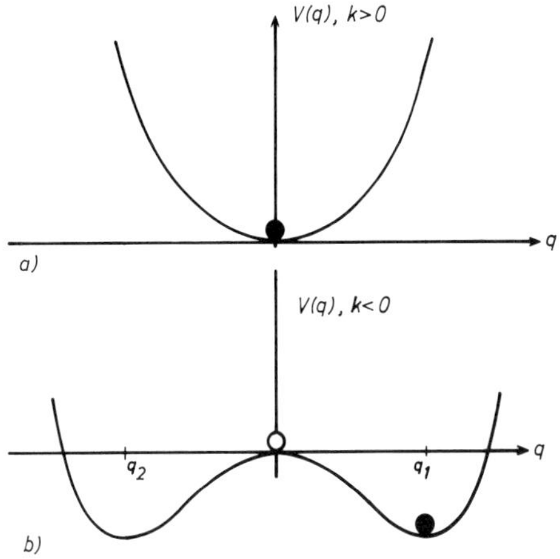

Abb. 5.3a, b. Das Potential zur Kraft (5.16) für $k > 0$ (**a**) und $k < 0$ (**b**)

während im Fall

b) $k < 0, \quad k_1 > 0$

drei Lösungen vorliegen, nämlich $q = 0$, die offensichtlich instabil ist, sowie zwei stabile Lösungen $q_{1,2}$, so daß

$$q = 0 \text{ instabil}, \quad q_{1,2} = \pm \sqrt{|k|/k_1} \text{ stabil}. \tag{5.20}$$

Hier existieren also zwei physikalisch stabile Gleichgewichtslagen (Abb. 5.4). In beiden kommt das Teilchen zur Ruhe und verweilt dort für immer.

Mit Hilfe von (5.17) können wir jetzt den Begriff der Symmetrie einführen. Ersetzen wir überall in (5.17) q durch $-q$, dann erhalten wir

$$(-\dot{q}) = -k(-q) - k_1(-q^3) \tag{5.17a}$$

und, nach der Division von beiden Seiten durch -1, die alte Gleichung (5.17) zurück. Gleichung (5.17) bleibt also unverändert (invariant) unter der Transformation

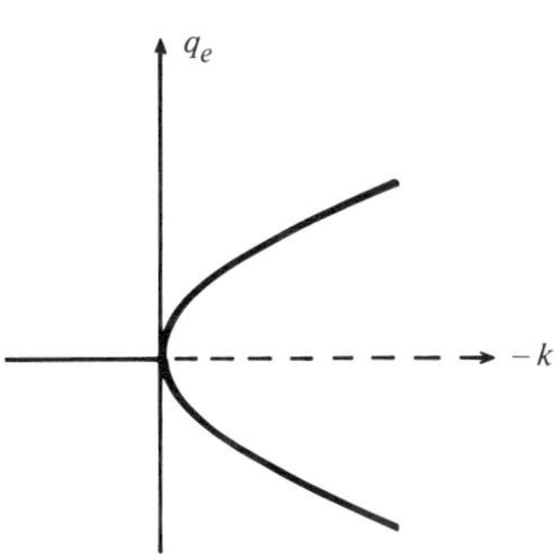

Abb. 5.4. Die Gleichgewichtskordinate q_e als Funktion von k (vgl. (5.19) und (5.20)). Für $k > 0$ ist $q_e = 0$. Für $k < 0$ wird q_e jedoch instabil (gestrichelte Linie) und wird durch zwei stabile Lösungen ersetzt (die durchgezogene Gabel)

$$q \to -q\,. \tag{5.17b}$$

Mit anderen Worten, (5.17) ist symmetrisch bezüglich der Inversion $q \to -q$. Gleichzeitig bleibt das Potential

$$V(q) = \tfrac{1}{2}kq^2 + \tfrac{1}{4}k_1 q^4 \tag{5.21}$$

invariant unter dieser Transformation

$$V(q) \to V(-q) = V(q)\,. \tag{5.17c}$$

Damit ist das Problem, das durch (5.17) beschrieben wird, vollkommen symmetrisch bezüglich der Inversion $q \to -q$. Die Symmetrie wird nun durch die tatsächlich verwirklichte Lösung gebrochen. Sobald wir k allmählich von positiven zu negativen Werten hin verändern, kommen wir zu $k = 0$, wo die stabile Gleichgewichtslage $q = 0$ instabil wird. Dieses Phänomen kann deshalb als *symmetriebrechende Instabilität* beschrieben werden. Diese Erscheinung kann noch in andere Worte gefaßt werden. Wenn k von $k > 0$ nach $k < 0$ übergeht, werden die stabilen Lagen ausgetauscht, d.h. wir haben einen sogenannten *Austausch von Stabilität*. Deformieren wir die Potentialkurve von $k > 0$ nach $k < 0$, dann wird sie in der Umgebung von $q = 0$ flacher und flacher. Dementsprechend fällt das Teilchen die Potentialkurve immer langsamer herunter; dieses Phänomen wird als *kritisches Langsamwerden* bezeichnet. Für spätere Zwecke werden wir jetzt die Koordinate q in r umbenennen. Beim Übergang von $k > 0$ nach $k < 0$ wird die stabile Lage bei $r = 0$ durch eine instabile bei $r = 0$ und eine stabile bei $r = r_0$ abgelöst. Wir haben also das Schema

$$\text{stabiler Punkt} \begin{array}{l} \nearrow \text{instabiler Punkt} \\ \searrow \text{stabiler Punkt}\,. \end{array} \tag{5.22}$$

Da dieses Schema die Gestalt einer Gabel hat, wird das ganze Phänomen als „Bifurkation" bezeichnet. Ein anderes Beispiel für eine Bifurkation ist in Abb. 5.7 dargestellt, wo die beiden Punkte (stabil bei r_1, instabil bei r_0) verschwinden, sobald die Potentialkurve deformiert wird.

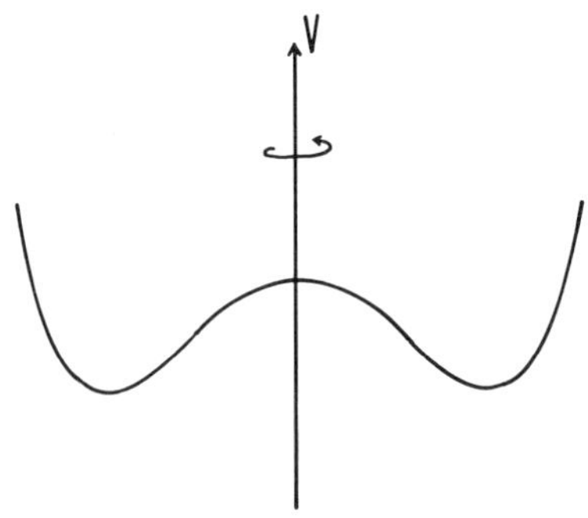

Abb. 5.5. Rotierendes symmetrisches Potential

5.1.2 Grenzzyklen

Wir gehen nun folgendermaßen vom eindimensionalen Problem zu einem zweidimensionalen über: Wir stellen uns vor, daß wir das Potential $V(r)$ um die V-Achse rotieren lassen, wie in Abb. 5.5 dargestellt. Wir untersuchen den Fall, bei dem sich das Teilchen entlang der Talsohle mit konstanter Geschwindigkeit in tangentialer Richtung bewegt. Wir können entweder kartesische Koordinaten q_1 und q_2 oder Polarkoordinaten (Radius r und Winkel φ)[1] verwenden. Da die Winkelgeschwindigkeit $\dot{\varphi}$ konstant sein soll, werden die Bewegungsgleichungen die Form

$$\begin{aligned} \dot{r} &= F(r)\,, \\ \dot{\varphi} &= \omega \end{aligned} \tag{5.23}$$

haben. Wir behaupten hier nicht, daß derartige Gleichungen für ein rein mechanisches System abgeleitet werden können. Wir benützen vielmehr die Tatsache, daß die Interpretation von V als mechanischem Potential außerordentlich hilfreich ist, um unsere Resultate zu veranschaulichen. Häufig sind die Gleichungen nicht in Polar-, sondern in kartesischen Koordinaten gegeben. Die Verbindung zwischen beiden Koordinatensystemen ist durch

$$\begin{aligned} q_1 &= r\cos\varphi\,, \\ q_2 &= r\sin\varphi \end{aligned} \tag{5.24}$$

gegeben. Da sich das Teilchen längs des Tales bewegt, beschreibt sein Weg einen Kreis. Denken wir an das Potential, das in Abb. 5.5 gezeichnet ist, und lassen das Teilchen nahe $r = 0$ starten, dann sehen wir, daß es auf den Kreis von Abb. 5.6 herausspiralt. Der Punkt $r = 0$, aus dem das Teilchen herausspiralt, wird als *instabiler Fokus* bezeichnet. Der Kreis, den es schließlich erreicht, heißt *Grenzzyklus.* Da das Teilchen auch dann auf diesem Kreis ankommt, wenn es von außerhalb gestartet wird, handelt es sich um einen *stabilen* Grenzzyklus. Selbstverständlich sind auch andere Formen eines Potentials in radialer Richtung möglich, beispielsweise das aus Abb. 5.7a, das einen stabilen und einen instabilen Grenzzyklus zuläßt. Wird dieses Potential deformiert, fallen beide Zyklen

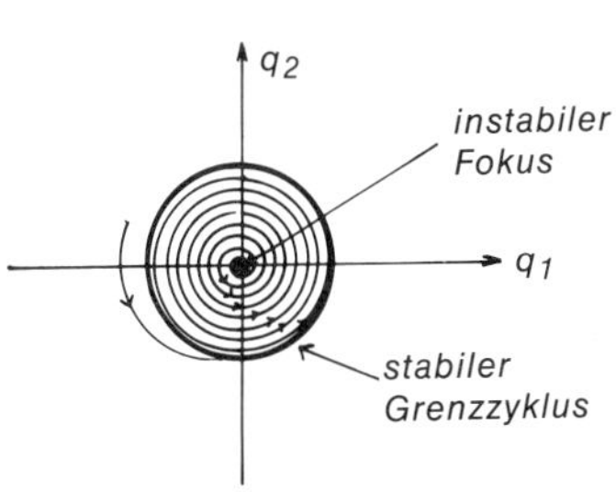

Abb. 5.6. Instabiler Fokus und Grenzzyklus

[1] In der Mechanik können die Koordinaten q_1 und q_2 oft mit der Koordinate q und dem Impuls p eines Teilchens identifiziert werden.

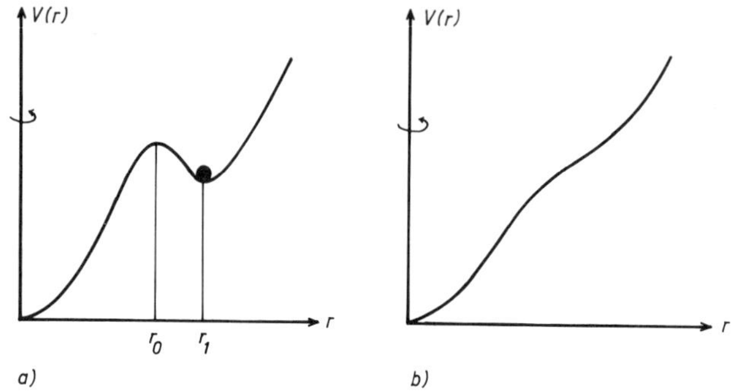

Abb. 5.7. (**a**) Ein instabiler Grenzzyklus bei r_0 und ein stabiler bei r_1. (**b**) Die Grenzzyklen fallen zusammen und verschwinden

zusammen, und die Grenzzyklen verschwinden. Wir haben dann das folgende Bifurkationsschema

$$\left.\begin{array}{l}\text{stabiler Grenzzyklus}\\ \text{instabiler Grenzzyklus}\end{array}\right] \text{——— kein Grenzzyklus .} \qquad (5.25)$$

5.1.3 Weiche und harte Moden, weiche und harte Anregungen

Identifizieren wir die Koordinate q mit der Auslenkung eines Pendels, dann können wir uns vorstellen, daß der vorliegende Formalismus auch in der Lage ist, Uhren zu beschreiben. Entsprechend können diese Gleichungen auch zur Beschreibung von Oszillationen in Radioröhren und Lasern angewandt werden (Abschn. 8.1). Die große Bedeutung der Grenzzyklen liegt in der Tatsache begründet, daß wir damit sich selbst erhaltende Oszillationen verstehen und mathematisch behandeln können. Wie unsere obigen Beispiele deutlich zeigen, ist die Endkurve (Trajektorie), der das Teilchen folgt, unabhängig von den Anfangsbedingungen. Betrachten wir dazu das Beispiel, das in Abb. 5.5 oder 5.6 aufgezeichnet ist. Starten wir das System nahe dem instabilen Fokus $\boldsymbol{q} = 0$, dann setzt die Oszillation von selbst ein. Wir haben den Fall einer *Selbstanregung* vorliegen. Da eine infinitesimal kleine Störung ausreicht, um das System zu starten, nennt man diese Form der Anregung eine *weiche Selbstanregung.* Die Uhr läuft sofort.

Abbildung 5.7a gibt ein Beispiel einer sogenannten *harten Anregung.* Um das Teilchen oder die Koordinate aus dem Gleichgewichtswert $\boldsymbol{q} = 0$ ($\equiv r = 0$) heraus auf den stabilen Grenzzyklus bei $r = r_1$ zu bringen, muß der Potentialhügel bei $r = r_0$, d.h. ein gewisser Schwellwert, überquert werden. In der Literatur wird eine beträchtliche Verwirrung mit den Termini „weiche" und „harte" Mode und „weiche" und „harte" Anregung gestiftet. In unserer Notation bezieht sich weiche und harte Mode auf $\omega = 0$ bzw. $\omega \neq 0$. Die Form des Potentials in r-Richtung verursacht weiche und harte Anregungen. Rotiert das System, dann muß das Bifurkationsschema (5.22) durch das Schema

$$\text{stabiler Fokus} \begin{array}{l}\nearrow \text{stabiler Grenzzyklus}\\ \searrow \text{instabiler Fokus}\end{array} \qquad (5.26)$$

ersetzt werden. Mit Blick auf (5.26) kann die Bifurkation von Grenzzyklen folgendermaßen formuliert werden. Nehmen wir an, daß $F(r)$ in (5.23) ein Polynom sei. Um eine Kreisbewegung zu erhalten, muß $dr/dt = 0$ gefordert werden, d.h. $F(r)$ muß positive Wurzeln haben. Eine Bifurkation oder inverse Bifurkation tritt auf, wenn eine doppelte oder (mehrfach doppelte) reelle Wurzel für bestimmte Werte der äußeren Parameter (in unserem obigen Fall von k) komplex wird, und zwar derart, daß die Bedingung $r_0 =$ reell nicht erfüllt werden kann.

Während es in obigen Beispielen leicht möglich war, geschlossene „Trajektorien" zu finden, die Grenzzyklen definieren, ist es in anderen Fällen ein echtes Problem, zu entscheiden, ob die gegebenen Differentialgleichungen stabile oder instabile Grenzzyklen zulassen. Es sei vermerkt, daß Grenzzyklen keineswegs immer Kreise sein müssen, sondern durchaus *andere geschlossene Trajektorien* sein können (vgl. Abschn. 5.2 und 3). Ein wichtiges Werkzeug stellt in diesem Zusammenhang das Poincaré-Bendixon-Theorem dar, das wir im Abschn. 5.2 vorstellen werden.

5.2* Kritische Punkte und Trajektorien in der Phasenebene. Grenzzyklen

In diesem Abschnitt betrachten wir den gekoppelten Satz von Differentialgleichungen

$$\dot{q}_1 = F_1(q_1, q_2)\,, \tag{5.27}$$

$$\dot{q}_2 = F_2(q_1, q_2)\,. \tag{5.28}$$

Die übliche Bewegungsgleichung eines Teilchens der Masse m aus der Mechanik,

$$m\ddot{q} - F(q, \dot{q}) = 0\,, \tag{5.29}$$

ist in unserem Formalismus enthalten. Setzen wir nämlich

$$m\dot{q} = p \qquad (p\text{: Impuls})\,, \tag{5.30}$$

dann können wir (5.29) in der Form

$$m\ddot{q} = \dot{p} = F_2(q, p) \equiv F(q, p) \tag{5.31}$$

schreiben und durch (5.30) ergänzen, die die Form

$$\dot{q} = \frac{p}{m} \equiv F_1(q, p) \tag{5.32}$$

hat. Dies ist identisch mit (5.27 und 28), wenn wir q_1 mit q und q_2 mit p identifizieren. Wir beschränken unsere Untersuchungen auf sogenannte *autonome Systeme*, bei denen F_1 und F_2 nicht explizit von der Zeit abhängen. Schreiben wir die Differentiale auf den linken Seiten von (5.27 und 28) aus und dividieren (5.28) durch (5.27), dann erhalten wir direkt[2]

$$\frac{dq_2}{dq_1} = \frac{F_2(q_1, q_2)}{F_1(q_1, q_2)}. \tag{5.33}$$

Die Bedeutung von (5.27 und 28) wird klarer, wenn wir $\dot{q}_1$ in der Form

$$\dot{q}_1 = \frac{dq_1}{dt} = \lim_{\Delta t \to 0} \frac{\Delta q_1}{\Delta t} \tag{5.34}$$

schreiben, wobei

$$\Delta q_1 = q_1(t + \tau) - q_1(t) \tag{5.35}$$

und

$$\Delta t = \tau. \tag{5.36}$$

Aus diesem Grund können wir (5.27) in der Form

$$q_1(t + \tau) = q_1(t) + \tau F_1(q_1(t), q_2(t)) \tag{5.37}$$

schreiben. Diese Form (sowie die entsprechende für q_2) führt von selbst auf die folgende Interpretation: Sind q_1 und q_2 zu einer Zeit t vorgegeben, dann können ihre Werte zu einer späteren Zeit $t + \tau$ mit Hilfe der rechten Seite von (5.37) und

$$q_2(t + \tau) = q_2(t) + \tau F_2(q_1(t), q_2(t)) \tag{5.38}$$

eindeutig bestimmt werden. Das kann auch streng gezeigt werden. Sind also zu einer Anfangszeit q_1 und q_2 vorgegeben, können wir von einem Punkt zum nächsten fortschreiten. Wiederholen wir dieses Verfahren, dann finden wir eine eindeutige Trajektorie in der (q_1, q_2)-Ebene (Abb. 5.8). Wir können diese Trajektorie an verschiedenen Punkten beginnen lassen. Eine einzelne Trajektorie repräsentiert also eine Unendlichkeit von Bewegungen, die sich voneinander durch ihre „Phase" (oder Anfangswerte) $q_1(0)$, $q_2(0)$ unterscheiden.

Wir wollen nun andere Punkte q_1, q_2 herausgreifen, die nicht auf dieser Trajektorie liegen. Durch diese Punkte verlaufen andere Trajektorien. Wir erhalten so ein „Feld" von Trajektorien, die als Stromlinien einer Flüssigkeit interpretiert werden können. Ein wichtiger Punkt ist die Diskussion der Struktur dieser Trajektorien. Zunächst ist klar, daß sich Trajektorien niemals schneiden können, an einem Schnittpunkt müßte sich die Trajektorie nämlich eindeutig fortsetzen lassen. Das ist offenbar nicht möglich, wenn sie sich in zwei oder mehrere Trajek-

---

[2] Diese „Division" wird hier in formaler Weise durchgeführt, sie kann jedoch auf eine strenge mathematische Basis gestellt werden, was wir aber hier nicht diskutieren werden.

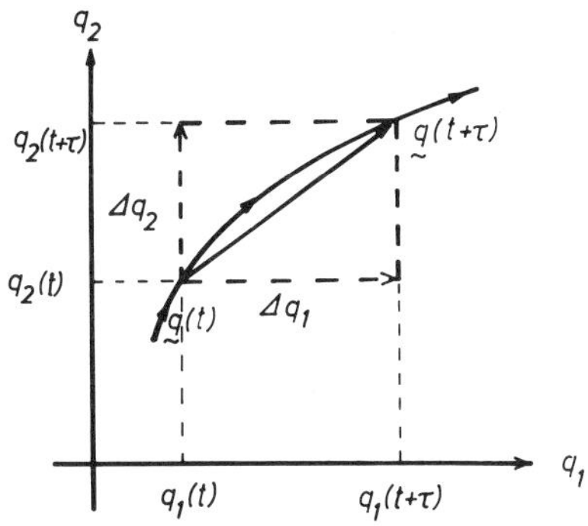

Abb. 5.8. Jede Trajektorie kann durch einen Polygonzug approximiert werden. Hier haben wir diese Approximation mit Hilfe von Sekanten dargestellt. Ein anderer wohlbekannter Zugang besteht darin, von $q(t)$ nach $q(t + \tau)$ längs der Tangenten an die wirkliche Trajektorie vorzugehen, und zwar unter Verwendung der Vorschrift (5.37, 38)

torien aufspaltet. Die geometrische Form der Trajektorien kann durch Elimination der Zeit aus (5.27 und 28) bestimmt werden und führt auf (5.33). Dieses Verfahren scheitert jedoch, wenn gleichzeitig für ein Paar q_1^0, q_2^0

$$F_1(q_1^0, q_2^0) = F_2(q_1^0, q_2^0) = 0 \tag{5.39}$$

wird. In diesem Fall ergibt (5.33) einen Ausdruck „0/0", der keinen Sinn ergibt. Ein derartiger Punkt wird als *singulärer* (oder *kritischer*) *Punkt* bezeichnet. Seine Koordinaten bestimmen sich aus (5.39). Nach (5.27 und 28) impliziert (5.39) $\dot{q}_1 = \dot{q}_2 = 0$, d.h. der singuläre Punkt ist gleichzeitig ein Gleichgewichtspunkt. Um die Natur des Gleichgewichts (stabil, instabil, neutral) zu bestimmen, müssen wir die Trajektorien in der Nähe des singulären Punktes bestimmen. Wir nennen einen singulären Punkt asymptotisch stabil, wenn alle Trajektorien, die genügend nahe diesem Punkt starten, asymptotisch für $t \to \infty$ gegen diesen Punkt gehen (vgl. Abb. 5.9a). Ein singulärer Punkt ist asymptotisch instabil, wenn alle Trajektorien, die ihm genügend nahekommen, asymptotisch ($t \to \infty$) von ihm weglaufen. Interpretieren wir die Trajektorien als Stromlinien, dann werden wir die asymptotisch stabilen singulären Punkte als „Senken" bezeichnen, weil an ihnen die Trajektorien endigen. Entsprechend nennen wir asymptotisch instabile Punkte „Quellen".

Das Verhalten von Trajektorien nahe den kritischen Punkten kann klassifiziert werden. Um diese Klassen einzuführen, behandeln wir zunächst mehrere Spezialfälle. Wir werden annehmen, daß der singuläre Punkt im Ursprung liegt, was wir durch eine Koordinatenverschiebung immer erreichen können. Weiterhin nehmen wir an, daß F_1 und F_2 in eine Taylor-Reihe entwickelt werden können, die zumindest für F_1 oder F_2 mit einem linearen Term von q_1, q_2 beginnt. Vernachlässigen wir die Terme höherer Ordnung in q_1 und q_2, dann diskutieren wir (5.27 und 28) in einer Form, bei der F_1 und F_2 linear in q_1 und q_2 sind. Wir führen eine Diskussion der verschiedenen Klassen, die auftreten können, durch:

1) *Knoten und Sattelpunkte*

Hier sind (5.27 und 28) von der Form

$$\begin{aligned} \dot{q}_1 &= q_1\,, \\ \dot{q}_2 &= a q_2\,, \end{aligned} \tag{5.40}$$

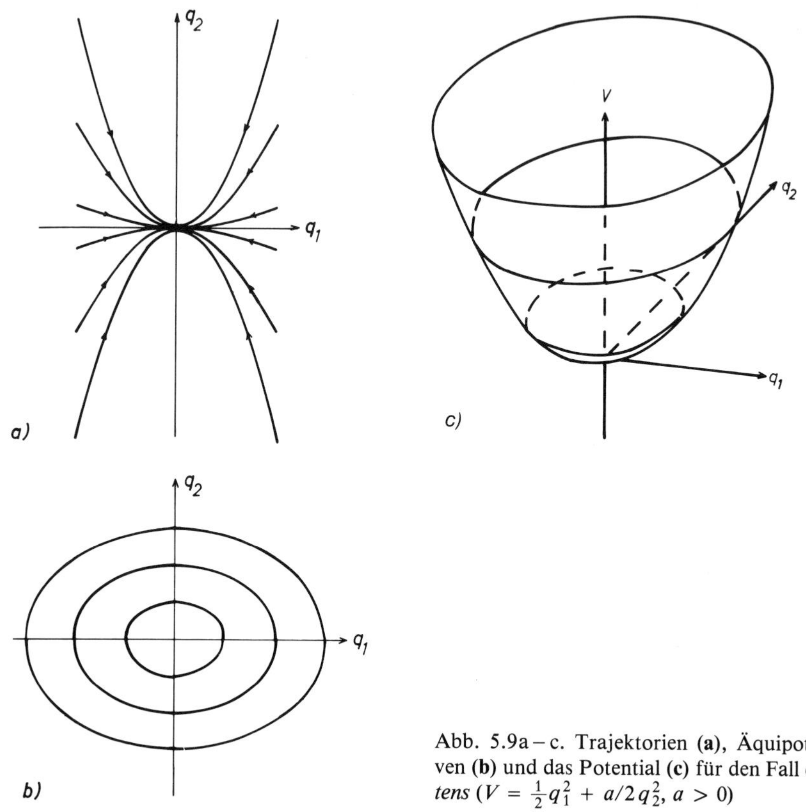

Abb. 5.9a – c. Trajektorien (**a**), Äquipotentialkurven (**b**) und das Potential (**c**) für den Fall eines *Knotens* ($V = \frac{1}{2}q_1^2 + a/2\,q_2^2,\ a > 0$)

die die Lösung

$$\begin{aligned} &q_1^0 = q_2^0 = 0\,, \\ &q_1 = c_1 e^t,\ q_2 = c_2 e^{at} \end{aligned} \tag{5.41}$$

zulassen. Ähnlich haben die Gleichungen

$$\begin{aligned} \dot{q}_1 &= -q_1\,, \\ \dot{q}_2 &= -a q_2\,, \end{aligned} \tag{5.42}$$

die Lösungen

$$\begin{aligned} q_1 &= c_1 e^{-t}\,, \\ q_2 &= c_2 e^{-at}\,. \end{aligned} \tag{5.43}$$

Für $q_1 \neq 0$ nimmt (5.33) die Form

$$\frac{dq_2}{dq_1} = \frac{a q_2}{q_1} \tag{5.44}$$

an und hat die Lösung

$$q_2 = C q_1^a \,, \tag{5.45}$$

die auch durch Elimination der Zeit aus (5.41 und 43) erhalten werden kann. Für $a > 0$ erhalten wir parabolische Lösungskurven, die in Abb. 5.9a gezeichnet sind. In diesem Fall erhalten wir für die Steigung dq_2/dq_1

$$\frac{dq_2}{dq_1} = C a q_1^{a-1} \,. \tag{5.46}$$

Wir unterscheiden nun zwischen positiven und negativen Exponenten bei q_1. Ist $a > 1$, dann finden wir $dq_2/dq_1 \to 0$ für $q_1 \to 0$. Jede Lösungskurve mit Ausnahme der q_2-Achse erreicht den kritischen Punkt tangential zur q_1-Achse. Falls $a < 1$, ergibt sich sofort, daß nun die Rollen von q_1 und q_2 vertauscht sind. Singuläre Punkte, die von Kurven der Form Abb. 5.9a umgeben sind, heißen *Knoten.* Für $a = 1$ sind die Lösungskurven Halblinien (Strahlen), die hin zum oder weg vom kritischen Punkt verlaufen. Im Fall des Knotens hat jede Lösungskurve eine feste Grenzrichtung am kritischen Punkt.

Wir untersuchen jetzt den Fall $a < 0$. Hier finden wir die hyperbolischen Kurven

$$q_2 q_1^{|a|} = C \,. \tag{5.47}$$

Für $a = -1$ haben wir gewöhnliche Hyperbeln vorliegen. Die Kurven sind in Abb. 5.10 aufgezeichnet. Nur vier Trajektorien tendieren zum singulären Punkt, nämlich A_s, B_s für $t \to \infty$ und D_s, C_s für $t \to -\infty$. Der zugehörige kritische Punkt heißt *Sattelpunkt.*

2) *Fokus und Zentrum*

Wir untersuchen nun Gleichungen der Form

$$\frac{dq_1}{dt} = -a q_1 - q_2 \,, \tag{5.48}$$

$$\frac{dq_2}{dt} = +q_1 - a q_2 \,. \tag{5.49}$$

Verwenden wir Polarkoordinaten – (5.24) –, dann nehmen für $a > 0$ (5.48 und 49) die Form

$$\dot{r} = -a r \,, \tag{5.50}$$

$$\dot{\varphi} = 1 \tag{5.51}$$

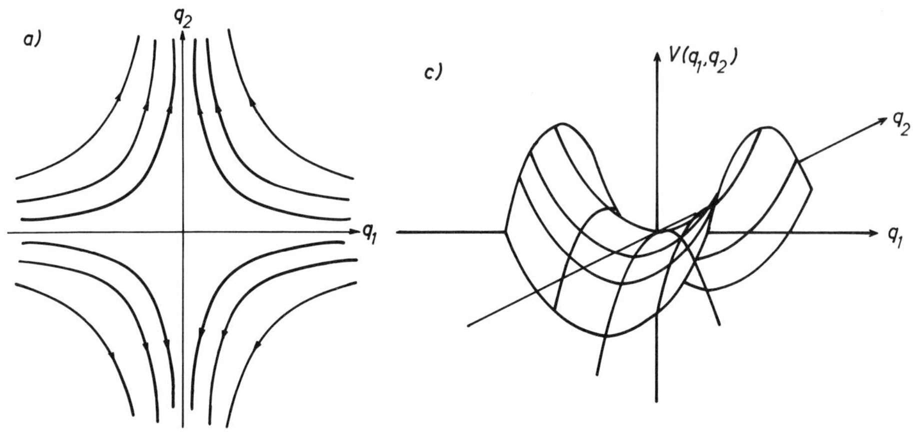

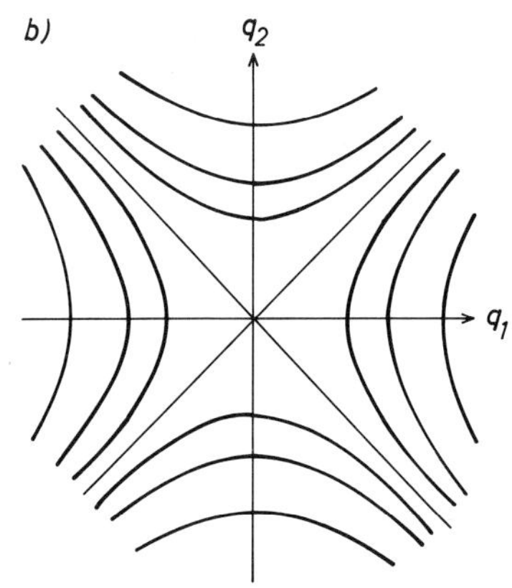

Abb. 5.10a–c. Trajektorien (**a**), Äquipotentialkurven (**b**) und Potential (**c**) im Fall eines *Sattelpunktes* ($V = \frac{1}{2}q_1^2 - |a|/2q_2^2$, $a < 0$)

an. Diese Gleichungen haben die Lösungen

$$r = C_1 \mathrm{e}^{-at}, \tag{5.52}$$

$$\varphi = t + C_2 . \tag{5.53}$$

C_1, C_2 sind Integrationskonstanten. Wir haben derartige Trajektorien bereits in Abschn. 5.1 kennengelernt. Die Integralkurven sind Spiralen, die den singulären Punkt im Ursprung erreichen. Der Radiusvektor rotiert gegen den Uhrzeigersinn mit der Frequenz (5.51). Dieser Punkt wird als *stabiler Fokus* bezeichnet (Abb. 5.11). Im Fall $a < 0$ führt die Bewegung vom Fokus weg: Wir haben einen *instabilen Fokus*. Für $a = 0$ erhält man ein *Zentrum* (Abb. 5.12).

Wir wenden uns jetzt dem allgemeinen Fall zu. Wie wir bereits oben bemerkt haben, werden wir annehmen, daß F_1 und F_2 um $q_1^0 = 0$ und $q_2^0 = 0$ in eine Taylor-Reihe entwickelt werden können und daß wir als führende Terme solche betrachten, die linear in q_1 und q_2 sind, d.h.

$$\dot{q}_1 = a q_1 + b q_2 , \tag{5.54}$$

$$\dot{q}_2 = c q_1 + d q_2 . \tag{5.55}$$

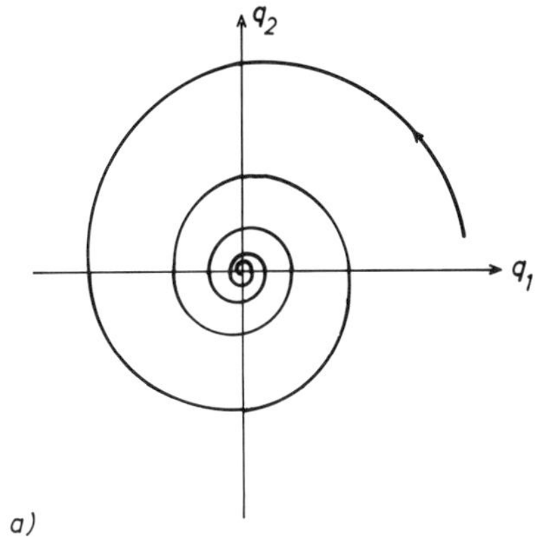

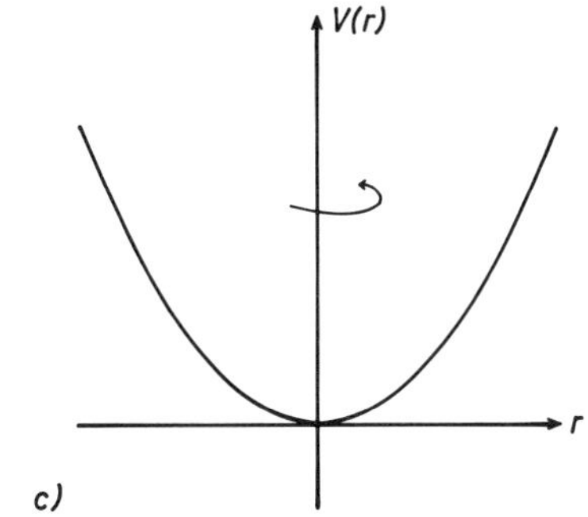

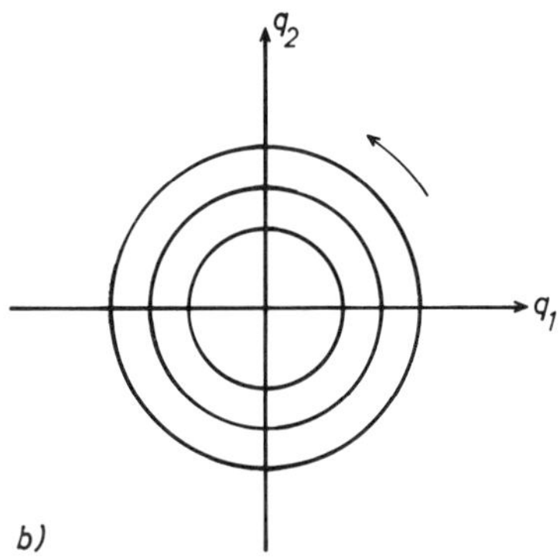

Abb. 5.11 a – c. Trajektorien in der Nähe eines *stabilen Fokus*. Es existiert hier kein Potential, wenn nicht ein mitrotierendes Koordinatensystem (**b** und **c**) verwendet wird

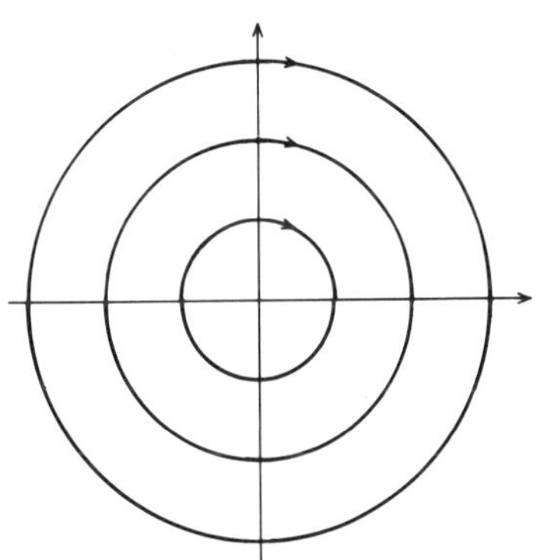

Abb. 5.12. Ein Zentrum. Es gibt kein Potential, ausgenommen im mitrotierenden Koordinatensystem. Dort ist dann V = konstant

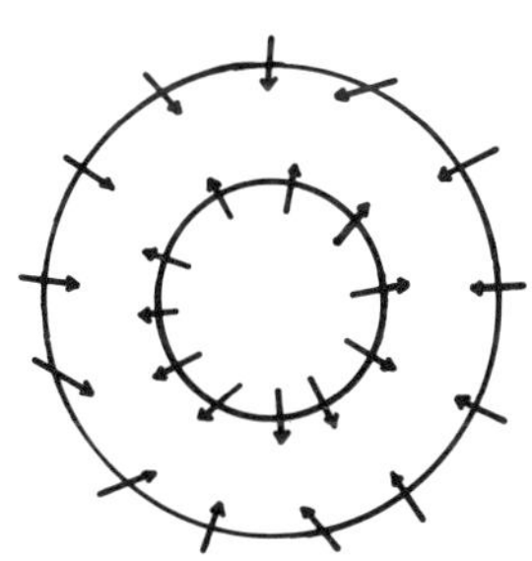

Abb. 5.13. Vgl. Text

Wir führen nun die lineare Transformation

$$\begin{aligned} \xi &= \alpha q_1 + \beta q_2 , \\ \eta &= \gamma q_1 + \delta q_2 \end{aligned} \tag{5.56}$$

durch, so daß sich (5.54 und 55) auf

$$\dot{\xi} = \lambda_1 \xi, \tag{5.57}$$

$$\dot{\eta} = \lambda_2 \eta \tag{5.58}$$

transformieren. Die weitere Diskussion kann wie oben durchgeführt werden, wenn λ_1, λ_2 reell sind. Ist λ_1 ($= \lambda_2^*$) komplex, kann man den Ansatz $\xi = \eta^* = r \exp(\mathrm{i}\varphi)$ in (5.57 und 58) einsetzen und die Gleichungen in Real- und Imaginärteile aufspalten. Das führt auf Gleichungen des Typs (5.50 und 51) (mit $a = -\mathrm{Re}\{\lambda_1\}$; $+1$ wird durch $\mathrm{Im}\{\lambda_1\}$ ersetzt).

Wir wollen nun ein weiteres interessantes Problem diskutieren, nämlich: *Wie man Grenzzyklen in der Ebene auffinden kann: Das Poincaré-Bendixon-Theorem.* Wir wählen einen Punkt $\boldsymbol{q}^0 = (q_1^0, q_2^0)$, der nicht singulär sein soll und benützen ihn als Anfangswert zur Lösung von (5.27 und 28). Zu späteren Zeiten $t > 0$ wird $\boldsymbol{q}(t)$ entlang dem Teil der Trajektorie verlaufen, der von $\boldsymbol{q}(t_0) = \boldsymbol{q}^0$ ausgeht. Wir nennen diesen Teil Halbtrajektorie. Das *Poincaré-Bendixon-Theorem* besagt dann: Bleibt eine Halbtrajektorie in einem endlichen Gebiet, ohne in singuläre Punkte zu münden, dann ist diese Trajektorie entweder selbst ein Grenzzyklus oder geht gegen einen Grenzzyklus. (In der Literatur werden auch andere Darstellungen dieses Theorems angegeben.) Wir wollen hier keinen Beweis des Theorems anführen, sondern Möglichkeiten seiner Anwendung diskutieren, wobei wir uns auf die Analogie zwischen Trajektorien und Stromlinien berufen. Betrachten wir dazu ein endliches Gebiet, das wir mit D bezeichnen und das von einer äußeren und einer inneren Kurve begrenzt sein soll (vgl. Abb. 5.13). In mathematischer Sprechweise: D ist zweifach zusammenhängend. Wenn alle Trajektorien in dieses Gebiet hineinlaufen und dort oder auf der Begrenzung keine singulären Punkte vorhanden sind, dann sind die Bedingungen des Theorems erfüllt. Lassen wir jetzt die innere Begrenzung auf einen Punkt schrumpfen, dann bleiben die Bedingungen des Poincaré-Bendixon-Theorems immer noch erfüllt, *wenn es sich bei diesem Punkt um eine Quelle handelt*[3].

Der Potentialfall (n Variable)

Wir betrachten n Variable q_j, die den Gleichungen

$$\dot{q}_j = F_j(q_1, \ldots, q_n) \tag{5.59}$$

genügen. Der Fall, bei dem die Kräfte F_j mit Hilfe von

$$F_j = -\frac{\partial V(q_1 \ldots q_n)}{\partial q_j} \tag{5.60}$$

[3] Für Experten bemerken wir, daß Abb. 5.5 ohne Bewegung in tangentialer Richtung einen „pathologischen Fall“ wiedergibt. Die Stromlinien enden senkrecht auf einem Kreis. Dieser Kreis stellt eine Linie kritischer Punkte, keinen Grenzzyklus dar.

aus einem Potential V abgeleitet werden können, stellt eine direkte Verallgemeinerung des eindimensionalen Falles aus Abschn. 5.1 dar. Mit Hilfe der Kräfte F_j kann direkt nachgeprüft werden, ob sie aus einem Potential ableitbar sind. Dazu müssen sie die folgenden Bedingungen erfüllen

$$\frac{\partial F_j}{\partial q_k} = \frac{\partial F_k}{\partial q_j} \quad \text{für alle} \quad j, k = 1, \ldots, n\,. \tag{5.61}$$

Das System befindet sich dann im Gleichgewicht, wenn (5.60) verschwindet. Das kann für gewisse Punkte $q_1^0, \ldots, q_n^0$ aber auch längs Linien oder Hyperflächen passieren. Lassen wir V noch von Parametern abhängen, können sich ganz unterschiedliche Gleichgewichtshyperflächen auseinander herausentwickeln. Dies führt auf kompliziertere Bifurkationstypen. Die Theorie einiger solcher Typen wurde von René Thom (vgl. Abschn. 5.5) entwickelt.

Aufgabe

Man erweitere obige Untersuchungen des Poincaré-Bendixon-Theorems für den Fall der Zeitumkehr durch die Umkehrung der Richtungen der Stromlinien.

5.3* Stabilität

Der Zustand eines Systems kann sich beträchtlich ändern, sobald es seine Stabilität verliert. Einfache Beispiele wurden in Abschn. 5.1 angegeben. Dort verursachte eine Deformation des Potentials die Instabilität des ursprünglichen Zustands und führte auf eine neue Gleichgewichtslage eines „fiktiven Teilchens". In späteren Kapiteln werden wir sehen, daß derartige Veränderungen die Ursache für neue Strukturen auf einer makroskopischen Skala werden. Aus diesem Grunde ist es erforderlich, die Frage nach der Stabilität genauer zu untersuchen. Zunächst geht es darum, Stabilität präziser zu definieren. Unsere obigen Beispiele bezogen sich auf kritische Punkte, an denen $\dot{q}_j = 0$. Die Idee der Stabilität kann jedoch auf eine viel allgemeinere Grundlage gestellt werden, was wir im folgenden diskutieren wollen.

Wir betrachten dazu den Satz von Differentialgleichungen

$$\dot{q}_j = F_j(q_1, \ldots, q_n)\,, \tag{5.62}$$

der die Trajektorien im $\boldsymbol{q}$-Raum bestimmt. Wir betrachten eine Lösung von (5.62), $q_j = u_j(t)$, die man sich als Weg eines Teilchens im $\boldsymbol{q}$-Raum vorstellen kann. Die Lösung wird eindeutig bestimmt durch die ursprünglichen Werte zu der Anfangszeit $t = t_0$. Bei praktischen Anwendungen sind die Anfangswerte Störungen unterworfen. Wir werden deshalb fragen, wie sich der Weg des Teilchens verhält, sobald seine Anfangsbedingung nicht mehr exakt mit der obigen übereinstimmt. Intuitiv ist klar, daß wir eine Trajektorie $u_j(t)$ dann als *stabil*

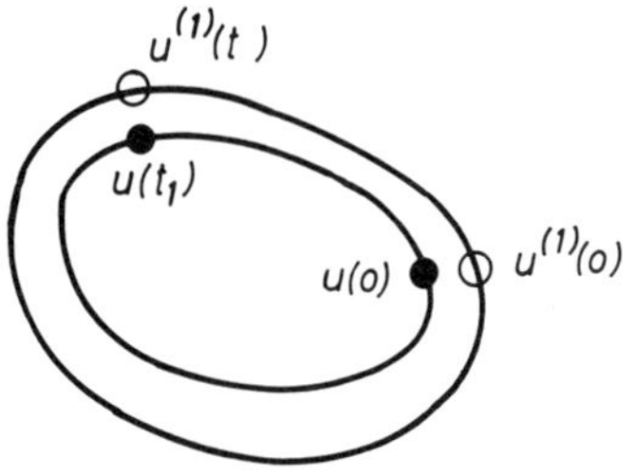

Abb. 5.14. Beispiel für eine stabile Trajektorie u. $u^{(1)}$ ist eine benachbarte Trajektorie

bezeichnen werden, wenn andere Trajektorien, die anfangs in der Nähe verlaufen, auch zu späteren Zeiten in der Nähe bleiben. Mit anderen Worten, geben wir eine Umgebung von $u_j(t)$ vor, dann ist $u_j(t)$ stabil, wenn alle Lösungen, die genügend nahe in der Umgebung von $u_j(0)$ starten, in einer vorgegebenen Umgebung bleiben (Abb. 5.14). Können wir keine solche Umgebung S_0 um den Anfangswert finden, so daß das Kriterium erfüllt ist, dann wird $u_j(t)$ als instabil bezeichnet. Wir bemerken, daß diese Definition der Stabilität keineswegs impliziert, daß die Trajektorien $v_j(t)$, die ursprünglich in der Nähe von $u_j(t)$ verliefen, sich $u_j(t)$ so annähern, daß der Abstand zwischen u_j und v_j schließlich verschwindet. Um diese Situation zu berücksichtigen, definieren wir asymptotische Stabilität. Die Trajektorie u_j heißt *asymptotisch stabil* für alle $v_j(t)$, wenn zusätzlich zum Stabilitätskriterium die Bedingung

$$|u_j(t) - v_j(t)| \to 0 \quad (t \to \infty) \tag{5.63}$$

erfüllt ist. (Vgl. Abb. 5.6, dort ist der Grenzzyklus asymptotisch stabil.) Bisher haben wir die Bewegung des repräsentativen Punktes verfolgt (Teilchen längs seiner Trajektorie). Sehen wir ab von der tatsächlichen Zeitabhängigkeit von $\boldsymbol{u}$ und betrachten nur die Form der Trajektorien, dann können wir die *orbitale Stabilität* definieren. Wir vermitteln zunächst eine qualitative Vorstellung, die wir dann auf eine mathematische Formulierung bringen.

Dieses Konzept stellt überdies eine Verallgemeinerung der oben eingeführten Stabilitätsdefinition dar. Die Stabilitätsuntersuchungen gingen dort von benachbarten Punkten aus. Stabilität hieß dann, daß sich diese bewegenden Punkte im Laufe der Zeit immer in einer gewissen Nachbarschaft aufhalten. Im Fall der orbitalen Stabilität beschränken wir uns nicht auf einzelne Punkte, sondern betrachten die gesamte Trajektorie C. Orbitale Stabilität bedeutet nun, daß eine Trajektorie aus einer genügend kleinen Umgebung von C auch im Laufe der Zeit in einer gewissen Umgebung bleibt. Diese Bedingung schließt nicht notwendig mit ein, daß Punkte, die zu zwei verschiedenen Trajektorien gehören und einander ursprünglich nahe waren, auch in späteren Zeiten nahe beieinander bleiben (vgl. Abb. 5.15). In mathematischen Termini kann dies folgendermaßen ausgedrückt werden: C ist orbital stabil, wenn zu einem vorgegebenen $\varepsilon > 0$ ein $\eta > 0$ existiert, derart, daß, falls R ein repräsentativer Punkt einer anderen Trajektorie ist, mit Abstand $\eta(C)$ zur Zeit τ, R in einem Abstand ε für $t > \tau$ zur Trajektorie C bleibt. Existiert kein solches η, ist C instabil.

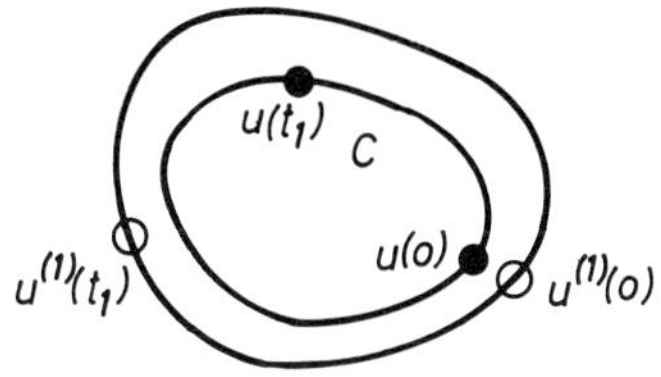

Abb. 5.15. Ein Beispiel für orbitale Stabilität

Wir können noch die *asymptotische orbitale Stabilität* über die Bedingung definieren, daß der Abstand zwischen R und C für $t \to \infty$ gegen 0 geht. Um den Unterschied zwischen Stabilität und orbitaler Stabilität zu verdeutlichen, untersuchen wir als Beispiel die Differentialgleichungen

$$\dot{\Theta} = r\,, \tag{5.64a}$$

$$\dot{r} = 0\,. \tag{5.64b}$$

Wegen (5.64b) sind die Bahnen Kreise, und auf Grund von (5.64a) nimmt die Winkelgeschwindigkeit mit dem Radius zu. Deshalb werden zwei Punkte auf verschiedenen Kreisen, die ursprünglich nahe beieinander waren, zu einer späteren Zeit weit voneinander entfernt sein. Stabilität liegt also nicht vor. Die Bahnen bleiben sich jedoch nahe und sind orbital stabil.

Eines der grundlegenden Probleme ist nun, wie man bei einem vorgegebenen Problem nachprüfen kann, ob die Trajektorien stabil sind oder nicht. Es gibt zwei wichtige Zugänge zu diesem Problem, ein lokales Kriterium und ein globales.

5.3.1 Lokales Kriterium

Hierbei gehen wir von einer gegebenen Trajektorie $q_j(t) = u_j(t)$ aus, deren asymptotische Stabilität wir untersuchen wollen. Wir betrachten eine benachbarte Trajektorie

$$q_j(t) = u_j(t) + \xi_j(t)\,, \tag{5.65}$$

die sich von u_j durch eine kleine Größe ξ_j unterscheidet. Offensichtlich liegt asymptotische Stabilität vor, wenn $\xi_j \to 0$ für $t \to \infty$. Setzen wir (5.65) in (5.62) ein, dann erhalten wir

$$\dot{u}_j(t) + \dot{\xi}_j(t) = F_j(u_1(t) + \xi_1(t), \ldots, u_n(t) + \xi_n(t))\,. \tag{5.66}$$

Da die ξ als klein angenommen wurden, können wir die rechte Seite von (5.66) in eine Taylor-Reihe entwickeln. Dabei hebt sich der Term niedrigster Ordnung gegen $\dot{u}_j$ von der linken Seite heraus. In der nächsten Ordnung erhalten wir

$$\dot{\xi}_j(t) = \sum_k \left.\frac{\partial F_j}{\partial \xi_k}\right|_0 \xi_k(t)\,. \tag{5.67}$$

Die allgemeine Lösung von (5.67) ist immer noch ein schwieriges Problem, denn $dF/d\xi$ ist ja über die u_j, die Funktionen der Zeit sind, noch eine Funktion der Zeit. Aber eine Reihe von Fällen kann behandelt werden. Das ist zum einen dort der Fall, wo die u_j periodische Funktionen der Zeit sind. Ein anderer einfacher Fall liegt vor, wenn die Trajektorie u_j aus einem einzelnen Punkt besteht, so daß $u_j =$ konstant. Dann können wir

$$\frac{\partial F_j}{\partial q_k} = A_{jk} \tag{5.68}$$

setzen, wobei die A_{jk} Konstanten sind. Führen wir die Matrix

$$A = (A_{jk}) \tag{5.69}$$

ein, dann erfüllt der Satz von (5.67) die Form

$$\dot{\xi} = A\xi, \quad \xi = \begin{pmatrix} \xi_1 \\ \vdots \\ \xi_n \end{pmatrix}. \tag{5.70}$$

Diese linearen Differentialgleichungen erster Ordnung mit konstanten Koeffizienten können in bekannter Weise über den Ansatz

$$\xi = \xi_0 \mathrm{e}^{\lambda t} \tag{5.71}$$

gelöst werden. Setzen wir (5.71) in (5.70) ein, führen die Differentiation bezüglich der Zeit durch und dividieren dann die Gleichung durch $\mathrm{e}^{\lambda t}$, bleibt ein Satz homogener linearer algebraischer Gleichungen für ξ_0 übrig. Die Lösbarkeitsbedingung verlangt, daß die Determinante verschwindet, d. h.

$$\begin{vmatrix} A_{11}-\lambda & A_{12} & \dots & A_{1n} \\ \vdots & A_{22}-\lambda & & \\ \vdots & & \ddots & A_{nn}-\lambda \end{vmatrix} = 0\,. \tag{5.72}$$

Die Auswertung der Determinante führt auf die charakteristische Gleichung der Ordnung n

$$f(\lambda) \equiv C_0\lambda^n + C_1\lambda^{n-1} + \dots + C_n = 0\,. \tag{5.73}$$

Sind die Realteile aller λ negativ, dann zerfallen alle möglichen Lösungen von (5.71) im Laufe der Zeit, so daß der singuläre Punkt per definitionem asymptotisch stabil ist. Sobald der Realteil von irgendeinem λ positiv ist, können wir immer einen Anfangspunkt finden, für den die Trajektorie sich von $u_j(t)$ entfernt, so daß der singuläre Punkt instabil ist. Wir haben die sogenannte marginale Stabilität vorliegen, wenn die λ nicht-positive Realteile haben, wobei aber einer oder mehrere Null sind. Im Hinblick auf praktische Anwendungen sollte folgendes bemerkt werden: Glücklicherweise ist es nicht notwendig, die Lösungen von (5.73) zu bestimmen. Es wurde eine Vielzahl von Kriterien entwickelt, darunter das *Hurwitz-Kriterium*, die aufgrund der Eigenschaften von A eine direkte Prüfung ermöglichen, ob $\mathrm{Re}\{\lambda\} < 0$.

Hurwitz-Kriterium

Wir zitieren dieses Kriterium ohne Beweis. Alle Nullstellen des Polynoms $f(\lambda)$ (5.73) mit reellen Koeffizienten C_i liegen dann und nur dann auf der linken Halbebene der komplexen Ebene (d. h. $\mathrm{Re}\{\lambda\} < 0$), wenn die folgenden Bedingungen erfüllt sind

a) $\dfrac{C_1}{C_0} > 0, \dfrac{C_2}{C_0} > 0, \ldots, \dfrac{C_n}{C_0} > 0$,

b) die Hauptunterdeterminanten H_j (Hurwitz-Determinanten) des quadratischen Schemas

$$\begin{matrix} C_1 & C_0 & 0 & 0 & \ldots\ldots & 0 & 0 \\ C_3 & C_2 & C_1 & C_0 & \ldots\ldots & 0 & 0 \\ C_5 & C_4 & C_3 & C_2 & \ldots\ldots & 0 & 0 \\ \cdot & \cdot & \cdot & \cdot & \cdot\;\cdot\;\cdot & \cdot & \cdot \\ 0 & 0 & 0 & 0 & \ldots\ldots & C_{n-1} & C_{n-2} \\ 0 & 0 & 0 & 0 & \ldots\ldots & 0 & C_n \end{matrix}$$

(d. h. $H_1 = C_1, H_2 = C_1C_2 - C_0C_3, \ldots, H_{n-1}, H_n = C_nH_{n-1}$)

erfüllen die Ungleichungen $H_1 > 0; H_2 > 0; \ldots; H_n > 0$.

5.3.2 Globale Stabilität (Ljapunov-Funktion)

Im Vorangehenden haben wir die Stabilität getestet, indem wir die direkte Umgebung des zu untersuchenden Punktes erforscht haben. Andererseits haben es uns die Potentialkurven, die wir in Abschn. 5.1 gezeichnet haben, ermöglicht, die Stabilität mit Hilfe der Form des Potentials zu diskutieren. Mit anderen Worten, es handelte sich um ein globales Kriterium. Wann immer wir also ein System vorliegen haben, zu dem sich ein Potential (vgl. Abschn. 5.2) angeben läßt, können wir die Stabilität des Systems sofort diskutieren. Es existiert jedoch eine Vielzahl von Systemen, die kein Potential besitzen. Gerade in solchen Fällen kommen die Ljapunovschen Ideen zum Tragen. Ljapunov hat, um globale Stabilität zu diskutieren, eine Funktion definiert, die die vorteilhaften Eigenschaften eines Potentials besitzt, die aber nicht auf der Forderung fußt, daß die Kräfte aus einem Potential abgeleitet werden können. Wir definieren zunächst diese Ljapunov-Funktion $V_L(\boldsymbol{q})$ (Abb. 5.16):

1) $V_L(\boldsymbol{q})$ soll in einem gewissen Gebiet Ω um den Ursprung samt seiner ersten partiellen Ableitungen stetig sein. (5.74 a)

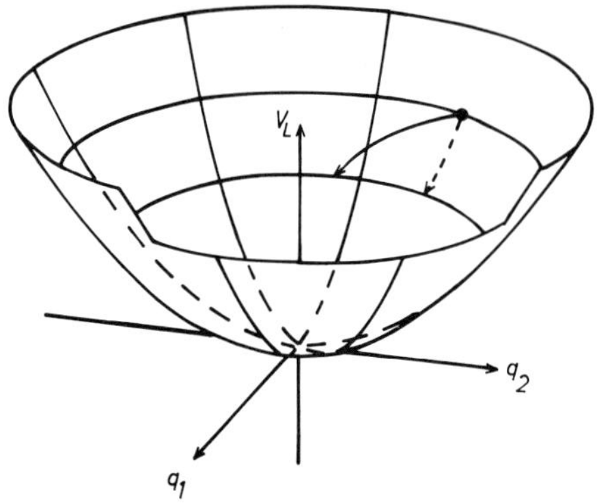

Abb. 5.16. Beispiel einer Ljapunov-Funktion in zwei Dimensionen. Im Gegensatz zum Potentialfall (vgl. Seite 130), wo sich das Teilchen immer senkrecht zu den Äquipotentialflächen bewegt (gestrichelte Linie mit Pfeil), kann es hier einem beliebigen Weg folgen (durchgezogene Kurve mit Pfeil). Bewegt sich das Teilchen nicht bergauf, ist das System stabil, bewegt es sich überall talwärts, ist es asymptotisch stabil

2)

$$V_L(0) = 0\,. \tag{5.74b}$$

Ohne Einschränkung der Allgemeinheit legen wir den kritischen Punkt in den Ursprung.

3)

$$\text{Für } \boldsymbol{q} \neq 0 \text{ ist } V_L(\boldsymbol{q}) \text{ positiv in } \Omega\,. \tag{5.75}$$

4) Wir berücksichtigen nun, daß $\boldsymbol{q}$ in $V_L(\boldsymbol{q})$ eine zeitabhängige Funktion ist, die den Differentialgleichungen (5.62) genügt. Bilden wir die Ableitung von V_L nach der Zeit, dann erhalten wir

$$\dot{V}_L = \operatorname{grad} V_L \cdot \dot{\boldsymbol{q}}\,, \tag{5.76}$$

wobei wir $\dot{\boldsymbol{q}}$ mit Hilfe von (5.62) ersetzen können. Die Forderung ist jetzt

$$\dot{V}_L = \boldsymbol{F}(\boldsymbol{q}) \operatorname{grad} V_L \leqq 0 \quad \text{in } \Omega\,. \tag{5.77}$$

Die große Bedeutung von V_L beruht auf der Tatsache, daß wir zur Prüfung von (5.77) die Differentialgleichungen nicht lösen müssen, sondern nur die Ljapunov-Funktion V_L in (5.77) einzusetzen haben. Wir können jetzt das Ljapunovsche Stabilitätstheorem angeben.

A) *Stabilitätstheorem*

Existiert in einer gewissen Umgebung Ω des Ursprungs eine Ljapunov-Funktion $V_L(\boldsymbol{q})$, dann ist der Ursprung stabil.

Weiterhin haben wir

B) *Theorem der asymptotischen Stabilität*

Ist $-\dot{V}_L$ überall in Ω positiv definit, dann liegt asymptotische Stabilität vor.

Alternativ können wir auch Theoreme zur Instabilität formulieren. Wir erwähnen zwei wichtige Fälle. Der erste stammt von Ljapunov, der zweite stellt eine Verallgemeinerung dar, die auf Chetayev zurückgeht.

C) *Ljapunovsches Instabilitätstheorem*

Vorgegeben sei $V(\boldsymbol{q})$ mit $V(\boldsymbol{0}) = 0$ und stetigen ersten partiellen Ableitungen in Ω. $\dot{V}$ soll positiv definit sein, V soll positive Werte annehmen, und zwar beliebig nahe am Ursprung. In diesem Fall ist der Ursprung instabil.

D) *Chetayevsches Instabilitätskriterium*

Ω soll eine Umgebung des Ursprungs bezeichnen. $V(\boldsymbol{q})$ soll eine dort vorgegebene Funktion sein und Ω_1 ein Gebiet aus Ω, wobei folgende Eigenschaften erfüllt sein sollen:
1) $V(\boldsymbol{q})$ hat stetige partielle Ableitungen erster Ordnung in Ω_1.
2) $V(\boldsymbol{q})$ und $\dot{V}(\boldsymbol{q})$ sind in Ω_1 positiv.
3) In den Randpunkten von Ω_1 innerhalb von Ω ist $V(\boldsymbol{q}) = 0$.
4) Der Ursprung ist ein Randpunkt von Ω_1.

Dann ist der Ursprung instabil.

Bisher haben wir autonome Systeme behandelt, bei denen F aus (5.62) nicht explizit von der Zeit abhängt. Zum Abschluß wollen wir noch bemerken, daß die Ljapunovsche Theorie sehr einfach auf nichtautonome Systeme

$$\dot{q} = F(q, t) \tag{5.78}$$

ausgedehnt werden kann. Es muß hierbei angenommen werden, daß die Lösungen von (5.78) existieren und eindeutig sind sowie

$$F(\boldsymbol{0}, t) = 0 \quad \text{für} \quad t > 0 . \tag{5.79}$$

Obwohl der Leser die Konzepte Ljapunovs sehr häufig in der Literatur antreffen wird, gibt es doch nur wenige Beispiele, in denen die Ljapunov-Funktion explizit angegeben werden kann. Trotz der unbestrittenen Schönheit der Theorie ist ihre praktische Anwendbarkeit bisher sehr beschränkt.

Aufgaben

1) Man beweise, daß der Informationsgewinn (3.38)

$$K(P, P') = \sum_m P(\boldsymbol{m}) \ln [P(\boldsymbol{m})/P'(\boldsymbol{m})] \tag{A.1}$$

für die Master-Gleichung (4.111) eine Ljapunov-Funktion dargestellt. $P'(\boldsymbol{m})$ ist dabei die stationäre Lösung von (4.111), $P(\boldsymbol{m}, t)$ eine zeitabhängige Lösung.

Hinweis: Man identifiziere $P(\boldsymbol{m})$ mit q_j aus diesem Kapitel (d.h. $P \leftrightarrow q$, $\boldsymbol{m} \leftrightarrow j$) und überzeuge sich, daß (A.1) die Axiome einer Ljapunov-Funktion erfüllt. Man überführe $\boldsymbol{q} = 0$ in $\boldsymbol{q} = \boldsymbol{q}^0 \equiv \{P'(\boldsymbol{m})\}$. Zur Prüfung von (5.75) verwende man die Eigenschaft (3.41). Um (5.77) zu verifizieren, benütze man (4.111) sowie die Ungleichung $\ln x \geqq 1 - 1/x$. Was bedeutet dieses Resultat für $P(m, t)$? Man zeige, daß $P'(m)$ asymptotisch stabil ist.

2) Sind die Bedingungen für Mikroreversibilität erfüllt, dann sind die Übergangswahrscheinlichkeiten $w(m, m')$ aus (4.111) symmetrisch

$$w(m, m') = w(m', m) .$$

Dann gilt für die stationäre Lösung von (4.111) $P'(m) = \text{konst}$. Man zeige, daß aus der Aufgabe 1) folgt, daß die Entropie in einem solchen System bis zu ihrem maximalen Wert anwächst (das berühmte Boltzmannsche H-Theorem).

5.4 Beispiele und Aufgaben zu Bifurkation und Stabilität

Unser mechanisches Beispiel des Teilchens im Potentialwall ist deshalb so instruktiv, weil es uns erlaubte, eine ganze Reihe sehr allgemeiner Eigenschaften der ursprünglichen Differentialgleichungen zu erklären. Es konnte uns aber andererseits nicht die Bedeutung dieser Überlegungen für andere Disziplinen aufzeigen. Dazu werden wir jetzt einige Beispiele vorstellen. Sehr viel mehr werden noch in späteren Kapiteln folgen. Die große Bedeutung der Bifurkation liegt in der Tatsache begründet, daß sogar nur eine kleine Änderung der Parameter, in unserem Fall der Kraftkonstanten k, schon zu dramatischen Änderungen im System führen kann.

Wir wollen zunächst ein einfaches Modell für den Laser betrachten. Der Laser ist eine Lichtquelle, in dem die Photonen durch induzierte Emission von Licht erzeugt werden (weitere Details s. Abschn. 8.1). Für unser Beispiel ist die Kenntnis weniger Fakten ausreichend. Die zeitliche Änderung der Photonenzahl n, oder mit anderen Worten, der Photonenproduktionsrate, wird durch eine Gleichung der Form

$$\dot{n} = \text{Gewinn} - \text{Verlust} \tag{5.80}$$

bestimmt. Der Gewinn kommt aus der sogenannten induzierten Emission. Er ist proportional der Zahl der vorhandenen Photonen und der Zahl der angeregten Atome N (für die Experten: Wir nehmen an, daß der Grundzustand, in den die Laseremission führt, leer gehalten wird), so daß

$$\text{Gewinn} = GNn . \tag{5.81}$$

G ist eine Gewinnkonstante, die aus einer mikroskopischen Theorie abgeleitet werden kann – womit wir uns aber hier nicht beschäftigen wollen. Die Verlustterme rühren daher, daß Photonen durch die Endflächen des Lasers austreten. Das einzige, was wir annehmen müssen, ist, daß die Verlustrate proportional zur Zahl der vorhandenen Photonen ist. Wir erhalten deshalb

$$\text{Verlust} = 2\kappa n . \tag{5.82}$$

$2\kappa = 1/t_0$, wobei t_0 die Lebensdauer der Photonen im Laser ist. Es folgt jetzt ein wichtiger Punkt, der (5.80) zur nichtlinearen Gleichung macht. Die Zahl der angeregten Atome N nimmt durch die Emission von Photonen ab. Halten wir deshalb die Zahl der angeregten Atome ohne Lasertätigkeit mit Hilfe äußeren Pumpens bei einer festen Zahl N_0, wird die tatsächliche Anzahl der angeregten Atome durch die Lasertätigkeit reduziert. Diese Verminderung ΔN ist proportional zur Zahl der anwesenden Photonen, da die Photonen die Atome in ihren Grundzustand treiben. Die Zahl der angeregten Atome kann also in der Form

$$N = N_0 - \Delta N, \; \Delta N = \alpha n \tag{5.83}$$

angegeben werden. Setzen wir (5.81 – 83) in (5.80) ein, dann erhalten wir die grundlegende Lasergleichung für unser vereinfachtes Modell

$$\dot{n} = -kn - k_1 n^2, \tag{5.84}$$

wobei die Konstante k durch

$$k = 2\kappa - GN_0 \gtrless 0 \tag{5.85}$$

gegeben ist. k ist positiv, wenn, bedingt durch das Pumpen, nur eine geringe Zahl N_0 angeregter Atome vorhanden ist. Für genügend großes N_0 kann k jedoch negativ werden. Der Vorzeichenwechsel tritt bei

$$GN_0 = 2\kappa, \tag{5.86}$$

der Schwellbedingung des Lasers, auf. Die Bifurkationstheorie lehrt uns, daß es für $k > 0$ keine Emission von Laserlicht gibt, daß der Laser aber für $k < 0$ Laserphotonen emittiert. Der Laser arbeitet in völlig unterschiedlicher Weise, je nachdem, ob er oberhalb oder unterhalb der Schwelle betrieben wird. In späteren Abschnitten werden wir diesen Punkt sehr viel weiter im Detail diskutieren und verweisen den Leser, der an einer verfeinerten Theorie interessiert ist, auf diese Abschnitte.

Genau dieselbe Gleichung (5.84) oder (5.80) mit den Termen (5.81 – 83) kann auf einem völlig anderen Gebiet gefunden werden, z. B. der Chemie. Wir betrachten die autokatalytische Reaktion zwischen zwei Molekülen A, B mit den Konzentrationen n bzw. N:

$$A + B \rightarrow 2A \qquad \text{Produktion},$$

$$A \rightarrow C \qquad \text{Zerfall}.$$

Die Moleküle A werden in einem Prozeß erzeugt, bei dem diese Moleküle selbst beteiligt sind, so daß ihre Produktionsrate proportional zu n ist – vgl. (5.81). Ferner ist die Produktionsrate proportional zu N. Erfolgt die Zufuhr von B-Molekülen nicht unendlich schnell, wird N wieder abnehmen, und zwar um eine Zahl proportional zur Konzentration n der vorhandenen A-Moleküle.

Dieselben Gleichungen finden Anwendung in bestimmten Problemen der Ökologie und Populationsdynamik. Dort ist n die Zahl einer bestimmten Tierart, N ein Maß für das zur Verfügung stehende Futter, das dauernd, jedoch mit endlichem Tempo, erneuert wird. Viele weitere Beispiele werden in den Kapiteln 9 und 10 angeführt.

Aufgabe

Man überzeuge sich, daß die Differentialgleichung (5.84) durch

$$n(t) = -\frac{k}{2k_1} - \frac{|k|}{2} \cdot \frac{c \cdot e^{-|k|t} - 1}{c \cdot e^{-|k|t} + 1} \tag{5.87}$$

gelöst wird, wobei

$$c = \frac{|k/k_1| - k/k_1 - 2n_0}{|k/k_1| - k/k_1 + 2n_0}$$

und $n_0 = n(0)$ den Anfangswert bedeutet. Man diskutiere den zeitlichen Verlauf dieser Funktion und zeige, daß sie gegen den stationären Zustand $n = 0$ oder $n = |k/k_1|$ geht, unabhängig vom Anfangswert n_0, abhängig jedoch vom Vorzeichen von k, k_1. Man diskutiere diese Abhängigkeit!

In einem Zweimodenlaser werden zwei verschiedene Photonensorten 1 und 2 mit den Zahlen n_1 und n_2 produziert. In Analogie zu (5.80) (mit (5.81 – 83)) lauten die Ratengleichungen

$$\dot{n}_1 = G_1 N n_1 - 2\kappa_1 n_1 , \tag{5.88}$$

$$\dot{n}_2 = G_2 N n_2 - 2\kappa_2 n_2 , \tag{5.89}$$

wobei die tatsächliche Zahl der angeregten Atome durch

$$N = N_0 - \alpha_1 n_1 - \alpha_2 n_2 \tag{5.90}$$

gegeben ist. Der stationäre Zustand

$$\dot{n}_1 = \dot{n}_2 = 0 \tag{5.91}$$

impliziert, daß für

$$\frac{G_1}{2\kappa_1} \neq \frac{G_2}{2\kappa_2} \tag{5.92}$$

mindestens n_1 oder n_2 verschwinden muß (Beweis?).

Aufgabe

Was passiert, falls

$$\frac{G_1}{2\kappa_1} = \frac{G_2}{2\kappa_2}? \tag{5.93}$$

Man diskutiere die Stabilität von (5.88 und 89). Existiert ein Potential?
Man diskutiere den kritischen Punkt $n_1 = n_2 = 0$.
Gibt es weitere kritische Punkte?

Die Gleichungen (5.88 – 90) finden eine einfache, trotzdem bedeutsame Interpretation in der Ökologie. n_1 und n_2 sollen die Anzahlen zweier Arten sein, die von derselben Futterzufuhr N_0 leben. Unter der Bedingung (5.92) kann nur eine Art überleben, während die andere ausstirbt; die Art mit der größeren Wachstumsrate G_1 frißt das Futter sehr viel schneller als die andere Art und frißt am Ende das gesamte Futter. Es sollte erwähnt werden, daß wie in (5.83) der Futternachschub nicht zu einer Anfangszeit vorgegeben wird, vielmehr wird er bei einer bestimmten Rate festgehalten. Koexistenz von Arten wird jedoch möglich, sobald die Ernährungsgrundlage wenigstens teilweise für verschiedene Arten unterschiedlich ist (vgl. Abschn. 10.1).

Aufgabe

Man diskutiere die allgemeinen Gleichungen

$$0 = \dot{n}_1 = a_{11} n_1 - a_{12} n_2 , \tag{5.94}$$

$$0 = \dot{n}_2 = a_{21} n_1 - a_{22} n_2 . \tag{5.95}$$

Ein weiteres interessantes Beispiel aus der Populationsdynamik stellt das *Lotka-Volterra-Modell* dar. Es wurde ursprünglich zur Erklärung zeitlicher Oszillationen beim Auftreten von Fischen in der Adria entworfen. Es werden hier zwei Fischarten behandelt, nämlich Räuberfische und ihre Beutefische. Die Ratengleichungen haben wieder die Form

$$\dot{n}_j = \text{Gewinn}_j - \text{Verlust}_j ; \quad j = 1, 2 . \tag{5.96}$$

Wir identifizieren die Beutefische mit dem Index 1. Sind keine Räuberfische vorhanden, dann werden sich die Beutefische entsprechend dem Gesetz

$$\text{Gewinn}_1 = \alpha_1 n_1 \tag{5.97}$$

vermehren. Die Beutefische erleiden jedoch Verluste dadurch, daß sie von den Räubern aufgefressen werden. Die Verlustrate ist proportional zur Zahl der Beute- und Räuberfische

$$\text{Verlust}_1 = \alpha n_1 n_2 . \tag{5.98}$$

Wir wenden uns nun der Gleichung für die Räuberfische $j = 2$ zu. Offensichtlich erhalten wir

$$\text{Gewinn}_2 = \beta n_1 n_2 . \tag{5.99}$$

Da sie von der Beute leben, ist die Vermehrung der Räuber proportional zu ihrer eigenen Zahl und derjenigen der Beutefische. Da die Räuber Verluste durch Tod erleiden werden, ist der Verlustterm proportional zur vorhandenen Zahl von Räuberfischen

$$\text{Verlust}_2 = 2\kappa_2 n_2 . \tag{5.100}$$

Die Gleichungen für das *Lotka-Volterra-Modell* lauten also

$$\begin{aligned} \dot{n}_1 &= \alpha_1 n_1 - \alpha n_1 n_2 , \\ \dot{n}_2 &= \beta n_1 n_2 - 2\kappa_2 n_2 . \end{aligned} \tag{5.101}$$

Aufgaben

1) Die Gleichungen (5.101) sollen dimensionslos geschrieben werden, indem man sie auf die Form

$$\begin{aligned} \frac{dn_1'}{dt'} &= n_1' - n_1' n_2' , \\ \frac{dn_2'}{dt'} &= a(-n_2' + n_1' n_2') \end{aligned} \tag{5.102}$$

bringt.

Hinweis: Man setze

$$n_1 = 2\frac{\kappa_2}{\beta} n_1' ; \; n_2 = \frac{\alpha_1}{\alpha} n_2' ; \; t = \frac{1}{\alpha_1} t' . \tag{5.103}$$

2) Man bestimme den stationären Zustand $\dot{n}_1 = \dot{n}_2 = 0$ und beweise den folgenden Erhaltungssatz

$$\sum_{j=1,2} \frac{1}{a_j}(n_j' - \ln n_j') = \text{konst}, \quad \begin{pmatrix} a_1 = 1 \\ a_2 = a \end{pmatrix} \tag{5.104}$$

oder

$$\prod_{j=1,2} (n_j' \cdot \mathrm{e}^{-n_j'})^{1/a_j} = \text{konst}. \tag{5.105}$$

Hinweis: Man verwende neue Variable $v_j = \ln n_j'$, $j = 1, 2$, bilde

$$\sum_{j=1}^{2} \frac{1}{a_j} \frac{dv_j}{dt} (\mathrm{e}^{v_j} - 1) \tag{5.106}$$

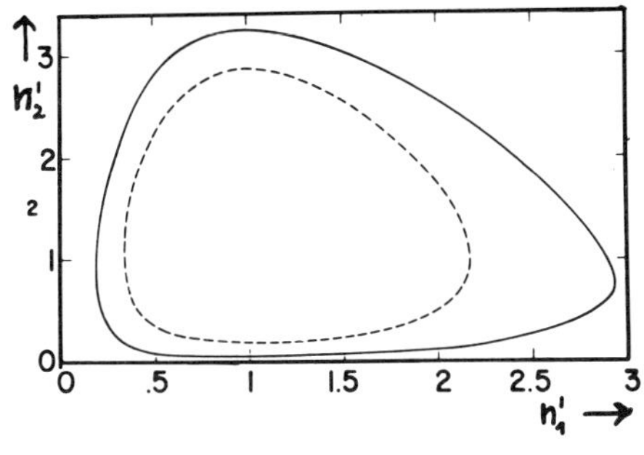

Abb. 5.17. Zwei typische Trajektorien in der (n_1, n_2)-Ebene für das Lotka-Volterra-Modell bei festen Parametern. Nach N. S. Goel, S. C. Maitra, E. W. Montroll: Rev. Mod. Phys. *43*, 231 (1971)

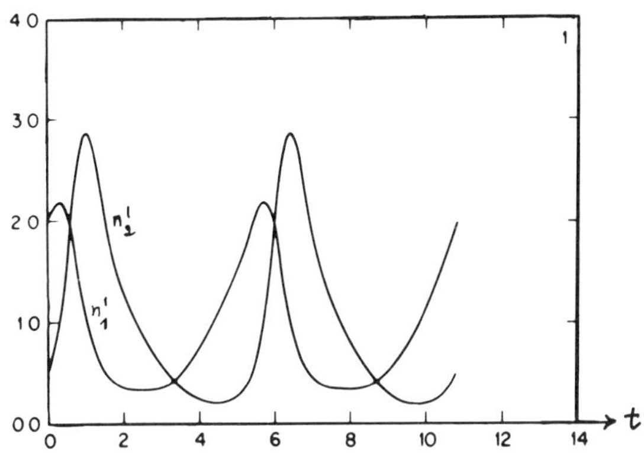

Abb. 5.18. Der zeitliche Verlauf der beiden Populationen n_1, n_2, der einer Trajektorie aus Abb. 5.17 entspricht

und verwende (5.102). Aus Abb. 5.17 folgt, daß die Bewegung von n_1, n_2 periodisch verläuft, vgl. Abb. 5.18. Warum?

Hinweis: Man verwende Abschn. 5.1. Gibt es singuläre Punkte? Sind die Trajektorien stabil oder asymptotisch stabil?

Anwort: Die Trajektorien sind stabil, aber nicht asymptotisch stabil. Warum?

3) Mit Hilfe einer geeigneten Ljapunov-Funktion prüfe man die Stabilität oder Instabilität der folgenden Systeme ($\lambda > 0$, $\mu > 0$):
a)

$$\begin{aligned} \dot{q}_1 &= -\lambda q_1\,, \\ \dot{q}_2 &= -\mu q_2\,. \end{aligned} \tag{5.107}$$

Hinweis: Man verwende als Ljapunov-Funktion

$$V_{\mathrm{L}} = q_1^2 + q_2^2\,. \tag{5.108}$$

b)

$$\begin{aligned} \dot{q}_1 &= \lambda q_1\,, \\ \dot{q}_2 &= -\mu q_2\,. \end{aligned} \tag{5.109}$$

Hinweis: Man verwende als Ljapunov-Funktion

$$V_{\mathrm{L}} = q_1^2 + q_2^2 . \tag{5.110}$$

4) Für den Fall komplexer Variabler q sind die Gleichungen durch

$$\begin{aligned} \dot{q} &= (a + bi)q , \\ \dot{q}^* &= (a - bi)q^* \end{aligned} \tag{5.111}$$

gegeben, mit

$$a, b \neq 0 \tag{5.112}$$

und

$$a < 0 . \tag{5.113}$$

Hinweis: Man verwende als Ljapunov-Funktion

$$V = qq^* . \tag{5.114}$$

Man zeige für die obigen Beispiele jeweils, daß (5.108, 110 und 114) Ljapunov-Funktionen sind. Man vergleiche diese Resultate mit denen aus Abschn. 5.2 (und identifiziere die obigen Resultate mit den Fällen eines stabilen Knotens, eines instabilen Sattelpunktes und eines stabilen Fokus).

Man zeige, daß das Potential, das beim anharmonischen Oszillator auftritt, die Eigenschaft einer Ljapunov-Funktion (innerhalb eines gewissen Gebietes Ω) hat.

Aufgabe: Van der Polsche Gleichung

Diese Gleichung hat eine bedeutende Rolle bei der Diskussion der Wirkungsweise von Radioröhren gespielt und hat die folgende Gestalt

$$\ddot{q} + \varepsilon(q^2 - 1)\dot{q} + q = 0 , \tag{5.115}$$

mit

$$\varepsilon > 0 . \tag{5.116}$$

Man zeige mit Hilfe der äquivalenten Gleichungen

$$\begin{aligned} \dot{q} &= p - \varepsilon(q^3/3 - q) , \\ \dot{p} &= -q , \end{aligned} \tag{5.117}$$

daß der Ursprung der einzige kritische Punkt ist, der die Eigenschaft einer Quelle hat. Für welche Werte von ε handelt es sich um einen instabilen Fokus (Knoten)?

Man zeige, daß (5.117) (mindestens) einen Grenzzyklus zuläßt.
Hinweis: Man mache Gebrauch von der Diskussion, die auf Seite 130 im Anschluß an das Poincaré-Bendixon-Theorem folgt. Man schlage einen genügend großen Kreis um den Ursprung $q = 0, p = 0$ und zeige, daß alle Trajektorien in sein Inneres hineinlaufen. Dazu betrachte man die rechten Seiten von (5.117) als Komponenten eines vorgegebenen Vektors, der die lokale Richtung der Stromlinie durch p und q angibt. Sodann bilde man das Skalarprodukt dieses Vektors mit dem Vektor $\boldsymbol{q} = (q, p)$, der vom Ursprung bis zu diesem Punkt zeigt. Das Vorzeichen dieses Skalarproduktes gibt Auskunft darüber, in welche Richtung die Stromlinien verlaufen.

5.5* Klassifikation von statischen Instabilitäten – ein elementarer Zugang zur Thomschen Katastrophentheorie

Wir haben im Vorhergehenden bereits Beispiele besprochen, bei denen die Potentialkurve Übergänge von einem Minimum zu zwei Minima aufzeigte, was uns zum Phänomen der Bifurkation führte. In diesem Abschnitt wollen wir den Potentialfall in der Nähe solcher Punkte diskutieren, die ihre lineare Stabilität verlieren. Dazu beginnen wir mit dem eindimensionalen Fall und werden schließlich den n-dimensionalen Fall behandeln. Unser Ziel ist, eine Klassifikation der kritischen Punkte zu finden.

5.5.1 Der eindimensionale Fall

Wir betrachten ein Potential $V(q)$, von dem wir annehmen, daß es in eine Taylor-Reihe entwickelt werden kann:

$$V(q) = c^{(0)} + c^{(1)}q + c^{(2)}q^2 + c^{(3)}q^3 + \cdots + c^{(m)}q^m + \cdots . \tag{5.118}$$

Die Koeffizienten der Taylor-Entwicklung sind wie üblich durch

$$c^{(0)} = V(0) \tag{5.119}$$

$$c^{(1)} = \left.\frac{dV}{dq}\right|_{q=0}, \tag{5.120}$$

$$c^{(2)} = \frac{1}{2} \left.\frac{d^2V}{dq^2}\right|_{q=0} \tag{5.121}$$

und ganz allgemein durch

$$c^{(l)} = \frac{1}{l!} \left.\frac{d^lV}{dq^l}\right|_{q=0} \tag{5.122}$$

gegeben, vorausgesetzt die Entwicklung wird am Punkte $q = 0$ vorgenommen. Da sich die Form der Potentialkurve nicht verändert, wenn wir die Kurve um einen konstanten Betrag verschieben, können wir immer

$$c^{(0)} = 0 \tag{5.123}$$

setzen. Wir nehmen nun an, daß wir einen Gleichgewichtspunkt vorliegen haben (der stabil, instabil oder metastabil sein kann)

$$\frac{dV}{dq} = 0 . \tag{5.124}$$

Aus (5.124) folgt

$$c^{(1)} = 0 . \tag{5.125}$$

Ehe wir fortfahren, wollen wir einige einfache, aber fundamentale Bemerkungen über Kleinheit machen. In diesem Abschnitt werden wir im folgenden immer annehmen, daß wir mit dimensionslosen Größen arbeiten. Wir vergleichen jetzt die Kleinheit verschiedener Potenzen von q. Wählen wir $q = 0{,}1$, ergibt sich $q^2 = 0{,}01$, d. h. der Wert von q^2 beträgt nur 10% von q. Nehmen wir ein weiteres Beispiel: $q = 0{,}01$, $q^2 = 0{,}0001$, d. h. nur 1% von q. Dasselbe bleibt offensichtlich richtig für aufeinanderfolgende Potenzen, etwa q^n und q^{n+1}. Gehen wir von einer Potenz zur nächsten, können wir bei genügend kleinem q immer q^{n+1} gegen q^n vernachlässigen. Wir können uns deshalb im folgenden auf die führenden Glieder der Entwicklung (5.118) beschränken. Das Potential hat ein lokales Minimum, falls (vgl. Abb. 5.3 a)

$$\frac{1}{2} \left. \frac{d^2V}{dq^2} \right|_{q=0} \equiv c^{(2)} > 0 . \tag{5.126}$$

Für das Folgende führen wir eine etwas andere Bezeichnungsweise ein

$$c^{(2)} = \mu . \tag{5.127}$$

Wie wir später durch viele Beispiele belegen werden, kann μ sein Vorzeichen ändern, sobald gewisse Parameter des betrachteten Systems verändert werden. Das verwandelt den stabilen Punkt $q = 0$ in einen instabilen für $\mu < 0$ oder in einen Punkt neutraler Stabilität für $\mu = 0$. In der Umgebung eines solchen Punktes wird das Verhalten von $V(q)$ durch die nächste nichtverschwindende Potenz von q bestimmt. Wir bezeichnen einen Punkt, an dem $\mu = 0$, als Instabilitätspunkt. Zunächst nehmen wir an

1) $c^{(3)} \neq 0 , \quad$ so daß $\quad V(q) = c^{(3)} q^3 + \cdots .$ (5.128)

Wir werden später für praktische Fälle zeigen, daß $V(q)$ entweder durch innere Ursachen – in der Mechanik etwa wären es die Belastungen – oder intern durch

Fehler (vgl. die Beispiele des Kap. 8) gestört werden kann. Wir wollen annehmen, daß diese Störungen klein sind. Welche werden den Charakter von (5.128) am meisten verändern? Sehr nahe bei $q = 0$ sind höhere Potenzen von q, z.B. q^4, sehr viel kleiner als (5.128), so daß diese Terme eine unbedeutende Änderung des Charakters von (5.128) hervorrufen. Andererseits können Fehler oder andere Störungen zu niedrigeren Potenzen von q als der kubischen führen. Diese werden gefährlich bei einer Störung von (5.128). Hierbei meinen wir mit „gefährlich", daß sich der Zustand des Systems beträchtlich verändert.

Der allgemeinste Fall wird der sein, bei dem wir alle niedrigeren Potenzen mitnehmen, was auf

$$V(q) = \alpha + \beta q + \gamma q^2 + c^{(3)} q^3 \tag{5.129}$$

führt. Das Hinzufügen aller Störungen, die die ursprüngliche Singularität in nichttrivialer Weise verändern, wird nach *Thom* „Entfaltung" genannt. Um alle möglichen „Entfaltungen" von (5.128) zu klassifizieren, müssen wir die überflüssigen Konstanten beseitigen. Zunächst können wir durch entsprechende Wahl eines Maßstabs auf der q-Achse den Koeffizienten $c^{(3)}$ in (5.128) gleich 1 wählen. Ferner können wir den Ursprung der q-Achse durch die Transformation

$$q = q' + \delta \tag{5.130}$$

verschieben, um den quadratischen Term in (5.129) wegzubringen. Schließlich können wir den Nullpunkt des Potentials so verschieben, daß der konstante Term in (5.129) verschwindet. Wir kommen so zu der „Normalform" des Potentials $V(q)$

$$V(q) = q^3 + uq\,. \tag{5.131}$$

Diese Form hängt von einem einzelnen freien Parameter u ab. Für $u = 0$ und $u < 0$ ist das Potential in Abb. 5.19 dargestellt. Für $u \to 0$ fallen Maximum und Minimum zu einem einzelnen Wendepunkt zusammen.

2) $c^{(3)} = 0\,,\quad$ aber $\quad c^{(4)} \neq 0\,.$

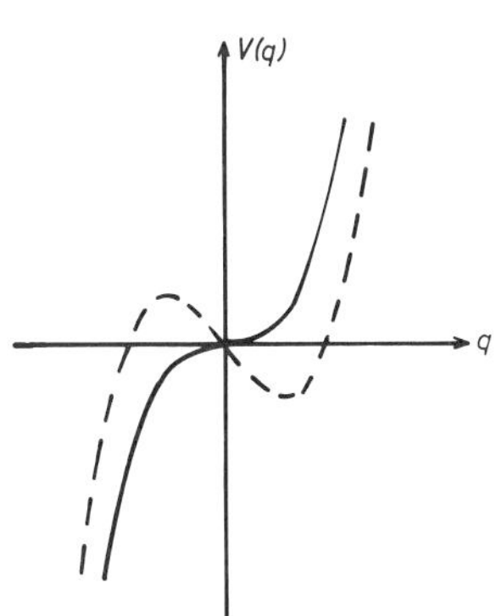

Abb. 5.19. Die Potentialkurve $V(q) = q^3 + uq$ und ihre Entfaltung (5.131) für $u < 0$

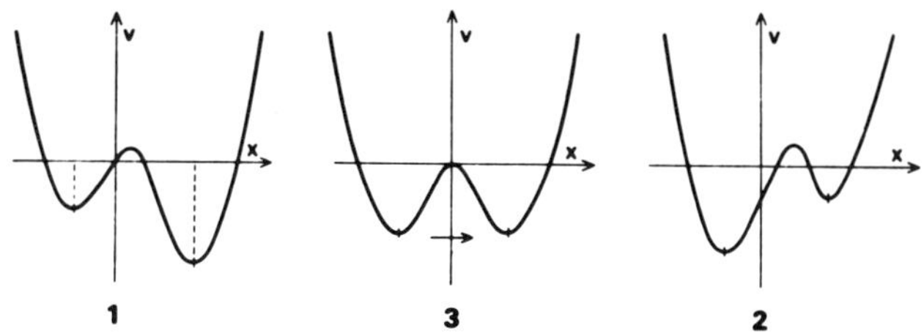

Abb. 5.20. Das Potential (5.133) für verschiedene Werte von u und v (nach *Thom*)

Das Potential fängt jetzt mit

$$V = q^4 \tag{5.132}$$

an. Die Entfaltung des Potentials ist durch

$$V(q) = \frac{q^4}{4} + \frac{uq^2}{2} + vq \tag{5.133}$$

gegeben (Abb. 5.20), wobei wir den Ursprung des (q, V)-Koordinatensystems bereits entsprechend verschoben haben. Die Faktoren 1/4 und 1/2 im ersten oder zweiten Glied von (5.133) sind derart gewählt, daß die Ableitung von V die einfache Form

$$\frac{dV}{dq} = q^3 + uq + v \tag{5.134}$$

annimmt. Setzen wir (5.134) = 0, dann erhalten wir eine Gleichung, deren Lösung uns die drei Extrema der Potentialkurve liefert. In Abhängigkeit von den Parametern u und v können wir nun zwischen verschiedenen Gebieten unterscheiden. Ist $u^3/27 + v^2/4 > 0$, dann gibt es nur ein Minimum, für $u^3/27 + v^3/4 < 0$ dagegen erhalten wir zwei Minima, die sich in ihrer Tiefe abhängig von der Größe von v unterscheiden können. Denken wir an ein physikalisches System, dann können wir uns vorstellen, daß nur der Zustand mit dem niedrigsten Minimum realisiert wird. Verändern wir also die Parameter u und v, kann das System von einem Minimum in das andere wechseln. Das führt uns in unterschiedliche Gebiete in der (u, v)-Ebene, je nachdem, welches Minimum beobachtet wird (Abb. 5.21). (Eine kritische Anmerkung zu diesem Überwechseln (Springen) wird am Ende dieses Abschnitts geliefert.)

3) Falls $c^{(4)} = 0$, der nächste Koeffizient aber nicht verschwindet, finden wir als Potential des kritischen Punktes

$$V = q^5 . \tag{5.135}$$

Normieren wir q entsprechend, dann lautet die Entfaltung von V

$$V = \frac{q^5}{5} + \frac{uq^3}{3} + \frac{vq^2}{2} + wq , \tag{5.136}$$

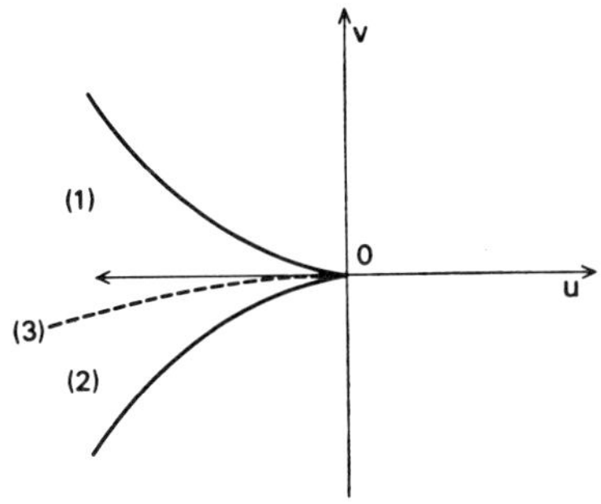

Abb. 5.21. In der (u, v)-Ebene trennt die durchgezogene Kurve das Gebiet mit einem Potentialminimum (rechtes Gebiet) vom Gebiet mit zwei Potentialminima. Die durchgezogene Linie repräsentiert im Sinne von *Thom* die *Katastrophen-Menge*, die aus Bifurkationspunkten besteht. Die gestrichelte Linie zeigt alle Punkte, bei denen beide Minima denselben Wert annehmen. Diese Linie stellt eine Katastrophen-Menge dar, die aus Konfliktpunkten gebildet wird

wobei die Extrema durch

$$\frac{dV}{dq} = q^4 + uq^2 + vq + w = 0 \tag{5.137}$$

bestimmt werden. Gleichung (5.137) läßt kein, zwei oder vier Extrema zu, was keinem, einem oder zwei Minima entspricht. Ändern wir u oder v oder w oder mehrere gleichzeitig, kann es vorkommen, daß sich die Zahl der Minima verändert (Bifurkationspunkte) oder daß ihre Tiefe gleich wird (Konfliktpunkte). Es stellt sich heraus, daß derartige Änderungen im allgemeinen entlang gewisser Flächen im (u, v, w)-Raum verlaufen, wobei diese Flächen äußerst seltsame Formen haben (Abb. 5.22). Als letztes Beispiel erwähnen wir dann das Potential

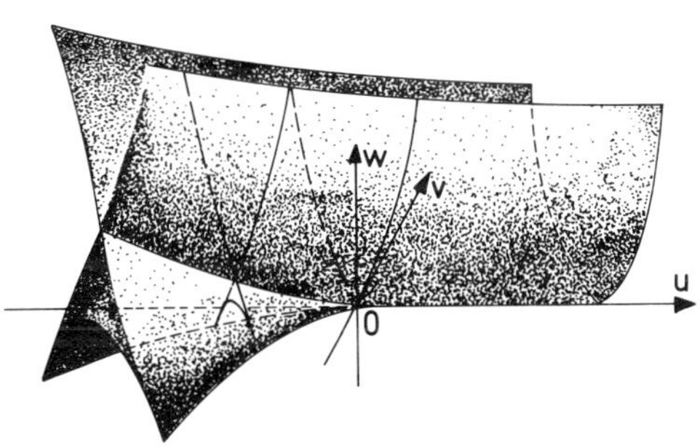

Abb. 5.22. Der (u, v, w)-Raum zerfällt in Gebiete, die durch Flächen festgelegt werden („Katastrophen-Mengen"), an denen sich die Zahl der Potentialminima ändert. Flächen, die Gebiete mit einem Minimum von solchen mit zwei Minima trennen, haben die Form eines Schwalbenschwanzes (nach Thom)

4) $V = q^6$ und seine Entfaltung

$$V = \frac{q^6}{6} + \frac{tq^4}{4} + \frac{uq^3}{3} + \frac{vq^2}{2} + wq\,. \tag{5.138}$$

Wir wollen jetzt zum zweidimensionalen Fall übergehen.

5.5.2 Der zweidimensionale Fall

Entwickeln wir das Potential in eine Taylor-Reihe, dann erhalten wir

$$\begin{aligned} V(q_1, q_2) = c^{(0)} + c_1^{(1)} q_1 + c_2^{(1)} q_2 + c_{11}^{(2)} q_1^2 + (c_{12}^{(2)} + c_{21}^{(2)}) q_1 q_2 \\ + c_{22}^{(2)} q_2^2 + c_{111}^{(3)} q_1^3 + c_{112}^{(3)} q_1^2 q_2 + \cdots , \end{aligned} \tag{5.139}$$

wobei wir annehmen können, daß

$$c_{12}^{(2)} = c_{21}^{(2)} . \tag{5.140}$$

Verschieben wir wieder die V-Koordinate, so können wir erreichen, daß

$$c^{(0)} = 0 . \tag{5.141}$$

Ferner nehmen wir an, daß wir uns am Ort eines lokalen Extremums befinden, d.h.

$$\left. \frac{\partial V}{\partial q_1} \right|_{q_1, q_2 = 0} = 0 \tag{5.142}$$

und

$$\left. \frac{\partial V}{\partial q_2} \right|_{q_1, q_2 = 0} = 0 . \tag{5.143}$$

Das führende Glied von (5.139) hat also die Form

$$V_{\text{tr}} = b_{11} q_1^2 + 2 b_{12} q_1 q_2 + b_{22} q_2^2 . \tag{5.144}$$

Wie wir aus der Oberschulmathematik wissen, definiert (5.144) für V_{tr} = konstant eine Hyperbel, eine Parabel oder eine Ellipse. Durch eine orthogonale Transformation der Koordinaten q_1 und q_2 können wir die Achsen des Koordinatensystems so legen, daß sie mit den Hauptachsen der Ellipse usw. übereinstimmen. Wenden wir also die Transformation

$$\begin{aligned} q_1 &= A_{11} u_1 + A_{12} u_2 , \\ q_2 &= A_{21} u_1 + A_{22} u_2 \end{aligned} \tag{5.145}$$

an, dann erhält V_{tr} die Gestalt

$$V_{\text{tr}} = \mu_1 u_1^2 + \mu_2 u_2^2 . \tag{5.146}$$

Wenden wir die Transformation (5.145) nicht bloß auf die verkürzte Form (5.144) von V an, sondern auf die vollständige Gleichung (5.139) (jedoch mit $c^{(0)} = c_1^{(1)} = c_2^{(1)} = 0$), dann erhalten wir ein neues Potential in der Form

$$V = \mu_1 u_1^2 + \mu_2 u_2^2 + \tilde{c}_{111} u_1^3 + \tilde{c}_{112} u_1^2 u_2 + \cdots . \tag{5.147}$$

Diese Form erlaubt es uns, die Instabilitäten wieder auf einfache Weise zu diskutieren. Diese treten bei einer Änderung der äußeren Parameter auf, bei der μ_1 oder μ_2 oder beide Null werden.

Für die weitere Diskussion betrachten wir zunächst $\mu_1 = 0$ und $\mu_2 > 0$, mit anderen Worten, das System verliert seine Stabilität entlang einer Koordinate. Im folgenden werden wir diese Koordinate entlang der „instabilen Richtung" mit x, entlang der „stabilen Richtung" mit y bezeichnen. Wir diskutieren also V in der Gestalt

$$V = V_1(x) + \mu_2 y^2 + y g(x) + y^2 h(x) + y^3 f(x) , \tag{5.148}$$

wobei wir insbesondere finden

$$\begin{aligned} &V_1(x) \propto x^3 + \text{höhere Ordnungen} , \\ &g(x) \propto x^2 + \text{höhere Ordnungen} \end{aligned} \tag{5.149}$$

$$\begin{aligned} &h(x) \propto x + \text{höhere Ordnungen} \\ &f(x) \propto 1 + \text{höhere Ordnungen} . \end{aligned} \tag{5.150}$$

Da wir die nächste Umgebung des Instabilitätspunktes $x = 0$ diskutieren wollen, können wir annehmen, daß x klein ist, so klein sogar, daß

$$h \ll \mu_2 \tag{5.151}$$

erfüllt ist. Weiterhin können wir unsere Rechnung auf die Umgebung von $y = 0$ beschränken, so daß alle Glieder höherer Ordnung in y vernachlässigt werden können. Eine typische Situation ist in den Abb. 5.23 und 24 aufgezeichnet. Über das Glied $g(x)$ in (5.148) kann das y-Minimum in y-Richtung verschoben werden. Für eine weitere Diskussion stellen wir die führenden Glieder von (5.148) in der Form

$$\hat{\mu}_2 (y^2 + \hat{\mu}_2^{-1} g y + \tfrac{1}{4} \hat{\mu}_2^{-2} g^2) - \tfrac{1}{4} \hat{\mu}_2^{-1} g^2(x) \tag{5.152}$$

dar, wobei wir die quadratische Ergänzung addiert und subtrahiert und die Abkürzung

$$\hat{\mu}_2 = \mu_2 + h(x) \tag{5.153}$$

verwendet haben. Führen wir die neue Koordinate

$$\tilde{y} = y + \underbrace{\mu_2^{-1} g \cdot \tfrac{1}{2}}_{-y^{(0)}} \equiv y - y^{(0)} \tag{5.154}$$

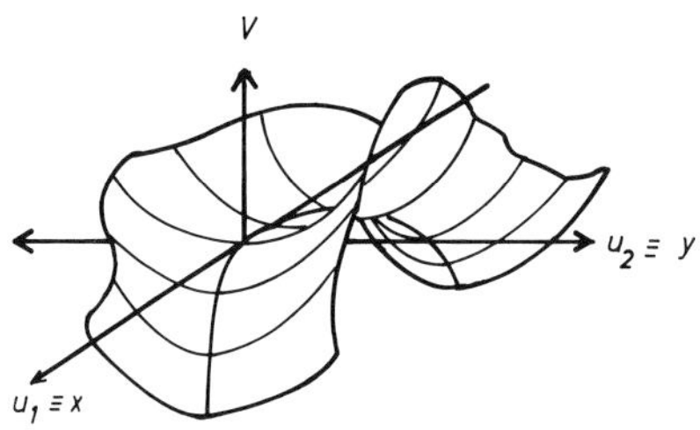

Abb. 5.23. Das Potential (5.147) für $\mu_1 < 0$ stellt einen verbogenen Sattel dar (vgl. auch Abb. 5.24)

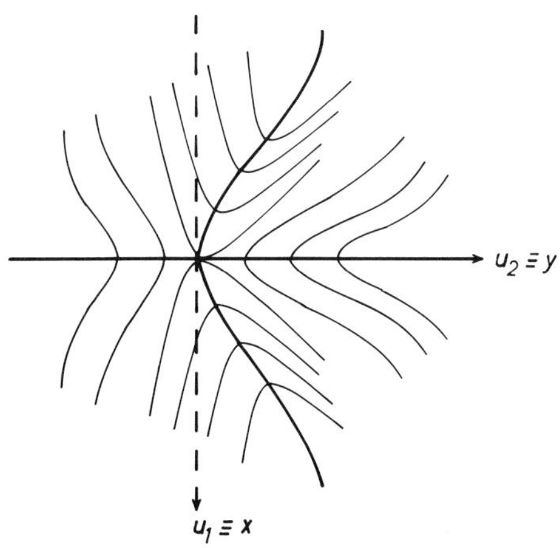

Abb. 5.24. Äquipotentiallinien des Potentials von Abb. 5.23

ein, können wir mit deren Hilfe (5.148) auf die Form – (5.151) –

$$V = V_1(x) - \tfrac{1}{4}\,\hat{\mu}_2^{-1} g^2(x) + \hat{\mu}_2 \tilde{y}^2 + \text{„höhere Ordnungen“} \tag{5.155}$$

bringen. Unter der Voraussetzung, daß die Glieder höherer Ordnung genügend klein sind, erkennen wir, daß wir jetzt eine vollständige Aufspaltung des Potentials V in einen Ausdruck, der nur von x, und einen zweiten, der nur von $\tilde{y}$ abhängt, gefunden haben. Wir wollen nun untersuchen, inwiefern die sogenannten Glieder höherer Ordnung durch diese Transformation (5.154) beeinflußt werden. Nehmen wir zum Beispiel das nächste Glied, das mit y^3 geht. Es lautet

$$f(x)(\tilde{y} + y^{(0)})^3 \equiv f(x)\tilde{y}^3 + 3f(x)\tilde{y}^2 y^{(0)} + 3f(x)\tilde{y}y^{(0)2} + f(x)y^{(0)3}\,. \tag{5.156}$$

Da $y^{(0)} \propto g(x)$ und $g(x)$ eine kleine Größe ist, tragen die Glieder höherer Ordnung in niedrigster Näherung in y

$$\propto f(x)g^3(x)$$

bei. Da (5.156) deshalb $g^3(x)$ enthält, g aber eine kleine Größe ist, erkennen wir, daß die Glieder höherer Ordnung zu einer Korrektur des x-abhängigen Anteils des Potentials V beitragen, der von höherer Ordnung ist. Sicher wird dieses Glied wichtig, sobald die führenden Glieder des x-abhängigen Anteils des Potentials verschwinden. Dann können wir jedoch offensichtlich ein Iterationsverfahren angeben, das das Verfahren von (5.148) nach (5.155) mit den Gliedern höherer Ordnung wiederholt, wobei jedes Glied zu einem Korrekturterm von abnehmender Wichtigkeit führt. Ein derartiges Iterationsverfahren kann weitschweifig werden; wir haben uns aber davon überzeugt, daß uns dieses Verfahren zumindest im Prinzip erlaubt, V in einen x- und einen y- (oder $\tilde{y}$-) abhängigen Anteil zu zerlegen, vorausgesetzt, wir vernachlässigen Glieder höherer Ordnung gemäß einem wohldefinierten Verfahren.

Wir behandeln das Problem jetzt ganz allgemein, ohne uns auf dieses Iterationsverfahren zu stützen. Im Potential $V(q)$ setzen wir

$$y = y^{(0)} + \tilde{y} . \tag{5.157}$$

Wir fordern nun, daß $y^{(0)}$ derart gewählt ist, daß

$$V(x, y^{(0)} + \tilde{y}) \tag{5.158}$$

sein Minimum für $\tilde{y} = 0$ hat, oder mit anderen Worten, daß

$$\left.\frac{\partial V}{\partial \tilde{y}}\right|_{\tilde{y}=0} = 0 \tag{5.159}$$

gilt. Dies kann als Gleichung für $y^{(0)}$ aufgefaßt werden und ist von der Form

$$W(x, y^{(0)}) = 0 . \tag{5.160}$$

Für irgendein vorgegebenes x können wir $y^{(0)}$ so bestimmen, daß

$$y^{(0)} = y^{(0)}(x) . \tag{5.161}$$

Für $\tilde{y} \neq 0$ aber klein, können wir die Entwicklung

$$V(x, y^{(0)} + \tilde{y}) = \tilde{V}_1(x) + \tilde{y}^2 \tilde{\mu}_2 + \tilde{y}^3 \tilde{f}(x) + \cdots \tag{5.162}$$

anwenden, wobei das lineare Glied wegen (5.159) fehlt. Bei der obigen, expliziteren Rechnung – (5.155) – haben wir gesehen, daß das Potential in der Umgebung von $x = 0$ seine Stabilität in y-Richtung behält. Mit anderen Worten, verwenden wir die Aufspaltung

$$\tilde{\mu}_2 = \mu_2 + \tilde{h}(x) , \tag{5.163}$$

dann können wir sicher sein, daß (5.163) positiv bleibt. Die einzige Instabilität, die wir also zu diskutieren haben, ist die in $V_1(x)$ enthaltene. Das führt uns auf den eindimensionalen Fall zurück, den wir bereits oben diskutiert haben.

Wir kommen nun zum *zweidimensionalen Fall* $\mu_1 = 0$, $\mu_2 = 0$. Die ersten im allgemeinen nicht verschwindenden Glieder des Potentials sind also durch

$$V(x, y) = \tilde{c}_{111}^{(3)} x^3 + 3\tilde{c}_{112}^{(3)} x^2 y + 3\tilde{c}_{122}^{(3)} x y^2 + \tilde{c}_{222}^{(3)} y^3 + \cdots \tag{5.164}$$

gegeben. Sind einer oder mehrere der Koeffizienten $c^{(3)}$ ungleich Null, dann können wir die Diskussion auf die Form (5.164) beschränken. Ganz ähnlich wie im eindimensionalen Fall können wir annehmen, daß bestimmte Störungen für die Form (5.164) gefährlich werden können. Im allgemeinen sind das Glieder von niedrigerer Ordnung als 3. Die allgemeinste Entfaltung zu (5.164) wird also erhalten, wenn zu (5.164) Glieder der Form

$$b_{11} x^2 + 2 b_{12} x y + b_{22} y^2 + a_1 x + a_2 y \tag{5.165}$$

addiert werden (wobei wir das konstante Glied bereits weggelassen haben).

Wir beschreiben nun qualitativ, wie wir die Formeln (5.164) und (5.165) durch eine lineare Transformation der Form

$$\begin{aligned} x &= A_{11} x_1 + A_{12} x_2 + B_1 , \\ y &= A_{21} x_1 + A_{22} x_2 + B_2 \end{aligned} \tag{5.166}$$

vereinfachen können. Wir können (5.164) auf einfache Normalformen bringen, ganz ähnlich den Ellipsen usw. Dies kann durch geeignete Wahl der A erreicht werden.

Durch eine geeignete Wahl der B können wir weiterhin die quadratischen oder bilinearen Glieder aus (5.165) auf eine einfachere Form bringen. Verwenden wir die allgemeinste Form (5.164) und (5.165), wobei wir das konstante Glied mit einschließen, haben wir 10 Konstanten. Auf der anderen Seite führt die Transformation (5.166) 6 Konstanten ein, was zusammen mit $c^{(0)}$ 7 Konstanten ergibt. Nehmen wir die Gesamtzahl der möglichen Konstanten minus sieben, brauchen wir immer noch drei Konstanten, die bestimmten Koeffizienten in (5.165) zugeordnet werden können. Mit Hilfe dieser Überlegungen sowie etwas Rechnung finden wir drei grundlegende Formen, die wir nach Thom folgendermaßen bezeichnen:

Hyperbolischer Nabel (Hyperbolic umbilic)

$$V = x_1^3 + x_2^3 + w x_1 x_2 - u x_1 - v x_2 , \tag{5.167}$$

Elliptischer Nabel (Elliptic umbilic)

$$V = x_1^3 - 3 x_1 x_2^2 + w (x_1^2 + x_2^2) - u x_1 - v x_2 , \tag{5.168}$$

Parabolischer Nabel (Parabolic umbilic)

$$V = x_1^2 x_2 + w x_2^2 + t x_2^3 - u x_1 - v x_2 + \tfrac{1}{4}(x_1^4 + x_2^4) . \tag{5.169}$$

(Umbilic = umbilicus = Nabel.)

Für das Beispiel des parabolischen Nabels ist in Abb. 5.25 für verschiedene Werte der Parameter u, v, t ein Schnitt durch die Potentialkurve gezeichnet. Wir bemerken, daß für $t < 0$ der parabolische Nabel in den elliptischen Nabel übergeht, während wir für $t > 0$ den hyperbolischen Nabel erhalten. Wieder kann

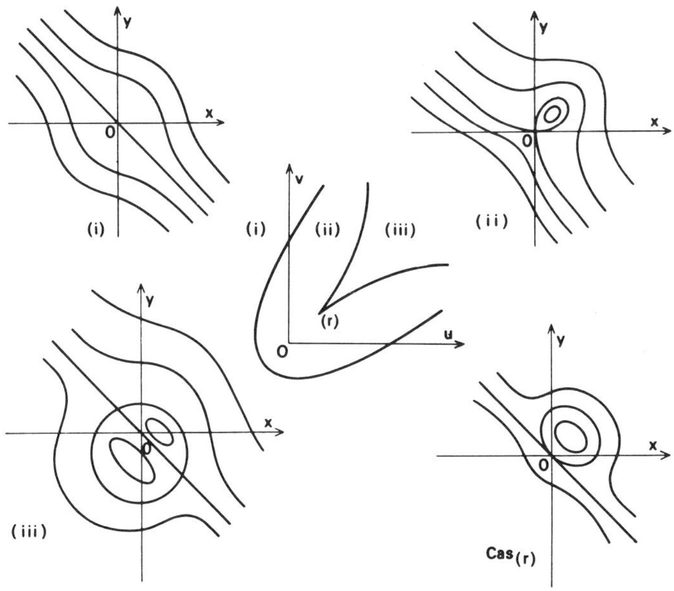

Abb. 5.25. Die universelle Entfaltung des hyperbolischen Nabels (am Zentrum), umgeben von lokalen Potentialen in den Gebieten (i) – (iii) und am „Cusp" (nach *Thom*)

die Potentialkurve für jeden Satz von Werten u, v, w, t verschiedene Minima aufweisen. Das tiefste (möglicherweise sind das mehrere gleichzeitig) repräsentiert den Zustand des Systems. Da ein tiefstes Minimum durch Änderung der Parameter u, v, w, t durch ein anderes ersetzt werden kann, wird der (u, v, w, t)-Raum durch Hyperflächen aufgeteilt und so in Unterräume aufgespalten. Eine Bemerkung bezüglich der quartischen Glieder in (5.169) sollte noch angefügt werden. Diese scheinen unseren allgemeinen Betrachtungen auf Seite 146 zu widersprechen. Dort haben wir behauptet, daß nur kleinere Potenzen als die der ursprünglichen Singularität wichtig werden können. Der Grund dafür ist, daß die Entfaltung in (5.169) Glieder tx_2^3 enthält, die dieselbe Potenz wie die ursprünglichen Glieder haben, z. B. x_1^3 oder $x_1^2 x_2$. Suchen wir nun das Minimum von V,

$$\frac{\partial}{\partial x_2} V = 0 \tag{5.170}$$

und setzen $u = v = 0$, dann müssen wir die Gleichung

$$x_1^2 + 2wx_2 + 3tx_2^2 = 0 \tag{5.171}$$

lösen. Zumindest eine der Lösungen dieser quadratischen Gleichung (5.171) geht nach Unendlich für $t \to 0$. Das widerspricht unserer ursprünglichen Annahme, daß wir nur die nächste Umgebung von $x_1 = x_2 = 0$ betrachten. Die Nullstellen von (5.171) sind aber um dieses Minimum beschränkt, wenn wir entsprechend (5.169) die quartischen Glieder in Rechnung stellen.

5.5.3 Der n-dimensionale Fall

Wir nehmen von vornherein an, daß die Potentialfunktion, die von den Koordinaten $q_1, \ldots, q_n$ abhängt, in eine Taylor-Reihe entwickelt wurde

$$V(q_1, \ldots, q_n) = c^{(0)} + \sum_j c_j^{(1)} q_j + \sum_{jj'} c_{jj'}^{(2)} q_j q_{j'} + \sum_{jj'j''} c_{jj'j''}^{(3)} q_j q_{j'} q_{j''} + \cdots, \tag{5.172}$$

wobei die ersten Koeffizienten durch

$$c_j^{(1)} = \left.\frac{\partial V}{\partial q_j}\right|_0 \tag{5.173}$$

und

$$c_{jj'}^{(2)} = \frac{1}{2} \left.\frac{\partial^2 V}{\partial q_j \partial q_{j'}}\right|_0 \tag{5.174}$$

gegeben sind. Wir nehmen an, daß das Minimum von V bei $q_j = 0$, d. h.

$$c_j^{(1)} = \left.\frac{\partial V}{\partial q_j}\right|_{q=0} = 0 \tag{5.175}$$

liegt. Da die (negative) Ableitung von V bezüglich q_j uns die Kräfte $F_j = -\partial V/\partial q_j$ liefert, ist das Gleichgewicht durch einen Zustand charakterisiert, bei dem keine Kräfte auf das „Teilchen" wirken. Wieder kann $c^{(0)}$ wegtransformiert werden, und die führenden Glieder von (5.172) sind wegen (5.175) durch

$$\sum_{jj'} c_{jj'}^{(2)} q_j q_{j'} \tag{5.176}$$

gegeben. Die c können wir dabei immer in symmetrischer Form wählen

$$c_{jj'}^{(2)} = c_{j'j}^{(2)}. \tag{5.177}$$

Das erlaubt uns, eine Hauptachsentransformation durchzuführen

$$q_j = \sum A_{jk} u_k. \tag{5.178}$$

Die lineare Algebra lehrt, daß die resultierende quadratische Form

$$\sum_j \mu_j u_j^2 \tag{5.179}$$

nur reelle Werte μ_j hat. Vorausgesetzt, daß alle $\mu_j > 0$, ist der Zustand $\boldsymbol{q} = 0$ stabil. Wir nehmen nun an, daß wir durch Änderung der Parameter einen Zustand erreichen, bei dem ein gewisser Satz der μ verschwindet. Wir numerieren derart, daß ihnen die ersten k Nummern zugeordnet sind, $j = 1, \ldots k$, also

$$\mu_1 = 0, \mu_2 = 0, \ldots, \mu_k = 0. \tag{5.180}$$

Wir haben nun zwei Gruppen von Koordinaten, solche nämlich, die mit den Indizes 1 bis k verknüpft sind und längs denen das Potential kritisches Verhalten zeigt, während die Koordinaten für $k + 1, \ldots, n$ solche sind, für die das Potential nicht kritisch wird. Um die Schreibweise zu vereinfachen, bezeichnen wir, um zwischen beiden Sätzen zu unterscheiden, die Koordinaten folgendermaßen:

$$\begin{aligned} u_1, \ldots, u_k &= x_1, \ldots, x_k\,, \\ u_{k+1}, \ldots, u_n &= y_1, \ldots, y_{n-k}\,. \end{aligned} \tag{5.181}$$

Das Potential, das wir zu untersuchen haben, reduziert sich auf die Form

$$\begin{aligned} V = {} & \sum_{j=1}^{n-k} \mu_j y_j^2 + \sum_{j=1}^{n-k} y_j g_j(x_1, \ldots, x_k) + V_1(x_1, \ldots, x_k) \\ & + \sum_{j,j'}^{n-k} y_j y_{j'} h_{jj'}(x_1, \ldots, x_k) + \text{höhere Ordnungen in } y_1, \ldots \text{ mit} \\ & \text{Koeffizienten, die noch Funktionen der } x_1, \ldots, x_k \text{ sind}\,. \end{aligned} \tag{5.182}$$

Unser erstes Ziel ist, die in y_i linearen Glieder loszuwerden. Das kann folgendermaßen erreicht werden. Wir führen neue Koordinaten y_s durch

$$y_s = y_s^{(0)} + \tilde{y}_s\,, \quad s = 1, \ldots, n \tag{5.183}$$

ein. Die $y^{(0)}$ werden durch die Forderung bestimmt, daß das Potential für $y_s = y_s^{(0)}$ ein Minimum annimmt

$$\left.\frac{\partial V}{\partial y_s}\right|_{y^{(0)}} = 0\,. \tag{5.184}$$

In den neuen Koordinaten $\tilde{y}_s$ ausgedrückt, nimmt V die Form

$$\begin{aligned} V &= \tilde{V}(x_1, \ldots, x_k) + \sum_{jj'} \tilde{y}_j \tilde{y}_{j'} h_{jj'}(x_1, \ldots, x_k) + \text{h.O. in } \tilde{y} \\ h_{jj'} &= \delta_{jj'} \mu_j + \underset{\text{klein}}{\hat{h}_{jj'}(x_1, \ldots, x_k)} \end{aligned} \tag{5.185}$$

an, wobei $h_{jj'}$ die $\mu_j > 0$ enthält, die vom ersten Glied in (5.182) herrühren, sowie weitere Korrekturglieder, die von $x_1, \ldots, x_k$ abhängen. Das kann natürlich sehr viel weiter im Detail abgeleitet werden, aber ein Blick auf den zweidimensionalen Fall (s. die Seiten 150f.) zeigt uns, wie das gesamte Verfahren arbeitet. Gleichung (5.185) enthält Glieder höherer Ordnung, d.h. höherer als zweiter Ordnung in den $\tilde{y}$. Beschränken wir uns auf das stabile Gebiet in der $\tilde{y}$-Richtung, dann erkennen wir, daß V in ein kritisches $\tilde{V}$, das nur von $x_1, \ldots, x_k$ abhängt, und einen zweiten nichtkritischen Ausdruck, der von x und y abhängt, zerlegt werden kann. Da das gesamte kritische Verhalten im ersten Teil $\tilde{V}$ enthalten ist, der von k Koordinaten $x_1, \ldots, x_k$ abhängt, haben wir das Problem der Instabilität auf ein Problem der Dimension k reduziert, die gewöhnlich sehr viel kleiner als n ist. Dies ist der fundamentale Kern unserer gegenwärtigen Diskussion.

Wir beschließen dieses Kapitel mit einigen allgemeinen Bemerkungen. Behandeln wir, wie überall in diesem Kapitel, völlig deterministische Prozesse, dann kann ein System nicht von einem Minimum in ein anderes, tieferes springen, sobald ein Potentialwall dazwischen liegt. Wir werden auf diese Frage später in Abschn. 7.3 zurückkommen. Die Brauchbarkeit obiger Betrachtungen liegt hauptsächlich in der Diskussion der Konsequenzen, die Änderungen der Parameter auf die Bifurkation haben. Wie später klar werden wird, sind die Eigenwerte μ_j aus (5.182) identisch mit den (imaginären) Frequenzen, die in den linearisierten Gleichungen für die u auftreten. Da $(c_{jj'}^{(2)})$ eine reelle symmetrische Matrix ist, sind nach der linearen Algebra die μ_j reell. Deshalb können keine Oszillationen auftreten, die kritischen Moden sind nur *weiche Moden*. Bei unseren Ausführungen kam es uns darauf an, Grundzüge der Katastrophentheorie für den Naturwissenschaftler darzustellen, insbesondere die Klassifizierungsmöglichkeiten bei Systemveränderungen. Hierbei nahmen wir an, daß die Funktion V sich als Potenzreihe darstellen läßt. Für den Mathematiker stehen hier andere Gesichtspunkte im Vordergrund, so z. B. mit möglichst geringen Voraussetzungen über V auszukommen. Hier kann in der Tat die Katastrophentheorie auf unsere Potenzannahme verzichten. V muß dann unendlich oft differenzierbar sein. Des weiteren genügte es für unsere Darstellung, die höchsten Glieder aus Kleinheitsgründen zu vernachlässigen. In der Katastrophentheorie wird gezeigt, daß man sie sogar exakt wegtransformieren kann.

6. Zufall und Notwendigkeit

Die Realität verlangt beides

6.1 Langevin-Gleichungen: ein Beispiel

Wir verfolgen einen Ball, der von einem Fußballspieler über den Rasen gedribbelt wird. Seine Geschwindigkeit v wird sich aus zwei Gründen ändern. Einmal wird das Gras durch die Reibung die Geschwindigkeit des Balles kontinuierlich reduzieren, andererseits wird der Fußballspieler durch zufällige Stöße die Geschwindigkeit des Balls erhöhen. Die Bewegungsgleichung für den Fußball wird durch das Newtonsche Gesetz präzise beschrieben: Masse × Beschleunigung = Kraft, d.h.

$$m \cdot \dot{v} = F\,. \tag{6.1}$$

Wir bestimmen die explizite Form der Kraft F folgendermaßen: Wir nehmen – wie das in der Physik üblich ist – an, daß die Reibungskraft proportional zur Geschwindigkeit ist. Die Konstante der Reibung bezeichnen wir mit γ, so daß der Ausdruck für die Reibungskraft lautet: $-\gamma v$. Das Minuszeichen berücksichtigt, daß die Reibungskraft der Geschwindigkeit des Teilchens entgegengerichtet ist. Wir untersuchen nun die Wirkung eines einzelnen Stoßes. Da ein Stoß nur sehr kurze Zeit dauert, stellen wir die zugehörige Kraft durch eine δ-Funktion der Stärke φ dar,

$$\Phi_j = \varphi\delta(t - t_j)\,, \tag{6.2}$$

wobei t_j den Moment bezeichnet, zu dem der Kickstoß erfolgt. Die Wirkung dieses Stoßes auf die Änderung der Geschwindigkeit kann folgendermaßen bestimmt werden: Wir setzen (6.2) in (6.1) ein:

$$m\dot{v} = \varphi\delta(t - t_j)\,. \tag{6.3}$$

Integration über ein kurzes Zeitintervall um $t = t_j$ auf beiden Seiten liefert

$$\int_{t_j-0}^{t_j+0} m\dot{v}\,d\tau = \int_{t_j-0}^{t_j+0} \varphi\delta(t - t_j)\,d\tau\,. \tag{6.4}$$

Führen wir die Integration aus, erhalten wir

$$mv(t_j + 0) - mv(t_j - 0) \equiv m\Delta v = \varphi\,. \tag{6.5}$$

Gleichung (6.5) besagt, daß zur Zeit t_j die Geschwindigkeit v plötzlich erhöht wird, und zwar um φ/m. Die gesamte Kraft, die vom Kicker im Laufe der Zeit aufgebracht wird, erhalten wir durch Aufsummation von (6.2) über die Folge j der Stöße:

$$\Phi(t) = \varphi \sum_j \delta(t - t_j) \, . \tag{6.6}$$

Um auf realistische Anwendungen in der Physik und vielen anderen Disziplinen überzugehen, müssen wir die gesamte Betrachtung nur in einem kleineren Punkte ändern, der übrigens auch beim Fußballspiel sehr oft eine Rolle spielt. Die Stöße werden nicht nur in eine Richtung ausgeführt, sondern in zufälliger Weise auch in die andere Richtung. Wir ersetzen deshalb Φ aus (6.6) durch die Funktion

$$\Psi(t) = \varphi \sum_j \delta(t - t_j)(\pm 1)_j \, , \tag{6.7}$$

bei der die Folge der Plus- und Minuszeichen eine zufällige Sequenz in dem Sinne darstellt, wie wir früher in unserem Buch beim Münzwurf diskutiert haben. Berücksichtigen wir beides, die kontinuierlich wirkende Reibungskraft des Rasens *und* die zufälligen Stöße des Fußballspielers, dann lautet die gesamte Bewegungsgleichung des Fußballs

$$m\dot{v} = -\gamma v + \Psi(t)$$

oder, nach Division durch m,

$$\dot{v} = -\alpha v + F(t) \, , \tag{6.8}$$

wobei

$$\alpha = \gamma/m \tag{6.9a}$$

und

$$F(t) \equiv \frac{1}{m} \Psi = \frac{\varphi}{m} \sum_j \delta(t - t_j)(\pm 1)_j \, . \tag{6.9b}$$

Es erfordert etwas Nachdenken, um herauszufinden, wie man die statistische Mittelung durchführen kann. In einem Experiment, etwa bei einem Fußballspiel, wird das Teilchen (der Ball) zu gewissen Zeiten t_j nach vorwärts oder rückwärts gestoßen, so daß das Teilchen während eines Experiments einem bestimmten Weg folgt. Man vergleiche dazu Abb. 6.1, die die Änderung der Geschwindigkeit im Laufe der Zeit darstellt; einmal durch Stöße (abrupte Änderungen), zum anderen durch die Reibungskraft (stetige Abnahme zwischen den Stößen). In einem zweiten Experiment werden aber die Zeiten, zu denen das Teilchen angestoßen wird, verschieden sein. Die Folge der Richtungsänderungen kann sich gleichfalls ändern, so daß ein anderer Weg (Abb. 6.2) eingeschlagen wird. Da die Folge der Zeiten wie auch der Richtungen der Stöße zufällige Ereignisse sind,

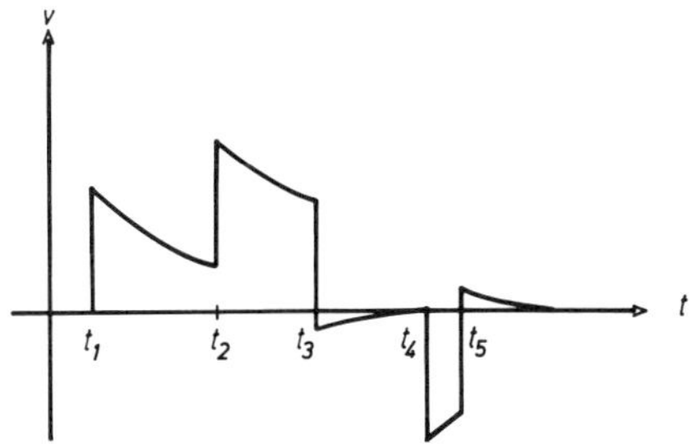

Abb. 6.1. Die Geschwindigkeit v ändert sich durch Stöße (Zufallskraft) und Reibung

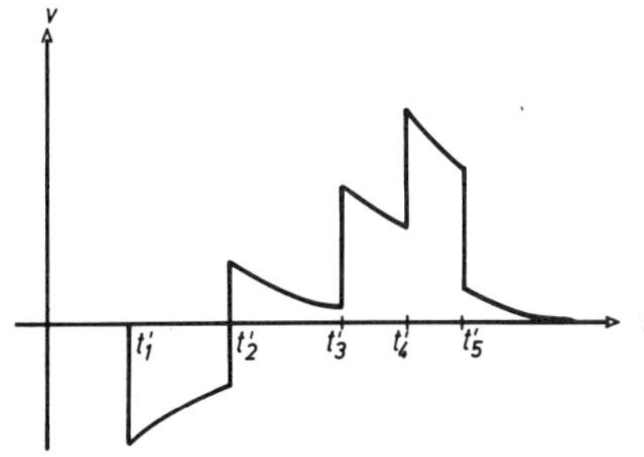

Abb. 6.2. Diesselbe Situation wie in Abb. 6.1, jedoch eine andere Realisierung

können wir den einzelnen Weg nicht vorhersagen, sondern nur Mittelwerte. Diese werden weiter unten für mehrere Beispiele ausgeführt. Wir stellen uns nun vor, daß wir F über die zufällige Folge der Plus- und Minuszeichen mitteln. Da sie mit gleicher Wahrscheinlichkeit auftreten, erhalten wir sofort

$$\langle F(t) \rangle = 0 \,. \tag{6.10}$$

Wir bilden ferner das Produkt von F zur Zeit t mit F zu einer anderen Zeit t' und bilden den Mittelwert über die Stoßzeiten und ihre Richtungen. Die Auswertung überlassen wir dem Leser zur Übung (s. den Schluß dieses Paragraphen). Ausgehend von einem Poisson-Prozeß (vgl. Abschn. 2.12) finden wir die Korrelationsfunktion

$$\langle F(t)F(t') \rangle = \frac{\varphi^2}{m^2 t_0} \delta(t - t') = C\delta(t - t') \,. \tag{6.11}$$

Gleichung (6.8) beschreibt zusammen mit (6.10 und 11) einen physikalischen Prozeß, der unter dem Namen Brownsche Bewegung bekannt ist (Kap. 4). Dort wird ein großes Teilchen, das in eine Flüssigkeit eingetaucht wurde, durch die zufällige Bewegung der Flüssigkeitsteilchen (bedingt durch die thermische Bewegung) hin und her gestoßen. Die Theorie der Brownschen Bewegung spielt nicht nur in der Mechanik eine fundamentale Rolle, sondern auch in vielen anderen Bereichen der Physik wie auch in anderen Disziplinen. Wir werden das später in unserem Buch (vgl. Kap. 8) aufzeigen. Die Differentialgleichung (6.8) kann über die Methode der Variation der Konstanten unmittelbar gelöst werden. Die Lösung wird durch

$$v(t) = \int_0^t \mathrm{e}^{-\alpha(t-\tau)} F(\tau) d\tau + v(0)\mathrm{e}^{-t\alpha} \tag{6.12}$$

gegeben. Im folgenden werden wir Einschalteffekte vernachlässigen. Deshalb lassen wir das letzte Glied in (6.12), das schnell abklingt, weg.

Wir bestimmen nun die mittlere kinetische Energie, die durch

$$\frac{m}{2}\langle v^2\rangle \tag{6.13}$$

definiert ist. Wieder bezeichnen die Klammern die Mittelung über alle Stöße. Setzen wir (6.12) in (6.13) ein, dann erhalten wir

$$\frac{m}{2}\left\langle \int_0^t \mathrm{e}^{-\alpha(t-\tau)}F(\tau)\,d\tau \int_0^t \mathrm{e}^{-\alpha(t-\tau')}F(\tau')\,d\tau' \right\rangle . \tag{6.14}$$

Da die Mittelung über die Stöße unabhängig von der Integration ist, können wir die Reihenfolge von Mittelung und Integration vertauschen und die Mittelung zuerst durchführen. Benützen wir (6.11), dann finden wir für (6.14) unmittelbar

$$\frac{m}{2}\langle v^2\rangle = \frac{m}{2}C\int_0^t\int_0^t d\tau\,d\tau'\,\mathrm{e}^{-2\alpha t+\alpha(\tau+\tau')}\delta(\tau-\tau')\,. \tag{6.15}$$

Bedingt durch die δ-Funktion, reduziert sich das Doppelintegral auf ein einfaches, das sofort ausgewertet werden kann und

$$\frac{m}{2}\langle v^2\rangle = \frac{m}{2}C\frac{1}{2\alpha}(1-\mathrm{e}^{-2\alpha t}) \tag{6.16}$$

ergibt. Da wir den stationären Zustand untersuchen wollen, betrachten wir große Zeiten t, so daß wir die Exponentialfunktion in (6.16) weglassen dürfen und das Resultat

$$\frac{m}{2}\langle v^2\rangle = \frac{m^2C}{4\gamma}\left(=\frac{mC}{4\alpha}\right) \tag{6.17}$$

erhalten.

Jetzt kommt ein fundamentaler Gedanke zum Tragen, der auf Einstein zurückgeht. Wir können annehmen, daß das Teilchen, das in die Flüssigkeit eingetaucht ist, sich im thermischen Gleichgewicht mit seiner Umgebung befindet. Da der eindimensionalen Bewegung eines Teilchens ein Freiheitsgrad entspricht, müssen wir nach dem Äquipartitionstheorem der Thermodynamik die mittlere kinetische Energie $(1/2)k_\mathrm{B}T$ vorfinden, wobei k_B die Boltzmann-Konstante und T die absolute Temperatur bezeichnen. Ein Vergleich der sich so ergebenden Gleichung

$$\frac{m}{2}\langle v^2\rangle = \tfrac{1}{2}k_\mathrm{B}T \tag{6.18}$$

mit (6.17) führt auf die Beziehung

$$C = \frac{2\gamma}{m^2}k_\mathrm{B}T\,. \tag{6.19}$$

Wir erinnern daran, daß wir die Konstante C in der Korrelationsfunktion der fluktuierenden Kräfte zunächst als Abkürzung in (6.11) eingeführt hatten. Da C die Dämpfungskonstante γ enthält, ist die Korrelationsfunktion direkt mit der Dämpfung verknüpft oder, mit anderen Worten, mit der Dissipation im System. (6.19) stellt eines der einfachen Beispiele für das Dissipations-Fluktuations-Theorem dar: Die Größe der Fluktuationen ($\propto C$) wird durch die Größe der Dissipation ($\propto \gamma$) bestimmt. Der wesentliche Proportionalitätsfaktor ist die absolute Temperatur. Im folgenden Abschnitt werden wir (6.8) nicht nur durch Plausibilitätsargumente ableiten, sondern aus den grundlegenden Prinzipien.

Wie oben diskutiert, können wir den einzelnen Weg nicht vorhersagen, sondern nur Mittelwerte. Einer der wichtigsten Mittelwerte ist die zweizeitige Korrelationsfunktion

$$\langle v(t)v(t')\rangle , \tag{6.20}$$

die ein Maß dafür ist, wie schnell die Geschwindigkeit ihr Gedächtnis verliert oder, mit anderen Worten: Falls wir die Geschwindigkeit zur Zeit t' vorgegeben haben, wie lange dauert es dann, bis sich die Geschwindigkeit wesentlich von ihrem ursprünglichen Wert unterscheidet? Um (6.20) auszuwerten, setzen wir (6.12)

$$v(t) = \int_0^t \mathrm{e}^{-\alpha(t-\tau)} F(\tau)\, d\tau \tag{6.21}$$

in (6.20) ein, was

$$\int_0^t \int_0^{t'} \mathrm{e}^{-\alpha(t-\tau)} \mathrm{e}^{-\alpha(t'-\tau')} \langle F(\tau)F(\tau')\rangle\, d\tau\, d\tau' \tag{6.22}$$

ergibt. Berücksichtigen wir (6.11), dann reduziert sich dieser Ausdruck auf

$$C \int_0^t \int_0^{t'} \mathrm{e}^{-\alpha(t-\tau)-\alpha(t'-\tau')} \delta(\tau - \tau')\, d\tau\, d\tau' . \tag{6.23}$$

Das Integral kann unmittelbar ausgerechnet werden. Für $t > t'$ lautet das Resultat

$$\frac{C}{2\alpha} [\mathrm{e}^{-\alpha(t-t')} - \mathrm{e}^{-\alpha(t+t')}] . \tag{6.24}$$

Untersuchen wir einen stationären Prozeß, dann können wir t und t' als groß annehmen bei kleinem $t - t'$. Damit kommen wir zu unserem Endresultat

$$\langle v(t)v(t')\rangle = \frac{C}{2\alpha} \mathrm{e}^{-\alpha|t-t'|} . \tag{6.25}$$

Die Zeit T, nach der die Geschwindigkeit ihre Erinnerung (ihr Gedächtnis) verloren hat, ist also $T = 1/\alpha$. Der Fall $\alpha = 0$ führt offensichtlich auf eine Divergenz in (6.25). Die Fluktuationen werden sehr groß, mit anderen Worten, wir erhalten kritische Fluktuationen. Erweitern wir (6.20), dann können wir Korrelationsfunktionen höherer Ordnung definieren, die mehrere Zeiten enthalten

$$\langle v(t_n)\, v(t_{n-1}) \cdots v(t_1) \rangle \,. \tag{6.26}$$

Wenn wir versuchen, diese Korrelationsfunktionen genauso wie vorher auszurechnen, müssen wir (6.21) in (6.26) einsetzen. Offensichtlich müssen wir jetzt die Korrelationsfunktionen

$$\langle F(\tau_n) F(\tau_{n-1}) \cdots F(\tau_1) \rangle \tag{6.27}$$

kennen. Die Auswertung von (6.27) erfordert weitere Annahmen über die F. In vielen praktischen Fällen können die F als gaußverteilt (Abschn. 4.4) angesetzt werden. In diesem Fall findet man

$$\langle F(\tau_n) F(\tau_{n-1}) \cdots F(\tau_1) \rangle = 0 \quad \text{für ungerade } n \,, \tag{6.28}$$

$$\langle F(\tau_n) F(\tau_{n-1}) \cdots F(\tau_1) \rangle = \sum_P \langle F(\tau_{\lambda_1}) F(\tau_{\lambda_2}) \rangle \cdots \langle F(\tau_{\lambda_{n-1}}) F(\tau_{\lambda_n}) \rangle \quad \text{für gerade } n \,.$$

Dabei läuft $\sum_P$ über alle Permutationen $(\lambda_1, \ldots, \lambda_n)$ von $(1, \ldots, n)$.

Aufgaben

1) Man berechne die linke Seite von (6.11) unter der Annahme, daß die t_j zu einem Poisson-Prozeß gehören.

   Hinweis:

$$\langle \delta(t - t_j)\, \delta(t' - t_j) \rangle = \frac{1}{t_0} \delta(t - t') \,.$$

2) Gleichung (6.28) bietet ein ausgezeichnetes Beispiel, um die Bedeutung der Kumulanten aufzuzeigen. Man beweise durch Anwendung von (4.101 und 102) die folgenden Beziehungen zwischen den Momentfunktionen $m_n(t_1, \ldots, t_n)$ und den Kumulanten $k_n(t_1, \ldots, t_n)$:

$$\begin{aligned}
m_1(t_1) &= k_1(t_1) \,, \\
m_2(t_1, t_2) &= k_2(t_1, t_2) + k_1(t_1) k_1(t_2) \,, \\
m_3(t_1, t_2, t_3) &= k_3(t_1, t_2, t_3) + 3\{k_1(t_1) k_2(t_2, t_3)\}_s + k_1(t_1) k_1(t_2) k_1(t_3) \,, \\
m_4(t_1, t_2, t_3, t_4) &= k_4(t_1, t_2, t_3, t_4) + 3\{k_2(t_1, t_2) k_2(t_3, t_4)\}_s \\
&\quad + 4\{k_1(t_1) k_3(t_2, t_3, t_4)\}_s + 6\{k_1(t_1) k_1(t_2) k_2(t_3, t_4)\}_s \\
&\quad + k_1(t_1) k_1(t_2) k_1(t_3) k_1((t_4) \,.
\end{aligned} \tag{A.1}$$

   $\{\ldots\}_s$ sind symmetrisierte Produkte.
   Diese Beziehungen können dazu verwendet werden, (6.28) unter Verwendung der Kumulanten umzuschreiben. Die so erhaltene Form ist weit einfacher und kompakter.

3) Mit Hilfe von (4.101 und 104), $k_1 = 0$, soll (6.28) abgeleitet werden.

6.2* Reservoire und Zufallskräfte

Im vorhergehenden Abschnitt haben wir Zufallskräfte, deren Eigenschaften sowie die Reibungskraft über Plausibilitätsargumente eingeführt. Wir wollen nun aufzeigen, daß beide Größen über ein detailliertes physikalisches Modell konsistent abgeleitet werden können. Wir führen die Herleitung in einer Weise durch, die darauf hinweist, wie das Verfahren auf allgemeinere Fälle, die nicht notwendig auf die Physik beschränkt sein müssen, ausgedehnt werden kann. Statt eines freien Teilchens untersuchen wir einen harmonischen Oszillator, d. h. einen Massenpunkt, der an eine Feder gebunden ist. Die Auslenkung des Massenpunktes aus seiner Ruhelage bezeichnen wir mit q. Nennen wir die Federkonstante k, dann lautet die Gleichung des harmonischen Oszillators

$$m\ddot{q} = -kq\,. \tag{6.29}$$

Für das Folgende führen wir die Abkürzung

$$\frac{k}{m} = \omega_0^2 \tag{6.30}$$

ein, wobei ω_0 die Frequenz des Oszillators ist. Die Bewegungsgleichung (6.29) lautet dann

$$\ddot{q} = -\omega_0^2 q\,. \tag{6.31}$$

Gleichung (6.31) kann durch einen Satz von zwei anderen Gleichungen ersetzt werden, wenn wir zuerst

$$\dot{q} = p \tag{6.32}$$

setzen und dann $\dot{q}$ in (6.31) durch p ersetzen. Das ergibt

$$\dot{p} = -\omega_0^2 q \tag{6.33}$$

(vgl. auch Abschn. 5.2). Es ist nun unser Ziel, das Gleichungspaar (6.32 und 33) in ein Paar von Gleichungen zu transformieren, die zueinander konjugiert komplex sind. Dazu führen wir die neue Variable $b(t)$ und ihr konjugiert Komplexes $b^*(t)$ ein. Sie sollen mit p und q durch die Beziehungen

$$\frac{1}{\sqrt{2}}(\sqrt{\omega_0}\,q + \mathrm{i}p/\sqrt{\omega_0}) = b \tag{6.34}$$

und

$$\frac{1}{\sqrt{2}}(\sqrt{\omega_0}\,q - \mathrm{i}p/\sqrt{\omega_0}) = b^* \tag{6.35}$$

verknüpft sein. Multiplizieren wir (6.32) mit $\sqrt{\omega_0}$, (6.33) mit $\mathrm{i}/\sqrt{\omega_0}$ und addieren die resultierenden Gleichungen, dann erhalten wir nach einem elementaren Rechenschritt

$$\dot{b} = -\mathrm{i}\omega_0 b\,, \quad \text{wobei} \quad \dot{b} \equiv db/dt\,. \tag{6.36}$$

Ähnlich führt die Subtraktion von (6.33) von (6.32) zu einer Gleichung, die konjugiert komplex zu (6.36) ist.

Nach diesen vorbereitenden Schritten kehren wir zu unserer ursprünglichen Aufgabe zurück, nämlich ein physikalisch realistisches Modell zu entwerfen, das schließlich auf Dissipation und Fluktuation führt. Der Grund dafür, daß wir mit der Einführung einer Dämpfungskraft $-\gamma v$ vom Beginn an zögern, ist der folgende: Sämtliche fundamentalen (mikroskopischen) Gleichungen für die Bewegung von Teilchen sind zeitumkehrinvariant, d. h. die Bewegung ist völlig reversibel. Ursprünglich findet eine Dämpfungskraft in diesen Gleichungen keinen Platz, denn sie zerstört diese Zeitumkehrinvarianz. Aus diesem Grund wollen wir von den gewöhnlichen Gleichungen der Mechanik ausgehen, die Zeitumkehrinvarianz einschließen. Wie wir oben im Zusammenhang mit der Brownschen Bewegung erwähnt haben, wechselwirkt das große Teilchen mit den (vielen) anderen Teilchen der Flüssigkeit. Diese Teilchen wirken als ein „Reservoir" oder „Wärmebad"; sie halten die mittlere kinetische Energie des großen Teilchens bei $k_B T/2$ (pro Freiheitsgrad). In unserem Modell werden wir die Wirkung der „kleinen" Teilchen durch einen Satz von sehr vielen harmonischen Oszillatoren nachahmen, die auf das „große" Teilchen einwirken. Letzteres beschreiben wir durch (6.36) sowie die konjugiert komplexe Gleichung als harmonischen Oszillator. Wir nehmen an, daß die Reservoiroszillatoren verschiedene Frequenzen in einem Intervall $\Delta\omega$ (auch Linienbreite genannt) haben. In Analogie zur Darstellung (6.34 und 35) verwenden wir komplexe Amplituden B und B^* für die Reservoiroszillatoren und unterscheiden sie durch einen Index ω. In unserem Modell beschreiben wir die gemeinsame Einwirkung der B auf den „großen" Oszillator als Summe über die einzelnen B und nehmen an, daß jedes linear beiträgt. (Diese Annahme geht von einer linearen Kopplung der Oszillatoren aus.) Aus diesen Gründen erhalten wir als Ausgangsgleichung

$$\dot{b} = -\mathrm{i}\omega_0 b + \mathrm{i}\sum_{\omega} g_\omega B_\omega\,. \tag{6.37}$$

Die Koeffizienten g_ω beschreiben die Stärke der Kopplung der Badoszillatoren an den betrachteten Oszillator. Der „große" Oszillator wirkt auf alle anderen Oszillatoren zurück; das wird durch

$$\dot{B}_\omega = -\mathrm{i}\omega B_\omega + \mathrm{i} b g_\omega \tag{6.38}$$

beschrieben. [Leser, die daran interessiert sind, wie (6.37 und 38) im üblichen Rahmen der Mechanik abgeleitet werden können, werden auf die Aufgaben verwiesen.] Die Lösung von (6.38) besteht aus zwei Anteilen, nämlich der Lösung der homogenen Gleichung (wo $\mathrm{i}bg_\omega = 0$) und einer partikulären Lösung der inhomogenen Gleichung. Man kann leicht verifizieren, daß die Lösung folgendermaßen lautet

$$B_\omega(t) = e^{-i\omega t} B_\omega(0) + i\int_0^t e^{-i\omega(t-\tau)} b(\tau) g_\omega d\tau\,, \tag{6.39}$$

wobei $B_\omega(0)$ der Anfangswert der Oszillatoramplitude B zur Zeit $t = 0$ ist. Setzen wir (6.39) in (6.37) ein, finden wir eine Gleichung für b

$$\dot{b}(t) = -i\omega_0 b(t) - \int_0^t \sum_\omega g_\omega^2 e^{-i\omega(t-\tau)} b(\tau) d\tau + i\sum_\omega g_\omega e^{-i\omega t} B_\omega(0)\,. \tag{6.40}$$

Das einzige Überbleibsel von den B steht im letzten Glied von (6.40). Zur weiteren Diskussion eliminieren wir den Term $-i\omega_0 b(t)$ durch Einführung einer neuen Variablen $\tilde{b}$,

$$b = \tilde{b} e^{-i\omega_0 t}\,. \tag{6.41}$$

Benützen wir die Abkürzung

$$\tilde{\omega} = \omega - \omega_0\,, \tag{6.42}$$

dann können wir (6.40) in der Form

$$\dot{\tilde{b}} = -\int_0^t \sum_\omega g_\omega^2 e^{-i\tilde{\omega}(t-\tau)} \tilde{b}(\tau) d\tau + i\sum_\omega g_\omega e^{-i\tilde{\omega} t} B_\omega(0) \tag{6.43}$$

anschreiben.

Um die Bedeutung dieser Gleichung zu veranschaulichen, wollen wir für einen Moment $\tilde{b}$ mit der Geschwindigkeit v, die in (6.8) auftrat, identifizieren. Das Integral enthält $\tilde{b}$ linear, was nahelegt, daß eine Verknüpfung mit dem Dämpfungsterm $-\gamma\tilde{b}$ existieren könnte. Ähnlich ist der letzte Term aus (6.43) eine gegebene Funktion der Zeit, die wir mit einer Zufallskraft F identifizieren wollen. Wie kommen wir von der Form (6.43) auf die Form (6.8)? Offensichtlich hängt die Dämpfungskraft in (6.43) nicht nur von der Zeit t ab, sondern auch von früheren Zeiten τ. Unter welchen Umständen wird dieses Gedächtnis verschwinden? Dazu betrachten wir einen Übergang von diskreten Variablen ω zu kontinuierlich variierenden Werten, d.h. wir ersetzen die Summe über ω durch ein Integral

$$\sum_\omega g_\omega^2 e^{-i\tilde{\omega}(t-\tau)} \approx \int_{-\Delta\omega/2}^{+\Delta\omega/2} \hat{g}_{\omega_0+\tilde{\omega}}^2 e^{-i\tilde{\omega}(t-\tau)} d\tilde{\omega}\,. \tag{6.44}$$

Für nicht zu kurze Zeitdifferenzen $t - \tau$ oszilliert die Exponentialfunktion sehr schnell für $\tilde{\omega} \neq 0$, so daß die einzigen wichtigen Beiträge zum Integral von $\tilde{\omega} \approx 0$ herrühren. Nun nehmen wir an, daß sich die Kopplungskoeffizienten g in der Umgebung von ω_0 (d.h. $\tilde{\omega} = 0$) nur geringfügig ändern. Da nur kleine Werte von $\tilde{\omega}$ wichtig sind, können wir die Integrationsgrenzen nach unendlich schieben. Das erlaubt uns, das Integral (6.44) auszurechnen

$$(6.44) = 2\pi g^2 \delta(t-\tau), \quad (g = \hat{g}_{\omega 0}) \,. \tag{6.45}$$

Wir setzen nun (6.45) in das Zeitintegral, das in (6.43) auftritt, ein. Wegen der δ-Funktion können wir $\tilde{b}(\tau) = \tilde{b}(t)$ setzen und vor das Integral bringen. Weiter bemerken wir, daß die δ-Funktion nur mit einem Faktor 1/2 zum Integral beiträgt, denn die Integration läuft nur bis $\tau = t$ und nicht weiter. Da die δ-Funktion eine symmetrische Funktion ist, wird nur die Hälfte der δ-Funktion überdeckt. Wir erhalten deshalb

$$\int_0^t 2\pi g^2 \delta(t-\tau)\,d\tau = \pi g^2 = \kappa \,, \tag{6.46}$$

wobei κ zur Abkürzung eingeführt wurde. Das letzte Glied in (6.43) wird jetzt durch $\tilde{F}$ abgekürzt

$$\tilde{F} = e^{i\omega_0 t}\, \underbrace{i \sum_\omega g_\omega e^{-i\omega t} B_\omega(0)}_{F} \,. \tag{6.47}$$

Nach diesen Zwischenschritten schreiben wir unsere ursprüngliche Gleichung (6.43) um in die Form

$$\dot{\tilde{b}} = -\kappa \tilde{b} + \tilde{F}(t) \,. \tag{6.48}$$

Gehen wir von $\tilde{b}$ zu b zurück – vgl. (6.41) –, dann finden wir als fundamentale Gleichung

$$\dot{b} = -i\omega b - \kappa b + F(t) \,. \tag{6.49}$$

Das Resultat sieht sehr erfreulich aus, denn (6.49) hat genau die Form, nach der wir gesucht haben. Es verbleiben jedoch einige Punkte, die einer sorgfältigen Diskussion bedürfen. Im Modell des vorhergehenden Abschn. 6.1 nahmen wir an, daß die Kraft F zufällig ist. Wodurch kommt diese Zufälligkeit in unser vorliegendes Modell? Ein Blick auf (6.47) offenbart, daß die einzigen Größen, die Zufälligkeit einbringen können, die Anfangswerte der B_ω sind. Wir nehmen deshalb folgenden Standpunkt ein (der sich eng an die Informationstheorie anlehnt). Die präzisen Anfangswerte der Reservoiroszillatoren sind nicht bekannt, wir können nur statistische Aussagen treffen; das bedeutet, daß wir beispielsweise ihre Verteilungsfunktionen kennen. Wir werden deshalb nur gewisse statistische Eigenschaften der Reservoire zur Anfangszeit verwenden. Zunächst können wir annehmen, daß die Mittelwerte über die Amplituden B verschwinden; der deterministische Anteil könnte andernfalls immer subtrahiert und der deterministischen Kraft zugeschlagen werden. Wir nehmen ferner an, daß die B_ω gaußverteilt sind, was auf verschiedene Weise motiviert werden kann. Wenn wir uns der Physik zuwenden, können wir annehmen, daß die Reservoire sämtlich im thermischen Gleichgewicht gehalten werden. Dann wird die Wahrscheinlichkeitsverteilung durch die Boltzmann-Verteilung (3.71) vorgegeben $P_\omega = \mathcal{N}_\omega \exp(-E_\omega/k_B T)$, wobei E_ω die Energie des Oszillators ω und $\mathcal{N}_\omega \equiv Z_\omega^{-1}$ ein Normierungsfaktor ist. Die Energie des harmonischen Oszillators ist proportional zu $p^2 + q^2$ (mit entsprechenden Faktoren) oder in unserem Formalismus, proportional zu $B_\omega^* B_\omega$, d.h. $E_\omega = c_\omega B_\omega^* B_\omega$. Dann finden wir die angekündigte Gaußsche Verteilung für B, B^* unmittelbar, $f(B, B^*) = \mathcal{N}_\omega \exp[-c_\omega B_\omega^* B_\omega/(k_B T)]$. Unglücklicherweise besteht keine eindeutige Beziehung zwischen Frequenz und Energie, die uns die Bestimmung von c_ω erlauben würde. (Diese Lücke kann durch die Quantentheorie geschlossen werden.)

Wir wollen nun untersuchen, ob die Kraft (6.47) auch tatsächlich die im vorangegangenen Abschnitt geforderten Eigenschaften (6.10 und 11) hat, die wir nach dem vorangegangenen Abschnitt erwarten. Da wir dort die Kräfte in völlig verschiedener Weise aus einzelnen Stößen heraus konstruiert haben, ist es keineswegs offensichtlich, daß die Kräfte (6.47) Beziehungen der Form (6.11) erfüllen. Immerhin, wir wollen es nachprüfen. Wir bilden

$$\langle \tilde{F}^*(t) \tilde{F}(t') \rangle . \tag{6.50}$$

(Wir bemerken, daß die Kräfte jetzt komplexe Größen sind.) Setzen wir (6.47) in (6.50) ein und mitteln, dann erhalten wir

$$\sum_{\tilde{\omega}} \sum_{\tilde{\omega}'} g_{\tilde{\omega}+\omega_0} g_{\tilde{\omega}'+\omega_0} \mathrm{e}^{\mathrm{i}\tilde{\omega}t - \mathrm{i}\tilde{\omega}'t'} \langle B_{\tilde{\omega}+\omega_0}^*(0) B_{\tilde{\omega}'+\omega_0}(0) \rangle . \tag{6.51}$$

Wir nehmen an, daß die B ursprünglich unkorreliert waren, d.h.

$$\langle B_\omega^*(0) B_{\omega'}(0) \rangle = N_\omega \delta_{\omega\omega'} , \tag{6.52}$$

wobei wir $\langle B_\omega^*(0) B_\omega(0) \rangle$ durch N_ω abgekürzt haben. Gleichung (6.51) reduziert sich deshalb auf

$$\sum_{\tilde{\omega}} g_{\tilde{\omega}+\omega_0}^2 \mathrm{e}^{\mathrm{i}\tilde{\omega}(t-t')} \langle B_{\tilde{\omega}+\omega_0}^*(0) B_{\tilde{\omega}+\omega_0}(0) \rangle . \tag{6.53}$$

Die Summe, die in (6.53) auftritt, erinnert nachhaltig an die der linken Seite von (6.44). Der einzige Unterschied besteht darin, daß jetzt ein zusätzlicher Faktor, nämlich der Mittelwert $\langle \ldots \rangle$ auftritt. Werten wir (6.53) mit genau denselben Überlegungen, die uns auf die Form (6.44) geführt haben, aus, dann erhalten wir

$$\int_{-\infty}^{+\infty} \hat{g}_{\omega_0}^2 d\tilde{\omega}\, \mathrm{e}^{\mathrm{i}\tilde{\omega}(t-t')} N_{\omega_0} = g_{\omega_0}^2 N_{\omega_0} 2\pi \delta(t-t') . \tag{6.54}$$

Benützen wir dieses Endresultat (6.54) anstelle von (6.51), dann ergibt sich die gesuchte Korrelationsfunktion zu

$$\langle \tilde{F}^*(t) \tilde{F}(t') \rangle = 2\kappa N_{\omega_0} \delta(t-t') . \tag{6.55}$$

Diese Beziehung kann durch

$$\langle F^*(t)F^*(t')\rangle = \langle F(t)F(t')\rangle = 0 \tag{6.56}$$

ergänzt werden, falls wir entsprechende Annahmen über die anfänglichen Mittelwerte von $B^*_\omega B^*_\omega$ und $B_\omega B_\omega$ treffen. Wie können wir die Konstante $N_{\omega 0}$ bestimmen? Gehen wir von der thermischen Verteilungsfunktion $\propto \exp[-c_\omega B^*_\omega B_\omega/(k_B T)]$ aus, dann ist klar, daß $N_{\omega 0}$ proportional zu $k_B T$ sein muß. Der Proportionalitätsfaktor bleibt jedoch offen, oder könnte indirekt über die Einsteinsche Forderung (Abschn. 6.1) bestimmt werden. (In der Quantentheorie besteht keinerlei Schwierigkeit. Wir können $N_{\omega 0}$ direkt mit der Zahl der thermischen Quanten des Oszillators ω_0 identifizieren.)

Bei unserer obigen Behandlung haben wir eine Reihe von Problemen „unter den Teppich gekehrt". Zunächst haben wir einen Satz von Gleichungen, die vollständige Zeitumkehrinvarianz besitzen, in eine Gleichung überführt, die dieses Prinzip zerstört. Der Grund liegt im Übergang von der Summe in (6.44) zum Integral und seiner Approximation durch (6.45). Anschaulich passiert folgendes: Zunächst sind die Badamplituden außer Phase und führen deshalb zu einem schnellen Zerfall von (6.44), wobei (6.44) als Funktion der Zeitdifferenz $t - \tau$ aufgefaßt wird. Es bleiben jedoch gewisse Teile des Integranden aus (6.40) übrig, die sehr klein, aber nichtsdestoweniger bedeutsam sind, um die Reversibilität gemeinsam mit den fluktuierenden Kräften (6.47) herzustellen.

Ein anderes Problem, das unter den Teppich gekehrt wurde, liegt in der Frage, warum N in (6.54) mit dem Index ω_0 auftritt. Das hängt selbstverständlich mit der Tatsache zusammen, daß wir (6.53) in der Umgebung von $\tilde{\omega} = 0$ ausgerechnet haben, so daß nur Terme mit dem Index ω_0 überleben. Wir hätten genaudasselbe Verfahren anwenden können, indem wir nicht von (6.47), sondern von den F allein ausgegangen wären. Das hätte uns auf ein ähnliches Resultat wie (6.53) geführt, aber mit $\omega_0 = 0$. Die Hintergrundidee unseres Ansatzes ist folgende: Lösen wir die ursprüngliche Gleichung (6.40) und berücksichtigen Gedächtniseffekte, dann tritt die Eigenfrequenz ω_0 in einem Iterationsverfahren derart auf, daß sie nur solche Beiträge zu allen Zeiten herauspickt, die nahe der Resonanz $\omega = \omega_0$ liegen. Es muß jedoch betont werden, daß dieses Verfahren eine ganze Menge zusätzliches Nachdenken erfordert, und bisher in der Literatur – zumindest nach unserer Kenntnis – nicht durchgeführt wurde.

Zusammenfassend können wir behaupten, daß wir zumindest in einem gewissen Rahmen in der Lage waren, die Langevin-Gleichungen von den Ursprüngen her abzuleiten, jedoch waren wir auf einige Annahmen angewiesen, die über die „reine" Mechanik hinausgehen. Akzeptieren wir nun diesen Formalismus, dann können wir (6.49) für einen Oszillator verallgemeinern, der an Reservoire gekoppelt ist, die auf verschiedenen Temperaturen gehalten werden und auf *unterschiedliche* Dämpfungskonstante κ_j führen. Eine völlig analoge Behandlung wie oben ergibt

$$\dot{b} = -\mathrm{i}\omega_0 b - (\kappa_1 + \kappa_2 + \cdots + \kappa_n)b + F_1 + F_2 + \cdots + F_n\,. \tag{6.57}$$

Die Korrelationsfunktionen sind durch

$$\langle F_j^*(t)F_k(t')\rangle = \delta_{jk}2\kappa_j N_j \delta(t - t') \tag{6.58}$$

gegeben. Aus der Quantentheorie übernehmen wir, daß für hohe Temperaturen

$$N_j \approx \frac{k_B T}{\hbar \omega_0}, \tag{6.59}$$

so daß wir zeigen können

$$\hbar \omega_0 \langle b^* b \rangle = \frac{k_B(\kappa_1 T_1 \ldots + \; + \kappa_n T_n)}{\kappa_1 + \kappa_2 + \cdots + \kappa_n}, \tag{6.60}$$

d. h. anstelle der Temperatur T haben wir nun eine mittlere Temperatur

$$T = \frac{\kappa_1 T_1 + \cdots + \kappa_n T_n}{\kappa_1 + \cdots + \kappa_n}. \tag{6.61}$$

Bemerkenswert ist die Tatsache, daß die gemittelte Temperatur von der Stärke der Dissipation abhängt ($\propto \kappa_i$), die von den einzelnen Wärmebädern herrührt. Später werden wir Probleme kennen lernen, bei denen die Kopplung eines Systems an Reservoire mit verschiedenen Temperaturen tatsächlich auftritt. Nach (6.59) sollten die Fluktuationen verschwinden, sobald die Temperatur den absoluten Nullpunkt erreicht. Es ist jedoch aus der Quantentheorie bekannt, daß dann die Quantenfluktuationen wichtig werden, so daß eine befriedigende Herleitung der Fluktuationen die Quantentheorie einschließen muß.

Aufgaben

1) Man leite (6.37 und 38) aus der Hamilton-Funktion

$$H = \omega_0 b^* b + \sum_\omega \omega B_\omega^* B_\omega - \sum_\omega g_\omega (b B_\omega^* + b^* B_\omega)$$

(g_ω reell)

mit Hilfe der Hamiltonschen Bewegungsgleichungen

$$\dot{b} = -\mathrm{i}\partial H/\partial b^*, \dot{B} = -\mathrm{i}\partial H/\partial B^*$$

(sowie den konjugiert komplexen)

ab.

2) Man führe die Integration in (6.23) für die zwei verschiedenen Fälle $t > t'$ und $t < t'$ durch. Für große Werte t und t' bestätige man (6.25).

6.3 Die Fokker-Planck-Gleichung

Wir betrachten zunächst

6.3.1 Die völlig deterministische Bewegung

und behandeln die Gleichung

$$\dot{q}(t) = K(q(t)) , \tag{6.62}$$

die – wie in unserem Buch üblich – als Gleichung einer überdämpften Bewegung eines Teilchens unter dem Einfluß der Kraft K aufgefaßt werden kann. Da wir in diesem Kapitel Gleichungen ableiten wollen, die in der Lage sind, beides, nämlich deterministische und zufällige Prozesse, zu beschreiben, versuchen wir die Bewegung des Teilchens durch einen Formalismus darzustellen, der die Ergebnisse der Wahrscheinlichkeitstheorie berücksichtigt. Im Laufe der Zeit bewegt sich das Teilchen entlang eines Weges in der (q, t)-Ebene. Greifen wir einen festen Zeitpunkt heraus, dann können wir nach der Wahrscheinlichkeit fragen, das Teilchen bei einer gewissen Koordinate q anzutreffen. Diese Wahrscheinlichkeit ist offensichtlich Null, falls $q \neq q(t)$, wobei $q(t)$ die Lösung von (6.62) ist. Welche Wahrscheinlichkeitsfunktion ergibt 1, wenn $q = q(t)$ und $= 0$ andernfalls? Dies wird offenbar durch die Einführung einer Wahrscheinlichkeitsdichte in Form einer δ-Funktion erreicht (Abb. 6.3),

$$P(q, t) = \delta(q - q(t)) . \tag{6.63}$$

In der Tat haben wir früher bei Aufgabe 1 in Abschn. 2.5 gesehen, daß ein Integral über die Funktion $\delta(q - q_0)$ verschwindet, sobald das Integrationsintervall q_0 nicht enthält, und daß es 1 ergibt, sobald das Intervall eine Umgebung von q_0 enthält:

$$\begin{aligned} \int_{q_0-\varepsilon}^{q_0+\varepsilon} \delta(q - q_0)\,dq &= 1 \\ &= 0 \quad \text{andernfalls} . \end{aligned} \tag{6.64}$$

Unser Ziel besteht nun darin, eine Gleichung für diese Wahrscheinlichkeitsverteilung P abzuleiten. Dazu differenzieren wir P nach der Zeit. Da die Zeitabhängigkeit auf der rechten Seite in $q(t)$ enthalten ist, differenzieren wir die δ-Funktion nach $q(t)$ und multiplizieren dann unter Verwendung der Kettenregel mit $\dot{q}$

$$\dot{P}(q, t) = \frac{d}{dq(t)} \delta(q - q(t))\dot{q}(t) . \tag{6.65}$$

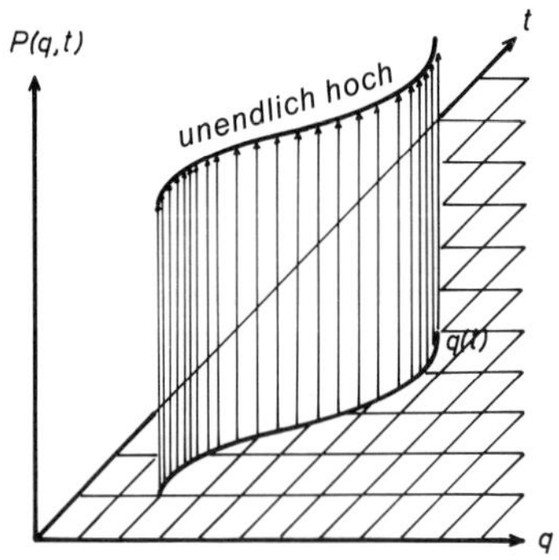

Abb. 6.3. Beispiel einer unendlich scharfen „Wahrscheinlichkeitsverteilung“

Die Ableitung der δ-Funktion nach $q(t)$ kann als

$$-\frac{d}{dq}\delta(q-q(t))\dot{q}(t) \tag{6.66}$$

umgeschrieben werden. Wir machen jetzt von der Bewegungsgleichung (6.62) Gebrauch und ersetzen $\dot{q}(t)$ durch K. Das ergibt die Endformel

$$\dot{P}(q,t) = -\frac{d}{dq}[K(q)P]. \tag{6.67}$$

Es muß beachtet werden, daß die Differentiation von $[K(q)P]$ nach q nun die Differentiation des *Produkts von P und K* einschließt. Für einen Beweis dieser Behauptung verweisen wir den Leser auf das Ende dieses Abschnitts. Unser Resultat (6.67) kann leicht für ein System von Differentialgleichungen verallgemeinert werden

$$\dot{q}_i = K_i(\boldsymbol{q}), \quad i = 1, \ldots, n, \tag{6.68}$$

wobei $\boldsymbol{q} = (q_1, \ldots, q_n)$. Anstelle von (6.68) benützen wir die vektorielle Gleichung

$$\dot{\boldsymbol{q}} = \boldsymbol{K}(\boldsymbol{q}). \tag{6.69}$$

Zur Zeit t wird der Zustand des Gesamtsystems durch einen Punkt $q_1 = q_1(t)$, $q_2 = q_2(t), \ldots, q_n = q_n(t)$ im Raum der Variablen $q_1, q_2, \ldots, q_n$ beschrieben. Die Verallgemeinerung von (6.63) auf viele Variable wird also durch

$$P = \delta(q_1 - q_1(t))\delta(q_2 - q_2(t)) \ldots \delta(q_n - q_n(t)) \equiv \delta(\boldsymbol{q} - \boldsymbol{q}(t)) \tag{6.70}$$

geleistet, wobei die Identität zur Definition der δ-Funktion eines Vektors dient. Wir leiten P wieder nach der Zeit ab. Da die Zeitableitung in jedem Faktor auftritt, erhalten wir eine Summe von Ableitungen

$$\dot{P}(\boldsymbol{q},t) = -\frac{d}{dq_1}P\cdot\dot{q}_1(t) - \frac{d}{dq_2}P\cdot\dot{q}_2\cdots - \frac{d}{dq_n}P\dot{q}_n, \tag{6.71}$$

die in Analogie zu (6.67) auf

$$\dot{P}(\boldsymbol{q},t) = -\frac{d}{dq_1}PK_1(\boldsymbol{q})\cdots - \frac{d}{dq_n}PK_n(\boldsymbol{q}) \tag{6.72}$$

transformiert werden kann. Schreiben wir die Ableitungen als n-dimensionalen ∇-Operator, dann kann (6.72) in der eleganten Form

$$\dot{P}(\boldsymbol{q},t) = -\nabla_q(P\boldsymbol{K}) \tag{6.73}$$

angegeben werden. Dies erlaubt eine sehr einfache Interpretation, wenn man die Hydrodynamik herbeizitiert. Identifizieren wir P mit einer Dichte im $\boldsymbol{q}$-Raum, dann beschreibt die linke Seite die zeitlche Änderung dieser Dichte P, wohingegen der Vektor $\boldsymbol{K}P$ als (Wahrscheinlichkeits-)Fluß interpretiert werden kann. $\boldsymbol{K}$ ist die Geschwindigkeit im $\boldsymbol{q}$-Raum. (6.73) hat also die Form einer Kontinuitätsgleichung.

6.3.2 Ableitung der Fokker-Planck-Gleichung, eindimensionale Bewegung

Wir kombinieren nun, was wir in Abschn. 4.3 über die Brownsche Bewegung gelernt haben, mit dem Vorhergehenden, also der formalen Beschreibung einer Teilchenbewegung durch eine Wahrscheinlichkeitsverteilung. Wir wollen wieder das Beispiel des Fußballs betrachten, der während mehrerer Spiele verschiedene Wege beschreibt. Die Wahrscheinlichkeitsverteilung für einen vorgegebenen Weg 1 ist

$$P_1(q, t) = \delta(q - q_1(t)) , \tag{6.74}$$

für einen vorgegebenen Weg 2

$$P_2(q, t) = \delta(q - q_2(t)) \tag{6.75}$$

und so weiter. Wir mitteln nun über all diese Wege und führen die Funktion

$$f(q, t) = \langle P(q, t) \rangle \tag{6.76}$$

ein. Ist die Wahrscheinlichkeit für das Auftreten des Weges i gleich p_i, dann kann diese Wahrscheinlichkeitsverteilung in der Form

$$f(q, t) = \sum_i p_i \delta(q - q_i(t)) \tag{6.77}$$

geschrieben werden. Oder, wenn wir (6.74, 75 und 76) benützen

$$f(q, t) = \langle \delta(q - q(t)) \rangle . \tag{6.78}$$

Das Produkt $f dq$ gibt uns die Wahrscheinlichkeit, das Teilchen am Ort q im Intervall dq zur Zeit t anzutreffen. Natürlich bedeutete es eine enorme Arbeit, (6.77) auszuwerten. Dazu wäre es nämlich erforderlich, eine Wahrscheinlichkeitsverteilung der Stöße über die gesamte Zeit einzuführen. Dies kann jedoch umgangen werden, indem man direkt eine Differentialgleichung für f herleitet. Dazu untersuchen wir die Änderung von f während eines Zeitintervalls Δt

$$\Delta f(q, t) \equiv f(q, t + \Delta t) - f(q, t) , \tag{6.79}$$

die, unter Verwendung von (6.78), die Form

$$\Delta f(q, t) = \langle \delta(q - q(t + \Delta t)) \rangle - \langle \delta(q - q(t)) \rangle \tag{6.80}$$

annimmt. Wir setzen

$$q(t + \Delta t) = q(t) + \Delta q(t) \tag{6.81}$$

und entwickeln die δ-Funktion nach Potenzen von Δt. Wir haben nun zu berücksichtigen, daß die Bewegung von q nicht durch eine deterministische Gleichung (6.62) bestimmt wird, sondern vielmehr durch eine Langevin-Gleichung des Abschn. 6.1. Wie wir später noch sehen werden, erfordert diese neue Situation, daß wir bis zur zweiten Potenz von Δq entwickeln müssen. Die Entwicklung ergibt also

$$\Delta f(q,t) = \left\langle \left[-\frac{d}{dq}\,\delta(q - q(t)) \right] \Delta q(t) \right\rangle + \frac{1}{2}\left\langle \frac{d^2}{dq^2}\,\delta(q - q(t))[\Delta q(t)]^2 \right\rangle . \tag{6.82}$$

Mit Hilfe der Langevin-Gleichung

$$\dot{q}(t) = -\gamma q(t) + F(t) \tag{6.83}$$

finden wir Δq durch Integration über ein Zeitintervall Δt. Bei dieser Integration nehmen wir an, daß sich q nur sehr wenig verändert hat, obwohl bereits viele Stöße erfolgt sein sollen. Wir erhalten deshalb bei der Integration von (6.83)

$$\begin{aligned} \int_t^{t+\Delta t} \dot{q}(t')\,dt' &= q(t + \Delta t) - q(t) \equiv \Delta q \\ &= -\int_t^{t+\Delta t} \gamma q(t')\,dt' + \int_t^{t+\Delta t} F(t')\,dt' = -\gamma q(t)\,\Delta t + \Delta F(t) . \end{aligned} \tag{6.84}$$

Wir berechnen zunächst den ersten Term auf der linken Seite von (6.82)

$$\left\langle \frac{d}{dq}\,\delta(q - q(t))\,\Delta q(t) \right\rangle . \tag{6.85}$$

Setzen wir die rechte Seite von (6.84) in (6.85) ein, so erhalten wir

$$\frac{d}{dq}\,[\langle \delta(q - q(t))(-\gamma q(t)\,\Delta t)\rangle + \langle \delta(q - q(t))\rangle\langle \Delta F\rangle] . \tag{6.86}$$

Die Faktorisierung des Mittelwertes, der ΔF enthält, erfordert eine Begründung: ΔF enthält alle Stöße, die nach Zeit t aufgetreten sind, $q(t)$ ist aber bestimmt durch alle Stöße vor dieser Zeit. Auf Grund der Unabhängigkeit der Stöße können wir den Gesamtmittelwert in ein Produkt von Mittelwerten aufspalten, wie das in (6.86) niedergeschrieben wurde. Da der Mittelwert von F verschwindet, verschwindet auch der von ΔF und (6.86) reduziert sich auf

$$-\gamma\,\Delta t\,\frac{d}{dq}\,[\langle \delta(q - q(t))\,q\rangle] . \tag{6.87}$$

Genauso wie in (6.67) haben wir $q(t)$ durch q ersetzt.

Wir kommen nun zur Auswertung des Ausdrucks

$$\left\langle \frac{d^2}{dq^2} \delta(q - q(t))[\Delta q(t)]^2 \right\rangle, \tag{6.88}$$

der mit derselben Argumentation wie eben in

$$\frac{d^2}{dq^2} \langle \delta(q - q(t)) \rangle \langle [\Delta q(t)]^2 \rangle \tag{6.89}$$

zerlegt werden kann. Setzen wir Δq in den zweiten Teil ein und verwenden (6.84), dann finden wir Terme, die $(\Delta t)^2$, $\Delta t \Delta F$ und $(\Delta F)^2$ enthalten. Wir werden zeigen, daß $\langle (\Delta F)^2 \rangle$ wie Δt geht. Da der Mittelwert von ΔF verschwindet, ist $\langle (\Delta F)^2 \rangle$ der einzige Beitrag zu (6.89), der linear in Δt ist. Wir berechnen

$$\langle \Delta F^2 \rangle \equiv \langle \Delta F(t) \Delta F(t) \rangle = \int_t^{t+\Delta t} \int_t^{t+\Delta t} dt' dt'' \langle F(t') F(t'') \rangle . \tag{6.90}$$

Wir nehmen an, daß die Korrelationsfunktion zwischen den F δ-korreliert ist

$$\langle F(t) F(t') \rangle = Q \delta(t - t') , \tag{6.91}$$

was uns erlaubt, (6.90) unmittelbar auszuwerten. Es ergibt sich

$$Q \Delta t . \tag{6.92}$$

Wir finden also für (6.88) schließlich die Form

$$\frac{d^2}{dq^2} \langle \delta(q - q(t)) \rangle Q \Delta t . \tag{6.93}$$

Wir dividieren nun die ursprüngliche Gleichung (6.82) durch Δt und finden mit den Resultaten (6.87 und 93)

$$\frac{df}{dt} = \frac{d}{dq}(\gamma q f) + \frac{1}{2} Q \frac{d^2}{dq^2} f , \tag{6.94}$$

wobei wir den Grenzübergang $\Delta t \to 0$ vollzogen haben. Diese Gleichung ist die sogenannte *Fokker-Planck-Gleichung*, die den zeitlichen Verlauf der Wahrscheinlichkeitsverteilung eines Teilchens beschreibt (Abb. 6.4). $K = -\gamma q$ heißt *Driftkoeffizient*, während Q unter dem Namen *Diffusionskoeffizient* bekannt ist. Exakt dieselbe Methode kann im allgemeinen Fall vieler Variabler und beliebiger Kräfte $K_i(\boldsymbol{q})$ angewendet werden, d.h. nicht notwendig einfachen Dämpfungskräften. Wenn wir die zugehörige Langevin-Gleichung in der Form

$$\dot{q}_i = K_i(\boldsymbol{q}) + F_i(t) \tag{6.95}$$

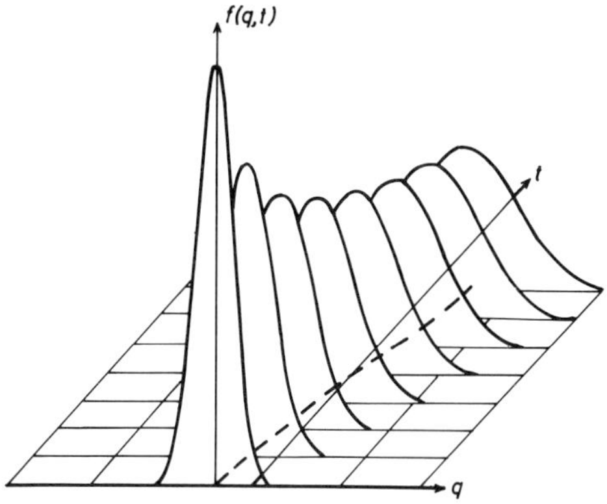

Abb. 6.4. Beispiel für $f(q, t)$ als Funktion der Zeit t und der Variablen q. Die gestrichelte Linie zeigt den wahrscheinlichsten Weg

annehmen sowie δ-korrelierte fluktuierende Kräfte F

$$\langle F_i(t) F_j(t') \rangle = Q_{ij} \delta(t - t') , \tag{6.96}$$

dann können wir für die Verteilungsfunktion im $\boldsymbol{q}$-Raum

$$f(q_1, \ldots, q_n; t) \equiv f(\boldsymbol{q}; t) \tag{6.97}$$

die folgende Fokker-Planck-Gleichung herleiten

$$\dot{f} = - \nabla_q \{\boldsymbol{K} f\} + \frac{1}{2} \sum_{ij} Q_{ij} \frac{\partial^2}{\partial q_i \partial q_j} f, \quad \text{wobei} \quad \dot{f} \equiv \frac{\partial f}{\partial t} . \tag{6.98}$$

In unserer bisherigen Darstellung haben wir die Ableitungen der δ-Funktion bis zur zweiten Ordnung eingeschlossen. Eine detaillierte Behandlung zeigt, daß im allgemeinen höhere Ableitungen auch Beiträge $\propto \Delta t$ ergeben können. Eine wichtige Ausnahme liegt vor, wenn die fluktuierenden Kräfte zu einem Gauß-Prozeß (vgl. Abschn. 4.4) gehören. In diesem Fall sind die Fokker-Planck-Gleichungen (6.94 und 98) exakt.

Wir wollen nun beweisen, daß die Differentiation nach q in (6.67) $K(q)$ einschließen muß. Um dies zu beweisen, bilden wir den Ausdruck

$$\int_{q(t)-\varepsilon}^{q(t)+\varepsilon} h(q) \frac{d}{dq} \delta(q - q(t)) K(q(t)) dq , \tag{6.99}$$

den man aus der linken Seite von (6.66) erhält, wenn man $\dot{q}$ durch (6.62) ersetzt und diesen Ausdruck mit einer beliebigen Funktion $h(q)$ multipliziert. Wir bemerken, daß dieses Verfahren immer angewendet werden muß, sobald eine δ-Funktion in einer Differentialgleichung in der Form wie in (6.65) auftritt. Partielle Integration von (6.99) führt auf

$$- \int_{q=q(t)-\varepsilon}^{q(t)+\varepsilon} h'(q) \delta(q - q(t)) K(q(t)) dq , \tag{6.100}$$

wobei die δ-Funktion nun ausgewertet werden kann. Andererseits kommen wir auf dasselbe Resultat (6.100), wenn wir von

$$\int h(q) \frac{d}{dq} [\delta(q - q(t)) K(q)] \, dq \tag{6.101}$$

ausgehen, wobei die Koordinate $q(t)$ nun durch q ersetzt wurde.

Aufgaben

1) In der klassischen Mechanik erfüllen die Koordinaten $q_j(t)$ und die Impulse $p_j(t)$ von Teilchen die Hamiltonschen Bewegungsgleichungen

$$\dot{q}_j(t) = \partial H/\partial p_j, \dot{p}_j(t) = -\partial H/\partial q_j, j = 1, \ldots, n,$$

wobei die Hamilton-Funktion H von allen q_j und p_j abhängt: $H = H(\boldsymbol{q}, \boldsymbol{p})$. Wir definieren die Verteilungsfunktion $f(\boldsymbol{q}, \boldsymbol{p}, t)$ durch $f = \delta(\boldsymbol{q} - \boldsymbol{q}(t)) \cdot \delta(\boldsymbol{p} - \boldsymbol{p}(t))$. Man zeige, daß f der sogenannten Liouville-Gleichung genügt

$$\dot{f} = \sum_j \left(\frac{\partial H}{\partial q_j} \frac{\partial}{\partial p_j} - \frac{\partial H}{\partial p_j} \frac{\partial}{\partial q_j} \right) f. \tag{A.1}$$

Hinweis: Man wiederhole die Schritte (6.63 – 67) für q_j und p_j.

2) Funktionen, die die Liouville-Gleichung (A.1) mit $\dot{f} = 0$ erfüllen, heißen Konstanten der Bewegung.

   Man zeige
   a) $g = H(\boldsymbol{q}, \boldsymbol{p})$ ist eine Konstante der Bewegung;
   b) falls $h_1(\boldsymbol{q}, \boldsymbol{p})$ und $h_2(\boldsymbol{q}, \boldsymbol{p})$ Konstanten der Bewegung sind, sind auch $h_1 + h_2$ sowie $h_1 \cdot h_2$ Konstanten der Bewegung;
   c) falls $h_1, \ldots, h_l$ solche Konstanten sind, dann ist jede Funktion $G(h_1, \ldots, h_l)$ eine Konstante der Bewegung.

   Hinweise:
   a) Man setze g in (A.1) ein.
   b) Man verwende die Regel zur Produktdifferentiation.
   c) Man verwende die Kettenregel.

3) Man zeige durch Verallgemeinerung von 2), daß $f(g_1, \ldots, g_n)$ eine Lösung von (A.1) ist, falls die g_k Lösungen von (A.1) sind.

4) Man verifiziere, daß die Informationsentropie (3.42) Gl. (A.1) erfüllt, falls die folgenden Identifizierungen vorgenommen werden:

$$\left.\begin{matrix} q_j \\ p_j \end{matrix}\right\} \text{ Index } i \text{ (Wert der „Zufallsgröße")}$$

$$f(\boldsymbol{q}, \boldsymbol{p}) \to p_i .$$

Man ersetze $\sum$ in (3.42) durch ein Integral $\int \ldots d^n p d^n q$. Warum erfüllt die „grobkörnige“ Informationsentropie ebenfalls (A.1)?

5) Man verifiziere, daß (3.42) mit (3.48) eine Lösung von (A.1) darstellt, vorausgesetzt, daß die f_k Konstanten der Bewegung sind (vgl. Aufgabe 2).

6.4 Einige Eigenschaften und stationäre Lösungen der Fokker-Planck-Gleichung

In diesem Abschnitt werden wir zeigen, wie man zeitunabhängige Lösungen mehrerer Typen von Fokker-Planck-Gleichungen, die in praktischen Anwendungen häufig vorkommen, auffinden kann. Wir beschränken die folgenden Betrachtungen auf q-unabhängige Diffusionskoeffizienten Q_{jk}.

6.4.1 Die Fokker-Planck-Gleichung als Kontinuitätsgleichung

1) *Eindimensionales Beispiel*

Wir schreiben die eindimensionale Fokker-Planck-Gleichung in der Form

$$\dot{f} + \frac{d}{dq}\left(Kf - \frac{1}{2}Q\frac{df}{dq}\right) = 0\,, \quad K = K(q)\,, \quad f = f(q, t)\,. \tag{6.102}$$

Mit Hilfe der Abkürzung

$$j = \left(Kf - \frac{1}{2}Q\frac{df}{dq}\right) \tag{6.103}$$

kann (6.102) als

$$\dot{f} + \frac{d}{dq}j = 0 \tag{6.104}$$

dargestellt werden. Dies ist die Kontinuitätsgleichung im eindimensionalen Fall [vgl. (6.73) sowie die Aufgaben unten]: Die zeitliche Änderung der Wahrscheinlichkeitsdichte $f(q)$ ist gleich der negativen Divergenz des Wahrscheinlichkeitsstroms j.

2) *Der n-dimensionale Fall*

Die Fokker-Planck-Gleichung (6.98) kann auf die Form

$$\dot{f} + \sum_{k=1}^{n} \frac{\partial}{\partial q_k}\left(K_k f - \frac{1}{2}\sum_{l=1}^{n} Q_{kl}\frac{\partial f}{\partial q_l}\right) = 0 \tag{6.105}$$

gebracht werden. Wir definieren jetzt den Wahrscheinlichkeitsstrom durch

$$j = (j_1, j_2, \ldots, j_k, \ldots, j_n)\,,$$

wobei

$$j_k = K_k f - \frac{1}{2} \sum_{l=1}^{n} Q_{kl} \frac{\partial f}{\partial q_l}\,. \tag{6.106}$$

In Analogie zu (6.104) erhalten wir dann

$$\dot{f} + \nabla_q \cdot j = 0\,, \tag{6.107}$$

wobei $\nabla_q = (\partial/\partial q_1, \ldots, \partial/\partial q_n)$.

6.4.2 Stationäre Lösungen der Fokker-Planck-Gleichung

Die stationäre Lösung ist definiert durch $\dot{f} = 0$, d. h. f ist zeitunabhängig.

1) *Eine Dimension*

Wir erhalten aus (6.104) durch einfache Integration

$$j = \text{konst.} \tag{6.108}$$

Im folgenden werden wir f „natürliche Randbedingungen" auferlegen, was heißt, daß f für $q \to \pm\infty$ verschwinden soll. Dies schließt mit ein (vgl. (6.103)), daß $j \to 0$ für $q \to \pm\infty$; d. h., die Konstante in (6.108) muß verschwinden. Verwenden wir (6.103), so erhalten wir

$$\frac{1}{2} Q \frac{df}{dq} = Kf\,. \tag{6.109}$$

Es ist einfach zu verifizieren, daß (6.109) durch

$$f(q) = \mathcal{N} \exp\left[-2V(q)/Q\right]\,, \tag{6.110}$$

gelöst wird, wobei

$$V(q) = -\int_{q_0}^{q} K(q')\,dq' \tag{6.111}$$

die Bedeutung eines Potentials übernimmt, und die Normierungskonstante $\mathcal{N}$ durch

$$\int_{-\infty}^{+\infty} f(q)\,dq = 1 \tag{6.112}$$

bestimmt wird.

2) *n Dimensionen*

In diesem Fall lautet (6.107) mit $\dot{f} = 0$

$$\nabla_q \boldsymbol{j} = 0 . \tag{6.113}$$

Unglücklicherweise impliziert (6.113) sogar für natürliche Randbedingungen nicht immer $\boldsymbol{j} = 0$. Man erhält jedoch eine Lösung analog zu (6.110), falls die Driftkoeffizienten $K_k(q)$ die sogenannte Potentialbedingung erfüllen

$$K_k = -\frac{\partial}{\partial q_k} V(\boldsymbol{q}) . \tag{6.114}$$

Genügen die Diffusionskoeffizienten ferner der Bedingung

$$Q_{kl} = \delta_{kl} Q , \tag{6.115}$$

dann ist

$$f(\boldsymbol{q}) = \mathcal{N} \exp[-2V(\boldsymbol{q})/Q] . \tag{6.116}$$

Es wird dabei angenommen, daß $V(\boldsymbol{q})$ das Verschwinden von $f(\boldsymbol{q})$ für $|\boldsymbol{q}| \to \infty$ garantiert.

6.4.3 Beispiele

Um (6.110) zu veranschaulichen, behandeln wir einige Spezialfälle:

a)

$$K(q) = -\alpha q . \tag{6.117}$$

Wir finden unmittelbar das Potential

$$V(q) = \frac{\alpha}{2} q^2 ,$$

das in Abb. 6.5 aufgezeichnet ist. Die zugehörige Wahrscheinlichkeitsdichte $f(q)$ ist in derselben Abbildung dargestellt. Um $f(q)$ zu interpretieren, erinnern wir an die zu (6.102) und (6.117) gehörige Langevin-Gleichung

$$\dot{q} = -\alpha q + F(t) .$$

Folgendes stößt unserem Teilchen mit der Koordinate q zu. Die Zufallskraft $F(t)$ stößt das Teilchen die Potentialsteigung hinauf (die von der systematischen Kraft $K(q)$ herrührt). Nach jedem Stoß fällt das Teilchen entlang der Steigung herunter. Seine wahrscheinlichste Lage ist $q = 0$, aber es sind, bedingt durch die Zufallskraft, auch andere Positionen möglich. Da viele Stöße notwendig sind,

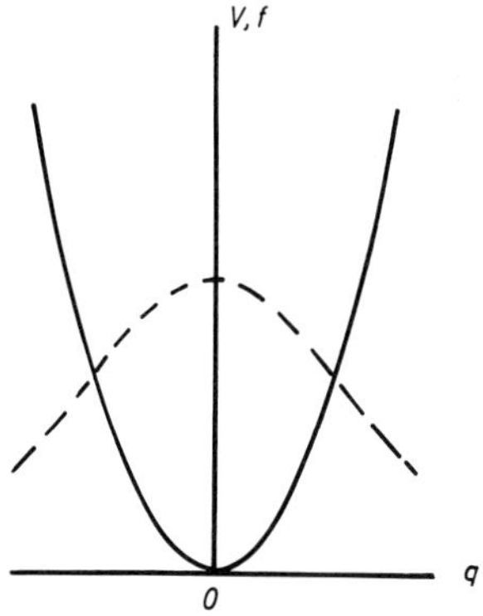

Abb. 6.5. Das Potential $V(q)$ (durchgezogene Linie) und die Wahrscheinlichkeitsdichte $f(q)$ (gestrichelte Linie) zu (6.117)

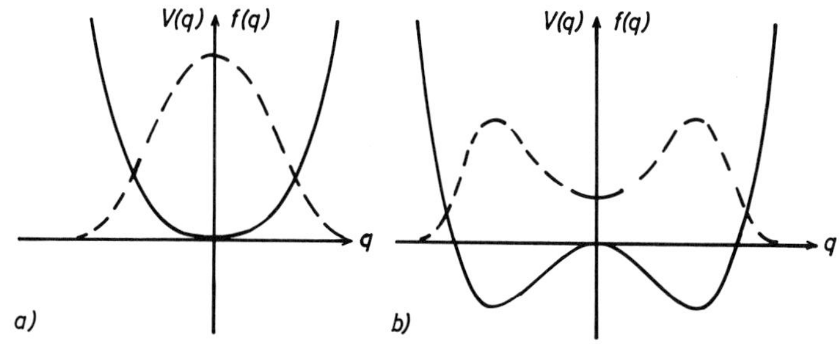

Abb. 6.6a, b. Das Potential $V(q)$ (durchgezogene Linie) und die Wahrscheinlichkeitsdichte (gestrichelte Kurve) zu (6.118). (**a**) $\alpha > 0$, (**b**) $\alpha < 0$

um das Teilchen weit von $q = 0$ wegzutreiben, nimmt die Wahrscheinlichkeit, es in solchen Gebieten anzutreffen, rapide ab. Lassen wir α kleiner werden, dann wird auch die zurücktreibende Kraft schwächer. In der Folge wird die Potentialkurve flacher und die Wahrscheinlichkeitsdichte $f(q)$ wird sich mehr verbreitern.

Sobald $f(q)$ bekannt ist, können Momente $\langle q^n \rangle = \int q^n f(q) dq$ ausgerechnet werden. Im vorliegenden Fall wird $\langle q \rangle = 0$, d. h. das Zentrum von $f(q)$ befindet sich im Ursprung, und $\langle q^2 \rangle = (Q/\alpha)/2$ ist ein Maß für die Breite von $f(q)$ (Abb. 6.5).

b)

$$
\begin{aligned}
K(q) &= -\alpha q - \beta q^3 , \\
V(q) &= \frac{\alpha}{2} q^2 + \frac{\beta}{4} q^4 , \\
\dot{q} &= -\alpha q - \beta q^3 + F(t) .
\end{aligned}
\tag{6.118}
$$

Der Fall $\alpha > 0$ unterscheidet sich qualitativ nicht von a) (Abb. 6.6a). Für $\alpha < 0$ tritt jedoch eine neue Situation ein (Abb. 6.6b). Ohne Fluktuationen besetzt das Teilchen entweder das rechte *oder* das linke Tal (gebrochene Symmetrie, vgl. Abschn. 5.1). Im vorliegenden Fall aber ist $f(q)$ symmetrisch. Das „Teilchen“

kann mit gleicher Wahrscheinlichkeit in beiden Tälern gefunden werden. Ein wichtiger Punkt sollte jedoch erwähnt werden. Sind die Täler tief und setzen wir das Teilchen in die eine Talsohle, dann kann es dort für eine sehr lange Zeit verweilen. Die Bestimmung der zum Übergang ins andere Tal notwendigen Zeit, wird als „first passage time problem“ bezeichnet.

c)

$$\begin{aligned} K(q) &= -\alpha q - \gamma q^2 - \beta q^3\,, \\ V(q) &= \frac{\alpha}{2} q^2 + \frac{\gamma}{3} q^3 + \frac{\beta}{4} q^4\,, \\ \dot{q} &= -\alpha q - \gamma q^2 - \beta q^3 + F(t)\,. \end{aligned} \tag{6.119}$$

Wir nehmen $\gamma > 0$, $\beta > 0$ als fest gegeben an und lassen α von positiven nach negativen Werten variieren. Die Abb. 6.7 a – d zeigen die entsprechenden Potentialkurven a) – d) und die zugehörigen Wahrscheinlichkeitsdichten. Man beachte den ausgeprägten Sprung der Wahrscheinlichkeitsdichte bei $q = 0$ und $q = q_1$, wenn man von Abb. 6.7c zu Abb. 6.7d übergeht.

d) Dieses wie auch das folgende Beispiel veranschaulichen den „Potentialfall“ in zwei Dimensionen

$$\left.\begin{aligned} K_1(\boldsymbol{q}) &= -\alpha q_1 \\ K_2(\boldsymbol{q}) &= -\alpha q_2 \end{aligned}\right\} \text{ Kraft}\,, \tag{6.120}$$

$$V(\boldsymbol{q}) = \frac{\alpha}{2}(q_1^2 + q_2^2) \quad \text{Potential}\,,$$

$$\dot{q}_i = -\alpha q_i + F_i(t),\ i = 1, 2; \quad \text{Langevin-Gleichung}\,,$$

wobei

$$\langle F_i(t) F_j(t') \rangle = Q_{ij}\delta(t - t') = \delta_{ij} Q \delta(t - t')\,.$$

Die Potentialfläche V und die Wahrscheinlichkeitsdichte $f(\boldsymbol{q})$ sind qualitativ die aus Abb. 6.8 und 9.

e) Wir legen die zweidimensionale Verallgemeinerung des Falles b) (s. oben) vor:

$$\left.\begin{aligned} K_1(\boldsymbol{q}) &= -\alpha q_1 - \beta(q_1^2 + q_2^2) q_1 \\ K_2(\boldsymbol{q}) &= -\alpha q_2 - \beta(q_1^2 + q_2^2) q_2 \end{aligned}\right\} \text{ Kraft}\,, \tag{6.121}$$

oder kurz

$$\boldsymbol{K}(\boldsymbol{q}) = -\alpha \boldsymbol{q} - \beta q^2 \cdot \boldsymbol{q} \quad \text{Kraft}\,,$$

$$V(\boldsymbol{q}) = \frac{\alpha}{2}(q_1^2 + q_2^2) + \frac{\beta}{4}(q_1^2 + q_2^2)^2 \quad \text{Potential}\,.$$

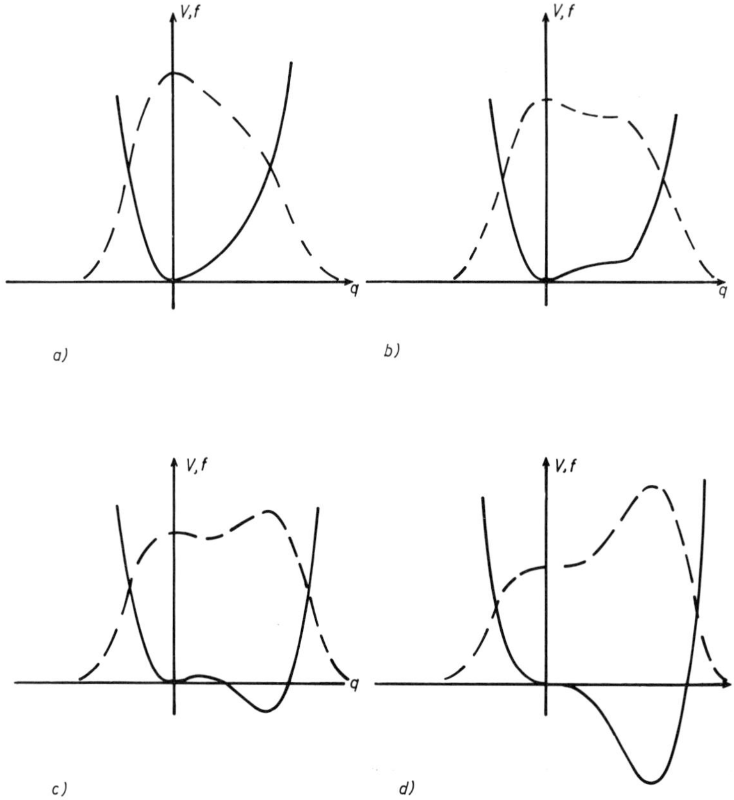

Abb. 6.7. Das Potential (6.119) (durchgezogen) und f (gestrichelt) für verschiedene Werte von α

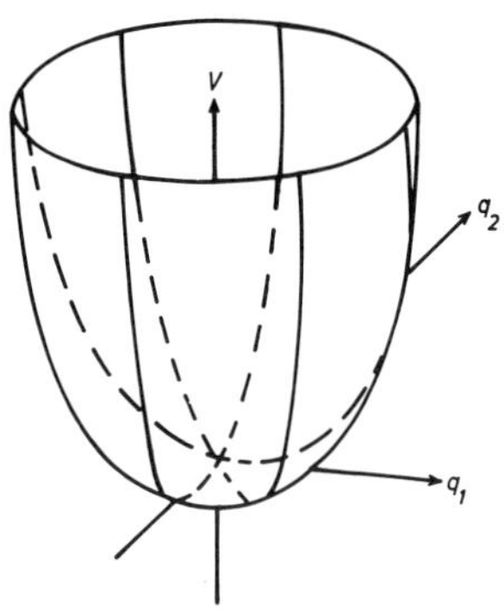

Abb. 6.8. Das Potential zu (6.121) für $\alpha > 0$

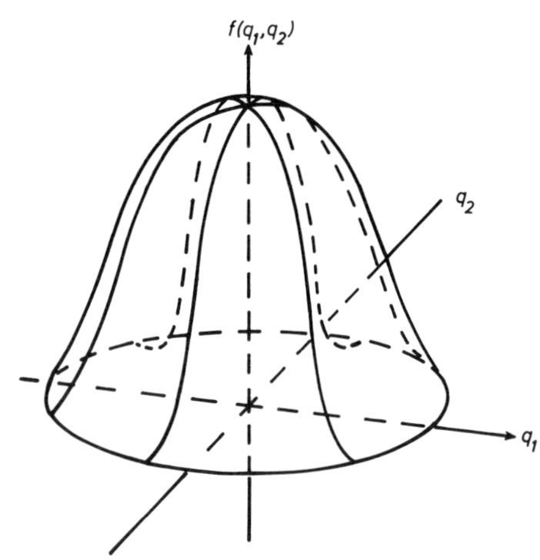

Abb. 6.9. Die Verteilungsfunktion zum Potential (6.121) für $\alpha > 0$

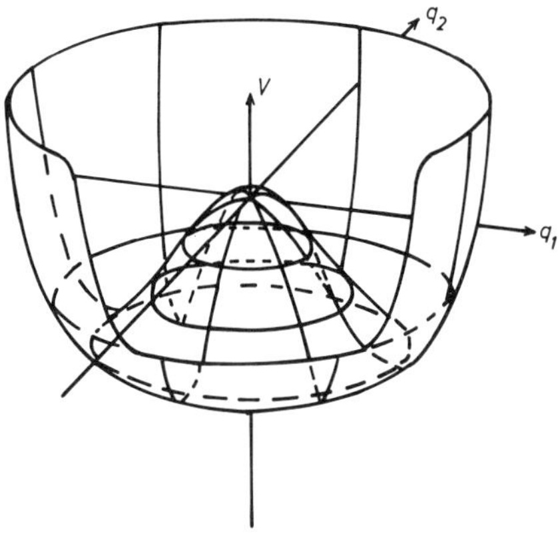

Abb. 6.10. Das Potential zu (6.121) für $\alpha < 0$

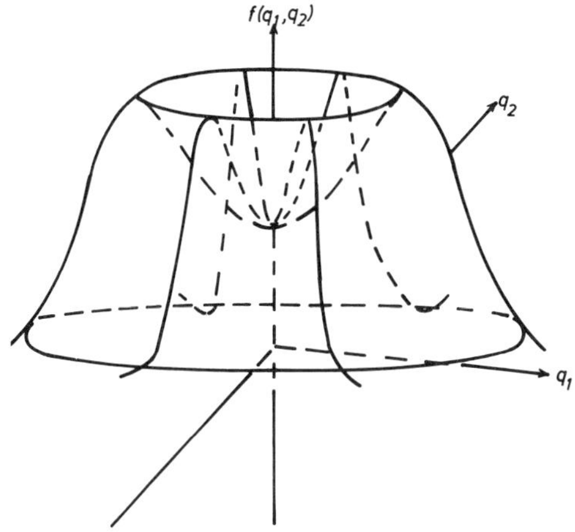

Abb. 6.11. Die Verteilungsfunktion zum Potential (6.121) für $\alpha < 0$

Wir nehmen an, daß $\beta > 0$. Für $\alpha > 0$ sind die Potentialkurve und die Wahrscheinlichkeitsdichte $f(q)$ in den Abb. 6.8 bzw. 9 dargestellt. Für den Fall $\alpha < 0$ sind V und f in den Abb. 6.10 bzw. 11 gezeichnet. Neu im Vergleich zu b) ist die *kontinuierlich* gebrochene Symmetrie. Ohne fluktuierende Kräfte könnte das Teilchen auf jedem Platz der Talsohle in einer (marginalen) Gleichgewichtsposition sitzen. Fluktuationen treiben das Teilchen entlang der Talsohle, ganz analog zur Brownschen Bewegung in einer Dimension. Im stationären Zustand wird das Teilchen entlang der Talsohle mit gleicher Wahrscheinlichkeit angetroffen, d.h. die Symmetrie ist wieder hergestellt.

f) Im allgemeinen Fall eines bekannten Potentials $V(q)$ kann eine Diskussion in den Termini des Abschn. 5.5 gegeben werden. Wir überlassen es dem Leser als Übungsaufgabe, diese „Übersetzung" durchzuführen.

Aufgabe

Man überzeuge sich, daß (6.104) eine Kontinuitätsgleichung ist.

Hinweis: Man integriere (6.103) von $q = q_1$ bis $q = q_2$ und diskutiere die Bedeutung von

$$\frac{d}{dt}\int_{q_1}^{q_2} f(q)\,dq$$

usw.

6.5 Zeitabhängige Lösungen der Fokker-Planck-Gleichung

6.5.1 Ein wichtiger Spezialfall: ein eindimensionales Beispiel

Der Driftkoeffizient sei linear in q:

$$K = -\alpha q$$

(über eine einfache Koordinatenverschiebung deckt dieses Beispiel auch den Fall $K = c - \alpha q$ ab). Wir stellen eine mehr oder weniger heuristische Ableitung der zugehörigen Lösung vor. Da die stationäre Lösung (6.110) die Form einer Gauß-Verteilung hat, falls die Driftkoeffizienten linear sind, versuchen wir einen Ansatz in der Form einer Gauß-Verteilung

$$f(q, t) = \mathcal{N}(t) \exp(-q^2/a + 2bq/a) . \tag{6.122}$$

Wir lassen dabei zu, daß die Breite der Gauß-Verteilung a, die Verschiebung b und die Normierung $\mathcal{N}(t)$ zeitabhängige Funktionen sind. Wir setzen (6.122) in die zeitabhängige Fokker-Planck-Gleichung (6.102) ein. Nach der Ausführung der Differentiationen nach der Zeit und der Koordinate q dividieren wir die so resultierende Gleichung auf beiden Seiten durch

$$\mathcal{N}(t) \exp(-q^2/a + 2bq/a) .$$

Es bleibt dann eine Gleichung übrig, die Potenzen von q bis zur zweiten Ordnung enthält. Vergleichen wir in dieser Gleichung die Koeffizienten zu denselben Potenzen von q, dann erhalten wir (nach einigen Umordnungen) die folgenden drei Gleichungen:

$$\dot{a} = -2\alpha a + 2Q , \tag{6.123}$$

$$\dot{b} = -\alpha b , \tag{6.124}$$

$$\frac{\dot{\mathcal{N}}}{\mathcal{N}} = \alpha + Q\frac{2b^2}{a^2} - \frac{Q}{a} . \tag{6.125}$$

Gleichungen (6.123 und 124) sind lineare Differentialgleichungen für α und β, die explizit gelöst werden können:

$$a(t) = \frac{Q}{\alpha}(1 - \mathrm{e}^{-2\alpha t}) + a_0 \mathrm{e}^{-2\alpha t} , \tag{6.126}$$

$$b(t) = b_0 \mathrm{e}^{-\alpha t} . \tag{6.127}$$

Gleichung (6.125) sieht ziemlich grimmig aus. Es ist jedoch eine einfache Aufgabe zu verifizieren, daß sie durch den Ansatz

$$\mathcal{N} = (\pi a)^{-1/2} \mathrm{e}^{-b^2/a} \tag{6.128}$$

gelöst wird. Dies ist in erster Linie auf die Tatsache zurückzuführen, daß (6.128) die Verteilungsfunktion (6.122) für alle Zeiten normiert. Setzen wir (6.128) in (6.122) ein, dann erhalten wir

$$f(q, t) = [\pi a(t)]^{-1/2} \exp\{-[q - b(t)]^2/a(t)\}. \tag{6.129}$$

Abbildung 6.4 gibt ein Beispiel für (6.129). Falls die Lösung (6.129) der Anfangsbedingung $a \to 0$ (d.h. $a_0 = 0$) für die Anfangszeit $t \to t_0 = 0$ unterworfen wird, dann reduziert sich (6.129) für $t = 0$ auf eine δ-Funktion, $\delta(q - b_0)$ oder, mit anderen Worten, (6.29) ist dann die Greensche Funktion der Fokker-Planck-Gleichung. Derselbe Typ von Lösungen einer Fokker-Planck-Gleichung mit linearen Drift- und konstanten Diffusionskoeffizienten kann auch für *viele* Variable $\boldsymbol{q}$ angegeben werden.

Beispiele für die Anwendung zeitabhängiger Lösungen

Mit Hilfe der zeitabhängigen Lösungen können wir *zeitabhängige Momente*, z.B.

$$\langle q \rangle = \int q f(q, t)\, dq \tag{6.130}$$

berechnen. Setzen wir (6.129) in (6.130) ein, dann können wir das Integral [durch Übergang zu einer neuen Koordinate $q = q' + b(t)$] sofort auswerten und erhalten

$$\langle q \rangle = b_0 \mathrm{e}^{-\alpha t}. \tag{6.131}$$

Da $f(q, t)$ nur dann eindeutig bestimmt ist, wenn die Anfangsbedingung vorgegeben ist, müssen wir bei der Auswertung von (6.130) diese Bedingung beachten. In vielen praktischen Fällen wird $f(q, 0)$ als δ-Funktion gewählt, $f(q, 0) = \delta(q - q_0)$, d.h. wir wissen mit Sicherheit, daß das Teilchen zur Zeit $t = 0$ bei $q = q_0$ war. Um dieses anzudeuten, wird (6.130) dann als

$$\langle q \rangle_{q_0} \tag{6.132}$$

geschrieben. In unserem obigen Beispiel ist $b_0 \equiv q_0$.

In vielen Fällen von praktischem Interesse sind die *zweizeitigen Korrelationsfunktionen*

$$\langle q(t) q(t') \rangle$$

wichtig. Sie werden durch (vgl. Abschn. 4.4)

$$\langle q(t) q(t') \rangle = \int q\, dq \int q'\, dq' f(q, t; q', t') \tag{6.133}$$

definiert, wobei

$$f(q, t; q', t') \tag{6.134}$$

eine Verbundwahrscheinlichkeitsdichte ist. Da die Fokker-Planck-Gleichung nur Markov-Prozesse beschreibt, können wir (6.134) in eine Wahrscheinlichkeitsdichte zu Zeit t', $f(q', t')$ und eine bedingte Wahrscheinlichkeit $f(q, t \mid q', t')$, entsprechend Abschn. 4.3, aufspalten

$$f(q, t; q', t') = f(q, t \mid q', t') f(q', t') . \tag{6.135}$$

In praktischen Fällen wird für $f(q', t')$ die stationäre Lösung $f(q')$ der Fokker-Planck-Gleichung verwendet, falls nicht ausdrücklich anderes gesagt wird. $f(q, t \mid q', t')$ ist gerade diejenige zeitabhängige Lösung der Fokker-Planck-Gleichung, die sich zur Zeit $t = t'$ auf eine δ-Funktion, $\delta(q - q')$, reduziert. In unserem vorliegenden Beispiel (6.117) haben wir $f(q) = [\alpha/(\pi Q)]^{1/2} \exp(-\alpha q^2/Q)$; $f(q, t \mid q', t')$ wird durch (6.129) mit $a_0 = 0$ und $b_0 = q'$ gegeben. Mit diesen Funktionen können wir (6.133) einfach auswerten, wobei wir ohne Beschränkung der Allgemeinheit $t' = 0$ setzen können.

$$(6.133) = \int\int q [\pi a(t)]^{-1/2} \exp\left[-\frac{1}{a(t)} (q - q' \mathrm{e}^{-\alpha t})^2 \right] dq$$

$$\cdot q' (\pi Q/\alpha)^{-1/2} \exp\left(-\frac{\alpha}{Q} q'^2 \right) dq' . \tag{6.136}$$

Ersetzen wir q durch $q + q' \exp(-\alpha t)$, dann können wir die Integrationen sofort ausführen (die im wesentlichen über Gaußsche Dichten gehen)

$$\begin{aligned} \langle q(t) q(t') \rangle &= \mathrm{e}^{-\alpha t} \langle q'^2 \rangle \\ &= \frac{1}{2} \frac{Q}{\alpha} \mathrm{e}^{-\alpha t} ; \end{aligned} \tag{6.137}$$

das ist in Übereinstimmung mit (6.25).

Wir kommen nun zur allgemeinen Gleichung (6.105).

6.5.2 Die Reduktion der zeitabhängigen Fokker-Planck-Gleichung auf eine zeitunabhängige Gleichung

Wir setzen

$$f(q, t) = \mathrm{e}^{-\lambda t} \Psi(q) \tag{6.138}$$

und setzen dies in (6.105) ein. Führen wir die Differentiation nach der Zeit aus und multiplizieren dann beide Seiten von (6.105) mit $\exp(\lambda t)$, dann erhalten wir

$$-\lambda \Psi(q) = -\sum_{k=1}^{n} \frac{\partial}{\partial q_k} \left(K_k \Psi - \frac{1}{2} \sum_{l=1}^{n} Q_{kl} \frac{\partial}{\partial q_l} \Psi \right) . \tag{6.139}$$

Wir werden Methoden zur Lösung von (6.139) nicht diskutieren. Wir erwähnen lediglich einige wichtige Eigenschaften: (6.139) läßt einen unendlichen Satz von Lösungen $\Psi_m(q)$ zu mit den Eigenwerten λ_m, $m = 0, 1, 2, \ldots$, vorausgesetzt, daß geeignete Randbedingungen vorgegeben sind, beispielsweise natürliche Randbedingungen. Die allgemeinste Lösung von (6.105) erhält man durch die Linearkombination von (6.138)

$$f(q, t) = \sum_{m=0}^{\infty} c_m \mathrm{e}^{-\lambda_m t} \Psi_m(q) . \tag{6.140}$$

Existiert die stationäre Lösung von (6.105), dann ist $\lambda_0 = 0$. Die Koeffizienten c_m können durch eine gegebene Anfangsverteilung vorgeschrieben werden, wenn z.B. zur Zeit $t = 0$

$$f(q, 0) = f_0(q) . \tag{6.141}$$

Schon im eindimensionalen Fall für ziemlich einfache K und Q kann (6.139) nur mit Hilfe von Computern gelöst werden.

6.5.3* Eine formale Lösung

Wir gehen von der Fokker-Planck-Gleichung (6.105) aus, die wir in der Form

$$\dot{f} = Lf \tag{6.142}$$

schreiben. Darin ist L der „Operator"

$$L = -\sum_k \frac{\partial}{\partial q_k} K_k + \frac{1}{2} \sum_{kl} Q_{kl} \frac{\partial^2}{\partial q_k \partial q_l} . \tag{6.143}$$

Wäre L nur eine Zahl, dann wäre die Lösung von (6.142) eine triviale Aufgabe und $f(t)$ würde lauten

$$f(t) = \mathrm{e}^{Lt} f(0) . \tag{6.144}$$

Durch Einsetzen von (6.144) in (6.142) und Differentiation nach der Zeit verifiziert man sofort, daß (6.144) die Gleichung (6.142) sogar im vorliegenden Fall erfüllt, wo L Operator ist. Um (6.144) auszuwerten, definieren wir $\exp(Lt)$ über die übliche Potenzreihenentwicklung der Exponentialfunktion:

$$\mathrm{e}^{Lt} = \sum_{\nu=0}^{\infty} \frac{1}{\nu!} L^\nu t^\nu . \tag{6.145}$$

L^ν bedeutet: Man wende den Operator L ν mal auf eine Funktion, die rechts von ihm steht, an:

$$L^\nu f(q, t) = \underbrace{L \cdot L \cdot L \cdots L}_{\nu} f(q, t) . \tag{6.146}$$

6.5.4* Ein Iterationsverfahren

In praktischen Anwendungen wird man versuchen, (6.142) durch Iteration zu lösen:
Sei $f(q, t)$ zur Zeit $t = t_0$ vorgegeben, dann wollen wir f zu einer etwas späteren Zeit $t + \tau$ konstruieren. Dazu erinnern wir uns an die Definition

$$\dot{f} = \lim_{\tau \to 0} \frac{1}{\tau} [f(t + \tau) - f(t)] .$$

Wählen wir τ endlich (aber sehr klein), so können wir (6.142) auf die Form

$$f(q, t_0 + \tau) = f(q, t_0) + \tau L f(q, t_0) \equiv (1 + \tau L) f(q, t_0) \tag{6.147}$$

bringen. Wiederholen wir dieses Verfahren zu Zeiten $t_2 = t_0 + 2\tau, \ldots, t_n = t_0 + N\tau$, dann finden wir ($t_N \equiv t$)

$$f(q, t) = (1 + \tau L)^N f(q, t_0) . \tag{6.148}$$

Gleichung (6.148) wird eine exakte Lösung von (6.142) im Grenzfall $\tau \to 0$, $N \to \infty$, aber $N\tau = t - t_0$. Gleichung (6.148) ist eine alternative Form zu (6.144).

Aufgabe

Man verifiziere, daß (6.129) mit (6.126, 27), $a_0 = 0$ sich auf eine δ-Funktion, $\delta(q - q_0)$, für $t \to 0$ reduziert.

6.6* Die Lösung der Fokker-Planck-Gleichung mittels Wegintegralen

6.6.1 Der eindimensionale Fall

In Abschn. 4.3 haben wir eine sehr spezielle Fokker-Planck-Gleichung mittels eines Wegintegrals gelöst, nämlich für den Fall eines verschwindenden Driftkoeffizienten, $K \equiv 0$. Wir stellen hier die Idee vor, nach der man dieses Resultat für $K \neq 0$ verallgemeinern kann. Im vorliegenden Fall ist L aus (6.142) durch

$$L = -\frac{d}{dq} K(q) + \frac{Q}{2} \frac{d^2}{dq^2} \tag{6.149}$$

gegeben. Für ein infinitesimales Zeitintervall τ versuchen wir den folgenden Ansatz [wobei wir (4.89) für den einzelnen Schritt $t_0 \to t_0 + \tau$ verallgemeinern]

$$f(q, t_0 + \tau) = \mathcal{N} \int_{-\infty}^{+\infty} \exp\left\{ -\frac{1}{2Q\tau} [q - q' - \tau K(q')]^2 \right\} f(q', t_0) dq' . \tag{6.150}$$

Leser, die an den mathematischen Details nicht so sehr interessiert sind, können den folgenden Abschnitt überlesen und direkt zu (6.162) übergehen. Wir werden (6.150) in eine Potenzreihe von τ entwickeln und dabei beweisen, daß (6.150) zu (6.147) bis zur Ordnung τ einschließlich äquivalent ist, d.h. wir wollen beweisen, daß die rechte Seite von (6.150) auf

$$f + \tau\left(-\frac{d}{dq}Kf + \frac{1}{2}Q\frac{d^2f}{dq^2}\right), \quad \text{wobei} \quad f = f(q, t_0) \tag{6.151}$$

transformiert werden kann. Dazu führen wir eine neue Integrationsvariable ξ durch

$$q' = q + \xi \tag{6.152}$$

ein. Gleichzeitig werten wir die geschweifte Klammer im Exponenten aus

$$f(q, t_0 + \tau) = \mathcal{N}\int_{-\infty}^{+\infty} \exp\left\{-\frac{1}{2Q\tau}[\xi^2 + 2\tau\xi K(q+\xi) + \tau^2 K(q+\xi)^2]\right\} \cdot f(q+\xi, t_0)d\xi\,. \tag{6.153}$$

Die grundlegende Idee ist folgende: die Gauß-Verteilung

$$\exp\left(-\frac{1}{2Q\tau}\xi^2\right) \tag{6.154}$$

wird zu einer sehr scharfen Spitze, wenn $\tau \to 0$. Präziser, nur solche Terme unter dem Integral sind wichtig, für die $|\xi| < \sqrt{\tau}\sqrt{Q}$. Dies legt es nahe, alle Faktoren aus (6.154) und (6.153) in eine Potenzreihe nach ξ und τ zu entwickeln. Behalten wir die führenden Terme, dann erhalten wir nach etwas Umordnung

$$(6.153) = \mathcal{N}\int_{-\infty}^{+\infty} \exp\left(-\frac{1}{2Q\tau}\xi^2\right)[\cdots]d\xi\,, \tag{6.155}$$

wobei

$$[\cdots] = \left(1 - \frac{1}{Q}\xi^2 K' + \frac{1}{2}\frac{K^2}{Q^2}\xi^2 - \frac{\tau K^2}{2Q}\right)f + \xi^2\left(-\frac{1}{Q}K\right)f' + \frac{1}{2}\xi^2 f''. \tag{6.156}$$

Glieder mit ungeraden Potenzen von ξ haben wir weggelassen, da sie nach einer Integration über ξ verschwinden. Wir haben hier folgende Abkürzungen verwendet:

$$K = K(q), K' = \frac{dK(q)}{dq}, \quad \text{und} \quad f = f(q), f' = \frac{df}{dq}, f'' = \frac{d^2f}{dq^2}. \tag{6.157}$$

Um (6.155) weiter auszuwerten, integrieren wir über ξ. Unter Verwendung der bekannten Formeln

$$\int_{-\infty}^{+\infty} \exp\left(-\frac{1}{2Q\tau}\xi^2\right)d\xi = (2Q\pi\tau)^{1/2}, \tag{6.158}$$

$$\int_{-\infty}^{+\infty} \xi^2 \exp\left(-\frac{1}{2Q\tau}\xi^2\right)d\xi = Q\tau(2Q\pi\tau)^{1/2}, \tag{6.159}$$

erhalten wir (6.155) in der Gestalt

$$(6.155) = \mathcal{N}(2Q\tau\pi)^{1/2}\left(f - \tau K'f - \tau Kf' + \tau\frac{Q}{2}f''\right). \tag{6.160}$$

Wählen wir die Konstante $\mathcal{N}$ zu

$$\mathcal{N} = (2Q\tau\pi)^{-1/2}, \tag{6.161}$$

dann können wir die geforderte Identität mit (6.147) herstellen. Wir können nun das ganze Verfahren zu den Zeiten $t_2 = t_0 + 2\tau, \ldots, t_N = t_0 + N\tau$ wiederholen und schließlich zum Grenzwert $N \to \infty$, aber $N\tau = t - t_0$ fest, übergehen. Dies führt auf ein N-dimensionales Integral ($t_N \equiv t$, $t_0 = 0$)

$$f(q, t) = \lim_{\substack{N\to\infty \\ N\tau = t}} \int_{-\infty}^{+\infty} \cdots \int \mathcal{D}q \, \mathrm{e}^{-O/2} f(q', t_0), \tag{6.162}$$

wobei

$$\mathcal{D}q = (2Q\tau\pi)^{-N/2} dq_0 \cdots dq_{N-1},$$

$$O = \sum_{\nu=1}^{N} \tau[(q_\nu - q_{\nu-1})/\tau - K(q_{\nu-1})]^2 Q^{-1}, \tag{6.163}$$

$$q_0 \equiv q'; q_N \equiv q.$$

Wir überlassen es dem Leser, (6.162) mit dem Wegintegral (4.85) zu vergleichen und (6.162) im Sinne von Kap. 4 zu interpretieren. Der wahrscheinlichste Weg des Teilchens ist der, für den O ein Minimum annimmt, d. h.

$$\frac{1}{\tau}(q_\nu - q_{\nu-1}) = K(q_{\nu-1}). \tag{6.164}$$

Lassen wir $\tau \to 0$ gehen, dann ist diese Gleichung genau die Bewegungsgleichung eines Teilchens unter der Kraft K. In der Literatur wird oft $(1/\tau)(q_\nu - q_{\nu-1}) = \dot{q}$ gesetzt und $K(q_\nu)$ durch $K(q)$ ersetzt. Dies ist korrekt, solange es nur als Abkürzung für (6.163) aufgefaßt wird. Oft wurden andere Übersetzungen verwendet, die zu Mißverständnissen oder sogar Fehlern führen.

6.6.2 Der n-dimensionale Fall

In diesem Fall lautet die Wegintegrallösung von (6.105)

$$f(q,t) = \lim_{\substack{N\to\infty \\ N\tau=t}} \int_{-\infty}^{+\infty} \cdots \int \mathcal{D}\, q \mathrm{e}^{-O/2} f(q', t_0)\,, \tag{6.165}$$

wobei

$$\mathcal{D}\, q = \prod_{\mu=0}^{N-1} [(2\pi\tau)^{-n/2} (\det Q)^{-1/2}](dq_1 \cdots dq_n)_\mu\,, \tag{6.166}$$

$q_N = q;\, q_0 = q'$; det: Determinante,

$$O = \tau \sum_{\nu=1}^{N} (\dot{q}_\nu^T - K_{\nu-1}^T) Q^{-1} (\dot{q}_\nu - K_{\nu-1})\,, \tag{6.167}$$

und $\dot{q}_\nu = (q_\nu - q_{\nu-1})/\tau$, $K_{\nu-1} = K(q_{\nu-1})$. T bezeichnet den transponierten Vektor. Q ist die Diffusionsmatrix, die in (6.105) auftritt, O kann als verallgemeinerte Onsager-Machlup-Funktion bezeichnet werden, denn diese Autoren haben O für den speziellen Fall, wo die K *linear* in q sind, bestimmt.

Aufgabe

Man verifiziere, daß (6.165) eine Lösung zu (6.105) ist.

Hinweis: Man gehe wie im eindimensionalen Fall vor und verwende (2.65 und 66) mit $m \to K$.

Welches ist der wahrscheinlichste Weg?

Hinweis: Q und deshalb auch Q^{-1} sind positiv definit.

6.7 Die Analogie zu Phasenübergängen

Im einleitenden Kap. 1 haben wir einige Beispiele von Phasenübergängen physikalischer Systeme, beispielsweise das des Ferromagneten, erwähnt. Ein Ferromagnet besteht aus sehr vielen atomistischen Elementarmagneten. Bei einer Temperatur, die höher als die kritische Temperatur T_c ist, $T > T_c$, weisen diese Magneten in zufällige Richtungen (s. Abb. 1.7). Wird die Temperatur T erniedrigt, richtet sich bei $T = T_c$ plötzlich eine makroskopische Anzahl dieser Elementarmagnete aus, der Ferromagnet hat jetzt eine spontane Magnetisierung. Unsere Überlegungen über die Lösungen von Fokker-Planck-Gleichungen im vorangehenden Abschnitt werden es uns erlauben, einige sehr enge Analogien zwischen Phasenübergängen, die im thermischen Gleichgewicht auftreten, und gewissen Unordnungs-Ordnungs-Übergängen in Nichtgleichgewichtssystemen aufzuzeigen. Wie wir in späteren Kapiteln demonstrieren werden, können derartige Systeme der Physik, der Chemie, der Biologie oder anderen Disziplinen angehören. Um diesen Analogien eine solide Basis zu geben, betrachten wir zunächst die freie Energie eines physikalischen Systems (im thermischen Gleichgewicht). (Vgl. die Abschn. 3.3 und 4.) Die freie Energie $\mathscr{F}$ hängt von der Temperatur T und möglicherweise anderen Parametern, beispielsweise dem Volumen, ab. Im vorliegenden Fall suchen wir nach dem Minimum der freien Energie unter einer zusätzlichen Nebenbedingung. Ihre Signifikanz kann am besten am Beispiel des Ferromagneten erklärt werden. Zeigen $M_\uparrow$ Elementarmagnete nach oben und $M_\downarrow$ Elementarmagnete nach unten, dann wird die Magnetisierung durch

$$M = (M_\uparrow - M_\downarrow)m \tag{6.168}$$

gegeben, wobei m das magnetische Moment eines einzelnen Elementarmagneten bedeutet. Unsere zusätzliche Nebenbedingung fordert, daß die mittlere Magnetisierung M einen vorgegebenen Wert hat, oder in der Bezeichnungsweise des Abschn. 3.3

$$f_k = M\,. \tag{6.169}$$

Da wir auch andere Systeme behandeln wollen, werden wir M durch eine allgemeine Koordinate q ersetzen

$$M \to q \quad \text{und} \quad f_k = q\,. \tag{6.170}$$

Im folgenden nehmen wir an, daß $\mathscr{F}$ das Minimum der freien Energie für einen festen Wert q ist. Wir entwickeln $\mathscr{F}$ in eine Potenzreihe von q

$$\mathscr{F}(q,T) = \mathscr{F}(0,T) + \mathscr{F}'(0,T)q + \dots + \frac{1}{4!}\mathscr{F}''''(0,T)q^4 + \dots \tag{6.171}$$

und diskutieren $\mathscr{F}$ als Funktion von q. In vielen Fällen gilt

$$\mathscr{F}' = \mathscr{F}''' = 0 \tag{6.172}$$

auf Grund der Inversionssymmetrie (vgl. Abschn. 5.1). Wir wollen diesen Fall zuerst diskutieren. Wir schreiben $\mathscr{F}$ in der Gestalt

$$\mathscr{F}(q,T) = \mathscr{F}(0,T) + \frac{\alpha}{2}q^2 + \frac{\beta}{4}q^4\,. \tag{6.173}$$

Nach Landau nennen wir q „Ordnungsparameter“. Um eine erste Verbindung des Abschn. 6.4 mit der Landau-Theorie der Phasenübergänge herzustellen, identifizieren wir (6.173) mit dem Potential, das wir in Abschn. 6.4 eingeführt haben. Wie in der Thermodynamik gezeigt wird (vgl. die Abschn. 3.3 und 4), liefert

$$f = \mathscr{N}\,\mathrm{e}^{-\mathscr{F}/k_\mathrm{B}T} \tag{6.174}$$

Tabelle 6.1. Die Landau-Theorie der Phasenübergänge zweiter Ordnung

Verteilungsfunktion $f = \mathcal{N} \exp[-\mathcal{F}/(k_B T)]$,
Freie Energie $\mathcal{F}(q, T) = \mathcal{F}(0, T) + (\alpha/2)q^2 + (\beta/4)q^4$,
$\alpha = \alpha(T) = a(T - T_c)$.

Zustand	Ungeordnet	Geordnet
Temperatur	$T > T_c$	$T < T_c$
Äußerer Parameter Der wahrscheinlichste Wert des Ordnungsparameters q_0: $f(q) = \text{Max!}$, $\mathcal{F} = \text{Min!}$	$\alpha > 0$ $q_0 = 0$	$\alpha < 0$ $q_0 = \pm(-\alpha/\beta)^{1/2}$ gebrochene Symmetrie
Entropie $S = -[\partial\mathcal{F}(q_0, T)/\partial T]$	$S_0 = -[\partial\mathcal{F}(0, T)/\partial T]$	$S_0 + (a^2/2\beta)(T - T_c)$
	Stetig bei $T = T_c$ $(\alpha = 0)$	
Spezifische Wärme $c = T(\partial S/\partial T)$	$T(\partial S_0/\partial T)$	$T(\partial S_0/\partial T) + (a^2/2\beta)T$
	Unstetig bei $T = T_c$ $(\alpha = 0)$	

die Wahrscheinlichkeitsverteilung, wenn $\mathcal{F}$ als Funktion des Ordnungsparameters q aufgefaßt wird. Der wahrscheinlichste Wert des Ordnungsparameters wird deshalb durch die Forderung $\mathcal{F} = \text{min!}$ festgelegt. Offensichtlich können die Minima von (6.173) genau in derselben Weise diskutiert werden wie im Fall des Potentials $V(q)$. Wir untersuchen die Lagen dieser Minima als Funktionen des Koeffizienten α. In der Landau-Theorie wird dieser Koeffizient in der Form

$$\alpha = a(T - T_c) \quad (a > 0) \tag{6.175}$$

angenommen, d. h. er ändert sein Vorzeichen bei der kritischen Temperatur $T = T_c$. Wir unterscheiden deshalb zwischen den zwei Gebieten $T > T_c$ und $T < T_c$ (Tabelle 6.1). Für $T > T_c$, $\alpha > 0$, liegt das Minimum von $\mathcal{F}$ (oder V) bei $q = q_0 = 0$. Da die Entropie mit der freien Energie über die Formel – vgl. (3.93) –

$$S = -\frac{\partial\mathcal{F}(q, T)}{\partial T} \tag{6.176}$$

verknüpft ist, erhalten wir in diesem Gebiet $T > T_c$

$$S = S_0 = -\frac{\partial\mathcal{F}(0, T)}{\partial T}. \tag{6.176a}$$

Die zweite Ableitung von $\mathcal{F}$ nach der Temperatur ergibt (bis auf einen Faktor T) die spezifische Wärme:

$$c = T\left(\frac{\partial S}{\partial T}\right), \tag{6.177}$$

was unter Verwendung von (6.176a)

$$c = T\left(\frac{\partial S_0}{\partial T}\right) \tag{6.177a}$$

ergibt. Wir führen nun dasselbe Verfahren für die geordnete Phase $T < T_c$ durch, d.h. $\alpha < 0$. Dies führt auf einen neuen Gleichgewichtswert q_1, und eine neue Entropie, wie dies in Tabelle 6.1 dargestellt ist. Man kann leicht nachprüfen, daß S bei $T = T_c$, also bei $\alpha = 0$ stetig ist. Wenn wir jedoch die spezifische Wärme (vgl. die letzte Reihe der Tabelle 6.1) berechnen, dann erhalten wir oberhalb und unterhalb der kritischen Temperatur zwei verschiedene Ausdrücke, also einen Sprung (Unstetigkeit) bei $T = T_c$.

Dieses Phänomen wird als Phasenübergang zweiter Ordnung bezeichnet, weil die zweite Ableitung der freien Energie unstetig wird. Auf der anderen Seite bleibt die Entropie selbst stetig, so daß dieser Phasenübergang auch als kontinuierlich bezeichnet werden kann.

In der statistischen Physik untersucht man auch die zeitliche Änderung des Ordnungsparameters. Gewöhnlich nimmt man in mehr oder weniger phänomenologischer Weise an, daß q einer Gleichung der Form

$$\dot{q} = -\frac{\partial \mathscr{F}}{\partial q} \tag{6.178}$$

genügt, die im Fall des Potentials (6.173) die explizite Form

$$\dot{q} = -\alpha q - \beta q^3 \tag{6.179}$$

annimmt. Diese haben wir bei verschiedenen Gelegenheiten in unserem Buch in einem anderen Zusammenhang angetroffen. Der Einfachheit halber haben wir den konstanten Faktor vor $\partial \mathscr{F}/\partial q$ weggelassen. Für $\alpha \to 0$ beobachten wir ein Phänomen, das als kritisches Langsamwerden bezeichnet wird, weil das „Teilchen" die Potentialsteigung immer langsamer hinunterfällt. Ferner tritt eine Symmetriebrechung auf, die wir bereits in Abschn. 5.1 besprochen haben. Das kritische Langsamwerden ist mit einer weichen Mode verbunden (vgl. Abschn. 5.1; Abb. 6.12). In der statistischen Mechanik führt man oft in Analogie zu Abschn. 6.1 eine fluktuierende Kraft ein. Dann treten für $\alpha \to 0$ kritische Fluktuationen auf: weil die rücktreibenden Kräfte nur über höhere Potenzen von q wirken, werden die Fluktuationen von $q(t)$ beträchtlich.

Wir kommen nun zu dem Fall, bei dem die freie Energie die Form

$$\mathscr{F}(q, T) = \alpha\frac{q^2}{2} + \gamma\frac{q^3}{3} + \beta\frac{q^4}{4} \tag{6.180}$$

hat [γ und β positiv, α kann sein Vorzeichen entsprechend (6.175) ändern]. Ändern wir die Temperatur T, d.h. den Parameter α, dann durchlaufen wir eine Sequenz von Potentialkurven, wie sie in den Abb. 6.7a–d dargestellt sind. Hier finden wir die folgende Situation.

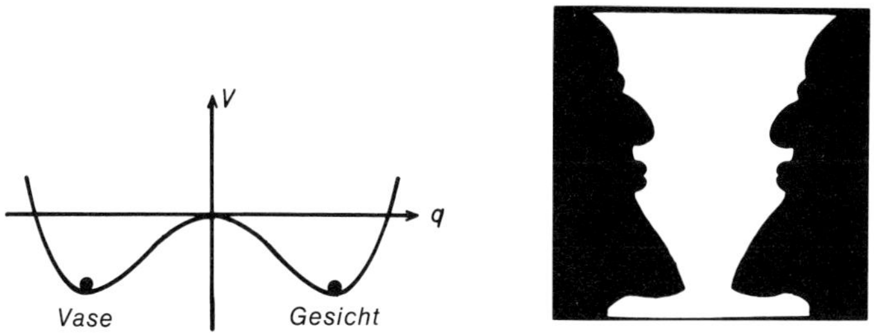

Abb. 6.12. Gebrochene Symmetrie beim Sehvermögen. Konzentriert man die Aufmerksamkeit auf das Zentrum und faßt es als Vordergrund eines Bildes auf, erkennt man eine Vase. Im anderen Fall zwei Gesichter

Erniedrigen wir die Temperatur, dann bleibt das lokale Minimum bei $q = 0$ zunächst bestehen. Erniedrigen wir die Temperatur weiter, dann erhalten wir die Potentialkurve aus Abb. 6.7d, d.h. daß das „Teilchen" jetzt von $q = 0$ in das neue (globale) Minimum von $\mathscr{F}$ bei q_1 hinunterfallen kann. Die Entropien der Zustände q_0 und q_1 unterscheiden sich. Diese Erscheinung wird „Phasenübergang erster Ordnung" genannt, weil die erste Ableitung von $\mathscr{F}$ unstetig ist. Da die Entropie unstetig ist, wird dieser Übergang auch als diskontinuierlicher Phasenübergang bezeichnet. Sobald wir nun die Temperatur erhöhen, durchlaufen wir die Abbildung 6.7 in der Folge d $\rightarrow$ a. Es ist offensichtlich, daß das System länger bei q_1 verweilt als früher, wo wir die Temperatur in umgekehrter Richtung verändert haben. Ganz offensichtlich liegt eine Hysterese vor (Abb. 6.13 und 14). (Man beachte auch die Abb. 6.7a–d.)

Unsere obigen Überlegungen müssen cum grano salis verstanden werden. Gewiß werden wir – wie oben angedeutet – die Nomenklatur aus der Theorie der Phasenübergänge verwenden. In der Tat treffen entsprechende Überlegungen auch auf viele Nichtgleichgewichtssysteme zu, wie wir in späteren Kapiteln belegen werden. Es soll aber nicht verschwiegen werden, daß es sich herausgestellt hat, daß die Landau-Theorie (Tabelle 6.1) Phasenübergänge nicht adäquat beschreiben kann. Dort treten beim Phasenübergang, etwa bei der spezifischen Wärme usw., Singularitäten auf, die durch die sogenannten kritischen Exponenten beschrieben werden. Die experimentell beobachteten kritischen Exponenten stimmen im allgemeinen nicht mit denen überein, die die Landau-Theorie vorhersagt. Ein Hauptgrund dafür besteht in der unzureichenden Behandlung der Fluktuationen, was im folgenden noch transparenter wird. Diese Phänomene werden heutzutage erfolgreich mit der Wilsonschen Renormalisierungstechnik behandelt. Wir werden auf diese Technik hier nicht weiter eingehen; vielmehr werden wir einige *Nichtgleichgewichtsübergänge* im Sinne der Landau-Theorie interpretieren, und zwar in Situationen, wo sie anwendbar ist.

Im verbleibenden Teil dieses Kapitels[1] wollen wir insbesondere herausarbeiten, welche Bedeutung der diskontinuierliche Übergang der spezifischen Wärme für Nichtgleichgewichtssysteme gewinnt. Wie wir in den nachfolgenden Kapiteln

[1] Dieser Teil ist mehr technischer Natur und kann beim ersten Lesen dieses Buchs übergangen werden.

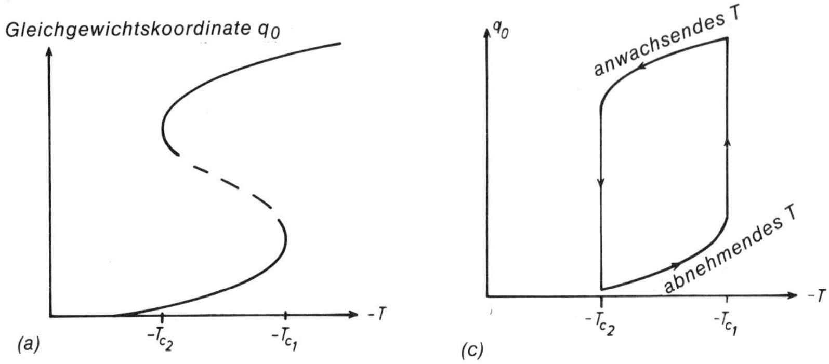

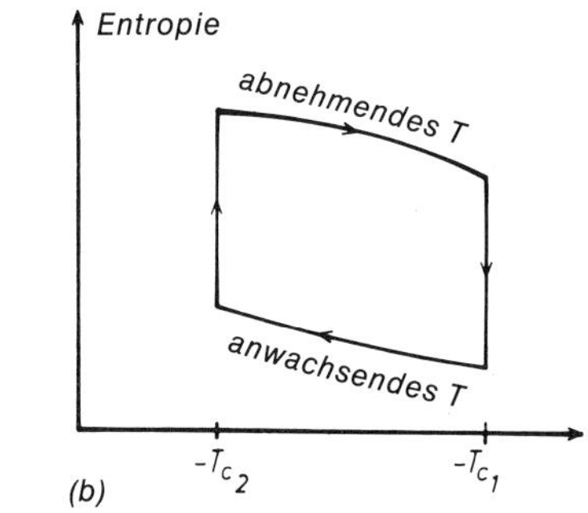

Abb. 6.13 a – c. Das Verhalten eines Systems bei einem Phasenübergang erster Ordnung. Um die Abbildungen a – c zu diskutieren, müssen wir zunächst von den Abb. 6.7 a – d auf Seite 184 ausgehen. Werden dort die Potentialkurven von Abb. 6.7a nach Abb. 6.7d deformiert, finden wir zunächst ein Extremum (Minimum) von V, dann drei Extrema und schließlich wieder nur ein Extremum.
Abb. 6.13 a zeigt, wie sich die Koordinate q_0 dieser Extrema verändert, wenn sich der Parameter, der die Form des Potentials bestimmt, ändert. Dieser Parameter ist in Abb. 6.13 als (negative) Temperatur gewählt. Geht man in Abb. 6.7 von a) nach d), dann bleibt das System offensichtlich bei $q_0 \approx 0$, bis die Situation d erreicht wird, wo das System in einen neuen Gleichgewichtswert, ins absolute Minimum von V springt. Andererseits wird das System, wenn man den Weg von d) nach a) geht, zunächst bei $q_1 \neq 0$ bleiben und erst in der Situation 6.7 b wieder nach $q_0 \approx 0$ springen. Diese Sprünge werden aus Abb. 6.13 c deutlich, wo wir die Koordinate q_0 des vom System tatsächlich eingenommenen Zustands aufgetragen haben. Abb. 6.13 b zeigt die entsprechende Variation der Entropie

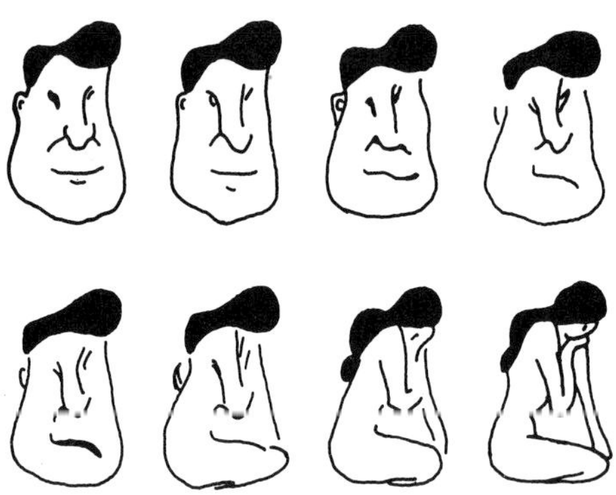

Abb. 6.14. Hystereseeffekt beim Sehvermögen. Man betrachte das Bild zunächst von der oberen linken bis zur unteren rechten Abbildung und dann in der umgekehrten Richtung. Man erkennt, daß der Übergang – je nach Richtung – bei verschiedenen Punkten erfolgt

durch explizite Beispiele nachweisen wollen, kann das Verhalten eines makroskopischen Systems durch seinen Ordnungsparameter q (oder einen Satz von Ordnungsparametern) beschrieben werden. In vielen Fällen ist q^2 ein Maß für dieses Verhalten. Nehmen wir (6.174) als Wahrscheinlichkeitsverteilung, dann wird der Mittelwert von q^2 durch

Tabelle 6.2. Die Analogie zu Phasenübergängen

Physikalisches System im thermischen Gleichgewicht	Synergetisches System mit stationärer Verteilungsfunktion $f(q)$
Ordnungsparameter $\boldsymbol{q}$	Ordnungsparameter $\boldsymbol{q}$
Verteilungsfunktion $f = \mathcal{N} \exp[-\mathcal{F}/(k_B T)]$	Verteilungsfunktion $f(\boldsymbol{q}) = \exp(-\hat{V})$, wobei $\hat{V}$ durch $\hat{V} = -\ln f$ definiert wird
Temperatur	Äußere Parameter, z. B. Eingangsleistung
Entropie	Aktion (z. B. Ausgangsleistung)
Spezifische Wärme	Die Änderung der Aktion mit der Änderung der äußeren Parameter: Effizienz

$$\langle q^2 \rangle = \frac{\int q^2 e^{-\hat{V}} dq}{\int e^{-\hat{V}} dq}, \quad \mathcal{F}/k_B T \equiv \hat{V} = 2V/Q \tag{6.181}$$

definiert, wobei wir jetzt Q in $\hat{V}$ – vgl. (6.116) – absorbiert haben. Wir nehmen an, daß $\hat{V}$ in der Gestalt

$$\hat{V} = (\alpha - \alpha_c) q^2 + \beta q^4 \tag{6.182}$$

gegeben ist. Offensichtlich können wir q^2 in der Form

$$q^2 = \frac{\partial \hat{V}}{\partial \alpha} \tag{6.183}$$

schreiben, was es uns erlaubt, (6.181) auf die Form

$$\langle q^2 \rangle = \frac{\int \frac{\partial \hat{V}}{\partial \alpha} e^{-\hat{V}} dq}{\int e^{-\hat{V}} dq} \tag{6.184}$$

zu bringen. Es ist eine einfache Aufgabe, nachzuprüfen, daß

$$\langle q^2 \rangle = -\frac{\partial}{\partial \alpha} \ln\left[\int e^{-\hat{V}} dq\right] \tag{6.185}$$

eine äquivalente Form von (6.184) darstellt. Zur Auswertung des Integrals in (6.185) nehmen wir an, daß $\exp(-\hat{V})$ bei $q = q_0$ eine sehr scharfe Spitze hat. Sind mehrere Spitzen vorhanden (die verschiedenen Minima von $\hat{V}(q)$ entsprechen), dann werden wir annehmen, daß nur ein Zustand $q = q_0$ besetzt ist. Dies ist eine *ad hoc Annahme*, um die Symmetriebrechung bei „Phasenübergängen zweiter Ordnung“ mit zu berücksichtigen, oder um eines der beiden lokalen

Minima verschiedener Tiefe bei einem „Phasenübergang erster Ordnung" herauszugreifen. In beiden Fällen impliziert die Annahme einer scharfen Spitze der Verteilung, daß wir noch „genügend weit" vom Phasenübergangspunkt $\alpha = \alpha_c$ entfernt sind. Wir entwickeln den Exponenten um dieses Minimum, wobei wir nur Terme bis zur zweiten Ordnung berücksichtigen.

$$\langle q^2 \rangle = -\frac{\partial}{\partial \alpha} \ln \{\exp[-\hat{V}(q_0)] \textstyle\int \exp[-\hat{V}''(q_0)(q-q_0)^2] dq\} . \tag{6.186}$$

Trennen wir den Logarithmus in zwei Faktoren auf und führen die Ableitung nach α im ersten Faktor aus, erhalten wir

$$\langle q^2 \rangle = \frac{\partial \hat{V}(q_0)}{\partial \alpha} - \frac{\partial}{\partial \alpha} \ln \textstyle\int \exp[-\hat{V}''(q_0)(q-q_0)^2] dq . \tag{6.187}$$

Das letzte Integral kann leicht ausgerechnet werden, so daß unser Endresultat lautet

$$\langle q^2 \rangle = \frac{\partial \hat{V}(q_0)}{\partial \alpha} - \frac{1}{2} \frac{\partial}{\partial \alpha} \ln [\pi / \hat{V}''(q_0)] . \tag{6.188}$$

Ein Vergleich von (6.188) mit (6.176) unter Zuhilfenahme der Korrespondenz

$$T \leftrightarrow -\alpha$$

$$\hat{V} \leftrightarrow \mathscr{F}$$

erweist, daß der erste Term auf der rechten Seite von (6.188) proportional zur rechten Seite von (6.176) ist. Die Entropie S kann deshalb in Parallele zur Ausgangsaktivität $\langle q^2 \rangle$ gesehen werden. Die Unstetigkeit von (6.177) weist auf eine beträchtliche Änderung der Steigung hin (vgl. Abb. 1.12). Der zweite Teil in (6.188) kommt von den Fluktuationen her. Diese werden am Übergangspunkt $\alpha = \alpha_c$ wichtig. Die Landau-Theorie kann also als eine Theorie interpretiert werden, bei der die Mittelwerte durch die wahrscheinlichsten Werte ersetzt werden. Es sei hier angemerkt, daß das Verhalten von $\langle q^2 \rangle$ durch (6.187) nicht ausreichend beschrieben wird, d. h. in Wirklichkeit wird die Divergenz im zweiten Teil von (6.188) nicht auftreten; sie ist vielmehr eine Konsequenz der Auswertung von (6.185). Zur Illustration möge der Leser das Verhalten der spezifischen Wärme vergleichen, das praktisch mit der Änderung der Laserausgangsleistung (in Abhängigkeit vom äußeren Parameter) unterhalb und oberhalb der Schwelle identisch ist.

Die Landau-Theorie der Phasenübergänge zweiter Ordnung ist oft hilfreich, um näherungsweise (oder manchmal exakte) stationäre Lösungen von Fokker-Planck-Gleichungen in einer oder mehreren Variablen $\boldsymbol{q} = (q_1, \ldots, q_n)$ aufzufinden. Wir nehmen an, das für einen Parameter $\alpha > 0$ das Maximum der stationären Lösung $f(\boldsymbol{q})$ bei $\boldsymbol{q} = 0$ liegt. Um das Verhalten von $f(\boldsymbol{q})$ für einen kritischen Wert von α zu untersuchen, gehen wir folgendermaßen vor:

1) Wir schreiben $f(\boldsymbol{q})$ in der Form

$$f(\boldsymbol{q}) = \mathcal{N} \mathrm{e}^{-\hat{V}(q)} \quad (\mathcal{N} = \text{Normierungsfaktor}) .$$

2) Nach Landau entwickeln wir $\hat{V}(\boldsymbol{q})$ in eine Taylor-Reihe um $\boldsymbol{q} = 0$ bis zur vierten Ordnung

$$\hat{V}(q) = \hat{V}(0) + \sum_{\mu} \hat{V}_{\mu} q_{\mu} + \frac{1}{2!} \sum_{\mu\nu} \hat{V}_{\mu\nu} q_{\mu} q_{\nu}$$

$$+ \frac{1}{3!} \sum_{\mu\nu\lambda} \hat{V}_{\mu\nu\lambda} q_{\mu} q_{\nu} q_{\lambda} + \frac{1}{4!} \sum_{\mu\nu\lambda\kappa} \hat{V}_{\mu\nu\lambda\kappa} q_{\mu} q_{\nu} q_{\lambda} q_{\kappa} . \tag{6.189}$$

Die Indizes bei $\hat{V}$ deuten die Differentiation nach q_{μ}, q_{ν} ... bei $\boldsymbol{q} = 0$ an.
3) Wir fordern, daß $\hat{V}(\boldsymbol{q})$ unter allen Transformationen der $\boldsymbol{q}$, die das physikalische System invariant lassen, invariant bleibt. Über diese Forderung können Beziehungen zwischen den Koeffizienten $\hat{V}_{\mu}$, $\hat{V}_{\mu\nu}$, ... aufgestellt werden, so daß sich die Zahl dieser Entwicklungsparameter beträchtlich verringern läßt. (Methoden, um diese Probleme zu behandeln, werden durch die Gruppentheorie bereitgestellt.) Ist die stationäre Lösung der Fokker-Planck-Gleichung eindeutig, dann kann diese Symmetrieforderung bezüglich $f(\boldsymbol{q})$ [oder $\hat{V}(\boldsymbol{q})$] streng bewiesen werden.

Ein Beispiel

Ein Problem soll unter der Inversion $\boldsymbol{q} \to -\boldsymbol{q}$ invariant sein. Dann ist L in $\dot{f} = Lf$ invariant und ebenso $f(\boldsymbol{q})$ (mit $\dot{f} = 0$). Setzen wir das Postulat $f(\boldsymbol{q}) = f(-\boldsymbol{q})$ und deshalb $\hat{V}(\boldsymbol{q}) = \hat{V}(-\boldsymbol{q})$ in (6.189) ein, dann erhalten wir $V_{\mu} = 0$ und $V_{\mu\nu\lambda} = 0$.

6.8 Die Analogie zu Phasenübergängen in kontinuierlichen Medien: ortsabhängige Ordnungsparameter

Wir wollen wieder den Ferromagneten als Beispiel benützen. Im vorangegangenen Abschnitt haben wir seine Gesamtmagnetisierung M eingeführt. Wir unterteilen jetzt den Magneten in Gebiete (oder „Zellen"), die immer noch viele Elementarmagneten enthalten, so daß wir noch von einer „makroskopischen" Magnetisierung in jeder Zelle sprechen können. Auf der anderen Seite wählen wir die Zellen – verglichen mit makroskopischen Dimensionen, etwa der Größenordnung 1 cm – genügend klein. Bezeichnen wir die Koordinate des Zentrums einer Zelle mit $\boldsymbol{x}$, dann werden wir auf eine ortsabhängige Magnetisierung $M(\boldsymbol{x})$ geführt. Um diesen Gedanken zu verallgemeinern, führen wir einen ortsabhängigen Ordnungsparameter $q(\boldsymbol{x})$ ein und lassen die freie Energie von den q an allen Orten abhängen. In Analogie zu (6.171) können wir $\mathcal{F}(\{q(\boldsymbol{x})\}, T)$ in eine Potenzreihe nach allen $q(\boldsymbol{x})$ entwickeln. Beschränken wir unsere momentanen

Untersuchungen auf inversionssymmetrische Probleme, so brauchen wir nur die geraden Potenzen von $q(\boldsymbol{x})$ beizubehalten.

Wir diskutieren die Form dieser Entwicklung. In einer ersten Näherung nehmen wir an, daß die Zellen $\boldsymbol{x}$ sich gegenseitig nicht beeinflussen. $\mathscr{F}$ kann also in eine Summe (oder ein Integral in der Kontinuumsnäherung) der Beiträge jeder einzelnen Zelle zerlegt werden. In einem zweiten Schritt berücksichtigen wir die Kopplung zwischen benachbarten Zellen mit Hilfe eines Gliedes, das ein Anwachsen der freien Energie bewirkt, falls die Magnetisierungen $M(\boldsymbol{x})$ oder allgemein die $q(\boldsymbol{x})$ in benachbarten Zellen voneinander verschieden sind. Dies wird durch einen Term $\gamma[\nabla q(\boldsymbol{x})]^2$ erreicht. Wir stellen also $\mathscr{F}$ in der Form des berühmten *Ginzburg-Landau-Funktionals* dar:

$$\mathscr{F}(\{q(\boldsymbol{x})\}; T) = \mathscr{F}_0(0, T) + \int d^n x \left\{ \frac{\alpha}{2} q(\boldsymbol{x})^2 + \frac{\beta}{4} q(\boldsymbol{x})^4 + \frac{\gamma}{2} [\nabla q(\boldsymbol{x})]^2 \right\}. \tag{6.190}$$

Vom Standpunkt einer *phänomenologischen* Beschreibung können die Relationen (6.174 und 178) folgendermaßen verallgemeinert werden:

Verteilungsfunktion

$$f(\{q(\boldsymbol{x})\}) = \mathscr{N} \mathrm{e}^{-\mathscr{F}/k_\mathrm{B}T}, \tag{6.191}$$

wobei $\mathscr{F}$ durch (6.190) definiert wurde.

Gleichung für die Relaxation von $q(\boldsymbol{x})$

$$\dot{q}(\boldsymbol{x}) = -\frac{\delta \mathscr{F}}{\delta q(\boldsymbol{x})}, \tag{6.192}$$

wobei q jetzt als Funktion von Raum *und* Zeit aufgefaßt wird. (Wieder wurde ein konstanter Faktor auf der rechten Seite weggelassen.) Setzen wir (6.190) in (6.192) ein, dann erhalten wir die *zeitabhängige Ginzburg-Landau-Gleichung*

$$\dot{q} = -\alpha q - \beta q^3 + \gamma \Delta q \, (+F) \, . \tag{6.193}$$

Ihre typischen Eigenschaften sind:

- ein linearer Term $-\alpha q$, wobei der Koeffizient α an einer gewissen „Schwelle“ $T = T_\mathrm{c}$ sein Vorzeichen ändert,
- ein nichtlinearer Term, $-\beta q^3$, der die Stabilität des Systems sichert,
- ein „Diffusionsterm“, $\gamma \Delta q$, wobei Δ der Laplace-Operator ist.

Um schließlich Fluktuationen zu berücksichtigen, wurde ad hoc eine fluktuierende Kraft $F(\boldsymbol{x}, t)$ addiert. In den Abschn. 7.6 – 8 werden wir eine Theorie entwickeln, die auf Gleichungen des Typs (6.193) oder Verallgemeinerungen von ihr führt. Die fluktuierenden Kräfte gehören zu einem Gaußschen Markov-Prozeß mit verschwindendem Mittelwert sowie

$$\langle F(\boldsymbol{x}', t')F(\boldsymbol{x}, t)\rangle = Q\delta(\boldsymbol{x} - \boldsymbol{x}')\delta(t - t') . \tag{6.194}$$

Die Langevin-Gleichung (6.193) ist äquivalent zu der Funktional-Fokker-Planck-Gleichung

$$\dot{f} = \int d^n x \left\{ \frac{\delta}{\delta q(\boldsymbol{x})} [\alpha q(\boldsymbol{x}) + \beta q(\boldsymbol{x})^3 - \gamma \Delta q(\boldsymbol{x})] + \frac{Q}{2} \frac{\delta^2}{\delta q(\boldsymbol{x})^2} \right\} f . \tag{6.195}$$

Deren stationäre Lösung ist – in Verallgemeinerung von (6.116) – durch

$$f = \mathcal{N} \exp \left[-\frac{2}{Q} \int d^n x \left\{ \frac{\alpha}{2} q(\boldsymbol{x})^2 + \frac{\beta}{4} q(\boldsymbol{x})^4 + \frac{\gamma}{2} [\nabla q(\boldsymbol{x})]^2 \right\} \right] \tag{6.196}$$

gegeben. Eine direkte Lösung der *nichtlinearen* Gleichung (6.193) oder der zeitabhängigen Fokker-Planck-Gleichung (6.195) erscheint ziemlich aussichtslos. Es sind bereits zur Lösung der entsprechenden Gleichungen ohne Ortsabhängigkeit (q unabhängig von x) Computer erforderlich. Wir untersuchen deshalb zunächst für den Fall $\alpha > 0$ die linearisierte Gleichung (6.193), d. h.

$$\dot{q} = -\alpha q + \gamma \Delta q + F . \tag{6.197}$$

Diese Gleichung kann durch eine Fourier-Analyse von $q(\boldsymbol{x}, t)$ und $F(\boldsymbol{x}, t)$ ohne weiteres gelöst werden. Berücksichtigen wir die Korrelationsfunktion (6.194), dann können wir die Zweipunktkorrelationsfunktion

$$\langle q(\boldsymbol{x}', t')q(\boldsymbol{x}, t)\rangle \tag{6.198}$$

ausrechnen. Wir geben sie für einen Fall an: eine Dimension, gleiche Zeiten, $t = t'$, aber verschiedene Ortskoordinaten:

$$\langle q(x', t)q(x, t)\rangle = Q/(\alpha\gamma)^{1/2} \exp[-(\alpha/\gamma)^{1/2}|x' - x|] . \tag{6.199}$$

Der Faktor in der Exponentialfunktion bei $|x - x'|$ hat die Bedeutung $(\text{Länge})^{-1}$. Wir setzen deshalb $l_c = (\alpha/\gamma)^{-1/2}$. Da (6.199) die *Korrelation* zwischen zwei verschiedenen Orten beschreibt, wird l_c als Korrelationslänge bezeichnet. Offensichtlich geht

$$l_c \to \infty \quad \text{für} \quad \alpha \to 0 ,$$

zumindest in der linearisierten Theorie. Der Exponent μ bei $l_c \propto \alpha^\mu$ wird als kritischer Exponent bezeichnet. In unserem Fall ist $\mu = -1/2$. Die Korrelationsfunktion $\langle q(x, t)q(x', t)\rangle$ wurde für den nichtlinearen Fall durch Computerrechnungen bestimmt (s. Schluß dieses Abschnitts).

In vielen Fällen ist der Ordnungsparameter $q(\boldsymbol{x})$ eine komplexe Größe. Wir bezeichnen ihn mit $\xi(\boldsymbol{x})$. Die vorhergehenden Gleichungen müssen dann durch die folgenden ersetzt werden:

Langevin-Gleichung

$$\dot{\xi} = -\alpha\xi - \beta|\xi|^2\xi + \gamma\Delta\xi + F. \tag{6.200}$$

Korrelationsfunktion der fluktuierenden Kräfte

$$\langle FF\rangle = 0, \quad \langle F^*F^*\rangle = 0, \tag{6.201}$$

$$\langle F^*(\boldsymbol{x}', t')F(\boldsymbol{x}, t)\rangle = Q\delta(\boldsymbol{x} - \boldsymbol{x}')\delta(t - t'). \tag{6.202}$$

Fokker-Planck-Gleichung

$$\dot{f} = \int d^n x \left\{ \frac{\delta}{\delta\xi(\boldsymbol{x})}[\alpha\xi(\boldsymbol{x}) + \beta|\xi(\boldsymbol{x})|^2\xi(\boldsymbol{x}) - \gamma\Delta\xi(\boldsymbol{x})] + \text{k.k.} \right.$$

$$\left. + \frac{Q}{2}\,\frac{\delta^2}{\delta\xi(\boldsymbol{x})\delta\xi^*(\boldsymbol{x})} \right\} f. \tag{6.203}$$

Stationäre Lösung der Fokker-Planck-Gleichung

$$f = \mathcal{N}\exp\left\{ -\frac{2}{Q}\int d^n x \left[\alpha|\xi(\boldsymbol{x})|^2 + \frac{\beta}{2}|\xi(\boldsymbol{x})|^4 + \gamma|\nabla\xi(\boldsymbol{x})|^2 \right] \right\}. \tag{6.204}$$

Eine typische Korrelationsfunktion lautet beispielsweise

$$\langle \xi^*(\boldsymbol{x}', t')\xi(\boldsymbol{x}, t)\rangle. \tag{6.205}$$

Für gleiche Zeiten $t = t'$ wurden die Korrelationsfunktionen (6.198 und 205) für den *nichtlinearen* eindimensionalen Fall (d. h. $\beta \neq 0$) unter Verwendung von Wegintegralen mit Hilfe eines Computers bestimmt. Um das reelle q und das komplexe ξ in derselben Weise abzuhandeln, setzen wir

$$\left.\begin{matrix} q(x) \\ \xi(x) \end{matrix}\right\} \equiv \Psi(x).$$

Es kann gezeigt werden, daß die Korrelationsfunktionen der Amplituden (6.198 und 205) in guter Näherung als

$$\langle \Psi^*(x', t)\,\Psi(x, t)\rangle = \langle\,|\Psi|\rangle^2 \exp(-l_1^{-1}|x - x'|) \tag{6.206}$$

geschrieben werden können, d. h., daß sie wieder durch eine einzelne Korrelationslänge l_1 ausgedrückt werden können. $\langle\,|\Psi|^2\rangle$ ist der Mittelwert von $|\Psi|^2$ über

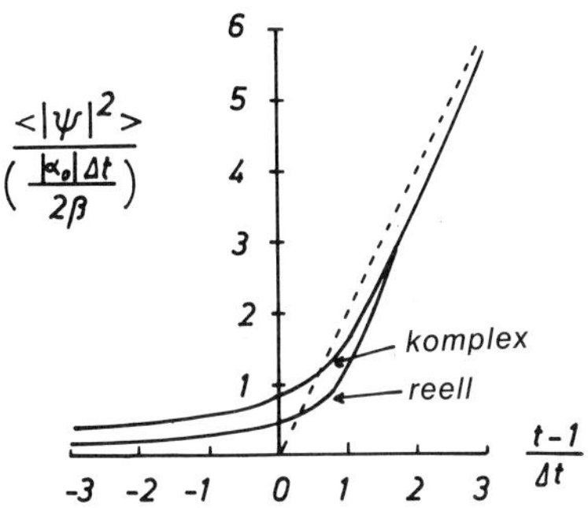

Abb. 6.15. $\langle |\Psi|^2 \rangle$ ist gegen den „Pumpparameter" $(t-1)/\Delta t$ aufgetragen (vgl. Text). $\Delta t = 2[\beta Q/(2 l_0 \alpha^2)]^{2/3}$, $l_0 = (2\gamma/\alpha_0)^{1/2}$. (Gezeichnet nach *Scalapino* und Mitarb.)

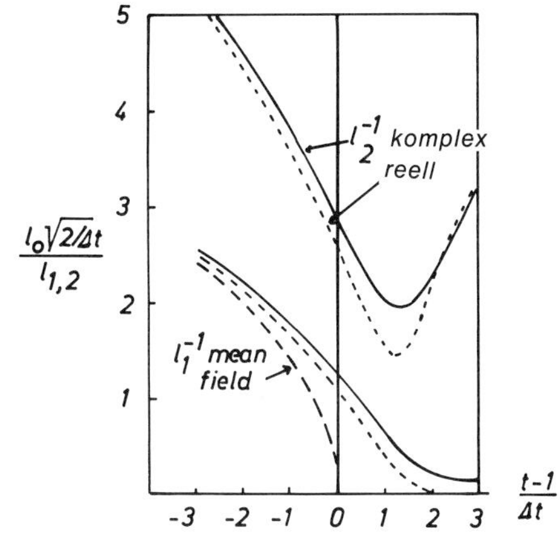

Abb. 6.16. Inverse Korrelationslänge l_1 und l_2 für reelle (gestrichelt) und komplexe (durchgezogen) Felder. Gestrichelte Kurve: Linearisierte Theorie („mean field theory"). (Gezeichnet nach *Scalapino* und Mitarb.)

die Verteilung des stationären Zustandes. Aus Gründen, die später klar werden, setzen wir $a = \alpha_0(1-t)$. (Zur Veranschaulichung erwähnen wir einige Beispiele. In Supraleitern ist $t = T/T_c$, wobei T: absolute Temperatur, T_c: kritische Temperatur, $\alpha_0 < 0$; bei Lasern, $t = D/D_c$, wobei D: (ungesättigte) atomare Inversion, D_c: kritische Inversion, $\alpha_0 > 0$; bei chemischen Reaktionen: $t = b/b_c$, wobei b die Konzentration einer gewissen chemischen Substanz, b_c ihre kritische Konzentration ist usw.) Wir definieren ferner die Länge $l_0 = (2\gamma/\alpha_0)^{1/2}$. Numerische Ergebnisse nahe der Schwelle sind in den Abb. 6.15 und 16 für $\langle |\Psi|^2 \rangle$ und l_1^{-1} bzw. l_2^{-1} aufgezeichnet. Die Korrelationsfunktion der Intensitäten kann (wieder näherungsweise) durch

$$\begin{aligned} &\langle |\Psi(x',t)|^2 |\Psi(x,t)|^2 \rangle - \langle |\Psi(x',t)|^2 \rangle \langle |\Psi(x,t)|^2 \rangle \\ &\quad = (\langle |\Psi|^4 \rangle - \langle |\Psi|^2 \rangle^2) \exp(-l_2^{-1} |x-x'|) \end{aligned} \tag{6.207}$$

ausgedrückt werden. Numerische Resultate für l_2^{-1} in der Nähe der Schwelle sind in Abb. 6.16 dargestellt.

7. Selbstorganisation

Langlebige Systeme versklaven kurzlebige Systeme

In diesem Kapitel kommen wir zu unserem zentralen Anliegen, nämlich der Organisation und Selbstorganisation. Bevor wir mit der mathematischen Behandlung beginnen, wollen wir zunächst diskutieren, welchen Inhalt diese beiden Wörter in unserem Alltagsleben haben.

Organisation

Wir betrachten als Beispiel eine Gruppe von Arbeitern. Wir sprechen dann von Organisation oder, genauer, von organisiertem Verhalten, wenn jeder Arbeiter auf vorgegebene äußere Anweisungen – d.h. des Chefs – in wohl definierter Weise reagiert. Es wird dabei unterstellt, daß ein so reguliertes Verhalten zu einem Zusammenwirken zur Herstellung eines Produkts führt.

Selbstorganisation

Denselben Vorgang würden wir dann als selbstorganisiert bezeichnen, falls keine äußeren Anweisungen gegeben werden, die Arbeiter vielmehr über eine Art von gegenseitigem Verständnis zusammenarbeiten, wobei jeder seinen Arbeitsgang wie bei der organisierten Herstellung eines Produkts verrichtet.

Wir versuchen nun, diese etwas vage Beschreibung dessen, was wir unter Organisation und Selbstorganisation verstehen, in strenge mathematische Begriffe zu kleiden. Wir haben dabei zu berücksichtigen, daß wir eine Theorie entwickeln müssen, die auf eine breite Klasse unterschiedlicher Systeme anwendbar ist. Solche Systeme umfassen nicht nur den oben erwähnten Fall eines soziologischen Systems, sondern vornehmlich auch physikalische, chemische und biologische Systeme.

7.1 Organisation

Die oben erwähnten Anweisungen eines Chefs sind der Grund für geordnete Zusammenarbeit. Wir müssen deshalb Ursachen und Wirkungen (Handlungsweisen) in mathematische Termini übersetzen. Wir betrachten dazu ein Beispiel aus der Mechanik: Skiläufer in einem Lift, der sie den Berg hoch schleppt. Die Ursachen sind die Kräfte, die auf die Skiläufer wirken. Ein ganz anderes Beispiel etwa liefert die Chemie: Stellen wir uns einen Reaktor vor, in den die Chemikalien kontinuierlich eingeleitet werden. Dieser „Input“ verursacht eine Reaktion, d.h. einen „Output“ neuer Chemikalien. Zumindest in diesen beiden Beispielen sind wir also in der Lage, Ursachen und Wirkungen quantitativ auszudrücken, letzteres beispielsweise durch die Geschwindigkeit der Skiläufer oder durch die Konzentrationen der produzierten Chemikalien.

Wir diskutieren nun, welche Art von Gleichungen wir für die Beziehungen zwischen Ursachen und Wirkungen (Effekten) erhalten werden. Wir beschränken unsere Überlegung auf Fälle, bei denen sich die Wirkung (der Effekt), die wir mittels einer Größe q beschreiben, während kleiner Zeitintervalle Δt um einen Wert proportional zu Δt und zur Größe F, der Ursache, ändert. Mathematisch gesehen betrachten wir also nur Gleichungen des Typs

$$\dot{q}(t) = F_0(q(t); t) .$$

Ferner werden wir fordern, daß ohne äußere Kräfte keine Wirkungen oder „Outputs" auftreten. Mit anderen Worten, wir verlangen $q = 0$, falls keine äußere Kraft wirkt. Ferner werden wir fordern, daß das System zum Zustand $q = 0$ zurückkehrt, sobald die Kräfte abgeschaltet werden. Wir fordern also, daß das System für $F = 0$ stabil und gedämpft ist. Die einfachste Gleichung dieses Typs lautet

$$\dot{q} = -\gamma q , \tag{7.1}$$

wobei γ die Dämpfungskonstante bezeichnet. Wird eine äußere Kraft F hinzugefügt, dann erhalten wir die einfache Gleichung

$$\dot{q} = -\gamma q + F(t) . \tag{7.2}$$

Bei einer chemischen Reaktion wird F eine Funktion der Konzentration der chemischen Reaktanten sein. Im Fall der Populationsdynamik wäre F beispielsweise der Nachschub an Nahrungsmitteln usw. Die Lösung von (7.2) kann in der Form

$$q(t) = \int_0^t e^{-\gamma(t-\tau)} F(\tau) d\tau \tag{7.3}$$

geschrieben werden, wobei wir hier – wie wir das auch später tun werden – Einschalteffekte vernachlässigt haben. Gleichung (7.3) ist ein einfaches Beispiel für folgende Beziehung: Die Größe q stellt die Antwort des Systems auf eine angelegte Kraft $F(t)$ dar. Offensichtlich hängt der Wert von q zur Zeit t nicht nur von den „Anordnungen" (Befehlen) zur Zeit t ab, sondern auch von denen, die in der Vergangenheit ergangen sind. Im folgenden wollen wir den Fall untersuchen, wo das System instantan reagiert, d. h. wo $q(t)$ nur von $F(t)$ abhängt. Zur weiteren Diskussion setzen wir beispielsweise

$$F(t) = a e^{-\delta t} . \tag{7.4}$$

Das Integral (7.3) kann mit (7.4) unmittelbar ausgewertet werden und wir erhalten

$$q(t) = \frac{a}{\gamma - \delta}(e^{-\delta t} - e^{-\gamma t}) . \tag{7.5}$$

Mit Hilfe von (7.5) können wir eine quantitative Bedingung dafür formulieren, wann q instantan reagiert. Dies ist der Fall, wenn $\gamma \gg \delta$, dann ist nämlich

$$q(t) \approx \frac{a}{\gamma} e^{-\delta t} \equiv \frac{1}{\gamma} F(t) , \tag{7.6}$$

mit anderen Worten, die Zeitkonstante des Systems $t_0 = 1/\gamma$ muß sehr viel kürzer sein als die Zeitkonstante $t' = 1/\delta$, die den Befehlen zugeordnet ist. Wir werden diese Annahme als „adiabatische Näherung" bezeichnen. Es wird sich herausstellen, daß sie für das Folgende von fundamentaler Bedeutung ist. Wir hätten übrigens dasselbe Resultat (7.6) erhalten, wenn wir in Gl. (7.2) von vornherein $\dot{q} = 0$ gesetzt hätten, d. h. die Gleichung

$$0 = -\gamma q + F(t) \tag{7.7}$$

gelöst hätten.

Wir verallgemeinern unsere Überlegungen in einer Weise, die auf eine Vielzahl praktischer Systeme anwendbar ist. Wir betrachten einen Satz von Untersystemen, die wir durch einen Index μ unterscheiden. Jedes Untersystem soll durch einen Satz von Variablen $q_{\mu 1}, \ldots, q_{\mu n}$ beschrieben werden. Ferner lassen wir einen ganzen Satz von Kräften $F_1, \ldots, F_m$ zu. Zwischen den q sollen Kopplungen bestehen mit Kopplungskonstanten, die von den äußeren Kräften abhängig sind. Schließlich können die Kräfte wie in (7.2) als inhomogene Glieder auftreten, wobei das entsprechende Glied eine komplizierte nichtlineare Funktion der F_j sein kann. In Matrixform geschrieben lauten also unsere Gleichungen

$$\dot{\boldsymbol{q}}_\mu = A\boldsymbol{q}_\mu + B(\boldsymbol{F})\boldsymbol{q}_\mu + \boldsymbol{C}(\boldsymbol{F}) . \tag{7.8}$$

Dabei sind A und B Matrizen, die unabhängig von $\boldsymbol{q}_\mu$ sind. Wir fordern, daß sämtliche Matrixelemente von B, die lineare oder nichtlineare Funktionen von $\boldsymbol{F}$ sind, verschwinden, sobald $\boldsymbol{F}$ gegen Null geht. Dieselbe Annahme gilt für $\boldsymbol{C}$. Um zu gewährleisten, daß das System (7.8) ohne äußere Kräfte gedämpft ist (oder mit anderen Worten, daß das System asymptotisch stabil ist), fordern wir, daß alle Eigenwerte der Matrix einen negativen Realteil haben

$$\mathrm{Re}\{\lambda\} < 0 . \tag{7.9}$$

Insbesondere garantiert dies die Existenz der Inversen zu A, d. h. die Determinante ist ungleich Null:

$$\det A \neq 0 . \tag{7.10}$$

Ferner wisssen wir aufgrund unserer Annahmen über B und C, daß die Determinante

$$\det|A + B(F)| \tag{7.11}$$

nicht verschwindet, wenn die $\boldsymbol{F}$ nur genügend klein sind. Obwohl der Satz von Gleichungen (7.8) linear in den $\boldsymbol{q}_\mu$ ist, bereitet eine Lösung immer noch erhebliche Schwierigkeiten. Im Rahmen der adiabatischen Näherung können wir jedoch sofort eine explizite und eindeutige Lösung von (7.8) angeben. Dazu nehmen wir an, daß sich die Kräfte $\boldsymbol{F}$ sehr viel langsamer ändern als das freie System $\boldsymbol{q}_\mu$. Dies erlaubt uns, in genau derselben Weise, wie wir früher diskutiert haben,

$$\dot{q}_\mu \approx 0 \tag{7.12}$$

zu setzen. Damit reduzieren sich die Differentialgleichungen (7.8) auf einfache algebraische Gleichungen, die durch

$$q_\mu = -[A + B(F)]^{-1}C(F) \tag{7.13}$$

gelöst werden. Wir bemerken, daß es sich bei A und $\boldsymbol{B}$ um Matrizen, bei $\boldsymbol{C}$ um einen Vektor handelt. Für praktische Anwendungen wird eine wichtige Verallgemeinerung von (7.8) erreicht, wenn man in den verschiedenen Untersystemen unterschiedliche A, $\boldsymbol{B}$ und $\boldsymbol{C}$ zuläßt, wir in (7.13) also

$$\left.\begin{aligned} A &\rightarrow A^{(\mu)} \\ B &\rightarrow B^{(\mu)} \\ C &\rightarrow C^{(\mu)} \end{aligned}\right\} \tag{7.14}$$

ersetzen. Die Antwort der $\boldsymbol{q}_\mu$ auf die $\boldsymbol{F}$ ist eindeutig und instantan und i. allg. eine nichtlineare Funktion der $\boldsymbol{F}$.

Wir betrachten einige weitere Verallgemeinerungen von (7.8) und diskutieren ihre Anwendbarkeit. a) Gl. (7.8) kann durch Gleichungen ersetzt werden, die höhere Ableitungen nach der Zeit enthalten. Da Gleichungen höherer Ordnung immer auf einen Satz von Gleichungen niedrigerer Ordnung, z. B. erster Ordnung, reduziert werden können, ist dieser Fall bereits in (7.8) enthalten. b) $\boldsymbol{B}$ und $\boldsymbol{C}$ können von den $\boldsymbol{F}$ aus früheren Zeiten abhängen. Auch dieser Fall bringt keine neuen Schwierigkeiten, vorausgesetzt, wir können weiterhin zur Technik der adiabatischen Elimination übergehen. Diese Situation führt jedoch zu enormen Komplikationen, sobald wir dann die Selbstorganisation diskutieren wollen. c) Die rechte Seite von (7.8) kann eine nichtlineare Funktion der $\boldsymbol{q}$ werden. Dieser Fall kann bei praktischen Anwendungen in der Tat auftreten. Wir können ihn jedoch ausschließen, wenn wir annehmen, daß die Systeme μ sehr stark gedämpft sind. Dann bleiben die $\boldsymbol{q}$ verhältnismäßig klein, und die rechte Seite von (7.8) kann nach Potenzen von $\boldsymbol{q}$ entwickelt werden. In vielen Fällen ist es dann erlaubt, diese Entwicklung nach den linearen Gliedern abzubrechen. d) Eine außerordentlich bedeutsame Verallgemeinerung muß später noch berücksichtigt werden. (7.8) ist eine völlig kausale Gleichung, d. h. es treten keine Fluktuationen auf. In vielen Systemen der Praxis spielen aber gerade Fluktuationen eine wesentliche Rolle.

Zusammenfassend können wir folgendes sagen: Um Organisation quantitativ zu beschreiben, werden wir (7.8) in der adiabatischen Näherung verwenden. Sie beschreibt eine ziemlich ausgedehnte Klasse möglicher Antworten physikalischer, chemischer und biologischer Systeme, und wie wir später sehen werden, auch soziologischer Systeme unter äußeren Einflüssen. Für Physiker sollte noch eine Bemerkung hinzugefügt werden. Ein beträchtlicher Teil der gegenwärtigen Physik beschäftigt sich mit der Analyse der Antwortfunktion im nichtadiabatischen Bereich. Gewiß werden weitere Fortschritte auf dem Gebiet der Selbstorganisation (s. unten) erzielt, sobald derartige Zeitverzögerungseffekte mit berücksichtigt werden.

7.2 Selbstorganisation

Ein verhältnismäßig einsichtiger Schritt zur Beschreibung der Selbstorganisation besteht darin, alle äußeren Kräfte als Teile des gesamten Systems aufzufassen. Im Gegensatz zu den oben beschriebenen Fällen dürfen wir jedoch dann die äußeren Kräfte nicht als vorgegebene Größen behandeln; vielmehr müssen wir ihre eigene Bewegungsgleichung mit berücksichtigen. Im einfachsten Fall haben wir nur eine Kraft und ein Untersystem. Identifizieren wir nun $\boldsymbol{F}$ mit q_1 und die frühere Variable $\boldsymbol{q}$ mit q_2, dann bilden

$$\dot{q}_1 = -\gamma_1 q_1 - a q_1 q_2 , \tag{7.15}$$

$$\dot{q}_2 = -\gamma_2 q_2 + b q_1^2 \tag{7.16}$$

ein explizites Beispiel für derartige Gleichungen. Wieder nehmen wir an, daß das System (7.16) in Abwesenheit des Systems (7.15) gedämpft ist; das erfordert $\gamma_2 > 0$. Um die Verbindung zwischen unserem jetzigen Problem und dem früheren herzustellen, wollen wir die Anwendbarkeit der adiabatischen Technik gewährleisten. Dazu fordern wir

$$\gamma_2 \gg \gamma_1 . \tag{7.17}$$

Obwohl γ_1 in (7.15) mit einem Minuszeichen auftritt, werden wir später beides zulassen: $\gamma_1 \gtrless 0$. Wegen (7.17) können wir (7.16) näherungsweise lösen, indem wir $\dot{q}_2 = 0$ setzen. Damit ergibt sich

$$q_2(t) \approx \gamma_2^{-1} b q_1^2(t) . \tag{7.18}$$

Gleichung (7.18) besagt, daß das System (7.16) dem System (7.15) unmittelbar folgt. Man spricht auch von der Versklavung von (7.16) durch das System (7.15). Das versklavte System wirkt aber auf das System (7.15) zurück. Wir können q_2 aus (7.18) in (7.15) einsetzen und erhalten so die Gleichung

$$\dot{q}_1 = -\gamma_1 q_1 - \frac{ab}{\gamma_2} q_1^3 , \tag{7.19}$$

die wir bereits früher, in Abschn. 5.1, angetroffen haben. Dort haben wir gesehen, daß zwei ganz unterschiedliche Lösungen auftreten können, je nachdem, ob $\gamma_1 > 0$ oder $\gamma_1 < 0$. Für $\gamma_1 > 0$ ist $q_1 = 0$ und deshalb auch $q_2 = 0$. Es tritt also keine Wirkung auf. Ist anderseits $\gamma_1 < 0$, dann lautet die stationäre Lösung

$$q_1 = \pm (|\gamma_1|\gamma_2/ab)^{1/2} \tag{7.20}$$

und wegen (7.18) ist auch $q_2 \neq 0$. Das System, das aus den zwei Untersystemen (7.15) und (7.16) besteht, hat also intern entschieden, eine endliche Größe q_2 zu erzeugen; es tritt mithin eine nichtverschwindende Wirkung auf. Da $q_1 = 0$ oder $q_1 \neq 0$ ein Maß dafür ist, ob eine Wirkung auftritt oder nicht, könnte man q_1 als Wirkungsparameter bezeichnen. Aus Gründen, die später noch klar werden, wenn wir komplexe Systeme behandeln, beschreibt q_1 den Grad der Ordnung. Dies ist der Grund, warum wir q_1 als „Ordnungsparameter" bezeichnen. Ganz allgemein werden wir Variable oder, in einer physikalischeren Sprechweise, Moden als Ordnungsparameter bezeichnen, wenn sie Untersysteme versklaven. Dieses Beispiel führt direkt auf folgende Verallgemeinerung: Wir behandeln einen ganzen Satz von Untersystemen, die wieder durch mehrere Variable beschrieben werden sollen. Für alle diese Variable benützen wir einen einzelnen Index, der von 1 bis n läuft. Für den Moment nehmen wir an, daß diese Gleichungen die Gestalt

$$\begin{aligned}
\dot{q}_1 &= -\gamma_1 q_1 + g_1(q_1, \ldots, q_n), \\
\dot{q}_2 &= -\gamma_2 q_2 + g_2(q_1, \ldots, q_n), \\
&\vdots \\
\dot{q}_n &= -\gamma_n q_n + g_n(q_1, \ldots, q_n)
\end{aligned} \tag{7.21}$$

haben. Für das Weitere gehen wir davon aus, daß die Indizes bereits so zugeordnet wurden, daß sie die Variablen nach zwei verschiedenen Gruppen gliedern: Der Index $i = 1, \ldots, m$ bezieht sich auf Moden mit geringer Dämpfung, die dann auch instabil werden können (d.h. $\gamma \lesssim 0$). Die andere Gruppe trägt den Index $s = m + 1, \ldots, n$ und bezieht sich auf stabile Moden. Es wird angenommen, daß die Funktionen g_j *nichtlineare* Funktionen von $q_1, \ldots, q_n$ sind (ohne konstante oder lineare Glieder). In einer ersten Näherung können diese Funktionen also gegenüber den linearen Gliedern der rechten Seite von Gl. (7.21) vernachlässigt werden. Wegen

$$\begin{aligned}
&\gamma_i \to 0 \quad \text{aber} \quad \gamma_s > 0 \quad \text{und endlich;} \\
&i = 1, \ldots, m; \quad s = m + 1, \ldots, n
\end{aligned} \tag{7.22}$$

können wir das adiabatische Näherungsprinzip wieder anwenden, indem wir $\dot{q}_s = 0$ setzen. Ferner nehmen wir an, daß die $|q_s|$ sehr viel kleiner sind als die $|q_i|$, was durch die Größe der γ_s nahegelegt wird (was aber in jedem praktischen Fall explizit nachgeprüft werden muß). Als Konsequenz daraus können wir in g_s alle $q_s = 0$ setzen. Damit können wir (7.21) für $s = m + 1, \ldots, n$ lösen, wobei $q_1, \ldots, q_m$ vorgegebene Größen sind:

$$\gamma_s q_s = g_s(q_1, \ldots, q_n), \quad s = m + 1, \ldots, n. \tag{7.23}$$

Dabei müssen $q_{m+1}, \ldots q_n$ in g_s gleich Null gesetzt werden. Setzen wir (7.23) wieder in die ersten m Gleichungen von (7.21) ein, dann erhalten wir nichtlineare Gleichungen für die q_i allein

$$\dot{q}_i = -\gamma_i q_i + g_i[q_1, \ldots, q_m; q_{m+1}(q_i), \ldots] . \tag{7.24}$$

Die Lösungen dieser Gleichungen bestimmen dann, ob eine Wirkung der Untersysteme, die ungleich Null ist, möglich wird oder nicht. Das einfachste Beispiel für (7.24) führt uns auf eine Gleichung des Typs (7.19) zurück oder auch z. B. auf eine Gleichung vom Typ

$$\dot{q}_1 = -\gamma_1 q_1 + a q_1^2 + b q_1^3 . \tag{7.25}$$

Die Gleichungen (7.21) sind charakterisiert durch die Tatsache, daß wir sie in zwei bezüglich ihrer Dämpfung klar getrennte Gruppen unterteilen können, mit anderen Worten, in stabile und (virtuell) instabile Variable (oder „Moden"). Wir wollen nun aufzeigen, daß Selbstorganisation keiner derartigen Einschränkung bedarf. Wir gehen dazu von einem System aus, bei dem die q nicht von vornherein in zwei verschiedene Gruppen gegliedert sind. Wir untersuchen also das folgende Gleichungssystem

$$\dot{q}_j = h_j(q_1, \ldots, q_n) , \tag{7.26}$$

wobei die h_j allgemeine nichtlineare Funktionen der q sind. Wir nehmen an, daß das System (7.26) eine zeitunabhängige Lösung hat, die wir mit q_j^0 bezeichnen. Um das Folgende leichter zu verstehen, wollen wir einen Blick auf das einfachere System (7.21) werfen. Dort hängt die rechte Seite von einem gewissen Satz von Parametern ab, den γ nämlich. In einem allgemeineren Fall werden wir also auch zulassen, daß die h_j auf der rechten Seite von (7.26) noch von einem Satz von Parametern abhängen, die wir mit $\sigma_1, \ldots, \sigma_l$ bezeichnen. Wir nehmen zunächst an, daß diese Parameter so gewählt sind, daß die q^0 stabile Werte haben. Durch eine Verschiebung des Ursprungs des Koordinatensystems der q können wir die q^0 gleich Null setzen. Diesen Zustand werden wir wir als Ruhezustand, in dem keine Wirkung auftritt, bezeichnen. Im folgenden setzen wir

$$q_j(t) = q_j^0 + u_j(t) \quad \text{oder} \quad \boldsymbol{q}(t) = \boldsymbol{q}^0 + \boldsymbol{u}(t) \tag{7.27}$$

und führen dieselben Schritte wie bei der Stabilitätsanalyse [vgl. Abschn. 5.3, wo $\xi(t)$ nun als $u(t)$ bezeichnet wird] durch. Wir setzen (7.27) in (7.26) ein. Da das System stabil sein soll, können wir annehmen, daß die u_j sehr klein bleiben, so daß wir die Gleichungen (7.26) linearisieren können. (Es sind dabei geeignete Annahmen über die h_j notwendig, die wir aber hier nicht explizit formulieren wollen.) Die linearisierten Gleichungen können in der Gestalt

$$\dot{u}_j = \sum_{j'} L_{jj'} u_{j'} \tag{7.28}$$

geschrieben werden. Die Matrixelemente $L_{jj'}$ hängen von $\boldsymbol{q}^0$ und gleichzeitig von den Parametern $\sigma_1, \sigma_2, \ldots$ ab. Statt (7.28) schreiben wir kürzer

$$\dot{\boldsymbol{u}} = L\boldsymbol{u} . \tag{7.29}$$

Gleichung (7.28) oder (7.29) ist ein Satz von linearen Differentialgleichungen erster Ordnung mit konstanten Koeffizienten. Lösungen können wie in Abschn. 5.3 in der Form

$$\boldsymbol{u} = \boldsymbol{u}^{(\mu)}(0)\, \mathrm{e}^{\lambda_\mu t} , \tag{7.30}$$

angegeben werden, wobei die λ_μ die Eigenwerte des Problems

$$\lambda_\mu \boldsymbol{u}^{(\mu)}(0) = L\boldsymbol{u}^{(\mu)}(0) \tag{7.31}$$

sind und $\boldsymbol{u}^{(\mu)}(0)$ die rechtsseitigen Eigenvektoren bezeichnet. Die allgemeinste Lösung von (7.28) oder (7.29) erhält man durch Superposition von (7.30)

$$\boldsymbol{u} = \sum_\mu \xi_\mu \mathrm{e}^{\lambda_\mu t} \boldsymbol{u}^{(\mu)}(0) \tag{7.32}$$

mit beliebigen, konstanten Koeffizienten ξ_μ. Wir führen linksseitige Eigenvektoren $\boldsymbol{v}^{(\mu)}$ ein, die die Gleichung

$$\lambda_\mu \boldsymbol{v}^{(\mu)} = \boldsymbol{v}^{(\mu)} L \tag{7.33}$$

erfüllen. Da wir annehmen, daß das System stabil ist, ist der Realteil aller Eigenwerte λ_μ negativ. Wir fordern jetzt, daß die Zerlegung (7.27) die ursprünglichen nichtlinearen Gleichungen (7.26) erfüllt. $\boldsymbol{u}(t)$ ist dann eine Funktion, die noch bestimmt werden muß

$$\dot{\boldsymbol{u}} = L\boldsymbol{u} + \boldsymbol{N}(\boldsymbol{u}) . \tag{7.34}$$

Wir haben den linearen Anteil $L\boldsymbol{u}$ aus (7.28) explizit berücksichtigt, $\boldsymbol{N}$ enthält die übrigen, nichtlinearen Beiträge. Wir stellen nun den Vektor $\boldsymbol{u}(t)$ als Superposition von rechtsseitigen Eigenvektoren in der Form (7.32) dar, wobei die ξ jetzt *unbekannte Funktionen* der Zeit sind und $\exp(\lambda_\mu t)$ weggelassen wird. Um entsprechende Gleichungen für die zeitabhängigen Amplituden $\xi_\mu(t)$ zu finden, multiplizieren wir (7.34) von rechts mit

$$\cdot\boldsymbol{v}^{(\mu)}(0) \tag{7.35}$$

und beachten die Orthogonalitätsrelation

$$\langle \boldsymbol{v}^{(\mu)} \boldsymbol{u}^{(\mu')} \rangle = \delta_{\mu\mu'} , \tag{7.36}$$

die aus der linearen Algebra bekannt ist. Damit wird (7.34) in

$$\dot{\xi}_\mu = \lambda_\mu \xi_\mu + g_\mu(\xi_1, \xi_2, \ldots) \tag{7.37}$$

transformiert, wobei

$$g_\mu = \langle \boldsymbol{v}^{(\mu)}, \boldsymbol{N}(\sum_\mu \xi_\mu \boldsymbol{u}^{(\mu)}) \rangle \,. \tag{7.38}$$

Die linke Seite von (7.37) kommt von der zugehörigen linken Seite von (7.34). Das erste Glied auf der rechten Seite ergibt sich aus dem ersten Ausdruck der rechten Seite von (7.34). Entsprechend wird $\boldsymbol{N}$ in $\boldsymbol{g}$ transformiert. Es ist wichtig zu bemerken, daß g_μ eine nichtlineare Funktion der ξ ist. Identifizieren wir nun ξ_μ mit q_j und λ_μ mit $-\gamma_j$, dann stellen wir fest, daß (7.37) exakt die Form (7.21) haben. Wir können also unsere frühere Rechnung unmittelbar anwenden. Um dies zu tun, ändern wir unsere Parameter $\sigma_1, \sigma_2, \ldots$ so, daß das System (7.28) instabil wird; mit anderen Worten, daß ein oder mehrere λ_μ einen verschwindenden oder positiven Realteil erhalten, während die übrigen λ weiter stabilen Moden zugeordnet bleiben. Die Moden ξ_μ mit $\mathrm{Re}\{\lambda_\mu\} \geqslant 0$ übernehmen dann die Rolle der Ordnungsparameter, die alle anderen Moden versklaven. Bei diesem Verfahren nehmen wir explizit an, daß es zu einem vorgegebenen Satz von Parameterwerten $\sigma_1, \sigma_2, \ldots$ zwei verschiedene Gruppen von λ_μ gibt.

Bei vielen praktischen Anwendungen (s. Abschn. 8.2) werden nur einer oder sehr wenige Ordnungsparameter instabil, d.h. $\mathrm{Re}\{\lambda_\mu\} \geqslant 0$. Bleiben alle übrigen Moden gedämpft – was wieder bei vielen praktischen Anwendungen erfüllt ist –, können wir das Verfahren der adiabatischen Elimination sicher anwenden. Die entscheidende Konsequenz beruht in folgendem: Da alle gedämpften Moden dem Ordnungsparameter adiabatisch folgen, wird das Verhalten des Systems nur durch sehr wenige Ordnungsparameter bestimmt. Sehr komplexe Systeme können also auf diese Weise wohlgeordnetes Verhalten zeigen.

Wir haben ferner in früheren Abschnitten gesehen, daß Ordnungsparametergleichungen Bifurkation zulassen. Dementsprechend können komplexe Systeme in verschiedenen „Moden" operieren, die durch das Verhalten der Ordnungsparameter festgelegt werden (Abb. 7.1). Obige Abschnitte des vorliegenden Kapitels sind – zugegebenermaßen – etwas abstrakt. Wir raten deshalb Studenten sehr nachdrücklich, alle Einzelschritte am Beispiel der Aufgabe zu wiederholen. In der Praxis arbeiten wir häufig mit einer hierarchischen Struktur, wo die Relaxationskonstanten so gruppiert werden können, daß

$$\gamma^{(1)} \gg \gamma^{(2)} \gg \gamma^{(3)} \ldots .$$

In diesem Fall kann man das Verfahren der adiabatischen Elimination zunächst auf die Variablen anwenden, die zu $\gamma^{(1)}$ gehören, wobei die anderen Variablen übrigbleiben. Wir können dann diese Methode auf die Variablen zu $\gamma^{(2)}$ anwenden usw.

Es existieren drei Verallgemeinerungen zu unserer vorliegenden Darstellung, die in einer Vielzahl von Situationen von praktischem Interesse unbedingt berücksichtigt werden müssen.

1) Gleichungen (7.26) oder die äquivalenten (7.37) enthalten eine prinzipielle Einschränkung. Nehmen wir an, daß die Parameter σ_1, σ_2 zunächst so gewählt sind, daß wir uns in einem stabilen Bereich befinden. Alle u sind dann im stationären Zustand gleich Null ($u = 0$) oder, was dasselbe bedeutet, alle $\xi = 0$.

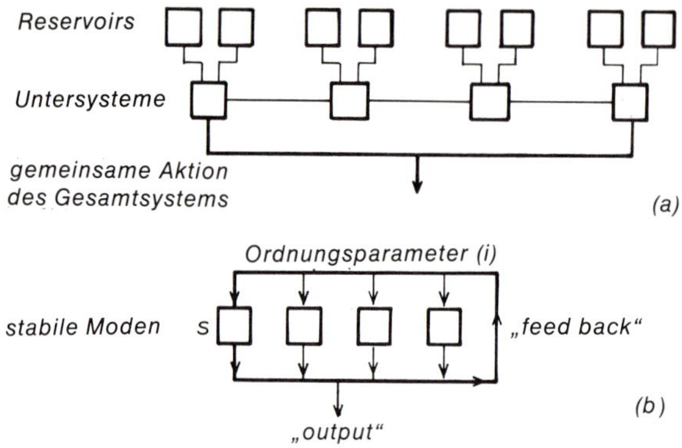

Abb. 7.1 a, b. Typisches Beispiel eines Systems, das aus vielen wechselwirkenden Untersystemen zusammengesetzt ist. Jedes Untersystem ist dabei (**a**) an Reservoire gekoppelt. Diese Reservoire enthalten sehr viele Freiheitsgrade, und wir haben nur sehr begrenzte Kenntnis über sie. Sie werden mit den Methoden der Informationstheorie untersucht (oder in der Physik mittels der Thermodynamik oder statistischen Physik). Nach der Elimination der Reservoirvariablen werden die „instabilen“ Moden der Untersysteme bestimmt – sie übernehmen die Rolle der Ordnungsparameter. Die stabilen Moden erzeugen in vielen Fällen einen Rückkopplungsmechanismus und stabilisieren gewisse Konfigurationen der Ordnungsparameter (**b**)

Gehen wir nun zu einem instabilen Bereich über, bleibt $\xi = 0$ Lösung, und das System wird nie in die neuen, verzweigten Zustände übergehen. Um das Einsetzen der Selbstorganisation zu verstehen, sind also zusätzliche Überlegungen erforderlich. Ihr Ursprung liegt in der Tatsache begründet, daß in praktisch allen Systemen Fluktuationen vorliegen, die das System von den instabilen Punkten wegtreiben zu neuen, stabilen Punkten mit $\xi \neq 0$ (Abschn. 7.3).

2) Die Methode der adiabatischen Elimination muß mit Vorsicht angewendet werden, sobald die λ Imaginärteile besitzen. In diesem Fall kann obiges Verfahren nur dann angewendet werden, wenn die Imaginärteile von $\lambda_{\text{instabil}}$ sehr viel kleiner sind als die Realteile von λ_{stabil}[1].

3) Bisher haben wir nur diskrete Systeme betrachtet, d. h. die Variablen q hingen nur von diskreten Indizes j ab. In kontinuierlich ausgedehnten Medien, wie Flüssigkeiten oder bei Kontinuumsmodellen für Neuronen-Netzwerke, hängt die Variable q von Raumpunkten $\boldsymbol{x}$ in kontinuierlicher Weise ab.

Die Punkte 1 – 3 werden durch die Methode, die in den Abschn. 7.7, 8 beschrieben wird, vollständig berücksichtigt.

Bei unseren obigen Überlegungen sind wir implizit davon ausgegangen, daß wir nach der adiabatischen Elimination der stabilen Moden Gleichungen für die Ordnungsparameter erhalten, die *nun stabilisiert* sind – vgl. (7.19). Dies ist eine Forderung der Selbstkonsistenz, die in jedem Einzelfall nachgeprüft werden muß. In Abschn. 7.8 werden wir eine Verallgemeinerung des vorliegenden Verfahrens vorstellen, die zu stabilisierten Ordnungsparametern in einer höheren Ordnung eines gewissen Iterationssschemas führt. Schließlich können gewisse

---

[1]) In den Abschnitten 7.7, 7.8 werden wir ein *exaktes* Eliminationsverfahren darstellen, bei dem wir auf die *adiabatische Näherung verzichten* können.

Ausnahmefälle existieren, bei denen die Dämpfungskonstanten γ_s der gedämpften Moden nicht groß genug sind. Als Beispiel betrachte man folgende Gleichung für eine gedämpfte Mode

$$\dot{q}_s = -\gamma_s q_s + q_i q_s + b q_i^2 .$$

Sobald der Ordnungsparameter zu groß werden kann, so daß $q_i - \gamma_s > 0$, bricht das Verfahren der adiabatischen Elimination zusammen, denn $\gamma_{\text{eff}} \equiv -\gamma_s + q_i < 0$. In einem solchen Fall treten neue, sehr interessante Phänomene auf, die beispielsweise in der Elektronik dazu benützt werden, den sogenannten „universellen Stromkreis" zu konstruieren. Wir werden auf diese Frage in Abschn. 12.4 zurückkommen.

Aufgabe

Man untersuche die Gleichungen

$$\dot{q}_1 = -q_1 + \beta q_2 - a(q_1^2 - q_2^2) \equiv h_1(q_1, q_2) , \tag{A.1}$$

$$\dot{q}_2 = \beta q_1 - q_2 + b(q_1 + q_2)^2 \equiv h_2(q_1, q_2) , \tag{A.2}$$

unter Verwendung der Schritte (7.27) bis (7.38). β wird als Parameter $\geqslant 0$ aufgefaßt, der von $\beta = 0$ anwächst. Man bestimme $\beta = \beta_c$, so daß $\lambda_1 = 0$.

7.3 Die Rolle der Fluktuationen: Zuverlässigkeit oder Anpassungsfähigkeit? Schaltung

Typische Gleichungen für sich selbst organisierende Systeme sind homogen (abgesehen von trivialen Verschiebungen des Ursprungs von $\boldsymbol{q}$), d.h. $\boldsymbol{q} = 0$ muß Lösung sein. Wird jedoch ein ursprünglich nicht aktives System durch $\boldsymbol{q} = 0$ beschrieben, dann wird es für immer bei $\boldsymbol{q} = 0$ bleiben, Selbstorganisation wird nicht auftreten. Wir müssen aus diesem Grund einen Anfangsstoß oder zufällig wiederholte Stöße vorgeben. Dies kann durch Zufallskräfte erreicht werden, denen wir bereits in Kap. 6 begegnet sind. Bei allen expliziten Beispielen von Systemen der Natur treten derartige Fluktuationen auf. Wir führen einige an: Laser: die spontane Emission von Licht, Hydrodynamik: hydrodynamische Fluktuationen, Evolution: die Mutationen.

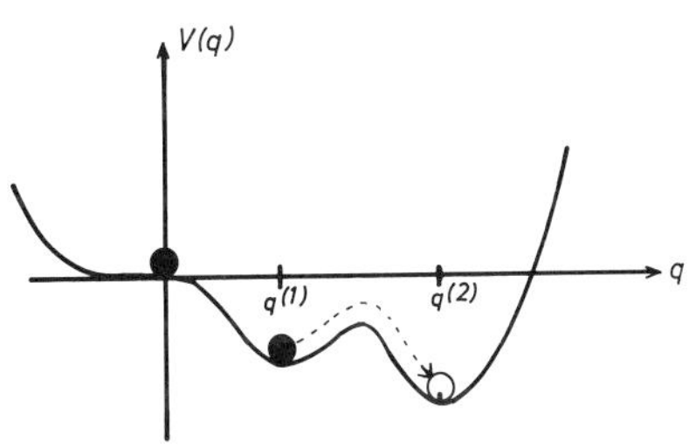

Abb. 7.2. Vgl. Text

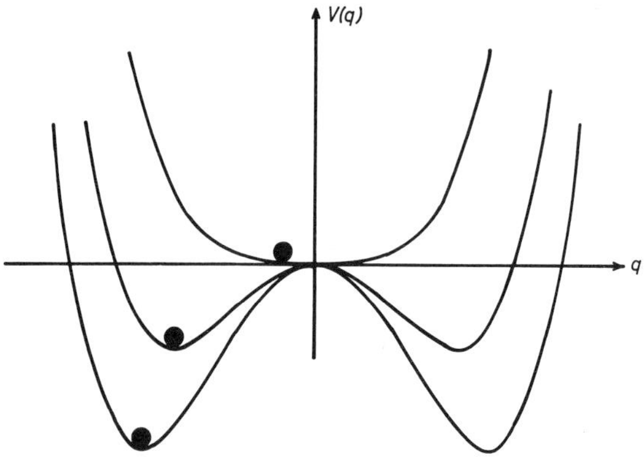

Abb. 7.3. Schaltung eines Elements durch Deformation des Potentials $V(q)$. Nach Landauer

Ist der Zustand der Selbstorganisation einmal erreicht, dann befindet sich das System in einem Zustand $q^{(1)}$, und Fluktuationen treiben das System weiter, auch neue Zustände zu erkunden. Betrachten wir etwa Abb. 7.2, dort wird das System durch einen einzelnen Ordnungsparameter q beschrieben. Ohne Fluktuationen könnte das System niemals bemerken, daß bei $q = q^{(2)}$ ein noch stabilerer Zustand vorliegt. Fluktuationen können das System jedoch von $q^{(1)}$ nach $q^{(2)}$ durch eine Art Diffusionsprozeß hinüber treiben. Da q die makroskopische Funktionsweise des Systems beschreibt, können unter den neuen Zuständen solche sein, die eine bessere Anpassung des Systems an seine Umgebung ermöglichen. Lassen wir ein Ensemble solcher Systeme zu und betrachten ihren Wettbewerb, dann wird Selektion einsetzen (vgl. Abschn. 10.3). Das Zusammenspiel von Fluktuationen und Selektion führt somit zu einer Evolution des Systems.

Andererseits gibt es Vorrichtungen, wie etwa die Tunneldiode in der Elektronik. Diese operieren in Zuständen, die durch einen Ordnungsparameter beschrieben werden, dem eine effektive Potentialkurve, etwa die aus Abb. 7.3 zugeordnet ist. Über äußere Einwirkungen können wir die Tunneldiode (oder andere Systeme) in den Zustand $q^{(1)}$ bringen und so bei $q^{(1)}$ Information speichern. Mit diesem Zustand ist eine gewisse makroskopische Eigenschaft des Systems (beispielsweise ein gewisser elektrischer Strom) verknüpft. Wir können also den Zustand des Systems von außen her messen und die Vorrichtung als *Gedächtnis (Memory)* verwenden. Bedingt durch Fluktuationen, kann das System in den Zustand $q^{(2)}$ diffundieren – verliert also sein Gedächtnis. Die *Zuverlässigkeit* eines Systems wird also durch Fluktuationen beeinträchtigt.

Damit Information verarbeitet werden kann, müssen wir in der Lage sein, das System zu *schalten*, es vom Zustand $q^{(1)}$ in den Zustand $q^{(2)}$ zu bringen. Wir können dies erreichen, wenn wir die Potentialbarriere immer mehr erniedrigen (vgl. Abb. 7.3). Dabei kann das System von $q^{(1)}$ nach $q^{(2)}$ diffundieren. Wird die Potentialbarriere nun wieder erhöht, bleibt das System im Zustand $q^{(2)}$ gefangen.

Es kann vorkommen, daß die Natur evolutionäre Vorgänge durch eine Änderung der äußeren Parameter fördert, so daß der beschriebene Schaltvorgang bei der Entwicklung neuer Arten wirksam werden kann. Aus diesem Grund ist die Größe der Fluktuationen des Ordnungsparameters für die Funktionsweise eines

Systems ausschlaggebend. Sie wirken in zwei, einander entgegengesetzten Richtungen: Anpassungsfähigkeit und leichte Schaltbarkeit erfordern große Fluktuationen und flache Potentialkurven, dagegen verlangt Zuverlässigkeit kleine Fluktuationen und tiefe Potentialtäler. Wie könnnen wir die Größe der Fluktuationen kontrollieren? Bei sich selbst organisierenden Systemen, die sich aus mehreren (identischen) Untersystemen zusammensetzen, kann dies durch eine Reihe von Faktoren verwirklicht werden. Für fixierte (d.h. nicht fluktuierende) Ordnungsparameter hat jedes Untersystem s einen definierten „Output" $q_d^{(s)}$ und einen zufällig fluktuierenden „Output" $q_r^{(s)}$. Nehmen wir an, daß der gesamte „Output" $q^{(s)}$ sich additiv aus beiden Beiträgen zusammensetzt

$$q^{(s)} = q_d^{(s)} + q_r^{(s)}. \tag{7.39}$$

Ferner nehmen wir an, daß die $q^{(s)}$ stochastisch unabhängige Variable sind. Dann kann der gesamte „Output" $q_{\text{gesamt}} = \sum_s q^{(s)}$ mittels des zentralen Grenzwertsatzes (vgl. Abschn. 2.15) bestimmt werden: Der gesamte „Output" nimmt mit der Zahl N der Untersysteme zu, die Fluktuationen wachsen jedoch nur wie $\sqrt{N}$. Wir können deswegen die Zuverlässigkeit und Anpassungsfähigkeit über die Zahl der Untersysteme kontrollieren.

Wir bemerken, daß diese Abschätzung von einer linearen Behandlung (7.39) ausgeht. In der Realität führt der Rückkopplungsmechanismus nichtlinearer Gleichungen zu einer noch ausgeprägteren Unterdrückung des Rauschens. Wir werden dies explizit insbesondere für den Fall des Lasers (Kap. 8) zeigen.

Um zusammenzufassen: Wir diskutieren die Zuverlässigkeit eines Systems im Sinne seiner Stabilität gegenüber fehlerhafter Funktionsweise einiger Untersysteme. Um eine Lösung zu verdeutlichen, die sich selbst organisierenden Systemen anbietet, betrachten wir den Laser (oder das Netzwerk der Neuronen). Wir nehmen an, daß die Emission des Laserlichts in regulärer Weise durch Atome erfolgt, die sämtlich Licht mit der gleichen Frequenz ω_0 ausstrahlen. Wir nehmen weiter an, daß eine gewisse Zahl von Atomen eine andere Übergangsfrequenz ω_1 besitzt. Während nun in einer gewöhnlichen Lampe beide Linien ω_0 und ω_1 auftreten – was auf eine fehlerhafte Funktionsweise hinweist –, emittiert der Laser weiterhin (bedingt durch die Nichtlinearitäten) *nur* die Frequenz ω_0. Dies ist eine Konsequenz des Wettbewerbs zwischen verschiedenen Ordnungsparametern (vgl. Abschn. 5.4). Dasselbe Verhalten kann man bei Neuronen erwarten, sobald einige Neuronen mit einer anderen Rate zu „feuern" versuchen. In diesem Fall wird das Ausgangssignal lediglich etwas schwächer, aber es behält seine charakteristischen Eigenschaften. Lassen wir Fluktuationen der Untersysteme zu, dann bleiben diese gering und sie werden vom „korrekten" makroskopischen Ordnungsparameter überwogen.

7.4* Adiabatische Elimination der schnell relaxierenden Variablen aus der Fokker-Planck-Gleichung

In den vorangegangenen Abschn. 7.1 und 2 haben wir Methoden beschrieben, die es ermöglichen, schnell variierende Variable aus den Bewegungsgleichungen zu eliminieren. In mehreren Fällen, etwa in der chemischen Reaktionskinetik, ist der Zugang zur Fokker-Planck-Gleichung direkter möglich als zu den entsprechenden Langevin-Gleichungen. Aus diesem Grunde wird es erforderlich, die Techniken der adiabatischen Elimination direkt in der Fokker-Planck-Gleichung anzuwenden. Wir stellen die grundlegenden Ideen an dem Beispiel (7.15 und 16) dar, wobei wir jetzt die Fluktuationen mit berücksichtigen. Um explizit zwischen den „instabilen" und den „stabilen" Moden zu unterscheiden, ersetzen wir die Indizes

1 durch u („unstable")

2 durch s („stable") .

Ergänzen wir (7.15 und 16) durch fluktuierende Kräfte, so lautet die zugehörige Fokker-Planck-Gleichung

$$\dot{f}(q_u, q_s) = \left[\frac{\partial}{\partial q_u}\underbrace{(\gamma_u q_u + a q_u q_s)}_{-F_u} + \frac{\partial}{\partial q_s}\underbrace{(\gamma_s q_s - b q_u^2)}_{-F_s}\right] f(q_u, q_s) + \frac{1}{2}\left(Q_u \frac{\partial^2}{\partial q_u^2} + Q_s \frac{\partial^2}{\partial q_s^2}\right) f(q_u, q_s) \,. \tag{7.40}$$

Wir schreiben die Verbundwahrscheinlichkeit $f(q_u, q_s)$ in der Form

$$f(q_u, q_s) = h(q_s|q_u)\, g(q_u) \,, \tag{7.41}$$

wobei wir die Normierungsbedingungen

$$\int h(q_s|q_u)\, dq_s = 1 \tag{7.42}$$

und

$$\int g(q_u)\, dq_u = 1 \tag{7.43}$$

vorschreiben. Offensichtlich kann $h(q_s\,|\,q_u)$ als bedingte Wahrscheinlichkeit interpretiert werden, q_s unter der Bedingung, daß der Wert von q_u vorgegeben ist, anzutreffen. Es ist unser Ziel, eine Gleichung für $g(q_u)$ allein anzugeben, d.h. q_s zu eliminieren. Setzen wir (7.41) in (7.40) ein, erhalten wir

$$\underline{\dot{g}h} + g\dot{h} = \underline{-\frac{\partial}{\partial q_u}(F_u g h)} + \underline{\frac{1}{2} Q_u \frac{\partial^2 g}{\partial q_u^2} h} \underbrace{- g \frac{\partial}{\partial q_s}(F_s h) + \frac{1}{2} Q_s g \frac{\partial^2 h}{\partial q_s^2}}_{\text{(gestrichelt)}} + Q_u \left(\frac{\partial g}{\partial q_u}\frac{\partial h}{\partial q_u} + \frac{1}{2} g \frac{\partial^2 h}{\partial q_u^2}\right). \tag{7.44}$$

Um eine Gleichung für $g(q_u)$ allein zu erhalten, integrieren wir (7.44) über q_s. Benützen wir (7.42), dann erhalten wir

$$\dot{g}(q_u) = -\frac{\partial}{\partial q_u}\underbrace{\int F_u h\, dq_s}_{=\hat{F}} g(q_u) + \frac{1}{2}Q_u\frac{\partial^2 g}{\partial q_u^2}. \tag{7.45}$$

Wie in (7.45) angedeutet, benützen wir die Abkürzung

$$\hat{F}(q_u) = \int F_u(q_u, q_s)h(q_s|q_u)dq_s. \tag{7.46}$$

Offensichtlich enthält (7.45) die noch unbekannte Funktion $h(q_s|q_u)$. Unsere folgende Annahme, daß h durch die Gleichung

$$\dot{h} = -\frac{\partial}{\partial q_s}F_s h + \frac{1}{2}Q_s\frac{\partial^2 h}{\partial q_s^2} \equiv L_s h \tag{7.47}$$

bestimmt wird, kann durch eine genauere Untersuchung von (7.44) gerechtfertigt werden. Dies impliziert, daß h sich sehr viel langsamer als Funktion von q_u als als Funktion von q_s ändert. Mit anderen Worten, die Ableitungen erster (zweiter) Ordnung von h nach q_u können gegenüber den entsprechenden Ableitungen nach q_s vernachlässigt werden. Wie wir noch explizit sehen werden, ist diese Forderung erfüllt, sobald γ_s genügend groß ist. Ferner fordern wir $\dot{h} = 0$, so daß h der Gleichung

$$L_s h = 0 \tag{7.48}$$

genügen muß. Dabei ist L_s der Differentialoperator auf der rechten Seite von (7.47). In unserem speziellen Beispiel,

$$F_s = -\gamma_s q_s + \varphi(q_u), \tag{7.49}$$

kann die Lösung von (7.48) mit Hilfe von (6.129) explizit angegeben werden. (Wir bemerken, daß q_u hier als konstanter Parameter behandelt wird.)

$$h(q_s|q_u) = \mathcal{N}\exp\{-Q_s^{-1}\gamma_s[q_s - \varphi(q_u)/\gamma_s]^2\}. \tag{7.50}$$

Da F_u bei praktisch allen Anwendungen von Potenzen der q_s abhängt, kann das Integral (7.46) explizit ausgewertet werden. In unserem vorliegenden Beispiel erhalten wir

$$\hat{F} = -\gamma_u q_u - \frac{1}{\gamma_s}\varphi(q_u)\cdot q_u. \tag{7.51}$$

Ist die adiabatische Bedingung erfüllt, kann unser Verfahren auf allgemeine Funktionen F_u und F_s (anstelle jener aus (7.40)) angewendet werden. In einer Dimension kann (7.48) dann explizit gelöst werden (vgl. Abschn. 6.4). Aber auch in mehreren Dimensionen (s. Aufgabe) kann (7.48) in vielen Fällen gelöst werden, beispielsweise wenn die Potentialbedingungen (6.114 und 115) erfüllt sind. Wir bemerken, daß dieses Verfahren auch im Falle von Funktional-Fokker-Planck-Gleichungen anwendbar bleibt.

Aufgabe

Man verallgemeinere obiges Verfahren auf einen Satz von q_u, $u = 1, \ldots, k$, $s = 1, \ldots, l$.

7.5* Adiabatische Elimination der schnell relaxierenden Variablen aus der Master-Gleichung

In einer Vielzahl von Anwendungen kann man langsame und schnelle (stabile) Größen identifizieren, oder präziser, man kann Zufallsvariable X_s, X_u angeben, deren Wahrscheinlichkeitsverteilung einer Master-Gleichung genügt. In diesem Fall können wir die stabilen Variablen in enger Analogie zu unserem vorhergehenden Verfahren bei der Fokker-Planck-Gleichung aus der Master-Gleichung eliminieren. Wir bezeichnen die Werte der instabilen (stabilen) Variablen durch $\boldsymbol{m}_u$ ($\boldsymbol{m}_s$). Die Wahrscheinlichkeitsverteilung P erfüllt die Master-Gleichung (4.111)

$$\dot{P}(\boldsymbol{m}_s, \boldsymbol{m}_u; t) = \sum_{\boldsymbol{m}_s', \boldsymbol{m}_u'} w(\boldsymbol{m}_s, \boldsymbol{m}_u; \boldsymbol{m}_s', \boldsymbol{m}_u') P(\boldsymbol{m}_s', \boldsymbol{m}_u'; t) - P(\boldsymbol{m}_s, \boldsymbol{m}_u; t) \sum_{\boldsymbol{m}_s', \boldsymbol{m}_u'} w(\boldsymbol{m}_s', \boldsymbol{m}_u'; \boldsymbol{m}_s, \boldsymbol{m}_u) . \tag{7.52}$$

Wir setzen

$$P(\boldsymbol{m}_s, \boldsymbol{m}_u, t) = G(\boldsymbol{m}_u) H(\boldsymbol{m}_s | \boldsymbol{m}_u) \tag{7.53}$$

und fordern

$$\sum_{\boldsymbol{m}_s} H(\boldsymbol{m}_s | \boldsymbol{m}_u) = 1 , \tag{7.54}$$

$$\sum_{\boldsymbol{m}_u} G(\boldsymbol{m}_u) = 1 . \tag{7.55}$$

Setzen wir (7.53) in (7.52) ein und summieren auf beiden Seiten über $\boldsymbol{m}_s$, dann erhalten wir die noch exakte Gleichung

$$\dot{G}(\boldsymbol{m}_u) = \sum_{\boldsymbol{m}_u'} \tilde{w}(\boldsymbol{m}_u; \boldsymbol{m}_u') G(\boldsymbol{m}_u') - G(\boldsymbol{m}_u) \sum_{\boldsymbol{m}_u'} \tilde{w}(\boldsymbol{m}_u'; \boldsymbol{m}_u) . \tag{7.56}$$

Eine kleinere Rechnung zeigt, daß

$$\tilde{w}(\boldsymbol{m}_u; \boldsymbol{m}_u') = \sum_{\boldsymbol{m}_s, \boldsymbol{m}_s'} w(\boldsymbol{m}_s, \boldsymbol{m}_u; \boldsymbol{m}_s', \boldsymbol{m}_u') H(\boldsymbol{m}_s' | \boldsymbol{m}_u') . \tag{7.57}$$

Um eine Gleichung für die bedingte Wahrscheinlichkeit $H(\boldsymbol{m}_s | \boldsymbol{m}_u)$ abzuleiten, verwenden wir den adiabatischen Ansatz, daß sich nämlich X_u sehr viel langsamer ändert als X_s. Dementsprechend bestimmen wir H aus dem Teil von (7.52), in dem Übergänge zwischen $\boldsymbol{m}_s'$ und $\boldsymbol{m}_s$ für festes $\boldsymbol{m}_u = \boldsymbol{m}_u'$ auftreten. Darüber hinaus fordern wir $\dot{H} = 0$ und erhalten so

$$\sum_{\boldsymbol{m}_s'} w(\boldsymbol{m}_s, \boldsymbol{m}_u; \boldsymbol{m}_s', \boldsymbol{m}_u) H(\boldsymbol{m}_s' \,|\, \boldsymbol{m}_u) - H(\boldsymbol{m}_s \,|\, \boldsymbol{m}_u) \sum_{\boldsymbol{m}_s'} w(\boldsymbol{m}_s', \boldsymbol{m}_u; \boldsymbol{m}_s, \boldsymbol{m}_u) = 0 \,. \tag{7.58}$$

Die Gleichungen (7.58 und 56) können in einer Vielzahl von Fällen gelöst werden, z. B. falls die Bedingung detaillierter Bilanz vorliegt. Die Güte des Verfahrens kann nachgeprüft werden, indem man (7.53), wobei G und H aus (7.56 und 58) bestimmt werden, in (7.52) einsetzt und eine Abschätzung der Restglieder vornimmt. Trifft die adiabatische Hypothese zu, können diese Glieder als kleine Störung berücksichtigt werden. Setzt man die Lösung H aus (7.58) in (7.57) ein, dann ergibt sich ein expliziter Ausdruck für $\tilde{w}$, der dann in (7.56) verwendet werden kann. Letztere Gleichung bestimmt schließlich die Wahrscheinlichkeitsverteilung G der Ordnungsparameter.

7.6 Selbstorganisation in räumlich ausgedehnten Medien. Eine Darstellung der mathematischen Methoden

In diesem – wie auch in den folgenden Abschnitten – werden wir die Bewegungsgleichungen von räumlich ausgedehnten Medien unter Berücksichtigung der Fluktuationen behandeln. Wir nehmen zunächst an, daß die äußeren Parameter nur stabile Lösungen zulassen. Dann linearisieren wir die Gleichungen und gewinnen so einen Satz von Moden. Werden nun die äußeren Parameter verändert, dann werden diejenigen Moden, die dabei instabil werden, als Ordnungsparameter wirksam. Da deren Relaxationszeiten nach Unendlich gehen, können die gedämpften Moden adiabatisch eliminiert werden, so daß schließlich ein Satz gekoppelter Ordnungsparametergleichungen zurückbleibt. In zwei und drei Dimensionen ermöglichen diese beispielsweise die Bildung von hexagonalen Strukturen. Unser Verfahren findet eine Vielzahl von praktischen Anwendungen (s. Kap. 8).

Um unser Verfahren zu erklären, betrachten wir zunächst die allgemeine Form der Gleichungen, die in der Hydrodynamik, bei Lasern, in der nichtlinearen Optik, bei chemischen Reaktionsmodellen sowie verwandten Problemen auftreten. Um konkret zu sein, wir gehen von makroskopischen Variablen aus, obwohl unser Verfahren in vielen Fällen auch auf mikroskopische Größen anwendbar ist. Wir bezeichnen die physikalischen Größen mit $U = (U_1, U_2, \ldots)$. Zur Verdeutlichung greifen wir auf die folgenden Beispiele zurück. Bei Lasern steht U für die elektrische Feldstärke, die Polarisation des Mediums und die Inversionsdichte der laseraktiven Atome. In der nichtlinearen Optik bezeichnet U die Feldstärken mehrerer wechselwirkender Moden. In der Hydrodynamik enthält U beispielsweise die Komponenten des Geschwindigkeitsfeldes, die Dichte und die Temperatur. Bei chemischen Reaktionen steht U für die Zahlen (oder Dichten) der Moleküle, die an der chemischen Reaktion teilnehmen. In all diesen Fällen genügt U Gleichungen vom folgenden Typ

$$\frac{\partial}{\partial t} U_\mu = G_\mu(\nabla, U) + D_\mu \nabla^2 U_\mu + F_\mu(t); \quad \mu = 1, 2, \ldots, n. \tag{7.59}$$

Darin sind die G_μ nichtlineare Funktionen von U und möglicherweise von Gradienten von U. In den meisten Anwendungen wie der Lasertheorie oder der Hydrodynamik ist G eine bilineare Funktion von U. In gewissen Situationen (insbesondere bei chemischen Reaktionsmodellen) kann auch ein kubisches Kopplungsglied auftreten. Das nächste Glied beschreibt die Diffusion (D ist reell) oder wellenartige Ausbreitungen (D ist imaginär). In diesem letzteren Fall wurde die zweite Zeitableitung der Wellengleichung mit Hilfe der Näherung der „langsam veränderlichen Amplitude" durch die erste Ableitung ersetzt. Die $F_\mu(t)$ sind fluktuierende Kräfte, die durch äußere Reservoirs verursacht werden sowie durch die interne Dissipation. Sie sind verknüpft mit den Dämpfungsgliedern, die in (7.59) auftreten.

Wir werden uns mit der Ableitung von (7.59) nicht beschäftigen. Unser Bestreben ist vielmehr, aus (7.59) Gleichungen für die ungedämpften Moden abzuleiten, die eine makroskopische Größenordnung erreichen und die Dynamik des Systems in der Umgebung des instabilen Punktes bestimmen. Diese Moden bilden ein Skelett, das oberhalb der Instabilität aus den Fluktuationen herauswächst, und beschreiben so den „embryonalen" Zustand der sich entwickelnden raumzeitlichen Struktur.

7.7* Die verallgemeinerten Ginzburg-Landau-Gleichungen für Nichtgleichgewichtsphasenübergänge

Wir beginnen nun mit der Behandlung von (7.59). Wir nehmen an, daß die Funktionen G_μ in (7.59) von äußeren Parametern σ_1, σ_2, ... (z. B. der Energie, die dem System zugeführt wird) abhängen. Zunächst betrachten wir solche Werte von σ, für die $\boldsymbol{U} = \boldsymbol{U}_0$ eine stabile Lösung von (7.59) darstellt. Bei höheren Instabilitäten kann $\boldsymbol{U}_0$ auch orts- und zeitabhängig sein, etwa in der Form

$$U_l(x) = \sum_m T_{lm} \tilde{U}_m \exp(\mathrm{i}\boldsymbol{k}_m \boldsymbol{x} - \mathrm{i}\omega_m t).$$

In einer Vielzahl von Situationen kann die Abhängigkeit von $\boldsymbol{x}$ und t in $\boldsymbol{U}_l$ wegtransformiert werden, so daß sich eine neue orts- und zeitunabhängige Lösung $\boldsymbol{U}_0$ (oder $\tilde{\boldsymbol{U}}_0$) ergibt. Wir zerlegen dann $\boldsymbol{U}$

$$\boldsymbol{U} = \boldsymbol{U}_0 + \boldsymbol{q} \tag{7.60}$$

mit

$$\boldsymbol{q} = \begin{pmatrix} q_1(\boldsymbol{x}, t) \\ \vdots \\ q_n(\boldsymbol{x}, t) \end{pmatrix}. \tag{7.61}$$

Zerlegen wir die rechte Seite von (7.59) in einen linearen Anteil $K\boldsymbol{q}$ und einen nichtlinearen in $\boldsymbol{q}$, dann erhalten wir für (7.59) die Form

$$\left[\frac{\partial}{\partial t} - K(\nabla)\right] q = g(q) + F(t) . \tag{7.62}$$

Darin hat die Matrix

$$K = (\hat{K}_{\mu\nu}) \tag{7.63}$$

die Gestalt

$$\hat{K}_{\mu\nu} = K_{\mu\nu} + \delta_{\mu\nu} D_\mu \nabla^2 , \quad \text{wobei} \quad K_{\mu\nu} = \left.\frac{\partial G_\mu}{\partial U_\nu}\right|_{U_{\nu,0}} . \tag{7.64}$$

Unser gesamtes Verfahren findet auch dann Anwendung, wenn die Matrix K in sehr allgemeiner Form von ∇ abhängt. g soll die Form

$$g_i(q) = \sum_{\mu\nu} q_\mu g^{(2)}_{i\mu\nu}(\nabla) q_\nu + \sum_{\mu\nu\kappa} g^{(3)}_{i\mu\nu\kappa} q_\mu q_\nu q_\kappa \tag{7.65}$$

haben. $g^{(2)}$ kann auch von ∇ abhängen, entsprechendes gilt für $g^{(3)}$. (Falls $g^{(3)}$ von ∇ abhängt, wird es wichtig, die Reihenfolge zwischen g und q einzuhalten.) Wir betrachten als erstes die zu (7.62) gehörige lineare und homogene Gleichung

$$\left[\frac{\partial}{\partial t} - K(\nabla)\right] q = 0 . \tag{7.66}$$

Zu ihrer Lösung spalten wir den Vektor q, der eine Funktion von Ort und Zeit ist, mit Hilfe eines Separationsansatzes auf in eine Zeitfunktion, einen konstanten Vektor und eine Ortsfunktion

$$q(x, t) = e^{\lambda t} O \chi(x) . \tag{7.67}$$

Setzen wir dies in (7.66) ein, so ergibt sich

$$K(\nabla) O \chi(x) = \lambda O \chi(x) . \tag{7.66a}$$

Wir verlangen nun, daß $\chi(x)$ der Wellengleichung

$$\nabla^2 \chi_k(x) = -k^2 \chi_k(x) \tag{7.68}$$

genügt, wobei jeweils noch bestimmte Randbedingungen für $\chi_k(x)$ gestellt sind. Bekanntlich erlaubt (7.68) einen ganzen Satz von Lösungen, die wir dementsprechend durch einen Index k, der z.B. einen Wellenzahlvektor bedeuten kann, unterscheiden. In einem solchen Falle wäre χ_k eine laufende oder stehende ebene Welle. Bei wieder anderen Problemen kann es vorteilhaft (oder aufgrund von Randbedingungen auch notwendig) sein, andere Darstellungen, z.B. Bessel-Funktionen oder Kugelflächenfunktionen, zu verwenden.

Wie man sich mit Hilfe des expliziten Beispiels (7.64) leicht klar macht, geht (7.66a) mit Hilfe von (7.68) in

$$K(\boldsymbol{k})\boldsymbol{O} = \lambda \boldsymbol{O} \tag{7.66b}$$

über, wobei wir (7.66a) noch durch $\chi \equiv \chi_k$ gekürzt haben. Da K nun von $\boldsymbol{k}$ abhängt, z. B. durch Matrixelemente der Form

$$\hat{K}_{\mu\nu} = K_{\mu\nu} - \delta_{\mu\nu} D_\mu k^2 ,$$

werden λ und $\boldsymbol{O}$ ebenfalls Funktionen von $\boldsymbol{k}$. Da aber (7.66b) einen Satz linearer, homogener, algebraischer Gleichungen für den konstanten Vektor $\boldsymbol{O}$ darstellt, ist diese Gleichung bei festem $\boldsymbol{k}$ nur für einen bestimmten Satz diskreter Eigenwerte λ lösbar, die wir noch durch einen Index j unterscheiden. Insgesamt müssen wir also λ mit den „Indizes" j und $\boldsymbol{k}$ ausstatten, so daß wir schreiben $\lambda = \lambda_j(\boldsymbol{k})$.

Entsprechend sind auch die $\boldsymbol{O}$ zu unterscheiden

$$\boldsymbol{O} = \boldsymbol{O}^{(j)}(\boldsymbol{k}) .$$

Durch einen formalen Trick können wir viele Beziehungen in einer noch übersichtlicheren Form schreiben. Allerdings erfordert dieser Schritt etwas Abstraktionsvermögen. Der im hier verwendeten Operatorkalkül nicht so bewanderte Leser braucht sich aber nicht näher hinein zu vertiefen. Überall, wo wir nämlich den Operator ∇ als Argument schreiben werden, braucht er es nur durch $\mathrm{i}\boldsymbol{k}$ zu ersetzen.

Nach diesem Hinweis mag es genügen, wenn wir $K(\boldsymbol{k})$, $\boldsymbol{O}^{(j)}(\boldsymbol{k})$ und $\lambda_j(\boldsymbol{k})$ nun schreiben

$$K(\nabla), \quad \text{bzw.} \quad \boldsymbol{O}^{(j)}(\nabla) \quad \text{und} \quad \lambda_j(\nabla) .$$

Damit geht insbesondere (7.66b) über in

$$K(\nabla)\boldsymbol{Q}^{(j)}(\nabla) = \lambda_j(\nabla)\boldsymbol{O}^{(j)}(\nabla) .$$

Zugleich geht

$$\boldsymbol{O}^{(j)}(\boldsymbol{k})\chi_k(\boldsymbol{x})$$

über in

$$\boldsymbol{O}^{(j)}(\nabla)\chi_k(\boldsymbol{x}) .$$

Dabei ist zu beachten, daß der Index $\boldsymbol{k}$ bei $\chi_k(\boldsymbol{x})$ stehenbleiben muß: Dieser Index gibt ja gerade an, durch welches $\boldsymbol{k}$ der ∇-Operator in $\boldsymbol{O}^{(j)}$ [und auch in $\lambda_j(\nabla)$] zu ersetzen ist. Da K im allgemeinen nicht selbstadjungiert sein wird, führen wir die Lösungen der adjungierten Gleichung

$$\bar{O}^{(j)}K(\nabla) = \lambda_j(\nabla)\bar{O}^{(j)} \tag{7.69}$$

ein, wobei

$$\bar{O}^{(j)} = (\bar{O}_1^{(j)}, \ldots, \bar{O}_n^{(j)}) = \bar{O}^{(j)}(\nabla)\,. \tag{7.70}$$

Wir können $\bar{O}$ immer so wählen, daß

$$\bar{O}^{(j)}O^{(j')} = \delta_{jj'}\,. \tag{7.71}$$

Die Forderungen (7.67, 69, 71) legen die $\bar{O}$ und O bis auf einen Skalierungsfaktor $S_j(\nabla)$ fest: $O^{(j)} \to O^{(j)}S_j(\nabla)$, $\bar{O}^{(j)} \to \bar{O}^{(j)}S_j(\nabla)^{-1}$. Diese Tatsache kann dazu benützt werden, bei der Modenentwicklung (7.72) geeignete Einheiten für die $\xi_{k,j}$ einzuführen. Da ξ und O gemeinsam auftreten, hat diese Art der Skalierung keinerlei Einfluß auf die Konvergenz unseres Eliminationsverfahrens, das wir weiter unten anwenden werden. Wir stellen $q(x)$ als Superposition

$$q(x, t) = \sum_{k,j} O^{(j)}\xi_{k,j}\chi_k(x) \tag{7.72}$$

dar.

Wir bemerken an dieser Stelle, daß man in einer weiterführenden Rechnung auch schmalbandige Anregungen – wie sie in Abb. 7.4 angedeutet sind – mit berücksichtigen kann. Um unsere Darstellung nicht zu sehr zu komplizieren, werden wir derartige Anregungen hier nicht berücksichtigen, d. h. wir beschränken uns auf Systeme mit diskreten k-Werten. Den interessierten Leser verweisen wir auf die englische Ausgabe unseres Buches.

Unser erstes Ziel ist, einen allgemeinen Satz von Gleichungen für die Modenamplituden ξ abzuleiten. Dazu setzen wir (7.72) in (7.62) ein und multiplizieren von links mit $\chi_k^*(x)\bar{O}^{(j')}$. Anschließend integrieren wir über die x-Koordinate. Die sich auf der linken Seite ergebenden Ausdrücke können folgendermaßen ausgewertet werden

$$\int \chi_{k'}^*(x)\,\xi_{k,j}\chi_k(x)\,d^3x = \xi_{k,j}\,\delta_{k,k'} \tag{7.73}$$

und

$$\int \chi_{k'}^*(x)\,\lambda_j(\nabla)\,\xi_{k,j}\chi_k(x)\,d^3x = \lambda_j(k)\,\xi_{k,j}\delta_{k,k'}\,. \tag{7.74}$$

Dabei haben wir

$$[\lambda_j(\nabla), O^{(j')}] = 0\,, \quad \text{wobei} \quad [a, b] \equiv ab - ba\,, \tag{7.75}$$

verwendet. Auf der rechten Seite von (7.62) müssen wir (7.72) in g einsetzen – s. (7.62 und 65) – und die oben beschriebene Multiplikation und Integration durchführen. Bezeichnen wir die resultierende Funktion von ξ durch $\hat{g}$, dann müssen wir den folgenden Ausdruck ausrechnen:

$$\int \chi_{k'}^*\,\bar{O}^{(j)}\hat{g}\,[O^{(i)}\xi_{k,i}\chi_k(x)]\,d^3x\,. \tag{7.76}$$

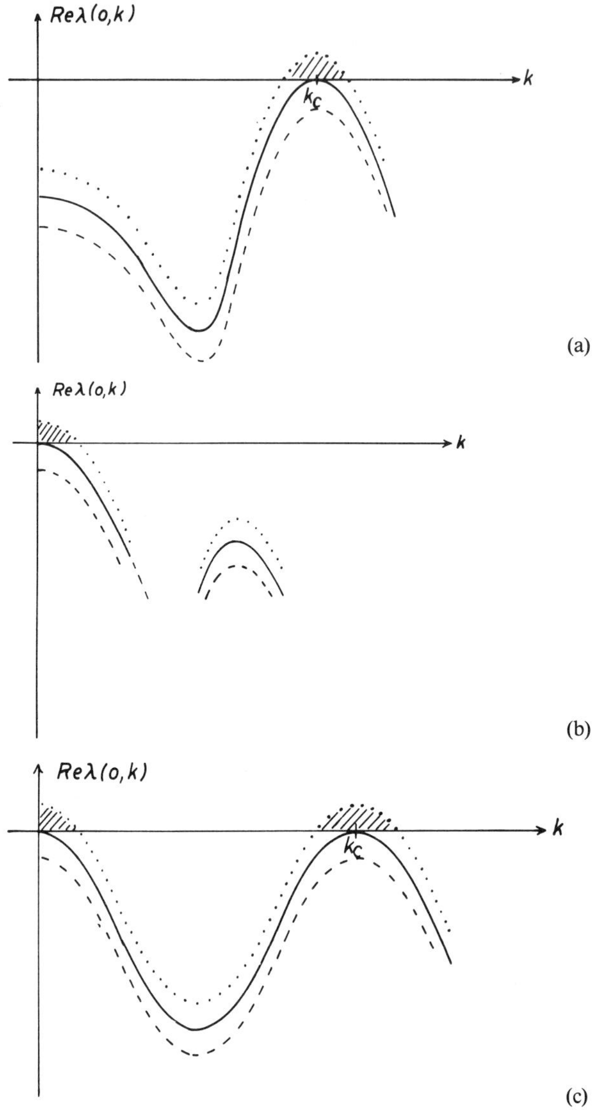

Abb. 7.4. (**a**) Beispiel für einen Eigenwert λ, der zu einer Instabilität bei k_c führt. Diese Abhängigkeit von λ und k entspricht qualitativ der des Brusselator-Modells für eine chemische Reaktion (vgl. Abschn. 9.4). Die gestrichelte Kurve entspricht der stabilen Situation, die durchgezogene Kurve der marginalen und die gepunktete Kurve führt zu einer Instabilität nahe k_c.
(**b**) Dieser Fall ist ähnlich dem der Abb. 7.4a, die Instabilität tritt jetzt aber bei $k = 0$ auf. Im Fall des Brusselator-Modells ist diese Instabilität mit einer harten Mode verbunden.
(**c**) Beispiel für zwei gleichzeitig auftretende Instabilitäten. Falls die Mode bei $k = 0$ eine harte Mode und bei $k = k_c$ eine weiche Mode ist, können räumliche und zeitliche Oszillationen auftreten

Das explizite Resultat werden wir weiter unten [(7.84, 85)] angeben. Da g (oder $\hat{g}$) nur quadratische oder kubische Glieder in $\boldsymbol{q}$ enthält, führt die Ausrechnung von (7.76) auf Integrale der Gestalt

$$\int \chi_{k'}^{*} \chi_{k} \chi_{k''} \xi_{k,i} \xi_{k'',i''} d^3x = \xi_{k,i} \xi_{k'',i''} I_{k';kk''}, \tag{7.77}$$

wobei

$$I_{k'kk''} = \int \chi_{k'}^{*} \chi_{k} \chi_{k''} d^3x, \tag{7.78}$$

und

$$\int \chi_{k'}^{*} \chi_{k} \chi_{k''} \chi_{k'''} \xi_{k,i} \xi_{k'',i''} \xi_{k''',i'''} d^3x = \xi_{k,i} \xi_{k'',i''} \xi_{k''',i'''} J_{k'kk''k'''}, \tag{7.79}$$

mit

$$J_{k'kk''k'''} = \int \chi_{k'}^{*} \chi_{k} \chi_{k''} \chi_{k'''} d^3x. \tag{7.80}$$

Schließlich führen die fluktuierenden Kräfte F_μ zu neuen Fluktuationen der Form

$$\hat{F}_{k,j} = \int d^3x \chi_k^{*}(\boldsymbol{x}) \bar{\boldsymbol{O}}^{(j)} \boldsymbol{F}(\boldsymbol{x}, t). \tag{7.81}$$

Nach diesen Zwischenschritten lautet der grundlegende Satz von Gleichungen folgendermaßen

$$\dot{\xi}_{kj} - \lambda_j(\boldsymbol{k}) \xi_{kj} = H_{k,j}(\{\xi\}) + \hat{F}_{k,j}, \tag{7.82}$$

wobei

$$H_{k,j}(\{\xi\}) \equiv \sum_{\substack{k'k'' \\ j'j''}} a_{kk'k''jj'j''} I_{kk'k''} \xi_{k'j'} \xi_{k''j''} + \sum_{\substack{k'k''k''' \\ j'j''j'''}} b_{kk'k''k'''jj'j''j'''} \cdot J_{kk'k''k'''} \xi_{k'j'} \xi_{k''j''} \xi_{k'''j'''}. \tag{7.83}$$

Die Koeffizienten a und b sind durch

$$a_{kk'k''jj'j''} = (\tfrac{1}{2}) \sum_{\mu\nu\nu'} \bar{O}_\mu^{(j)}(\boldsymbol{k}) O_\nu^{(j')}(\boldsymbol{k}') O_{\nu'}^{(j'')}(\boldsymbol{k}'') \{g_{\mu\nu\nu'}^{(2)}(\boldsymbol{k}'') + g_{\mu\nu'\nu}^{(2)}(\boldsymbol{k}')\} \tag{7.84}$$

und

$$b_{kk'k''k'''jj'j''j'''} = \sum_{\mu\nu'\nu''\nu'''} g_{\mu\nu'\nu''\nu'''}^{(3)} \bar{O}_\mu^{(j)}(\boldsymbol{k}) O_{\nu'}^{(j')}(\boldsymbol{k}') O_{\nu''}^{(j'')}(\boldsymbol{k}'') O_{\nu'''}^{(j''')}(\boldsymbol{k}''') \tag{7.85}$$

gegeben. Bisher haben wir noch keinerlei Näherungen gemacht. Um aber (7.82) auf eine handhabbare Form zu bringen, müssen wir die unerwünschten oder uninteressanten Moden, die *gedämpften Moden* also, *eliminieren*. Dementsprechend setzen wir

$$j = u \quad \text{instabil, falls} \quad \mathrm{Re}\{\lambda_u(\boldsymbol{k})\} \gtrsim 0 \tag{7.86}$$

und

$$j = s \quad \text{stabil, falls} \quad \mathrm{Re}\{\lambda_s(\boldsymbol{k})\} < 0\,. \tag{7.87}$$

An dieser Stelle muß ein wichtiger Punkt hervorgehoben werden: Obwohl ξ zwei Indizes trägt, nämlich $\boldsymbol{k}$ und u, sind diese beiden Indizes nicht voneinander unabhängig. In der Tat tritt die Instabilität bei $k = k_c$ (Abb. 7.4a – c) auf. Wir haben aus diesem Grund sehr sorgfältig zwischen $\boldsymbol{k}$-Werten zu unterscheiden, bei denen (7.92 und 93) (s. unten) ausgewertet wird. $\boldsymbol{k}$ läuft über einen Satz von diskreten Werten mit $|\boldsymbol{k}| = k_c$. Der Strich bei den Summen der folgenden Formeln weist auf diese Beschränkung der $\boldsymbol{k}$-Summation hin. Abbildung 7.4c liefert uns ein Beispiel dafür, wo ein Zweig j von $\xi_{k,j}$ für zwei verschiedene Werte von $\boldsymbol{k}$ instabil werden kann. Sind $k = 0$ und $k = k_c$ mit einer harten und einer weichen Mode verknüpft, dann treten parameterisch modulierte raumzeitliche Muster auf.

Die grundlegende Idee für unser folgendes Verfahren ist die folgende: Da die ungedämpften Moden unbegrenzt anwachsen können, solange wir die nichtlinearen Glieder vernachlässigen, erwarten wir, daß die Amplituden der ungedämpften Moden erheblich größer sind als die der gedämpften Moden. Da andererseits in der Nähe des Übergangspunktes die Relaxationszeit der ungedämpften Moden gegen Unendlich geht, d.h. der Realteil von λ nach Null geht, müssen die gedämpften Moden den ungedämpften adiabatisch folgen. Obwohl die Amplituden der gedämpften Moden klein sind, dürfen sie nicht vollständig vernachlässigt werden. Eine Vernachlässigung würde zu einer Katastrophe führen, falls in (7.83 – 85) die kubischen Terme fehlen würden. Wie man sich nämlich sehr schnell klarmachen kann, können quadratische Glieder niemals zu einer global stabilen Situation führen. Die kubischen Terme sind also zur Stabilisierung notwendig. Solche kubischen Glieder treten auch in Abwesenheit kubischer Terme in den ursprünglichen Gleichungen auf, nämlich über die Elimination der gedämpften Moden. Um die hauptsächlichen Eigenschaften unseres Eliminationsverfahrens herauszuarbeiten, setzen wir für den Moment

$$\xi_{k,j} \rightarrow (\boldsymbol{k}, j) \tag{7.88}$$

und lassen alle Koeffizienten in (7.82) weg. Wir nehmen $|\xi_s| \ll |\xi_u|$ an und in selbstkonsistenter Weise $\xi_s \propto \xi_u^2$. Beschränken wir uns in (7.82) auf Terme bis zur dritten Ordnung in ξ_u, dann erhalten wir

$$\begin{aligned}\left(\frac{d}{dt} - \lambda_u\right)(\boldsymbol{k}, u) = &\sum_{k'k''u's} (\boldsymbol{k}', u')\cdot(\boldsymbol{k}'', s) + \sum_{\substack{k'k''\\u'u''}} (\boldsymbol{k}', u')(\boldsymbol{k}'', u'')\\ &+ \sum_{\substack{k'k''k'''\\u'u''u'''}} (\boldsymbol{k}', u')(\boldsymbol{k}'', u'')(\boldsymbol{k}''', u''') + F_{k,u}\,.\end{aligned} \tag{7.89}$$

Betrachten wir nun die entsprechende Gleichung für $j = s$. Wieder behalten wir nur solche Terme bei, die notwendig sind, um eine Gleichung für die instabilen Moden bis zur dritten Ordnung zu erhalten:

$$\left(\frac{d}{dt} - \lambda_s\right)(\boldsymbol{k}, s) = \sum_{\substack{k'k'' \\ u'u''}} (\boldsymbol{k}', u')(\boldsymbol{k}'', u'') + \cdots . \tag{7.90}$$

Gehen wir von einem Iterationsschema aus, das die Ungleichung $|\xi_s| \ll |\xi_u|$ benützt, dann überzeugt man sich leicht, daß ξ_s zumindest proportional zu ξ_u^2 ist, so daß die einzigen relevanten Glieder in (7.90) eben diejenigen sind, die explizit aufgeführt wurden. Wir verwenden nun unsere zweite Hypothese, daß nämlich die stabilen Moden sehr viel schneller gedämpft werden als die instabilen, was im Fall einer instabilen weichen Mode immer erfüllt ist. Wird eine harte Mode instabil, dann müssen wir den oszillierenden Anteil von $(\boldsymbol{k}', u')(\boldsymbol{k}'', u'')$ in (7.90) berücksichtigen. Dies kann dadurch erreicht werden, daß man die Zeitableitung in (7.90) mitnimmt. Wir schreiben deshalb die Lösung von (7.90) in der Gestalt

$$(\boldsymbol{k}, s) = \left(\frac{d}{dt} - \lambda_s\right)^{-1} \sum_{\substack{k'k'' \\ u'u''}} (\boldsymbol{k}', u')(\boldsymbol{k}'', u'') . \tag{7.91}$$

Die Auswertung der Klammer, die in (7.91) auftritt, und die die Ableitung d/dt enthält, erfolgt mit Hilfe des Heaviside-Kalküls. Den nicht mit diesem Kalkül vertrauten Leser verweisen wir auf das Ende des folgenden Abschnitts 7.8. Die Gleichungen des Typs (7.90) können nun einfach gelöst werden. Falls Zeitableitungen vernachlässigt werden, handelt es sich bei der Lösung von (7.90) um ein rein algebraisches Problem, so daß man auch Glieder höherer Ordnung ohne Schwierigkeit – zumindest im Prinzip – mitberücksichtigen kann. Setzen wird dieses Resultat in (7.89) ein, dann erhalten wir den fundamentalen Satz von Gleichungen für die Ordnungsparameter

$$\begin{aligned}\left[\frac{d}{dt} - \lambda_u(\boldsymbol{k})\right]\xi_{k,u} &= \sum_{\substack{k'k'' \\ u'u''}} a_{kk'k''uu'u''} I_{kk'k''} \xi_{k'u'} \xi_{k''u''} \\ &\quad + \sum_{\substack{k'k''k''' \\ u'u''u'''}} \xi_{k'u'} C_{kk'k''k'''uu'u''u'''} \xi_{k''u''} \xi_{k'''u'''} + \tilde{F}_{k,u} \\ &\equiv H^{(r)}_{k,u}(\{\xi_u\}) + \tilde{F}_{k,u} ,\end{aligned} \tag{7.92}$$

wobei wir die Abkürzung

$$\begin{aligned}C_{kk'k''k'''uu'u''u'''} &= b_{kk'k''k'''uu'u''u'''} J_{kk'k''k'''} \\ &\quad + 2 \sum_{ks}{}' a_{kk'\hat{k}uu's} I_{kk'\hat{k}} \left[\frac{d}{dt} - \lambda_s(\hat{\boldsymbol{k}})\right]^{-1} a_{\hat{k}k''k'''su''u'''} I_{\hat{k}k''k'''}\end{aligned} \tag{7.93}$$

benützt haben. $\tilde{F}_{k,u}$ ist durch

$$\begin{aligned}\tilde{F}_{k,u}(\boldsymbol{x}, t) &= \hat{F}_{k,u}(\boldsymbol{x}, t) + 2 \sum_{\substack{k'u' \\ \hat{k}s}} a_{kk'\hat{k}uu's} I_{kk'\hat{k}} \xi_{k'u'}(\boldsymbol{x}) \\ &\quad \cdot \left[\frac{d}{dt} - \lambda_s(\hat{\boldsymbol{k}})\right]^{-1} \hat{F}_{\hat{k},s}(\boldsymbol{x}, t)\end{aligned} \tag{7.94}$$

festgelegt.

7.8* Beiträge höherer Ordnung zu den verallgemeinerten Ginzburg-Landau-Gleichungen

Das Anliegen dieses Abschnitts ist es, zu zeigen, wie die ersten Schritte des Verfahrens aus dem vorangegangenen Abschnitt zu einem systematischen Verfahren erweitert werden können, das es ermöglicht, alle Korrekturglieder zu den verallgemeinerten Ginzburg-Landau-Gleichungen explizit zu konstruieren. Wir führen dazu die Vektoren

$$l = (\xi_{k_1 l_1}, \xi_{k_2 l_2}, \dots) \tag{7.95a}$$

und

$$\hat{F}_m = \begin{pmatrix} \hat{F}_{k_1, m_1} \\ \hat{F}_{k_2, m_2} \\ \vdots \end{pmatrix} \tag{7.95b}$$

ein. Die ξ sind die Entwicklungskoeffizienten, die wir in (7.72) eingeführt haben. Die $\hat{F}$ sind fluktuierende Kräfte, die in (7.81) definiert wurden. $\boldsymbol{k}_j$ sind Wellenvektoren, während die Indizes l_1, l_2 ... oder m_1, m_2 ... zwischen den stabilen und instabilen Moden unterscheiden, d. h.

$$l_j = u \quad \text{oder} \quad s\,. \tag{7.96}$$

Wir bemerken, daß die $\boldsymbol{k}$ und l_j keine unabhängigen Variablen sind, denn für bestimmte $\boldsymbol{k}$ können die Moden instabil sein, während sie für andere Werte $\boldsymbol{k}$ stabil bleiben. Wir führen nun die Abkürzung

$$A_{sll'}:l:l' = \sum_{\substack{k',k'' \\ l,l'}} a_{kk'k''sll'} I_{kk'k''} \xi_{k'l} \xi_{k''l'} \tag{7.97}$$

ein, die die linke Seite dieser Gleichung definiert. Die Koeffizienten a und I wurden in (7.84 bzw. 78) angegeben. Ganz entsprechend führen wir die Bezeichnungsweise

$$B_{sll'l''}:l:l':l'' = \sum_{\substack{k'k''k''' \\ ll'l''}} b_{kk'k''k'''sll'l''} J_{kk'k''k'''} \cdot \xi_{k'l} \xi_{k''l'} \xi_{k'''l''} \tag{7.98}$$

ein, wobei b und J in den Gleichungen (7.85, bzw. 80) festgelegt wurden. Ferner führen wir die Matrix

$$\Lambda_m = \begin{pmatrix} \lambda_{m_1}(\boldsymbol{k}_1) & 0 & \cdot & 0 \\ 0 & \lambda_{m_2}(\boldsymbol{k}_2) & & 0 \\ \cdot & \cdot & \cdot & \\ 0 & 0 & & \end{pmatrix} \tag{7.99}$$

ein. Hier sind die λ die Eigenwerte, die in (7.82) auftreten. Mit diesen Abkürzungen (7.95, 97–99) kann (7.82) für den Fall der stabilen Moden in der Form

$$\left(\frac{d}{dt} - \Lambda_s\right) s = A_{suu}\!:\!u\!:\!u + 2A_{sus}\!:\!u\!:\!s + A_{sss}\!:\!s\!:\!s + B_{suuu}\!:\!u\!:\!u\!:\!u + 3B_{suus}\!:\!u\!:\!u\!:\!s + 3B_{suss}\!:\!u\!:\!s\!:\!s + B_{ssss}\!:\!s\!:\!s\!:\!s + F_s \tag{7.100}$$

geschrieben werden. Ganz im Sinne unseres früheren Ansatzes nehmen wir an, daß der Vektor s durch diese Gleichung vollständig bestimmt wird. Da (7.100) eine nichtlineare Gleichung ist, müssen wir ein Iterationsverfahren anwenden. Dazu machen wir den Ansatz

$$s = \sum_{n=2}^{\infty} C^{(n)}(u)\,. \tag{7.101}$$

Dabei enthält $C^{(n)}$ die Komponenten von u genau n-mal. Wir setzen (7.101) in (7.100) ein und vergleichen die Terme, die genau dieselbe Anzahl von Faktoren u enthalten. Da sämtliche stabilen Moden im Gegensatz zu den instabilen gedämpft sind, können wir sicher sein, daß der Operator $d/dt - \Lambda_s$ invertiert werden kann. Damit finden wir die folgenden Beziehungen

$$C^{(2)}(u) = \left(\frac{d}{dt} - \Lambda_s\right)^{-1} \{A_{suu}\!:\!u\!:\!u + \hat{F}_s\} \tag{7.102}$$

und für $n \geqslant 3$

$$C^{(n)}(u) = \left(\frac{d}{dt} - \Lambda_s\right)^{-1} \{\cdots\}\,. \tag{7.103}$$

Die Klammer ist eine Abkürzung für den Ausdruck

$$\begin{aligned}\{\cdots\} = {} & 2A_{sus}\!:\!u\!:\!C^{(n-1)} + (1-\delta_{n,3}) \sum_{m=2}^{n-2} A_{sss}\!:\!C^{(m)}\!:\!C^{(n-m)} \\ & + \delta_{n,3} B_{suuu}\!:\!u\!:\!u\!:\!u + 3(1-\delta_{n,3}) B_{suus}\!:\!u\!:\!u\!:\!C^{(n-2)} \\ & + 3(1-\delta_{n,3})(1-\delta_{n,4}) \sum_{m=2}^{n-3} B_{suss}\!:\!u\!:\!C^{(m)}\!:\!C^{(n-1-m)} \\ & + (1-\delta_{n,3})(1-\delta_{n,4})(1-\delta_{n,5}) \sum_{\substack{m_1,m_2,m_3 \geqslant 2 \\ m_1+m_2+m_3=n}} B_{ssss}\!:\!C^{(m_1)}\!:\!C^{(m_2)}\!:\!C^{(m_3)}\,.\end{aligned} \tag{7.104}$$

Dieses Verfahren macht es uns möglich, alle $C^{(n)}$ nacheinander zu berechnen, so daß die C eindeutig bestimmt sind. Da die Moden gedämpft sind, können wir die Lösungen der homogenen Gleichungen vernachlässigen, falls wir an den stationären Zuständen oder an langsam veränderlichen Zuständen, die nicht durch die Anfangsverteilung der gedämpften Moden beeinflußt werden, interessiert sind. Wir bemerken, daß die fluktuierenden Kräfte so behandelt werden, als seien sie von der Ordnung $u\!:\!u$. Dies ist allerdings nur ein formaler Trick. Bei Anwendungen kann es möglicherweise vorkommen, daß das Verfahren so abgeändert werden muß, daß die korrekten Ordnungen von $\boldsymbol{u}$ und $\boldsymbol{F}$ in den Endgleichungen herausgegriffen werden. Wir wenden nun unsere Aufmerksamkeit auf die Gleichungen für die instabilen Moden. In unserer gegenwärtigen Bezeichnungsweise lauten diese

$$\begin{aligned}\left(\frac{d}{dt}-\Lambda_u\right)\boldsymbol{u} &= A_{uuu}:\boldsymbol{u}:\boldsymbol{u} + 2A_{uus}:\boldsymbol{u}:\boldsymbol{s} + A_{uss}:\boldsymbol{s}:\boldsymbol{s}\\ &+ B_{uuuu}:\boldsymbol{u}:\boldsymbol{u}:\boldsymbol{u} + 3B_{uuus}:\boldsymbol{u}:\boldsymbol{u}:\boldsymbol{s}\\ &+ 3B_{uuss}:\boldsymbol{u}:\boldsymbol{s}:\boldsymbol{s} + B_{usss}:\boldsymbol{s}:\boldsymbol{s}:\boldsymbol{s} + \hat{\boldsymbol{F}}_u\,.\end{aligned} \tag{7.105}$$

Wie wir bereits oben erwähnt haben, besteht unser Verfahren darin, zunächst die stabilen Moden als Funktional der instabilen Moden zu berechnen. Wir setzen nun die Entwicklung (7.101), wobei die $\boldsymbol{C}$ über (7.102) und (7.103) nacheinander bestimmt werden, in (7.105) ein. Verwenden wir die Definition

$$\boldsymbol{C}^{(0)} = \boldsymbol{C}^{(1)} = 0 \tag{7.106}$$

und fassen alle Glieder mit derselben Anzahl von $\boldsymbol{u}$ zusammen, dann lautet unsere Endgleichung

$$\begin{aligned}\left(\frac{d}{dt}-\Lambda_u\right)\boldsymbol{u} &= A_{uuu}:\boldsymbol{u}:\boldsymbol{u} + 2A_{uus}:\boldsymbol{u}:\sum_{\nu=0}^{n-1}\boldsymbol{C}^{(\nu)} + \sum_{\substack{\nu_1,\nu_2=0\\ \nu_1+\nu_2\leqslant n}} A_{uss}:\boldsymbol{C}^{(\nu_1)}:\boldsymbol{C}^{(\nu_2)}\\ &+ B_{uuuu}:\boldsymbol{u}:\boldsymbol{u}:\boldsymbol{u} + 3B_{uuus}:\boldsymbol{u}:\sum_{\nu=0}^{n-2}\boldsymbol{C}^{(\nu)}\\ &+ 3B_{uuss}:\boldsymbol{u}:\sum_{\substack{\nu_1,\nu_2=0\\ \nu_1+\nu_2\leqslant n-1}}\boldsymbol{C}^{(\nu_1)}:\boldsymbol{C}^{(\nu_2)}\\ &+ \sum_{\substack{\nu_1,\nu_2,\nu_3=0\\ \nu_1+\nu_2+\nu_3\leqslant n}} B_{usss}:\boldsymbol{C}^{(\nu_1)}:\boldsymbol{C}^{(\nu_2)}:\boldsymbol{C}^{(\nu_3)} + \hat{\boldsymbol{F}}_u\,.\end{aligned} \tag{7.107}$$

Im allgemeinen Fall ist die Lösung von (7.107) ein schwieriges Unterfangen. In praktischen Anwendungen können jedoch in manchen Fällen Lösungen gefunden werden.

Die Auswertung von $(d/dt - \Lambda_s)^{-1}$ nach dem Heaviside-Kalkül erfolgt durch die Vorschrift

$$(d/dt - \Lambda_s)^{-1}f(t) = \int_{-\infty}^{t} \mathrm{e}^{\Lambda_s(t-\tau)}f(\tau)\,d\tau\,. \tag{7.108}$$

In einer ersten Näherung („adiabatische Näherung") genügt es, die linke Seite von (7.108) wie folgt auszuwerten: a) bei einer weichen Mode kann d/dt weggelassen werden; b) bei harten Moden mit $f \propto \Pi(k,\,u)$ ersetze man d/dt durch die Summe der zugehörigen Frequenzen $\mathrm{i}\omega_k$.

8. Systeme der Physik

8.1 Kooperative Effekte beim Laser: Selbstorganisation und Phasenübergang

Der Laser ist eines der heutzutage am besten verstandenen Vielteilchenprobleme. Er repräsentiert ein System fern vom thermischen Gleichgewicht und liefert uns die Möglichkeit, kooperative Effekte bis ins Detail zu studieren. Wir nehmen den Festkörperlaser als Beispiel, der aus einem gewissen Satz von laseraktiven Atomen besteht, die in eine Festkörpermatrix eingebaut sind (vgl. Abb. 1.9). Wie üblich nehmen wir an, daß die Laserendflächen als Spiegel wirken, die zwei verschiedene Zwecke erfüllen: Sie selektieren Moden, die sich in axialer Richtung ausbreiten und die diskrete Frequenzen des Resonators haben. In unserem Modell werden wir Atome mit zwei Energieniveaus betrachten. Im thermischen Gleichgewicht sind diese Niveaus entsprechend einer Boltzmann-Verteilung besetzt. Durch Anregung der Atome erzeugen wir eine invertierte Population, die durch eine negative Temperatur beschrieben werden kann. Die angeregten Atome beginnen nun Licht zu emittieren, das schließlich durch die Umgebung absorbiert wird, deren Temperatur sehr viel kleiner ist als $\hbar\omega/k_B$ (wobei ω die Lichtfrequenz des atomaren Übergangs und k_B die Boltzmann-Konstante ist), so daß wir diese Temperatur ≈ 0 setzen können. Vom thermodynamischen Standpunkt her ist der Laser ein System (zusammengesetzt aus Atomen und dem Feld), das an Reservoire unterschiedlicher Temperatur gekoppelt ist. Der Laser ist also ein System fern vom thermischen Gleichgewicht.

Der entscheidende Gesichtspunkt, den man beim Laser zu verstehen hat, ist folgender: Sobald die Laseratome nur schwach durch äußere Quellen gepumpt (angeregt) werden, arbeitet der Laser als gewöhnliche Lampe. Die Atome emittieren unabhängig voneinander Wellenzüge mit zufälligen Phasen. Die Kohärenzzeit von ungefähr 10^{-11} s gehört offensichtlich zu einer mikroskopischen Skala. Die Atome, als oszillierende Dipole betrachtet, oszillieren völlig stochastisch. Wird das Pumpen weiter erhöht, kann die Linienbreite des Lasers plötzlich, innerhalb einer scharfen Übergangszone, von der Größenordnung eine Schwingung pro Sekunde werden, so daß die Phase des Feldes auf der makroskopischen Skala von 1 s ungeändert bleibt. Der Laser nimmt aus diesem Grund offensichtlich einen neuen, auf einer makroskopischen Skala hoch geordneten Zustand ein. Die atomaren Dipole oszillieren jetzt in Phase, obwohl sie durch den Pumpvorgang vollkommen zufällig angeregt werden. Die Atome zeigen so das Phänomen der Selbstorganisation. Die außerordentliche Kohärenz des Laserlichts wird durch die Kooperation der atomaren Dipole erzeugt. Beim Studium des Übergangsgebiets Lampe-Laser werden wir feststellen, daß der Laser Eigenschaften eines Phasenübergangs zweiter Ordnung aufweist.

8.2 Die Lasergleichungen im Modenbild

Im Laser wird das Lichtfeld durch die angeregten Atome erzeugt. Wir beschreiben das Feld durch seine elektrische Feldstärke E, die vom Ort und der Zeit abhängt. Wir betrachten nur eine einzelne Polarisationsrichtung und entwickeln $E = E(\boldsymbol{x}, t)$ in Resonatormoden

$$E(\boldsymbol{x}, t) = \mathrm{i} \sum_{\lambda} [(2\pi\hbar\omega_{\lambda}/V)^{1/2} \exp(\mathrm{i}\boldsymbol{k}_{\lambda}\boldsymbol{x}) b_{\lambda} - \text{k.k.}] , \tag{8.1}$$

wobei wir der Einfachheit wegen laufende Wellen ansetzen. λ ist ein Index, der die verschiedenen Moden unterscheidet. ω_{λ} ist die Modenfrequenz, V das Volumen des Hohlraums, $\boldsymbol{k}_{\lambda}$ der Wellenvektor, b_{λ} und b_{λ}^{*} sind zeitabhängige komplexe Amplituden. Der Faktor $(2\pi\hbar\omega_{\lambda}/V)^{1/2}$ bewirkt, daß b_{λ}, b_{λ}^{*} dimensionslos sind (seine präzise Form kommt aus der Quantentheorie). Die Atome unterscheiden wir durch einen Index μ. Natürlich ist es erforderlich, die Atome quantentheoretisch zu behandeln. Beschränken wir unsere Betrachtung auf zwei laseraktive atomare Energieniveaus, dann kann die Behandlung erheblich vereinfacht werden. Wie in der Lasertheorie gezeigt wird, können wir die physikalischen Eigenschaften des Atoms μ durch sein komplexes Dipolmoment α_{μ} und seine Inversion σ_{μ} beschreiben. Wir benützen α_{μ} in dimensionslosen Einheiten. σ_{μ} ist die Differenz der Besetzungszahlen N_2 und N_1 des oberen und unteren atomaren Energieniveaus:

$$\sigma_{\mu} = (N_2 - N_1)_{\mu} .$$

Wie in der Lasertheorie mit Hilfe der „quanten-klassischen Korrespondenz" gezeigt wird, können die Amplituden b_{λ}, die Dipolmomente α_{μ} und die Inversion σ_{μ} als klassische Größen behandelt werden, die folgende Gleichungen erfüllen:

8.2.1 Feldgleichungen

$$\dot{b}_{\lambda} = (-\mathrm{i}\omega_{\lambda} - \kappa_{\lambda}) b_{\lambda} - \mathrm{i} \sum_{\mu} g_{\mu\lambda} \alpha_{\mu} + F_{\lambda}(t) . \tag{8.2}$$

κ_{λ} ist die Zerfallskonstante der Mode λ ohne Lasertätigkeit im Hohlraum. κ_{λ} berücksichtigt Verluste des Feldes, die bedingt sind durch halbdurchlässige Spiegel, Streuzentren usw. $g_{\mu\lambda}$ ist eine Kopplungskonstante, die die Wechselwirkung zwischen der Mode λ und dem Atom μ beschreibt. F_{λ} ist eine stochastische Kraft, die notwendigerweise wegen der unvermeidlichen Fluktuationen, die mit der Dissipation verknüpft sind, auftritt. Gleichung (8.2) beschreibt die zeitliche Änderung der Modenamplitude b_{λ} aufgrund folgender Ursachen: die freie Oszillation des Feldes im Hohlraum ($\propto \omega_{\lambda}$), die Dämpfung ($-\kappa_{\lambda}$), die Erzeugung durch oszillierende Dipolmomente ($-\mathrm{i} g_{\mu\lambda} \alpha_{\mu}$) und durch Fluktuationen ($\propto F$) (z. B. in den Spiegeln). Andererseits beeinflussen die Feldmoden die Atome. Dies wird beschrieben durch die

8.2.2 Materiegleichungen

1) *Gleichungen für die atomaren Dipolmomente*

$$\dot{\alpha}_\mu = (-\mathrm{i}\nu - \gamma)\alpha_\mu + \mathrm{i}\sum_\lambda g^*_{\mu\lambda} b_\lambda \sigma_\mu + \Gamma_\mu(t)\,. \tag{8.3}$$

ν ist die Zentralfrequenz des Atoms, γ die Linienbreite, die durch den Zerfall der atomaren Dipolmomente verursacht wird. $\Gamma_\mu(t)$ ist die fluktuierende Kraft, die mit der Dämpfungskonstanten γ verknüpft ist. Nach (8.3) ändert sich α_μ durch die freie Oszillation des atomaren Dipolmoments $(-\mathrm{i}\nu)$, durch seine Dämpfung $(-\gamma)$ und durch die Feldamplituden $(\propto b_\lambda)$. Der Faktor σ_μ stellt sicher, daß die korrekte Phasenbeziehung zwischen Feld und Dipolmoment herrscht. Sie hängt davon ab, ob Licht absorbiert $[\sigma_\mu = (N_2 - N_1)_\mu < 0]$ oder emittiert wird $(\sigma_\mu > 0)$. Schließlich ändert sich auch die Inversion, sobald Licht emittiert oder absorbiert wird. Wir betrachten daher noch die

2) *Gleichungen für die atomare Inversion*

$$\dot{\sigma}_\mu = \gamma_\|(d_0 - \sigma_\mu) + 2\mathrm{i}\sum_\lambda (g_{\mu\lambda}\alpha_\mu b^*_\lambda - \text{k.k.}) + \Gamma_{\sigma,\mu}(t)\,. \tag{8.4}$$

d_0 ist die Gleichgewichtsinversion, die durch den Pumpprozeß und inkohärente Zerfallsprozesse hergestellt wird, wenn keine Lasertätigkeit vorliegt, $\gamma_\|$ ist die inverse Relaxationszeit, nach der die Inversion in ein Gleichgewicht kommt. In (8.3) und (8.4) sind die Γ fluktuierende Kräfte.

Wir wollen jetzt zunächst vom mathematischen Standpunkt her den Charakter der Gleichungen (8.2) bis (8.4) untersuchen. Es handelt sich um gekoppelte Differentialgleichungen erster Ordnung für viele Variable. Schon wenn wir uns auf die Moden innerhalb einer atomaren Linienbreite beschränken, können dort Dutzende bis Tausende Moden liegen. Ferner hat man typischerweise 10^{14} oder noch mehr laseraktive Atome, so daß die Zahl der Variablen in (8.2) bis (8.4) enorm groß ist. Darüber hinaus ist das System, wegen der Terme $b\sigma$ in (8.3) und αb^*, $\alpha^* b$ in (8.4), nichtlinear. Wir werden gleich sehen, daß diese nichtlinearen Terme eine entscheidende Rolle spielen und nicht vernachlässigt werden dürfen. Nicht zuletzt enthalten die Gleichungen stochastische Kräfte. Auf den ersten Blick scheint die Lösung unseres Problems ziemlich hoffnungslos. Wir werden aber mit Hilfe der Konzepte und Methoden aus Kap. 7 zeigen, daß die Lösung verhältnismäßig einfach ist.

8.3 Das Ordnungsparameterkonzept

Eine Diskussion des physikalischen Inhalts von (8.2) bis (8.4) wird uns helfen, das Problem zu vereinfachen und vollständig zu lösen. Gleichung (8.2) beschreibt die zeitliche Änderung der Modenamplitude unter zwei Kräften: Einer antreibenden Kraft, die von den oszillierenden Dipolmomenten (α_μ) herrührt (ganz analog zur klassischen Theorie des Hertzschen Dipols) und einer stochastischen

Kraft F. Die Gleichungen (8.3) und (8.4) beschreiben die Rückwirkung des Feldes auf die Atome. Wir wollen zunächst annehmen, daß die Inversion in (8.3) konstant gehalten wird. b wirkt dann als antreibende Kraft auf die Dipolmomente. Hat die antreibende Kraft die richtige Phase und ist sie nahe der Resonanz, dann erwarten wir eine Rückkopplung zwischen dem Feld und den Atomen, oder mit anderen Worten, wir erhalten induzierte Emission. Dieser induzierte Prozeß hat zwei Opponenten. Auf der einen Seite werden die Dämpfungskonstanten κ und γ versuchen, das Feld nach Null zu treiben, und ferner werden die fluktuierenden Kräfte den Emissionsprozeß durch ihre stochastische Wirkung stören. Wir erwarten also eine gedämpfte Oszillation.

Sobald wir aber σ_μ erhöhen, wird das System plötzlich instabil. Diese Instabilität ist mit einem exponentiellen Anwachsen des Feldes und dementsprechend auch der Dipolmomente verbunden. Gewöhnlich ist es nur eine Feldmode, die zuerst ohne Dämpfung schwingt oder, mit anderen Worten, die instabil wird. Im Instabilitätsgebiet ist ihre innere Relaxationszeit offensichtlich sehr groß. Das führt uns auf die Annahme, daß die Modenamplituden, die virtuell instabil werden, sich als Ordnungsparameter anbieten. Diese langsam veränderlichen Amplituden versklaven nun das atomare System. Die Atome müssen den Anordnungen des Ordnungsparameters b_λ folgen, wie das durch die rechte Seite von (8.3) und (8.4) beschrieben wird. Falls die Atome den Anordnungen des Ordnungsparameters instantan folgen, können wir die atomaren Variablen α^*, α, σ_μ adiabatisch eliminieren und so die Gleichungen für den Ordnungsparameter allein erhalten. Diese Gleichungen beschreiben am explizitesten den Wettbewerb zwischen den Ordnungsparametern untereinander. Um mehr über diesen Mechanismus zu lernen, nehmen wir vorweg, daß ein b_λ den Wettbewerb gewonnen hat, und beschränken unsere Rechnung zunächst auf diesen Einmodenfall.

8.4 Der Einmodenlaser

Wir lassen in (8.2) bis (8.4) den Index λ weg, setzen exakte Resonanz $\omega = \nu$ voraus und eliminieren die hauptsächliche Zeitabhängigkeit über die Substitutionen

$$b = \tilde{b}\mathrm{e}^{-\mathrm{i}\omega t}, \alpha_\mu = \tilde{\alpha}_\mu \mathrm{e}^{-\mathrm{i}\nu t}, F = \tilde{F}\mathrm{e}^{-\mathrm{i}\omega t}, \tag{8.5}$$

wobei wir dann die Tilde, $\tilde{}$, wieder weglassen. Die Gleichungen, die wir untersuchen, sind dann von der Form

$$\dot{b} = -\kappa b - \mathrm{i}\sum_\mu g_\mu \alpha_\mu + F(t), \tag{8.6}$$

$$\dot{\alpha}_\mu = -\gamma\alpha_\mu + \mathrm{i}g_\mu^* b\sigma_\mu + \Gamma_\mu(t), \tag{8.7}$$

$$\dot{\sigma}_\mu = \gamma_\parallel(d_0 - \sigma_\mu) + 2\mathrm{i}(g_\mu\alpha_\mu b^* - \text{k.k.}) + \Gamma_{\sigma,\mu}(t). \tag{8.8}$$

Im Fall laufender Wellen (in eine einzelne Richtung) haben die Kopplungskoeffizienten g_μ die Gestalt

$$g_\mu = g\mathrm{e}^{-\mathrm{i}kx_\mu}. \tag{8.9}$$

g wird als reell angenommen. Wir bemerken, daß die Amplitude b der Feldmode über die Summe der Dipolmomente angetrieben wird

$$\sum_{\mu} \alpha_{\mu} e^{-ikx_{\mu}} = S_k . \tag{8.10}$$

Wir bestimmen zunächst das oszillierende Dipolmoment aus (8.7), das sich in elementarer Weise zu

$$\alpha_{\mu} = ig_{\mu}^{*} \int_{-\infty}^{t} e^{-\gamma(t-\tau)} (b\sigma_{\mu})_{\tau} d\tau + \hat{\Gamma}_{\mu}(t) \tag{8.11}$$

mit

$$\hat{\Gamma}_{\mu}(t) = \int_{-\infty}^{t} e^{-\gamma(t-\tau)} \Gamma_{\mu}(\tau) d\tau \tag{8.12}$$

ergibt. Wir treffen jetzt eine sehr wichtige Annahme, die ganz typisch für viele kooperative Systeme ist (vgl. Abschn. 7.2). Wir nehmen an, daß die Relaxationszeit für das atomare Dipolmoment sehr viel kleiner ist als die Relaxationszeiten, die zum Ordnungsparameter b und zu σ_{μ} gehören. Dies macht es uns möglich, $b\sigma_{\mu}$ in (8.11) vor das Integral zu ziehen. Über diese *adiabatische Näherung* erhalten wir

$$\alpha_{\mu} = \frac{ig_{\mu}^{*}}{\gamma} b\sigma_{\mu} + \hat{\Gamma}_{\mu}(t) . \tag{8.13}$$

(8.13) besagt, daß die Atome instantan dem Ordnungsparameter folgen. Setzen wir (8.13) in (8.6) ein, erhalten wir

$$\dot{b} = -\kappa b + \frac{g^2}{\gamma} b \sum_{\mu} \sigma_{\mu} + \hat{F}(t) , \tag{8.14}$$

wobei $\hat{F}$ sich nun aus der Rauschquelle F des Feldes und den atomaren Rauschquellen Γ zusammensetzt

$$\hat{F}(t) = F(t) - i \sum_{\mu} g_{\mu} \hat{\Gamma}_{\mu}(t) . \tag{8.15}$$

Um die Dipolmomente vollständig zu eliminieren, setzen wir (8.13) in (8.8) ein. Eine sehr ins Detail gehende Rechnung erweist, daß man hier die fluktuierenden Kräfte getrost vernachlässigen kann. Wir erhalten deshalb sofort

$$\dot{\sigma}_{\mu} = \gamma_{\parallel}(d_0 - \sigma_{\mu}) - 4\frac{g^2}{\gamma} b^* b \sigma_{\mu} . \tag{8.16}$$

Wir nehmen nun wieder an, daß die Atome dem Feld instantan gehorchen, d. h., wir setzen

$$\dot{\sigma}_{\mu} = 0 , \tag{8.17}$$

so daß die Lösung von (8.16) lautet

$$\sigma_\mu = d_0[1 + 4(g^2/(\gamma\gamma_\|))b^*b]^{-1} . \tag{8.18}$$

Da wir später hauptsächlich an dem Gebiet um die Schwelle interessiert sein werden, bei der die charakteristischen Lasereigenschaften auftreten, und b^*b dort noch eine kleine Größe ist, können wir (8.18) durch die Entwicklung

$$\sigma_\mu = d_0 - 4(g^2/(\gamma\gamma_\|))d_0 b^*b \tag{8.19}$$

ersetzen. Wie wir sogleich sehen werden, startet die Lasertätigkeit bei einem gewissen Wert d_c der Inversion d_0. Da in diesem Fall b^*b eine kleine Größe ist, können wir im zweiten Term von (8.19) in derselben Näherung d_0 durch d_c ersetzen. Wir führen die Gesamtinversion ein

$$\sum_\mu \sigma_\mu = D \tag{8.20}$$

und entsprechend (N: Zahl der Laseratome)

$$Nd_0 = D_0 . \tag{8.21}$$

Setzen wir (8.19) in (8.14) ein, dann erhalten wir (mit $Nd_c = \kappa\gamma/g^2$)

$$\dot{b} = \left(-\kappa + \frac{g^2}{\gamma}D_0\right)b - 4\frac{g^2\kappa}{\gamma\gamma_\|}b^*bb + \hat{F}(t) . \tag{8.22}$$

Behandeln wir für den Moment b als reelle Größe q, dann ist (8.22) offensichtlich identisch mit dem überdämpften anharmonischen Oszillator, den wir in den Abschn. 5.1 und 6.4 diskutiert haben. Wir können nämlich die Größen folgendermaßen identifizieren – vgl. (6.118) –

$$\left(-\kappa + \frac{g^2}{\gamma}D_0\right) = -\alpha, \quad 4\frac{g^2\kappa}{\gamma\gamma_\|} = \beta . \tag{8.22a}$$

Wir können also die Ergebnisse dieser Diskussion, insbesondere des kritischen Gebietes, wo der Parameter α sein Vorzeichen wechselt, anwenden. Wir finden, daß die Konzepte der symmetriebrechenden Instabilität, der weichen Mode, der kritischen Fluktuationen, des kritischen Langsamwerdens, unmittelbar auf den Einmodenlaser anwendbar sind und eine ausgeprägte Analogie zwischen der Laserschwelle und einem Phasenübergang (zweiter Ordnung) aufzeigen (Abschn. 6.7). Obwohl wir die Resultate und Konzepte, die in den Abschn. 5.1 und 6.7 aufgezeigt wurden, verwenden können, kann man (8.22) auch in den Termini der Lasertheorie interpretieren. Ist die Inversion D_0 genügend klein, dann ist der Koeffizient des linearen Terms von (8.22) negativ. Wir können die Nichtlinearität getrost vernachlässigen, so daß das Feld hauptsächlich durch die stochastischen Prozesse aufgebaut wird (das Rauschen der spontanen Emission). Da $\hat{F}$

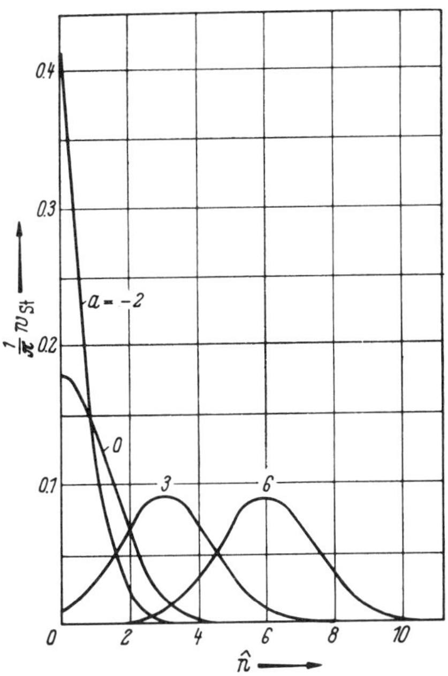

Abb. 8.1. Die stationäre Verteilung als Funktion der normierten „Intensität" $\hat{n}$. Nach H. Risken: Z. Physik *186*, 85 (1965)

(näherungsweise) zu einem Gauß-Prozeß gehört, trifft dies auch für b zu (zur Definition des Gauß-Prozesses s. Abschn. 4.4). Das Inverse der Relaxationszeit der Feldamplitude b kann als optische Linienbreite interpretiert werden. Mit wachsender Inversion D_0 wird das System immer schwächer gedämpft. Dies hat zur Folge, daß die optische Linienbreite abnimmt, ein gut zu beobachtendes Phänomen in Laserexperimenten. Sobald α durch Null geht, nimmt b eine neue Gleichgewichtsposition mit einer stabilen, zeitlich konstanten Amplitude ein. Da b hier als Feldamplitude interpretiert wird, bedeutet dies, daß das Laserlicht völlig kohärent ist. Diese Kohärenz wird nur durch schwache, der konstanten Amplitude überlagerte Amplitudenfluktuationen, die durch $\hat{F}$ verursacht werden, sowie sehr kleine Phasenfluktuationen gestört.

Wenn wir (8.22) als Gleichung für die komplexe Größe b auffassen, können wir die rechte Seite aus dem Potential

$$V(|b|) = -\left(-\kappa + \frac{g^2}{\gamma} D_0\right)|b|^2 + 2\frac{g^2\kappa}{\gamma\gamma_{\parallel}}|b|^4 \tag{8.23}$$

ableiten. Mit Hilfe von Methoden, die wir in den Abschn. 6.3 und 6.4 beschrieben haben, kann die Fokker-Planck-Gleichung aufgestellt und einfach gelöst werden. Es ergibt sich

$$f(b) = \mathcal{N} \exp\left(-\frac{2V(|b|)}{Q}\right), \tag{8.24}$$

wobei Q – vgl. (6.91) – die Intensität der fluktuierenden Kraft mißt. Die Funktion (8.24) (Abb. 8.1) beschreibt die Photonenverteilung des Laserlichts und wurde experimentell mit hoher Genauigkeit nachgeprüft. Bisher haben wir gesehen, daß die Atome über das adiabatische Prinzip gezwungen werden, unmittelbar dem Ordnungsparameter zu gehorchen. Wir müssen nun im Detail klären, warum nur ein Ordnungsparameter dominiert. Falls viele Ordnungsparameter gleichzeitig auftreten würden, könnte das System sich immer noch völlig zufällig verhalten.

Aufgabe

Man verifiziere, daß

$$\dot{f} = \left[-\frac{\partial}{\partial b}(-\alpha b - \beta |b|^2 b) + \text{k.k.} + Q\frac{\partial^2}{\partial b\, \partial b^*} \right] f$$

die Fokker-Planck-Gleichung ist, die zu (8.22) gehört.

8.5 Der Vielmodenlaser

Wir wiederholen nun die vorhergehenden Schritte für den Vielmodenfall. Dabei nehmen wir vorweg, daß die Feldmode mit der Amplitude b_λ in einen mit der Frequenz Ω_λ schnell oszillierenden Anteil und eine langsam veränderliche Amplitude B_λ aufgespaltet werden kann:

$$b_\lambda = B_\lambda \cdot \mathrm{e}^{-\mathrm{i}\Omega_\lambda t} . \tag{8.25}$$

Setzen wir (8.25) in (8.3) ein, dann erhalten wir nach Integration

$$\alpha_\mu = \mathrm{i} \sum_\lambda g^*_{\mu\lambda} \int_{-\infty}^{t} \mathrm{e}^{(-\mathrm{i}\nu - \gamma)(t-\tau)} (b_\lambda \sigma_\mu)_\tau d\tau + \hat{\Gamma}_\mu \tag{8.26}$$

oder, falls wir wieder die adiabatische Näherung vornehmen,

$$\alpha_\mu = \mathrm{i} \sum_\lambda g^*_{\mu\lambda} [-\mathrm{i}(\Omega_\lambda - \nu) + \gamma]^{-1} b_\lambda \sigma_\mu + \hat{\Gamma}_\mu . \tag{8.27}$$

Wir setzen (8.27) in (8.2) ein und verwenden die Abkürzung

$$\delta\omega_\lambda = \omega_\lambda - \Omega_\lambda . \tag{8.28}$$

Wir erhalten so

$$\mathrm{e}^{-\mathrm{i}\Omega_\lambda t} \dot{B}_\lambda = (\quad \mathrm{i}\delta\omega_\lambda - \kappa_\lambda) b_\lambda + \sum_{\mu\lambda'} \frac{g_{\mu\lambda} g^*_{\mu\lambda'}}{-\mathrm{i}(\Omega_{\lambda'} - \nu) + \gamma} b_{\lambda'} \sigma_\mu + \hat{F}_\lambda . \tag{8.29}$$

Wir betrachten nun den Fall explizit, bei dem wir ein diskretes Modenspektrum vorliegen haben. Ferner nehmen wir an, daß wir über die verschiedenen Phasen der Moden mitteln können, was in vielen Fällen eine sehr gute Näherung darstellt. (Es wäre jedoch auch möglich, die Phasenkopplung zu behandeln, die für die Erzeugung ultrakurzer Pulse von praktischer Bedeutung ist.) Multiplizieren wir (8.29) mit b_λ und mitteln über die Phasen, dann gilt

$$\overline{B_\lambda^* B_{\lambda'}} = n_\lambda \delta_{\lambda\lambda'} , \tag{8.30}$$

wobei n_λ die Zahl der Photonen der Mode λ ist. Wenn wir für den Moment die fluktuierenden Kräfte in (8.29) vernachlässigen, erhalten wir deshalb

$$\dot{n}_\lambda = -2\kappa_\lambda n_\lambda + n_\lambda w_\lambda D \tag{8.31}$$

mit

$$w_\lambda = \frac{2\gamma g^2}{(\Omega_\lambda - \nu)^2 + \gamma^2} , \tag{8.32}$$

$$|g_{\mu\lambda}|^2 = g^2 . \tag{8.33}$$

In derselben Näherung finden wir

$$\dot{\sigma}_\mu = \gamma_\|(d_0 - \sigma_\mu) - 2 \sum_\lambda w_\lambda n_\lambda \sigma_\mu , \tag{8.34}$$

oder nach Lösung von (8.34) in der adiabatischen Näherung

$$D \equiv \sum_\mu \sigma_\mu \approx D_0 - \frac{2D_c}{\gamma_\|} \sum_\lambda w_\lambda n_\lambda , \tag{8.35}$$

wobei D_c die kritische Inversion aller Atome an der Schwelle ist. Um zu zeigen, daß (8.31 – 35) zu einer Selektion von Moden (oder Ordnungsparametern) führt, betrachten wir als Beispiel gerade die zwei Moden aus der Aufgabe aus Abschn. 5.4. Die Rechnung kann streng auch für viele Moden durchgeführt werden und erweist, daß im Lasersystem nur eine Mode überlebt. Diese hat die geringsten Verluste und liegt am nächsten zur Resonanz. Alle anderen sterben aus. Es ist der Erwähnung wert, daß Gleichungen des Typs (8.31) bis (8.35) vor nicht allzu langer Zeit vorgeschlagen wurden, um ein mathematisches Modell zur Evolution zu entwickeln. Wir werden auf diesen Punkt in Abschn. 10.3 zurückkommen.

In Abschn. 6.4 haben wir gesehen, daß es am hilfreichsten ist, die Fokker-Planck-Gleichung aufzustellen und ihre stationäre Lösung anzugeben, denn letztere gibt uns ein Gesamtbild über globale und lokale Stabilität und die Größe der Fluktuationen. Die zu (8.29) mit (8.35) gehörige stationäre Lösung der Fokker-Planck-Gleichung kann mit den Methoden aus Abschn. 6.4 gefunden werden und lautet

$$f(B_\lambda) = \mathcal{N} \exp\left(-\frac{2\Phi}{Q}\right) , \tag{8.36}$$

wobei

$$2\Phi = \sum_\lambda |B_\lambda|^2 (2\kappa_\lambda - w_\lambda D_0) + \frac{2D_c}{\gamma_\|} \sum_{\lambda\lambda'} w_\lambda w_{\lambda'} |B_\lambda|^2 |B_{\lambda'}|^2 . \tag{8.37}$$

Die lokalen Minima von Φ beschreiben stabile und metastabile Zustände. Dies erlaubt uns, Vielmodenkonfigurationen zu untersuchen, falls einige Moden entartet sind.

8.6 Laser mit kontinuierlich vielen Moden. Die Analogie zur Supraleitung

Das nächste Beispiel, das etwas anspruchsvoller ist, wird uns ermöglichen, die Verbindung mit der Ginzburg-Landau-Theorie der Supraleitung herzustellen. Dabei gehen wir von einem *Kontinuum von Moden* aus, die sich alle in einer Richtung ausbreiten sollen. Ähnlich, wie im gerade untersuchten Fall, erwarten wir, daß nur Moden nahe der Resonanz die Gelegenheit haben, an der Lasertätigkeit teilzunehmen; da die Moden aber jetzt kontinuierlich verteilt sind, müssen wir nun einen ganzen Satz von Moden in der Umgebung der Resonanz in Betracht ziehen. Wir erwarten deshalb (was auf selbstkonsistente Weise bewiesen werden muß), daß nur Moden mit

$$|\Omega_\lambda - \nu| \ll \gamma \tag{8.38}$$

und

$$|\Omega_\lambda - \Omega_{\lambda'}| \ll \gamma_\parallel \tag{8.39}$$

in der Nähe der Laserschwelle wesentlich sind. Setzen wir (8.27) in (8.4) ein, dann erhalten wir

$$\dot{\sigma}_\mu = \gamma_\parallel(d_0 - \sigma_\mu) - 2\sigma_\mu \sum_{\lambda\lambda'} \left(\frac{g_{\mu\lambda} g^*_{\mu\lambda'}}{\mathrm{i}(\Omega_\lambda - \nu) + \gamma} b^*_\lambda b_{\lambda'} + \text{k.k.} \right). \tag{8.40}$$

Diese Gleichung reduziert sich mit den bereits erwähnten Vereinfachungen auf

$$\sigma_\mu \approx \left(d_0 - \frac{2d_c}{\gamma_\parallel} \sum_{\lambda\lambda'} \gamma^{-1} g_{\mu\lambda} g^*_{\mu\lambda'} b^*_\lambda b_{\lambda'} + \text{k.k.} \right). \tag{8.41}$$

Setzen wir dies in (8.29) ein, so ergibt sich

$$\begin{aligned} \dot{b}_\lambda = & \left(-\mathrm{i}\omega_\lambda - \kappa_\lambda + D_0 \frac{g^2}{-\mathrm{i}(\Omega_\lambda - \nu) + \gamma} \right) b_\lambda + \hat{F}_\lambda(t) \\ & - \frac{4d_c}{\gamma_\parallel \gamma^2} \sum_{\mu\lambda'\lambda''\lambda'''} g_{\mu\lambda} g^*_{\mu\lambda'} g^*_{\mu\lambda''} g_{\mu\lambda'''} b_{\lambda'} b_{\lambda''} b^*_{\lambda'''} . \end{aligned} \tag{8.42}$$

Unter Verwendung der Form (8.9) gelangen wir ohne weiteres zu

$$\sum_\mu g_{\mu\lambda} g^*_{\mu\lambda'} g^*_{\mu\lambda''} g_{\mu\lambda'''} = N g^4 \delta(k_\lambda - k_{\lambda''} - k_{\lambda'} + k_{\lambda'''}) , \tag{8.43}$$

wobei N die Zahl der Laseratome ist. Wir weisen darauf hin, daß wir wieder die Annahme (8.38) im nichtlinearen Teil von (8.42) machten. Falls

$$\omega_\lambda + \mathrm{Im}\left\{\frac{D_0 g^2}{\mathrm{i}(\Omega_\lambda - \nu) + \gamma}\right\} \tag{8.44}$$

keine Dispersion besitzt, d.h. $\Omega_\lambda \propto k_\lambda$, ergibt sich folgende exakte Lösung der Fokker-Planck-Gleichung

$$f(b) = \mathcal{N}_0 \exp\left(\frac{2\Phi}{Q}\right), \tag{8.45}$$

wobei

$$\begin{aligned}\Phi = &\sum_\lambda |b_\lambda|^2 \left(D_0 \frac{\gamma g^2}{(\Omega_\lambda - \nu)^2 + \gamma^2} - \kappa_\lambda\right) \\ &- \frac{2D_c}{\gamma_\| \gamma^2} g^4 \sum_{\lambda\lambda'\lambda''\lambda'''} \delta(k_\lambda - k_{\lambda''} - k_{\lambda'} + k_{\lambda'''}) b^*_{\lambda'} b^*_{\lambda''} b_\lambda b_{\lambda'''} .\end{aligned} \tag{8.46}$$

Wir setzen die Diskussion dieses Problems hier nicht im Modenbild fort, sondern stellen vielmehr die angekündigte Analogie zur Ginzburg-Landau-Theorie her. Dazu nehmen wir an

$$\omega_\lambda = c|k_\lambda|, \tag{8.47}$$

$$\Omega_\lambda = v|k_\lambda|, \tag{8.48}$$

$$\kappa_\lambda = \kappa . \tag{8.49}$$

Beschränken wir uns auf Moden nahe der Resonanz, dann können wir die Entwicklung

$$\frac{g^2}{\mathrm{i}(\Omega_\lambda - \nu) + \gamma} = \frac{g^2}{\gamma} - \mathrm{i}\frac{g^2}{\gamma^2}(\Omega_\lambda - \nu) - \frac{g^2}{\gamma^3}(\Omega_\lambda - \nu)^2 \tag{8.50}$$

verwenden. Wir ersetzen nun den Index λ durch die Wellenzahl k und formen das Wellenpaket

$$\Psi(x,t) = \int_{-\infty}^{+\infty} B_k \mathrm{e}^{+\mathrm{i}kx - \mathrm{i}v|k|t} dk . \tag{8.51}$$

Die Fourier-Transformation von (8.42) ist einfach auszuführen, und wir erhalten

$$\begin{aligned}\dot{\Psi}(x,t) = &-\alpha\Psi(x,t) + c\left(\mathrm{i}v\frac{d}{dx} + \nu\right)^2 \Psi(x,t) \\ &- 2\beta|\Psi(x,t)|^2 \Psi(x,t) + F(x,t) ,\end{aligned} \tag{8.52}$$

wobei insbesondere der Koeffizient α durch

$$-\alpha = \left(-\kappa + \frac{g^2}{\gamma} D_0\right) \tag{8.53}$$

gegeben ist. Gleichung (8.52) ist identisch mit der Gleichung für die Wellenfunktion des Elektronenpaares in der Ginzburg-Landau-Theorie der Supraleitung im eindimensionalen Fall, falls folgende Identifikationen vorgenommen werden:

Tabelle 8.1

Supraleiter	Laser
Ψ Paarwellenfunktion	Ψ elektrische Feldstärke
$\alpha \propto T - T_c$ T Temperatur T_c kritische Temperatur	$\alpha \propto D_i - D$ D Gesamtinversion D_c kritische Inversion
$v \propto A_x$-Komponente des Vektorpotentials	v atomare Übergangsfrequenz
$F(x, t)$ thermische Fluktuationen	$F(x, t)$ Fluktuationen, die von der spontanen Emission usw. herrühren

Wir stellen jedoch fest, daß unsere Gleichung für Systeme fern vom thermischen Gleichgewicht gilt, wo insbesondere die Fluktuationen eine ganz verschiedene Bedeutung haben. Wir können wieder die Fokker-Planck-Gleichung aufstellen und die Lösung (8.45, 46) auf den kontinuierlichen Fall übertragen, was

$$f = \mathcal{N}_0 \exp\left(\frac{2\Phi}{Q}\right) \tag{8.54}$$

mit

$$\Phi = \int \left[-\alpha|\Psi(x, t)|^2 - \beta|\Psi(x, t)|^4 - c\left|\left(\mathrm{i}v\frac{d}{dx} - v\right)\Psi\right|^2\right] dx \tag{8.55}$$

ergibt. Gleichung (8.55) ist identisch mit der Verteilungsfunktion der Ginzburg-Landau-Theorie der Supraleitung, falls wir (zusätzlich zu Tabelle 8.1) Φ mit der freien Energie $\mathcal{F}$ und Q mit $2k_B T$ identifizieren. Die Analogie zwischen Systemen fern vom thermischen Gleichgewicht und im thermischen Gleichgewicht ist so evident, daß es keiner weiteren Diskussion bedarf. Als eine Konsequenz jedoch sind Methoden, die ursprünglich für eindimensionale Supraleiter entwickelt wurden, nun auf den Laser anwendbar und umgekehrt.

8.7 Phasenübergänge erster Ordnung beim Einmodenlaser

Bisher haben wir gefunden, daß der Einmodenlaser an der Schwelle einen Übergang erfährt, der die Eigenschaften eines Phasenüberganges zweiter Ordnung hat. In diesem Abschnitt wollen wir aufzeigen, daß – unter etwas anderen physikalischen Bedingungen – der Charakter des Phasenüberganges geändert werden kann.

8.7.1 Der Einmodenlaser mit vorgegebenem äußeren Signal

Senden wir eine Lichtwelle auf einen Laser, dann wechselwirkt das äußere Feld direkt nur mit den Atomen. Da das Laserfeld durch die Atome erzeugt wird, wird das eingestrahlte Feld indirekt das Laserfeld beeinflussen. Wir nehmen das äußere Feld in Form einer ebenen Welle an

$$E = E_0 e^{i\varphi_0 + i\omega_0 t - ik_0 x} + \text{k.k.}, \tag{8.56}$$

wobei E_0 die reelle Amplitude ist und φ_0 eine feste Phase. Die Frequenz ω_0 soll mit dem atomaren Übergang und ebenso mit der Feldmode in Resonanz sein. k_0 ist die zugehörige Wellenzahl. Wir nehmen an, daß die Feldstärke E_0 so schwach ist, daß sie die atomare Inversion praktisch nicht beeinflußt. Die einzige Lasergleichung, in der E auftritt, ist die Gleichung für die atomaren Dipolmomente. Da hier das äußere Feld dieselbe Rolle spielt wie das Laserfeld selbst, müssen wir b durch b + konst. $\cdot E$ in (8.7) ersetzen. Dies bedeutet, daß wir die Ersetzung

$$\Gamma_\mu \to \Gamma_\mu + \vartheta_\mu E_0 e^{-i\varphi_0} \sigma_\mu \tag{8.57}$$

vornehmen, wobei

$$\vartheta_\mu = \vartheta e^{ik_0 x_\mu} \tag{8.58}$$

und ϑ proportional zum atomaren Dipolübergangsmatrixelement ist. In (8.57) haben wir nur den resonanten Term berücksichtigt. Da E_0 sowieso nur ein Korrekturterm höherer Ordnung zu den Bewegungsgleichungen ist, werden wir im folgenden σ_μ durch d_0 ersetzen.

Es ist nun eine einfache Angelegenheit, alle Iterationsschritte, die wir nach (8.11) durchgeführt haben, zu wiederholen. Wir sehen dann, daß der einzige Effekt der Änderung (8.57) darin besteht, in (8.15) folgende Ersetzungen vorzunehmen

$$\hat{F} \to \hat{F} - i \sum_\mu g_\mu \vartheta_\mu d_0 E_0 e^{-i\varphi_0} \gamma^{-1}. \tag{8.59}$$

Setzen wir (8.59) in (8.22) ein, dann erhalten wir die grundlegende Gleichung

$$\dot{b} = \left(-\kappa + \frac{g^2}{\gamma} D_0\right) b - 4 \frac{g^2 \kappa}{\gamma \gamma_\parallel} b^* b b + \hat{E}_0 e^{-i\hat{\varphi}_0} + \hat{F}(t), \tag{8.60}$$

wobei wir die Abkürzung

$$-\gamma^{-1} d_0 e^{-i\varphi_0} E_0 i \sum_\mu g_\mu \vartheta_\mu = \hat{E}_0 e^{-i\hat{\varphi}_0} \tag{8.61}$$

verwendet haben. Wieder ist es eine einfache Angelegenheit, die rechte Seite von (8.60) und die der konjugiert komplexen Gleichung als Ableitungen eines Potentials zu schreiben, wobei wir noch fluktuierende Kräfte hinzuaddieren

$$db^*/dt = -\frac{\partial V}{\partial b} + \hat{F}^*, \tag{8.62}$$

$$db/dt = -\frac{\partial V}{\partial b^*} + \hat{F}. \tag{8.63}$$

Schreiben wir b in der Gestalt

$$b = r\mathrm{e}^{-\mathrm{i}\varphi}, \tag{8.64}$$

dann lautet das Potential

$$V = V_0(r) - 2\hat{E}_0 r \cos(\hat{\varphi}_0 - \varphi), \tag{8.65}$$

wobei V_0 mit dem rotationssymmetrischen Potential von Formel (8.23) identisch ist. Das zusätzliche Kosinusglied zerstört die Rotationssymmetrie. Falls $\hat{E}_0 = 0$, ist das Potential rotationssymmetrisch, und die Phase kann ungedämpft diffundieren, was zur endlichen Linienbreite der Lasermode Anlaß gibt. Die Phasendiffusion ist nicht länger möglich, wenn $\hat{E}_0 \neq 0$, da das Potential, als Funktion von φ aufgefaßt, jetzt ein Minimum bei

$$\varphi = \hat{\varphi}_0 \tag{8.66}$$

hat. Das entsprechende Potential ist in Abb. 8.2 dargestellt und zeigt die Fixierung von φ. Natürlich sind noch fluktuierende Kräfte vorhanden, die φ um den Wert (8.66) fluktuieren lassen.

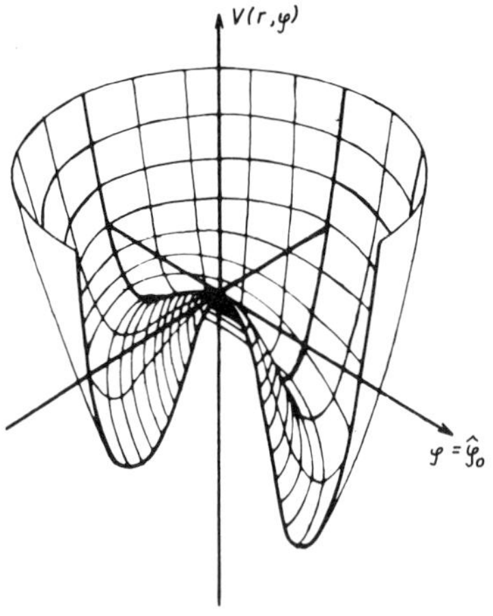

Abb. 8.2. Die Rotationssymmetrie des Potentials ist, bedingt durch ein externes Signal, aufgehoben. Nach W. W. Chow, M. O. Scully, E. W. van Stryland: Opt. Commun. *15*, 6 (1975)

8.7.2 Der Einmodenlaser mit sättigbarem Absorber

Hier untersuchen wir eine experimentelle Anordnung, bei der ein sogenannter sättigbarer Absorber zwischen das Lasermaterial und einen der Spiegel eingebracht wird (Abb. 1.9). Der sättigbare Absorber ist ein Material, das folgende Eigenschaft hat: Wird es mit Licht schwacher Intensität bestrahlt, dann absorbiert der sättigbare Absorber dieses Licht. Andererseits wird der sättigbare Absorber bei hohen Lichtintensitäten transparent. Um den Effekt eines sättigbaren Absorbers in den Grundgleichungen zu berücksichtigen, müssen wir intensitätsabhängige Verluste zulassen. Dies kann erreicht werden, indem wir κ in (8.14) durch

$$\kappa(b) \approx \kappa_0 + \kappa_s - |b|^2 \kappa_s / I_s \tag{8.67}$$

ersetzen. Obwohl (8.67) eine vernünftige Näherung für nicht zu hohe Intensitäten $|b|^2$ darstellt, würde sie bei sehr hohen Feldern zu einem falschen Resultat führen: die Verluste würden negativ. In der Tat kann man zeigen, daß die Verlustkonstante durch

$$\kappa \to \kappa(b) = \kappa_0 + \frac{\kappa_s}{1 + |b|^2/I_s} \tag{8.68}$$

zu ersetzen ist. Aus dieser Gleichung wird die Bedeutung von I_s klar. Es ist diejenige Feldintensität, ab der die Verluste immer weniger wichtig werden. Es ist ebenfalls eine einfache Angelegenheit, die Änderung der Inversion genauer zu behandeln, die wir nun aus (8.18) übernehmen. Setzen wir dieses (8.18) in (8.13) ein und den sich daraus ergebenden Ausdruck in (8.6), so erhalten wir bei Verwendung des Verlustglieds (8.68)

$$db^*/dt = -\left(\kappa_0 + \frac{\kappa_s}{1 + |b|^2/I_s}\right) b^* + \frac{G}{1 + |b|^2/I_{as}} b^* + \hat{F}^*(t)\,. \tag{8.69}$$

Wir haben hier die Abkürzungen

$$G = d_0 \sum_\mu |g_\mu|^2/\gamma \equiv \frac{g^2}{\gamma} D_0 \tag{8.70}$$

und

$$1/I_{as} = 4g^2/\gamma\gamma_\parallel \tag{8.71}$$

benützt. Wieder besitzen (8.69) und ihre konjugiert komplexe Gleichung ein Potential, das durch Integration in expliziter Form gefunden werden kann

$$-V(b) = -\kappa_0 |b|^2 - I_s \kappa_s \ln(1 + |b|^2/I_s) + I_{as} G \ln(1 + |b|^2/I_{as})\,. \tag{8.72}$$

Um (8.72) zu diskutieren, wollen wir den Spezialfall $I_s \ll I_{as}$ untersuchen. Dieser erlaubt es uns, den zweiten Logarithmus für nicht zu große $|b|^2$ zu entwickeln;

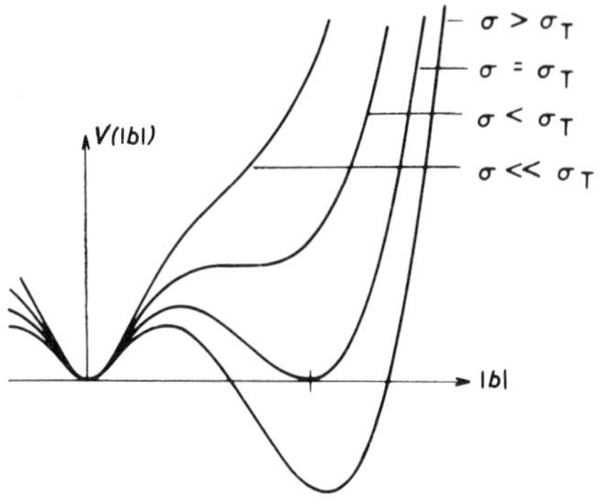

Abb. 8.3. Die Änderung der Potentialkurve für verschiedene Pumpparameter $\sigma = d_0$. Nach J. W. Scott, M. Sargent III, C. D. Cantrell: Opt. Commun. *15*, 13 (1975)

wir müssen allerdings den ersten Logarithmus in (8.72) beibehalten. Die sich ergebende Potentialkurve von

$$-V(b) = (G - \kappa_0)|b|^2 - I_s\kappa_s \ln(1 + |b|^2/I_s) - \tfrac{1}{2}G|b|^4/I_{as} \qquad (8.73)$$

ist in Abb. 8.3 dargestellt. Bei einer Änderung des Pumpparameters G wird das Potential in ähnlicher Weise deformiert, wie dasjenige beim Phasenübergang erster Ordnung, das wir in Abschn. 6.7 diskutiert haben (man vergleiche die entsprechenden Kurven dort). Insbesondere tritt ein Hystereseeffekt auf.

8.7.3 Höhere Instabilitäten

Sowohl beim Einmoden- als auch beim Vielmodenlaser können noch weitere Instabilitäten auftreten, die wieder mit einem neuartigen zeitlichen oder raum-zeitlichen Verhalten des Laserlichts verknüpft sind.

So kann es beim Einmodenlaser bei genügend hoher Pumpleistung und genügend hohen Resonatorverlusten zu einer völlig unregelmäßigen Lichtausstrahlung kommen (die jedoch nichts mit der spontanen Lichtausstrahlung einer Lampe zu hat!). Diese Art von Zeitverhalten der Laserlichtamplitude wird als Chaos bezeichnet. Wir werden darauf ausführlich in Kap. 12 zurückkommen.

Ein ebenfalls sehr interessantes Verhalten zeigt der Vielmodenlaser, dessen Licht mit Hilfe von Spiegeln, die an den Enden eines Dreiecks (oder Vierecks) sitzen, ringförmig herumgeführt wird. Wird dieser Laser nur schwach gepumpt, so wirkt er wie eine Lampe. Bei einer ersten kritischen Pumpschwelle beginnt dann die von oben bekannte Laserlichtausstrahlung. Steigt aber die Pumpleistung noch weiter, so wird bei einer zweiten Schwelle die konstante Lichtausstrahlung instabil und macht einer periodischen Folge sehr kurzer Lichtblitze Platz. Diese werden in der Fachliteratur als ultrakurze Pulse bezeichnet. Durch Verwendung sättigbarer Absorber gelingt es, die Schwelle für das Auftreten dieser Pulse zu senken. Wegen einer ausführlichen Darstellung der Theorie verweisen wir auf die englische Ausgabe dieses Buches.

8.8 Instabilitäten in der Flüssigkeitsdynamik: das Bénard- und das Taylor-Problem

Die folgenden Probleme haben Physiker seit Beginn dieses Jahrhunderts fasziniert, denn sie bilden eindrucksvolle Beispiele dafür, wie thermische Gleichgewichtszustände, die durch völlige Unordnung charakterisiert sind, plötzlich eine bemerkenswerte Ordnung zeigen, sobald man sie aus dem Gleichgewicht entfernt. U.a. handelt es sich hier um das sogenannte Bénard- und das Taylor-Problem. Wir beschreiben zuerst das Bénard-Problem oder, um einen anderen Ausdruck dafür zu gebrauchen, die Konvektionsinstabilität: Wir wollen eine ausgedehnte horizontale Flüssigkeitsschicht betrachten, die von unter her erwärmt wird, so daß ein Temperaturgradient aufrechterhalten wird. Dieser Gradient wird, falls er in entsprechenden dimensionslosen Einheiten ausgedrückt wird, als Rayleigh-Zahl R bezeichnet. Solange die Rayleigh-Zahl nicht zu groß ist, bleibt die Flüssigkeit in Ruhe und die Wärme wird durch Wärmeleitung transportiert. Sobald diese Zahl einen gewissen Wert überschreitet, beginnt sich die Flüssigkeit jedoch plötzlich zu bewegen. Am überraschendsten ist, daß das Konvektionsmuster sehr regulär ist und entweder Rollen oder Hexagone zeigt. Die Hexagone, die in Abb. 1.16 dargestellt sind, zeigen die Konvektionszellen, wie sie von oben her gesehen werden. Die Flüssigkeit kann in der Mitte einer Zelle aufsteigen und an ihren Rändern absinken oder umgekehrt. Eine offensichtliche Aufgabe einer theoretischen Behandlung besteht darin, den Mechanismus dieses plötzlichen Unordnungs-Ordnungs-Überganges zu erklären und die Form und Stabilität der Zellen vorherzusagen. In einer mehr verfeinerten Theorie wird man dann Fragen wie die nach der Wahrscheinlichkeit von Fluktuationen stellen.

Ein eng verwandtes Problem ist das sogenannte Taylor-Problem: Der Fluß zwischen einem langen stationären äußeren Zylinder und einem konzentrischen, rotierenden inneren Zylinder erfolgt entlang kreisförmigen Stromlinien (Couette-Strömung), wenn ein geeignetes dimensionsloses Maß für die innere Rotationsgeschwindigkeit (die Taylor-Zahl) genügend klein ist. Aber es treten Taylor-Wirbel auf, die periodisch, in axialer Richtung angeordnet, erscheinen, sobald die Taylor-Zahl einen kritischen Wert überschreitet.

Im folgenden werden wir die Konvektionsinstabilität explizit behandeln. Die physikalischen Größen, mit denen wir zu tun haben werden, sind das Geschwindigkeitsfeld, mit den Komponenten u_j ($j = 1, 2, 3 \leftrightarrow x, y, z$) an den Raumpunkten $x, y, z,$ der Druck p und die Temperatur T. Bevor wir in die mathematischen Details einsteigen, beschreiben wir ihren Hintergrund. Das Geschwindigkeitsfeld, der Druck und die Temperatur genügen gewissen nichtlinearen Gleichungen der Flüssigkeitsdynamik, die auf eine Form gebracht werden können, wo sie nur von der Rayleigh-Zahl R als einer vorgeschriebenen Größe abhängen. Für kleine Werte von R lösen wir diese, indem wir die Geschwindigkeitskomponenten gleich Null setzen. Die *Stabilität* dieser Lösung wird über eine Linearisierung der Gesamtgleichungen um die stationären Werte von $\boldsymbol{u}$, p und T bewiesen, wobei wir zeitlich *gedämpfte Wellen* erhalten. Überschreitet jedoch die Rayleigh-Zahl einen gewissen kritischen Wert R_c, dann werden die Lösungen instabil. Das Verfahren ist nun ähnlich dem, das wir in der Lasertheorie angewendet haben (vgl.

Abschn. 8.4). Die Lösungen, die instabil werden, definieren einen Satz von Moden. Wir entwickeln das tatsächliche Feld ($\boldsymbol{u}, T$) nach diesen Moden mit unbekannten Amplituden. Berücksichtigen wir die Nichtlinearitäten des Systems, dann erhalten wir nichtlineare Gleichungen für die Modenamplituden, die sehr eng denen aus der Lasertheorie ähneln und zu bestimmten stabilen Moden-Konfigurationen führen. Berücksichtigen wir thermische Fluktuationen, dann kommen wir wieder auf ein Problem mit nichtlinearen deterministischen Kräften und fluktuierenden Kräften ganz im Sinne des Kap. 7. Ihr Zusammenspiel bestimmt insbesondere den Übergangsbereich $R \approx R_c$.

8.9 Die Grundgleichungen

Wir wenden uns nun der mathematischen Behandlung des Problems zu. Den Ausgangspunkt bilden die Grundgleichungen der Hydrodynamik, die wir in der sogenannten Boussinesq-Näherung angeben. In dieser Näherung geht man davon aus, daß die Temperaturabhängigkeit der Flüssigkeitsparameter – mit Ausnahme der der Dichte – vernachlässigt werden kann. Die Temperaturabhängigkeit der Dichte wird durch

$$\delta\rho = -\alpha(T - T_0)$$

berücksichtigt. ρ_0 ist die Dichte bei der Temperatur T_0, $\rho(T_0) = \rho_0$, α bezeichnet den thermischen Ausdehnungskoeffizienten, T die absolute Temperatur und T_0 eine Bezugstemperatur. Die angegebene Temperaturabhängigkeit der Dichte wird allerdings nur in dem Glied, das die Wirkung der Gravitation auf die Flüssigkeit beschreibt, berücksichtigt.

$$\frac{\partial u_i}{\partial x_i} = 0 \tag{8.74}$$

ist die *Kontinuitätsgleichung* der inkompressiblen Flüssigkeit. (Wir machen von der Konvention Gebrauch, über doppelt auftretende Indizes zu summieren.)

$$\frac{\partial u_i}{\partial t} + u_j \frac{\partial u_i}{\partial x_j} = -\frac{1}{\rho_0}\frac{\partial p}{\partial x_i} - \left(\frac{\rho}{\rho_0}\right) g\,\delta_{3,i} + \nu\Delta u_i + F_i^{(u)} \tag{8.75}$$

beschreibt die Beschleunigung einer Flüssigkeit, die durch äußere und innere Kräfte verursacht wird. g steht für die Erdbeschleunigung, ν ist die kinematische Viskosität der Flüssigkeit. $\boldsymbol{F}^{(u)}$ ist eine fluktuierende Kraft, die ihren Ursprung in spontanen lokalen Spannungen innerhalb der Flüssigkeit hat. Bezeichnet man mit s_{ik} den fluktuierenden Anteil des Spannungstensors, dann ist im Fall thermischer Fluktuationen

$$F_i^{(u)} = \frac{1}{\rho_0}\frac{\partial}{\partial x_k} s_{ik}\,. \tag{8.76}$$

Der Mittelwert dieser Fluktuationen verschwindet; sie sollen ferner zu einem Gauß-Prozeß gehören und δ-korreliert sein. Die entsprechende Korrelationsfunktion lautet

$$\langle s_{ik}(\boldsymbol{x}_1, t_1) s_{lm}(\boldsymbol{x}_2, t_2) \rangle = 2 \nu \rho_0 k_B T (\delta_{il} \delta_{km} + \delta_{im} \delta_{kl}) \delta(\boldsymbol{x}_1 - \boldsymbol{x}_2) \delta(t_1 - t_2) . \tag{8.77}$$

Die Vorfaktoren sind eine Konsequenz des Fluktuations-Dissipations-Theorems.

$$\frac{\partial T}{\partial t} + u_j \frac{\partial T}{\partial x_j} = \kappa \Delta T + F^{(T)} \tag{8.78}$$

ist die Gleichung für die *Wärmeleitung* (κ: Temperaturleitfähigkeit). Die Fluktuationen $F^{(T)}$ entstehen durch spontan lokal auftretende Wärmeströme $\boldsymbol{q}$. Für thermische Fluktuationen ist

$$F^{(T)} = - \frac{1}{c_p \rho_0} \frac{\partial q_i}{\partial x_i} \tag{8.79}$$

(c_p ist die spezifische Wärme bei konstantem Druck). Für die q_i treffen wir entsprechende Annahmen wie für die s_{ik}. Es ist

$$\langle q_i(\boldsymbol{x}_1, t_1) q_k(\boldsymbol{x}_2, t_2) \rangle = 2 \kappa c_p \rho_0 k_B T^2 \delta_{ik} \delta(\boldsymbol{x}_1 - \boldsymbol{x}_2) \delta(t_1 - t_2) , \tag{8.80}$$

ferner sollen die q_j und s_{ik} unkorreliert sein.

Schließlich haben wir noch die Randbedingungen zu berücksichtigen. Die Flüssigkeit soll sich zwischen den Ebenen $z = 0$ und $z = d$ befinden. Für eine viskose Flüssigkeit ergibt sich bei fester Begrenzung an der Stelle $z = 0$ und $z = d$

$$u_i = 0 \tag{8.81}$$

und an freien Oberflächen

$$u_z = \frac{\partial}{\partial z} \varepsilon_{izk} u_k = 0 . \tag{8.82}$$

(ε_{ijk} ist der vollständig antisymmetrische Tensor 3. Stufe.) Ferner wird an den Begrenzungen die Temperatur fest vorgegeben. In x- und y-Richtung verwenden wir periodische Randbedingungen.

Es sei an dieser Stelle angemerkt, daß durchaus auch die Möglichkeit besteht, über die Boussinesq-Näherung hinauszugehen, indem man, wie wir dies später tun werden, weitere Glieder berücksichtigt. Es läßt sich aber bereits hier vorwegnehmen, daß einige dieser Zusatzterme gegenüber einer Reflexion an der vertikalen Symmetrieebene der Flüssigkeit nicht invariant sind. Diese Tatsache wird wichtige Konsequenzen für die Struktur der Endgleichungen haben.

Es bereitet nun keinerlei Schwierigkeiten, den homogenen stationären Zustand zu bestimmen. Man erhält

$$\begin{aligned} u_i &= 0\,, \\ T &= T_0 - \beta z\,, \\ p &= p_0 - \rho g z(1 + \tfrac{1}{2}\alpha\beta z)\,. \end{aligned} \tag{8.82a}$$

$\beta > 0$ bezeichnet den konstanten Temperaturgradienten.

Die Grundgleichungen (8.74, 75 und 78) können nun auf eine dem Problem angemessene Form transformiert werden, indem man Variable einführt, die die Abweichungen vom stationären Zustand messen:

$$T = T_0 - \beta z + \Theta \tag{8.82b}$$

und

$$\bar{\omega} = p/\rho_0 + gz(1 + \tfrac{1}{2}\alpha\beta z) \tag{8.82c}$$

definieren die neuen Variablen Θ und $\bar{\omega}$. Durch die Einführung von dimensionslosen Variablen

$$\begin{aligned} &u_i = \frac{\kappa}{d} u_i'\,; \quad \Theta = \frac{\nu\kappa}{\alpha g d^3}\Theta'\,; \quad \bar{\omega} = \frac{\kappa^2}{d^2}\bar{\omega}'\,; \\ &x_i = d x_i'\,; \quad t = \frac{d^2}{\kappa}t'\,, \end{aligned} \tag{8.83}$$

lassen sich die Gleichungen übersichtlicher darstellen. Man erhält die Form

$$\frac{\partial u_i}{\partial x_i} = 0\,, \tag{8.84}$$

$$\frac{\partial u_i}{\partial t} + u_j \frac{\partial u_i}{\partial x_j} = -\frac{\partial \bar{\omega}}{\partial x_i} + P\Theta\delta_{3,i} + F_i^{(u)}\,, \tag{8.85}$$

$$\frac{\partial \Theta}{\partial t} + u_j \frac{\partial \Theta}{\partial x_j} = \Delta\Theta + R u_3 + F^{(\Theta)}\,, \tag{8.86}$$

wobei wir den Strich wieder weggelassen haben. Es treten in unseren Gleichungen jetzt zwei neue, dimensionslose Größen auf, nämlich die Prandtl-Zahl

$$P = \nu/\kappa\,, \tag{8.87}$$

die nur von den Parametern der Flüssigkeit abhängt, sowie die Rayleigh-Zahl

$$R = \frac{\alpha\beta g d^4}{\nu\kappa}\,, \tag{8.88}$$

die auch eine Funktion des äußeren Parameters β ist. Die Gleichungen (8.84 – 86) bilden die Grundlage für unsere weiteren Rechnungen.

8.10 Gedämpfte und neutrale Lösungen

Zur Lösung der Gleichungen (8.84 – 86) gehen wir nach der in Kap. 7 beschriebenen Methode vor. Wir nehmen zunächst an, daß der homogene Zustand der Flüssigkeit stabil ist, d.h. $R < R_c$. Die nichtlinearen Gleichungen (8.84 – 8.86) können dann um den stationären Zustand $\boldsymbol{u} = 0$, $\Theta = 0$ linearisiert werden. Wir erwarten zeitlich gedämpfte Lösungen der Gestalt

$$\boldsymbol{u} \sim \mathrm{e}^{-\gamma t} \quad (\gamma > 0) . \tag{8.89}$$

Dabei sind die Eigenwerte γ Funktionen des äußeren Parameters R. Wir definieren den kritischen Wert R_c als diejenige Rayleigh-Zahl, für die γ Null wird. $R = R_c$ definiert also die marginalen (neutralen) Zustände.

Die marginalen Lösungen lassen sich durch folgende Überlegungen gewinnen. Aus der linearisierten Navier-Stokesschen Gleichung folgt, daß die z-Komponente der Rotation des Geschwindigkeitsfeldes verschwindet (s. Aufgaben). Diese Bedingung, wie auch die Kontinuitätsgleichung, werden durch folgenden Ansatz für u_i identisch erfüllt

$$u_i^{(n)}(\boldsymbol{x}) = \delta_i v^{(n)} , \tag{8.90}$$

wobei der Index n die neutralen Lösungen bezeichnet. Der Operator δ_i wird durch

$$\delta_i = \frac{\partial^2}{\partial x_i \partial z} - \delta_{i,3} \Delta \tag{8.91}$$

gegeben. $v^{(n)}$ ist zunächst eine beliebige Funktion. Den Zusammenhang zwischen $\Theta^{(n)}$ und $v^{(n)}$ erhält man durch Anwendung des Operators δ_i (skalare Multiplikation) auf die linearisierte Navier-Stokessche Gleichung:

$$\Theta^{(n)} = \Delta^2 v^{(n)} . \tag{8.92}$$

Unter Verwendung von (8.86) ergibt sich die Bestimmungsgleichung für $v^{(n)}$

$$(\Delta^3 - R\Delta_1) v^{(n)} = 0 , \qquad \Delta_1 = \frac{\partial^2}{\partial x^2} + \frac{\partial^2}{\partial y^2} . \tag{8.93}$$

Diese Gleichung läßt sich durch einen Separationsansatz lösen und man erhält die Funktion $v^{(n)}$ in der Gestalt

$$v^{(n)} = w(x, y) g(z) . \tag{8.94}$$

Für den Fall freier Oberflächen (Koordinatenursprung am unteren Rand der Schicht) findet man

$$g(z) \propto \sin \pi z \tag{8.95}$$

und

$$w(x, y) = \sum_{k} A_k e^{ikx}, \quad x = (x, y) \tag{8.96}$$

wobei die Koeffizienten A_k noch frei wählbar sind. k liegt in der (x, y)-Ebene

$$k = \begin{pmatrix} k_x \\ k_y \end{pmatrix}. \tag{8.97}$$

Die Wellenvektoren k, die zuerst instabil werden, haben den Betrag

$$|k| = \frac{\pi}{\sqrt{2}}. \tag{8.98}$$

Schließlich ergibt sich die zugehörige kritische Rayleigh-Zahl zu

$$R_c = \frac{27}{4} \pi^4. \tag{8.99}$$

Aufgaben

1) Man zeige, daß die z-Komponente der Rotation des Geschwindigkeitsfeldes für die neutralen Lösungen verschwindet.

   Hinweis: Man bilde die Rotation auf beiden Seiten der linearisierten Navier-Stokesschen Gleichungen ($\gamma = 0$). Bezeichnet man die z-Komponente der Rotation mit ω, dann ergibt sich

   $$\Delta \omega = 0 .$$

   Man multipliziere diese Gleichung mit ω und integriere über das Volumen. Partielle Integration unter Berücksichtigung der jeweiligen Randbedingungen liefert das gesuchte Ergebnis.
2) Durch direktes Einsetzen bestätige man, daß der Ansatz (8.90) die Kontinuitätsgleichung sowie $\omega = 0$ identisch erfüllt.
3) Man verifiziere (8.92). Ferner leite man durch Einsetzen von (8.92) in die linearisierte Wärmeleitungsgleichung ($\gamma = 0$) (8.93) her.
4) a) Man bilde den Vektor

$$\boldsymbol{\Phi} = \begin{bmatrix} \boldsymbol{u} \\ \Theta \\ \bar{\omega} \end{bmatrix} \exp(-\gamma t)$$

und zeige, daß dieser die Gleichung (nur lineare Abweichungen werden berücksichtigt)

$$-\gamma S \boldsymbol{\Phi} = L \boldsymbol{\Phi}$$

erfüllt. Dabei soll die Diagonalmatrix S so bestimmt werden, daß L hermitisch wird. Was folgt daraus für die Eigenwerte?

b) Durch den Ansatz

$$\boldsymbol{\Phi} = \sum_{k,l} A(\boldsymbol{k}, l) \begin{pmatrix} \Phi_1(\boldsymbol{k}, l) \cos l\pi z \\ \Phi_2(\boldsymbol{k}, l) \cos l\pi z \\ \Phi_3(\boldsymbol{k}, l) \sin l\pi z \\ \Phi_4(\boldsymbol{k}, l) \sin l\pi z \\ \Phi_5(\boldsymbol{k}, l) \cos l\pi z \end{pmatrix} \mathrm{e}^{-\mathrm{i}\boldsymbol{k}\boldsymbol{x}} = \sum_{k,l} A(\boldsymbol{k}, l) \boldsymbol{\Phi}(\boldsymbol{k}, l, \boldsymbol{x}, z)$$

erhält man ein lineares, algebraisches Eigenwertproblem mit den Eigenwerten $\gamma(\boldsymbol{k}, l)$. Man bestimme diese Eigenwerte $\gamma(\boldsymbol{k}, l)$. Es ist aus dem Ergebnis einfach zu ersehen, daß die Eigenwerte zu $l = 1$ zuerst kritisch werden. Man bestimme die marginale Kurve $R(k^2, 1)$. Man bestimme daraus den Wellenvektor, der zuerst kritisch wird, und berechne die zugehörige kritische Rayleigh-Zahl R_c – vgl. (8.98, 99).

c) Man zeige, daß die normierten Eigenvektoren $\boldsymbol{\Phi}(\boldsymbol{k}, l, \boldsymbol{x}, z)$ die Orthogonalitätsrelation

$$\int d^2x \int_0^1 dz \sum_{ik} \Phi_i^*(\boldsymbol{k}, l, \boldsymbol{x}, z) S_{ik} \Phi_k(\boldsymbol{k}', l', \boldsymbol{x}, z) = \delta_{\boldsymbol{k},\boldsymbol{k}'} \cdot \delta_{l,l'}, \quad [(S_{ik}) = S]$$

erfüllen.

Hinweis: Man verfahre wie beispielsweise in der Quantenmechanik.

8.11 Die Lösung in der Umgebung $R = R_c$ (nichtlinearer Bereich). Die effektiven Langevin-Gleichungen

Wir können nun die Verfahren aus Kap. 7 anwenden, um die stabilen Moden zu eliminieren. Führen wir den Vektor

$$\boldsymbol{\Psi}_k = \begin{pmatrix} \boldsymbol{u}_k^{(n)} \\ \Theta_k^{(n)} \end{pmatrix} \tag{8.100}$$

(vgl. auch Aufgabe 3) des vorangegangenen Abschnitts) ein, dann können wir die neutralen Lösungen in der Form

$$\boldsymbol{\Psi}(\boldsymbol{x}) = \begin{pmatrix} \boldsymbol{u}(\boldsymbol{x}) \\ \Theta(\boldsymbol{x}) \end{pmatrix} = \sum_k \xi_k \boldsymbol{\Psi}_k(\boldsymbol{x}) \tag{8.101}$$

anschreiben, und das Eliminationsverfahren liefert uns Gleichungen für die Amplituden ξ_k. Zur besseren Übersicht wollen wir das Verfahren an dieser Stelle noch einmal kurz skizzieren. Mit Hilfe der Eigenvektoren, die in Aufgabe 3 des Abschn. 8.10 angegeben wurden, lassen sich die nichtlinearen Bewegungsgleichungen auf Gleichungen für die Amplituden $\xi_{k,l}$ transformieren. In der Gleichung für die instabilen Moden treten Terme der Form $:\boldsymbol{u}:\boldsymbol{s}$ auf (vgl. Kap. 7). Die stabile Mode hat dabei die Form

$$S \propto \begin{pmatrix} 0 \\ \Theta(\boldsymbol{k} = 0, l = 2) \end{pmatrix}. \tag{8.102}$$

In der Bewegungsgleichung dieser stabilen Mode (8.102) berücksichtigen wir nun nur die Terme der Form $\boldsymbol{u}:\boldsymbol{u}$. Diese stabile Mode läßt sich dann, wie in Kap. 7 ausführlich dargestellt, adiabatisch eliminieren. Zurück bleibt dann eine Gleichung für die Amplituden der instabilen Moden allein. Diese hat in der Boussinesq-Näherung die Form

$$\frac{d\xi_k}{dt} = \alpha\xi_k - \sum_{k'} \beta_{kk'}|\xi_{k'}|^2\xi_k + F_k\,. \tag{8.103}$$

Hier wurde angenommen, daß nur die Fluktuationen der instabilen Moden eine Rolle spielen. Gleichung (8.103) hat also die Form einer Langevin-Gleichung für die Amplituden ξ_k. Es ist

$$\beta_{kk'} = \tilde{\beta} \quad \text{für} \quad \boldsymbol{k} = \boldsymbol{k}'\,, \tag{8.104}$$

und wir setzen

$$\beta_{kk'} = \tilde{\beta}(1 + \beta_{ij}) \quad \text{für} \quad \boldsymbol{k} \neq \boldsymbol{k}'\,. \tag{8.105}$$

Für das Folgende ist die explizite Form der β_{ij} weniger wichtig. Wir beschränken uns deshalb auf die Bemerkung, daß alle β_{ij} positiv sind. Für die Koeffizienten in (8.103) erhalten wir

$$\alpha = \frac{3\pi^2}{2}\cdot\frac{P}{P+1}\left(\frac{R-R_c}{R_c}\right), \tag{8.106}$$

$$\tilde{\beta} = \frac{P}{2(P+1)}\,. \tag{8.107}$$

Die fluktuierenden Kräfte ergeben sich in der angedeuteten Näherung als Projektionen der ursprünglichen Fluktuationen auf die neutralen Lösungen, d.h.

$$F_k(t) = \left\langle \boldsymbol{\Psi}_k^* \cdot \begin{pmatrix} \boldsymbol{F}^{(u)} \\ F^{(T)} \end{pmatrix} \right\rangle. \tag{8.108}$$

Die Klammern bezeichnen das Skalarprodukt, das in Aufgabe 3) des vorangegangenen Abschnitts eingeführt wurde. Aus dieser Definition ergibt sich direkt der folgende Ausdruck für die Korrelationsfunktionen

$$\langle\langle F_k(t) F^*_{k'}(t')\rangle\rangle = Q \cdot \delta_{kk'} \delta(t-t') . \tag{8.109}$$

Die Doppelklammern $\langle\langle \ldots \rangle\rangle$ bezeichnen hier den statistischen Mittelwert über die thermischen Fluktuationen. Unter Verwendung der oben angeführten Fluktuationen, die von Landau und Lifschitz eingeführt wurden, erhalten wir

$$Q = \frac{2k_B T}{3\pi^2} \frac{R_c P}{\rho_0 \kappa d(1+P)} \left(\frac{\alpha g P T}{\Delta T \nu c_p} + \frac{2}{\kappa} \right). \tag{8.110}$$

Berücksichtigen wir zusätzlich Glieder, die über die Boussinesq-Näherung hinausgehen [Temperaturabhängigkeit der Viskosität, der Leitfähigkeit oder Berücksichtigung der Oberflächenspannung (s. auch die Aufgabe)], dann ergibt sich in (8.103) ein zusätzliches Glied auf der rechten Seite von der Form

$$-\delta \sum_{k_1 k_2} \xi^*_{k_1} \xi^*_{k_2} \delta_{k_1+k_2+k,0} . \tag{8.111}$$

[Der Vollständigkeit halber erwähnen wir, daß die Berücksichtigung von Nicht-Boussinesq-Gliedern auch eine „Renormalisierung" von R_c, $\boldsymbol{k}$ und eine geänderte Funktion $g(z)$ in (8.95) erfordert. Da dies jedoch die Struktur der folgenden Gleichungen nicht ändert, verzichten wir auf eine ausführliche Diskussion.]

Eine Gleichung der Form (8.103) ist uns bereits vertraut. Wie wir aus den Abschnitten über die Lasertheorie wissen, können wir jetzt Lösungsmethoden anwenden, die wir dort ausführlich beschrieben haben. Bevor wir dies tun, schreiben wir (8.103) (wenn nötig unter Berücksichtigung des Gliedes (8.111)) in der Gestalt

$$\frac{d\xi_k}{dt} = \tilde{L}\xi_k + N_k(\{\xi\}) + F_k . \tag{8.112}$$

$\tilde{L}$ bezeichnet die linearen Glieder in (8.103), die dort auf der rechten Seite auftreten, während N_k alle nichtlinearen Glieder zusammenfaßt.

Aufgabe

Die stationäre Lösung beim Bénard-Problem für $R < R_c$ liefert ein lineares Temperaturprofil:

$$T = T_0 - \beta z .$$

Im Experiment kann es nun vorkommen, daß die von unten her zugeführte Wärme nicht vollständig abgeführt werden kann. Dies hat zur Folge, daß sich die

Temperatur an den Rändern mit einer konstanten Rate η erhöht. Man kann das berücksichtigen, indem man die Randbedingungen für die Temperatur abändert (Randbedingungen von Krishnamurti)

$$T = T_0 - \beta z + \eta t \Big|_{z=0}^{z=d} .$$

Man bestimme den Verlauf der Temperatur für $R < R_c$ in diesem Fall. Man zeige insbesondere, daß dadurch die Symmetrie des linearen Temperaturprofils zerstört wird. Unter Verwendung des Eliminationsverfahrens aus Kap. 7 zeige man, daß die so geänderten Randbedingungen zu einem Glied der Form (8.111) Anlaß geben.

8.12 Die Fokker-Planck-Gleichung und ihre stationäre Lösung

Es ist nun eine einfache Angelegenheit, die entsprechende Fokker-Planck-Gleichung aufzustellen, die folgendermaßen lautet

$$\frac{df}{dt} = - \sum_k \left\{ \frac{\partial}{\partial \xi_k} [\tau \xi_k + N_k(\xi)] f + \text{k.k.} \right\} + Q \sum_k \frac{\partial^2}{\partial \xi_k \partial \xi_k^*} \cdot f . \tag{8.113}$$

Wir suchen nach einer Lösung der Form

$$f = \mathcal{N} \exp \Phi . \tag{8.114}$$

Über eine einfache Verallgemeinerung von (6.116) kann man folgende explizite Lösung herleiten

$$\Phi = \frac{2}{Q} \left\{ \sum_k \alpha |\xi_k|^2 - \frac{1}{3} \sum_{k_1 k_2 k_3} (\delta \xi_{k_1}^* \xi_{k_2}^* \xi_{k_3}^* \delta_{k_1+k_2+k_3,0} + \text{k.k.} \right.$$
$$\left. - \frac{1}{2} \sum_{kk'} \beta_{kk'} |\xi_k|^2 |\xi_{k'}|^2 \right\} . \tag{8.115}$$

Es würde unser Vorhaben weit übersteigen, Gl. (8.115) in ihrer völligen Allgemeinheit zu untersuchen. Vielmehr wollen wir aufzeigen, wie solche Ausdrücke (8.114) und (8.115) es uns ermöglichen, den Bereich der Schwelle und die verschiedenen Moden-Konfigurationen zu diskutieren. Wir setzen zunächst $\delta = 0$. (8.114) und (8.115) haben nun eine einfache Bedeutung bei der Diskussion verschiedener Moden-Konfigurationen. Da Φ nur von den Absolutwerten der ξ_k abhängt,

$$\Phi = \Phi(|\xi_k|^2) , \tag{8.116}$$

führen wir die neue Variable

$$|\xi_k|^2 = w_k \tag{8.117}$$

ein. Die Werte w_k, für die Φ einen Extremwert annimmt, sind durch

$$\frac{\partial \Phi}{\partial w_k} = 0, \quad \text{oder} \quad \alpha - \sum_{k'} \beta_{kk'} w_{k'} = 0 \tag{8.118}$$

gegeben. Die zweite Ableitung ergibt, daß es sich bei allen diesen Extrema um Maxima handelt

$$\frac{\partial^2 \Phi}{\partial w_k \partial w_{k'}} = -\beta_{kk'} < 0 . \tag{8.119}$$

Aus Symmetriegründen erwarten wir

$$w_k = w/N . \tag{8.120}$$

Aus (8.115) erhalten wir dann

$$\Phi(w) = \frac{1}{2} \frac{\alpha^2}{\bar{\beta}}, \tag{8.121}$$

wobei wir die Abkürzung

$$\frac{1}{N^2} \sum_{kk'} \beta_{kk'} = \bar{\beta} \tag{8.122}$$

benützt haben. Wir vergleichen nun die Lösung, bei der alle Moden beteiligt sind, mit der für eine einzelne Mode, für die

$$\alpha - \beta_{kk} w = 0 \tag{8.123}$$

gilt, so daß

$$\Phi(w) = \frac{1}{2} \frac{\alpha^2}{\bar{\beta}} . \tag{8.124}$$

Der Vergleich zwischen (8.121) und (8.124) zeigt, daß die Wahrscheinlichkeit, eine einzelne Mode anzutreffen, größer ist als die für eine Vielmoden-Konfiguration. Unsere Rechnung kann auf andere Moden-Konfigurationen verallgemeinert werden. Das Resultat bleibt jedoch dasselbe, stabil ist nur die Einmoden-Konfiguration.

Wir diskutieren nun die Form des Geschwindigkeitsfeldes für eine solche Einmoden-Konfiguration, wobei wir die Gleichungen (8.90 – 96) verwenden. Legen wir $\boldsymbol{k}$ in die Richtung der x-Achse, dann sehen wir sofort, daß beispielsweise die z-Komponente des Geschwindigkeitsfeldes u_z unabhängig von y ist und die

Form einer Sinuswelle hat. Wir erhalten deshalb als stabile Konfiguration *Rollen.*

Wir kommen nun zu der Frage, wie man die noch spektakuläreren Hexagone erklären kann. Um dieses Ziel zu erreichen, berücksichtigen wir in (8.103) die kubischen Glieder, die von einer räumlichen Inhomogenität in z-Richtung herrühren, beispielsweise von Nicht-Boussinesq-Gliedern. Lassen wir für den Vergleich nur drei Moden mit den Amplituden ξ_i, ξ_i^*, $i = 1, 2, 3$ zu, dann wird die Potentialfunktion durch

$$\begin{aligned}\Phi = \alpha(|\xi_1|^2 + |\xi_2|^2 + |\xi_3|^2) - \delta(\xi_1^* \xi_2^* \xi_3^* + \text{k.k.})\\ - \frac{1}{2}\sum_{kk'} \beta_{kk'}|\xi_k|^2|\xi_{k'}|^2\end{aligned} \tag{8.125}$$

gegeben. Dabei läuft die Summe über $\boldsymbol{k}$ längs des Dreiecks der Abb. 8.4, das sich aus der Bedingung $\boldsymbol{k}_1 + \boldsymbol{k}_2 + \boldsymbol{k}_3 = 0$ und $|\boldsymbol{k}_i| = k_c$ ergibt (vgl. (8.98)). Um die Extremalwerte von ξ_i, ξ_i^* aufzufinden, bilden wir die Ableitungen nach ξ_i, ξ_i^*. Auf diese Weise erhalten wir sechs Gleichungen, deren Lösung durch

$$\xi_i^* = \xi_i; \quad \xi_1 = \xi_2 = \xi_3 = \xi \tag{8.126a}$$

gegeben ist. Verwenden wir (8.126a) zusammen mit (8.90–96), dann erhalten wir z.B. $u_z(\boldsymbol{x})$. Konzentrieren wir unsere Aufmerksamkeit auf die x,y-Abhängigkeit, dann finden wir unter Verwendung der Abb. 8.4 (mit $\boldsymbol{x}' = \pi\boldsymbol{x}/\sqrt{2}$)

$$u_z(\boldsymbol{x}) \propto \xi(\mathrm{e}^{\mathrm{i}x'} + \mathrm{e}^{-\mathrm{i}x'} + \mathrm{e}^{\mathrm{i}(-x'/2+y'\sqrt{3}/2)} + \cdots) \tag{8.126b}$$

oder in übersichtlicherer Darstellung

$$u_z(\boldsymbol{x}) \propto \xi\left[\cos x' + \cos\left(\frac{x'}{2} + \frac{\sqrt{3}}{2}y'\right) + \cos\left(\frac{x'}{2} - \frac{\sqrt{3}}{2}y'\right)\right].$$

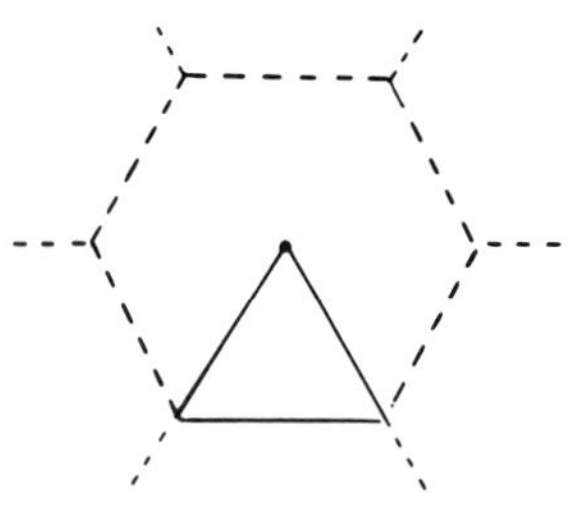

Abb. 8.4. Die Konstruktion eines Hexagons aus den Elementardreiecken (Details kann man dem Text entnehmen)

Benützen wir die durchgezogenen Linien der Abb. 8.4 als anschauliches Muster, dann überzeugt man sich leicht, daß die Hexagone dieser Abbildung die Elementarzellen von $u_z(\boldsymbol{x})$ (8.126b) darstellen. Wir diskutieren die Wahrscheinlichkeit für das Auftreten dieser Hexagone im Vergleich zu der der Rollen. Dazu rechnen wir (8.125) zusammen mit (8.126a) aus, was (unter Verwendung der expliziten Ausdrücke für ξ)

$$\Phi_{\max}(\xi) = \hat{\beta}[\tfrac{3}{2}\,\hat{\alpha}^2 + \tfrac{1}{2}\,\hat{\delta}^2\alpha - \xi_{\max}(2\,\hat{\alpha}\,\hat{\delta} - \tfrac{1}{2}\,\hat{\delta}^3)] \tag{8.127}$$

ergibt. Dabei haben wir die Abkürzungen

$$\tfrac{1}{3}\,\hat{\beta} = \bar{\beta},\ \sum_k \beta_{k_1} = \hat{\beta}, \tag{8.128}$$

$$\hat{\alpha} = \frac{\tilde{\alpha}}{\hat{\beta}}, \tag{8.129}$$

$$\hat{\delta} = \frac{\delta}{\hat{\beta}} \tag{8.130}$$

verwendet. Wir diskutieren jetzt (8.127) für zwei verschiedene Grenzfälle.

1)

$$\hat{\delta}^2 \gg \hat{\alpha}. \tag{8.131}$$

In diesem Fall erhalten wir

$$\Phi_{\max}(\xi) \approx \tfrac{1}{2}\,\hat{\beta}\,\hat{\delta}^3\xi_{\max}. \tag{8.132}$$

2)

$$\hat{\delta}^2 \ll \hat{\alpha}. \tag{8.133}$$

In diesem Fall ergibt sich

$$\Phi_{\max}(\xi) = \frac{\hat{\alpha}^2}{2\bar{\beta}}. \tag{8.134}$$

Der Vergleich von (8.132) bzw. (8.134) mit dem Potential des Einmodenfalles ergibt folgendes: Für Rayleigh-Zahlen $R > R_c$, die R_c nur wenig übersteigen, hat die Konfiguration der Hexagone eine größere Wahrscheinlichkeit als die Rollen-Konfiguration. Ein weiteres Anwachsen der Rayleigh-Zahl macht die Rollen-Konfiguration wieder wahrscheinlicher.

Zusammenfassend können wir die obigen Resultate unter Verwendung der Phasenübergangsanalogie der Abschn. 6.7, 8 diskutieren. Im Fall $\delta = 0$ zeigt unser gegenwärtig vorliegendes System alle Eigenschaften eines Nichtgleichgewichtsphasenübergangs zweiter Ordnung (mit Symmetriebrechung, weichen Moden, kritischen Fluktuationen etc.). In völliger Analogie zum Laser kann die Symmetrie auch durch ein äußeres Signal gebrochen werden. Dies kann durch

Überlagerung einer sich periodisch verändernden Temperaturverteilung über die konstante Temperatur am unteren Rand der Flüssigkeit erreicht werden. Dadurch können wir den Phasenübergang vorschreiben (d. h. die Lage der Rollen) und bis zu einem gewissen Grad auch ihren Durchmesser (Wellenlänge). Für $\delta \neq 0$ erhalten wir einen Phasenübergang erster Ordnung, und man kann erwarten, daß eine Hysterese auftritt.

Wir beschließen unsere Diskussion der Bénard-(und Taylor-)Instabilität mit einem Hinweis auf *höhere Instabilitäten*, die besonders in den letzten Jahren aufgefunden wurden und die einen neuen Zugang zum Turbulenzproblem bieten. Besonders eindrucksvoll sind hierzu die Experimente, die beim Taylor-Problem durchgeführt wurden. Rotiert der innere Zylinder dieser Anordnung nur langsam, so zeigt die Flüssigkeit ein Geschwindigkeitsfeld in Form konzentrischer Kreise. Wie wir schon bemerkten, bildet sich bei einer kritischen Rotationsgeschwindigkeit des inneren Zylinders eine Rollenbewegung aus, wobei diese Rollen übereinander konzentrisch zwischen den beiden Zylindern liegen. Bei noch höherer Geschwindigkeit fangen die Rollen an zu oszillieren, um dann schließlich bei einer weiteren Schwelle noch kompliziertere Oszillationen auszuführen. Schließlich setzt bei einer noch höheren, kritischen Rotationsgeschwindigkeit eine turbulente Bewegung ein, die heute auch Chaos genannt wird.

Die einzelnen Übergänge lassen sich auch theoretisch erfassen, doch würde die Darstellung dieser Methoden den Rahmen dieses einführenden Buches bei weitem übersteigen. Eine ähnliche Hierarchie von Instabilitäten wird auch beim Bénard-Problem, d. h. der von unten erhitzten Flüssigkeit angetroffen, wenn der Temperaturgradient immer mehr erhöht wird.

Bemerkenswert erscheint übrigens die Analogie zwischen den Flüssigkeitsinstabilitäten und den Laserinstabilitäten, auf die wir zu Ende von Abschn. 8.11 hinwiesen.

8.13 Ein Modell für die statistische Dynamik der Gunn-Instabilität nahe der Schwelle[1]

Der Gunn-Effekt, auch Gunn-Instabilität genannt, tritt in Halbleitern auf, die zwei Leitungsbänder mit verschiedener Lage der Energieminima haben. Wir nehmen an, daß die Donatoren ihre Elektronen an das niedrigere Leitungsband abgegeben haben. Sobald die Elektronen durch ein elektrisches Feld beschleunigt werden, wird ihre Geschwindigkeit größer und der Strom nimmt deshalb mit wachsender Feldstärke zu. Andererseits werden die Elektronen durch Streuprozesse an Gitterschwingungen (oder Fehlstellen) gebremst. Als Gesamteffekt resultiert eine nicht verschwindende mittlere Geschwindigkeit v. Wir betrachten hier den eindimensionalen Fall, so daß wir den Vektorcharakter von v usw. nicht zu berücksichtigen brauchen. Für kleine Felder E wächst v mit E an.

---

[1] Leser, die mit den elementaren Eigenschaften der Halbleiter nicht vertraut sind, können dieses Kapitel trotzdem lesen, wenn sie von den Gl. (8.135 – 136a) ausgehen. Dieser Abschnitt gibt dann ein Beispiel dafür, wie man pulsähnliche Phänomene aus gewissen Typen von nichtlinearen Gleichungen ableiten kann.

Bei genügend hohen Geschwindigkeiten können die Elektronen jedoch in das höhere Leitungsband tunneln, wo sie wieder beschleunigt werden. Ist die effektive Masse im höheren Leitungsband größer als die im niedrigeren Leitungsband, wird die Beschleunigung im höheren Band kleiner sein als im niedrigeren Leitungsband. Natürlich werden in beiden Fällen die Elektronen durch Kollisionen mit Gitterschwingungen abgebremst. Auf jeden Fall aber ist die mittlere Geschwindigkeit der Elektronen im oberen Leitungsband geringer als im unteren. Da mit höher und höher werdenden Feldstärken immer mehr Elektronen ins obere Leitungsband kommen, wird die Geschwindigkeit der Elektronen der gesamten Probe geringer. Wir erhalten deshalb ein Verhalten der mittleren Geschwindigkeit $v(E)$ als Funktion der elektrischen Feldstärke, wie das in Abb. 8.5 aufgezeichnet ist. Multiplizieren wir v mit der Konzentration der Elektronen n_0, dann erhalten wir die Stromdichte. Bisher haben wir über den elementaren Effekt gesprochen, der nichts oder nur wenig mit einem kooperativen Effekt zu tun hat. Wir müssen nun berücksichtigen, daß die Elektronen selbst eine elektrische Feldstärke aufbauen, so daß wir auf einen Rückkopplungs-Mechanismus geführt werden. Unsere Absicht ist es zu zeigen, daß die resultierenden Gleichungen stark an die Lasergleichungen erinnern und insbesondere, daß sich das Auftreten von Strompulsen leicht verstehen läßt.

Wir wollen jetzt die Grundgleichungen anschreiben. Die erste Gleichung beschreibt die Erhaltung der Zahl der Elektronen. Bezeichnen wir die Zahl der Elektronen zur Zeit t am Ort x mit n und den Elektronenstrom, dividiert durch die elektronische Ladung e, mit J, dann lautet die Kontinuitätsgleichung

$$\frac{\partial n}{\partial t} + \frac{\partial J}{\partial x} = 0 . \tag{8.135}$$

Es gibt zwei Beiträge zum Strom J. Auf der einen Seite ist es die Strömungsbewegung der Elektronen $n \cdot v(E)$; auf der anderen Seite ist dieser Strömung eine Diffusion mit der Diffusionskonstanten D überlagert. Wir schreiben deshalb den „Strom" in der Form

$$J = nv(E) - D\frac{\partial^2 n}{\partial x^2} . \tag{8.136}$$

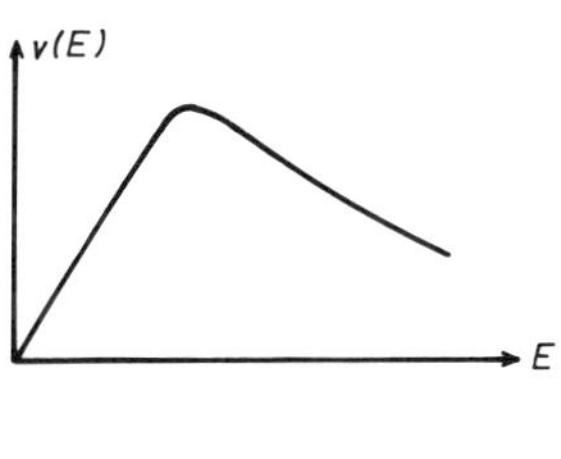

Abb. 8.5. Die mittlere Geschwindigkeit v der Elektronen als Funktion der elektrischen Feldstärke E

Das elektrische Feld schließlich wird durch Ladungen erzeugt. Bezeichnen wir die Konzentration der ionisierten Donatoren durch n_0, dann lautet gemäß der Elektrostatik die Gleichung für E

$$\frac{dE}{dx} = e'(n - n_0), \tag{8.136a}$$

wobei wir die Abkürzung

$$e' = \frac{4\pi e}{\varepsilon_0} \tag{8.136b}$$

eingeführt haben. ε_0 ist die statische Dielektrizitätskonstante. Wir wollen die Größen n und J aus obigen Gleichungen eliminieren, um eine Gleichung für die Feldstärke allein zu erhalten. Dazu drücken wir n in (8.135) mit Hilfe von (8.136a) und J in (8.135) durch (8.136) aus, was

$$\frac{1}{e'} \frac{\partial^2 E}{\partial t \, \partial x} + \frac{d}{dx}\left[n v(E) - D \frac{d^2 n}{dx^2} \right] = 0 \tag{8.137}$$

ergibt. Ersetzen wir n in (8.137) wieder mit Hilfe von (8.136a) und ordnen die so resultierende Gleichung etwas um, dann erhalten wir

$$\frac{1}{e'} \frac{\partial}{\partial x}\left[\frac{\partial E}{\partial t} + e' n_0 v(E) + v(E) \frac{dE}{dx} - D \frac{d^2 E}{dx^2} \right] = 0\,. \tag{8.138}$$

Diese Gleichung läßt sich sofort über die Koordinate x integrieren. Die Integrationskonstante, die wir mit

$$\frac{1}{e} I(t) \tag{8.138a}$$

bezeichnen, kann noch eine Funktion der Zeit sein. Nach der Integration und einer kleineren Umordnung finden wir die grundlegende Gleichung

$$\frac{\partial E}{\partial t} = -e' n_0 v(E) - v(E) \frac{dE}{dx} + D \frac{d^2 E}{dx^2} + \frac{4\pi}{\varepsilon_0} I(t)\,. \tag{8.139}$$

$I(t)$, das die Bedeutung einer Stromdichte hat, muß so bestimmt werden, daß die von außen angelegte Spannung

$$U = \int_0^L dx\, E(x, t) \tag{8.140}$$

über die ganze Probe konstant ist. Es ist nun unsere Aufgabe, (8.139) zu lösen. Für explizite Rechnungen ist es vorteilhaft, eine explizite Form für $v(E)$ zu verwenden, die – wie das in diesem Zusammenhang sehr häufig verwendet wird – die Form

$$v(E) = \frac{\mu_1 E(1 + BE/E_c)}{1 + (E/E_c)^2} \tag{8.141}$$

hat. μ_1 ist die Beweglichkeit des Elektrons im unteren Band, B das Verhältnis aus den Beweglichkeiten des oberen und unteren Bandes. Um (8.139) zu lösen, entwickeln wir E in eine Fourier-Reihe

$$E(x, t) = E_0 + \sum_{m \neq 0} E_m(t) \mathrm{e}^{\mathrm{i}mk_0 x} . \tag{8.142}$$

Summiert wird über alle positiven und negativen ganzen Zahlen, und die Grundwellenzahl ist definiert durch

$$k_0 = \frac{2\pi}{L} . \tag{8.143}$$

Entwickeln wir $v(E)$ in eine Potenzreihe nach E und vergleichen die Koeffizienten bei gleichen Exponentialfunktionen in (8.139), dann erhalten wir den folgenden Satz von Gleichungen

$$\partial E_m/\partial t = (\alpha_m - \mathrm{i}\,\omega_m) \cdot E_m - \sum_{m_1 + \cdots + m_s = m} \frac{1}{s!} A_{s,m} E_{m_1} E_{m_2} \cdots E_{m_s} . \tag{8.144}$$

Die verschiedenen Terme auf der rechten Seite von (8.144) haben folgende Bedeutung

$$\alpha_m = \omega_\mathrm{R} - D k_0^2 \cdot m^2 , \tag{8.145}$$

wobei

$$\omega_\mathrm{R} = e' n_0 v_0^{(1)} . \tag{8.146}$$

$v_0^{(1)}$ ist die differentielle Beweglichkeit und ω_R die inverse negative dielektrische Relaxationszeit. ω_m ist durch

$$\omega_m = m k_0 v(E_0) \tag{8.147}$$

definiert. Die Koeffizienten A sind durch

$$A_{s,m} = e' n_0 v_0^{(s)} + \mathrm{i} m s k_0 v_0^{(s-1)} , \tag{8.148}$$

gegeben, wobei die Ableitungen von v durch

$$v_0^{(s)} = d^s v(E)/dE^s |_{E=E_0} \tag{8.149}$$

definiert sind. Setzen wir (8.142) in die Bedingung (8.140) ein, dann wird E_0 festgelegt

$$E_0 = U/L \, . \tag{8.150}$$

Es ist nun unsere Aufgabe, die grundlegende Gl. (8.144) zu diskutieren und zumindest näherungsweise zu lösen. Dazu vernachlässigen wir zunächst die nichtlinearen Glieder und führen eine lineare Stabilitätsanalyse durch. Wir finden dann, daß E_m instabil wird, falls $\alpha_m > 0$. Dieser Fall kann dann auftreten, wenn $v_0^{(1)}$ negativ ist, eine Situation, die bestimmt vorliegt, wie wir durch einen Blick auf Abb. 8.5 bestätigen können. Wir untersuchen eine Situation, bei der nur eine Mode $m = \pm 1$ instabil wird, die anderen Moden aber stabil bleiben. Um die wesentlichen Vorgänge aufzuzeigen, beschränken wir unsere Rechnung auf den Fall von nur zwei Moden, mit $m = \pm 1, \pm 2$ und machen den Ansatz

$$E_m = c_m \mathrm{e}^{-\mathrm{i}\omega_m t} \, . \tag{8.151}$$

Die Gleichungen (8.144) reduzieren sich auf

$$\partial c_1/\partial t = \alpha c_1 + V c_2 c_1^* - \frac{W}{2}|c_1|^2 c_1 - W|c_2|^2 c_1 \tag{8.152}$$

und

$$\partial c_2/\partial t = -\beta c_2 + \frac{V}{2} c_1^2 - W|c_1|^2 c_2 - \frac{W}{2}|c_2|^2 c_2 \, . \tag{8.153}$$

Dabei haben wir folgende Abkürzungen benützt:

$$\alpha \equiv \alpha_1 > 0 \, , \quad \alpha_2 \equiv -\beta < 0 \, , \tag{8.154}$$

$$V = 2V_k^{(3)} = 2[-\tfrac{1}{2} e' n_0 v_0^{(2)} + \mathrm{i} m k_0 v_0^{(1)}] \, , \tag{8.155}$$

$$V \approx -e' n_0 v_0^{(2)} \, , \tag{8.156}$$

$$W = -6V_k^{(4)} \approx e' n_0 v_0^{(3)} \, . \tag{8.157}$$

In realistischen Fällen kann das zweite Glied in (8.155) gegenüber dem ersten vernachlässigt werden, so daß sich (8.155) auf (8.156) reduziert. Die Formel (8.157) schließt eine ähnliche Näherung ein. Wir können nun das Verfahren der adiabatischen Elimination, das in den Abschn. 7.1, 2 beschrieben ist, anwenden. Setzen wir

$$\partial c_2/\partial t = 0 \, , \tag{8.158}$$

dann ergibt sich für (8.153) die Lösung

$$c_2 = \frac{V}{2} \, \frac{c_1^2}{\beta + W|c_1|^2} \, . \tag{8.159}$$

Setzen wir c_2 in (8.152) ein, so erhalten wir als endgültige Gleichung

$$\frac{\partial c_1}{\partial t} = \left[\alpha + \frac{V^2}{2} \frac{|c_1|^2}{\beta + W|c_1|^2} - \frac{W}{2}|c_1|^2 - \frac{WV^2}{4} \frac{|c_1|^4}{(\beta + W|c_1|^2)^2}\right] c_1 . \tag{8.160}$$

Die rechte Seite von (8.160) läßt sich als (negative) Ableitung eines Potentials darstellen, so daß (8.160) lautet

$$\frac{\partial c_1}{\partial t} = -\frac{\partial \Phi}{\partial c_1^*} .$$

Mit der Abkürzung $I = |c_1|^2$ ergibt sich für Φ:

$$\Phi = \frac{W}{4} I^2 - \left(\alpha + \frac{V^2}{4W}\right) I - \frac{\beta^2 V^2/4W^2}{\beta + WI} . \tag{8.161}$$

Sobald der Parameter α verändert wird, erhalten wir einen Satz von Potentialkurven $\Phi(I)$, die denen von Abb. 8.3 ähneln. Fügen wir fluktuierende Kräfte in (8.160) hinzu, dann können wir auch Fluktuationen berücksichtigen.

Mittels Standardverfahren kann eine Fokker-Planck-Gleichung zu (8.160) aufgestellt werden, und stabile und instabile Punkte können diskutiert werden. Wir überlassen es dem Leser zu zeigen, daß wir wieder den Fall eines Phasenübergangs erster Ordnung vorliegen haben, der einen diskontinuierlichen Sprung der Gleichgewichtslage sowie einen Hysterese-Effekt beinhaltet. Da c_1 und c_2 mit oszillierenden Termen verbunden sind – vgl. (8.142, 151) –, zeigt die elektrische Feldstärke ungedämpfte Oszillationen, wie sie beim Gunn-Effekt beobachtet werden.

8.14 Elastische Stabilität: Skizze einiger grundlegender Ideen

Die allgemeinen Überlegungen der Abschn. 5.1, 3 über Stabilität und Instabilität von Systemen, die durch eine Potentialfunktion beschrieben werden können, findet unmittelbare Anwendung in der nichtlinearen Theorie der elastischen Stabilität. Wir betrachten als Beispiel eine Brücke. In einem Modell können wir eine Brücke als einen Satz elastischer Elemente auffassen, die durch Verbindungen aneinandergekoppelt sind (Abb. 8.6). Wir untersuchen dann ihre Deformierung und speziell den Zusammenbruch unter einer bestimmten Last. Um aufzuzeigen, wie solche Probleme zu unseren Rechnungen der Abschn. 5.1, 3 in Beziehung stehen, wollen wir einen einfachen Bogen (Abb. 8.7) betrachten. Er besteht aus zwei linearen Gliedern der Steifigkeit k, die aneinander und an eine feste Unterlage verheftet sind. Der Winkel zwischen einer Feder und der horizontalen Unterlage wird mit q bezeichnet. Ist keine Belastung vorhanden, wird der entsprechende Winkel mit α bezeichnet. Wir betrachten nur eine Belastung in vertikaler Richtung und bezeichnen diese mit P. Unsere Überlegungen beschränken wir auf sym-

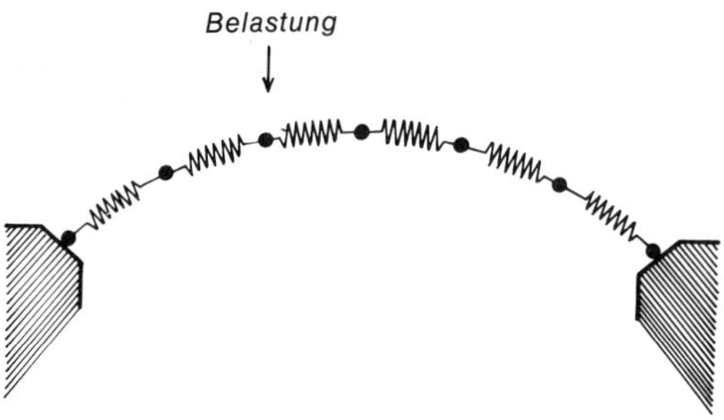

Abb. 8.6. Modell einer Brücke

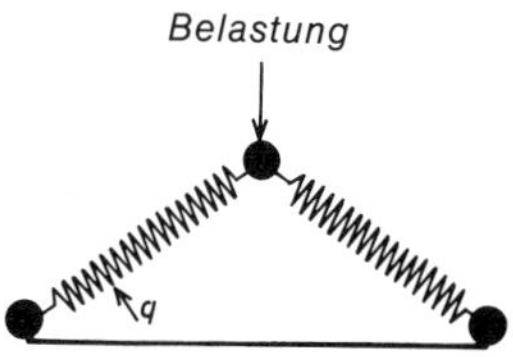

Abb. 8.7. Modell eines einfachen Bogens

metrische Deformationen, so daß das System nur einen einzelnen Freiheitsgrad besitzt, der durch die Variable q beschrieben wird. Aus der Elementargeometrie folgt, daß die Spannungsenergie der beiden Federn

$$U(q) = 2\frac{1}{2}k\left(\frac{R}{\cos\alpha} - \frac{R}{\cos q}\right)^2 \tag{8.162}$$

ist. Da wir unsere Rechnung auf kleine Winkel q beschränken wollen, können wir die Kosinusfunktionen entwickeln, was

$$U(q) = \tfrac{1}{4}kR^2(\alpha^4 - 2\alpha^2 q^2 + q^4) \tag{8.163}$$

ergibt. Die Verschiebung der Last in vertikaler Richtung ist

$$\varepsilon(q) = R(\tan\alpha - \tan q) \tag{8.164}$$

oder nach der Approximation von $\tan x$ durch x ($x = \alpha$ oder q)

$$\varepsilon(q) = R(\alpha - q)\,. \tag{8.165}$$

Die potentielle Energie der Last ist durch $-$Last $\cdot$ Verbiegung gegeben, d.h.

$$-P\varepsilon(q)\,. \tag{8.166}$$

Die potentielle Energie des gesamten Systems, das sich aus den Federn und der Last zusammensetzt, wird durch die Summe der potentiellen Energien (8.163) und (8.166) gegeben

$$V(q) = U - P\varepsilon\,, \tag{8.167}$$

also

$$V = \tfrac{1}{4}kR^2(\alpha^4 - 2\alpha^2 q^2 + q^4) - PR(\alpha - q)\,. \tag{8.168}$$

Offensichtlich wird das Verhalten des Systems durch ein einfaches Potential beschrieben. Das System nimmt den Zustand ein, für den das Potential ein Minimum besitzt:

$$\frac{\partial V}{\partial q} \equiv kR^2(-\alpha^2 q + q^3) + PR = 0\,. \tag{8.169}$$

(8.169) erlaubt uns, die extremale Lage q als Funktion von P zu bestimmen

$$q = q(P)\,. \tag{8.170}$$

In den Ingenieurwissenschaften bestimmt man häufig, wieder aus (8.169), die Last als Funktion der Verbiegung,

$$P = P(q)\,. \tag{8.171}$$

Die zweite Ableitung des Potentials

$$\frac{\partial^2 V}{\partial q^2} = kR^2(3q^2 - \alpha^2) \tag{8.172}$$

gibt uns Auskunft darüber, ob das Potential ein Maximum oder ein Minimum hat. Wir bemerken, daß man dazu (8.170) in (8.172) einzusetzen hat. Sobald also (8.172) sein Vorzeichen von positiven nach negativen Werten ändert, erreichen wir eine kritische Belastung und das System bricht zusammen. Wir überlassen das folgende Problem dem Leser als *Aufgabe:*
Man diskutiere das Potential (8.168) als Funktion des Parameters P und zeige, daß das System oberhalb eines kritischen P plötzlich von einem stabilen Zustand in einen neuen stabilen Zustand springt.

Hinweis: Die sich ergebenden Potentialkurven haben die Form von Abb. 6.7, d.h. es tritt ein Phasenübergang erster Ordnung auf.

Phasenübergänge zweiter Ordnung können ebenfalls sehr einfach in der Statik simuliert werden, etwa mittels eines mit einem Scharnier versehenen Trägers (Abb. 8.8). Wir betrachten eine starre Verbindung der Länge l, die auf einer festen Unterlage befestigt ist und durch eine runde Feder der Steifigkeit k gestützt wird. Die Last wirkt in vertikaler Richtung. Wir führen als Koordinate q den Winkel zwischen der verschobenen Verbindung und der Vertikalen ein. Die potentielle Energie der Verbindung (bedingt durch die Feder) ist

$$U = \tfrac{1}{2}kq^2\,. \tag{8.173}$$

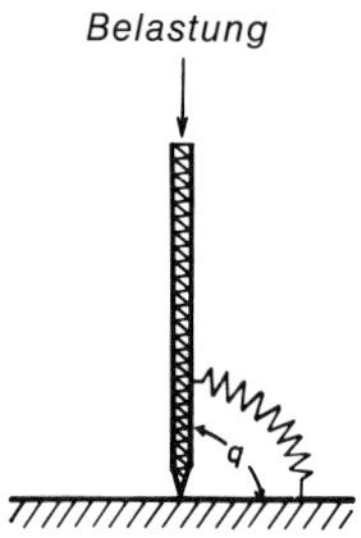

Abb. 8.8. Der mit einem Scharnier versehene Träger

Die Verschiebung der Last ist durch

$$\varepsilon = L(1 - \cos q) \tag{8.174}$$

gegeben. Genau wie vorher, können wir die potentielle Energie konstruieren, die jetzt lautet:

$$V = U - P\varepsilon = \tfrac{1}{2}kq^2 - PL(1 - \cos q)\,. \tag{8.175}$$

Entwickeln wir die Kosinusfunktion für kleine Werte von q bis zur vierten Potenz, dann erhalten wir die Potentialkurven der Abb. 6.6. Wir überlassen die Diskussion der resultierenden Instabilität, die einem Phasenübergang zweiter Ordnung entspricht, dem Leser. Wir bemerken, daß eine solche lokale Instabilität für $PL > k$ auftritt. Übrigens kann dieses Beispiel auch als Veranschaulichung für die Entfaltungen, die wir in Abschn. 5.5 eingeführt haben, dienen. In der Praxis wird die Gleichgewichtslage der Feder etwas von der in Abb. 8.8 dargestellten differieren. Bezeichnen wir den Gleichgewichtswinkel der Verbindung ohne Last mit ε, dann ist die potentielle Energie der Verbindung nun durch

$$U(q, \varepsilon) = \tfrac{1}{2}k(q - \varepsilon)^2 \tag{8.176}$$

gegeben, und die gesamte potentielle Energie bei Belastung durch

$$V = \tfrac{1}{2}k(q - \varepsilon)^2 - PL(1 - \cos q)\,. \tag{8.177}$$

Entwickeln wir die Kosinusfunktion wieder bis zur vierten Ordnung, dann beobachten wir, daß das resultierende Potential

$$V \approx \frac{1}{2}k(q - \varepsilon)^2 - PLq^2/2 + PL\frac{1}{24}q^4 \tag{8.178}$$

von der Form (5.133) ist und jetzt einen linearen Term einschließt, den wir bereits bei der Diskussion der Entfaltungen antrafen. Dementsprechend ist die Symmetrie, die in (8.175) enthalten ist, jetzt gebrochen und gibt zu Potentialkurven wie in Abb. 5.20 Anlaß, die vom Vorzeichen von ε abhängen. Wir überlassen es wieder dem Leser, die Gleichgewichtslagen zu bestimmen, sowie die Stabilität und Instabilität der Zustände als Funktion der Last.

Bemerkungen zum allgemeinen Fall

Wir sind jetzt in der Lage, das allgemeine Problem der Ingenieurwissenschaft bezüglich der elastischen Stabilität wie folgt zu definieren: Jedes statische mechanische System kann durch einen Satz verallgemeinerter Koordinaten $q_1, \ldots, q_n$ beschrieben werden, die beispielsweise Winkel mit einschließen. In anspruchsvolleren Untersuchungen werden auch kontinuierlich verteilte Variable untersucht, beispielsweise zur Beschreibung der Deformation elastischer Ummantelungen (z.B. dünner Schalen), die unter anderem bei Kühltürmen verwendet werden. Es werden dann die Minima der potentiellen Energie als Funktion einer oder eines gewissen Satzes äußerer Belastungen aufgesucht. Von spezieller Wichtigkeit ist die Untersuchung von Instabilitätspunkten, an denen kritisches Verhalten auftritt, wie wir durch viele Beispiele schon früher gesehen haben. So kann ein Minimum in zwei aufspalten (Bifurkation), oder es kann ein Grenzpunkt erreicht werden, wo das System seine Stabilität vollständig verliert. Eine wichtige Konsequenz unserer allgemeinen Überlegungen aus Abschn. 5.5 zur Charakterisierung der Instabilitätspunkte sollte noch erwähnt werden. Es genügt, nur so viele Freiheitsgrade zu berücksichtigen, wie Koeffizienten in der diagonalen quadratischen Form verschwinden. Die Koordinaten der neuen Minima können vollkommen neue mechanische Konfigurationen beschreiben. Als Beispiel erwähnen wir ein Resultat, das für dünne Schalen erhalten wird. Sobald der Bifurkationspunkt erreicht wird, werden die Schalen derart deformiert, daß ein hexagonales Muster auftritt. Das Auftreten eines solchen Musters ist ein typisches „*postbuckling phenomenon*“. Genau dieselben Muster werden beispielsweise in der Hydrodynamik beobachtet (Abschn. 8.12).

9. Systeme der Chemie und Biochemie

9.1 Chemische und biochemische Reaktionen

Grundsätzlich können wir zwischen zwei verschiedenen Arten von chemischen Prozessen unterscheiden:
1) Mehrere chemische Reaktanten werden zu einer bestimmten Zeit zusammengebracht, und wir untersuchen die dann ablaufenden Prozesse. In der herkömmlichen Thermodynamik vergleicht man gewöhnlich nur die Reaktanten und die Endprodukte und beobachtet, in welche Richtung ein Prozeß verläuft. Diese Aufgabenstellung wollen wir in diesem Buch nicht behandeln. Vielmehr werden wir die folgende Situation betrachten, die als Modell für biochemische Reaktionen dienen kann.
2) Mehrere Reaktanten werden einem Reaktor kontinuierlich zugeführt, in dem neue Stoffe kontinuierlich erzeugt werden. Diese Produkte werden aus dem Reaktor so entnommen, daß wir die Bedingungen für einen stationären Zustand antreffen. Diese Prozesse können nur unter Bedingungen fern vom thermischen Gleichgewicht aufrechterhalten werden. Dabei wird eine Vielzahl interessanter Fragen auftreten, die für Theorien über die Bildung von Strukturen in biologischen Systemen und für Theorien zur Evolution von Bedeutung sind. Fragen, auf die wir unser Interesse konzentrieren wollen, sind im wesentlichen folgende:

i) Unter welchen Bedingungen können wir gewisse Produkte in großen, präzise kontrollierten Konzentrationen erhalten?
ii) Können chemische Reaktionen makroskopische räumliche, zeitliche oder raumzeitliche Muster hervorbringen?

Um diese Fragen zu beantworten, untersuchen wir die folgenden Probleme:

a) deterministische Reaktionsgleichungen ohne Diffusion
b) deterministische Reaktionsgleichungen mit Diffusion
c) dieselben Probleme von einem stochastischen Gesichtspunkt her.

9.2 Deterministische Prozesse ohne Diffusion in einer Variablen

Wir untersuchen ein Modell einer chemischen Reaktion, bei der ein Molekül der Sorte A mit einem Molekül der Sorte X so reagiert, daß ein zusätzliches Molekül X entsteht. Da ein Molekül X durch dasselbe Molekül X, das als Katalysator wirkt, produziert wird, heißt dieser Prozeß „autokatalytische Reaktion". Lassen

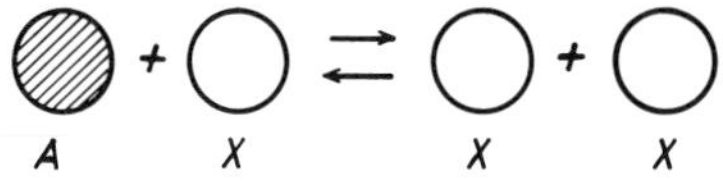

Abb. 9.1. Vgl. Text

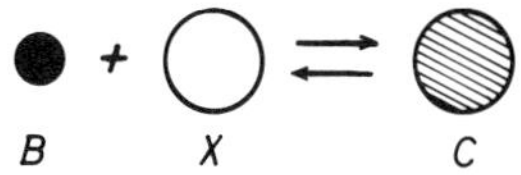

Abb. 9.2. Vgl. Text

wir auch den umgekehrten Prozeß zu, dann haben wir das folgende Reaktionsschema (Abb. 9.1)

$$A + X \underset{k_1'}{\overset{k_1}{\rightleftarrows}} 2X \,. \tag{9.1}$$

Die zugehörigen Reaktionsraten wurden mit k_1 bzw. k_1' bezeichnet. Wir nehmen ferner an, daß das Molekül X in ein Molekül C umgewandelt werden kann, sobald es mit einem Molekül B wechselwirkt (Abb. 9.2)

$$B + X \underset{k_2'}{\overset{k_2}{\rightleftarrows}} C \,. \tag{9.2}$$

Wieder ist der inverse Prozeß zugelassen. Die Reaktionsraten sind mit k_2 und k_2' bezeichnet. Wir kennzeichnen die Konzentrationen der verschiedenen Moleküle A, X, B, C folgendermaßen:

$$A \quad a\,; \qquad X \quad n\,; \qquad B \quad b\,; \qquad C \quad c\,. \tag{9.3}$$

Wir nehmen an, daß die Konzentrationen der Moleküle A, B und C sowie die Reaktionsraten k_j, k_j' von außen her festgehalten werden. Was wir also untersuchen wollen, ist das zeitliche Verhalten und der stationäre Zustand der Konzentration n. Um eine genäherte Gleichung für n abzuleiten, untersuchen wir die Erzeugungsrate von n. Wir erklären dies an einem Beispiel, die anderen Fälle können ähnlich abgehandelt werden.

Wir wollen den Prozeß (9.1) in der Richtung von links nach rechts betrachten. Die Zahl der Moleküle X, die pro Sekunde produziert werden, ist proportional zur Konzentration a der Moleküle A und zu der der Moleküle X, nämlich n. Der Proportionalitätsfaktor ist gerade die Reaktionsrate k_1. Die zugehörige Produktionsrate ist also $a \cdot n \cdot k_1$. Die vollständige Liste für die Prozesse 1 und 2 in die Richtungen, die durch einen Pfeil angedeutet sind, lautet

$$\begin{aligned} &\left.\begin{aligned} &1 \rightarrow a \cdot n \cdot k_1 \\ &1 \leftarrow -n \cdot n \cdot k_1' \end{aligned}\right\} r_1 = k_1 a n - k_1' n^2 \,, \\ &\left.\begin{aligned} &2 \rightarrow -b \cdot n \cdot k_2 \\ &2 \leftarrow c \cdot k_2' \end{aligned}\right\} r_2 = -k_2 b n + k_2' c \,. \end{aligned} \tag{9.4}$$

Das Minuszeichen weist auf die Abnahme der Konzentration n. Nehmen wir die beiden Prozesse aus 1 und 2 zusammen, dann finden wir die entsprechenden Raten r_1 und r_2, wie es oben angegeben ist. Die gesamte zeitliche Änderung von n,

$dn/dt \equiv \dot{n}$, wird durch die Summe von r_1 und r_2 gegeben, so daß unsere Grundgleichung lautet

$$\dot{n} = r_1 + r_2 \,. \tag{9.5}$$

Im Hinblick auf die Vielzahl der Konstanten $a, \ldots, k_1, \ldots$, die in (9.4) auftritt, ist es vorteilhaft, neue Variable einzuführen. Mit Hilfe einer geeigneten Änderung der Einheiten der Zeit t und der Konzentration n können wir

$$k_1' = 1 \,, \quad k_1 a = 1 \tag{9.6}$$

setzen. Führen wir ferner die Abkürzungen

$$k_2 b = \beta \,, \quad k_2' c = \gamma \tag{9.7}$$

ein, so läßt sich (9.5) auf die Form

$$\dot{n} = (1 - \beta) n - n^2 + \gamma \equiv \varphi(n) \tag{9.8}$$

bringen. Gleichung (9.8) ist im wesentlichen identisch mit einer Lasergleichung, vorausgesetzt $\gamma = 0$ – vgl. (5.84). Wir untersuchen zunächst den stationären Zustand $\dot{n} = 0$, mit $\gamma = 0$. Wir erhalten

$$n = \begin{cases} 0 & \text{für} \quad \beta > 1 \\ 1 - \beta & \text{für} \quad \beta < 1 \,, \end{cases} \tag{9.9}$$

d.h., wir finden für $\beta > 1$ keine Moleküle der Sorte X, wohingegen für $\beta < 1$ eine endliche Konzentration n aufrechterhalten wird. Dieser Übergang aus „keine Moleküle" zu „Moleküle X vorhanden", sobald sich β verändert, hat einen engen Bezug zu Phasenübergängen (vgl. Abschn. 6.7). Um dies zu erhellen, zeichnen wir eine Analogie mit der Gleichung für den Ferromagneten, indem wir (9.8) für $\dot{n} = 0$ in die Form

$$\gamma = n^2 - (1 - \beta) n \tag{9.10}$$

umschreiben. Die Analogie kann über die folgenden Identifizierungen einfach aufgezeigt werden

$$\begin{aligned} & M \leftrightarrow n \\ & H \leftrightarrow \gamma \\ & T/T_c \leftrightarrow \beta \\ & H = M^2 - \left(1 - \frac{T}{T_c}\right) M \,, \end{aligned} \tag{9.11}$$

wobei M die Magnetisierung, H das magnetische Feld, T die absolute Temperatur und T_c die kritische Temperatur ist.

Um das zeitliche Verhalten und die Gleichgewichtszustände zu untersuchen, ist es von Vorteil, ein Potential (Abschn. 5.1) zu verwenden. Gleichung (9.8) nimmt dann die Form

$$\dot{n} = -\frac{\partial V}{\partial n} \tag{9.12}$$

an, mit

$$V(n) = \frac{n^3}{3} - (1-\beta)\frac{n^2}{2} - \gamma n\,. \tag{9.13}$$

Wir haben diesen Potentialtypus bereits bei mehreren Gelegenheiten in unserem Buch angetroffen und können die Diskussion der Gleichgewichtspositionen dem Leser überlassen. Um das zeitliche Verhalten zu untersuchen, betrachten wir zunächst den Fall

a) $\gamma = 0$.

Die Gleichung

$$\dot{n} = -(\beta - 1)n - n^2 \tag{9.14}$$

kann mit den Anfangsbedingungen

$$t = 0; \quad n = n_0 \tag{9.15}$$

gelöst werden. Für den Fall $\beta = 1$ lautet die Lösung

$$n = n_0(1 + tn_0)^{-1}\,, \tag{9.16}$$

d.h. daß n asymptotisch gegen Null geht. Wir nehmen nun $\beta \neq 1$ an. Die Lösung von (9.14) mit (9.15) lautet

$$n = \frac{(1-\beta)}{2} - \frac{\lambda}{2}\cdot\frac{c\exp(-\lambda t) - 1}{c\exp(-\lambda t) + 1}\,. \tag{9.17}$$

Dabei haben wir die Abkürzungen

$$\lambda = |1 - \beta|\,, \tag{9.18}$$

$$c = \frac{|1-\beta| + (1-\beta) - 2n_0}{|1-\beta| + (1-\beta) + 2n_0} \tag{9.19}$$

verwendet. Insbesondere ergibt sich, daß die Lösung (9.17) für $t \to \infty$ gegen folgende Gleichgewichtswerte geht

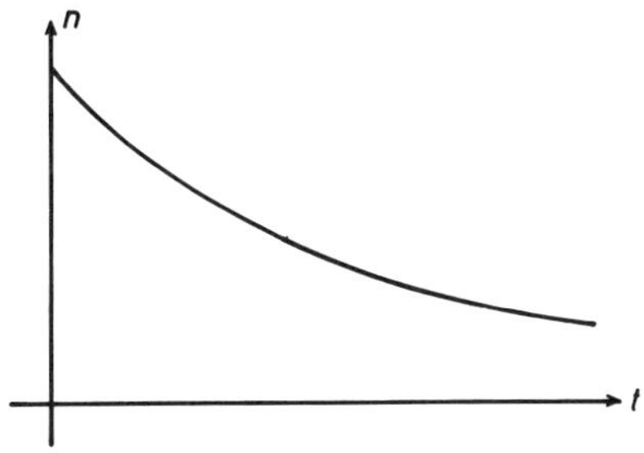

Abb. 9.3. Die Lösung (9.17) für $\beta > 1$

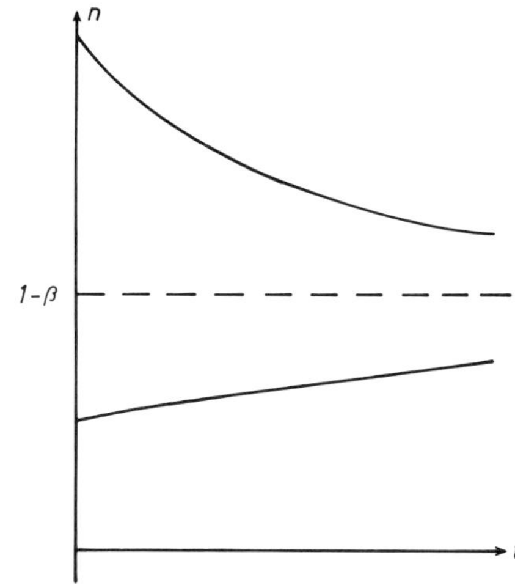

Abb. 9.4. Die Lösung (9.17) für $\beta < 1$ und zwei verschiedene Anfangsbedingungen

$$n_\infty = \begin{cases} 0 & \text{für} \quad \beta > 1 \\ (1-\beta) & \text{für} \quad \beta < 1 \end{cases}. \tag{9.20}$$

Für $\beta > 1$ und $\beta < 1$ ist das zeitliche Verhalten in Abb. 9.3 bzw. 9.4 aufgezeichnet.

b) $\gamma \neq 0$.

In diesem Fall lautet die Lösung

$$n(t) = \frac{(1-\beta)}{2} - \frac{\lambda}{2} \cdot \frac{c \exp(-\lambda t) - 1}{c \exp(-\lambda t) + 1}, \tag{9.21}$$

wobei man dasselbe c hat wie in (9.19), λ aber jetzt durch

$$\lambda = \sqrt{(1-\beta)^2 + 4\gamma} \tag{9.22}$$

definiert ist. Offensichtlich geht n ohne irgendwelche Oszillationen gegen eine Gleichgewichtslösung.

Als zweites Beispiel von ähnlichem Typ behandeln wir das Reaktionsschema

$$A + 2X \underset{k_1'}{\overset{k_1}{\rightleftarrows}} 3X \tag{9.23}$$

$$B + X \underset{k_2'}{\overset{k_2}{\rightleftarrows}} C. \tag{9.24}$$

Gleichung (9.23) schließt einen trimolekularen Prozeß ein. Gewöhnlich wird angenommen, daß solche Prozesse sehr selten sind und praktisch nur bimolekulare Prozesse vorkommen. Es ist aber möglich, einen trimolekularen Prozeß aus aufeinanderfolgenden bimolekularen Prozessen zu erhalten, beispielsweise $A + X \to Y$; $Y + X \to 3X$, falls der Zwischenschritt sehr schnell erfolgt und die Konzentration der Zwischenprodukte (mathematisch) adiabatisch eliminiert werden kann (vgl. Abschn. 7.1). Die Ratengleichungen zu (9.23) und (9.24) lauten

$$\dot{n} = -n^3 + 3n^2 - \beta n + \gamma \equiv \varphi(n)\,, \tag{9.25}$$

wobei wir wieder eine geeignete Skalierung der Zeit und der Konzentration verwendet haben. Wir haben diesen Gleichungstypus mit $n \equiv q$ schon mehrere Male (Abschn. 5.5) angetroffen. Die Gleichung kann am besten über ein Potential diskutiert werden. Es ergibt sich ohne Schwierigkeit, daß man entweder einen stabilen Wert oder zwei stabile und einen instabilen findet. Gleichung (9.25) beschreibt einen Phasenübergang erster Ordnung (Abschn. 6.7). Diese Analogie kann noch enger dargestellt werden durch Vergleich der stationären Zustandsgleichung (9.25) mit $n \equiv q$ und der Gleichung für das van der Waals-Gas. Die van der Waalssche Gleichung eines realen Gases lautet

$$p = \frac{RT}{v} - \frac{a_1}{v^2} + \frac{a_2}{v^3}\,. \tag{9.26}$$

Die Analogie wird durch die Übersetzungstafel

$$\begin{aligned} &n \leftrightarrow 1/v,\ v\text{: Volumen}\\ &\gamma \leftrightarrow \text{Druck } p\\ &\beta \leftrightarrow RT\\ &(R\text{: Gaskonstante, } T\text{: absolute Temperatur}) \end{aligned} \tag{9.27}$$

hergestellt. Wir überlassen es Lesern, die mit der van der Waalsschen Gleichung vertraut sind, diese Analogie auszuarbeiten und die Arten von Phasenübergängen, die die Molekülkonzentration n erfährt, zu diskutieren.

9.3 Reaktions- und Diffusionsgleichungen

Als erstes Beispiel behandeln wir eine einzelne Konzentration als Variable, lassen aber jetzt zu, daß sich diese Konzentration, bedingt durch Diffusion, räumlich ändern kann. Wir sind bereits in den Abschn. 4.1 und 4.3 auf eine Diffusionsgleichung gestoßen. Die zeitliche Änderung von n, $\dot{n}$ wird nun durch Reaktionen bestimmt, wie sie beispielsweise durch die rechte Seite von (9.8) beschrieben werden, und zusätzlich durch einen Diffusionsterm (wir betrachten ein eindimensionales Modell)

$$\dot{n} = \varkappa \frac{\partial^2 n}{\partial x^2} + \varphi(n) . \tag{9.28}$$

$\varphi(n)$ kann aus einem Potential V oder dem negativen Potential Φ hergeleitet werden

$$\varphi(n) = \frac{\partial}{\partial n} \Phi(n) \left(= - \frac{\partial V}{\partial n} \right). \tag{9.29}$$

Wir untersuchen den stationären Zustand $\dot{n} = 0$ und wollen ein Kriterium für die räumliche Koexistenz zweier Phasen herleiten; d.h. wir betrachten eine Situation, bei der wir eine Änderung der Konzentration in einer gewissen Schicht beobachten, so daß

$$\begin{aligned} n &\to n_1 \quad \text{für} \quad x \to +\infty , \\ n &\to n_2 \quad \text{für} \quad x \to -\infty . \end{aligned} \tag{9.30}$$

Um unsere Grundgleichung

$$\varkappa \frac{\partial^2 n}{\partial x^2} = - \frac{\partial}{\partial n} \Phi(n) \tag{9.31}$$

zu untersuchen, berufen wir uns auf eine Analogie mit einem Oszillator, oder allgemeiner, einem Teilchen im Potentialfeld. Dabei verwenden wir die folgenden Entsprechungen

$$\begin{aligned} &x \leftrightarrow t && \text{Zeit} \\ &\Phi \leftrightarrow && \text{Potential} \\ &n \leftrightarrow q && \text{Koordinate} . \end{aligned} \tag{9.32}$$

Wir bemerken, daß nun die räumliche Koordinate x ganz formal als Zeit interpretiert wird, während wir die Konzentration n als Teilchenkoordinate behandeln. Das Potential Φ ist in Abb. 9.5 gezeichnet. Wir fragen nun, unter welchen Bedingungen ist es möglich, daß das Teilchen zwei Gleichgewichtslagen vorfin-

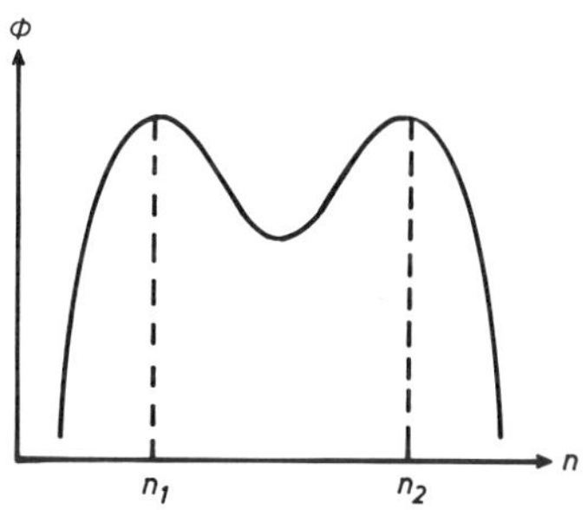

Abb. 9.5. $\Phi(n)$ für den Fall der Koexistenz zweier Phasen n_1, n_2 in einer ebenen Schicht. Nach F. Schlögl: Z. Physik *253*, 147 (1972)

det, so daß, falls wir für $t = -\infty$ aus einer Gleichgewichtslage starten, das Teilchen für $t \to +\infty$ in einer neuen Gleichgewichtslage zur Ruhe kommt? Aus der Mechanik ist bekannt, daß wir diese Bedingungen nur antreffen können, falls die Höhe des Potentials bei $q_1(\equiv n_1)$ und $q_2(\equiv n_2)$ gleich ist

$$\Phi(n_1) = \Phi(n_2). \tag{9.33}$$

Bringen wir (9.33) auf eine andere Form und verwenden (9.29), dann finden wir die Bedingung

$$0 = \Phi(n_2) - \Phi(n_1) = \int_{n_1}^{n_2} \varphi(n)\,dn. \tag{9.34}$$

Wir beziehen uns nun auf unser spezifisches Beispiel (9.25) und setzen

$$\varphi(n) = \underbrace{-n^3 + 3n^2 - \beta n}_{-\Psi(n)} + \gamma. \tag{9.35}$$

Damit können wir (9.34) in der Gestalt

$$0 = \gamma(n_2 - n_1) - \int_{n_1}^{n_2} \Psi(n)\,dn \tag{9.36}$$

schreiben und erhalten nach Auflösung nach γ

$$\gamma = \frac{1}{(n_2 - n_1)} \int_{n_1}^{n_2} \Psi(n)\,dn. \tag{9.37}$$

In Abb. 9.6 haben wir γ über n aufgezeichnet. Offensichtlich impliziert die Gleichgewichtsbedingung, daß die Flächen in Abb. 9.6 einander gleich sind. Das ist genau die Maxwellsche Konstruktion, wie über den Vergleich, der in (9.27) aufgezeigt wurde, offenbar wird

$$\begin{aligned} &\gamma = \beta n - 3n^2 + n^3, \\ &\updownarrow \\ &p = RT\frac{1}{v} - \frac{a_1}{v^2} + \frac{a_2}{v^3}. \end{aligned} \tag{9.38}$$

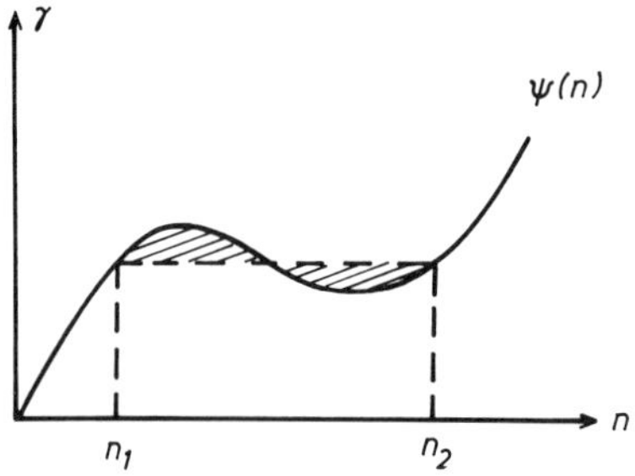

Abb. 9.6. Die Maxwell-Konstruktion für den Koexistenzwert γ

Dieses Beispiel zeigt klar, wie fruchtbar es sein kann, ganz unterschiedliche Systeme im und fern vom thermischen Gleichgewicht miteinander zu vergleichen.

9.4 Ein Reaktions-Diffusions-Modell mit zwei oder drei Variablen: der Brusselator und der Oregonator

In diesem Abschnitt untersuchen wir zunächst das Reaktionsschema des „Brusselators"

$$\begin{aligned} A &\rightarrow X \\ B + X &\rightarrow Y + D \\ 2X + Y &\rightarrow 3X \\ X &\rightarrow E \end{aligned} \tag{9.39}$$

zwischen den Molekülen der Sorten A, X, Y, B, D, E. Die folgenden Konzentrationen gehen in die Gleichungen der chemischen Reaktion ein:

$$\begin{array}{ll} A & a \\ B & b \\ X & n_1 \\ Y & n_2\,. \end{array} \tag{9.40}$$

Die Konzentrationen a und b werden als festgehaltene Größen behandelt, während n_1 und n_2 als Variable angesehen werden. Benützen wir Überlegungen, die denen der vorangegangenen Abschnitte völlig analog sind, dann lauten die Reaktions-Diffusions-Gleichungen in einer Dimension x

$$\frac{\partial n_1}{\partial t} = a - (b+1)n_1 + n_1^2 n_2 + D_1 \frac{\partial^2 n_1}{\partial x^2}, \tag{9.41}$$

$$\frac{\partial n_2}{\partial t} = b n_1 - n_1^2 n_2 + D_2 \frac{\partial^2 n_2}{\partial x^2}, \tag{9.42}$$

wobei D_1 und D_2 Diffusionskonstanten sind. Wir wollen die Konzentrationen $n_1 = n_1(x, t)$ und $n_2 = n_2(x, t)$ zweierlei Arten von Randbedingungen unterwerfen; entweder

$$n_1(0, t) = n_1(1, t) = a\,, \tag{9.43 a}$$

$$n_2(0, t) = n_2(1, t) = \frac{b}{a}, \tag{9.43 b}$$

oder

$$n_j \text{ bleibt endlich für } x \rightarrow \pm\infty\,. \tag{9.44}$$

Die Gleichungen (9.41) und (9.42) können natürlich auch in zwei oder drei Dimensionen formuliert werden. Man verifiziert ohne Schwierigkeit, daß der stationäre Zustand von (9.41, 42) durch

$$n_1^0 = a\,, \quad n_2^0 = \frac{b}{a} \tag{9.45}$$

gegeben ist. Um nachzuprüfen, ob neue Lösungsarten auftreten können, d. h. ob neue räumliche oder zeitliche Strukturen möglich sind, führen wir in (9.41) und (9.42) eine Stabilitätsanalyse durch. Dazu setzen wir

$$n_1 = n_1^0 + q_1; \quad n_2 = n_2^0 + q_2 \tag{9.46}$$

und linearisieren (9.41) und (9.42) bezüglich q_1, q_2. Die linearisierten Gleichungen sind

$$\frac{\partial q_1}{\partial t} = (b-1)q_1 + a^2 q_2 + D_1 \frac{\partial^2 q_1}{\partial x^2}\,, \tag{9.47}$$

$$\frac{\partial q_2}{\partial t} = -bq_1 - a^2 q_2 + D_2 \frac{\partial^2 q_2}{\partial x^2}\,. \tag{9.48}$$

Die Randbedingungen (9.43 a und b) nehmen die Form

$$q_1(0,t) = q_1(1,t) = q_2(0,t) = q_2(1,t) = 0 \tag{9.49}$$

an, wogegen (9.44) fordert: q_j endlich für $x \to \pm\infty$. Setzen wir, wie überall in diesem Buch,

$$q = \begin{pmatrix} q_1 \\ q_2 \end{pmatrix}, \tag{9.50}$$

dann können (9.47) und (9.48) auf die Form

$$\dot{q} = Lq \tag{9.51}$$

gebracht werden, wobei die Matrix L durch

$$L = \left(\begin{matrix} D_1 \dfrac{\partial^2}{\partial x^2} + b - 1 & a^2 \\ -b & D_2 \dfrac{\partial^2}{\partial x^2} - a^2 \end{matrix} \right) \tag{9.52}$$

gegeben ist. Um die Randbedingungen (9.49) zu erfüllen, setzen wir

$$q(x, t) = q_0 \exp(\lambda_l t) \sin l\pi x \tag{9.53}$$

mit

$$l = 1, 2, \ldots . \tag{9.53a}$$

Setzen wir (9.53) in (9.51) ein, so erhalten wir einen Satz von linearen homogenen algebraischen Gleichungen für q_0. Diese lassen nur dann nichtverschwindende Lösungen zu, falls ihre Determinante verschwindet

$$\begin{vmatrix} -D_1' + b - 1 - \lambda & a^2 \\ -b & -D_2' - a^2 - \lambda \end{vmatrix} = 0, \quad \lambda = \lambda_l . \tag{9.54}$$

Dabei haben wir die Abkürzungen

$$D_j' = D_j l^2 \pi^2, \quad j = 1, 2 \tag{9.54a}$$

verwendet. Um (9.54) zu erfüllen, muß λ die charakteristische Gleichung

$$\lambda^2 - \alpha\lambda + \beta = 0 \tag{9.55}$$

erfüllen, wobei wir die Abkürzungen

$$\alpha = (-D_1' + b - 1 - D_2' - a^2) \tag{9.56}$$

und

$$\beta = (-D_1' + b - 1)(-D_2' - a^2) + ba^2 \tag{9.57}$$

eingeführt haben. Eine Instabilität tritt auf, falls $\mathrm{Re}\{\lambda\} > 0$. Wir haben vor, die Konzentration a festzuhalten und die Konzentration b zu ändern. Wir suchen dann nach Punkten $b = b_c$, an denen die Lösung (9.53) instabil wird. Die Lösung von (9.55) lautet selbstverständlich

$$\lambda = \frac{\alpha}{2} \pm \frac{1}{2}\sqrt{\alpha^2 - 4\beta} . \tag{9.58}$$

Wir betrachten zunächst den Fall, wo λ reell ist. Das erfordert

$$\alpha^2 - 4\beta > 0 , \tag{9.59}$$

und $\lambda > 0$ ergibt zusätzlich

$$\alpha + \sqrt{\alpha^2 - 4\beta} > 0 . \tag{9.60}$$

Andererseits, falls komplexe λ zugelassen werden, ist

$$\alpha^2 - 4\beta < 0 , \tag{9.61}$$

und wir benötigen für eine Instabilität

$$\alpha > 0 . \tag{9.62}$$

Wir überspringen die Transformation der Ungleichungen (9.59 – 62) auf die entsprechenden Größen a, b, D_1', D_2' und geben einfach das Endresultat an. Wir finden die nachfolgenden Instabilitätsgebiete:

1) Weiche instabile Mode, λ reell, $\lambda \geqslant 0$

$$(D_1' + 1)(D_2' + a^2)/D_2' < b . \tag{9.63}$$

Diese Ungleichung folgt aus der Forderung $\beta < 0$, – vgl. (9.59).

2) Harte instabile Mode. λ komplex, $\mathrm{Re}\{\lambda\} \geqslant 0$

$$D_1' + D_2' + 1 + a^2 < b < D_1' - D_2' + 1 + a^2 + 2a\sqrt{1 + D_1' - D_2'} . \tag{9.64}$$

Die linke Ungleichung kommt von (9.62), die rechte von (9.61). Die Instabilität tritt für diejenige Wellenzahl zuerst auf, für die das kleinste b die Ungleichungen (9.63) oder (9.64) zuerst erfüllt. Offensichtlich ist ein komplexes λ mit einer harten Mode verknüpft, während reelles λ zu einer weichen Mode gehört. Da die Instabilität (9.63) für $k \neq 0$ auftritt und λ reell ist, erscheint ein statisches, räumlich inhomogenes Muster. Wir können nun die verschiedenen Verfahren anwenden, die in den Abschn. 7.6 bis 7.8 beschrieben wurden. Wir geben das Endresultat für zwei verschiedene Randbedingungen an. Für die Randbedingungen (9.43) setzen wir

$$\boldsymbol{q}(x, t) = \xi_u \boldsymbol{q}_{0,u}\sqrt{2}\sin l_c \pi x + \sum_{j,l}{}' \xi_{sjl}\boldsymbol{q}_{0sjl}\sqrt{2}\sin l\pi x , \tag{9.65}$$

wobei sich der Index u, in Übereinstimmung mit der Schreibweise des Abschn. 7.7, auf „instabil" („unstable") bezieht. Die Summe über j enthält die stabilen Moden, die adiabatisch eliminiert werden, um schließlich im Fall der *weichen Mode* auf

$$\dot{\xi}_u = c_1(b - b_c)\xi_u + c_3\xi_u^3 \tag{9.66}$$

zu führen, vorausgesetzt l ist gerade. Die Koeffizienten c_1 und c_3 sind durch

$$c_1 = \frac{D_{2c}'^2}{a^2}[1 + D_{1c}' - D_{2c}'(a^2 + D_{2c}')/a^2]^{-1} + O[(b - b_c)] \tag{9.66a}$$

$$c_3 = -\frac{D_{2c}'^2}{[D_{2c}' - a^2(D_{1c}' + 1 - D_{2c}')]^2}[(D_{1c}' + 1)(D_{2c}' + a^2)]$$
$$\left[1 + \frac{2^6 l_c^4}{\pi^2 a^2}(D_{2c}' - a^2)\sum_{l=1}^{\infty}\frac{(1-(-1)^l)^2}{l^2(l^2 - 4l_c^2)}\,\frac{a^2(D_1' + 1) - D_2'(D_{1c}' + 1)}{a^2 b_c - (b_c - 1 - D_1')(D_2' + a^2)}\right] \tag{9.66b}$$

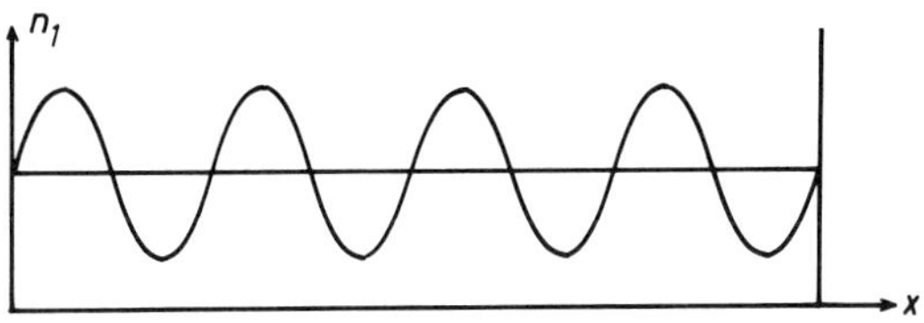

Abb. 9.7. Räumlich inhomogene Konzentration oberhalb des instabilen Punktes, l_c ist gerade

gegeben, wobei

$$D'_{ic} = \pi^2 l_c^2 D_i \,. \tag{9.66c}$$

l_c ist der kritische Wert von l, für den die Instabilität zuerst auftritt. Ein Diagramm von ξ_u als Funktion des Parameters b ist in Abb. 5.4 gezeichnet (mit $b \equiv k$ und $\xi_u = q$). Offensichtlich tritt bei $b = b_c$ ein Bifurkationspunkt auf, und es wird eine räumlich periodische Struktur aufgebaut (Abb. 9.7). Wenn andererseits l ungerade ist, dann lautet die Gleichung für ξ_u

$$\begin{aligned} &\dot{\xi}_u = c_1(b - b_c)\xi_u + c_2\xi_u^2 + c_3\xi_u^3 \,, \\ &c_1, c_2, c_3 \text{ reell}, c_1 > 0, c_2 < 0 \,. \end{aligned} \tag{9.67}$$

c_1 und c_3 sind durch (9.66a), (9.66b) gegeben und c_2 durch

$$c_2 = \frac{2^{5/2}}{3\pi a l_c}[1 - (-1)^{l_c}]D'^{3/2}_{2c}(D'_{2c} + a^2)^{1/2} \frac{(D'_{2c} - a^2)(D'_{1c} + 1)}{[D'_{2c} - a^2(D'_{1c} + 1 - D'_{2c})]^{3/2}} \,.$$

ξ_u ist als Funktion von b in Abb. 9.8 gezeichnet. Das zugehörige räumliche Muster ist in Abb. 9.9 dargestellt. Wir überlassen es dem Leser als Aufgabe, die Potentialkurven, die zu (9.66) und (9.67) gehören, aufzuzeichnen und die Gleich-

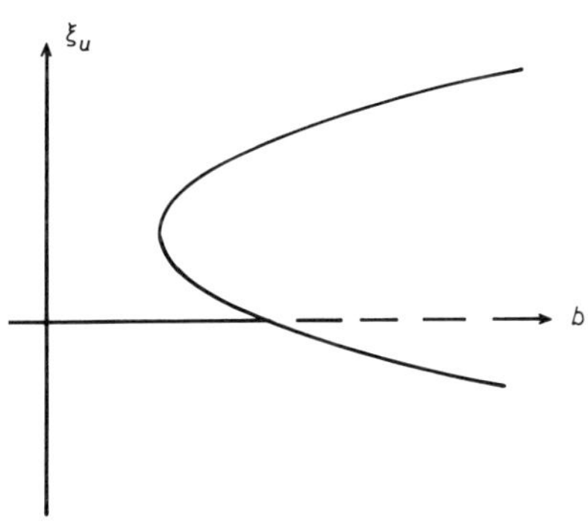

Abb. 9.8. Der Ordnungsparameter ξ_u als Funktion des „Pumpparameters“ b. Eine Aufgabe für den Leser: Man identifiziere für feste Werte von b die Werte von ξ_u mit den Minima von Potentialkurven, wie sie in Abschn. 6.3 dargestellt wurden

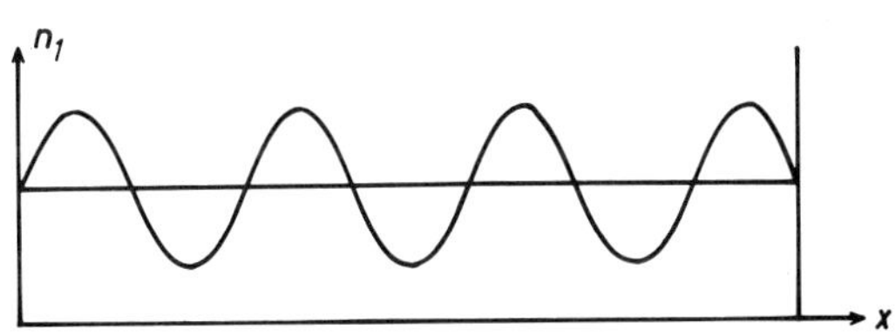

Abb. 9.9. Räumlich inhomogene Konzentration oberhalb des instabilen Punktes, l_c ungerade

gewichtspunkte in Analogie zu Abschn. 5.1 zu diskutieren. Bisher haben wir nur Instabilitäten betrachtet, die mit einer weichen Mode verknüpft sind. Falls keine Randbedingungen im Endlichen vorgegeben sind, machen wir den folgenden Ansatz für $\boldsymbol{q}$

$$\boldsymbol{q} = \xi_{u,k_c} \boldsymbol{q}_{0uk_c} \exp(\mathrm{i}k_c x) + \sum_{j,k}{}' \xi_{sjk} \boldsymbol{q}_{0sjk} \exp(\mathrm{i}kx) . \tag{9.68}$$

Die Methoden, die wir in Abschn. 7.7 beschrieben haben, erlauben uns, die folgenden Gleichungen für $\xi_{u,k_c} \equiv \xi$ abzuleiten.

a) Weiche Mode

$$\dot{\xi} = (\lambda_1 + \lambda_1' \nabla^2)\xi - A|\xi|^2\xi , \tag{9.69}$$

wobei

$$\lambda_1 = (b - b_c)(1 + a^2 - \mu^2 - a\mu^3)^{-1} + O[(b - b_c)^2] , \tag{9.69a}$$

$$\lambda_1' = 4a\mu[(1 - \mu^2)(1 + a\mu)k_c^2]^{-1} , \tag{9.69b}$$

$$A = [9(1 - \mu^2)\mu^3(1 - a\mu)^2 a]^{-1}(-8a^3\mu^3 + 5a^2\mu^2 + 20a\mu - 8) \tag{9.69c}$$

und

$$\mu = \left(\frac{D_1}{D_2}\right)^{1/2} . \tag{9.69d}$$

b) Harte Mode

$$\dot{\xi} = \frac{1 + a^2}{2}\xi + [D_1 + D_2 - \mathrm{i}a(D_1 - D_2)]\nabla^2\xi - \frac{1}{2}\left(\frac{2 + a^2}{a^2}\right) - \mathrm{i}\left(\frac{4 - 7a^2 + 4a^4}{3a^3}\right)|\xi|^2 \cdot \xi . \tag{9.70}$$

Wir bemerken, daß A negativ werden kann. In diesem Fall müssen höhere Potenzen von ξ_u berücksichtigt werden. Mit zunehmenden Konzentrationen b können noch kompliziertere zeitliche und räumliche Strukturen erwartet werden, wie durch Computerrechnungen bestätigt worden ist.

Obige Gleichungen können als Modell für eine Reihe biochemischer Reaktionen dienen und dazu, zumindest qualitativ die Belousov-Zhabotinski-Reaktionen zu verstehen, wo beides, zeitliche und räumliche Oszillationen, beobachtet wurden. Es muß jedoch darauf hingewiesen werden, daß diese letzteren Reaktionen nicht stationär auftreten, sondern als langlebige Übergangszustände, nachdem die Reagenzien zusammengebracht wurden. Einige andere Lösungen von Gleichungen – ähnlich (9.41) und (9.42) – sind ebenfalls untersucht worden. Dort sind in zwei Dimensionen, unter Verwendung von Polarkoordinaten in einer

Konfiguration mit gleichzeitig auftretender weicher und harter Mode, oszillierende Ringmuster gefunden worden.

Wir wollen uns nun einem zweiten Modell zuwenden, das zur Beschreibung der wesentlichen Eigenschaften der Belousov-Zhabotinski-Reaktion aufgestellt wurde. Um eine Vorstellung zur Chemie dieses Prozesses zu vermitteln, geben wir das folgende Reaktionsschema an

(C.1) $BrO_3^- + Br^- + 2H^+ \to HBrO_2 + HOBr$

(C.2) $HBrO_2 + Br^- + H^+ \to 2HOBr$

(C.3a) $BrO_3^- + HBrO_2 + H^+ \to 2BRO_2 + H_2O$

(C.3b) $Ce^{3+} + BrO_2 + H^+ \to Ce^{4+} + HBrO_2$

(C.4) $2HBrO_2 \to BrO_3^- + HOBr + H^+$

(C.5) $nCe^{4+} + BrCH(COOH)_2 \to nCe^{3+} + Br^- +$ Oxidationsprodukte

Die Schritte (C.1) und (C.4) werden als bimolekulare Prozesse angenommen; sie schließen einen Sauerstofftransfer ein, der von einem schnellen Protonentransfer begleitet wird. Das HOBr, das so erzeugt wird, wird schnell – direkt oder indirekt – durch Bromierung der Malonsäure verbraucht. Der Prozeß (C.3a) bestimmt die Rate für den Gesamtprozeß von (C.3a) + 2(C.3b). Das Ce^{4+}, das im Schritt (C.3b) produziert wird, wird im Schritt (C.5) durch Oxidation von Brommalonsäure sowie von anderen organischen Spezies bei der Produktion von Bromionen verbraucht. Der gesamte chemische Mechanismus ist erheblich komplizierter, diese vereinfachte Version reicht allerdings aus, das oszillatorische Verhalten des Systems zu erklären.

Mathematisches Modell für die Belousov-Zhabotinski-Reaktion

Die signifikanten kinetischen Eigenschaften des chemischen Mechanismus können durch ein Modell simuliert werden, das als „Oregonator" bezeichnet wird.

$$A + Y \to X$$
$$X + Y \to P$$
$$B + X \to 2X + Z$$
$$2X \to Q$$
$$Z \to fY\,.$$

Dieses mathematische Modell kann mit dem chemischen Mechanismus durch die Identifizierungen $A = B \equiv BrO_3^-$, $X \equiv HBrO_2$, $Y \equiv Br^-$ und $Z \equiv 2Ce^{4+}$ in Verbindung gesetzt werden. Wir haben hier mit drei Variablen zu arbeiten, den Konzentrationen nämlich, die zu *X, Y, Z* gehören.

Aufgabe

Man verifiziere, daß die Ratengleichungen, die zu obigem Schema gehören (in geeigneten Einheiten) folgende Form haben:

$$\dot{n}_1 = s(n_2 - n_2 n_1 + n_1 - q n_1^2),$$
$$\dot{n}_2 = s^{-1}(-n_2 - n_2 n_1 + f n_3),$$
$$\dot{n}_3 = w(n_1 - n_3).$$

9.5 Stochastisches Modell für eine chemische Reaktion ohne Diffusion. Geburts- und Todesprozesse. Eine Variable

In den vorangegangenen Abschnitten haben wir chemische Reaktionen aus globaler Sicht abgehandelt, d.h., wir waren am Verhalten makroskopischer Dichten interessiert. In diesem und den folgenden Abschnitten wollen wir die diskrete Natur der Prozesse berücksichtigen. Wir untersuchen also die Zahl der Moleküle N (anstatt der Konzentrationen n), und wie sich diese Zahl durch eine individuelle Reaktion ändert. Da eine individuelle Reaktion zwischen Molekülen ein Zufallsereignis darstellt, ist N eine Zufallsgröße. Wir wollen die Wahrscheinlichkeitsverteilung $P(N)$ bestimmen, wobei der gesamte Prozeß immer noch auf eine globale Weise behandelt wird. Wir nehmen zunächst an, daß die Reaktion räumlich homogen verläuft oder, mit anderen Worten, wir vernachlässigen eine Ortsabhängigkeit von N. Ferner behandeln wir nicht die Details der Reaktion, wie etwa die Abhängigkeit von einer lokalen Temperatur oder der Geschwindigkeitsverteilung der Moleküle. Wir nehmen vielmehr an, daß die Reaktion unter gegebenen Bedingungen abläuft und wollen eine Gleichung aufstellen, die die Änderung der Wahrscheinlichkeitsverteilung $P(N)$ bei solchen Ereignissen beschreibt. Um das ganze Verfahren zu illustrieren, betrachten wir das Reaktionsschema

$$A + X \underset{k_1'}{\overset{k_1}{\rightleftarrows}} 2X \tag{9.71}$$

$$B + X \underset{k_2'}{\overset{k_2}{\rightleftarrows}} C, \tag{9.72}$$

das wir bereits früher behandelt haben. Die Zahl $N = 0, 1, 2, \ldots$ gibt die Zahl der Moleküle der Sorte X an. Aufgrund einer der Reaktionen (9.71) oder (9.72) wird sich N um 1 ändern. Wir stellen nun – ganz im Sinne des Kap. 4 – die Master-Gleichung für die zeitliche Änderung von $P(N, t)$ auf. Um aufzuzeigen, wie dies erreicht werden kann, beginnen wir mit dem einfachsten der Prozesse, nämlich (9.72) in der Richtung k_2'. In Analogie zu Abschn. 4.1 untersuchen wir alle Übergänge, die zu N hin oder von N weg führen.

1) Übergang $N \to N + 1$. „Geburt" eines Moleküls X (Abb. 9.10).
Die Zahl derartiger Übergänge pro Sekunde ist gleich der Besetzungswahrscheinlichkeit $P(N, t)$, multipliziert mit der Übergangswahrscheinlichkeit (pro Zeiteinheit) $w(N + 1, N)$. $w(N + 1, N)$ ist proportional zur Konzentration c der Molekülsorte C und zur Reaktionsrate k_2'. Es wird sich weiter unten herausstellen, daß der weitere Proportionalitätsfaktor das Volumen ist.

2) Übergang $N - 1 \to N$ (Abb. 9.10).
Da wir hier von $N - 1$ ausgehen, ist die gesamte Übergangsrate durch $P(N - 1, t)k_2'c \cdot V$ gegeben. Berücksichtigen wir die Abnahme der Besetzungszahl,

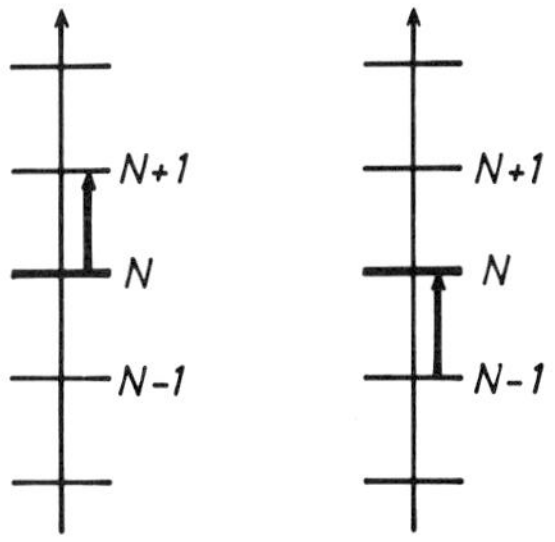

Abb. 9.10. Die Änderung von $P(N)$ durch die Geburt eines Moleküls

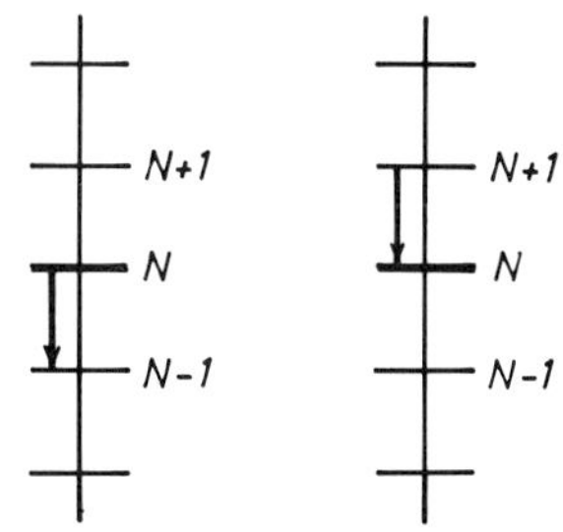

Abb. 9.11. Die Änderung von $P(N)$ durch den Tod eines Moleküls

bedingt durch den ersten Prozeß $N \rightarrow N+1$, durch ein Minuszeichen in der entsprechenden Übergangsrate, so erhalten wird als gesamte Übergangsrate

$$2 \leftarrow \quad VP(N-1,t)k_2'c - P(N,t)k_2'cV. \tag{9.73}$$

Ähnlich können wir auch den ersten Prozeß mit der Rate k_2 aus (9.72) diskutieren. Dort wird die Zahl der Moleküle N um 1 erniedrigt („Tod" eines Moleküls X, vgl. Abb. 9.11). Wenn wir vom Niveau N starten, ist die Rate proportional zur Wahrscheinlichkeit, den Zustand N besetzt vorzufinden, multipliziert mit der Konzentration der Moleküle b mal der Zahl der vorhandenen Moleküle X mal der Reaktionsrate k_2. Wieder kann der Proportionalitätsfaktor erst später festgelegt werden. Er ist in der unten angeschriebenen Formel angegeben. Über denselben Prozeß nimmt die Besetzung des Niveaus N aber auch zu, nämlich durch Prozesse, die vom Niveau $N+1$ ausgehen. Für diesen Prozeß finden wir die Übergangsrate

$$2 \rightarrow \quad P(N+1,t)(N+1)bk_2 - P(N,t)\frac{N}{V}bk_2V. \tag{9.74}$$

Es ist nun offensichtlich, wie man die Übergangsraten, die zum Prozeß 1 gehören, ableiten kann. Wir finden das Schema

$$1 \rightarrow \quad P(N-1,t)V \cdot \frac{N-1}{V}ak_1 - P(N,t) \cdot \frac{N}{V}ak_1V \tag{9.75}$$

und

$$1 \leftarrow \quad P(N+1,t)V\frac{(N+1)N}{V^2}k_1' - P(N,t)\frac{N(N-1)}{V^2}k_1'V. \tag{9.76}$$

Die Raten, die durch (9.73–76) gegeben sind, treten nun in der Master-Gleichung auf, denn sie bestimmen die gesamte Übergangsrate pro Zeiteinheit. Schreiben wir die Master-Gleichung in der allgemeinen Form

$$\dot{P}(N,t) = w(N,N-1)P(N-1,t) + w(N,N+1)P(N+1,t) \\ - [w(N+1,N) + w(N-1,N)]P(N,t)\,, \tag{9.77}$$

dann finden wir für die Prozesse (9.71) und (9.72) die folgenden Übergangswahrscheinlichkeiten pro Sekunde

$$w(N,N-1) = V\left[ak_1\frac{(N-1)}{V} + k_2'c\right], \tag{9.78}$$

$$w(N,N+1) = V\left[k_1'\frac{(N+1)N}{V^2} + k_2\frac{b(N+1)}{V}\right]. \tag{9.79}$$

Das Schema (9.78) und (9.79) enthält eine wesentliche Schwierigkeit, nämlich die, daß die stationäre Lösung von (9.77) gerade $P(0) = 1$, $P(N) = 0$ für $N \neq 0$ ist. (Für ein verwandtes Problem vergleiche Abschn. 10.2.) Aus diesem Grunde erweist es sich als zweckmäßig, eine spontane Erzeugung von Molekülen X aus Molekülen A mit der Übergangsrate k_1 in (9.71) und (9.72) als dritten Prozeß mitzunehmen:

$$A \xrightarrow{k_1} X\,. \tag{9.80}$$

Die Übergangsraten für die Prozesse (9.71), (9.72) und (9.80) sind dann

$$w(N,N-1) = V\left(ak_1\frac{N}{V} + k_2'c\right) \tag{9.81}$$

und

$$w(N,N+1) = V\left[k_1'\frac{(N+1)N}{V^2} + k_2 b\frac{(N+1)}{V}\right]. \tag{9.82}$$

Die Lösung der Master-Gleichung (9.77) mit den Übergangsraten (9.78) und (9.79) oder (9.81) und (9.82) kann unter Verwendung der Methoden des Kap. 4 leicht gefunden werden – zumindest für den stationären Zustand. Das Resultat lautet – vgl. (4.119) –

$$P(N) = P(0)\cdot\prod_{\nu=0}^{N-1}\frac{w(\nu+1,\nu)}{w(\nu,\nu+1)}\,. \tag{9.83}$$

Die weitere Diskussion erweist sich als sehr einfach und kann wie in Abschn. 4.6 durchgeführt werden. Es stellt sich heraus, daß es entweder einen Extremalwert bei $N = 0$ oder bei $N = N_0 \neq 0$ – abhängig vom Parameter b – gibt.

Zum Abschluß müssen wir noch die Proportionalitätskonstanten bestimmen, die bei der Ableitung von (9.73–76) noch offengelassen wurden. Diese Konstanten können leicht gefunden werden, wenn wir fordern, daß die Master-Gleichung auf dieselbe Bewegungsgleichung für die Dichte n führt, wie wir sie in Abschn. 9.2 abgeleitet haben – zumindest für den Grenzfall großer Zahlen N. Um dies zu erreichen, leiten wir eine Mittelwertgleichung für N ab, indem wir (9.77) mit N multiplizieren und über N aufsummieren. Nach einfachen Umformungen erhalten wir

$$\frac{d}{dt}\langle N\rangle = \langle w(N+1,N)\rangle - \langle w(N-1,N)\rangle\,, \tag{9.84}$$

wobei, wie gewöhnlich,

$$\langle N\rangle = \sum_{N=0}^{\infty} NP(N,t)$$

und

$$\langle w(N\pm 1,N)\rangle = \sum_{N=0}^{\infty} w(N\pm 1,N)P(N,t)\,.$$

Unter Verwendung von (9.78, 79) erhalten wir

$$\frac{d}{dt}\langle N\rangle = V\left[ak_1\frac{1}{V}\langle N+1\rangle + k_2'c - k_1'\frac{1}{V^2}\langle N(N-1)\rangle - k_2 b\frac{1}{V}\langle N\rangle\right]. \tag{9.85}$$

Ein Vergleich mit (9.4, 5) zeigt vollständige Übereinstimmung, vorausgesetzt, wir setzen $n = (1/V)\,\langle N\rangle$, vernachlässigen 1 gegen N und nähern $\langle N(N-1)\rangle$ durch $\langle N\rangle^2$. Letztere Ersetzung wäre exakt, falls P eine Poisson-Verteilung wäre (vgl. die Aufgabe zu Abschn. 2.12). Im allgemeinen wird P keine Poisson-Verteilung sein, wie durch eine Untersuchung von (9.83) unter Verwendung der expliziten Audrücke für die w nachgewiesen werden kann. Wir erhalten aber eine solche Verteilung, falls jede der beiden Reaktionen (9.71) und (9.72) einzeln das Prinzip der detaillierten Bilanz erfüllt. Um dieses zu zeigen, zerlegen wir die Übergangswahrscheinlichkeiten (9.78) und (9.79) in eine Summe von Wahrscheinlichkeiten, die sich auf den Prozeß 1 oder 2 beziehen

$$w(N,N-1) = w_1(N,N-1) + w_2(N,N-1)\,, \tag{9.86}$$

$$w(N-1,N) = w_1(N-1,N) + w_2(N-1,N)\,, \tag{9.87}$$

wobei wir die Abkürzungen

$$w_1(N,N-1) = ak_1(N-1)\,, \tag{9.88}$$

$$w_1(N-1,N) = k_1'N(N-1)\frac{1}{V}\,, \tag{9.89}$$

$$w_2(N,N-1) = Vk_2'c\,, \tag{9.90}$$

$$w_2(N-1,N) = k_2 bN \tag{9.91}$$

verwendet haben. Falls detaillierte Bilanz jeweils einzeln vorliegen soll, müssen wir fordern

$$w_1(N, N-1)P(N-1) = w_1(N-1, N)P(N) \tag{9.92}$$

und

$$w_2(N, N-1)P(N-1) = w_2(N-1, N)P(N) \,. \tag{9.93}$$

Dividieren wir (9.92) durch (9.93) und verwenden die expliziten Ausdrücke (9.88 – 91), so finden wir die Beziehung

$$\frac{ak_1}{k_1' N/V} = \frac{k_2' c}{k_2 b N/V} \,. \tag{9.94}$$

Offensichtlich sind beide Seiten von (9.94) von der Form μ/N, wobei μ eine gewisse Konstante ist. (9.94) ist äquivalent zum Massenwirkungsgesetz. (Nach diesem Gesetz ist

$$\frac{\text{Produkt der Endkonzentrationen}}{\text{Produkt der Ausgangskonzentrationen}} = \text{konstant} \,.$$

In unserem Fall ist der Zähler $n \cdot n \cdot c$, der Nenner $a \cdot n \cdot b \cdot n$.) Verwenden wir, daß (9.94) gleich μ/N ist, dann können wir leicht verifizieren, daß

$$w(N, N-1) = \frac{\mu}{N} w(N-1, N) \tag{9.95}$$

gilt. Setzen wir diese Beziehung in (9.83) ein, dann erhalten wir

$$P(N) = P(0) \frac{\mu^N}{N!} \,. \tag{9.96}$$

$P(0)$ ist über die Normierungsbedingung festgelegt und kann sofort zu

$$P(0) = \mathrm{e}^{-\mu} \tag{9.97}$$

bestimmt werden. Im vorliegenden Fall finden wir in der Tat die Poisson-Verteilung

$$P(N) = \frac{\mu^N}{N!} \mathrm{e}^{-\mu} \,. \tag{9.98}$$

Im allgemeinen haben wir es jedoch mit einer Nichtgleichgewichtssituation zu tun, wo die Bedingungen der detaillierten Bilanz (9.92) und (9.93) nicht erfüllt sind und wir folglich keine Poisson-Verteilung erhalten werden. Es kann ganz allgemein gezeigt werden, daß das Prinzip der detaillierten Bilanz im *thermischen Gleichgewicht* erfüllt ist, so daß wir dort immer eine Poisson-Verteilung erhalten. Dies ist jedoch in anderen Fällen nicht mehr der Fall, wo wir uns weit weg vom thermischen Gleichgewicht befinden.

Aufgaben

1) Man leite die Übergangsraten für die Master-Gleichung (9.77) zu den folgenden Prozessen her

$$A + 2X \underset{k_1'}{\overset{k_1}{\rightleftarrows}} 3X\,, \tag{A.1}$$

$$B + X \underset{k_2'}{\overset{k_2}{\rightleftarrows}} C\,. \tag{A.2}$$

2) Man diskutiere die Extrema der Wahrscheinlichkeitsverteilung als Funktion der Konzentrationen a und b.
3) Man leite (9.84) explizit her.
4) Man untersuche den Satz von Reaktionen

$$A_j + l_j X \underset{k_j'}{\overset{k_j}{\rightleftarrows}} B_j + (l_j + 1)X\,, \quad j = 1, \ldots, k$$

unter der Forderung detaillierter Bilanz für jede Reaktion j. Man zeige, daß $P(N)$ eine Poisson-Verteilung ist.

Hinweis: Man benütze $w_j(N, N-1)$ in der Form

$$w_j(N, N-1) \propto (N-1)(N-2) \ldots (N-l_j)$$

$$w_j(N-1, N) \propto N(N-1)(N-2) \ldots (N-l_j+1)\,.$$

Es ist wichtig zu bemerken, daß für $N \leqslant l_j$ eine Division durch w_j nicht möglich ist!

9.6 Stochastisches Modell für eine chemische Reaktion mit Diffusion. Eine Variable

Bei den meisten chemischen und biochemischen Reaktionen spielt die Diffusion eine erhebliche Rolle, speziell dann, wenn wir die Bildung räumlicher Muster untersuchen wollen. Um eine geeignete Beschreibung zu erhalten, unterteilen wir das Gesamtvolumen in kleine Unterzellen mit dem Volumen V. Wir unterscheiden diese Zellen durch eine Index l und bezeichnen die Zahl der Moleküle in einer Zelle mit N_l. Wir untersuchen dann die Verbundwahrscheinlichkeit

$$P(\ldots, N_l, N_{l+a}, \ldots), \tag{9.99}$$

die Zellen $\boldsymbol{l}$ mit N_l Molekülen besetzt zu finden. In diesem Abschnitt betrachten wir nur eine Sorte von Molekülen; der ganze Formalismus kann aber ohne weiteres auf mehrere Sorten verallgemeinert werden. Die Zahl der Moleküle N_l ändert sich nun aus zwei Gründen, nämlich über die chemische Reaktion wie bisher, aber jetzt auch aufgrund der Diffusion. Wir beschreiben die Diffusion wieder als ein Geburts- und Todes-Schema, wobei ein Molekül in einer Zelle vernichtet und in einer Nachbarzelle erzeugt wird. Um die gesamte Änderung von P aufgrund dieses Prozesses aufzufinden, müssen wir über alle Nachbarzellen $\boldsymbol{l} + \boldsymbol{a}$ der betrachteten Zelle aufsummieren und haben schließlich über alle Zellen $\boldsymbol{l}$ aufzusummieren. Die zeitliche Änderung von P aufgrund der Diffusion lautet deshalb

$$\begin{aligned}\dot{P}(\ldots, N_l, \ldots)|_{\text{Diffusion}} = \sum_{l,a} D'[&(N_{l+a}+1)P(\ldots, N_l - 1, N_{l+a}+1, \ldots)\\ &- N_l P(\ldots, N_l, N_{l+a}, \ldots)]\,.\end{aligned} \tag{9.100}$$

Die gesamte Änderung von P hat die allgemeine Form

$$\dot{P} = \dot{P}|_{\text{Diffusion}} + \dot{P}|_{\text{Reaktion}}, \tag{9.101}$$

wobei wir für $\dot{P}|_{\text{Reaktion}}$ die rechte Seite von (9.77) oder eines anderen Reaktionsschemas einzusetzen haben. Für ein nichtlineares Reaktionsschema kann (9.101) nicht exakt gelöst werden. Wir wenden deshalb eine andere Methode an, nämlich Bewegungsgleichungen von Mittelwerten oder Korrelationsfunktionen abzuleiten. Wir haben vor, von den diskreten Zahlen zu einem Kontinuum überzugehen, und werden deshalb den diskreten Index $\boldsymbol{l}$ durch eine kontinuierliche Koordinate $\boldsymbol{x}$ ersetzen, $\boldsymbol{l} \rightarrow \boldsymbol{x}$. Dementsprechend führen wir eine neue stochastische Variable, nämlich die lokale Teilchendichte, ein

$$\rho(\boldsymbol{x}) = \frac{N_l}{v} \tag{9.102}$$

sowie ihren Mittelwert

$$\begin{aligned}n(\boldsymbol{x}, t) &= \frac{1}{v}\langle N_l\rangle\\ &= \frac{1}{v}\sum_{\{N_j\}} N_l P(\ldots, N_l, \ldots)\,.\end{aligned} \tag{9.103}$$

Ferner führen wir eine Korrelationsfunktion für die Dichten am Raumpunkt $\boldsymbol{x}$ und $\boldsymbol{x}'$ ein

$$g(\boldsymbol{x}, \boldsymbol{x}', t) = \frac{1}{v^2}\langle N_l N_{l'}\rangle - \langle N_l\rangle\langle N_{l'}\rangle\frac{1}{v^2} - \delta(\boldsymbol{x} - \boldsymbol{x}')n(\boldsymbol{x}, t)\,, \tag{9.104}$$

wobei wir die Definition

$$\langle N_l N_{l'} \rangle = \sum_{\{N_j\}} N_l N_{l'} P(\ldots, N_l, \ldots, N_{l'}, \ldots) \tag{9.105}$$

verwendet haben.

Als konkretes Beispiel benützen wir nun das Reaktionsschema (9.71, 72). Wir nehmen aber an, daß die Rückreaktion vernachlässigt werden kann, d. h. $k_1' = 0$. Multiplizieren wir die entsprechende Gl. (9.101) mit (9.102) und bilden den Mittelwert (9.103) auf beiden Seiten, dann erhalten wir

$$\frac{\partial n(\boldsymbol{x}, t)}{\partial t} = D \nabla^2 n(\boldsymbol{x}, t) + (\varkappa_1 - \varkappa_2) n(\boldsymbol{x}, t) + \varkappa_1 \beta , \tag{9.106}$$

wobei wir die Diffusionskonstante D durch

$$D = D'/v , \tag{9.107}$$

$$\varkappa_1 = \frac{k_1 a}{v} ; \quad \varkappa_2 = \frac{k_2 b}{v} , \tag{9.107a}$$

$$\beta = \frac{k_2' c}{k_1 v} \tag{9.107b}$$

definiert haben. Wir überlassen die Details der Ableitung von (9.106) dem Leser als Aufgabe. In ähnlicher Weise erhält man für die Korrelationsfunktion (9.104) die Gleichung

$$\frac{\partial g}{\partial t} = D(\nabla_x^2 + \nabla_{x'}^2) g + 2(\varkappa_1 - \varkappa_2) g + 2\varkappa_1 n(\boldsymbol{x}, t) \delta(\boldsymbol{x} - \boldsymbol{x}') . \tag{9.108}$$

Ein Vergleich von (9.106) mit (9.28), (9.5), (9.4) zeigt, daß wir genau dieselbe Gleichung erhalten haben wie bei einer nichtstochastischen Behandlung. Weiter finden wir, daß $k_1' = 0$ der Vernachlässigung der nichtlinearen Terme von (9.8) entspricht. Dies ist der tiefere Grund dafür, daß (9.106) und (9.108) exakt gelöst werden können. Die stationäre Lösung von (9.108) lautet

$$g(\boldsymbol{x}, \boldsymbol{x}')_{ss} = \frac{\varkappa_1 n_{ss}}{4\pi D |\boldsymbol{x} - \boldsymbol{x}'|} \exp\{- |\boldsymbol{x} - \boldsymbol{x}'| [(\varkappa_2 - \varkappa_1)/D])^{1/2}\} , \tag{9.109}$$

wobei die Dichte im stationären Zustand durch

$$n_{ss} = \beta \varkappa_1 / (\varkappa_2 - \varkappa_1) \tag{9.110}$$

gegeben ist. Offensichtlich fällt die Korrelationsfunktion mit wachsendem Abstand von $\boldsymbol{x}$ und $\boldsymbol{x}'$ ab. Die Reichweite der Korrelation wird durch das Inverse des Faktors bei $|\boldsymbol{x} - \boldsymbol{x}'|$ im Exponenten festgelegt. Die Korrelationslänge ist also

$$l_c = [D/(\varkappa_2 - \varkappa_1)]^{1/2} . \tag{9.111}$$

Betrachten wir die effektiven Reaktionsraten $\varkappa_1$ und $\varkappa_2$ (die proportional zu den Konzentrationen der Moleküle A und B sind), dann finden wir, daß die Korrelationslänge für $\varkappa_1 = \varkappa_2$ unendlich wird. Dies ist völlig analog dem, was bei Phasenübergängen von Systemen im thermischen Gleichgewicht abläuft. In der Tat haben wir die chemischen Reaktionsmodelle, die wir betrachtet haben, in Parallele zu Systemen, die einen Phasenübergang durchführen, behandelt (Abschn. 9.2). Wir beschränken uns auf die Bemerkung, daß man auch eine Gleichung für zeitliche Korrelationsfunktionen herleiten kann. Es stellt sich heraus, daß die Korrelationszeit am kritischen Punkt unendlich wird. Der gesamte Prozeß ist dem Nichtgleichgewichtsphasenübergang beim Laser mit kontinuierlich vielen Moden sehr ähnlich. Wir untersuchen nun die Fluktuationen der Molekülzahlen in kleinen Volumina und deren Korrelationsfunktion. Dazu integrieren wir die stochastische Dichte (9.102) über ein Volumen ΔV, wobei wir annehmen, daß dieses Volumen die Form einer Kugel mit Radius R hat

$$\int_{\Delta V} \rho(x) d^3x = N(\Delta V) . \tag{9.112}$$

Es ist eine einfache Angelegenheit, die Varianz der stochastischen Variablen (9.112) auszurechnen, die wie gewöhnlich durch

$$\sigma^2[\Delta V] \equiv \langle N(\Delta V)^2 \rangle - \langle N(\Delta V) \rangle^2 \tag{9.113}$$

definiert wird. Verwenden wir die Definition (9.104) und die Abkürzung $R/l_c = r$, dann erhalten wir nach elementaren Integrationen

$$\sigma^2[\Delta V] = \langle N(\Delta V) \rangle \left\{ 1 + \frac{3\varkappa_2 l_c^2}{2Dr^3} \left[\left(1 - r^2 + \frac{2}{3} r^3 \right) - e^{-2r}(1 + r)^2 \right] \right\} . \tag{9.114}$$

Wir diskutieren das Verhalten von (9.114) in mehreren interessanten Grenzfällen. Am kritischen Punkt, wo $l_c \to \infty$, erhalten wir

$$\sigma^2[\Delta V] \to \langle N(\Delta V) \rangle \left(1 + \frac{2\varkappa_2 R^2}{5D} \right) , \tag{9.115}$$

d.h. eine mit anwachsendem Abstand überall anwachsende Varianz. Halten wir l_c endlich und lassen $R \to \infty$, dann wird die Varianz proportional zum Quadrat der Korrelationslänge

$$\sigma^2[\Delta V] \to \langle N(\Delta V) \rangle \varkappa_2 l_c^2/D . \tag{9.116}$$

Für Volumina mit einem Durchmesser, der klein ist verglichen mit der Korrelationslänge, $R \ll l_c$, erhalten wir

$$\sigma^2[\Delta V] \approx \langle N(\Delta V) \rangle \left(1 + \frac{2\varkappa_2 R^2}{5D} \right) . \tag{9.117}$$

Es ist evident, daß (9.117) für $R \to 0$ eine Poisson-Verteilung wird, was mit dem Postulat eines lokalen Gleichgewichts in kleinen Volumina in Einklang ist. Andererseits lautet die Varianz für große $R \gg l_c$

$$\sigma^2[\Delta V] \approx \langle N(\Delta V)\rangle \varkappa_1 |\varkappa_2 - \varkappa_1|^{-1} \left(1 - \frac{3}{2}\frac{l_c}{R}\right). \qquad (9.118)$$

Dieses Resultat zeigt, daß die Varianz für $R \to \infty$ vom Abstand unabhängig wird und aus einer Master-Gleichung ohne Diffusionsterme erhalten werden kann. Es ist vorgeschlagen worden, derartige kritische Fluktuationen mittels Fluoreszenzspektroskopie zu messen, was sehr viel effektiver wäre als etwa eine Messung durch Lichtstreuung. Die Divergenzen, die am Übergang für $\varkappa_1 = \varkappa_2$ auftreten, werden abgerundet, sobald wir den nichtlinearen Term $\propto n^2$ berücksichtigen, d.h. wenn wir $k_1' \neq 0$ mitnehmen.

Wir werden einen derartigen Fall im nächsten Abschnitt behandeln, wo wir einem noch anspruchsvolleren Modell begegnen werden.

Aufgaben

1) Man leite (9.106) aus (9.101) mit (9.100), (9.77–79) für $k_1' = 0$ ab.
Hinweis: Man verwende Aufgabe 3) aus Abschn. 9.5. Wir erwähnen, daß in unseren vorliegenden dimensionslosen Ortseinheiten gilt

$$\frac{1}{2}\sum_a \langle N_{l+a} + N_{l-a} - 2N_l\rangle = \nabla_l^2 \langle N_l\rangle .$$

2) Man leite (9.108) aus denselben Gleichungen wie in Aufgabe 1) ($k_1' = 0$) ab.
Hinweis: Man multipliziere (9.101) mit $N_l N_{l'}$ und summiere über alle N_j.

3) Man löse (9.101) für dieselben Gleichungen wie in Aufgabe 1) für den stationären Zustand $\dot{P}|_{\text{Reaktion}} = 0$.
Hinweis: Man verwende die Tatsache, daß detaillierte Bilanz vorliegt und normiere die sich ergebende Wahrscheinlichkeitsverteilung in einem endlichen Volumen, d.h. für eine endliche Zahl von Zellen.

4) Man transformiere (9.100) im eindimensionalen Fall auf die Fokker-Planck-Gleichung

$$\dot{f} = \int dx \left[- \frac{\delta}{\delta \rho(x)} \left(D \frac{d^2 \rho(x)}{dx^2} f \right) + D \left(\frac{d}{dx} \cdot \frac{\delta}{\delta \rho(x)} \right)^2 \right] [\rho(x) f] .$$

Hinweis: Man unterteile das gesamte Volumen in Zellen, die immer noch eine Zahl $N_l \gg 1$ enthalten. Es soll angenommen werden, daß sich P für benachbarte Zellen nur wenig ändert. Man entwickle die rechte Seite von (9.100) in eine Potenzreihe von „1“ bis zur zweiten Ordnung. Man führe $\rho(x)$ (9.102) ein und gehe zum Grenzwert über, bei dem l eine kontinuierliche Variable x wird, ersetze dabei P durch $f = f[\rho(x)]$ und verwende die Variationsableitung $\delta/\delta\rho(x)$ anstelle von $\partial/\partial N_l$. (Für den Umgang mit der Variationsableitung s. H. Haken, *Quantenfeldtheorie des Festkörpers* (B. G. Teubner, Stuttgart 1973).)

9.7* Die stochastische Behandlung des Brusselators in der Umgebung seiner Instabilität, die mit einer weichen Mode verknüpft ist

a) Master-Gleichung und Fokker-Planck-Gleichung

Wir betrachten das Reaktionsschema des Abschn. 9.4

$$\begin{aligned}
&A \to X \\
&B + X \to Y + D \\
&2X + Y \to 3X \\
&X \to E\,,
\end{aligned} \tag{9.119}$$

wo die Konzentrationen der Moleküle der Sorten A, B von außen vorgegeben sind und festgehalten werden, während die Molekülzahlen der Sorten X und Y als variabel angesehen werden. Diese werden mit M bzw. N bezeichnet. Da wir die Diffusion berücksichtigen wollen, unterteilen wir den Raum, in dem die chemische Reaktion abläuft, in Zellen, die immer noch eine große Zahl (im Vergleich zu Eins) von Molekülen enthalten. Wir unterscheiden die Zellen durch einen Index l und bezeichnen die Zahl der Moleküle in den Zellen mit M_l, N_l. Wieder führen wir dimensionslose Konstanten a, b ein, die proportional zu den Molekülen der Sorte A, B sind. In Erweiterung der Resultate der Abschn. 9.5, 9.6 erhalten wir die folgende Master-Gleichung für die Wahrscheinlichkeitsverteilung $P(\ldots, M_l, N_l \ldots)$, die uns die Verbundwahrscheinlichkeit angibt, $M_{l'}$, $N_{l'}, \ldots, M_l, N_l, \ldots$ Moleküle in den Zellen $l', \ldots, l$ anzutreffen

$$\begin{aligned}
\dot{P}(\ldots; M_l, N_l; \ldots) = {} & \sum_l v\,[aP(\ldots; M_l - 1, N_l; \ldots) \\
& + b(M_l + 1)v^{-1}P(\ldots; M_l + 1, N_l - 1; \ldots) + (M_l - 2)(M_l - 1)(N_l + 1)v^{-3} \\
& \cdot P(\ldots; M_l - 1, N_l + 1; \ldots) + (M_l + 1)v^{-1}P(\ldots; M_l + 1, N_l; \ldots) \\
& - P(\ldots; M_l, N_l; \ldots)(a + (b+1)M_l v^{-1} + M_l(M_l - 1)N_l v^{-3})] \\
& + \sum_{la} \{D_1'[M_{l+a} + 1) \cdot P(\ldots; M_l - 1, N_l; \ldots; M_{l+a} + 1, N_{l+a}; \ldots) \\
& - M_{l+a}P(\ldots; M_l, N_l; \ldots; M_{l+a}, N_{l+a}; \ldots)\} \\
& + D_2'\{(N_{l+a} + 1) \cdot P(\ldots; M_l, N_l - 1; \ldots; M_{l+a}, N_{l+a} + 1, \ldots) \\
& - N_l P(\ldots; M_l, N_l; \ldots; M_{l+a}, N_{l+a}; \ldots)]\}\,.
\end{aligned} \tag{9.120}$$

Dabei ist v das Volumen einer Zelle l. Die erste Summe berücksichtigt die chemischen Reaktionen, die zweite Summe, die die Diffusionskonstanten D_1', D_2' enthält, berücksichtigt die Diffusion der beiden Molekülsorten. Die Summe über a

geht über die nächsten Nachbarzellen der Zelle l. Sind die Zahlen M_l, N_l genügend groß im Vergleich zu Eins und ist die Funktion P langsam veränderlich bezüglich ihrer Argumente, können wir zur Fokker-Planck-Gleichung übergehen. Eine detaillierte Rechnung erweist, daß diese Transformation in einer wohl definierten Umgebung der Instabilität mit weicher Mode gerechtfertigt ist. Insbesondere impliziert dies $a \gg 1$ und $\mu \equiv (D_1/D_2)^{1/2} < 1$. Um die Fokker-Planck-Gleichung zu erhalten, entwickeln wir Ausdrücke der Form $P(\ldots, M_l + 1, N_l, \ldots)$ usw. in eine Potenzreihe nach „1“, wobei wir die ersten drei Terme mitnehmen (vgl. Abschn. 4.2). Weiterhin lassen wir l zum kontinuierlichen Index werden, der dann als Ortskoordinate interpretiert werden kann. Das bedingt, daß wir die gewöhnliche Ableitung durch eine Funktionalableitung ersetzen müssen. Schließlich ersetzen wir M_l/v, N_l/v durch die Dichten $M(\boldsymbol{x})$, $N(\boldsymbol{x})$, die wir in (9.102) mit $\rho(\boldsymbol{x})$ bezeichnet hatten, sowie $P(\ldots, M_l, N_l, \ldots)$ durch $f(\ldots, M(\boldsymbol{x}), N(\boldsymbol{x}) \ldots)$. Da die detaillierte Mathematik zu diesem Verfahren ziemlich langwierig ist, geben wir nur das Resultat an

$$\begin{aligned}\dot{f} = \int d^3x [&-\{[a - (b+1)M + M^2N + D_1 \cdot \nabla^2 M]f\}_{M(x)} \\ &- \{[bM - M^2N + D_2 \cdot \nabla^2 N]f\}_{N(x)} + \tfrac{1}{2}\{[a + (b+1)M + M^2N]f\}_{M(x),M(x)} \\ &- \{(bM + M^2N)f\}_{M(x),N(x)} + \tfrac{1}{2}\{(bM + M^2N)f\}_{N(x),N(x)} \\ &+ D_1(\nabla[\delta/\delta M(\boldsymbol{x})])^2(Mf) + D_2(\nabla[\delta/\delta N(\boldsymbol{x})])^2(Nf)] \,. \end{aligned} \tag{9.121}$$

Die Indizes $M(\boldsymbol{x})$ oder $N(\boldsymbol{x})$ deuten die Variationsableitung bezüglich $M(\boldsymbol{x})$ oder $N(\boldsymbol{x})$ an. D_1 und D_2 sind die gewöhnlichen Diffusionskonstanten. Die Fokker-Planck-Gleichung (9.121) ist noch immer viel zu kompliziert, um eine explizite Lösung zuzulassen. Wir gehen deshalb in mehreren Schritten vor: Wir benützen zunächst das Resultat aus der Stabilitätsanalyse für die entsprechenden Ratengleichungen ohne Fluktuationen (vgl. Abschn. 9.4). Nach diesen Überlegungen existieren räumlich homogene und zeitunabhängige Lösungen $M(\boldsymbol{x}) = a$, $N(\boldsymbol{x}) = b/a$, vorausgesetzt $b < b_c$. Wir führen deshalb neue Variable $q_j(\boldsymbol{x})$ durch

$$M(\boldsymbol{x}) = a + q_1(\boldsymbol{x}), N(\boldsymbol{x}) = b/a + q_2(\boldsymbol{x})$$

ein und erhalten so die folgende Fokker-Planck-Gleichung

$$\begin{aligned}\dot{f} = \int dx [&- \{[(b-1)q_1 + a^2 q_2 + g(q_1, q_2) + D_1 \nabla^2 q_1]f\}_{q_1(x)} \\ &- \{[-bq_1 - a^2 q_2 - g(q_1, q_2) + D_2 \nabla^2 q_2]f\}_{q_2(x)} \\ &+ \tfrac{1}{2}\{\hat{D}_{11}(q)f\}_{q_1(x),q_1(x)} - \{\hat{D}_{12}(q)f\}_{q_1(x),q_2(x)} \\ &+ \tfrac{1}{2}\{\hat{D}_{22}(q)f\}_{q_2(x),q_2(x)} + D_1(\nabla[\delta/\delta q_1(\boldsymbol{x})])^2(a + q_1)f \\ &+ D_2(\nabla[\delta/\delta q_2(\boldsymbol{x})])^2(b/a + q_2)f] \,. \end{aligned} \tag{9.122}$$

f ist nun ein Funktional der Variablen $q_j(\boldsymbol{x})$. Wir haben die folgenden Abkürzungen benützt:

$$g(q_1, q_2) = 2aq_1q_2 + bq_1^2/a + q_1^2 q_2 \,, \tag{9.123}$$

$$\hat{D}_{11} = 2a + 2ab + (3b+1)q_1 + a^2 q_2 + 2aq_1q_2 + (b/a)q_1^2 + q_1^2 q_2\,, \quad (9.124)$$

$$\hat{D}_{12} = \hat{D}_{22} = 2ab + 3bq_1 + bq_1^2/a + a^2 q_2 + 2aq_1q_2 + q_1^2 q_2\,. \quad (9.125)$$

b) Die weitere Behandlung benützt Methoden, die wir in früheren Abschnitten beschrieben haben. Da die Details sehr viel Platz in Anspruch nehmen würden, deuten wir die einzelnen Schritte nur an.

1) Wir stellen $\boldsymbol{q}(\boldsymbol{x}, t)$ als Superposition der Eigenlösungen der linearisierten Gleichungen (9.47, 48) dar.
2) Wir transformieren die Fokker-Planck-Gleichung auf die ξ_μ, die noch beides beschreiben, stabile und instabile Moden.
3) Wir eliminieren die ξ der stabilen Moden mittels der Methode von Abschn. 7.7. Die endgültige Fokker-Planck-Gleichung lautet dann

$$\dot{f} = -\sum_k \left\{ \frac{\partial}{\partial \xi_k} [\lambda_0 \xi_k + H_k(\xi)] + G_{11} \sum_k \frac{\partial^2}{\partial \xi_k \partial \xi_k^*} \right\} f\,, \quad (9.126)$$

wobei

$$\xi_k^* = \xi_{-k} \quad (9.127)$$

und

$$\lambda_0 = (b - b_c)(1 + a^2 - \mu^2 - a\mu^3)^{-1} + O((b - b_c)^2)\,. \quad (9.128)$$

Wir haben weiterhin

$$G_{11} = 2(a(1 - \mu^2)^2)^{-1} \cdot \mu^2 (1 + a\mu)^2 \quad (9.129)$$

und

$$H_k(\xi) = \sum_{k'k''} I_{k'k''k'''} \bar{c}_1 \xi_{k'} \xi_{k''} - \sum_{k'k''k'''} \bar{a}_1 J_{kk'k''k'''} \xi_{k'} \xi_{k''} \xi_{k'''}\,. \quad (9.130)$$

Zur Definition von I und J s. (7.81) und (7.82). Für eine Diskussion der auftretenden räumlichen Strukturen sind die „Auswahlregeln“, die in I und J enthalten sind, wichtig. In einer Dimension kann man leicht verifizieren:

$I = 0$ für die Randbedingungen (9.44), d.h. die χ_k sind ebene Wellen und $I \approx 0$ für $\chi_k \propto \sin kx$ und $k \gg 1$.

Ferner ist

$J_{kk'k''k'''} = J \neq 0$ nur dann, falls zwei Paare von k aus $\boldsymbol{k}, \boldsymbol{k}', \boldsymbol{k}'', \boldsymbol{k}'''$ die Bedingung

$$k_1 = -k_2 = -k_c$$
$$k_3 = -k_4 = -k_c$$

erfüllen, wenn man von ebenen Wellen ausgeht. Wir haben $\bar{a}_1$ explizit für ebene Wellen ausgewertet. Die Fokker-Planck-Gleichung reduziert sich dann auf

$$\dot{f} = \left[-\frac{\partial}{\partial \xi}(\lambda_0 \xi - A\xi^3) + G_{11}\frac{\partial^2}{\partial \xi^2} \right] f, \tag{9.131}$$

wobei der Koeffizient A lautet

$$A = [9(1-\mu^2)\mu^3(1-a\mu)^2 a]^{-1} \cdot (-8a^3\mu^3 + 5a^2\mu^2 + 20a\mu - 8)\,. \tag{9.132}$$

Wir bemerken, daß der Koeffizient A für große $a\mu$ negativ wird. Eine genauere Untersuchung zeigt, daß unter dieser Bedingung die Mode $k = 0$ eine marginale Situation erreicht, die es dann erforderlich macht, die Mode mit $k = 0$ (und $|k| = 2k_c$) als instabil zu behandeln. Wir haben Gleichungen der Form (9.131) bei verschiedenen Gelegenheiten in unserem Buch angetroffen. Sie zeigt, daß die chemische Reaktion bei der Instabilität einer weichen Mode einen Nichtgleichgewichtsphasenübergang zweiter Ordnung durchführt und zwar in vollständiger Analogie zum Laser oder zur Bénard-Instabilität (Kap. 8).

9.8 Chemische Netzwerke

In den Abschn. 9.2 – 4 haben wir mehrere explizite Beispiele für Gleichungen, die chemische Prozesse beschreiben, angeführt. Falls wir räumliche Homogenität voraussetzen, haben diese Gleichungen die Form

$$\dot{n}_j = F_j(n_1, n_2, \ldots)\,. \tag{9.133}$$

Gleichungen dieses Typs treten auch in ganz anderen Disziplinen auf, wobei wir jetzt an die Netzwerktheorie denken, die sich mit elektrischen Netzwerken beschäftigt. Hier haben die n die Bedeutung von Ladungen, Strömen oder Spannungen. Elektronische Apparate wie Radios oder Computer enthalten Netzwerke. Ein Netzwerk ist aus einzelnen Elementen zusammengesetzt (z. B. Widerständen, Tunneldioden, Transistoren), und jedes hat eine bestimmte Funktion auszuführen. Es kann beispielsweise einen Strom verstärken oder ihn gleichrichten. Ferner können verschiedene Glieder als Gedächtnis fungieren oder logische Schritte ausführen wie „und“, „oder“, „nein“. Im Hinblick auf die formale Analogie zwischen einem System von Gleichungen (9.133) für chemische Reaktionen und denen eines elektrischen Netzwerks erhebt sich die Frage, ob man logische Elemente mit Hilfe von chemischen Reaktionen aufbauen kann. In der Netzwerktheorie wie auch in verwandten Disziplinen wird gezeigt, daß für einen vorgegebenen logischen Prozeß ein Satz von Gleichungen des Typs (9.133) mit wohldefinierten Funktionen F_j konstruiert werden kann.

Diese ziemlich abstrakten Betrachtungen können leicht erklärt werden, wenn wir unser Standardbeispiel, den überdämpften anharmonischen Oszillator, zu Rate ziehen. Seine Bewegungsgleichung war durch

$$\dot{q} = \alpha q - \beta q^3 \tag{9.134}$$

gegeben. In der Elektronik könnte diese Gleichung beispielsweise die Ladung q einer Tunneldiode in einer Anordnung der Abb. 7.3 beschreiben. Wir haben in früheren Kapiteln gesehen, daß (9.134) zwei stabile Zustände $q_1 = \sqrt{\alpha/\beta}$, $q_2 = -\sqrt{\alpha/\beta}$ zuläßt, d.h. diese Gleichung beschreibt ein bistabiles Element, das Information speichern kann. Ferner haben wir in Abschn. 7.3 diskutiert, wie man dieses Element umschalten kann, beispielsweise durch Änderung von α. Wollen wir diese Anordnung in eine chemische Reaktion übersetzen, dann müssen wir berücksichtigen, daß die Konzentrationsvariable n nicht negativ werden kann. Wir können jedoch leicht von der Variablen q zu einer positiven Variablen n übergehen, wenn wir

$$q = n - q_0, q_0 > 0 \tag{9.135}$$

setzen, so daß beide stabilen Zustände bei positiven Werten liegen. Führen wir (9.135) in (9.134) ein und ordnen diese Gleichung um, kommen wir schließlich auf

$$\dot{n} = \alpha_1 + \alpha_2 n + \alpha_3 n^2 - \beta n^3 , \tag{9.136}$$

wobei wir die Abkürzungen

$$\alpha_1 = \beta q_0^3 - \alpha q_0 , \tag{9.137}$$

$$\alpha_2 = \alpha - 3\beta q_0^2 , \tag{9.138}$$

$$\alpha_3 = 3\beta q_0 \tag{9.139}$$

verwendet haben. Da (9.134) einen bistabilen Zustand für q aufwies, enthält ihn (9.136) für n. Die nächste Frage ist, ob (9.136) durch chemische Reaktionen verwirklicht werden kann. In der Tat haben wir in den vorangegangenen Abschnitten Reaktionsschemata angetroffen, die zu den ersten drei Termen in (9.136) Anlaß geben. Der letzte Term kann über die adiabatische Elimination einer schnellen chemischen Reaktion mit einem schnell umgewandelten Zwischenzustand verwirklicht werden. Die Schritte zum Aufbau eines logischen Systems sind nun offensichtlich: 1) Man gehe von den entsprechenden Elementen eines elektrischen Netzwerks und den ihnen zugeordneten Differentialgleichungen aus; 2) man übersetze sie in Analogie zu obigem Beispiel. Es bleiben zwei grundsätzliche Probleme. Eines kann nach kurzer Überlegung gelöst werden, daß nämlich die Arbeitspunkte bei positiven Werten von n liegen müssen. Das zweite Problem ist natürlich eines der Chemie, nämlich, wie man chemische Prozesse in der Realität auffinden kann, die alle Forderungen bezüglich der Richtungen, in die der Prozeß ablaufen soll, bezüglich der Reaktionskonstanten usw. erfüllen.

Sind die einzelnen Elemente einmal durch chemische Reaktionen realisiert, dann kann ein ganzes Netzwerk konstruiert werden. Wir erwähnen ein typisches Netzwerk, das aus den folgenden Elementen besteht: Flip-Flop (ein bistabiles Element, das umgeschaltet werden kann), Verzögerungsglieder (die als „Memory“ arbeiten) und die logischen Elemente „ja“ und „nein“.

Obige Überlegungen bezogen sich auf räumlich homogene Reaktionen; durch eine Zelleinteilung des Raumes und Diffusion können wir nun ein gekoppeltes logisches Netzwerk konstruieren. Es sind natürlich noch eine Reihe von zusätzlichen Erweiterungen möglich; zum Beispiel kann man sich Zellen vorstellen, die durch Membranen getrennt sind, die nur teilweise für einige Reaktanten permeabel sind oder deren Permeabilität geschaltet werden kann. Offensichtlich führen diese Probleme direkt zu grundlegenden Fragen der Biologie.

10. Anwendungen in der Biologie

In der theoretischen Biologie spielt heutzutage die Frage nach kooperativen Effekten und Selbstorganisation eine zentrale Rolle. Im Hinblick auf die Komplexität biologischer Systeme öffnet sich hier ein weites Feld. Wir haben einige typische Beispiele aus folgenden Gebieten ausgewählt:

1) Ökologie, Populationsdynamik
2) Evolution
3) Morphogenese .

Wir wollen zeigen, welches die grundlegenden Ideen sind, wie sie auf eine mathematische Form gebracht werden können und welche Folgerungen gegenwärtig gezogen werden können. Wieder wird das lebendige Zusammenspiel von „Zufall“ und „Notwendigkeit“ deutlich werden, insbesondere in evolutionären Prozessen. Ferner lassen die meisten Phänomene eine Interpretation als Nichtgleichgewichts-Phasenübergang zu.

10.1 Ökologie, Populationsdynamik

Was man hier verstehen will, ist die Verteilung und die Fülle der Arten. Dazu wurde eine Menge Information gesammelt, beipielsweise über die Populationen verschiedener Vögel in verschiedenen Gebieten. Hier wollen wir einige grundsätzliche Aspekte diskutieren: Was kontrolliert die Größe der Population; wie viele verschiedene Arten von Populationen können koexistieren?

Wir wollen zunächst eine einzelne Population betrachten, die aus Bakterien bestehen kann oder aus Pflanzen einer gegebenen Sorte oder aus einer bestimmten Tierart. Es ist gewiß eine hoffnungslose Aufgabe, das Schicksal jedes Individuums zu beschreiben. Vielmehr haben wir unser Augenmerk auf „makroskopische“ Eigenschaften zu richten, die die Population beschreiben. Die offensichtlichste Größe ist die Zahl der Individuen einer Population. Diese Zahl spielt die Rolle des Ordnungsparameters. Etwas Nachdenken zeigt, daß sie in der Tat das Schicksal der Individuen bestimmt, zumindest „im Mittel“. Die Zahl (oder Dichte) der Individuen soll n sein. Dann ändert sich n entsprechend der Wachstumsrate g (Geburten), minus der Todesrate d,

$$\dot{n} = g - d \,. \tag{10.1}$$

Die Wachstums- und Todesraten hängen von der vorhandenen Zahl von Individuen ab. Im einfachsten Fall nehmen wir an

$$g = \gamma n \,, \tag{10.2}$$

$$d = \delta n \,, \tag{10.3}$$

wobei die Koeffizienten γ und δ unabhängig von n sein sollen. Wir sprechen dann von einem *dichteunabhängigen* Wachstum. Die Koeffizienten γ und δ können noch von äußeren Parametern abhängen, wie dem vorhandenen Futter, der Temperatur, dem Klima und anderen Faktoren der Umgebung. Solange diese Faktoren konstant gehalten werden, läßt die Gleichung

$$\dot{n} = \alpha n \equiv (\gamma - \delta) n \tag{10.4}$$

entweder eine exponentiell wachsende oder exponentiell zerfallende Population zu. (Der marginale Zustand $\gamma = \delta$ ist instabil gegenüber kleinen Störungen von γ oder δ.) Es wird deshalb kein stationärer Zustand existieren. Die wesentliche Folgerung, die gezogen werden kann, ist die, daß die Koeffizienten γ oder δ oder beide von der Dichte n abhängen müssen. Unter anderem besteht ein wesentlicher Grund für eine solche Dichteabhängigkeit darin, daß nur ein begrenzter Nachschub an Futter vorhanden ist. Dieser Umstand wurde übrigens bereits früher in unserem Buch anhand einiger Aufgaben diskutiert. Die sich so ergebende Gleichung ist vom Typ

$$\dot{n} = \alpha_0 n - \beta n^2 \quad (\text{„Verhulst“-Gleichung}) \,, \tag{10.5}$$

wobei $-\beta n^2$ von der Erschöpfung der Futterreserven herrührt. Es wird dabei angenommen, daß Nahrung nur in konstanter Rate nachgeliefert wird. Das Verhalten eines Systems, das durch (10.5) beschrieben wird, wurde bereits im Detail in Abschn. 5.4 diskutiert.

Wir wenden uns jetzt dem Fall mehrerer Arten zu. Verschiedene Situationen können dabei auftreten:

1) Wettbewerb und Koexistenz
2) Räuber-Beute-Beziehung
3) Symbiose .

10.1.1 Wettbewerb und Koexistenz

Falls die verschiedenen Spezies sich von unterschiedlichen Futterarten ernähren und nicht miteinander wechselwirken (z. B. durch Auffressen oder Inanspruchnahme desselben Platzes zum Brüten usw.), können sie gewiß koexistieren. Wir haben dann für die betrachteten Spezies Gleichungen der Gestalt

$$\dot{n}_j = \alpha_j n_j - \beta_j n_j^2 \,, \quad j = 1, 2, \ldots \,. \tag{10.6}$$

Unser Problem wird sehr viel schwieriger, falls verschiedene Arten von *derselben* Nahrungsgrundlage leben oder zu leben versuchen und/oder von ähnlichen Lebensbedingungen abhängen. Beispiele bieten Pflanzen, die Phosphor aus der Erde entnehmen, eine Pflanze, die der anderen durch ihre Blätter das Sonnenlicht entzieht, Vögel, die dieselben Nischen zum Nestbau verwenden etc. Da die mathematische Grundlegung in allen anderen Fällen unverändert bleibt, sprechen wir ausdrücklich nur vom „Futter". Wir haben diesen Fall explizit früher (Abschn. 5.4) diskutiert und haben gezeigt, daß nur eine Spezies überlebt, die als „fittest" definiert wird. Wir schließen dabei den (instabilen) Fall aus, daß zufällig alle Wachstumsraten übereinstimmen.

Zum Überleben einer Population ist es deshalb wesentlich, ihre spezifischen Raten α_j, β_j durch Adaption zu verbessern. Weiterhin ist für eine mögliche Koexistenz zusätzlicher Futternachschub entscheidend. Wir wollen beispielsweise zwei Arten betrachten, die von zwei „überlappenden" Nahrungsgrundlagen leben. Im Modell kann das folgendermaßen dargestellt werden: Bezeichnen wir die Menge der zur Verfügung stehenden Nahrungsmittel mit N_1 oder N_2, so gilt

$$\dot{n}_1 = (\alpha_{11}N_1 + \alpha_{12}N_2)n_1 - \delta_1 n_1 \,, \tag{10.7}$$

$$\dot{n}_2 = (\alpha_{21}N_1 + \alpha_{22}N_2)n_2 - \delta_2 n_2 \,. \tag{10.8}$$

Wir verallgemeinern Abschn. 5.4 und stellen Gleichungen für die Nahrungsversorgung auf

$$\dot{N}_1 = \gamma_1(N_1^0 - N_1) - \mu_{11}n_1 - \mu_{12}n_2 \,, \tag{10.9}$$

$$\dot{N}_2 = \gamma_2(N_2^0 - N_2) - \mu_{21}n_1 - \mu_{22}n_2 \,. \tag{10.10}$$

Dabei ist $\gamma_j N_j^{(0)}$ die Rate der Futterproduktion und $-\gamma_j N_j$ die Abnahmerate des Futters, die durch interne Gründe (z.B. durch Verderb) bedingt ist. Akzeptieren wir den Ansatz der adiabatischen Elimination und nehmen an, daß die zeitliche Änderung des Futtervorrats vernachlässigbar ist, d.h. $\dot{N}_1 = \dot{N}_2 = 0$, dann können wir N_1 und N_2 direkt durch n_1 und n_2 ausdrücken. Setzen wir die so erhaltenen Ausdrücke in (10.7, 8) ein, dann kommen wir auf Gleichungen vom folgenden Typ

$$\dot{n}_1 = [(\alpha_{11}^0 N_1^0 + \alpha_{12}^0 N_2^0) - \delta_1 - (\eta_{11}n_1 + \eta_{12}n_2)]\,n_1 \,, \tag{10.11}$$

$$\dot{n}_2 = [(\alpha_{21}^0 N_1^0 + \alpha_{22}^0 N_2^0) - \delta_2 - (\eta_{21}n_1 + \eta_{22}n_2)]\,n_2 \,. \tag{10.12}$$

Aus $\dot{n}_1 = \dot{n}_2 = 0$ erhalten wir die stationären Zustände $n_1^{(0)}$, $n_2^{(0)}$. Mit Hilfe einer Diskussion der „Kräfte" (d.h. der rechten Seite von (10.11, 12)) in der (n_1, n_2)-Ebene kann man einfach feststellen, unter welchen Bedingungen Koexistenz (in Abhängigkeit von den Parametern des Systems) möglich ist (Abb. 10.1a–c). Dieses Beispiel kann sofort auf mehrere Sorten von Spezies und Nahrungsgrundlagen verallgemeinert werden. Eine detaillierte Diskussion von Koexistenz wird aber dann schwierig.

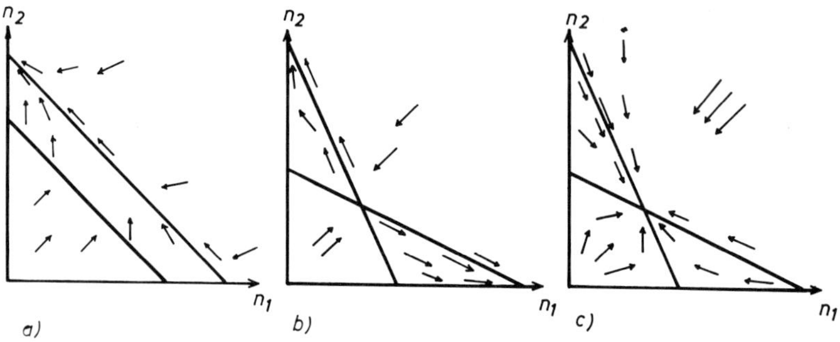

Abb. 10.1a–c. Die Gleichungen (10.11, 12) führen für verschiedene Parameter auf unterschiedliche stabile Konfigurationen. (**a**) $n_1 = 0$, $n_2 = C$ ist der einzige stabile Punkt, d. h. es überlebt nur eine Art. (**b**) $n_1 = 0$, $n_2 \neq 0$ oder $n_1 \neq 0$, $n_2 = 0$ sind die zwei stabilen Punkte, d. h. die eine oder die andere Art kann überleben. (**c**) $n_1 \neq 0$, $n_2 \neq 0$, beide Arten können koexistieren. Wird das Feld der Pfeile dichter gezeichnet, findet man die Trajektorien, die in Abschn. 5.2 diskutiert wurden. Die Punkte, an denen die Pfeile endigen, sind Senken – ganz im Sinne dieses Abschn. 5.2

Aus unseren obigen Überlegungen wird offensichtlich, warum ökologische „Nischen" so wichtig zum Überleben werden und warum überlebende Spezies oft so hoch spezialisiert sind. Ein gut bekanntes Beispiel für Koexistenz und Wettbewerb ist die Verteilung der Flora über verschiedene Höhenbereiche in Bergregionen. Dort findet man wohldefinierte Gürtel, in denen verschiedene Arten von Pflanzen vorkommen. Derartige Phänomene werden in der Biogeographie detailliert untersucht.

10.1.2 Die Räuber-Beute-Beziehung

Das grundlegende Phänomen ist folgendes:

Es existieren zwei Sorten von Tieren: Beutetiere, die von Pflanzen leben, und Räuber, die von den Beutetieren leben. Beispiele sind Fische in der Adria oder Hasen und Luchse. Letzteres System wurde in der Natur im Detail untersucht, und die theoretischen Voraussagen wurden bestätigt. Die grundlegenden Lotka-Volterra-Gleichungen haben wir in Abschn. 5.4 diskutiert. Sie lauten

$$\dot{n}_1 = \alpha_1 n_1 - \alpha n_1 n_2 , \tag{10.13}$$

$$\dot{n}_2 = \beta n_1 n_2 - 2\kappa_2 n_2 , \tag{10.14}$$

wobei (10.13) sich auf die Beutetiere bezieht und (10.14) auf die Räuber. Wie in Abschn. 5.4 gezeigt wurde, ergibt sich eine periodische Lösung: Werden die Räuber zu zahlreich, dann werden die Beutefische zu schnell aufgezehrt. Die Nahrungsgrundlage der Räuber geht zurück und in der Folge nimmt die Population der Räuber ab. Dieses erlaubt ein Anwachsen der Zahl der Beutetiere, so daß wieder eine größere Nahrungsgrundlage für die Räuber zur Verfügung steht und deren Anzahl wieder anwächst. Sobald man dieses Problem stochastisch behandelt, tritt eine wesentliche Schwierigkeit auf: Beide Populationen sterben aus (Abschn. 10.2).

10.1.3 Die Symbiose

Es gibt eine Vielzahl von Beispielen in der Natur, wo die Kooperation verschiedener Spezies ihr Leben erleichtert. Ein wohlbekanntes Beispiel ist die Kooperation zwischen Bäumen und Bienen. Diese Kooperation kann folgendermaßen in einem Modell dargestellt werden: Da die Vermehrungsrate einer Spezies von der Gegenwart der anderen abhängt, erhalten wir

$$\dot{n}_1 = (\alpha_1 + \alpha_1' n_2)n_1 - \delta_1 n_1 \,, \tag{10.15}$$

$$\dot{n}_2 = (\alpha_2 + \alpha_2' n_1)n_2 - \delta_2 n_2 \,, \tag{10.16}$$

sofern wir selbstbeschränkende Terme $-\beta_i n_i^2$ vernachlässigen. Im stationären Zustand $\dot{n}_1 = \dot{n}_2 = 0$ ergeben sich zwei Typen von Lösungen, wenn man die rechten Seiten von (10.15, 16) gleich Null setzt:

a)

$$n_1 = n_2 = 0 \,, \quad \text{was uninteressant ist} \,,$$

oder

b)

$$\alpha_1 - \delta_1 + \alpha_1' n_2 = 0 \,,$$

$$\alpha_2 - \delta_2 + \alpha_2' n_1 = 0 \,.$$

Es ist eine interessante Aufgabe für den Leser, die Stabilitätseigenschaften von b) zu diskutieren. Wir überlassen es ebenfalls dem Leser, zu zeigen, daß für genügend große Anfangswerte von n_1 und n_2 immer eine exponentielle Explosion der Populationen erfolgt.

10.1.4 Einige allgemeine Bemerkungen

Modelle von obigem Typus werden inzwischen häufig in der Ökologie angewendet. Es sollte erwähnt werden, daß sie noch auf sehr globalem Niveau arbeiten. Im einem nächsten Schritt müssen eine Vielzahl anderer Effekte berücksichtigt werden, so zum Beispiel Effekte der Zeitverzögerung, Jahreszeiten, unterschiedliche Todesraten, die vom Alter abhängen, sogar unterschiedliches Verhalten in den Reaktionen bei einzelnen Spezies. Auch wenn wir die Rechnungen in der oben erwähnten Form durchführen, bleiben biologische Populationsnetzwerke in der Realität komplizierter, d. h. sie sind auf trophischem (d. h. Nahrung) Niveau organisiert. Das erste trophische Niveau besteht aus grünen Pflanzen. Sie werden durch Tiere gefressen, die wieder von anderen Tieren gefressen werden etc. Ferner kann ein Räuber beispielsweise von mehreren Arten von Beutetieren leben. In diesem Fall werden die ausgeprägten Oszillationen beim Lotka-Volterra-Modell im allgemeinen kleiner und das System wird stabiler.

10.2 Stochastisches Modell für ein Räuber-Beute-System

Die Analogie zwischen unseren oben angeführten Ratengleichungen und denen der chemischen Reaktionen ist offensichtlich. Leser, die beispielsweise (10.5) oder (10.11, 12) stochastisch behandeln wollen, werden deshalb auf diese Abschnitte verwiesen. Hier behandeln wir als anderes Beispiel das Lotka-Volterra-Modell. Bezeichnen wir die Zahl der Individuen der beiden Spezies, Beute und Räuber, durch M bzw. N und verwenden wieder die Methoden der chemischen Reaktionskinetik, dann erhalten wir als Übergangsraten

1) Vermehrung der Beute

$$M \to M + 1: w(M + 1, N; M, N) = \varkappa_1 M .$$

2) Todesrate der Räuber

$$N \to N - 1: w(M, N - 1; M, N) = \varkappa_2 N .$$

3) Räuber, die Beute fressen

$$\left.\begin{array}{l} M \to M - 1 \\ N \to N + 1 \end{array}\right\} w(M - 1, N + 1; M, N) = \beta M N .$$

Die Master-Gleichung für die Wahrscheinlichkeitsverteilung $P(M, N, t)$ lautet also

$$\begin{aligned} \dot{P}(M, N; t) = {} & \varkappa_1 (M - 1) P(M - 1, N; t) \\ & + \varkappa_2 (N + 1) P(M, N + 1; t) \\ & + \beta (M + 1)(N - 1) P(M + 1, N - 1; t) \\ & - (\varkappa_1 M + \varkappa_2 N + \beta M N) P(M, N; t) . \end{aligned} \tag{10.17}$$

Selbstverständlich müssen wir fordern, daß $P = 0$ für $M < 0$ oder $N < 0$ oder für $M < 0$ und $N < 0$. Wir wollen nun zeigen, daß die einzige stationäre Lösung von (10.17)

$$P(0, 0) = 1 , \quad \text{alle anderen} \quad P = 0 \tag{10.18}$$

lautet. Beide Spezies sterben also aus, auch dann, wenn anfangs beide vorhanden waren. Setzen wir (10.18) in (10.17) ein, dann zeigt sich, daß (10.17) in der Tat erfüllt ist. Weiter können wir uns einfach davon überzeugen, daß alle Punkte (M, N) mindestens über einen Weg mit jedem anderen Punkt (M', N') verbunden sind. Die Lösung ist also eindeutig. Unser ziemlich verwirrendes Resultat (10.18) hat eine sehr einfache Erklärung: Aus der Stabilitätsanalyse der nichtstochastischen Lotka-Volterra-Gleichungen ist bekannt, daß die Trajektorien „neutrale Stabilität" besitzen. Fluktuationen verursachen einen Übergang von einer Trajektorie zu einer benachbarten. Ist durch Zufall einmal die Beute ausgestorben, gibt es keine Möglichkeit für den Räuber zu überleben, d.h. $M = N = 0$ ist der einzig mögliche stationäre Zustand. Während dies in der Natur in der Tat vorkommen kann, haben die Biologen auch eine Möglichkeit fürs Überleben der Beute gefunden. Beutetiere können eine Zufluchtsstätte finden, so daß eine gewisse minimale Zahl überlebt. Beispielsweise können sie in andere Regionen ziehen, in die die Räuber nicht so schnell folgen, oder sie können sich an Orten verstecken, die den Räubern unzugänglich sind.

10.3 Ein einfaches mathematisches Modell für evolutionäre Vorgänge sowie die Grundidee von Eigens Hyperzyklus

In Abschn. 10.1 haben wir einige mathematische Modelle kennengelernt, aus denen wir mehrere allgemeine Schlüsse über die Entwicklung von Populationen ziehen können. Diese Populationen können aus hochentwickelten Pflanzen oder Tieren, aber auch aus Bakterien und sogar biologischen Molekülen bestehen, die auf gewissen Substraten „leben". Sobald wir diese Gleichungen auf die Evolution anwenden, fehlt noch ein wichtiger Gesichtspunkt. Bei Evolutionsprozessen treten immer wieder neue Arten von Spezies auf. Um zu sehen, wie wir diese Tatsache in den Gleichungen des Abschn. 10.1 berücksichtigen können, wollen wir einige grundlegende Fakten kurz zusammentragen. Wir wissen, daß Gene Mutationen erleiden können, wobei sie Allele hervorbringen. Diese Mutationen treten zufällig auf, obwohl ihre Erzeugungsrate durch äußere Faktoren erhöht werden kann, z.B. erhöhte Temperatur, Bestrahlung mit UV-Licht, chemische Ursachen usw. Als Folge tritt ein gewisser „Mutationsdruck" auf, durch den dauernd immer neue Sorten von Individuen innerhalb einer Spezies zu existieren beginnen. Wir werden hier nicht den detaillierten Mechanismus diskutieren, der u.a. berücksichtigt, daß neu entstandene Eigenschaften zunächst rezessiv und erst später, nach mehreren Vermehrungsschritten, möglicherweise dominant werden können. Wir nehmen einfach an, daß neue Sorten von Individuen einer Population zufällig auftreten. Wir bezeichnen die Zahl der Individuen mit n_j. Da diese Individuen verschiedene Eigenschaften haben können, werden sich ihre Wachstums- und Todesraten im allgemeinen unterscheiden. Da eine neue Population nur auftreten kann, wenn eine Fluktuation auftritt, addieren wir fluktuierende Kräfte zu den Gleichungen für das Wachstum

$$\dot{n}_j = \gamma_j n_j - \delta_j n_j + F_j(t), \quad j = 1, 2, \ldots . \tag{10.19}$$

Die Eigenschaften der $F_j(t)$ hängen von beidem ab, der Population, die schon vor der betrachteten vorhanden war, und der, die durch die Gl. (10.19) beschrieben wird, sowie der Umgebung. Das System verschiedener „Subspezies“ wird jetzt einem „Selektionsdruck“ ausgesetzt. Um dieses einzusehen, haben wir nur die Überlegungen und Resultate des Abschn. 10.1 anzuwenden. Da die Verhältnisse der Umgebung dieselben sind (Nahrungsgrundlage usw.), müssen wir Gleichungen vom Typ (10.11, 12) anwenden. Verallgemeinern wir diese auf N Subspezies, die von *demselben* Futter leben, dann erhalten wir

$$\dot{n}_j = \alpha_j(g_0 - \sum g_l n_l) n_j - \kappa_j n_j + F_j(t) . \qquad (10.20)$$

Falls die Mutationsrate für einen spezielle Mutante klein ist, überlebt nur diejenige, die den größten Verstärkungsfaktor α_j und den kleinsten Verlustfaktor $\varkappa_j$ hat und so „fittest“ ist. Im Kontext unseres Buches ist es bemerkenswert, daß das Auftreten neuer Arten über Mutation („fluktuierende Kräfte“) und durch Selektion („treibende Kräfte“) in enger Parallele zu einem Phasenübergang zweiter Ordnung (beispielsweise dem des Lasers) gesehen werden kann. Wie eingangs dieses Abschnitts erwähnt, finden die Gleichungen (10.20) in sehr verschiedenen Situationen Anwendung. Ihr Gültigkeitsbereich zur Erklärung präbiotischer Entwicklungen ist allerdings nicht unbegrenzt. Die stationäre Wahrscheinlichkeitsverteilung wird nämlich – wenn man von jeglicher Entartung absieht – nur von einer einzelnen Spezies (in allgemeineren Situationen einer Quasispezies) dominiert. Diese Spezies kann aber sehr schnell zerfallen, wenn sich die äußeren Bedingungen ändern. Die während einer Entwicklung, dem Selektionsprozeß nämlich, gewonnene Information ginge so wieder verloren. Ferner erwartet man schon wegen der unvermeidlichen thermischen Fluktuationen, daß die Information, die in einer einzelnen replikativen Einheit gespeichert werden kann, begrenzt sein wird. Schließlich weist die Universalität des genetischen Codes darauf hin, daß ab einer gewissen Entwicklungsstufe ein besonders effektiver Selektionsmechanismus eingesetzt haben muß. Diese Tatsachen liefern Hinweise darauf, daß ab einer gewissen Stufe der evolutionären Entwicklung kompliziertere Mechanismen der Selbstorganisation einsetzen müssen. Ein Beispiel für eine derartige Organisationsform ist der von *Eigen* und *Schuster* vorgeschlagene Hyperzyklus. Er besteht aus Untersystemen, die selbstreplikative Zyklen bilden. Diese Untersysteme werden über eine funktionale Verknüpfung wieder zu einem Zyklus zusammengesetzt. Die Verknüpfung erhält ihren funktionalen Charakter, indem etwa die Einheit (das Untersystem) i katalytische Funktionen zur Herstellung der Einheit $i + 1$ übernimmt.

An die zyklische Kopplung der Untereinheiten müssen nun offensichtlich gewisse Bedingungen gestellt werden. Zum einen muß diese Verknüpfung so geartet sein, daß der Wettbewerb innerhalb einer einzelnen Einheit nicht unterbunden wird: Das dort erzeugte Molekül steht weiterhin im Wettbewerb mit eventuellen fehlerhaften Kopien. Andererseits muß die Kopplung zwischen den Einheiten den Wettbewerb zwischen den selbstreplikativen Molekülen verschiedener Einheiten unterdrücken. Nicht zuletzt muß das System mit anderen, weniger effizienten Systemen erfolgreich konkurrieren können.

Das Schema des Hyperzyklus läßt sich folgendermaßen veranschaulichen. Wir bezeichnen die selbstreplikativen Untersysteme mit $A, B \ldots$, wobei z.B.

$$A + G \stackrel{C}{\rightarrow} 2A \, ; \qquad B + G' \stackrel{A}{\rightarrow} 2B \, ; \qquad C + G'' \stackrel{B}{\rightarrow} 2C \, .$$

Hier sind G, G', G'' die Grundsubstanzen, aus denen die verschiedenen Moleküle A, B, C über einen autokatalytischen Prozeß erzeugt werden. Dieser Prozeß wird katalytisch durch die im Zyklus vorher erzeugte Substanz unterstützt. Schließlich soll die „zuletzt" erzeugte Substanz, in unserem Beispiel C, katalytisch auf die Produktion der Anfangssubstanz A einwirken.

Eine detaillierte mathematische Behandlung erweist, daß dieses System tatsächlich die geforderten Eigenschaften erfüllt. Wir bemerken abschließend, daß auch hier – wie wir dies für den Fall chemischer Netzwerke diskutiert haben (Abschn. 9.8) – immer kompliziertere Vernetzungen durch die Kopplung verschiedener Hyperzyklen denkbar sind, etwa Hierarchien innerhalb vieler gekoppelter Hyperzyklen usw.

10.4 Ein Modell zur Morphogenese

Beim Durcharbeiten unseres Buches wird der Leser festgestellt haben, daß jede Disziplin ihr „Modellsystem" hat, das besonders geeignet ist, die charakteristischen Merkmale darzustellen. Auf dem Gebiet der Morphogenese ist eines dieser Systeme die Hydra. Die Hydra ist ein Tier von wenigen Millimetern Länge, das aus ungefähr 100000 Zellen besteht, die sich in 15 unterschiedliche Typen gruppieren lassen. Längs ihres Körpers läßt sie sich in verschiedene Gebiete aufgliedern. Am einen Ende sitzt der „Kopf". Das Tier hat also eine polare Struktur. Ein typisches Experiment, das an der Hydra vorgenommen werden kann, ist folgendes: Man entfernt einen Teil der Kopfregion und transplantiert ihn an eine andere Partie des Tieres. Falls der transplantierte Teil in ein Gebiet in der Nähe des alten Kopfes verpflanzt wird, wird kein neuer Kopf gebildet oder, mit anderen Worten, das Wachstum eines Kopfes wird *inhibiert.* Wird andererseits die Transplantation in einem genügend großen Abstand vom alten Kopf vorgenommen, dann wird ein neuer Kopf über eine *Aktivierung* der Zellen der Hydra durch den übertragenen Teil geformt.

Es wird allgemein angenommen, daß die Ursachen, die biologische Prozesse wie die Morphogenese bewirken, gewisse chemische Substanzen sind. Wir werden so darauf geführt, daß es mindestens zwei Typen von Stoffen (oder „Reaktanten") geben muß: einen *Aktivator* und einen *Inhibitor.* Heutzutage gibt es einige Hinweise, daß diese Aktivator- und Inhibitormoleküle tatsächlich existieren, und auch darüber, wie sie möglicherweise zusammengesetzt sind. Wir wollen nun annehmen, daß beide Substanzen in einem Gebiet am Kopf der Hydra produziert werden. Da die Hemmung (Inhibition) noch in einer gewissen Entfernung vom ursprünglichen Kopf wirksam war, muß der Inhibitor diffundieren können. Auch der Aktivator muß dazu in der Lage sein, andernfalls könnte er die Nachbarzellen des transplantierten Teils nicht beeinflussen.

Wir wollen versuchen, ein mathematisches Modell zu formulieren. Wir bezeichnen die Konzentration des Aktivators mit a, die des Inhibitors mit h. Die grundlegenden Eigenschaften können bereits an einem eindimensionalen Modell herausgearbeitet werden. Wir lassen deshalb a und h von der Koordinate x und der Zeit t abhängen. Betrachten wir die Änderungsrate von a, $\partial a/\partial t$. Diese Änderung ist bedingt durch

1) die Erzeugung vermittels einer Quelle (Kopf),

$$\text{Produktionsrate:} \quad \rho\,, \tag{10.21}$$

2) den Zerfall: $-\mu a\,,$ (10.22)

wobei μ die Zerfallskonstante ist,

3) die Diffusion $D_a \dfrac{\partial^2 a}{\partial x^2}$ (10.23)

mit der Diffusionskonstanten D_a.

Ferner ist von anderen biologischen Systemen her bekannt (z.B. dem Schleimpilz, vgl. Abschn. 1.1), daß autokatalytische Prozesse („induzierte Emission") stattfinden können. Diese können, in Abhängigkeit vom Prozeß, durch die Produktionsraten

$$k_1 a \tag{10.24}$$

oder

$$k_2 a^2 \tag{10.25}$$

usw. beschrieben werden.

Schließlich kann man für den Effekt der Hemmung ein Modell entwerfen. Der direkteste Weg, auf dem der Inhibitor die Wirkung des Aktivators hindern kann, besteht in der Erniedrigung der Konzentration von a. Ein möglicher „Ansatz" für die Inhibitionsrate könnte sein

$$-ah\,. \tag{10.26}$$

Ein anderer Weg besteht darin, daß h die autokatalytischen Raten (10.24 und 25) erniedrigt. Je größer h, um so kleiner die Produktionsraten (10.24, 25). Dies führt uns im Fall (10.25) auf

$$k\frac{a^2}{h}\,. \tag{10.27}$$

Offensichtlich bleibt eine gewisse Willkür in der Ableitung der Grundgleichungen bestehen, und eine endgültige Entscheidung kann nur über die detaillierte Entschlüsselung der chemischen Prozesse getroffen werden. Wenn wir aber typische Terme auswählen wie (10.21 – 23 und 27), erhalten wir als gesamte Änderungsrate für a

$$\frac{\partial a}{\partial t} = \rho + k\frac{a^2}{h} - \mu a + D_a \frac{\partial^2 a}{\partial x^2}\,. \tag{10.28}$$

Wir wollen nun eine Gleichung für den Inhibitor h ableiten. Bestimmt hat er eine Zerfallszeit, d.h. eine Verlustrate

$$-\nu h \tag{10.29}$$

und kann diffundieren

$$D_h \frac{\partial^2 h}{\partial x^2}. \tag{10.30}$$

Wieder können wir uns unterschiedliche Erzeugungsprozesse vorstellen. Gierer und Meinhard, deren Gleichungen wir hier vorstellen, haben (neben anderen Gleichungen) vorgeschlagen:

$$\text{Produktionsrate:} \quad ca^2, \tag{10.31}$$

d.h. Erzeugung mit Hilfe des Aktivators. Wir erhalten dann

$$\frac{\partial h}{\partial t} = ca^2 - \nu h + D_h \frac{\partial^2 h}{\partial x^2}. \tag{10.32}$$

Ehe wir die detaillierten analytischen Resultate in Abschn. 10.5 unter Verwendung des Ordnungsparameterkonzepts darstellen, zeigen wir einige Computerlösungen. Diese Resultate sind nicht auf die Hydra beschränkt und können auch auf andere Phänomene der Morphogenese angewendet werden. Wir stellen zwei Resultate dar: In Abb. 10.2 führt das Zusammenspiel von Aktivator und Inhibitor auf eine anwachsende periodische Struktur. Abbildung 10.3 zeigt ein so berechnetes zweidimensionales Muster der Aktivatorkonzentration. Offensichtlich hat der Inhibitor in beiden Fällen die Entstehung eines zweiten Zentrums (eines

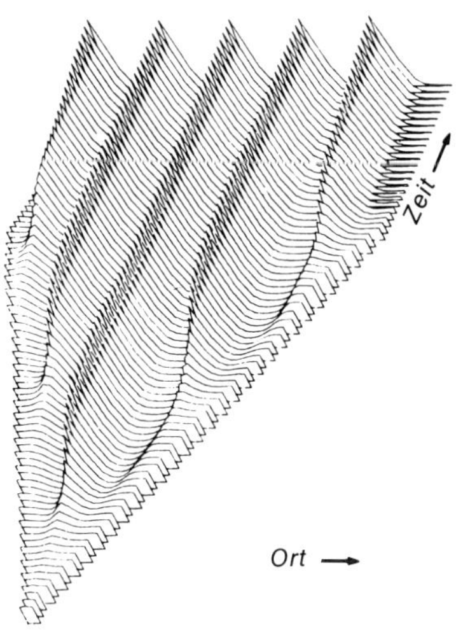

Abb. 10.2. Die sich ausbreitende Aktivatorkonzentration als Funktion von Ort und Zeit (Computerlösung). Nach H. Meinhardt, A. Gierer: J. Cell Sci. *15*, 321 (1974)

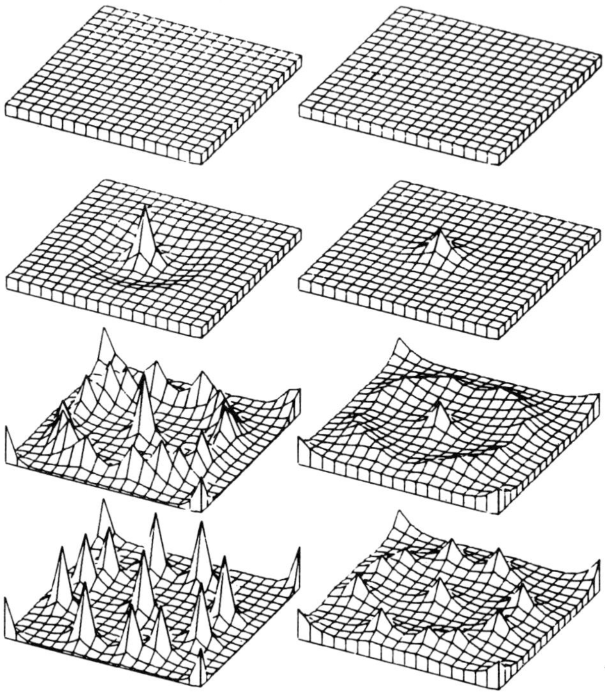

Abb. 10.3. Resultate des morphogenetischen Modells. Linke Spalte: Die Aktivatorkonzentration ist über zwei Raumdimensionen aufgezeichnet. Rechte Spalte: Die entsprechenden Bilder für den Inhibitor. Die Reihen gehören zu verschiedenen Zeiten. Die Zeit wächst von oben nach unten (Computerlösung). Nach H. Meinhardt, A. Gierer: J. Cell. Sci. *15*, 312 (1974)

zweiten Kopfes) in der Nähe des ersten Zentrums der Hydra (primärer Kopf der Hydra!) unterdrückt. Für die Entstehung solcher Muster ist von entscheidender Bedeutung, daß h leichter diffundieren kann als a, d.h. $D_h > D_a$. Mit Hilfe weiter entwickelter Modelle können so beispielsweise Blattstrukturen simuliert werden.

Zum Abschluß erwähnen wir eine Analogie, die vermutlich nicht zufällig ist, sondern ein allgemeines Prinzip wiedergibt, das die Natur anwendet: Die Wirkungsweise des Nervennetzwerks (z.B. des cerebralen Kortex) wird wieder durch das Zusammenspiel zwischen kurzreichweitiger Aktivierung und langreichweitiger Inhibierung bestimmt, diesmal sind aber Nervenzellen die Aktivatoren und Inhibitoren.

10.5 Ordnungsparameter und Morphogenese

In diesem Abschnitt werden wir die Methoden, die wir in den Abschn. 7.5–8 entwickelt haben, auf die Gleichungen (10.28) und (10.32) anwenden. Wir erhalten so die Muster, die durch diese Gleichungen beschrieben werden. Da wir speziell den zweidimensionalen Fall untersuchen wollen, ersetzen wir $\partial^2 a/\partial x^2$ und $\partial^2 h/\partial x^2$ durch

$$\Delta a \equiv \frac{\partial^2 a}{\partial x^2} + \frac{\partial^2 a}{\partial y^2} \quad \text{und} \quad \Delta h \equiv \frac{\partial^2 h}{\partial x^2} + \frac{\partial^2 h}{\partial y^2}.$$

Wir nehmen an, daß ρ ein Kontrollparameter ist, der verändert werden kann, wohingegen alle anderen Konstanten vorgegeben sein sollen. Es erweist sich als zweckmäßig, zu neuen Variablen überzugehen und die Zahl der Parameter über die Transformationen

$$\boldsymbol{x}' = \sqrt{\frac{\nu}{D_a}}\boldsymbol{x}, \quad t' = \nu t, \quad a' = \frac{k}{c}a, \quad h' = \frac{\nu c}{k^2}h \tag{10.33}$$

zu reduzieren. Wir haben dann

$$\dot{a}' = \rho' + \frac{a'^2}{h'} - \mu' a' + \Delta' a', \tag{10.34}$$

$$\dot{h} = a'^2 - h' + D'\Delta' h', \tag{10.35}$$

wobei wir die Abkürzungen

$$\rho' = \frac{\rho c}{\nu k}, \quad \mu' = \frac{\mu}{\nu}, \tag{10.36}$$

$$D' = \frac{D_h}{D_a} \tag{10.37}$$

verwendet haben. Im folgenden lassen wir dann die Striche wieder weg. Die stationäre homogene Lösung von (10.34) und (10.35) lautet

$$a_0 = \frac{1}{\mu}(\rho + 1), \tag{10.38}$$

$$h_0 = a_0^2. \tag{10.39}$$

Um die Stabilitätsanalyse durchzuführen, entwickeln wir um die stationäre Lösung. Dazu führen wir die Abweichungen vom stationären Zustand q_1 und q_2 ein

$$q_1 = a - a_0, \quad q_2 = h - h_0. \tag{10.40}$$

Die Gleichungen (10.34) und (10.35) können dann auf die Form (vgl. (7.62))

$$\dot{q} = K(\Delta)q + g(q) \tag{10.41}$$

gebracht werden, wobei K durch

$$K(\Delta) = \begin{pmatrix} \mu\left(\dfrac{2}{\rho+1} - 1\right) + \Delta & -\dfrac{\mu^2}{(\rho+1)^2} \\ \dfrac{2}{\mu}(\rho+1) & -1 + D\Delta \end{pmatrix} \tag{10.42}$$

gegeben ist und $\boldsymbol{g}(\boldsymbol{q})$ die Nichtlinearitäten enthält. Zur linearen Stabilitätsanalyse lassen wir den nichtlinearen Term $\boldsymbol{g}(\boldsymbol{q})$ weg und machen den Ansatz

$$\boldsymbol{q} = \boldsymbol{O}\mathrm{e}^{\mathrm{i}kx+\lambda t}. \tag{10.43}$$

Die daraus resultierende Eigenwertsgleichung ergibt

$$\lambda^{\pm}(k) = \frac{\alpha(k)}{2} \pm \sqrt{\frac{\alpha^2(k)}{4} - \beta(k)}, \tag{10.44}$$

wobei

$$\alpha(k) = -(D+1)k^2 + \frac{2\mu}{\rho+1} - \mu - 1, \tag{10.45}$$

$$\beta(k) = (k^2+\mu)(1+Dk^2) - \frac{2\mu Dk^2}{\rho+1}. \tag{10.46}$$

Die Bedingung dafür, daß zuerst eine weiche Mode instabil wird, lautet

$$\mathrm{Re}\{\lambda^{+}(k)\} \geqslant 0, \quad \mathrm{Im}\{\lambda^{j}(k)\} = 0. \tag{10.47}$$

Eine einfache Rechnung zu (10.44) ergibt, daß (10.47) erfüllt ist, falls

$$(1)\quad \alpha < 0 \qquad \text{und (2)}\quad \beta \leqslant 0. \tag{10.48}$$

Aus der Bedingung (1) erhalten wir

$$\rho > \frac{2\mu}{(\mu+1)+(D+1)k^2} - 1, \tag{10.49}$$

während die Bedingung (2)

$$\rho \leqslant \frac{2\mu Dk^2}{(1+Dk^2)(\mu+k^2)} - 1 \tag{10.50}$$

ergibt. Die Abhängigkeit des kritischen ρ vom Wellenvektor $\boldsymbol{k}$ (10.49) ist in Abb. 10.4 dargestellt. Falls $\rho > \rho_c$, kann die Instabilitätsbedingung (10.47) nicht erfüllt werden.

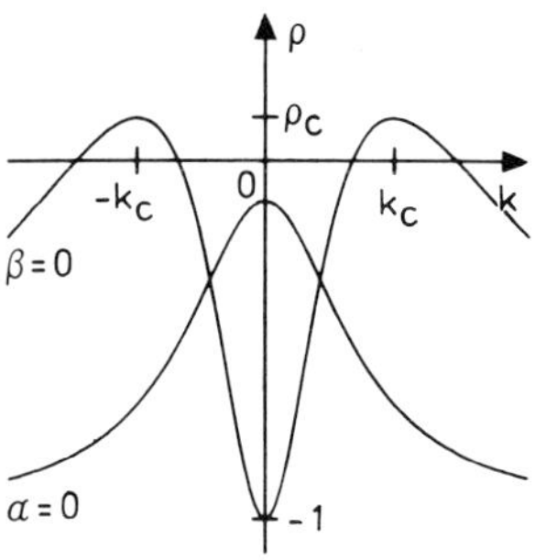

Abb. 10.4. zeigt die Kurve, die durch (10.45) = 0 und (10.46) = 0 in der (k, ρ)-Ebene definiert wird. Die Parameter D und μ sind festgehalten. Die Fläche oberhalb der Kurve $\beta = 0$ legt das stabile Gebiet fest. Da die Bedingung $\alpha < 0$ für alle k erfüllt ist, setzt die Instabilität bei $\rho = \rho_c$ ein

Für ein kritisches ρ_c kann die Instabilitätsbedingung zuerst für zwei kritische Werte von k, nämlich $k = +k_c$ und $k = -k_c$, erfüllt werden. Für $\rho = \rho_{max}$ läßt sich die Bedingung $\alpha = 0$ erfüllen; in diesem Fall wird eine harte Mode instabil. In unseren nachfolgenden Rechnungen richten wir unser Augenmerk auf den Fall einer weichen Mode. k_c, ρ_c und ρ_{max} sind durch

$$k_c = \sqrt[4]{\frac{\mu}{D}}, \tag{10.51}$$

$$\rho_c = \frac{2\sqrt{\mu D}}{2 + \sqrt{\mu D} + 1/\sqrt{\mu D}} - 1\,, \tag{10.52}$$

$$\rho_{max} = \frac{\mu - 1}{\mu + 1} \tag{10.53}$$

gegeben. Damit zuerst die weiche Mode instabil wird, müssen wir $\rho_c > \rho_{max}$ fordern, woraus folgt, daß

$$D > 2\mu + 1 + 2\sqrt{\mu + 1}\,. \tag{10.54}$$

Verwenden wir (10.37) und (10.36), dann ergibt sich aus (10.54), daß die Diffusionskonstante des Inhibitors größer sein muß als die des Aktivators. Mit anderen Worten, für das Auftreten nichtoszillierender Muster sind „langreichweitige Inhibierung" und „kurzreichweitige Aktivierung" erforderlich.

Wir geben eine *zweidimensionale* Zellschicht mit den Längen L_1 und L_2 vor und verwenden zunächst periodische Randbedingungen. Die detaillierte Lösungsmethode wurde in den Abschn. 7.6–8 beschrieben, so daß wir hier nur die grundlegenden Schritte des gesamten Verfahrens wiederholen. Wir nehmen ρ in der Nähe von ρ_c.

Wir machen den Ansatz – vgl. (7.72) –

$$\boldsymbol{q} = \sum_j \boldsymbol{O}^j(\Delta) \sum_k \xi_k^j(t)\mathrm{e}^{\mathrm{i}kx}, \quad j = \pm\,. \tag{10.55}$$

Die Koeffizienten $\boldsymbol{O}^j$ genügen der Gleichung

$$K(\Delta)\boldsymbol{O}^j(\Delta) = \lambda^j(\Delta)\boldsymbol{O}^j(\Delta)\,, \tag{10.56}$$

der Wellenvektor wird in der Form

$$\boldsymbol{k} = 2\pi \begin{pmatrix} \dfrac{n}{L_1} \\ \dfrac{m}{L_2} \end{pmatrix}, \quad n, m = 0, \pm 1, \pm 2, \dots \tag{10.57}$$

angesetzt. Da die Lösung reell sein soll, müssen wir fordern

$$\xi_{\boldsymbol{k}}^j = \xi_{-\boldsymbol{k}}^{j*}, \quad \xi_0^+ = \xi_0^{-*}. \tag{10.58}$$

Setzen wir (10.55) in (10.41) ein und multiplizieren die sich ergebenden Ausdrücke von links mit dem konjugiert komplexen von $\exp(\mathrm{i}\boldsymbol{kx})$ und dem adjungierten von $\boldsymbol{O}^j$, dann erhalten wir nach etwas Rechnung die Gleichungen

$$\left[\frac{\partial}{\partial t} - \lambda^j(\boldsymbol{k})\right]\xi_{\boldsymbol{k}}^j = (\mathrm{N.L.T})_{\boldsymbol{k}}^j\,. \tag{10.59}$$

Der nichtlineare Term auf der rechten Seite hat die Form

$$\begin{aligned}(\mathrm{N.L.T})_{\boldsymbol{k}}^j = {} & \sum_{j'j''}\sum_{\boldsymbol{k}',\boldsymbol{k}''} a_{\boldsymbol{kk}'\boldsymbol{k}''}^{jj'j''}\,\xi_{\boldsymbol{k}'}^{j'}\,\xi_{\boldsymbol{k}''}^{j''}\,I_{\boldsymbol{k},\boldsymbol{k}',\boldsymbol{k}''} \\ & + \sum_{j'j''j'''}\sum_{\boldsymbol{k}',\boldsymbol{k}'',\boldsymbol{k}'''} b_{\boldsymbol{kk}'\boldsymbol{k}''\boldsymbol{k}'''}^{jj'j''j'''}\,\xi_{\boldsymbol{k}'}^{j'}\,\xi_{\boldsymbol{k}''}^{j''}\,\xi_{\boldsymbol{k}'''}^{j'''}\,J_{\boldsymbol{k},\boldsymbol{k}',\boldsymbol{k}'',\boldsymbol{k}'''}\,,\end{aligned} \tag{10.60}$$

wobei wir nur die wichtigsten Terme bis zur dritten Ordnung mitgenommen haben.

Die Integrale I, J sind durch

$$I_{\boldsymbol{k},\boldsymbol{k}',\boldsymbol{k}''} = \frac{1}{L_1 L_2}\int_F d^2x\,\mathrm{e}^{\mathrm{i}(\boldsymbol{k}'+\boldsymbol{k}''-\boldsymbol{k})x} = \delta_{\boldsymbol{k},\boldsymbol{k}'+\boldsymbol{k}''}\,, \tag{10.61}$$

$$J_{\boldsymbol{k},\boldsymbol{k}',\boldsymbol{k}'',\boldsymbol{k}'''} = \frac{1}{L_1 L_2}\int_F d^2x\,\mathrm{e}^{\mathrm{i}(\boldsymbol{k}'+\boldsymbol{k}''+\boldsymbol{k}'''-\boldsymbol{k})x} = \delta_{\boldsymbol{k},\boldsymbol{k}'+\boldsymbol{k}''+\boldsymbol{k}'''} \tag{10.62}$$

gegeben. Wie in Abschn. 7.7 eliminieren wir nun die stabilen Moden. Der große Vorteil des Versklavungsprinzips besteht ja in seiner enormen Reduktion der Freiheitsgrade: Wir haben schließlich nur noch die Bewegung der instabilen Moden mit dem Index $\boldsymbol{k} = \boldsymbol{k}_c$ zu berücksichtigen. Sie bilden – wie überall in diesem Buch – die Ordnungsparameter. Deren Kooperation und Wettberwerb bestimmen – wie wir im folgenden zeigen werden –, welche Muster entstehen können. Wir führen eine neue Bezeichnungsweise ein und ersetzen den Vektor $\boldsymbol{k}_c$ durch seinen Betrag und den Winkel φ, den er mit einer festgelegten Achse bildet:

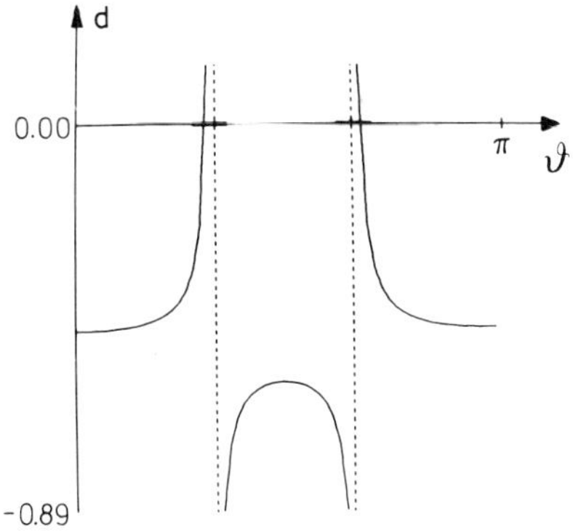

Abb. 10.5. $d(\vartheta)$ ist als Funktion von ϑ aufgezeichnet. Bei praktischen Rechnungen wird das Gebiet um die Divergenzen herausgeschnitten, wie das durch die Querstriche angedeutet wird. Dieses Verfahren kann durch den Aufbau von Wellenpaketen gerechtfertigt werden

$\xi_{k_c} \to \xi_{k_c,\varphi}$, φ variiert von 0 bis π. Die sich dann ergebenden Ordnungsparametergleichungen lauten

$$\dot{\xi}^+_{k_c,\varphi} = \lambda \xi^+_{k_c,\varphi} + c \xi^+_{k_c,\varphi+(\pi/3)} \xi^+_{k_c,\varphi-(\pi/3)} + \xi^+_{k_c,\varphi} \sum_{\varphi'} d(|\varphi - \varphi'|) |\xi^+_{k_c,\varphi'}|^2 \,. \tag{10.63}$$

λ ist proportional zu $(\rho - \rho_c)$, während c als von ρ unabhängig betrachtet werden kann. Die Konstanten $d(|\varphi - \varphi'|)$ wurden mit dem Computer ausgerechnet; das Ergebnis ist in Abb. 10.5 dargestellt. Gleichung (10.63) stellt einen Satz von gekoppelten Gleichungen für die zeitabhängigen Funktionen $\xi^+_{k_c,\varphi}$ dar. Diese Gleichungen können in der Form von Potentialgleichungen geschrieben werden

$$\dot{\xi}_\varphi = -\frac{\partial V}{\partial \xi^*_\varphi}, \quad \xi^+_{k_c,\varphi} \equiv \xi_\varphi \,, \tag{10.64}$$

wobei die Potentialfunktion V durch

$$V = -\sum_{\varphi=0}^{\pi} \left[\lambda |\xi_\varphi|^2 + \frac{c}{3}(\xi_\varphi \xi_{\varphi+(\pi/3)} \xi_{\varphi-(\pi/3)} + \text{k.k.}) \right. \\ \left. + \frac{1}{2} |\xi_\varphi|^2 \sum_{\varphi'=0}^{\pi} d(|\varphi - \varphi'|) |\xi_{\varphi'}|^2 \right] \tag{10.65}$$

gegeben ist. Wie überall in diesem Buch können wir annehmen (vgl. insbesondere Abschn. 8.12), daß das resultierende Muster durch diejenige Konfiguration der ξ bestimmt wird, für die das Potential V ein (lokales) Minimum aufweist. Wir müssen also die ξ ermitteln, für die gilt

$$\frac{\partial V}{\partial \xi^*_\varphi} = 0 \tag{10.66}$$

und

$$\sum_{\varphi,\varphi'} \frac{\partial V}{\partial \xi_\varphi \partial \xi^*_{\varphi'}} \delta\xi_\varphi \delta\xi^*_{\varphi'} > 0 \,. \tag{10.67}$$

Das System ist global stabil, falls

$$d(|\varphi - \varphi'|) < 0 \tag{10.68}$$

oder wenn die Matrix

$$-d(|\varphi - \varphi'|)$$

nur positive Eigenwerte besitzt.

Wir diskutieren drei typische Beispiele, die stark an die Musterbildung der Hydrodynamik erinnern (Abschn. 8.13).

1) Der vollkommen homogene Zustand, bei dem alle ξ_φ gleich Null sind, ist für $\lambda < 0$ stabil.

2) Wir erhalten ein Rollenmuster, falls

$$\xi_{\varphi_1} = x_1 \,, \tag{10.69}$$

$$\xi_\varphi = 0 \quad \text{für} \quad \varphi \neq \varphi_1 \,, \tag{10.70}$$

wobei

$$x_1^2 = -\frac{\lambda}{d(\pi)} \,. \tag{10.71}$$

Der Winkel φ_1 zwischen den Rollen und einer vorgegebenen Achse ist beliebig, d.h. es tritt eine Symmetriebrechung bezüglich φ auf. Diese Konfiguration ist lokal stabil, falls

$$\lambda > 0 \,, \quad d(\vartheta \neq \pi) < d(\pi) < 0 \,. \tag{10.72}$$

Das resultierende räumliche Muster kann durch Einsetzen von (10.69, 70) in (10.55) erhalten werden. Bei unseren vorliegenden Rechnungen und den zugehörigen Abbildungen wird der Einfluß der stabilen Moden vernachlässigt. Ihre Berücksichtigung würde zu einer unwesentlichen Verschmälerung der einzelnen Spitzen führen. Das sich ergebende Rollenmuster ist in Abb. 10.6 dargestellt.

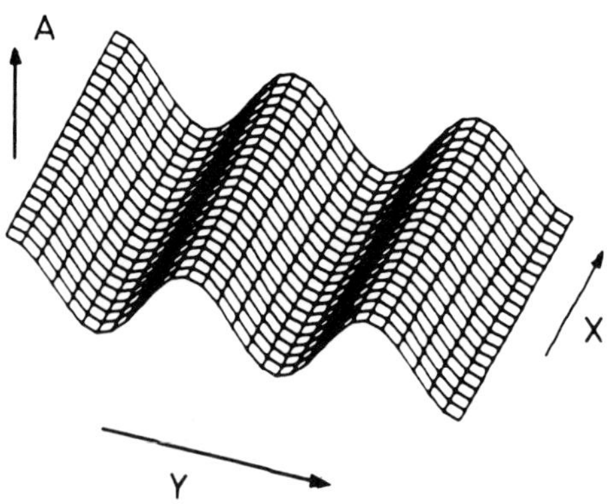

Abb. 10.6. Ein Muster vom Rollentyp

3) Wir beobachten ein anderes Muster, nämlich eine hexagonale Struktur, wenn V für

$$\xi_{\varphi 1} = \xi_{\varphi 1 + (\pi/3)} = \xi_{\varphi 1 - (\pi/3)} = x_1 \,, \tag{10.73}$$

$$\xi_\varphi = 0 \quad \text{sonst} \tag{10.74}$$

ein Minimum hat. x_1 ist durch

$$x_1 = \frac{1}{2F}(-c \pm \sqrt{c^2 - 4F\lambda}) \,, \quad F = d(\pi) + 2d\left(\frac{\pi}{3}\right). \tag{10.75}$$

gegeben. Diese Konfiguration ist lokal stabil für

$$F_\varphi < F < 0 \,, \quad cx_1 > \frac{c^2}{-F} \,,$$

$$F_\varphi = d(|\varphi - \varphi_1|) + d\left(\left|\varphi - \varphi_1 + \frac{\pi}{3}\right|\right) + d\left(\left|\varphi - \varphi_1 - \frac{\pi}{3}\right|\right). \tag{10.76}$$

Das Bifurkationsdiagramm der Lösung (10.75) ist in Abb. 10.7 gezeigt. Die durchgezogene Linie bezeichnet die stabile Konfiguration, die gestrichelte Linie die instabile. Die Ordnungsparametergleichungen erlauben uns, nicht bloß die stationären Lösungen zu bestimmen, sondern auch Einschwingvorgänge zu beschreiben. Wir gehen von einer homogenen Lösung aus, der eine kleine Inhomogenität der Form (10.73, 74) überlagert ist, und lösen die zeitabhängigen Gleichungen (10.63). Die so erhaltenen Lösungen für das räumliche Muster sind in den Abb. 10.8–10 dargestellt. Dieses Ergebnis weist wieder auf die Bedeutung der Ordnungsparametergleichungen hin.

In unserem nächsten Beispiel geben wir die Lösungen der nichtlinearen Gleichungen für ein rechteckiges Gebiet (in der Nähe des Instabilitätspunktes) an. Die *Randbedingungen* sind so gewählt, daß kein Fluß durch die Begrenzungen möglich ist. Wir entwickeln die gesuchten Lösungen nach einem vollständigen

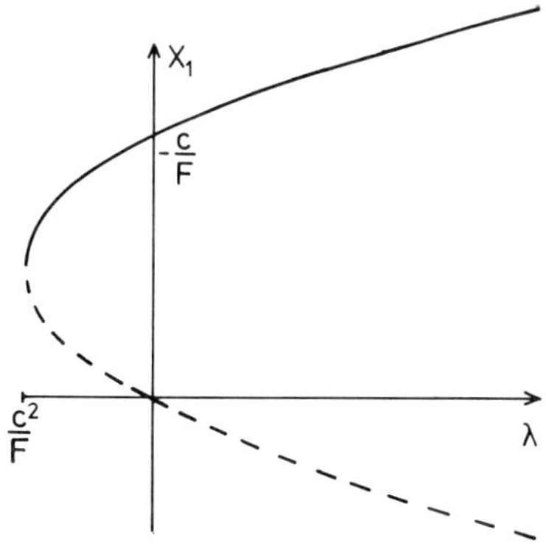

Abb. 10.7. Die Amplitude x_1 als Funktion von λ. Die durchgezogene Linie bezeichnet eine stabile Lösung, die gestrichelte eine instabile

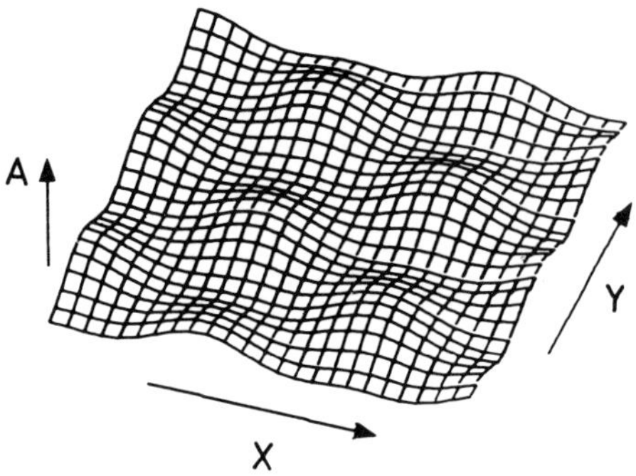

Abb. 10.8

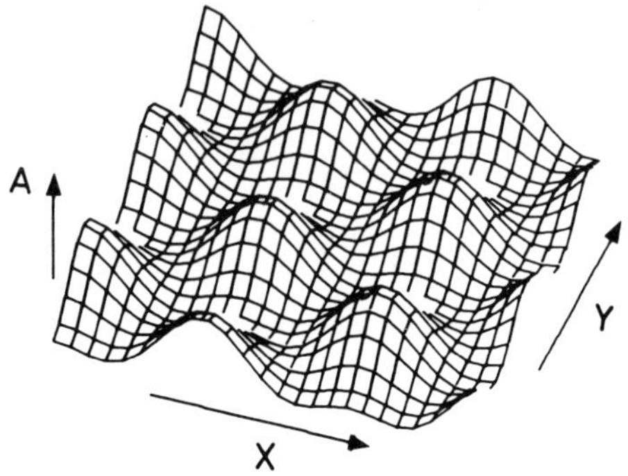

Abb. 10.9

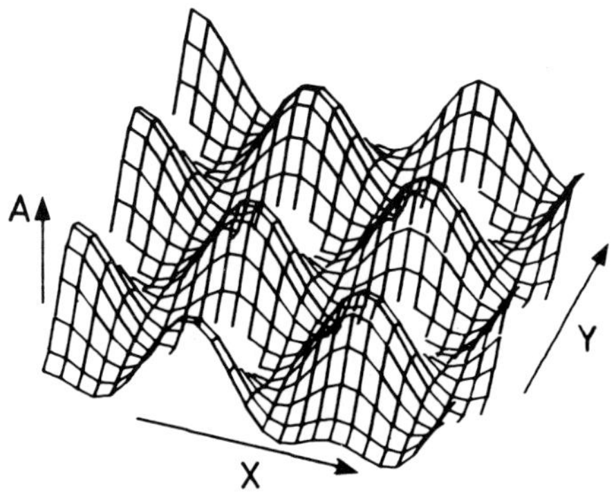

Abb. 10.10

Abb. 10.8 – 10.10. Aufbau eines hexagonalen Musters der Aktivatorkonzentration für drei aufeinanderfolgende Zeiten

orthogonalen Satz von Eigenfunktionen, die diese Randbedingungen erfüllen. Dies sind Funktionen der Gestalt

$$\cos k_x x \cdot \cos k_y y\,, \quad \text{wobei} \quad \begin{pmatrix} k_x \\ k_y \end{pmatrix} = \pi \begin{pmatrix} \dfrac{n}{L_1} \\ \dfrac{m}{L_2} \end{pmatrix}. \tag{10.77}$$

Das Verfahren verläuft völlig analog wie oben. k_x und k_y müssen so gewählt werden, daß $k_x^2 + k_y^2$ sehr nahe bei k_c^2 liegt. Falls $L_1 \approx L_2$, können verschiedene Moden gleichzeitig instabil werden („Entartung"). Der Einfachheit wegen behandeln wir hier den Fall einer einzelnen instabilen Mode (d. h. $L_1 \neq L_2$). Ihre Amplitude genügt der Gleichung

$$\dot{\xi} = \lambda \xi + d' \xi^3 \,. \tag{10.78}$$

Die Lösung dieser zeitabhängigen Gleichung beschreibt wieder die Entstehung eines räumlichen Musters. Beispiele für die sich so ergebenden Muster sind in den Abb. 10.11 – 13 angegeben.

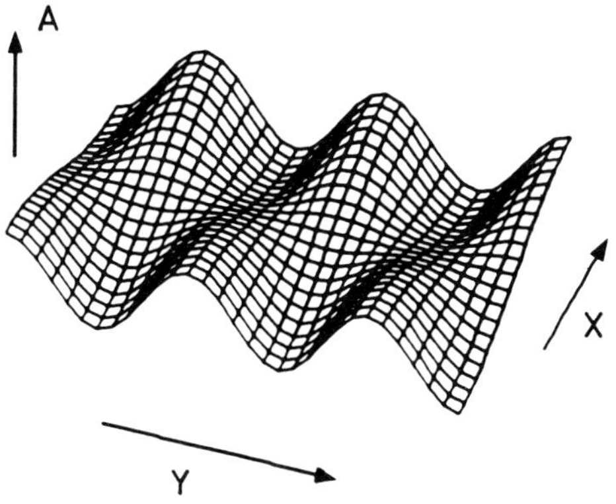

Abb. 10.11. Die Aktivatorkonzentration zu der Mode (10.77) mit $k_x = \pi/L_1$ und $k_y = 5\pi/L_2$

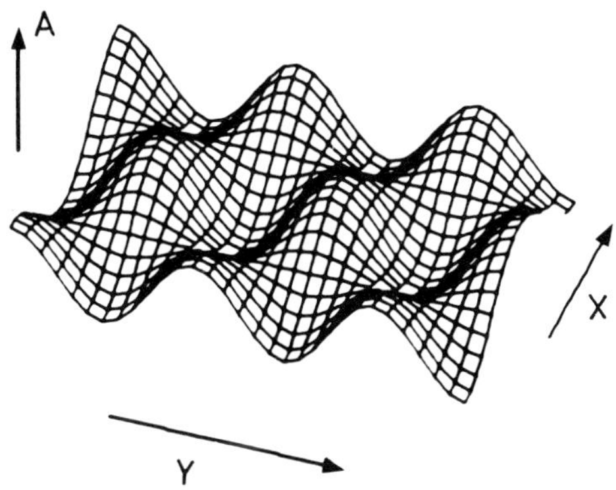

Abb. 10.12. Die Aktivatorkonzentration zu der Mode (10.77) mit $k_x = 2\pi/L_1$ und $k_y = 5\pi/L_2$

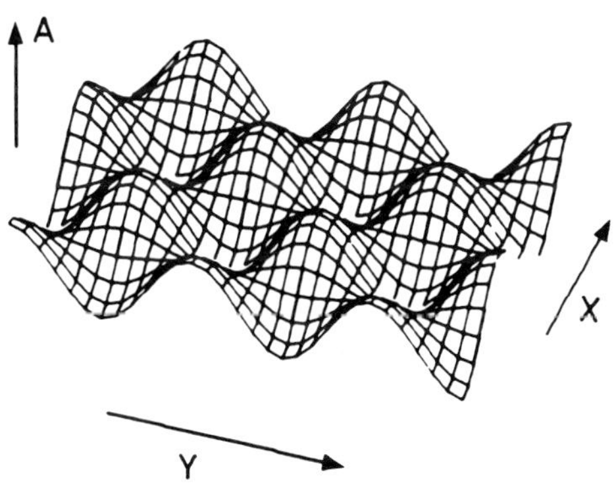

Abb. 10.13. Die Aktivatorkonzentration zu der Mode (10.77) mit $k_x = 3\pi/L_1$ und $k_y = 5\pi/L_2$

Unser letztes Beispiel behandelt zylindrische Begrenzungen. In diesem Fall führen wir Polarkoordinaten r und φ ein und ersetzen die früher benützten ebenen Wellen der Entwicklung (10.55) durch Zylinderfunktionen der Form $\exp(\mathrm{i}m\varphi)\,\mathrm{J}_m(kr)$, wobei $\mathrm{J}_m(kr)$ die Bessel-Funktion ist. Die Randbedingung „kein Fluß durch die Begrenzung" erfordert

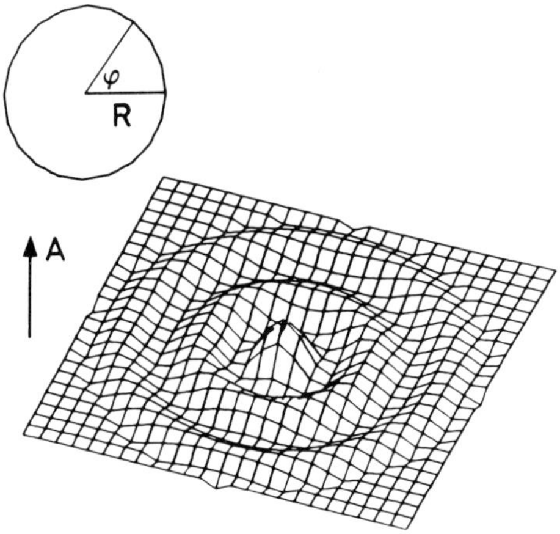

Abb. 10.14. Die Aktivatorkonzentration bei zylindrischer Begrenzung. Die Randbedingungen sind so gewählt, daß kein Fluß durch die Begrenzung auftritt. Die Aktivatorkonzentration wird durch eine rotationssymmetrische Bessel-Funktion mit $m = 0$ beschrieben

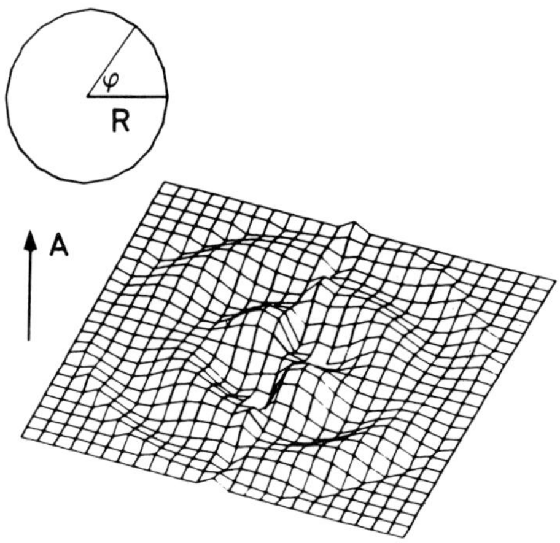

Abb. 10.15. Die Aktivatorkonzentration bei zylindrischer Begrenzung. Die Randbedingungen sind so gewählt, daß kein Fluß durch die Begrenzung auftritt. Die Aktivatorkonzentration wird durch eine rotationssymmetrische Bessel-Funktion mit $m = 1$ beschrieben

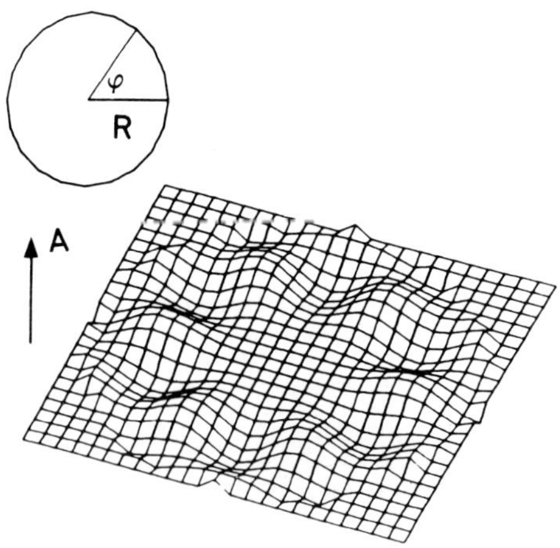

Abb. 10.16. Die Aktivatorkonzentration bei zylindrischer Begrenzung. Die Randbedingungen sind so gewählt, daß kein Fluß durch die Begrenzung auftritt. Die Aktivatorkonzentration wird durch eine rotationssymmetrische Bessel-Funktion mit $m = 3$ beschrieben

$$\left. \frac{\partial}{\partial r} \mathrm{J}_m(kr) \right|_{r=R} = 0 \,. \tag{10.79}$$

Diese Gleichung legt ein Folge von k-Werten fest, für die (10.79) erfüllt ist. Die Entwicklung von $\boldsymbol{q}$ lautet nun

$$\boldsymbol{q} = \sum_j \sum_k \boldsymbol{O}^j(k) \sum_m \xi^j_{k,m}(t) \mathrm{e}^{\mathrm{i}m\varphi} \mathrm{J}_m(kr) \,. \tag{10.80}$$

Setzen wir (10.80) in die ursprüngliche Gleichung (10.41) ein, führt dies schließlich auf eine Gleichung für die ξ. Das Versklavungsprinzip ermöglicht uns, die stabilen Moden wegzuschaffen; wir erhalten so eine Gleichung für den Ordnungsparameter allein. Wegen der diskreten Folge von k-Werten und aus Symmetriegründen können wir annehmen, daß zuerst nur eine Mode instabil wird. Die sich ergebende Ordnungsparametergleichung hat wieder die Form (10.78).

Es ergibt sich eine bemerkenswerte Fallunterscheidung, je nachdem, ob die instabile Mode (Ordnungsparameter) zu $m = m_c = 0$ oder $\neq 0$ gehört. Falls $m_c = 0$, muß die rechte Seite der Gleichung (10.78) durch einen quadratischen Term in ξ ergänzt werden, der fehlt, wenn $m_c \neq 0$. Wie aus der Theorie der Phasenübergänge wohl bekannt ist (Abschn. 6.7), findet man im ersten Fall ($m_c = 0$) einen Phasenübergang erster Ordnung, der mit einem abrupten Übergang des räumlich homogenen Zustandes in einen räumlich inhomogenen Zustand verknüpft ist und zu einem Hystereseeffekt führt. Im letzteren Fall ($m_c \neq 0$) erhalten wir einen Phasenübergang zweiter Ordnung, das Muster wächst kontinuierlich aus dem homogenen Zustand heraus, wenn ρ durch ρ_c geht. Einige typische Muster sind in den Abb. 10.14–16 dargestellt.

Ein Vergleich zwischen den Abbildungen dieses Abschnitts mit denen von Abschn. 10.4 zeigt qualitative Ähnlichkeit, aber keine exakte Übereinstimmung. Den Grund dafür liefert die Tatsache, daß der analytische Zugang auf „reine Situationen“ führt, während Computerlösungen von (künstlich eingeführten) zufälligen Fluktuationen Gebrauch machen. Wie wir wissen, führt im letzteren Fall der analytische Zugang auf eine Wahrscheinlichkeitsverteilung (für die Muster) eines ganzen Ensembles, während Computerlösungen einem einzelnen Ereignis entsprechen, d. h. einer spezifischen Realisierung.

10.6 Einige Bemerkungen zu den Modellen der Morphogenese

Die gegenwärtige Modellbildung in der Morphogenese basiert auf der Annahme, daß ein gewisses „Vormuster“ (oder „morphogenetisches Feld“) durch die Diffusion und Reaktion gewisser Stoffe ausgebildet wird. Dieses Vormuster schaltet dann Gene, die die Zelldifferentiation in Gang setzen. Diese Vorstellung stützt sich zum Teil auf die direkte Beobachtung gewisser Substanzen, beispielsweise beim neuralen Wachstumsfaktor. Es kann aber auch erforderlich werden, andere Mechanismen der Zellkommunikation zu betrachten, etwa Kontakte zwischen Zellen, die gewisse Erkennungsstellen von Membranen benutzen.

Unabhängig von dieser Bemerkung können wir – ganz im Sinne der allgemeinen Konzeption dieses Buches – folgenden wichtigen Schluß ziehen. Wir haben einerseits gesehen, daß ein einzelnes Modell, beispielsweise ein Modell der Hydrodynamik oder hier ein Modell der Morphogenese, ganz unterschiedliche Muster hervorbringen kann. Diese hängen von den jeweiligen Parametern, den Randbedingungen und den Fluktuationen ab. Andererseits können aber auch ganz verschiedene Systeme dieselben Muster aufbauen, beispielsweise ein hexagonales Muster. Die Konsequenz daraus ist, daß unterschiedliche Modelle zu morphogenetischen Prozessen auf dieselben Muster führen können. In jedem Fall existiert somit eine *ganze Klasse von Modellen* (Differentialgleichungen), die auf *dasselbe* Muster führen. Aus diesem Grund wird es besonders wichtig sein, in der Morphogenese Kriterien zu entwickeln, um zu entscheiden, welche Art von Modell vom theoretischen Standpunkt her adäquat ist. Dies kann beispielsweise dadurch erreicht werden, daß man allgemeine Prinzipien herauskristallisiert, nach denen die fundamentalen Prozesse verlaufen; ein Beispiel wäre das Prinzip der „langreichweitigen Inhibition und kurzreichweitigen Aktivierung". Möglicherweise müssen auch andere Mechanismen und Prinzipien bei zukünftigen Entwicklungen in Betracht gezogen werden. Ferner ist die Bedeutung von Experimenten, die es erlauben, zwischen verschiedenen möglichen Mechanismen zu entscheiden, ganz evident.

Im Bezug auf den allgemeinen Denkansatz des vorliegenden Buchs erscheint die folgende Analogie zu Phasenübergängen besonders interessant:

Physikalisches System	*Biologisches System*
völlige Symmetrie	totipotente Zellen
Symmetriebrechung	Zelldifferenzierung
Übergang erster Ordnung	irreversible Veränderung

Diese Analogie legt den Schluß nahe, daß auch Zelldifferenzierung spontan auftreten kann und zwar auf genau dieselbe Weise, wie ein Ferromagnet seine spontane Magnetisierung erhält. Leider ist es uns aus Platzgründen nicht möglich, diese interessante Analogie weiter auszuarbeiten; selbstverständlich ist sie rein formaler Natur.

Eine weitere Entwicklung morphogenetischer Modelle könnte die Morphogenese der Nervennetzwerke mit einschließen. Dabei geht es darum, die irreversible Speicherung von Information, etwa im Fall des Langzeitgedächtnisses, zu berücksichtigen. In einer noch allgemeineren Formulierung besteht das Problem darin, die Beziehung zwischen dem Prozeß des Lernens und der Bildung von beispielsweise chemischen Mustern im Gehirn herzustellen.

Wir wollen mit der folgenden Bemerkung schließen: In diesem Buch haben wir die bemerkenswerten Analogien zwischen ganz unterschiedlichen Systemen betont, und man ist versucht, biologische Systeme in vollständiger Analogie zu physikalischen oder chemischen Systemen fern vom thermischen Gleichgewicht zu behandeln. Ein wichtiger Unterschied sollte jedoch herausgearbeitet werden. Während physikalische oder chemische Systeme ihre Struktur verlieren, sobald der Fluß von Energie oder Materie abgeschaltet wird, wird ein großer Teil der

Struktur des biologischen Systems noch für eine beträchtliche Zeit bewahrt. (Man denke etwa an ein Blatt, das vom Baum (Versorgungssystem) abgerissen wird.) Biologische Systeme scheinen also nichtdissipative und dissipative Strukturen zu kombinieren. Ferner dienen biologische Systeme gewissen Zwecken oder Aufgaben, und es wird angemessener sein, sie als *funktionale Strukturen* zu betrachten. Dies weist auch auf eine Möglichkeit zur Erklärung, wie biologische Systeme chaotische Zustände vermeiden können. Dynamische Systeme führen nämlich in sehr vielen Fällen schließlich auf chaotische, d. h. völlig irreguläre Bewegungen (s. Kap. 12). Es liegt die Vermutung nahe, daß biologische Systeme diese Erscheinungen dadurch vermeiden, daß immer wieder auch statische Strukturen – von den Biomolekülen bis hin etwa zum Knochengerüst – verwendet werden. So ergibt sich die Möglichkeit einer ständigen Wechselbeziehung von Struktur und Funktion, die die Ordnung in biologischen Systemen stabilisieren kann. Zukünftige Forschung wird adäquate Methoden zu entwickeln haben, um mit derartigen funktionalen Strukturen umzugehen. Es besteht jedoch die Hoffnung, daß die Ideen und Methoden, die in diesem Buch dargestellt werden, erste Schritte in dieser Richtung sind.

11. Soziologie und Wirtschaftswissenschaften

11.1 Ein stochastisches Modell zur öffentlichen Meinungsbildung

Intuitiv ist es ziemlich offensichtlich, daß die öffentliche Meinungsbildung, Handlungen sozialer Gruppen usw. kooperativer Natur sind. Andererseits erweist es sich als äußerst schwierig, wenn nicht unmöglich, derartige Phänomene auf eine strenge Basis zu stellen, weil die Handlungen Einzelner durch eine Vielzahl sehr oft unbekannter Ursachen bestimmt werden. Wie sich aus den Prinzipien dieses Buches ergibt, existieren bei Systemen mit vielen Untersystemen zumindest zwei Beschreibungsebenen: Die eine analysiert das individuelle System und seine Wechselwirkung mit der Umgebung, die andere das statistische Verhalten unter Verwendung makroskopischer Variabler. Es ist gerade diese Ebene, auf der eine quantitative Beschreibung wechselwirkender sozialer Gruppen möglich wird.

Zunächst müssen wir die makroskopischen Variablen bestimmen, die das Verhalten einer Gesellschaft beschreiben. Dazu müssen wir zuerst relevante, charakteristische Merkmale, beispielsweise zu einer Meinung, auffinden. Selbstverständlich ist „die Meinung" ein Konzept, das auf sehr schwachen Füßen steht. Immerhin kann man aber die öffentliche Meinung messen, beispielsweise über Umfragen, Abstimmungen usw. Um das Problem so klar wie irgend möglich darzustellen, behandeln wir den einfachsten Fall: zwei verschiedene Meinungen, die wir mit Plus und Minus bezeichnen. Es ist unmittelbar einzusehen, daß ein Ordnungsparameter die Zahl der Individuen n_+, n_- ist, die die Meinung + bzw. − vertreten. Das grundlegende Konzept, das nun eingeführt werden soll, besteht darin, daß die Meinungsbildung, d.h. die Änderung der Zahlen n_+ und n_-, als kooperativer Effekt aufgefaßt werden soll: Die Meinungsbildung eines Individuums wird durch die Anwesenheit von Personengruppen, die dieselbe oder die entgegengesetzte Meinung vertreten, beeinflußt. Es wird deshalb eine Wahrscheinlichkeit pro Zeiteinheit (Übergangswahrscheinlichkeit) dafür existieren, daß ein Individuum seine Meinung von + nach − oder vice versa ändert. Diese Übergangswahrscheinlichkeiten bezeichnen wir mit

$$p_{+-}(n_+, n_-) \quad \text{und} \quad p_{-+}(n_+, n_-) \,. \tag{11.1}$$

Unser Interesse gilt der Wahrscheinlichkeitsverteilungsfunktion $f[n_+; n_-; t]$. Für f läßt sich ohne Schwierigkeit die folgende Master-Gleichung herleiten

$$\begin{aligned} \frac{df[n_+, n_-; t]}{dt} = &(n_+ + 1)p_{+-}[n_+ + 1, n_- - 1]f[n_+ + 1, n_- - 1; t] \\ &+ (n_- + 1)p_{-+}[n_+ - 1, n_- + 1]f[n_+ - 1, n_- + 1; t] \\ &- \{n_+ p_{+-}[n_+, n_-] + n_- p_{-+}[n_+, n_-]\} f[n_+, n_-; t] \,. \end{aligned} \tag{11.2}$$

Die Schwierigkeit bei unserem vorliegenden Problem besteht weniger in der Lösung dieser Gleichung, sie kann mittels Standardmethoden gefunden werden. Vielmehr besteht das Problem darin, die Übergangswahrscheinlichkeiten zu bestimmen. Man kann nun ähnlich verfahren wie bei Problemen der Physik, bei denen nicht allzuviel über die einzelne Wechselwirkung bekannt ist: Man benützt Plausibilitätsargumente, um p zu bestimmen. Es besteht folgende Möglichkeit: Man kann annehmen, daß die Änderungsrate der Meinung eines Individuums durch die Personengruppe, die die entgegengesetzte Meinung vertritt, erhöht wird. Andererseits wird diese Rate durch Personen vermindert, die derselben Meinung sind. Ferner kann man annehmen, daß eine Art „soziales Klima" herrscht, das eine Meinungsänderung begünstigt oder erschwert. Schließlich kann man externe Einflüsse berücksichtigen, die auf jedes Individuum einwirken, etwa Informationen aus dem Ausland usw. Erinnert man sich an das Ising-Modell eines Ferromagneten, dann erweist es sich nicht als allzu schwierig, diese Annahmen mathematisch darzustellen. Identifizieren wir nämlich die Spinrichtungen mit den Meinungen + oder −, so führt diese Analogie zum Ising-Modell auf

$$\begin{aligned} p_{+-}[n_+, n_-] \equiv p_{+-}(q) &= \nu \exp[-(Iq + H)/\Theta] \\ &= \nu \exp[-(kq + h)], \\ p_{-+}[n_+, n_-] \equiv p_{-+}(q) &= \nu \exp[+(Iq + H)/\Theta] \\ &= \nu \exp[+(kq + h)]. \end{aligned} \tag{11.3}$$

I ist ein Maß für die Anpassung an die Meinung des Nachbarn, H ein Vorzugsparameter ($H > 0$ bedeutet, daß die Meinung + gegenüber der Meinung − begünstigt wird), Θ ist ein kollektiver Klimaparameter, der in der Physik $k_B T$ entspricht (k_B ist die Boltzmann-Konstante, T die Temperatur), ν ist die Frequenz des „Umklapp"-Prozesses. Schließlich ist

$$q = (n_+ - n_-)/2n, \quad n = n_+ + n_-. \tag{11.4}$$

Zur quantitativen Behandlung von (11.2) nehmen wir an, daß die sozialen Gruppen genügend groß sind, so daß q als kontinuierlicher Parameter angesehen werden kann. Transformieren wir (11.2) auf diese kontinuierliche Variable und setzen

$$\begin{aligned} w_{+-}(q) &\equiv n_+ p_{+-}[n_+, n_-] = n(\tfrac{1}{2} + q) p_{+-}(q), \\ w_{-+}(q) &\equiv n_- p_{-+}[n_+, n_-] = n(\tfrac{1}{2} - q) p_{-+}(q), \end{aligned} \tag{11.5}$$

dann können wir (11.2) in eine partielle Differentialgleichung transformieren (vgl. Abschn. 4.2). Ihre Lösung kann über Quadraturen der Form

$$f_{st}(q) = cK_2^{-1}(q) \exp\left[2 \int_{-1/2}^{q} \frac{K_1(y)}{K_2(y)} dy\right] \tag{11.6}$$

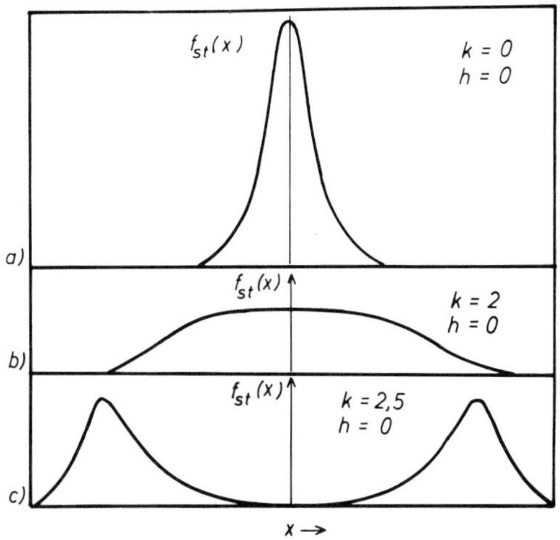

Abb. 11.1. (**a**) Verteilung mit einem zentralen Maximum für den Fall sehr häufiger Änderungen der Meinung (unabhängige Entscheidung), (**b**) die Verteilung beim Übergang von unabhängiger nach stark angepaßter Entscheidung, (**c**) das „Phänomen der Polarisierung" im Fall starker Nachbar-Nachbar Wechselwirkung. Nach W. Weidlich: Collective Phenomena *1*, 51 (1972)

gefunden werden, wobei

$$K_1(q) = \nu\,[\sinh(kq + h) - 2q\cosh(kq + h)]\,,$$
$$K_2(q) = (\nu/n)\,[\cosh(kq + h) - 2q\sinh(kq + h)]\,. \tag{11.7}$$

Abbildung 11.1 zeigt das Resultat für den Fall, daß der äußere Parameter Null ist. Wie man vom Ising-Modell her erwartet, findet man typischerweise zwei verschiedene Ergebnisse. Das eine entspricht dem Grenzwert hoher Temperaturen: Aufgrund verhältnismäßig häufiger Änderung der Meinungen ergibt sich eine Verteilung mit einem zentralen Maximum. Sobald jedoch der Klimaparameter erniedrigt oder die Kopplung zwischen den Individuen verstärkt wird, bilden sich zwei ausgeprägte Gruppen. Im letzteren Fall handelt es sich um das wohlbekannte Phänomen der „Polarisierung" einer Gesellschaft. Wir bemerken, daß das vorliegende Modell uns zumindest auch qualitativ erlaubt, auch weitere Prozesse zu erklären. Beispielsweise treten instabile Situationen auf, sobald sich der Ordnungsparameter gegen seinen kritischen Wert hin ändert. Dann werden plötzlich große Gruppen mit einer bestimmten Meinung entstehen, die sich nur langsam auflösen. Es bleibt dabei ungewiß, welche Gruppe (+ oder −) am Ende gewinnt. Benützen wir die Überlegungen aus Abschn. 6.7, dann wird offensichtlich, daß auch hier Konzepte aus der Theorie der Phasenübergänge bedeutsam werden: kritisches Langsamwerden (man erinnere sich nur an die französische Studentenbewegung von 1968), kritische Fluktuationen etc. Gewiß lassen derartige statistischen Beschreibungen keine eindeutigen Vorhersagen zu, schon wegen der stochastischen Natur der beschriebenen Prozesse. Trotzdem sind solche Modelle außerordentlich wertvoll, wenn man die allgemeinen Eigenschaften kooperativen Verhaltens – sogar solche des menschlichen Daseins – verstehen will. Dabei kann das Verhalten des Einzelnen außerordentlich kompliziert sein, so daß es einer mathematischen Beschreibung nicht zugänglich ist. Ganz offensichtlich erlaubt das vorliegende Modell eine ganze Reihe von Verallgemeinerungen.

11.2 Ein Ratengleichungsmodell zur öffentlichen Meinungsbildung

Man kann das Verständnis über das Zustandekommen kollektiver Meinungsbildung verfeinern, sobald man die dabei auftretenden Prozesse sowie die entsprechenden gesellschaftlichen Mechanismen weiter im Detail berücksichtigt. Zugleich wollen wir zeigen, wie derartige Vorgänge auch durch Ratengleichungen, die sich auf Mittelwerte beziehen, beschrieben werden können. Als ein Beispiel untersuchen wir das im folgenden beschriebene Phänomen. Im Laufe der Entwicklung einer Gesellschaft treten immer wieder Situationen auf, die in ihrer Auswirkung zunächst lokal (oder auch auf bestimmte gesellschaftliche Gruppen) beschränkt sind, dann aber schließlich allgemein werden, d. h. auf die Gesamtgesellschaft übergreifen.

Um derartige Erscheinungen mathematisch zu beschreiben, unterteilen wir die Gesellschaft in gewisse Bereiche, die wir mit einem Index μ numerieren. Im folgenden werden wir unter dem Index μ eine regionale Einteilung verstehen.

In einer Region μ können nun gewisse Probleme auftreten, zu denen lokal eine Meinungsbildung erfolgt. Diese Meinungsbildung teilt die Menschen dort in pro, n_+ und contra, n_-. Wieder führen wir eine Variable $\xi = n_+ - n_-$ ein, die wir als kontinuierlich auffassen können, sobald die lokalen Gruppen noch hinreichend groß bleiben. Lokale Gruppierungen werden nun gewisse Ideen E_λ zur Lösung eines vorliegenden Problems entwerfen. $E_\lambda > 0$ meint, daß die Gruppe n_+ diese Idee stark forciert, die Gruppe n_- sie ablehnt. Entsprechendes gilt für $E_\lambda < 0$.

Eine grundlegende Rolle bei der Meinungbildung spielt der Informationsaustausch. Wir berücksichtigen dies durch eine Variable p_μ, d. h. wir beschränken uns auf einen lokalen Informationsaustausch. (Im konkreten Fall kann man sich darunter etwa die lokale Presse vorstellen.) Positives p_μ bedeutet einen die Meinungsbildung begünstigenden Informationsfluß.

Wir leiten zunächst über Plausibilitätsargumente eine Bewegungsgleichung für die Variable ξ_μ ab. Besteht das betrachtete Problem nicht, wird ξ_μ zerfallen. Andererseits wird ξ_μ angetrieben über die Information p_μ über Lösungsmöglichkeiten und -vorschläge E_λ. Wir können dies durch einen Term $\sum_\lambda \kappa_{\lambda\mu} p_\mu E_\lambda$ ($\kappa_{\lambda\mu}$: Kopplungskonstante) berücksichtigen. Insgesamt nimmt also die Gleichung für ξ_μ die Form

$$\dot{\xi}_\mu = -\gamma_\mu \xi_\mu + \sum_\lambda \kappa_{\lambda\mu} p_\mu E_\lambda + F_{\xi_\mu} \tag{11.8}$$

an, wenn Fluktuationen F_{ξ_μ} mitberücksichtigt werden.

Wir wenden uns nun dem lokalen Informationsaustausch zu. Besteht das vorgelegte Problem nicht oder wird es nicht als Problem gesehen, wird der Informationsaustausch fehlen oder nach Null abklingen. Wir berücksichtigen dies über einen Term $-\beta p_\mu$. Andererseits gewinnen aber die Ideen E_λ zur Lösung eines anstehenden Problems über die lokale Meinungsbildung Einfluß auf den Informationsaustausch (etwa auf die Berichterstattung einer lokalen Presse). Ein Glied der Gestalt $-\varepsilon_{\mu\lambda} \xi_\mu E_\lambda$ kann diesen Effekt offenbar beschreiben, wobei wir noch über die verschiedenen Ideen oder Lösungsansätze λ zu summieren haben. Schließlich wird der Informationsaustausch durch einen bestehenden Problemdruck (Sachzwang) angeregt. Dieser wird vergleichsweise langlebig sein, so daß wir ihn in der Gestalt βp_0 als äußeren Parameter berücksichtigen können. Unsere Überlegungen lassen sich damit zu folgender Bewegungsgleichung zusammenfassen

$$\dot{p}_\mu = \beta(p_0 - p_\mu) - \sum_\lambda \varepsilon_{\mu\lambda}\xi_\mu E_\lambda + F_{p_\mu}, \tag{11.9}$$

wobei wir noch Fluktuationen F_{p_μ} zugelassen haben.

Es bleibt die Evolution der Ideen oder Lösungsmöglichkeiten E_λ zu beschreiben. Sie zerfallen, falls das Problem nicht vorliegt, und werden andererseits durch die gesamte lokale Meinungsbildung angetrieben. Dies läßt sich durch eine Gleichung der Form

$$\dot{E}_\lambda = -\alpha_\lambda E_\lambda + \sum_\mu \tilde{\delta}_{\mu\lambda}\xi_\mu + F_\lambda \tag{11.10}$$

beschreiben (F_λ: Fluktuationen.) Offensischtlich handelt es sich nun um ein geschlossenes Gleichungssystem, das wir mit Hilfe der Methoden aus Kap. 7 diskutieren können. Wir beschränken uns hier auf die Bemerkung, daß diese Gleichungen eine bemerkenswerte Ähnlichkeit mit den Lasergleichungen aufweisen. Wie dort (Kap. 8) im Detail diskutiert, kann man also auch hier unter gewissen Bedingungen die Selektion einer Lösungsmöglichkeit, die eine Polarisierung bedeutet, unter anderen Bedingungen auch die Koexistenz verschiedener Möglichkeiten erwarten. Die detaillierte Diskussion überlassen wir dem Leser als Übungsaufgabe, die er in Anlehnung an die Laserabschnitte durchführen kann.

11.3 Phasenübergänge in der Wirtschaft

Die in diesem Buch dargestellten Gedankengänge und Methoden lassen sich auch zur Behandlung eine Reihe von Wirtschaftsvorgängen heranziehen und lassen sie in einem neuen Licht erscheinen. Wir wollen hier nur ein Beispiel herausgreifen, nämlich das Problem der Unterbeschäftigung. Diese Problematik beschäftigt natürlich die Wirtschaftswissenschaften sehr intensiv, wobei sich im Laufe der Jahre wohl ein Ideenwandel vollzieht. Früher wurde die Wirtschaft als eine statische Struktur angesehen. Die Wirtschaftsexperten benutzten Begriffe wie Wirtschaftlichkeit oder Elastizität. Wie gut kann sich also eine Firma anpassen, wenn sich z. B. die Verkaufschancen etwas ändern? Heute tritt immer mehr eine dynamische Betrachtung der Wirtschaft im Sinne eines Entwicklungsvorgangs, einer Evolution also, in den Vordergrund. Dies ist natürlich ganz im Sinn der allgemeinen Linien der Synergetik, wo wir Strukturen nicht als gegeben hinnehmen, sondern sie aus ihrem Entstehen heraus begreifen wollen. Im folgenden gehen wir von einer mathematischen Modellbetrachtung des Wirtschaftswissenschaftlers Gerhard Mensch aus, bei der es leicht ist, sie in die allgemeinen Denkmethoden der Synergetik einzuordnen. Überdies gibt dieses Modell die empirischen Befunde gut wieder. Wie uns allen geläufig ist und von Wirtschaftswissenschaftlern wie z. B. Habeler und vielen anderen untermauert wird, geht die industrielle Entwicklung durch Phasen des Wohlstands und der Depression. Dabei können die Übergänge zwischen den Phasen ganz ausgeprägt sein. Wie wir aus den zahlreichen Beispielen der vorangegangenen Kapitel schon wissen, können in vielen Systemen bereits kleine Änderungen von Umweltbedingungen, die wir als „Kontrollen" bezeichneten, drastische Änderungen der Gesamt-Ordnung hervorrufen. Wir wollen im folgenden das Problem der Vollbeschäftigung im Licht derartiger Erkenntnisse untersuchen. Bevor wir daran gehen, die tieferen Ursachen dieser Phasenübergänge aufzuspüren, führen wir einige relevante Beobachtungen der empirischen Wirtschaftsforschung an.

Technische Neuerungen, Innovationen. Immer wieder haben wir in diesem Buch gesehen, daß es beim Verhalten der verschiedenartigsten Systeme zwei ganz verschiedene Bereiche gibt. Einerseits einen Bereich, wo sich z.B. eine Lampe oder eine Flüssigkeitsschicht normal verhalten, d.h. wo sie bei nicht zu großen Störungen ihr Verhalten praktisch beibehalten. Daneben gibt es aber die besonders interessanten Bereiche, wo ein System instabil wird und einen neuen Zustand einnehmen möchte. Die Umstände sind sozusagen günstig geworden für den Übergang in einen neuen Zustand. Wann dieser Übergang und wie er im einzelnen passiert, wird oft von zufälligen Schwankungen oder, wie wir auch sagen, Fluktuationen ausgelöst. Genau dieses Verhalten finden wir auch in den Wirtschaftsmodellen, über die wir gerade sprechen. Was übernimmt aber im Wirtschaftsleben die Rolle der Fluktuationen, sozusagen die Rolle des auslösenden Moments? Eine Gruppe von Ereignissen, die hierzu gehört, sind Neuerungen in der Wirtschaft, die insbesondere auf Erfindungen beruhen. Hierbei kann es sich um die Erfindung des Benzinmotors, des Flugzeugs oder des Telefons, aber auch um die eines neuen Staubsaugers handeln. Eine große Gruppe von Erfindungen, die uns weniger auffallen, aber ebenfalls sehr wichtig sind, sind solche, die die Produktion vereinfachen. Alle diese Neuerungen werden in der Wirtschaftsfachsprache als Innovationen bezeichnet, und wir werden dieses Wort so benutzen. Gehen wir aus von Beobachtungen der empirischen Innovationsforschungen! Danach beginnt eine erste Phase mit grundlegenden Innovationen, die neue Industriezweige eröffnen. Ein drastisches Beispiel wäre etwa die Erfindung des Autos. Diese grundlegenden Innovationen erscheinen meist in größerer Zahl, d.h. angehäuft. Es folgen Innovationen, die Verbesserungen in der Produktion in den neu errichteten Wirtschaftszweigen bezwecken. Der Aufschwung dieses Wirtschaftszweiges strahlt auf die anderen Wirtschaftszweige aus, so daß die allgemeine Wirtschaftslage zum Wohlstand geführt wird. Dies geschieht in verschiedener Weise, etwa durch hohe Beschäftigung und damit erzeugter hoher Kaufkraft, Einbeziehung von Zulieferfirmen etc. Wie die Wirtschaftsuntersuchungen weiter ergeben haben, überstiegen in den europäischen Industrieländern in den späten 40er Jahren und den ganzen 50er Jahren die Innovationen, die *neue Produkte* herzustellen gestatteten, bei weitem die Einführung neuartiger *Herstellungsprozesse* selbst. Dann schließlich in den 60er Jahren fand eine Verschiebung der Innovationen statt, und zwar wurden die Herstellungsverfahren geändert, was im wesentlichen mit dem Schlagwort der *Rationalisierung* charakterisiert werden kann. Wenn wir die Motive für Handlungen in der Wirtschaft auf den einfachsten Nenner bringen wollen, so ist dies zweifellos die Frage nach dem Gewinn. Eine Diskussion hierüber ist oft nicht frei von Emotionen, etwa wenn ein Autofahrer an die Benzinpreiserhöhungen und die damit erzielten Gewinne denkt. Lassen wir aber hier Emotionen beiseite und halten uns vor Augen, daß abnehmender Gewinn schließlich zu Verlust wird und dann oft die Frage z. B. nach der Sicherung der Arbeitsplätze akut wird. Betrachten wir hier nur die wirtschaftlichen Aspekte. Dann gehört zum Gewinn einerseits der Verkauf genügend vieler Produkte, zum anderen wird aber der Gewinn einer Firma z. B. durch höhere Arbeitslöhne verringert. Diese wirken sich auf die Preise aus und können eventuell zu einer schwierigen Wettbewerbslage führen. Zugleich ist die Erweiterung der Produktion oft an die Einführung neuer Produkte geknüpft, was zunächst kostenaufwendig ist. Beides, höhere Löhne und die Vermeidung hoher Anfangskosten bei neuen Produkten führt dazu, nicht in der Richtung auf Expansion, also eine Erhöhung des Verkaufs, zu investieren, sondern auf Rationalisierung. D. h., die Firmen bevorzugen Innovationen, die zu einer Verbesserung des Produktionsvorgangs selbst führen, gegenüber solchen, bei denen neuartige Produkte entstehen. Eine Autofirma wird also dann lieber eine neue automatische Schweißmaschine einführen als ein völlig neues Automodell.

Anhand empirischer Daten ist, wie schon oben erwähnt, von Prof. Mensch ein mathematisches Modell, das der Katastrophentheorie entlehnt ist, aufgestellt worden. Dieses beschreibt den zu beobachtenden Übergang von Vollbeschäftigung zu Unterbeschäftigung. Wir wollen hier dieses Modell in der Sprache der Synergetik darstellen und entsprechend ausbauen. Dazu führen wir die folgenden Größen und Beziehungen ein: Wir gehen aus von einer mittleren Jahresproduktion X_0 (die wir z. B. in DM messen können) und untersuchen das Verhalten der Abweichung X von ihr, so daß sich die tatsächliche Produktion als $X_0 + X$ darstellt.

Des weiteren bezeichnen wir die jährlichen Zusatzinvestitionen, die *Produktionserweiterung* bewirken, mit I. Die zeitliche Veränderung von X wäre dann durch

$$\dot{X} = I \tag{11.11}$$

gegeben.

Diejenigen jährlichen Investitionen, die im Sinne einer Rationalisierung wirken, bezeichnen wir mit R. Diese wirken aber multiplikativ, d. h. die Zuwachsrate $\dot{X}$ ist durch

$$R \cdot X \tag{11.12}$$

gegeben. R kommt gewissermaßen der Produktion pro Stück zugute. Schließlich ist aus der Wirtschaft (und aus vielen Beispielen unseres Buches) bekannt, daß bei starken Abweichungen X eine Sättigung auftritt, die wir durch ein Glied

$$-CX^3 \tag{11.13}$$

modellieren können.

Indem wir die verschiedenen Glieder (11.11 – 13) zusammensetzen, erhalten wir die grundlegende Gleichung

$$\dot{X} = I + RX - CX^3 \,, \tag{11.14}$$

die von einer uns wohlvertrauten Form ist. Das zur rechten Seite gehörige Potential

$$V = -IX - \frac{R}{2}X^2 + \frac{C}{4}X^4$$

können wir als den „synergetischen Aufwand“ bezeichnen. Die Unternehmen werden danach streben, diesen minimal zu halten, d.h. die Produktion so einrichten, daß V ein Minimum einnimmt. V zeigt nun, wenn $R > 0$ ist, zwei Minima: die Unternehmen haben daher die Auswahl zwischen einer Produktionszunahme $X_h > 0$ oder einer Abnahme, $X_n < 0$. Ob das tiefere Minimum bei X_h oder X_n liegt, hängt offenbar vom Vorzeichen von I ab, d.h. davon, ob die produktionserweiternden Investitionen verstärkt oder verringert werden. Da die produktionserweiternden Investitionen I und die Rationalisierungsinvestitionen R aus einem Gesamtinvestitionsvolumen stammen, kann mit größer werdendem R eine Abnahme von I verknüpft sein. Es kommt zur Realisierung von X_{niedrig}, also einer Unterproduktion und damit einer Unterbeschäftigung. Dieses Modell legt es nahe, das Problem der Unterbeschäftigung dadurch zu lösen, daß I vergrößert wird, zu positiven Werten, d.h. daß die produktionserweiternden Investitionen erhöht werden.

Es würde den Rahmen unseres Buches bei weitem sprengen, auf die verschiedenen Aspekte dieses Modells, das wir hier nur andeuten konnten, einzugehen. Immerhin mag dieses noch einfache Modell dem Leser Denkanstöße geben, wie Wirtschaftsvorgänge modelliert werden können.

Einige allgemeine Bemerkungen sind hier aber noch angebracht: Die klassische Theorie der freien Marktwirtschaft nach Adam Smith geht davon aus, daß die Wirtschaft stets *einer* bestimmten Gleichgewichtslage zustrebt. Am vorliegenden Beispiel sehen wir, daß dies nicht notwendig sein muß, sie kann auch zwei Gleichgewichtslagen besitzen und von einer in die andere springen, wie die von Prof. Mensch vorgebrachten empirischen Daten bestätigen.

Wir müssen uns wohl immer mehr mit dem Gedanken vertraut machen, daß die Wirtschaft ein aus vielen Teilsystemen bestehendes dynamisches, oder kurz gesagt, ein echtes synergetisches System ist, das auch komplizierten Prozessen unterworfen sein kann. So lassen sich leicht Beispiele konstruieren, bei denen bei bestimmten kontrollierten oder unkontrollierten Vorgängen „Chaos“ einsetzt. Hierauf werden wir im naturwissenschaftlichen Bereich im nächsten Kapitel eingehen.

12. Chaos

12.1 Was ist Chaos?

Wissenschaftler nehmen manchmal dramatische Worte aus der Umgangssprache und ordnen ihnen eine fachspezifische Bedeutung zu. Ein Beispiel dafür haben wir bereits kennengelernt, die Thomsche „Katastrophentheorie". In diesem Kapitel wollen wir uns mit dem Terminus „Chaos" vertraut machen. Dieses Wort wird von seiner fachspezifischen Bedeutung her irregulärer Bewegung zugeordnet.In früheren Kapiteln haben wir eine Vielzahl von Beispielen für *reguläre* Bewegungen behandelt, etwa vollkommen periodische Oszillationen.

Auf der anderen Seite haben wir in den Kapiteln über die Brownsche Bewegung und über Zufallsprozesse Beispiele untersucht, wo irreguläre Bewegung aufgrund zufälliger, d. h. nicht vorhersagbarer Ursachen erfolgt. Überraschenderweise erhält man die irreguläre Bewegung, die in Abb. 12.1 dargestellt ist, aus vollkommen *deterministischen Gleichungen.* Um dieses neue Phänomen zu charakterisieren, definieren wir Chaos als *irreguläre Bewegung, die aus deterministischen Gleichungen* herrührt. Bereits an dieser Stelle machen wir den Leser darauf aufmerksam, daß in der Literatur verschiedene Definitionen von Chaos angegeben werden. Auch findet man dort unterschiedliche Kriterien, um zu ermitteln, ob Chaos vorliegt. Die Schwierigkeit beruht hauptsächlich auf dem Problem, eine geeignete Definition für „irreguläre Bewegung" aufzufinden. So kann beispielsweise eine Überlagerung von Bewegungen, denen unterschiedliche Frequenzen zugeordnet sind, bis zu einem gewissen Grad eine irreguläre Bewegung vortäuschen. Man wird also daran interessiert sein, diesen Fall in der Definition von Chaos auszuschließen. Wir werden auf diese Frage in Abschn. 12.5 zurückkommen, wenn wir das typische Verhalten der Korrelationsfunktion eines chaotischen Prozesses untersuchen. Einen erheblichen Anteil an der momentanen Untersuchung des Chaos haben Computerrechnungen.

Im folgenden werden wir die bekanntesten Beispiele darstellen, insbesondere das sogenannte Lorenz-Modell der Turbulenz, das einige der interessantesten Eigenschaften chaotischer Bewegung verdeutlicht.

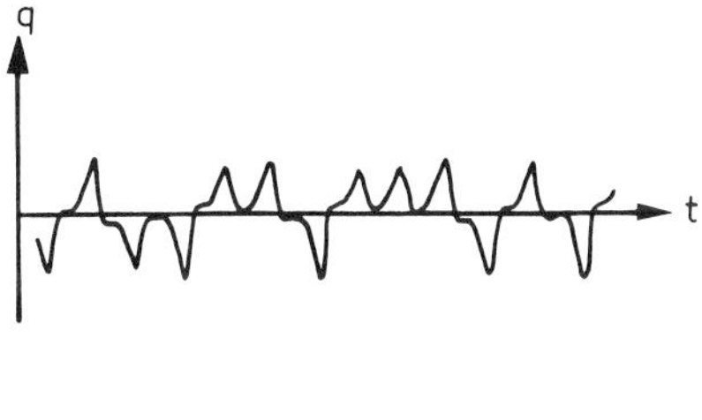

Abb. 12.1. Beispiel für die chaotische Bewegung einer Variablen q (gegenüber der Zeit aufgetragen)

12.2 Das Lorenz-Modell – seine Begründung und Realisierung

Wir beschreiben in diesem Abschnitt, wie man das Lorenz-Modell begründen kann. Es wird sich herausstellen, daß es sich um ein instruktives, aber nicht ganz realistisches Modell zur Turbulenz in Flüssigkeiten handelt. Möglicherweise kann es in Lasern oder Spinsystemen realisiert werden. Lesern, die mehr an der Mathematik als an der Physik zu diesem Modell interessiert sind, empfehlen wir, direkt zu Abschn. 12.3 überzugehen.

Die Erklärung der Turbulenz in Flüssigkeiten ist ein seit langem bestehendes Problem, das noch immer ungelöst ist. Die ursprüngliche Absicht der Lorenz-Gleichungen bestand darin, ein Modell für die Turbulenz zu liefern. Um dies einzusehen, wiederholen wir einige Resultate des Abschn. 8.12 über die Bénard-Instabilität. Wir haben dort gesehen, daß im Ruhezustand zunächst eine einzelne Mode, nämlich eine bestimmte Komponente des Geschwindigkeitsfeldes in vertikaler Richtung, instabil wird. (Wir vernachlässigen hier die Entartung in horizontaler Richtung.) Diese Mode übernimmt die Rolle des Ordnungsparameters. Wie man im Detail zeigen kann, versklavt diese Mode insbesondere zwei weitere Moden, die den Temperaturabweichungen zugeordnet sind. Zur Ableitung der Bewegungsgleichungen der Amplituden dieser drei Moden zerlegen wir zunächst die Komponenten des Geschwindigkeitsfeldes in eine Fourier-Reihe

$$u_j(x, y, z) = \mathrm{i} \sum_{l,m,n=-\infty}^{\infty} u_j(l, m, n) \exp[\mathrm{i}(k_1 lx + k_2 my + n\pi z)] \tag{12.1}$$

und verfahren entsprechend mit dem Feld der Temperaturabweichungen. Wir setzen diese Ausdrücke dann in die Navier-Stokes-Gleichungen (in der Boussinesq-Näherung) ein und berücksichtigen nur drei Variable

$$u_1(1, 0, 1) \equiv X, \quad \Theta(1, 0, 1) \equiv Y, \quad \Theta(0, 0, 2) \equiv Z\,. \tag{12.2}$$

Nach etwas Rechnung und bei Verwendung entsprechend skalierter Größen erhalten wir die Lorenz-Gleichungen

$$\dot{X} = \sigma Y - \sigma X\,, \tag{12.3}$$

$$\dot{Y} = -XZ + rX - Y\,, \tag{12.4}$$

$$\dot{Z} = X \; Y \quad bZ\,. \tag{12.5}$$

$\sigma = \nu/\kappa'$ ist die Prandtl-Zahl (wobei ν die kinematische Viskosität und κ' die thermische Leitfähigkeit ist), $r = R/R_c$ (wobei R die Rayleigh-Zahl, R_c die kritische Rayleigh-Zahl ist), $b = 4\pi^2/(\pi^2 + k_1^2)$. Setzen wir

$$X = \xi\,, \quad Y = \eta\,, \quad Z = r - \zeta\,,$$

dann erhalten wir (12.3 – 5) in der Form

$$\dot{\xi} = \sigma\eta - \sigma\xi\,, \quad \dot{\eta} = \xi\zeta - \eta\,, \quad \dot{\zeta} = b(r - \zeta) - \xi\eta\,. \tag{12.6}$$

Erstaunlicherweise treten in der Laserphysik Gleichungen auf, die zu den Gleichungen (12.3 – 5) völlig äquivalent sind. Wir gehen dazu von den Lasergleichungen (8.6 – 8) für die elektrische Feldstärke E, die Polarisation $P = \sum_\mu \alpha_\mu$ und die Inversion $D = \sum_\mu \sigma_\mu$ (in geeignet gewählten Einheiten) aus. Wir beschränken uns auf den Einmodenfall. Im folgenden werden wir annehmen, daß E und P reell sind, d.h. daß ihre Phasen konstant gehalten werden können. Man kann dies mittels Computerrechnungen nachweisen. Damit lauten die Gleichungen

$$\dot{E} = \kappa P - \kappa E\,, \tag{12.7}$$

$$\dot{P} = \gamma ED - \gamma P\,, \tag{12.8}$$

$$\dot{D} = \gamma_\parallel(\Lambda + 1) - \gamma_\parallel D - \gamma_\parallel \Lambda EP\,. \tag{12.9}$$

Diese Gleichungen sind mit denen des Lorenz-Modells identisch, wenn wir letztere in der Form (12.6) schreiben. Wir können dies mit Hilfe der folgenden Identifizierungen

$$t \to t'\sigma/\kappa\,, \quad E \to \alpha\xi\,, \quad \text{wobei} \quad \alpha = [b(r-1)]^{-1/2}\,, \quad r > 1$$
$$P \to \alpha\eta\,, \quad D \to \zeta\,, \quad \gamma_\parallel = \kappa b/\sigma\,, \quad \gamma = \kappa/\sigma\,, \quad \Lambda = r - 1$$

erkennen. Insbesondere ergeben sich folgende Entsprechungen

Tabelle 12.1

Bénard-Problem	*Laser*
σ Prandtl-Zahl	$\sigma = \kappa/\gamma$
$r = \dfrac{R}{R_c}$ (R Rayleigh-Zahl)	$r = \Lambda + 1$
$b = \dfrac{4\pi^2}{\pi^2 + k_1^2}\,, \quad k_1^2 = k_c^2 = \dfrac{\pi^2}{2}$	$b = \gamma_\parallel/\gamma$

Gleichung (12.6) beschreibt zumindest zwei Instabilitäten, die beide unabhängig in der Flüssigkeitsdynamik und in Lasern entdeckt wurden. Für $\Lambda < 0 (r < 1)$ gibt es keine Lasertätigkeit (die Flüssigkeit ist in Ruhe), für $\Lambda \geqslant 0 (r \geqslant 1)$ setzt die Lasertätigkeit (die konvektive Bewegung) ein, es treten stabile, zeitunabhängige Lösungen ξ, η, ζ auf. Wie wir in Abschn. 12.3 sehen werden, tritt neben dieser wohlbekannten Instabilität eine neue auf, sobald

Laser: $\kappa > \gamma + \gamma_\parallel$ und $\Lambda > (\gamma + \gamma_\parallel + \kappa)(\gamma + \kappa)/\gamma(\kappa - \gamma - \gamma_\parallel)$

Flüssigkeit: $\sigma > b + 1$ (12.10) und $r > \sigma(\sigma + b + 3)/(\sigma - 1 - b)$. (12.11)

Diese Instabilität führt auf eine irreguläre Bewegung; ein Beispiel hierfür haben wir in Abb. 12.1 dargestellt. Sobald numerische Werte in die Bedingungen (12.10) und (12.11) eingesetzt werden, stellt sich heraus, daß sie in realen Flüssigkeiten nicht angetroffen werden kann. Auf der anderen Seite kann man bei Lasern und Masern erwarten, daß die Bedingungen (12.10) und (12.11) erfüllt werden können. Ferner ist wohl bekannt, daß die Zwei-Niveau-Atome, die in Lasern benützt werden, mathematisch äquivalent zu Spinsystemen sind. Deshalb können entsprechende Phänomene immer auch in Spinsystemen, die an ein elektromagnetisches Feld gekoppelt sind, erhalten werden.

12.3 Wie Chaos entsteht

Da wir die Variablen auf unterschiedliche Weise skalieren können, können die Lorenz-Gleichungen in verschiedener Gestalt auftreten. In diesem Abschnitt werden wir die folgende Form benützen

$$\dot{q}_1 = -\alpha q_1 + q_2, \tag{12.12}$$

$$\dot{q}_2 = -\beta q_2 + q_1 q_3', \tag{12.13}$$

$$\dot{q}_3' = d_0' - q_3' - q_1 q_2. \tag{12.14}$$

Diese Gleichungen ergeben sich aus (12.3 – 5) durch die Skalierungsvorschrift

$$X = b q_1; \quad Y = \frac{b^2}{\sigma} q_2; \quad Z = r - \frac{b^2}{\sigma} q_3'; \quad t = \frac{1}{b} t';$$

$$\alpha = \frac{\sigma}{b}; \quad d_0' = r\frac{\sigma}{b^2}; \quad \beta = \frac{1}{b}. \tag{12.15}$$

Der stationäre Zustand von (12.12 – 14) mit $\dot{q}_1, \dot{q}_2, \dot{q}_3' = 0$ ist durch

$$q_1^0 = \pm\sqrt{(d_0' - \alpha\beta)/\alpha}, \quad q_2^0 = \pm\sqrt{\alpha(d_0' - \alpha\beta)}, \quad q_3'^0 = \alpha\beta \tag{12.16}$$

gegeben. Die lineare Stabilitätsanalyse ergibt, daß die stationäre Lösung für

$$d_0' = \alpha^2\beta \cdot \frac{\alpha + 3\beta + 1}{\alpha - \beta - 1} \tag{12.17}$$

instabil wird.

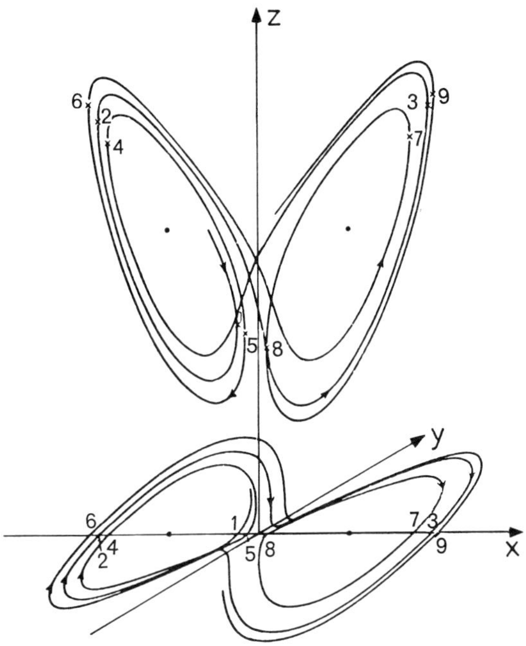

Abb. 12.2. Obere Hälfte: Trajektorien in der Projektion auf die (X, Z)-Ebene.
Untere Hälfte: Trajektorien in der Projektion auf die (X, Y)-Ebene.
Die Punkte gehören zu stationären Lösungen. Nach M. Lücke

In diesem Gebiet werden die Gleichungen (12.12–14) mit Hilfe des Computers gelöst. Das Ergebnis für eine der Variablen (q_1) wurde in Abb. 12.1 aufgezeichnet. Da X, Y, Z einen dreidimensionalen Raum aufspannen, kann die Trajektorie nicht direkt in einem Schaubild dargestellt werden; Abb. 12.2 zeigt deshalb Projektionen der Trajektorie auf zwei verschiedene Ebenen. Wir entnehmen daraus, daß der repräsentative Punkt (X, Y, Z) oder (q_1, q_2, q_3) zunächst in einem Teilbereich des Raumes kreist, um dann plötzlich in einen anderen Bereich zu springen, wo er dann wieder zu kreisen beginnt usw. Der Grund für dieses Verhalten, das in großem Maße für die irreguläre Bewegung verantwortlich ist, kann folgendermaßen veranschaulicht werden. Aus der Laserphysik wissen wir, daß die Glieder der rechten Seite von (12.12–14) unterschiedlichen Ursprungs sind. Die jeweils letzten Glieder

$$q_2 ,$$
$$q_1 \cdot q_3' ,$$
$$-q_1 \cdot q_2$$

rühren von der kohärenten Wechselwirkung zwischen den Atomen und dem Feld her. Wie aus der Laserphysik bekannt ist, läßt die kohärente Bewegung zwei Bewegungsintegrale zu, nämlich Energieerhaltung und Erhaltung der Gesamtlänge des sogenannten Pseudospins. Für uns wird es im folgenden wesentlich, daß die Erhaltungssätze zu zwei Konstanten der Bewegung äquivalent sind:

$$R^2 = q_1^2 + q_2^2 + q_3^2 , \tag{12.18}$$

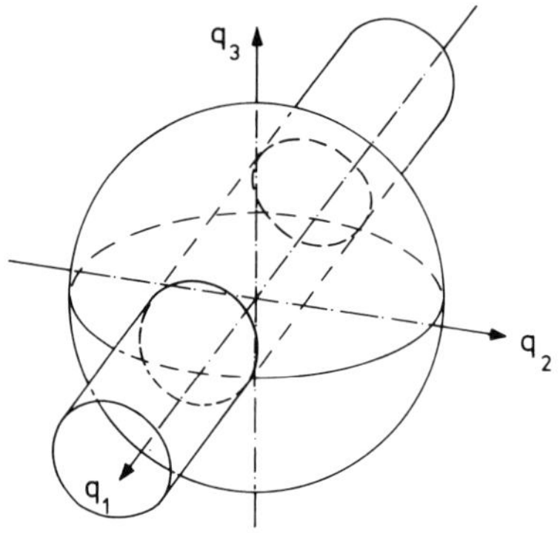

Abb. 12.3. Der Schnitt der Kugel (12.18) mit dem Zylinder (12.19) ist für $R > 1 + \rho$ gezeichnet. Man erhält zwei getrennte Trajektorien

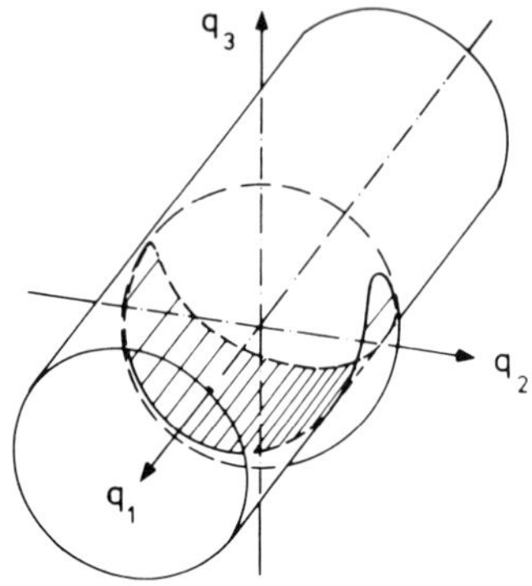

Abb. 12.4. Der Fall $R < 1 + \rho$ führt auf eine einzelne geschlossene Trajektorie

$$\rho^2 = q_2^2 + (q_3 - 1)^2 , \tag{12.19}$$

wobei

$$q_3' + 1 = q_3 , \quad d_0' + 1 = d_0 . \tag{12.20}$$

Andererseits kommen die ersten Glieder in (12.12 – 14)

$$-\alpha q_1 ,$$
$$-\beta q_2 ,$$
$$d_0 - q_3$$

von der Kopplung des Lasersystems an Reservoire und beschreiben die Dämpfungs- und Pumpprozesse, d. h. nichtkonservative Wechselwirkungen. Ignorieren wir zunächst diese Terme in (12.12 – 14), dann muß sich der Punkt (q_1, q_2, q_3) so bewegen, daß die Erhaltungssätze (12.18) und (12.19) gleichzeitig erfüllt sind. Da (12.18) eine Kugel im (q_1, q_2, q_3)-Raum und (12.19) einen Zylinder beschreibt, muß sich der repräsentative Punkt entlang des Schnitts von Kugel und Zylinder bewegen. Es gibt dann zwei Möglichkeiten, die durch die relative Größe des Durchmessers von Kugel und Zylinder vorgegeben werden.

In Abb. 12.3 haben wir zwei getrennte Trajektorien, in Abb. 12.4 dagegen kann der repräsentative Punkt von einem Gebiet in das andere stetig überwechseln. Führen wir Dämpfungs- und Pumpterme wieder ein, dann gelten die Erhaltungssätze (12.18) und (12.19) nicht mehr. Die Radien der Kugel und des Zylinders beginnen dann eine atmende Bewegung. Sobald diese Bewegung auftritt, können offensichtlich beide Situationen, die der Abb. 12.3 und die der Abb. 12.4, abwechselnd verwirklicht werden.

Im Fall der Abb. 12.3 wird sich der repräsentative Punkt in einem Teilgebiet des Raumes bewegen, während er in der Situation der Abb. 12.4 von einem Gebiet in das andere springen kann. Ein Sprung des repräsentativen Punktes hängt

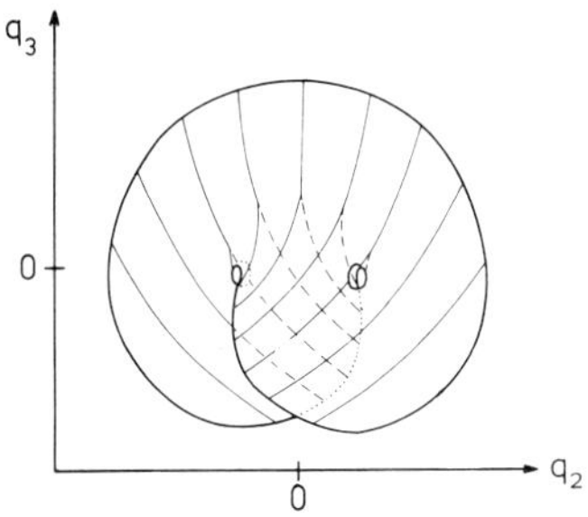

Abb. 12.5. Die Projektion der Lorenz-Fläche auf die (q_2, q_3)-Ebene. Die dicke durchgezogene Linie und ihre Fortsetzungen (als punktierte Linien gezeichnet) geben die Begrenzung an. Die Isoplethen von q_1 (d.h. die Linien mit konstantem q_1) sind als durchgezogene oder gestrichelte dünne Linien gezeichnet. Gezeichnet nach E. N. Lorenz

sehr empfindlich davon ab, wo er sich gerade befindet, wenn die Sprungbedingung erfüllt ist. Dies erklärt zumindest intuitiv den Ursprung der scheinbar zufälligen Sprünge und damit der Zufallsbewegung. Diese Interpretation wird durch Filme, die an meinem Institut hergestellt wurden, bestätigt. Wie wir unten zeigen werden, können die Radien von Zylinder und Kugel nicht beliebig anwachsen, sondern bleiben beschränkt. Dies impliziert, daß die Trajektorien in einem endlichen Raumgebiet verlaufen müssen. Die Form eines solchen Gebietes wurde mittels Computer bestimmt und ist in Abb. 12.5 dargestellt und erklärt.

Wenn wir den repräsentativen Punkt mit einem Anfangswert außerhalb dieses Gebiets starten lassen, kommt er nach einer gewissen Zeit in dieses Gebiet und wird es niemals mehr verlassen. Mit anderen Worten, der repräsentative Punkt wird von diesem Gebiet angezogen. Dieses Gebiet selbst wird deshalb als Attraktor bezeichnet. Wir haben Beispiele für anziehende Gebiete bereits in früheren Abschnitten angeführt. Abb. 5.11a zeigt einen stabilen Fokus, auf den alle Trajektorien hin konvergieren. Ähnlich haben wir gesehen, daß Trajektorien zu einem Grenzzyklus konvergieren können. Der Lorenz-Attraktor hat nun eine sehr seltsame Eigenschaft. Wenn wir eine Trajektorie herausgreifen und dem repräsentativen Punkt auf seinem weiteren Weg folgen, ist es, als steckten wir eine Nadel durch einen Ballen Garn. Er findet seinen Weg, ohne diese Trajektorie zu treffen (oder sich ihr asymptotisch anzunähern). Wegen dieser Eigenschaft wird der Lorenz-Attraktor als „strange“ Attraktor bezeichnet.

Es gibt weitere Beispiele für seltsame Attraktoren, die aus der mathematischen Literatur bekannt sind. Wir erwähnen als Kuriosität, daß einige dieser Attraktoren mit Hilfe der sogenannten Cantor-Menge beschrieben werden können. Diese Menge kann folgendermaßen erhalten werden (vgl. Abb. 12.6). Man nehme einen Streifen und schneide das mittlere Drittel heraus. Sodann schneide man das mittlere Drittel aus jedem der sich ergebenden Teile heraus und setze diese Prozedur fort ad infinitum. Leider geht es weit über den Rahmen dieses Buches hinaus, weitere Details darzustellen. Wir gehen vielmehr zurück zu einer analytischen Abschätzung der Ausdehnung des Lorenz-Attraktors.

Obige Überlegungen, die die Erhaltungssätze (12.18) und (12.19) benützen, legen die Einführung neuer Variabler R, ρ und q_3 nahe. Die ursprünglichen Gleichungen werden damit auf

$$\tfrac{1}{2}(R^2)^{\cdot} = -\alpha + \beta - \alpha R^2 + (\alpha - \beta)\rho^2 + [2(\alpha - \beta) + d_0]q_3 - (1 - \beta)q_3^2, \tag{12.21}$$

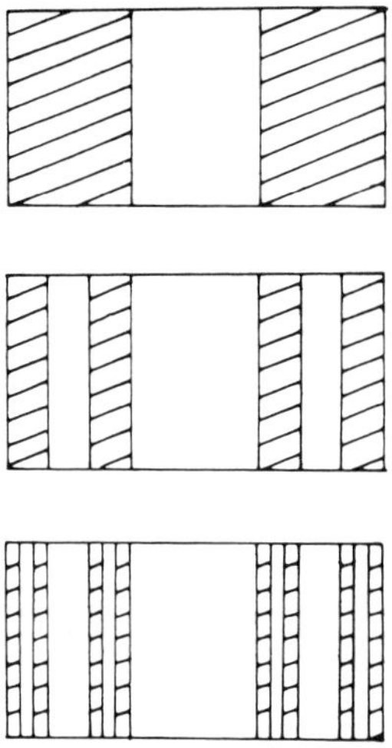

Abb. 12.6. Die Darstellung einer Cantor-Menge. Die gesamte Fläche wird zunächst in drei gleiche Teile geteilt. Das rechte und das linke Intervall sind abgeschlossen, das mittlere ist offen. Wir nehmen das offene Intervall heraus und teilen die übrigbleibenden Intervalle wieder in drei Teile und nehmen wieder jeweils die offenen Intervalle in der Mitte heraus. Wir gehen weiter, indem wir wieder die übriggebliebenen geschlossenen Intervalle in drei Teile teilen und das offene Intervall im Zentrum jeweils herausnehmen usw. Ist die Länge der ursprünglichen Fläche 1, dann ist das Lebesgue-Maß der Menge aller offenen Mengen durch $\sum_{n=1}^{\infty} 2^{n-1}/3^n = 1$ gegeben. Die übrig bleibende Menge von geschlossenen Intervallen (d. h. die Cantor-Menge) hat deshalb das Maß Null

$$\tfrac{1}{2}(\rho^2)^{\cdot} = -d_0 + \beta - \beta\rho^2 + (d_0 + 1 - 2\beta)q_3 - (1 - \beta)q_3^2, \tag{12.22}$$

$$\dot{q}_3 = d_0 - q_3 - (\pm)(R^2 - \rho^2 + 1 - 2q_3)^{1/2}[(1 + \rho - q_3)(q_3 - 1 + \rho)]^{1/2} \tag{12.23}$$

transformiert. Die Gleichung für q_3 legt die erlaubten Gebiete fest, denn die Ausdrücke unter den Wurzeln (12.23) müssen positiv sein. Das ergibt

$$1 - \rho < q_3 < 1 + \rho; \quad R > 1 + \rho \tag{12.24}$$

(zwei separierte Trajektorien von der Form eines Grenzzyklus) und

$$1 - \rho < q_3 < \tfrac{1}{2}(R^2 - \rho^2 + 1); \quad R < 1 + \rho \tag{12.25}$$

(eine einzelne geschlossene Trajektorie). Genauere Abschätzungen für R und ρ können folgendermaßen gefunden werden. Wir lösen zunächst (12.22) formal

$$\rho^2(t) = \rho^2(0) \cdot e^{-2\beta t} - 2\frac{d_0 - \beta}{2\beta}(1 - e^{-2\beta t}) + 2\int_0^t e^{-2\beta(t-\tau)} g[q_3(\tau)]\, d\tau \tag{12.26}$$

mit

$$g[q_3(\tau)] = Aq_3 - Bq_3^2, \quad A = d_0 + 1 - 2\beta, \quad B = 1 - \beta. \tag{12.27}$$

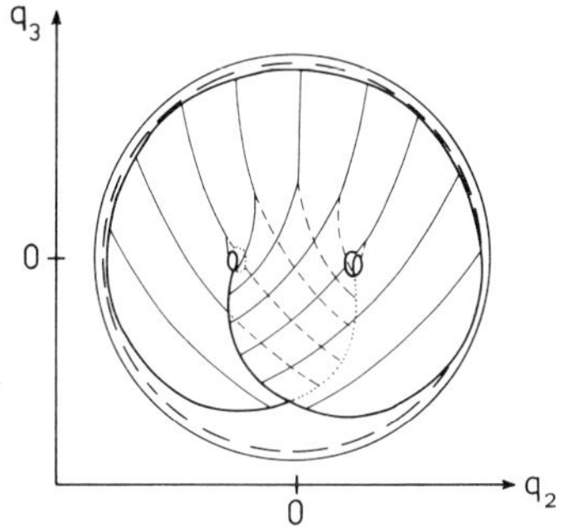

Abb. 12.7. Graphische Darstellung der Abschätzungen (12.30, 31). Im Zentrum der Abbildung: der Lorenz-Attraktor (Abb. 12.5). Der äußere, durchgezogene Kreis: abgeschätzter maximaler Radius des Zylinders ρ_M (12.30). Der gestrichelte Kreis: Projektion des Zylinders (12.29) mit dem Radius ρ_L, der aus der Bedingung konstruiert wurde, daß zu einer gewissen Zeit $q_1 = q_2 = 0$ und $q_3 = d_0$ gilt

Wir finden die obere Grenze für die rechte Seite von (12.26), indem wir g durch seinen maximalen Wert ersetzen

$$g_{\max}(q_3) = \frac{A^2}{4B}. \tag{12.28}$$

Dies ergibt

$$\rho^2(t) \leqslant \rho_M^2(t) = \rho^2(0) \cdot e^{-2\beta t} + \frac{(d_0 - 1)^2}{4\beta(1-\beta)}(1 - e^{-2\beta t}). \tag{12.29}$$

Für $t \to \infty$ reduziert sich (12.29) auf

$$\rho_M^2(\infty) = \frac{(d_0 - 1)^2}{4\beta(1-\beta)}. \tag{12.30}$$

In analoger Weise können wir (12.21) untersuchen und finden, daß sich nach etwas Rechnerei die folgende Abschätzung ergibt

$$R_M^2(\infty) = \frac{1}{4\alpha\beta(1-\beta)}\{\alpha d_0^2 + (\alpha - \beta)[2(2\beta - 1)d_0 + 1 + 4\beta(\alpha - 1)]\}. \tag{12.31}$$

Diese Abschätzungen sind recht gut, wie man durch numerische Beispiele bestätigen kann. Beispielsweise haben wir (unter Verwendung der Parameter der Lorenzschen Originalveröffentlichung) gefunden

a) unsere Abschätzung

$$\rho_M(\infty) = 41{,}03$$

$$R_M(\infty) = 41{,}89\,,$$

b) direkte Integration der Lorenz-Gleichungen über eine gewisse Zeit

$$\rho = 32{,}84$$

$$R = 33{,}63\,,$$

c) Abschätzung aus der Lorenz-Fläche (Abb. 12.7)

$$\rho_L = 39{,}73$$
$$R_L = 40{,}73\,.$$

12.4 Chaos und das Versagen des Versklavungsprinzips

Ein beträchtlicher Teil der Rechnungen des vorliegenden Buchs basiert auf der adiabatischen Elimination der schnell relaxierenden Variablen, einer Technik, die wir auch als Versklavungsprinzip bezeichnen. Dieses Versklavungsprinzip hat es uns ermöglicht, die Zahl der Freiheitsgrade erheblich zu reduzieren. In diesem Sinne können wir auch zeigen, daß sich die Lorenz-Gleichungen aus diesem Prinzip ergeben. Wir können aber fragen, ob wir dieses Prinzip wieder auf die Lorenz-Gleichungen selbst anwenden können. In der Tat haben wir beobachtet, daß oberhalb eines gewissen Schwellwerts (12.11) die stationäre Lösung instabil wird. An einem derartigen Instabilitätspunkt können wir zwischen stabilen und instabilen Moden unterscheiden. Es stellt sich heraus, daß zwei Moden instabil werden, während die andere stabil bleibt. Da die Rechnungen etwas langwierig sind, beschreiben wir nur eine wichtige neue Eigenschaft. Es stellt sich heraus, daß die Gleichung für die stabile Mode die folgende Struktur hat

$$\dot{\xi}_s = (-|\lambda_s| + \xi_u)\xi_s \quad + \text{nichtlineare Terme} \tag{12.32}$$

ξ_u: Amplitude einer instabilen Mode.

Wie wir auf Seite 217 angemerkt haben, bleibt das adiabatische Prinzip nur dann richtig, wenn der Ordnungsparameter genügend klein bleibt, so daß

$$|\xi_u| \ll |\lambda_s|. \tag{12.33}$$

Wir wollen nun die Resultate, die man über eine direkte Computerlösung erhält, mit denen vergleichen, die sich aus dem Versklavungsprinzip (Abb. 12.8, 9, 10)

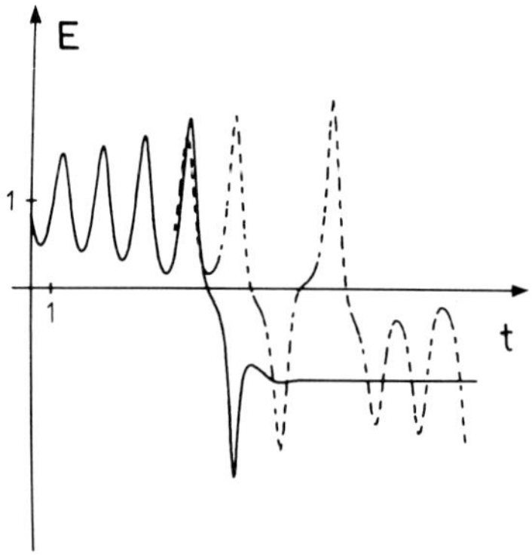

Abb. 12.8. Die Feldstärke E ($\propto q_1$) des Einmodenlasers, wenn die Bedingungen für Chaos erfüllt sind. Durchgezogene Linie: Lösung unter Verwendung des Versklavungsprinzips; gestrichelte Linie: direkte Integration der Lorenz-Gleichungen. Anfangs fallen die durchgezogene Linie und die gestrichelte zusammen. Dann aber verliert das Versklavungsprinzip seine Gültigkeit

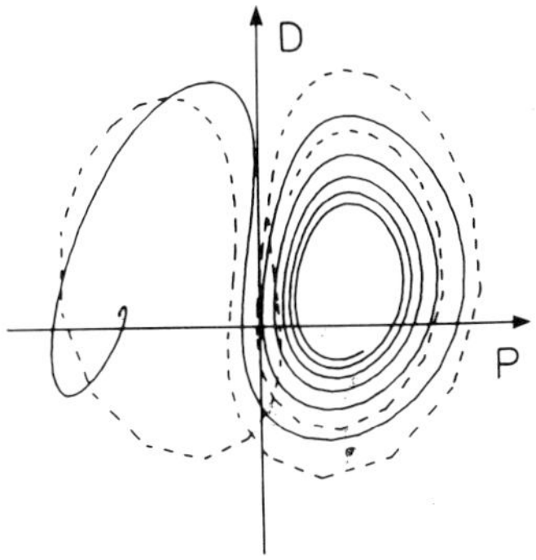

Abb. 12.9. Stellt dasselbe physikalische Problem wie Abb. 12.8 dar. Die Trajektorien sind auf die (P: Polarisation, D: Inversion)-Ebene projiziert.
Durchgezogene Linie: Lösung mit Hilfe des Versklavungsprinzips; gestrichelte Linie: direkte Integration der Lorenz-Gleichungen. Anfangs fallen durchgezogene und gestrichelte Linie zusammen

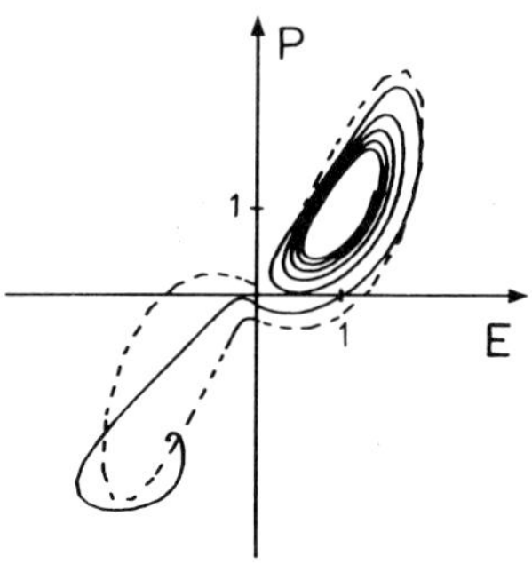

Abb. 12.10. Dieselbe Situation wie in Abb. 12.8, die Trajektorien sind aber auf die (E, P)-Ebene projiziert

ergeben. Wir beobachten, daß wir für ein gewisses Zeitintervall sehr genaue Übereinstimmung erhalten, plötzlich tritt dann aber eine Diskrepanz auf, die für alle späteren Zeiten bestehen bleibt. Eine detaillierte Rechnung zeigt, daß diese Diskrepanz dann auftritt, wenn (12.33) nicht mehr erfüllt ist. Ferner stellt sich heraus, daß zu dieser Zeit der repräsentative Punkte von einem Gebiet in das andere springt, wie wir das in Abschn. 12.3 diskutiert haben. Wir sehen also, daß chaotische Bewegung dann auftritt, wenn das Versklavungsprinzip versagt und die vormals stabile Lösung nicht länger versklavt werden kann, sondern destabilisiert wird.

12.5 Korrelationsfunktion und Frequenzverteilung

Die vorangegangenen Abschnitte haben uns zumindest eine intuitive Einsicht vermittelt, wie chaotische Bewegung beschaffen ist. Wir versuchen nun, eine strenge Beschreibung ihrer Eigenschaften aufzufinden. Dazu verwenden wir die Korrelationsfunktion zwischen der Variablen $q(t)$ zur Zeit t und zu einer späteren Zeit $t + t'$. Wir haben Korrelationsfunktionen bereits in den Abschnitten über Wahrscheinlichkeit besprochen. Sie wurden durch

$$\langle q(t) q(t + t') \rangle \tag{12.34}$$

gekennzeichnet. Hier haben wir keinen Zufallsprozeß vorliegen, und der Mittelungsprozeß, der durch die Klammern angedeutet wird, scheint ohne Bedeutung. Wir können aber (12.34) durch einen Zeitmittelwert der Gestalt

$$\lim_{T\to\infty} \frac{1}{2T} \int_{-T}^{T} q(t)q(t+t')dt \tag{12.35}$$

ersetzen, wobei wir zuerst über die Zeit t integrieren und dann das Zeitintervall $2T$ sehr groß werden lassen, oder, präziser gesprochen, T nach Unendlich gehen lassen. Betrachten wir als erstes Beispiel eine rein periodische Bewegung, z. B.

$$q(t) = \sin \omega_1 t\,, \tag{12.36}$$

dann erhalten wir sofort mit (12.35)

$$\lim_{T\to\infty} \frac{1}{2T} \int_{-T}^{T} q(t)q(t+t')dt = \frac{1}{2}\cos \omega_1 t'\,. \tag{12.37}$$

Das bedeutet, daß wir wieder eine periodische Funktion (Abb. 12.11) erhalten. Man kann sich einfach davon überzeugen, daß eine Bewegung, die mehrere Frequenzen enthält, wie etwa

$$q(t) = \sin \omega_1 t \sin \omega_2 t, \tag{12.38}$$

wieder zu oszillierendem, nicht zerfallendem Verhalten von (12.34) Anlaß gibt.

Andererseits werden wir im Fall eines rein diffusiven Prozesses (der auf zufälligen Ereignissen beruht, wie wir das im Kapitel über die Wahrscheinlichkeit besprochen haben) erwarten, daß der Mittelwert (12.34) für $t' \to \infty$ gegen Null geht (Abb. 12.12). Da wir die chaotische Bewegung als scheinbar zufällig charakteri-

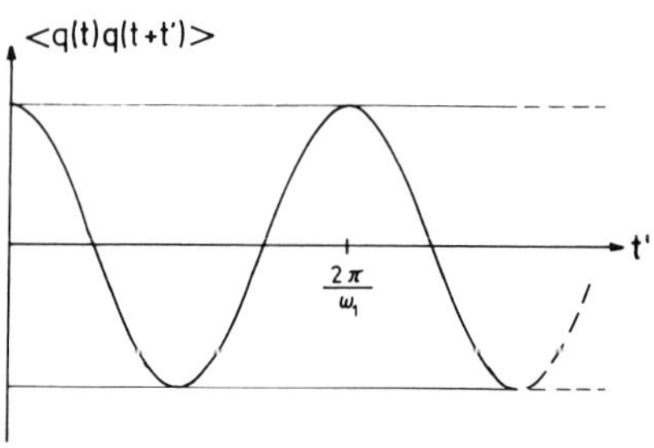

Abb. 12.11. Die Korrelationsfunktion als Funktion der Zeit t' für die periodische Funktion $q(t)$ aus (12.36). Man erkennt, daß kein Abklingen der Amplitude – auch nicht für $t' \to \infty$ – auftritt

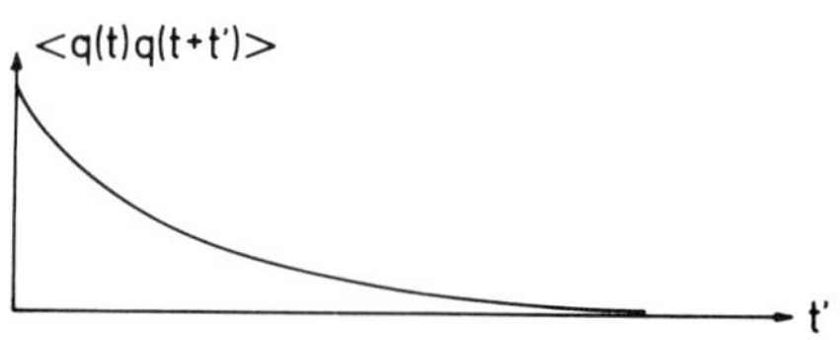

Abb. 12.12. Die Korrelationsfunktion als Funktion von t' für die chaotische Bewegung. Es sei an dieser Stelle angemerkt, daß oszillierendes Verhalten dabei nicht ausgeschlossen werden muß, daß aber auf jeden Fall die Korrelationsfunktion für $t' \to \infty$ verschwinden muß

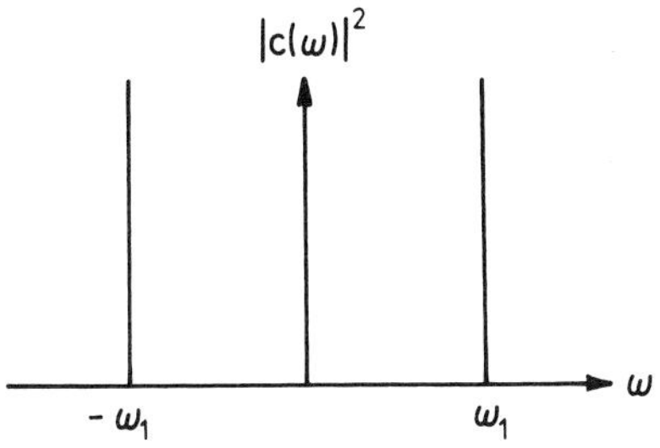

Abb. 12.13. Das Spektrum $|c(\omega)|^2$ für eine rein periodische Variable $q(t)$ – vgl. (12.36). Es zeigt nur zwei Spitzen bei $-\omega_1$ und ω_1. Im Fall mehrfach periodischer Variabler würde ein ganzer Satz von Spitzen auftreten

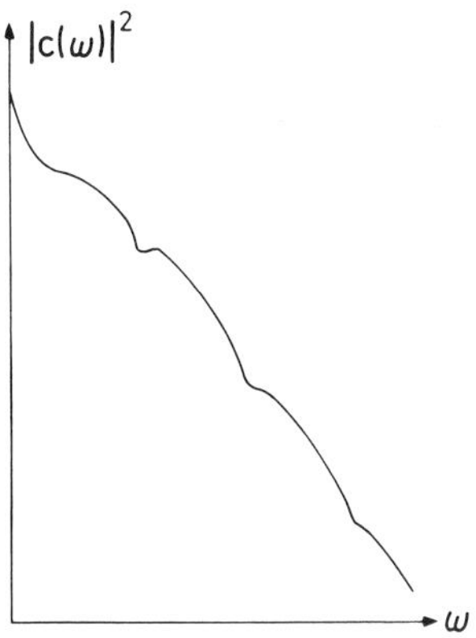

Abb. 12.14. Das Spektrum $|c(\omega)|^2$ für den Lorenz-Attraktor. Gezeichnet nach Y. Aizawa und I. Shimida. Das Original enthält einen Satz sehr dicht aufeinanderfolgender Punkte. Die hier untersuchte Variable ist $q_2(t)$ im Lorenz-Modell, wie im Text beschrieben

sieren wollen (obwohl sie durch deterministische Kräfte verursacht wird), werden wir ein Verhalten wie in Abb. 12.12 als Kriterium für chaotische Bewegung benützen. Ein weiteres Kriterium ergibt sich, sobald wir $q(t)$ in ein Fourier-Integral zerlegen

$$q(t) = \frac{1}{2\pi} \int_{-\infty}^{+\infty} c(\omega) e^{i\omega t} d\omega . \tag{12.39}$$

Setzen wir dies in (12.36) ein, dann finden wir zwei unendlich hohe Spitzen bei $\omega = \pm\omega_1$ (Abb. 12.13). Ähnlich würde (12.38) auf Spitzen bei $\omega = \pm\omega_1 \pm \omega_2$ führen. Andererseits sollte chaotische Bewegung ein kontinuierliches breitbandiges Spektrum von Frequenzen ergeben. Abbildung 12.14 zeigt ein Beispiel der Intensitätsverteilung der Frequenzen im Lorenz-Modell. Beide Kriterien, die Anwendung von (12.34) und (12.39) wie oben beschrieben, werden heutzutage vielfach angewendet, insbesondere wenn die Rechnungen auf Computerlösungen der ursprünglichen Bewegungsgleichungen basieren. Der Vollständigkeit wegen erwähnen wir noch eine dritte Methode, die auf der sogenannten Poincaré-Abbildung basiert. Eine Beschreibung dieser Methode würde aber den Rahmen dieses Buches sprengen.

12.6 Weitere Beispiele für chaotische Bewegungen

Chaotische Bewegung in obigem Sinne tritt in ganz verschiedenen Disziplinen auf. Im letzten Jahrhundert entdeckte *Poincaré* irreguläre Bewegung beim Drei-Körper-Problem. Chaos wird auch in elektronischen Apparaten beobachtet und ist den Elektroingenieuren bekannt. Es tritt im Gunn-Oszillator auf, dessen reguläre Spikes wir in Abschn. 8.14 diskutiert haben. In letzter Zeit wurden eine Vielzahl von Modellen für chemische Reaktionen entwickelt, die Chaos zeigen. Es kann in Modellen mit und ohne Diffusion auftreten. Chaos tritt auch in chemischen Reaktionen auf, die von außen her moduliert werden, z. B. über photochemische Effekte. Ein anderes Beispiel sind die Gleichungen, die die zeitliche Änderung des erdmagnetischen Feldes beschreiben; wieder tritt chaotische Bewegung auf, d. h. ein zufälliges Umklappen. Verschiedene Modelle der Populationsdynamik zeigen völlig irreguläre Veränderungen in den Populationen.

Einige dieser Modelle sind besonders einfach. Das am besten untersuchte geht von einer Variablen q aus, die aber nicht als kontinuierliche Funktion der Zeit aufgefaßt wird. Sie wird vielmehr zu diskreten Zeiten, die mit einem Index n numeriert werden, betrachtet. Die Gleichung für diese Variable lautet

$$q_{n+1} = a q_n (1 - q_n) . \tag{12.40}$$

a bezeichnet einen äußeren (Kontroll-) Parameter, wobei $a \leqslant 4$. Der Wertebereich von q wird durch das Einheitsintervall [0,1] festgelegt. Es zeigt sich nun, daß die angegebene Gleichung für $a < 3$ einen stabilen Fixpunkt als Lösung besitzt, der für Werte $a > 3$ gegenüber einer periodischen Lösung mit der Periodendauer 2 instabil wird. Bei weiterer Erhöhung von a wird diese neue Lösung instabil, und man beobachtet eine periodische Lösung mit der Periodendauer 4. Dieser Prozeß der „Periodenverdopplung“ setzt sich bei weiterer Erhöhung von a fort, und man findet schließlich in einem Bereich $a_n < a < a_{n+1}$ eine stabile Lösung mit der Periode 2^n. Bemerkenswert ist nun, daß die Folge der Werte a_n, bei denen eine Lösung der Periode 2^{n-1} in eine Lösung der Periode 2^n übergeht, gegen einen Grenzwert a_c konvergiert: $a_c = 3{,}569945672$. Ferner gilt:

$$\lim_{n \to \infty} \frac{a_n - a_{n-1}}{a_{n+1} - a_n} = \delta = 4{,}6692016609 \ldots . \tag{12.41}$$

Interessanterweise gilt die Relation (12.41) nicht nur für den speziellen Fall der Gl. (12.40), sondern für eine ganze Klasse von Gleichungen, bei denen Periodenverdopplung auftritt. Die in diesem Sinne universelle Konstante δ wird als *Feigenbaum*-Zahl bezeichnet.

Für $a > a_c$ beobachtet man chaotisches Verhalten, das von „periodischen Fenstern“, beispielsweise der Periode 3, unterbrochen wird. Auch diese neue Periode ist bei entsprechender Erhöhung von a der oben geschilderten Frequenzverdopplung unterworfen.

Im Falle $a = 4$ schließlich existiert weder ein Fixpunkt noch eine stabile periodische Lösung. Das Systen zeigt eine besondere „Empfindlichkeit“ gegenüber Anfangsbedingungen und ist „ergodisch“. Man kann erwarten, daß Modelle für chaotisches Verhalten auch in der Ökonomie und sogar der Soziologie Anwendung finden.

13. Historische Bemerkungen und Ausblick

Der Leser, der uns durch unser Buch begleitet hat, wurde vermutlich am meisten durch die bemerkenswerten Analogien zwischen völlig verschiedenen Systemen beeindruckt, die auftreten, sobald das System eine Instabilität durchläuft. Diese Instabilität wird durch eine Änderung der äußeren Parameter verursacht und führt schließlich zu einem neuen makroskopischen raumzeitlichen Muster des Systems. In vielen Fällen kann der detaillierte Mechanismus folgendermaßen beschrieben werden: In der Nähe des instabilen Punktes können wir zwischen stabilen und instabilen kollektiven Bewegungen unterscheiden. Die stabilen Moden werden durch die instabilen versklavt und können eliminiert werden. Im allgemeinen führt das zu einer enormen Reduktion der Freiheitsgrade. Die zurückbleibenden instabilen Moden dienen als Ordnungsparameter, die das makroskopische Verhalten des Systems bestimmen. Die sich ergebenden Gleichungen für die Ordnungsparameter können zu wenigen Universalitätsklassen zusammengefaßt werden, die die Dynamik der Ordnungsparameter beschreiben. Einige dieser Gleichungen zeigen eine bemerkenswerte Ähnlichkeit zu Gleichungen, die Phasenübergänge erster und zweiter Ordnung in physikalischen Systemen im thermischen Gleichgewicht beschreiben. Es treten aber auch neue Arten von Klassen auf, die beispielsweise Pulsationen oder Oszillationen beschreiben. Das Zusammenwirken von stochastischen und deterministischen „Kräften" („Zufall und Notwendigkeit") treibt die Systeme aus ihren ursprünglichen Zuständen zu neuen Konfigurationen und bestimmt, welche Konfiguration schließlich verwirklicht wird.

Das allgemeine Schema

Alte Struktur → Instabilität → Neue Struktur
Änderung der äußeren Parameter

Alte Struktur → Instabile Moden / versklaven / → Stabile Moden } →

→ { Instabile Moden / Ordnungsparameter } : { Derselbe Typ von Gleichungen für verschiedene Systeme } →

→ Universalitätsklassen : Neue Struktur

Eine erste detaillierte und explizite Darstellung der Phasenübergangsanalogie zwischen Systemen fern vom thermischen Gleichgewicht (dem Laser) und Systemen im thermischen Gleichgewicht (Supraleitern, Ferromagneten) wurde in unabhängig verfaßten Veröffentlichungen von *Graham* und *Haken* (1968, 1970) und von *DeGiorgio* und *Scully* (1970) dargelegt [1]. Sobald wir nun mit dem Wissen um alle diese Analogien die Literatur durchforsten, werden wir an Kohelets Worten erinnert: Es gibt nichts Neues unter der Sonne. In der Tat werden wir nun entdecken, daß derartige Analogien, mehr oder weniger sichtbar, zwischen vielen Phänomenen (und den theoretischen Abhandlungen) bestanden haben.

Im Zusammenhang mit der allgemeinen Systemtheorie (die den biologischen Aspekt betont) bemerkte ihr Begründer *von Bertalanffi* bereits gewisse Analogien zwischen abgeschlossenen und offenen Systemen. Insbesondere prägte er den Begriff des „Fließgleichgewichts“ („flux equilibrium“). Auf anderen Gebieten, etwa der Computertechnik, wurden solche Analogien an Schaltungen aufgezeigt. Entsprechende mathematische Resultate wurden in Veröffentlichungen über die Tunneldiode von *Landauer* erhalten (1961, 1962) und von mir im Fall des Lasers. Während sich der erstere Fall auf gewisse Arten des Schaltens bezog, analog beispielsweise der Wanderung der Bloch-Wände in Ferromagneten, ebnete letzterer den Weg, die Laserschwelle mit einem Phasenübergang zweiter Ordnung zu vergleichen.

Über die Kenntnis der Analogie zwischen dem Laser und einem Phasenübergang zweiter Ordnung gelang es vielen weiteren Autoren, ähnliche Analogien auf ganz anderen Gebieten herzustellen, insbesondere bei Nichtgleichgewichtsreaktionen in der Chemie (*Schlögl, Nicolis, Nitzan, Ortoleva, Ross, Gardiner, Walls* und andere).

Die Untersuchung chemischer Reaktionen, die räumliche oder zeitliche Strukturen hervorbringen, wurde durch die fundamentale Arbeit von *Turing* (1952) initiiert und insbesondere durch *Prigogine* und seine Mitarbeiter weitergeführt. Bei letzteren Arbeiten spielte speziell das Konzept der Entropieüberschußproduktion eine zentrale Rolle, das es erlaubt, Instabilitäten aufzufinden. Der vorliegende Zugang der Synergetik geht in mehrerer Hinsicht weit über diese Konzepte hinaus. Insbesondere analysiert er, was tatsächlich am Instabilitätspunkt vorgeht, und bestimmt die neue Struktur, die sich entwickelt. Einige dieser Probleme können mit der mathematischen Theorie der Bifurkation abgehandelt werden, oder allgemeiner, über die mathematische Disziplin der dynamischen Systeme. In vielen Fällen, die wir in diesem Buch untersucht haben, hatten wir jedoch noch komplexere Probleme zu diskutieren. So mußten wir beispielsweise Fluktuationen berücksichtigen und andere Eigenschaften. Die Synergetik hat also Verbindungen zwischen der Theorie dynamischer Systeme und der statistischen Physik geknüpft. Ohne Zweifel, eine Hochzeit zwischen beiden Disziplinen ist im Gange.

Als mir klar wurde, daß die Kooperation vieler Untersysteme eines Gesamtsystems durch dieselben Prinzipien bestimmt wird, und zwar unabhängig von der Natur der Untersysteme, habe ich empfunden, daß die Zeit für das Aufsuchen

---

[1] Ausführliche Referenzen zu diesem Kapitel sind auf Seite 372 aufgeführt.

und die Deutung dieser Analogien innerhalb eines interdisziplinären Forschungsgebiets, das ich Synergetik genannt habe, reif ist. Obwohl ich von der Physik her komme, wurde ich auf Fragen der Chemie und Biologie geführt, und erst kürzlich haben Kollegen aus anderen Disziplinen meine Aufmerksamkeit auf die Tatsache gelenkt, daß ein Konzept, Synergie genannt, auf dem Gebiet der Ökonomie und Soziologie seit längerem diskutiert wird. Dort wird beispielsweise die Zusammenarbeit verschiedener Bereiche einer Fabrik untersucht, um die Funktionsweise der Fabrik zu verbessern. Es scheint also, als ob wir gegenwärtig von zwei Seiten her einen Tunnel unter einem großen Berg graben, der bisher unterschiedliche Disziplinen voneinander getrennt hat, insbesondere die „weichen" von den „harten" Wissenschaften.

Man kann erwarten, daß die Synergetik zum gegenseitigen Verständnis und zu weiteren Entwicklungen in offensichtlich ganz unterschiedlichen Disziplinen beitragen kann. Wie die Synergetik fortschreiten könnte, kann mittels folgendem Beispiel aus der Philologie illustriert werden. In der Terminologie der Synergetik sind Sprachen Ordnungsparameter, die Untersysteme, nämlich Menschen, versklaven. Eine Sprache verändert sich nur wenig über den Zeitraum eines einzelnen Lebensalters. Nach seiner Geburt erlernt ein Mensch eine Sprache, d.h. er wird durch sie versklavt und er trägt während seines Lebens zum Überleben der Sprache bei. Eine Vielzahl von Fakten zu einer Sprache wie Wettbewerb, Fluktuationen (Veränderungen der Bedeutung von Wörtern usw.) können jetzt mit den Methoden untersucht werden, die durch die Synergetik bereitgestellt werden.

Synergetik ist eine sehr junge Disziplin und gewiß erwarten uns noch viele überraschende Resultate. Ich hoffe, daß meine Einführung in dieses Gebiet den Leser ermutigen und es ihm ermöglicht wird, seine eigenen Entdeckungen über Eigenschaften von sich selbst organisierenden Systemen zu machen.

Referenzen, weitere Literatur und Bemerkungen

Da die Synergetik so viele Disziplinen miteinander verbindet, scheint ein Versuch, eine mehr oder weniger vollständige Liste von Referenzen zu erstellen, ziemlich hoffnungslos. In der Tat würde diese Literatur einen ganzen Band füllen. Wir beschränken deshalb die Referenzen auf solche Publikationen, die wir beim Schreiben dieses Buchs verwendet haben. Darüber hinaus führen wir eine Vielzahl von Veröffentlichungen, Artikeln oder Büchern auf, die für den Leser beim weiteren Studium hilfreich sein können. Wir führen die Referenzen und weitere Literatur in der Reihenfolge der einzelnen Kapitel auf.

1. Ziel

H. Haken, R. Graham: Synergetik – Die Lehre vom Zusammenwirken. Umschau **6**, 191 (1971)
H. Haken (ed.): *Synergetics* (Proceedings of a Symposium on Synergetics, Elmau 1972) (B. G. Teubner, Stuttgart 1973)
H. Haken (ed.): *Cooperative Effects, Progress in Synergetics* (North Holland, Amsterdam 1974)
H. Haken: Cooperative effects in systems far from thermal equilibrium and in nonphysical systems. Rev. Mod. Phys. **47**, 67 (1975)
H. Haken (ed.): *Synergetics, A Workshop,* Proceedings of a workshop on Synergetics, Elmau 1977 (Springer, Berlin-Heidelberg-New York 1977)
A. Pacault, Ch. Vidal (eds.): *Synergetics, Far from Equilibrium,* Springer Series in Synergetics, Vol. 3 (Springer, Berlin-Heidelberg-New York 1979)
W. Güttinger, H. Eikemeier (eds.): *Structural Stability in Physics,* Springer Series in Synergetics, Vol. 4 (Springer, Berlin-Heidelberg-New York 1979)
H. Haken (ed.): *Pattern Formation by Dynamic Systems and Pattern Recognition,* Springer Series in Synergetics, Vol. 5 (Springer, Berlin-Heidelberg-New York 1979)
H. Haken (ed.): *Dynamics of Synergetic Systems,* Springer Series in Synergetics, Vol. 6 (Springer, Berlin-Heidelberg-New York 1980)
H. Haken (ed.): *Chaos and Order in Nature*, Springer Series in Synergetics, Vol. 11 (Springer, Berlin-Heidelberg-New York 1981)

1.1 Ordnung und Unordnung: Typische Erscheinungen

Literatur zur Thermodynamik wird unter Abschn. 3.4 aufgeführt, Literatur über Phasenübergänge in Abschn. 6.7. Detallierte Literaturangaben über Laser, Flüssigkeitsdynamik, Chemie und Biologie sind ebenfalls bei den Referenzen der entsprechenden Kapitel dieses Buches angegeben. Da der Schleimpilz hier nicht weiter behandelt wird, geben wir einige Referenzen an.

J. T. Bonner, D. S. Barkley, E. M. Hall, T. M. Konijn, J. W. Mason, G. O'Keefe, P. B. Wolfe: Develop. Biol. **20**, 72 (1969)
T. M. Konijn: Advanc. Cycl. Nucl. Res. **1**, 17 (1972)
A. Robertson, D. J. Drage, M. H. Cohen: Science **175**, 333 (1972)
G. Gerisch, B. Hess: Proc. nat. Acad. Sci. (Wash.) **71**, 2118 (1974)
G. Gerisch: Naturwissenschaften **58**, 430 (1971)

2. Wahrscheinlichkeit

Es gibt eine Vielzahl guter Lehrbücher über Wahrscheinlichkeit. Hier sind einige davon aufgeführt:

Kai Lai Chung: *Elementary Probability Theory with Stochastic Processes* (Springer, Berlin-Heidelberg-New York 1974)
W. Feller: *An Introduction to Probability Theory and Its Applications,* Vol. 1 (Wiley, New York 1968), Vol. 2 (Wiley, New York 1971)
R. C. Dubes: *The Theory of Applied Probability* (Prentice Hall, Englewood Cliffs, N. J. 1968)
Yu. V. Prokhorov, Yu. A. Rozanov: *Probability Theory.* In *Grundlehren der mathematischen Wissenschaften in Einzeldarstellungen,* Bd. 175 (Springer, Berlin-Heidelberg-New York 1968)
J. L. Doob: *Stochastic Processes* (Wiley, New York-London 1953)
M. Loève: *Probability Theory* (D. van Nostrand, Princeton, N.J.-Toronto-New York-London 1963)
R. von Mises: *Mathematical Theory of Probability and Statistics* (Academic Press, New York-London 1964)

3. Information

3.1 Grundlegende Ideen

Monographien zu diesem Gegenstand sind:

L. Brillouin: *Science and Information Theory* (Academic Press, New York-London 1962)
L. Brillouin: *Scientific Uncertainty and Information* (Academic Press, New York-London 1964)

Die Informationstheorie wurde begründet durch

C. E. Shannon: A mathematical theory of communication. Bell System Techn. J. **27**, 370 – 423, 623 – 656 (1948)
C. E. Shannon: Bell System Techn. J. **30**, 50 (1951)
C. E. Shannon, W. Weaver: *The Mathematical Theory of Communication* (Univ. of Illin. Press, Urbana 1949)

Verschiedene Konzeptionen, die zur Information und zum Informationsgewinn in Beziehung stehen, wurden durch

L. Boltzmann: *Vorlesungen über Gastheorie,* 2 Vols. (Leipzig 1896, 1898)

eingeführt.

3.2 Der Informationsgewinn. Eine anschauliche Herleitung

Zu einer detaillierten Behandlung und Definition konsultiere man

S.Kullback: Ann Math. Statist. **22**, 79 (1951)
S. Kullback: *Information Theory and Statistics* (Wiley, New York 1951)

Hier folgen wir unserem Vorlesungsmanuskript.

3.3 Informationsentropie und Nebenbedingungen

Wir folgen in diesem Abschnitt im wesentlichen

E. T. Jaynes: Phys. Rev. **106**, 4, 620 (1957); Phys. Rev. **108**, 171 (1957)
E. T. Jaynes: In *Delaware Seminar in the Foundations of Physics* (Springer, Berlin-Heidelberg-New York 1967)

Erste Ideen zu diesem Gegenstand werden in

W. Elsasser: Phys. Rev. **52**, 987 (1937); Z. Phys. **171**, 66 (1968)

vorgelegt.

3.4 Ein Beispiel aus der Physik: Die Thermodynamik

Die Methode dieses Abschnitts basiert vom Ansatz her auf den Veröffentlichungen von Jaynes (s. Zitatezu Abschn. 3.3). Lehrbücher, die einen anderen Zugang zur Thermodynamik verwenden, sind

L. D. Landau, E. M. Lifschitz: In *Lehrbuch der theoretischen Physik,* Bd. V und IX (Akademie-Verlag, Berlin 1980)
R. Becker: *Theorie der Wärme*, Heidelberger Taschenbücher, Bd. 10 (Springer, Berlin-Heidelberg-New York 1978)

A. Münster: *Statistical Thermodynamics,* Vol. 1 (Springer, Berlin-Heidelberg-New York 1969)
H. B. Callen: *Thermodynamics* (Wiley, New York 1960)
P. T. Landsberg: *Thermodynamics* (Wiley, New York 1961)
R. Kubo: *Thermodynamics* (North Holland, Amsterdam 1968)
W. Brenig: *Statistische Theorie der Wärme* (Springer, Berlin-Heidelberg-New York 1975)
W. Weidlich: *Thermodynamik und statistische Mechanik* (Akademische Verlagsgesellschaft, Wiesbaden 1976)

3.5 Ein Zugang zur irreversiblen Thermodynamik

Eine interessante und vielversprechende Beziehung zwischen der Thermodynamik und der Netzwerktheorie wurde durch
A. Katchalsky, P. F. Curran: *Nonequilibrium Thermodynamics in Biophysics* (Harvard University Press, Cambridge Mass. 1967)
hergestellt.
Eine neuere Darstellung, die auch neuere Resultate bringt, ist
J. Schnakenberg: *Thermodynamic Network Analysis of Biological Systems,* 2. Aufl. (Springer, Berlin-Heidelberg-New York 1977)
Für detaillierte Darstellungen der irreversiblen Thermodynamik s.
I. Prigogine: *Introduction to Thermodynamics of Irreversible Processes* (Thomas, New York 1955)
I. Prigogine: *Non-equilibrium Statistical Mechanics* (Interscience, New York 1962)
S. R. De Groot, P. Mazur: *Non-equilibrium Thermodynamics* (North Holland, Amsterdam 1962)
R. Haase: *Thermodynamics of Irreversible Processes* (Addison-Wesley, Reading Mass. 1969)
D. N. Zubarev: *Non-equilibrium Statistical Thermodynamics* (Consultants Bureau, New York-London 1974)
S. R. Groot, P. Mazur: *Die Grundlagen der Thermodynamik irreversibler Prozesse,* B.I. Hochschultaschenbücher 162/162a (Bibliographisches Institut, Mannheim 1969)
S. R. Groot: *Thermodynamik irreversibler Prozesse,* B.I. Hochschultaschenbücher Bd. 18/18a (Bibliographisches Institut Mannheim 1960)
Wir geben hier eine bisher unveröffentlichte Darstellung des Autors wieder.

3.6 Die Entropie – der Fluch der statistischen Mechanik?

Zum Problem subjektivistisch-objektivistisch s. z.B.
E. T. Jaynes: Information Theory. In *Statistical Physics,* Brandeis Lectures, Vol. 3 (W. A. Benjamin, New York 1962)
„Grobkörnigkeit" wird in
A. Münster: In *Encylopedia of Physics,* ed. by S. Flügge, Vol. III/2: Principles of Thermodynamics and Statistics (Springer, Berlin-Göttingen-Heidelberg 1959)
diskutiert. Das Entropiekonzept wird in allen Lehrbüchern der Thermodynamik diskutiert, vgl. die Ref. zu Abschn. 3.4.

4. Zufall

4.1 Ein Modell für die Brownsche Bewegung

Detaillierte Abhandlungen der Brownschen Bewegung werden beispielsweise in folgenden Publikationen gegeben
N. Wax (ed.): *Selected Papers on Noise and Statistical Processes* (Dover Publ. Inc., New York 1954) mit Artikeln von Chandrasekhar, G. E. Uhlenbeck and L. S. Ornstein, Ming Chen Wang, G. E. Uhlenbeck, M. Kac
T. T. Soong: *Random Differential Equations in Science and Engineering* (Academic Press, New York 1973)

4.2 Die Zufallsbewegung und ihre Master-Gleichung

S. z.B.
M. Kac: Am. Math. Month. **54**, 295 (1946)
M. S. Bartlett: *Stochastic Processes* (Univ. Press, Cambridge 1960)

4.3 Verbundwahrscheinlichkeit und Wege. Markov-Prozesse. Die Chapman-Kolmogorov-Gleichung

S. die Referenzen über stochastische Prozesse, Kap. 2. Ferner
R. L. Stratonovich: *Topics in the Theory of Random Noise* (Gordon Breach, New York-London, Vol. I 1963, Vol. II 1967)
M. Lax: Rev. Mod. Phys. **32**, 25 (1960); **38**, 358 (1965); **38**, 541 (1966)
Wegintegrale werden an späterer Stelle in unserem Buch behandelt (Abschn. 6.6), wo auch die entsprechenden Zitate gefunden werden können.

4.4 Über den Gebrauch von Verbundwahrscheinlichkeiten. Momente. Die charakteristische Funktion. Gauß-Prozesse

Diesselben Zitate wie zu Abschn. 4.3.

4.5 Die Master-Gleichung

Die Master-Gleichung spielt nicht nur bei klassischen stochastischen Prozessen eine bedeutende Rolle, sondern auch in der Quantenstatistik. Hier geben wir einige Referenzen zur Quantenstatistik an

H. Pauli: *Probleme der Modernen Physik*. Festschrift zum 60. Geburtstage A. Sommerfelds, ed. by P. Debye (Hirzel, Leipzig 1928)
L. van Hove: Physica **23**, 441 (1957)
S. Nakajiama: Progr. Theor. Phys. **20**, 948 (1958)
R. Zwanzig: J. Chem. Phys. **33**, 1338 (1960)
E. W. Montroll: *Fundamental Problems in Statistical Mechanics,* compiled by E. D. G. Cohen (North Holland, Amsterdam 1962)
P. N. Argyres, P. L. Kelley: Phys. Rev. **134A**, 98 (1964)
Ein neuerer Übersichtsartikel ist
F. Haake: In *Springer Tracts in Modern Physics,* Vol. 66 (Springer, Berlin-Heidelberg-New York 1973) S. 98

4.6 Die exakte Lösung der Master-Gleichung für Systeme in detaillierter Bilanz

Für den Fall vieler Variabler s.
H. Haken: Phys. Lett. **46A**, 443 (1974); Rev. Mod. Phys. **47**, 67 (1975)
Dort wird eine weitergehende Diskussion gegeben.
Für den Fall einer Variablen s.
R. Landauer: J. Appl. Phys. **33**, 2209 (1962)

4.8 Die Kirchhoffsche Methode zur Lösung der Master-Gleichung

G. Kirchhoff: Ann. Phys. Chem., Bd. LXXII 1847, Bd. 12, S. 32
G. Kirchhoff: Poggendorffs Ann. Phys. **72**, 495 (1844)
R. Bott, J. P. Mayberry: *Matrices and Trees, Economic Acitity Analysis* (Wiley, New York 1954)
E. L. King, C. Altmann: J. Phys, Chem. **60**, 1375 (1956)
T. L. Hill: J. Theor. Biol. **10**, 442 (1966)
Eine sehr elegante Ableitung der Kirchhoffschen Lösung wurde kürzlich von W. Weidlich angegeben (unveröffentlicht).

4.9 Theoreme zu Lösungen der Master-Gleichung

J. Schnakenberg: Rev. Mod. Phys. **48**, 571 (1976)
J. Keizer: *On the Solutions and the Steady States of a Master Equation* (Plenum Press, New York 1972)

4.10 Die Bedeutung von Zufallsprozessen. Der stationäre Zustand, Fluktuationen, Wiederkehrzeit

Zum Ehrenfestschen Urnenmodell s.
P. and T. Ehrenfest: Phys. Z. **8**, 311 (1907)
und auch
A. Münster: In *Encyclopedia of Physics*, ed. by S. Flügge, Vol. III/2; Principles of Thermodynamics and Statistics (Springer, Berlin-Göttingen-Heidelberg 1959)

5. Notwendigkeit

Monographien über dynamische Systeme und verwandte Probleme sind
N. N. Bogoliubov, Y. A. Mitropolsky: *Asymptotic Methods in the Theory of Nonlinear Oscillations* (Hindustan Publ. Corp., Delhi 1961)
N. Minorski: *Nonlinear Oscillations* (Van Nostrand, Toronto 1962)
A. Andronov, A. Vitt, E. E. Khaikin: *Theory of Oscillators* (Pergamon Press, London-Paris 1966)
D. H. Sattinger: In *Topics in Stability and Bifurcation Theory,* ed. by A. Dold, B. Eckmann, Lecture Notes in Mathematics, Vol. 309 (Springer, Berlin-Heidelberg-New York 1973)
M. W. Hirsch, S. Smale: *Differential Equations, Dynamical Systems, and Linear Algebra* (Academic Press, New York-London 1974)
V. V. Nemytskii, V. V. Stepanov: *Qualitative Theory of Differential Equations* (Princeton Univ. Press, Princeton, N.J. 1960)
Viele grundlegende Ideen gehen zurück auf
H. Poincaré: *Oeuvres,* Vol. 1 (Gauthiers-Villars, Paris 1928)
H. Poincaré: Sur l'équilibre d'une masse fluide animée d'un mouvement de rotation. Acta Math. **7** (1885)
H. Poincaré: Figures d'équilibre d'une masse fluide (Paris 1903)
H. Poincaré: Sur le problème de trois corps et les équations de la dynamique. Acta Math. **13** (1890)
H. Poincaré: *Les méthods nouvelles de la méchanique céleste* (Gauthier-Villars, Paris 1892–1899)

5.3 Stabilität

J. La Salle, S. Lefshetz: *Stability by Ljapunov's Direct Method with Applications* (Academic Press, New York-London 1961)
W. Hahn: *Stability of Motion.* Die Grundlehren der mathematischen Wissenschaften in Einzeldarstellungen. Bd. 138 (Springer, Berlin-Heidelberg-New York 1967)
D. D. Joseph: *Stability of Fluid Motions,* Springer Tracts in Natural Philosophy, Vol. 27, 28 (Springer, Berlin-Heidelberg-New York 1976)
Aufgabe zu 5.3: F. Schlögl: Z. Phys. **243**, 303 (1973)

5.4 Beispiele und Aufgaben zu Bifurkation und Stabilität

A. Lotka: Proc. Nat. Acad. Sci. (Wash.) **6**, 410 (1920)
V. Volterra: *Leçons sur la théorie mathématiques de la lutte pour la vie* (Paris 1931)
N. S. Goel, S. C. Maitra, E. W. Montroll: Rev. Mod. Phys. **43**, 231 (1971)
B. van der Pol: Phil. Mag. **43**, 6, 700 (1922); **2**, 7, 978 (1926); **3**, 7, 65 (1927)
H. T. Davis: *Introduction to Nonlinear Differential and Integral Equations* (Dover Publ. Inc., New York 1962)

5.5 Klassifikation von statischen Instabilitäten – ein elementarer Zugang zur Thomschen Katastrophentheorie

R. Thom: *Structural Stability and Morphogenesis* (W. A. Benjamin, Reading, Mass. 1975)
Thom's Buch erfordert ein beträchtliches mathematisches Hintergrundwissen. Unsere „Fußgänger"methode erlaubt einen einfachen Zugang zur Thomschen Klassifizierung von Katastrophen. Unsere Interpretation, wie diese Resultate auf die Naturwissenschaften angewendet werden können, etwa in der Biologie, ist jedoch vollständig verschieden von der Thomschen.
T. Poston, I. Stewart: *Catastrophe Theory and its Applications* (Pitman Verlag, London 1978)
E. C. Zeeman: *Catastrophe Theory* (Addison-Wesley Publ. Comp. 1977)
P. T. Saunders: *An Introduction to Catastrophe Theory* (Cambridge University Press, Cambridge 1980)

6. Zufall und Notwendigkeit

6.1 Langevin-Gleichungen: ein Beispiel

Für einen allgemeinen Zugang s.
R. L. Stratonovich: *Topics in the Theory of Random Noise,* Vol. 1 (Gordon & Breach, New York-London 1963)

M. Lax: Rev. Mod. Phys. **32**, 25 (1960); **38**, 358, 541 (1966); Phys. Rev. **145**, 110 (1966)
H. Haken: Rev. Mod. Phys. **47**, 67 (1975)
mit weiteren Zitaten

6.2 Reservoire und Zufallskräfte

Wir geben hier ein einfaches Beispiel. Für einen allgemeinen Zugang s.
R. Zwanzig: J. Stat. Phys. **9**, 3, 215 (1973)
H. Haken: Rev. Mod. Phys. **47**, 67 (1975)

6.3 Die Fokker-Planck-Gleichung

Diesselben Referenzen wie zu Abschn. 6.1

6.4 Einige Eigenschaften und stationäre Lösung der Fokker-Planck-Gleichung

Der Potentialfall wird in
R. L. Stratonovich: *Topics in the Theory of Random Noise,* Vol. 1 (Gordon & Breach, New York-London 1963)
abgehandelt.
Der allgemeinere Fall für Systeme in detaillierter Bilanz wird untersucht in
R. Graham, H. Haken: Z. Phys. **248**, 289 (1971)
H. Risken: Z. Phys. **251**, 231 (1972)
s. auch
H. Haken: Rev. Mod. Phys. **47**, 67 (1975)

6.5 Zeitabhängige Lösungen der Fokker-Planck-Gleichung

Die Lösung der *n*-dimensionalen Fokker-Planck-Gleichung mit linearem Drift- und konstantem Diffusionskoeffizienten wurde angegeben in
M. C. Wang, G. E. Uhlenbeck: Rev. Mod. Phys. **17**, 2 and 3 (1954)
Eine knappe Darstellung der Resultate bringt
H. Haken: Rev. Mod. Phys. **47**, 67 (1975)

6.6 Die Lösung der Fokker-Planck-Gleichung mittels Wegintegralen

L. Onsager, S. Machlup: Phys. Rev. **91**, 1505, 1512 (1953)
I. M. Gelfand, A. M. Yaglome: J. Math. Phys. **1**, 48 (1960)
R. P. Feynman, A. R. Hibbs: *Quantum Mechanics and Path Integrals* (McGraw-Hill, New York 1965)
F. W. Wiegel: *Path Integral Methods in Statistical Mechanics,* Physics Reports 16C, No. 2 (North Holland, Amsterdam 1975)
R. Graham: In *Springer Tracts in Modern Physics,* Vol. 66 (Springer, Berlin-Heidelberg-New York 1973) S. 1
Eine kritische Diskussion dieser Arbeit gibt
W. Horsthemke, A. Bach: Z. Phys. **B22**, 189 (1975)
Wir folgen im wesentlichen
H. Haken: Z. Phys. **B24**, 321 (1976)
Dort werden auch Klassen von Lösungen zu Fokker-Planck-Gleichungen diskutiert.

6.7 Die Analogie zu Phasenübergängen

Die Theorie der Phasenübergänge *im thermischen Gleichgewicht* wird beispielsweise in den folgenden Büchern und Artikeln abgehandelt
L. D. Landau, E. M. Lifschitz: In *Lehrbuch der theoretischen Physik,* Bd. V und IX (Akademie-Verlag, Berlin 1980)
R. Brout: *Phase Transitions* (Benjamin, New York 1965)
L. P. Kadanoff, W. Götze, D. Hamblen, R. Hecht, E. A. S. Lewis, V. V. Palcanskas, M. Rayl, J. Swift, D. Aspnes, J. Kane: Rev. Mod. Phys. **39**, 395 (1967)
M. E. Fischer: Repts. Progr. Phys. **30**, 731 (1967)

H. E. Stanley: *Introduction to Phase Transitions and Critical Phenomena.* Intern. Series of Monographs in Physics (Oxford University, New York 1971)
A. Münster: *Statistical Thermodynamics,* Vol. 2 (Springer, Berlin-Heidelberg-New York und Academic Press, New York-London 1974)
C. Domb, M. S. Green (eds.): *Phase Transitions and Critical Phenomena,* Vols. 1 – 5 (Academic Press, London 1972 – 76)
Die moderne und mächtige Technik der Renormalisierungsgruppe findet man in
K. G. Wilson, J. Kogut: Phys. Rep. **12C**, 75 (1974)
S.-K. Ma: *Modern Theory of Critical Phenomena* (W. A. Benjamin, London 1976)
Die ausgeprägten und detaillierten Analogien zwischen einem Phasenübergang zweiter Ordnung eines Systems im thermischen Gleichgewicht (beispielsweise eines Supraleiters) und Übergängen von Nichtgleichgewichtssystemen wurde zuerst für den Fall des Lasers (in unabhängig verfaßten Publikationen) durch
R. Graham, H. Haken: Z. Phys. **213**, 420 (1968) und insbesondere Z. Phys. **237**, 31 (1970),
die den Fall des Lasers mit kontinuierlich vielen Moden behandelten, und
V. DeGiorgio, M. O. Scully: Phys. Rev. **A2**, 1170 (1970),
die den Einmodenfall diskutierten, nachgewiesen.
Weitere Referenzen, die die historische Entwicklung erhellen, werden in Abschn. 13 gegeben.

6.8 Die Analogie zu Phasenübergängen in kontinuierlichen Medien: ortsabhängige Ordnungsparameter

a) Referenzen zu Systemen im thermischen Gleichgewicht

Die Ginzburg-Landau-Theorie wird beispielsweise dargestellt in
N. R. Werthamer: In *Superconductivity,* Vol. 1, ed. by R. D. Parks (Marcel Dekker, New York 1969) S. 321
mit weiteren Zitaten.
Die exakte Auswertung der Korrelationsfunktion wird in
D. J. Scalapino, M. Sears, R. A. Ferrell: Phys. Rev. **B6**, 3409 (1972)
vorgenommen.
Weitere Veröffentlichungen hierzu sind
L. W. Gruenberg, L. Gunther: Phys. Lett. **38A**, 463 (1972)
M. Nauenberg, F. Kuttner, M. Fusman: Phys. Rev. **A13**, 1185 (1976)

b) Referenzen zu Systemen fern vom thermischen Gleichgewicht (und nichtphysikalischen Systemen)

R. Graham, H. Haken: Z. Phys. **237**, 31 (1970)
S. ferner die Kapitel 8 und 9.

7. Selbstorganisation

7.1 Organisation

H. Haken: unveröffentlichte Materialien

7.2 Selbstorganisation

Ein anderer Zugang zu diesem Problem wurde durch
J. v. Neuman: *Theory of Self-reproducing Automata,* ed. and completed by Arthur W. Burks (University of Illinois Press, 1966)
gegeben.

7.3 Die Rolle der Fluktuationen: Zuverlässigkeit oder Anpassungsfähigkeit? Schaltung

Für eine detaillierte Diskussion der Zuverlässigkeit wie auch des Schaltens, speziell für den Fall von Computerelementen s.
R. Landauer: IBM Journal **183** (July 1961)
R. Landauer: J. Appl. Phys. **33**, 2209 (1962)
R. Landauer, J. W. F. Woo: In *Synergetics,* ed. by H. Haken (Teubner, Stuttgart 1973)

7.4 Adiabatische Elimination der schnell relaxierenden Variablen aus der Fokker-Planck-Gleichung

H. Haken: Z. Phys. **B20**, 413 (1975)

7.5 Adiabatische Elimination der schnell relaxierenden Variablen aus der Master-Gleichung

H. Haken: unveröffentlicht

7.7 Generalisierte Ginzburg-Landau-Gleichungen für Nichtgleichgewichtsphasenübergänge

H. Haken: Z. Phys. **B21**, 105 (1975)

7.8 Beiträge höherer Ordnung zu den verallgemeinerten Ginzburg-Landau-Gleichungen

H. Haken: Z. Phys. **B22**, 69 (1975); **B23**, 388 (1975)
Erweiterungen dieser Arbeiten findet man in
H. Haken: Z. Phys. **B29**, 61 (1978); **B30**, 423 (1978)
Weitere Arbeiten, die mit etwas anderen Methoden derartige Probleme behandeln, sind:
A. Wunderlin, H. Haken: Z. Phys. **B21**, 393 (1975)
E. Hopf: Berichte der Math.-Phys. Klasse der Sächsischen Akademie der Wissenschaften, Leipzig XCIV, 1 (1942)
A. Schlüter, D. Lortz, F. Busse: J. Fluid Mech. **23**, 129 (1965)
A. C. Newell, J. A. Whitehead: J. Fluid Mech. **38**, 279 (1969)
R. C. Diprima, W. Eckhaus, L. A. Segel: J. Fluid Mech. **49**, 705 (1971)

8. Physikalische Systeme

Entsprechende Themen werden behandelt in
H. Haken: Rev. Mod. Phys. **47**, 67 (1975)
und durch verschiedene Autoren in
H. Haken (ed.): *Synergetics* (Teubner, Stuttgart 1973)
H. Haken, M. Wagner (eds.): *Cooperative Phenomena* (Springer, Berlin-Heidelberg-New York 1973)
H. Haken (ed.): *Cooperative Effects* (North Holland, Amsterdam 1974)
H. Haken (ed.): *Synergetics, A Workshop,* Proceedings of a workshop on Synergetics, Elmau 1977 (Springer, Berlin-Heidelberg-New York 1977)
A. Pacault, Ch. Vidal (eds.): *Synergetics, Far from Equilibrium,* Springer Series in Synergetics, Vol. 3 (Springer, Berlin-Heidelberg-New York 1979)
W. Güttinger, H. Eikemaier (eds.): *Structural Stability in Physics,* Springer Series in Synergetics, Vol. 4 (Springer, Berlin-Heidelberg-New York 1979)
H. Haken (ed.): *Pattern Formation by Dynamic Systems and Pattern Recognition,* Springer Series in Synergetics, Vol. 5 (Springer, Berlin-Heidelberg-New York 1979)
H. Haken (ed.): *Dynamics of Synergetic Systems,* Springer Series in Synergetics, Vol. 6 (Springer, Berlin-Heidelberg-New York 1980)

8.1 Kooperative Effekte im Laser: Selbstorganisation und Phasenübergang

Die dramatische Änderung der statistischen Eigenschaften des Laserlichts an der Laserschwelle wurde zuerst abgeleitet und vorhergesagt in
H. Haken: Z. Phys. **181**, 96 (1964)

8.2 Die Lasergleichungen im Modenbild

Eine detaillierte Übersicht über den Laser gibt
H. Haken: *Laser Theory,* Encyclopedia of Physics, Vol. XXV/2c (Springer, Berlin-Heidelberg-New York 1970)

8.3 Ordnungsparameterkonzept

Man vergleiche insbesondere
H. Haken: Rev. Mod. Phys. **47**, 67 (1975)

8.4 Der Einmodenlaser

Dieselben Referenzen wie in Abschn. 8.1 – 3.
Die Verteilungsfunktion für den Laser wurde abgeleitet in
H. Risken: Z. Phys. **186**, 85 (1965) und
R. D. Hempstead, M. Lax: Phys. Rev. **161**, 350 (1967)
Die vollständige quantenmechanische Verteilungsfunktion findet man in
W. Weidlich, H. Risken, H. Haken: Z. Phys. **201**, 396 (1967)
M. Scully, W. E. Lamb: Phys. Rev. **159**, 208 (1967); **166**, 246 (1968)

8.5 Der Vielmodenlaser

H. Haken: Z. Phys. **219**, 246 (1969)

8.6 Laser mit kontinuierlich vielen Moden. Die Analogie zu Supraleitung

Eine etwas andere Behandlung gibt
R. Graham, H. Haken: Z. Phys. **237**, 31 (1970)

8.7 Phasenübergänge erster Ordnung beim Einmodenlaser

J. F. Scott, M. Sargent III, C. D. Cantrell: Opt. Commun. **15**, 13 (1975)
W. W. Chow, M. O. Scully, E. W. van Stryland: Opt. Commun. **15**, 6 (1975)
Höhere Instabilitäten behandeln
H. Haken, H. Ohno: Opt. Commun. **16**, 205 (1976)
H. Ohno, H. Haken: Phys. Lett. **59A**, 261 (1976)
Für eine Computerrechnung s.
H. Risken, K. Nummedal: Phys. Lett. **26A**, 275 (1968); J. Appl. Phys. **39**, 4662 (1968)
Eine Diskussion dieser Instabilität wird gegeben in
R. Graham, H. Haken: Z. Phys. **213**, 420 (1968)
Zeitliche Oszillationen des Einmodenlasers werden in
K. Tomita, T. Todani, H. Kidachi: Phys. Lett. **51A**, 483 (1975)
beschrieben.

8.8 Instabilitäten in der Flüssigkeitsdynamik: das Bénard- und das Taylor-Problem

8.9 Die Grundgleichungen

8.10 Gedämpfte und neutrale Lösungen

Einige Monographien über Hydrodynamik
L. D. Landau, E. M. Lifschitz: *Lehrbuch der theoretischen Physik,* Bd. VI (Akademie-Verlag, Berlin 1966)
Chia-Shun-Yih: *Fluid Mechanics* (McGraw-Hill, New York 1969)
G. K. Batchelor: *An Introduction to Fluid Dynamics* (University Press, Cambridge 1970)
S. Chandrasekhar: *Hydrodynamic and Hydromagnetic Stability* (Clarendon Press, Oxford 1961)
Stabilitätsprobleme werden insbesondere bei Chandrasekhar und in
C. C. Lin: *Hydrodynamic Stability* (University Press, Cambridge 1967)
diskutiert.

8.11 Lösung in der Umgebung $R = R_c$ (nichtlinearer Bereich). Effektive Langevin-Gleichungen

Wir folgen im wesentlichen
H. Haken: Phys. Lett. **46A**, 193 (1973) und insbesondere Rev. Mod. Phys. **47**, 67 (1976)
Andere Arbeiten:
R. Graham: Phys. Rev. Lett. **31**, 1479 (1973); Phys. Rev. **10**, 1762 (1974)
A. Wunderlin: Dissertation Universität Stuttgart (1975)
Für eine Diskussion der Modenkonfigurationen, jedoch ohne Berücksichtigung der Fluktuationen vgl.
A. Schlüter, D. Lortz, F. Busse: J. Fluid Mech. **23**, 129 (1965)

F. H. Busse: J. Fluid Mech. **30**, 625 (1967)
A. C. Newell, J. A. Whitehead: J. Fluid Mech. **38**, 279 (1969)
R. C. Diprima, H. Eckhaus, L. A. Segel: J. Fluid Mech. **49**, 705 (1971)
Höhere Instabilitäten werden diskutiert durch
F. H. Busse: J. Fluid Mech. **52**, 1, 97 (1972)
D. Ruelle, F. Takens: Comm. Math. Phys. **20**, 167 (1971)
J. B. McLaughlin, P. C. Martin: Phys. Rev. **A12**, 186 (1975)
J. P. Gollub, S. V. Benson: In *Pattern Formation by Dynamic Systems and Pattern Recognition,* H. Haken (ed.), Springer Series in Synergetics, Vol. 5 (Springer, Berlin-Heidelberg-New York 1979)
dort können weitere Referenzen gefunden werden.
Ein Überblick über den gegenwärtigen Stand der Experimente wird in folgendem Buch gegeben
Fluctuations, Instabilities and Phase Transitions, ed. by T. Riste (Plenum Press, New York 1975)

8.13 Ein Modell für die statistische Dynamik der Gunn-Instabilität nahe der Schwelle

J. B. Gunn: Solid State Commun. **1**, 88 (1963)
J. B. Gunn: IBM J. Res. Develop. **8**, 141 (1964)
Eine theoretische Diskussion des Gunn-Effekts und darauf bezogener Effekte gibt beispielsweise
H. Thomas: In *Synergetics,* ed. by H. Haken (Teubner, Stuttgart 1973)
Hier folgen wir im wesentlichen
K. Nakamura: J. Phys. Soc. Jap. **38**, 46 (1975)

8.14 Elastische Stabilität: Skizze einiger grundlegender Ideen

Eine Einführung in dieses Gebiet geben
J. M. T. Thompson, G. W. Hunt: *A General Theory of Elastic Stability* (Wiley, London 1973)
K. Huseyin: *Nonlinear Theory of Elastic Stability* (Nordhoff, Leyden 1975)

9. Chemische und Biochemische Systeme

In diesem Kapitel betrachten wir insbesondere die Entstehung räumlicher und zeitlicher Strukturen in chemischen Reaktionen.
Über Konzentrationsoszillationen wurde schon 1921 berichtet:
C. H. Bray: J. Am. Chem. Soc. **43**, 1262 (1921)
Eine andere Reaktion, die Oszillationen zeigt, wurde untersucht durch
B. P. Belousov: Sb. ref. radats. med. Moscow (1959)
Diese Arbeit wurde durch Zhabotinski und seine Mitarbeiter fortgeführt:
V. A. Vavilin, A. M. Zhabotinsky, L. S. Yaguzhinsky: *Oscillatory Processes in Biological and Chemical Systems* (Moscow Science Publ. 1967) S. 181
A. N. Zaikin, A. M. Zhabotinsky: Nature **225**, 535 (1970)
A. M. Zhabotinsky, A. N. Zaikin: J. Theor. Biol. **40**, 45 (1973)
Ein theoretisches Modell, das das Auftreten von räumlichen und zeitlichen Strukturen berücksichtigt, wurde zuerst von
A. M. Turing: Phil Trans. Roy. Soc. **B237**, 37 (1952)
angegeben.
Modelle für chemische Reaktionen, die räumliche und zeitliche Oszillationen zeigen, wurden in einer Vielzahl von Publikationen von Prigogine und seinen Mitarbeitern behandelt. S.
P. Glansdorff, I. Prigogine: *Thermodynamic Theory of Structure, Stability and Fluctuations* (Wiley, New York 1971)
G. Nicolis, I. Prigogine: *Self-organization in Non-equilibrium Systems* (Wiley, New York 1977)
Prigogine hat das Wort „dissipative Strukturen“ geprägt. Glansdorff und Prigogine gründen ihre Arbeit auf Prinzipien der Entropieproduktion und verwenden die Überschußentropieproduktion als Mittel, um das Einsetzen einer Instabilität aufzufinden. Die Brauchbarkeit derartiger Kriterien wurde durch R. Landauer: Phys. Rev. **A12**, 636 (1975) kritisch untersucht. Die Methode von Glansdorff und Prigogine gibt keine Antwort darauf, was am Instabilitätspunkt vorgeht, und wie man die neu entstehenden Strukturen bestimmen oder klassifizieren könnte. Ein wichtiger Zweig der Forschung

der Brüsseler Schule kommt den Ideen der Synergetik näher (Kap. 9). Es handelt sich dabei um die Modelle zu chemischen Reaktionen.
Ein Übersichtsartikel über die statistischen Aspekte der chemischen Reaktionen kann in
D. Mc Quarry: *Supplementary Review Series in Appl. Probability* (Methuen, London 1967)
gefunden werden.
Einen detaillierten Überblick über das gesamte Gebiet gibt das
Faraday Symposium 9: Phys. Chemistry of Oscillatory Phenomena, London (1974)
Für den Fall chemischer Oszillationen s. insbesondere
G. Nicolis, J. Portnow: Chem. Rev. **73**, 365 (1973)

9.2 Deterministische Prozesse ohne Diffusion in einer Variablen

9.3 Reaktions- und Diffusionsgleichungen

Wir folgen im wesentlichen
F. Schlögl: Z. Phys. **253**, 147 (1972),
der die stationäre Lösung angibt. Die Übergangslösungen wurden durch
H. Ohno: (unveröffentlicht)
bestimmt.

9.4 Ein Reaktions-Diffusionsmodell mit zwei oder drei Variablen: der Brusselator und der Oregonator

Wir beschreiben hier unsere eigene nichtlineare Abhandlung [A. Wunderlin und H. Haken (unveröffentlicht)] der Reaktions-Diffusionsgleichung des „Brusselators", die ursprünglich durch Prigogine und Mitarbeiter eingeführt wurde. Für entsprechende Behandlungen s.
J. F. G. Auchmuchty, G. Nicolis: Bull. Math. Biol. **37**, 1 (1974)
Y. Kuramoto, T. Tsusuki: Progr. Theor. Phys. **52**, 1399 (1974)
M. Herschkowitz-Kaufmann: Bull. Math. Biol. **37**, 589 (1975)
Die Belousov-Zhabotinsky-Reaktion wird in den bereits zitierten Artikeln von Belousov und Zhabotinsky beschrieben.
Die Modellreaktion „Oregonator" wurde formuliert und untersucht durch
R. J. Field, E. Korös, R. M. Noyes: J. Am. Chem. Soc. **49**, 8649 (1972)
R. J. Field, R. M. Noyes: Nature **237**, 390 (1972)
R. J. Field, R. M. Noyes: J. Chem. Phys. **60**, 1877 (1974)
R. J. Field, R. M. Noyes: J. Am. Chem. Soc. **96**, 2001 (1974)

9.5 Stochastisches Modell für eine chemische Reaktion ohne Diffusion. Geburts- und Todesprozesse. Eine Variable

Eine erste Behandlung dieses Modells geht auf
V. J. McNeil, D. F. Walls: J. Stat. Phys. **10**, 439 (1974)
zurück.

9.6 Stochastisches Modell für eine chemische Reaktion mit Diffusion. Eine Variable

Die Master-Gleichung mit Diffusion wurde abgeleitet von
H. Haken: Z. Phys. **B20**, 413 (1975)
Wir folgen im wesentlichen
C. H. Gardiner, K. J. McNeil, D. F. Walls, I. S. Matheson: J. Stat. Phys. **14**, 307 (1976)
Verwandte Arbeiten sind
G. Nicolis, P. Aden, A. van Nypelseer: Progr. Theor. Phys. **52**, 1481 (1974)
M. Malek-Mansour, G. Nicolis: preprint Febr. 1975

9.7 Die stochastische Behandlung des Brusselator in der Umgebung seiner Instabilität, die mit einer weichen Mode verknüpft ist

Wir folgen im wesentlichen
H. Haken: Z. Phys. **B20**, 413 (1975)

9.8 Chemische Netzwerke

Bezogen auf diesen Abschnitt sind

G. F. Oster, A. S. Perelson: Arch. Rat. Mech. Anal. **55**, 230 (1974)
A. S. Perelson, G. F. Oster: Arch. Rat. Mech. Anal. **57**, 31 (1974/75)

mit weiteren Referenzen

G. F. Oster, A. S. Perelson, A. Katchalsky: Quart. Rev. Biophys. **6**, 1 (1973)
O. E. Rössler: In *Lecture Notes in Biomathematics,* Vol. 4 (Springer, Berlin-Heidelberg-New York 1974) S. 419
O. E. Rössler: Z. Naturforsch. **31a**, 255 (1976)

10. Anwendungen in der Biologie

10.1 Ökologie, Populationsdynamik

10.2 Stochastisches Modell für ein Räuber-Beute-System

Eine allgemeine Behandlung findet man in

N. S. Goel, N. Richter-Dyn: *Stochastic Models in Biology* (Academic Press, New York 1974)
D. Ludwig: *Stochastic Population Theories,* ed. by S. Levin, Lecture Notes in Biomathematics, Vol. 3 (Springer, Berlin-Heidelberg-New York 1974)

Eine andere Behandlung des Problems dieses Abschnitts gibt

V. T. N. Reddy: J. Statist. Phys. **13**, 1 (1975)

10.3 Ein einfaches mathematisches Modell für evolutionäre Vorgänge

Die Gleichungen, die hier diskutiert werden, scheinen zuerst in der Laserphysik aufgetreten zu sein. Dort wurden sie zur Erklärung der Modenselektion in Lasern verwendet

H. Haken, H. Sauermann: Z. Phys. **173**, 261 (1963)

Die Anwendung dieser Gleichungen vom Lasertyp wurde vorgeschlagen durch

H. Haken: Talk at the Internat. Conference *From Theoretical Physics to Biology,* ed. by M. Marois, Versailles 1969

s. auch

H. Haken: In *From Theoretical Physics to Biology,* ed. by M. Marois (Karger, Basel 1973)

Eine erschöpfende und detaillierte Theorie der evolutionären Prozesse wurde von M. Eigen entwickelt: Die Naturwissenschaften **58**, 465 (1971). Bezüglich der Analogien, die in unserem Buch hervorgehoben werden, ist es interessant zu bemerken, daß Eigens „Bewertungsfunktion" identisch mit der gesättigten Gewinnfunktion (8.35) des Vielmodenlasers ist.

Eine Methode, evolutionäre Prozesse und andere Prozesse als Spiele zu interpretieren, wird in

M. Eigen, R. Winkler-Oswatitsch: *Das Spiel* (Piper, München 1975)

dargestellt.

Ein wichtiges neues Konzept ist das der Hyperzyklen und damit verbunden das der „Quasi-Spezies"

M. Eigen, P. Schuster: Naturwissensch. **64**, 541 (1977); **65**, 7 (1978); **65**, 341 (1978)

10.4 Ein Modell zur Morphogenese

Wir stellen hier ein Modell von Gierer und Meinhardt vor

A. Gierer, M. Meinhardt: Biological pattern formation involving lateral inhibition. Lectures on Mathematics in the Life Sciences **7**, 163 (1974)
H. Meinhardt: The Formation of Morphogenetic Gradients and Fields. Ber. Deutsch. Bot. Ges. **87**, 101 (1974)
H. Meinhardt, A. Gierer: Applications of a theory of biological pattern formation based on lateral inhibition. J. Cell. Sci. **15**, 321 (1974)
H. Meinhardt: preprint 1976

10.5 Ordnungsparameter und Morphogenese

H. Haken, H. Olbrich: J. Math. Biologie **6**, 317 (1978)

11. Soziologie und Wirtschaftswissenschaften

11.1 Ein stochastisches Modell zur öffentlichen Meinungsbildung

Wir stellen das Weidlichsche Modell vor
W. Weidlich: Collective Phenomena **1**, 51 (1972)
W. Weidlich: Brit. J. math. stat. Psychol. **24**, 251 (1971)
W. Weidlich: In *Synergetics,* ed. by H. Haken (Teubner, Stuttgart 1973)
Die folgenden Bücher diskutieren die Mathematisierung der Soziologie
J. S. Coleman: *Introduction to Mathematical Sociology* (The Free Press, New York 1964)
D. J. Bartholomew: *Stochastic Models for Social Processes* (Wiley, London 1967)

11.2 Ein Ratengleichungsmodell zur öffentlichen Meinungsbildung

A. Wunderlin, H. Haken: „Über die Anwendung der Synergetik auf soziologische Probleme". Vortrag an der Universität Bielefeld (1980). Erschienen in: Universität Bielefeld, Schwerpunkt Mathematisierung. Materialien XXXII, eds. Th. Harder, J. Huinik, D. Rumianek (1981)

11.3 Phasenübergänge in der Wirtschaft

Das hier besprochene Modell stammt von
G. Mensch, K. Kaasch, A. Kleinknecht, R. Schnopp: Innovation Trends, and Switching between Full-and Under-Employment Equilibria, IIM/dp 80 – 5. Discussion paper series, International Institute of Mangement, Wissenschaftszentrum Berlin (1950 – 1978)

In diesem Abschnitt folge ich meiner Diskussionsbemerkung anläßlich des Vortrags von G. Mensch an der Universität Stuttgart, Sommersemester 1980. Auch weichen einige meiner Schlußfolgerungen von denen der zitierten Arbeit ab.

12. Chaos

12.1 Was ist Chaos?

Für eine mathematisch strenge Behandlung von Beispielen von Chaos mit Hilfe von Abbildungen und anderen topologischen Methoden s.
S. Smale: Bull. A.M.S. **73**, 747 (1967)
T. Y. Li, J. A. Yorke: Am. Math. Monthly **82**, 985 (1975)
D. Ruelle, F. Takens: Commun. Math. Phys. **20**, 167 (1971)

12.2 Das Lorenz-Modell: seine Begründung und Realisierung

E. N. Lorenz: J. Atmospheric Sci. **20**, 130 (1963)
E. N. Lorenz: J. Atmospheric Sci. **20**, 448 (1963)
Dies sind historisch die ersten Veröffentlichungen zu einem seltsamen Attraktor. Weitere Abhandlungen dieses Modells geben
J. B. McLaughlin, P. C. Martin: Phys. Rev. **A12**, 186 (1975)
M. Lücke: J. Stat. Phys, **15**, 455 (1976)
Zur Analogie zwischen dem Laser und der Flüssigkeit s.
H. Haken: Phys. Lett. **53A**, 77 (1975)

12.3 Wie Chaos entsteht

H. Haken, A. Wunderlin: Phys. Lett. **62A**, 133 (1977)

12.4 Chaos und das Versagen des Versklavungsprinzips

H. Haken, J. Zorell: unveröffentlicht

12.5 Korrelationsfunktion und Frequenzverteilung

M. Lücke: J. Stat. Phys. **15**, 455 (1976)
Y. Aizawa, I. Shimada: Preprint (1977)

12.6 Weitere Beispiele für chaotische Bewegungen

Dreikörper-Problem
H. Poincaré: *Les méthodes nouvelles de la méchanique céleste.* Gauthier-Villars, Paris (1892/99), Reprint (Dover Publ., New York 1960)
Elektronische Schaltungen
A. A. Andronov, A. A. Vitt, S. E. Khaikin: *Theory of Oscillators* (Pergamon Press, Oxford-London-Edinburgh-New York-Toronto-Paris-Frankfurt 1966)
Gunn-Oszillator
K. Nakamura: Progr. Theoret. Phys. **57**, 1874 (1977)
Eine Vielzahl chemischer Reaktionsmodelle (ohne Diffusion) wurden von O. E. Roessler untersucht. Eine Zusammenfassung und eine Liste der Referenzen gibt
O. E. Roessler: In *Synergetics, A Workshop,* ed. by H. Haken (Springer, Berlin-Heidelberg-New York 1977)
Für chemische Reaktionsmodelle mit Diffusion s.
Y. Kuramoto, T. Yamada: Progr. Theoret. Phys. **56**, 679 (1976)
T. Yamada, Y. Kuramoto: Progr. Theoret. Phys. **56**, 681 (1976)
Modulierte chemische Reaktionen behandeln
K. Tomita, T. Kai, F. Hikami: Progr. Theoret. Phys. **57**, 1159 (1977)
Zur experimentellen Evidenz von Chaos in chemischen Reaktionen s.
R. A. Schmitz, K. R. Graziani, J. L. Hudson: J. Chem. Phys. **67**, 3040 (1977)
O. E. Roessler: Z. Naturforschung **31a**, 1168 (1976)
Das erdmagnetische Feld
J. A. Jacobs: Phys. Reports **26**, 183 (1976), mit weiteren Zitaten
Populationsdynamik
R. M. May: Nature **261**, 459 (1976)

Übersichtsartikel

M. I. Rabinovich: Sov. Phys. Usp. **21**, 443 (1978)
A. S. Monin: Sov. Phys. Usp. **21**, 429 (1978)
D. Ruelle: La Recherche N° 108, Février 1980

Einige grundlegende Arbeiten zur Periodenverdopplung

S. Großmann, S. Thomae: Z. Naturforschg. **32a**, 1353 (1977). Diese Arbeit behandelt die im Text angegebene logistische Gleichung. Der Universalitätscharakter der Peripodenverdopplung wurde aufgefunden von
M. J. Feigenbaum: J. Stat. Phys. **19**, 25 (1978); Phys. Lett. **74A**, 375 (1979)
Eine umfassende Darstellung auch neuerer Resultate sowie viele weitere Referenzen geben
P. Collet, J. P. Eckmann: Iterated maps on the interval as dynamical system, Birkhauser, Boston Inc. (1980)
Der Einfluß von Fluktuationen auf die Periodenverdopplung wird u. a. von folgenden Autoren untersucht:
G. Mayer-Kress, H. Haken: Reprint August 1980, erscheint in J. Stat. Physics
J. P. Crutchfield, B. A. Huberman: Phys. Lett. **77A**, 407 (1980)
A. Zippelius, M. Lücke: J. Stat. Phys. **24**, 345 (1981)
J. P. Crutchfield, M. Nauenberg, J. Rudnick: Phys. Rev. Lett. **46**, 933 (1981)
B. Shraiman, C. E. Wayne, P. C. Martin: Phys. Rev. Lett. **46**, 995 (1981)
Die Aufstellung und Diskussion einer entsprechenden Chapman-Kolmogorov-Gleichung findet man in
H. Haken, G. Mayer-Kress: Z. Phys. B, 185 (1981)
H. Haken, H. Wunderlin: Preprint November 1981

13. Historische Bemerkungen und Ausblick

J. F. G. Auchmuchty, G. Nicolis: Bull. Math. Biol. **37**, 323 (1975)
L. von Bertalanffi: Blätter für Deutsche Philosophie **18**, Nr. 3 und 4 (1945); Science **111**, 23 (1950); Brit. J. Phil. Sci. **1**, 134 (1950); *Biophysik des Fließgleichgewichts* (Vieweg, Braunschweig 1953)
G. Czajkowski: Z. Phys. **270**, 25 (1974)

V. DeGiorgio, M. O. Scully: Phys. Rev. **A2**, 117a (1970)
P. Glansdorff, I. Prigogine: *Thermodynamic Theory of Structure, Stability and Fluctuations* (Wiley, New York 1971)
R. Graham, H. Haken: Z. Phys. **213**, 420 (1968); **237**, 31 (1970)
H. Haken: Z. Phys. **181**, 96 (1964)
M. Herschkowitz-Kaufman: Bull. Math. Biol. **37**, 589 (1975)
K. H. Janssen: Z. Phys. **270**, 67 (1974)
G. J. Klir: *The Approach to General Systems Theory* (Van Nostrand Reinhold Comp., New York 1969)
G. J. Klir (ed.): *Trends in General Systems Theory* (Wiley, New York 1972)
R. Landauer: IBM J. Res. Dev. **5**, 3 (1961); J. Appl. Phys. **33**, 2209 (1962); Ferroelectrics **2**, 47 (1971)
E. Laszlo (ed.): *The Relevance of General Systems Theory* (George Braziller, New York 1972)
I. Matheson, D. F. Walls, C. W. Gardiner: J. Stat. Phys. **12**, 21 (1975)
A. Nitzan, P. Ortoleva, J. Deutch, J. Ross: J. Chem. Phys. **61**, 1056 (1974)
I. Prigogine, G. Nicolis: J. Chem. Phys. **46**, 3542 (1967)
I. Prigogine, R. Lefever: J. Chem. Phys. **48**, 1695 (1968)
A. M. Turing: Phil. Trans. Roy. Soc. **B234**, 37 (1952)

Sachwortverzeichnis

Abweichung, mittlere 32
Adaption 309
Adiabatische Elimination 268, 350
– –, Fokker-Planck-Gleichung 219
– –, Master-Gleichung 222
– Näherung 209, 210, 212, 239
Adjungierte Gleichung 226, 227
Äquipartitionstheorem 162
Äußere Parameter 308
Affinität 67
Aggregation, von Zellen 12
Aggregatzustand 3
Aktivator 315
Aktivierung 315
Amplitude 14
Amplitudenfluktuationen 241
Anharmonischer Oszillator 115
Anpassungsfähigkeit 217, 219
Anregung, harte 122
–, weiche 122
Anregungsenergie, Transfer von 87
Antwort, instantane 210
Anwortfunktion,
nichtadiabatischer Bereich 211
Arbeit 117
Arbeitsplätze 339
Arbeitspunkt 304
Arten 12
Asymptotische Stabilität,
Theorem der 136
Ausgangsaktivität 200
Ausgleichsprozeß 73
Autokatalytische Reaktion 117, 139, 275
Autokatalytischer Prozeß 316
Autonome Systeme 123

Bedingungen, stationäre 8
Begrenzung, zylindrische 327
Belousov-Zhabotinski-Reaktion 8, 288, 289
Bénard-Instabilität 7, 251
Bénard-Problem 7, 251
–, Grundgleichungen 252
Besetzungszahl 236
Beweglichkeit, differentielle 267
Bewegung, kollektive 13
Bewegungsgleichung
von Korrelationsfunktionen 296
– von Mittelwerten 296
Bifurkation 13, 123, 215, 273, 354, 356
–, inverse 123
Bifurkationsdiagramm 32, 325
Bifurkationsschema 122
Bimolekularer Prozeß 280
Binärsystem 48
Binomialkoeffizient 38
Binomialverteilung 37, 39, 83
Biochemie 275
Biochemische Reaktionen 275
Biogeographie 310
Biologie 307
–, Prozesse der 4
Bistabiles Element 304
Blattstruktur 318
Boltzmann-Konstante 55, 61
Boltzmann-Verteilung 169
Botschaft bei Informations-
übertragung 50
Boussinesq-Näherung 252
Brownsche Bewegung 77, 161
– –, eingeschränkte 82
Brücke, Modell einer 269, 270
Brusselator 283
–, stochastische Behandlung 300

cAMP 12
Cantor-Menge 347, 348
Cerebraler Kortex 318
Chaos 264, 341, 350
Chapman-Kolmogorov-Gleichung 88, 90, 91
Charakteristische Funktion 35, 94, 96
Chemie 275
Chemische Reaktion 8, 117, 207, 275, 354
– –, deterministisch, ohne Diffusion 275
– –, –, mit Diffusion 280
– –, stochastisches Modell 290, 295, 300

Dämpfungskonstante 116, 170
Dämpfungskraft 166, 167
Deformation, eines Stabes 16
Deformierung, bei Belastung 269, 273
De Morgan, Gesetz von 21
Depression 338
Detaillierte Bilanz 102
–, Prinzip der 85, 99
Dictyostelium disciodeum 12
Dielektrizitätskonstante 266
Diffusion 265, 296, 300
Diffusionsgleichung 86, 87, 92
Diffusionskoeffizient 176
Diffusionskonstante 79
Diffusionsprozeß 83, 218
Dipolmoment 236, 239
Diracsche δ-Funktion 28
– – eines Vektors 173
Disjunkte Mengen 20
Diskrete Zeiten 354
Dissipation 163
Dissipations-Fluktuations-Theorem 163, 253
Donator 264, 266
Drei-Körper-Problem 354
Drei-Niveau-Atom 101, 105
Driftkoeffizient 176
Dualsystem 48
Dynamisches System 354
Ehrenfestsches Urnenmodell 109
Eigenvektor, linksseitig 214
–, rechtsseitig 214
Eigenvektoren bei der Master-Gleichung 103
Eigenwert 226
Eigenwerte bei der Master-Gleichung 102, 103, 104, 105, 109
– zur Fokker-Planck-Gleichung 189
Eigenzustände bei der Master-Gleichung 102
– bei der Fokker-Planck-Gleichung 189
Eingangsleistung 6
Eingangs-Pump-Leistung 6
Einmodenlaser 238, 246
Elastische Stabilität 269, 273
Elementarereignis 19
Elementarmagnet 3, 193
Emission, induzierte 138
–, spontane 217, 240
– von Chemikalien 12
Emissionsprozeß 5
Energie, Degradation der 2
–, freie 61, 64, 194, 195
–, innere 61, 62
Ensemble, von Systemen 111
Ensemblemittelwerte 111
Entfaltung 147, 148, 154, 272
Entropie 12, 61, 74, 112, 114, 138, 195, 200
Entropie, grobkörnige 75
–, Maximum der 67
–, Produktionsrate der 72
Entropiedichte 71
Entropiefluß 72
Entropieüberschußproduktion 354, 356
Entscheidungsproblem 16
Equal likelyhood 27
Ergebnismenge 19
Ergebnispunkt 19, 22
Ergebnisraum 19
Erhaltungssatz 67
Erwartungswert 31, 36
–, mathematischer 32
Erzeugende Funktion 35

Evolution 12, 243, 307, 313
Extensive Variable 65, 68
Extrema, Bedingungen für 100

Faktorisierung 175
Feed back 216
Fehlstellen 264
Feldgleichungen, Laser 236
Ferromagnet 3, 193, 201
Festkörpermatrix 235
Ficksches Gesetz 73
First passage time problem 183
Fittest 309
Fließgleichgewicht 356
Flüssigkeitsdynamik 251
Fluktuationen 109, 163, 217, 313
– der Entropie 13
–, kritische 164
–, thermische 252
Fluktuierende Kraft 170, 202, 237
Fluß 72
– Energie 4
– Materie 4
Fokker-Planck-Gleichung 87, 171, 174, 175
–, adiabatische Elimination 219
– Bénard-Problem 260
– Brusselator 301
– Laser 242, 243, 245
– stationäre Lösung 179
– zeitabhängige Lösung 186
Fokus 127
–, instabiler 121, 128
–, stabiler 128
Fourier-Transformierte 37
Freie Energie 61, 64, 194, 195
Freiheitsgrad 2, 15
Frequenz 165, 235
Funktion 4
Funktional-Fokker-Planck-Gleichung 203
Funktionalableitung 300, 301
Funktion, numerische 22

Gauß-Prozeß 94, 96, 241
Gauß-Verteilung 42, 164
Geburtsprozesse 290
Gedächtnis (Memory) 218
Gehirn 15
Gen 329
Genetischer Code 314
Gesellschaft 333
Gewinn 338
Ginzburg-Landau-Funktional 202
Ginzburg-Landau-Gleichung, verallgemeinerte 224, 232
–, zeitabhängig 202
Ginzburg-Landau-Theorie 246
Gitterschwingungen 264
Gleichgewicht, fern vom thermischen 99
Gleichgewichtslage 115
Gleichgewichtspunkt 118
–, instabiler 118
–, stabiler 118
Gleichgewicht, thermisches 2, 99
Glücksspielautomat 82
Glühlampe 5
Graph 106
Graphentheorie 106
Greensche Funktion zur Fokker-Planck-Gleichung 187
Grenzzyklus 122, 123, 130
–, instabiler 121
–, stabiler 121
Gunn-Effekt 269, 354
Gunn-Instabilität 264

H-Theorem 109, 138
Halbleiter 264
Halblinie 127
Halbtrajektorie 130
Hamilton-Funktion 171
Hamiltonsche Bewegungsgleichungen 171
Harmonischer Oszillator 115, 118, 165, 166
Hartree-Fock-Näherung 114
Heaviside-Kalkül 231
Hexagonales Muster 7
Hexagone 7, 251, 262, 273, 325
Hierarchische Struktur 215
Höhere Instabilitäten, Flüssigkeitsdynamik 264

Hüpfprozeß 77, 78, 82, 87
Hüpfzeit 78
Hurwitz-Determinante 135
Hurwitzkriterium 135
Hydra 315, 318
Hyperzyklus 313, 314
Hysterese 197, 250, 264, 269, 329

Information 47
Informationsentropie 179
Informationsgehalt 48
Informationsgewinn 52, 54, 137
– pro Symbol 48
Informationstheorie 47, 48, 168
–, objektivistisch 74
–, subjektivistisch 74
Ingenieurwissenschaft, ein Grundproblem der 273
Inhibierung 315
Inhibitor 315
Innere Energie 62
Innovation 338
Instabilität 151
–, asymptotische 125
–, statische 145
–, symmetriebrechende 120, 240
Instabilitätskriterium, Chetayevsches 137
Instabilitätstheorem, Ljapunovsches 137
Inversion 120, 236, 240
Investition 340
Irreguläre Bewegung 341
Irreversible Prozesse 112
– Thermodynamik 64, 113, 114
Iterationsverfahren zur Lösung der Fokker-Planck-Gleichung 190

Kanten 106
Katalysator 27, 275
Katastrophen-Menge 149
Katastrophentheorie 339
Kette von Massenpunkten 13
Kirchhoffsche Formel 107
– Methode 105
Kleinheit 146
Knoten 106, 125, 127
Koexistenz 308
– von Arten 141
– von Moden 15
– von Populationen 307
– zweier Phasen 281
Kohärenz 15
– des Laserlichts 235
Komplementärmenge 20
Konfliktpunkt 149
Konstante der Bewegung 178
Kontinuitätsgleichung 71, 174, 179, 265
–, inkompressible Flüssigkeit 252
Kontrollparameter 319
Konvektionsinstabilität 7, 251
Konzentrationswellen 12
Koordinaten, verallgemeinerte 273
Korrelation 2, 14, 35, 97
Korrelationsfunktion 96, 164, 169, 170, 203
– bei Chaos 351, 353
–, Bewegungsgleichung 296
–, zweizeitige 163, 187
Korrelationslänge 203, 297
Korrelationszeit 298
Kraft, elastische 116
Kritische Fluktuationen 263, 335
Kritischer Exponent 197
– Punkt 123, 125
Kritisches Langsamwerden 240, 335
Kühlturm 273
Kumulanten 36, 96, 164

Lagrange-Multiplikator 51, 56
Landau-Theorie, Phasenübergänge 194, 197
Langevin-Gleichung 159, 170, 175, 203
– zum Bénard-Problem 257
Laplace-Transformierte 36
Laser 5, 138, 219, 235
–, höhere Instabilitäten 250
Lasergleichungen 236
Laserlicht 7
Laserschwelle 5, 240
Lasertätigkeit 139
Leitungsband 265

Lichtblitz 7
Linienbreite 166
– beim Laser 235
Liouville-Gleichung 74, 178
Ljapunov-Funktion 13, 135, 136, 137
Löhne 339
Lösungskurve 127
Logisches Element 304
Lorenz-Attraktor 347, 349
Lorenz-Gleichungen 342, 344
Lorenz-Modell 342
Lotka-Volterra-Modell 141, 310

Magnetisches Moment 194
Magnetisierung 3, 194, 202
–, spontane 193
Makroskopisch 3, 16
Markov-Prozeß 89
Marktwirtschaft 340
Massenwirkungsgesetz 294
Master-Gleichung 83, 85, 92, 97, 98, 105, 113, 290, 292, 333
–, adiabatische Elimination 222
–, stationäre Lösung 108
–, Theoreme zur Lösung 108
Materiegleichungen, Laser 237
Maximaler Baum 106
– –, gerichteter 107
Maximum der Informationsentropie 58
Maxwell-Konstruktion 281
Mean field theory 205
Mechanik 115, 123, 146, 166, 178, 207
Meinungsbildung, öffentliche 333, 336
Memory 304
Menge 19
–, leere 19, 20
Metereologie 7
Mikroreversibilität 99, 138
Mikroskopisch 2, 3, 16
Minimum, lokales 146
Mittelung 162
Mittelwert 31, 161, 163
–, Bewegungsgleichung 296
Mode 14, 212, 229, 236
–, harte 122, 286
–, instabile 21, 213
–, makroskopische 15
–, weiche 122, 158, 263, 286, 300
Modenkontinuum 244
Moment, erstes 31
Momente 31, 94, 95, 96, 164
Morphogenese 4, 307, 315, 318, 329
Morphogenetisches Feld 329
Muster, raumzeitliche 14
Mustererkennung im Gehirn 15
Mutation 217, 313
Mutationsdruck 313

Nabel, elliptischer 124, 125
–, hyperbolischer 124, 125
–, parabolischer 124, 154
Navier-Stokessche Gleichung 252, 254, 255
Nebenbedingung 51, 55
Nervennetzwerk 318, 330
Netzwerke, chemische 303
–, elektrische 303
Neuron 15, 219
Newtonsche Gleichung 115, 159
Nichtgleichgewichtsphasenübergang 197, 224, 263
Nichtgleichgewichtssystem 193, 197
Nische 309, 310
Normalverteilung 42
Notwendigkeit 115, 159, 307, 355

Oberflächenspannung 259
Ökologie 140, 307
Offenes System 75
Ohmsches Gesetz 73
Onsager-Machlup-Funktion 193
Onsagerkoeffizienten 72
Operatorkalkül 226
Ordnung 1
Ordnungsparameter 15, 194, 195, 212, 215, 216, 238, 242, 318, 355
–, Gedanken als 16
–, ortsabhängig 201
Ordnungsparameterkonzept 237
Ordnungsphänomen 7
Oregonator 283, 289
Orthogonalitätsrelation 214

Oszillation, selbst erhaltende 122
Output 208, 216, 219

Phase 3, 124, 170
Phasenebene 123
Phasenfluktuationen 241
Phasenkopplung 242
Phasenübergang 193, 277, 330
–, diskontinuierlicher 197
– erster Ordnung 200, 269, 271, 329
– – –, Einmodenlaser 246
– in der Wirtschaft 337
– zweiter Ordnung 195, 235, 240, 271, 329
Poincaré-Bendixon-Theorem 130
Poincaré-Abbildung 353
Poisson-Prozeß 161
Poisson-Verteilung 40, 294
Polarisierung einer Gesellschaft 335
Polarkoordinaten 121
Population, invertierte 235
Populationsdynamik 140, 307, 354
Populationsnetzwerk 311
Postbuckling phenomenon 273
Potential 117, 135, 179, 194, 248, 269, 281, 323
–, chemisches 63, 68
–, mechanisches 121
–, thermodynamisches 64
Potentialbarriere 218
Potentialbedingung 180
Potentialfall 130
Präbiotische Entwicklung 314
Prandtl-Zahl 254
Preise 339
Produktionserweiterung 339
Produktionsrate, chemische 276
Prozesse 66
–, dynamische 115
–, irreversible 68
Pseudopoden 12
Pulse, chemische 12
–, ultrakurze 242, 250
Pumpvorgang 25

Quantenfluktuationen 171
Quanten-klassische Korrespondenz 236
Quantentheorie 169, 171, 236
Quasispezies 314
Quelle 125, 130

Räuber-Beute-Beziehung 308, 310, 321
Randbedingung, natürliche 180, 181
– von Krishnamurti 260
Rationalisierung 228, 338
Rayleigh-Zahl 251, 254
–, kritische 256
Reaktions-Diffusionsgleichung 280, 283
Reaktionskoeffizient 117
Reaktionsrate 276
Reaktionsschema 276
Reibungskraft 115, 159
Relaxationszeit 230, 237
Renormalisierungstechnik 197
Replikative Einheit 314
Reservoir 165, 169, 216
Resonator 235
Richtung, instabile 151
–, stabile 151
Rollen 7, 251, 262, 324
Rollenmuster 7
Rückkopplung 238, 265

Sättigbarer Absorber 249
Sättigung 339
Sattelpunkt 125, 127
Schaltung 217, 219
Schätzung, unvoreingenommene 55, 74
Schleimpilz 12
Schwalbenschwanz 149
Schwellbedingung, beim Laser 139
Selbstanregung 122
–, weiche 122
Selbstorganisation 4, 13, 207, 211, 218, 223, 307
– beim Laser 235
Selektion 12, 218, 243, 314
Selektionsdruck 314
Selektionsmechanismus 314

Senke 125
Singulärer Punkt 125, 134
Skalierung 227
Skalierungseigenschaft 87
Soziale Gruppe 333
Soziales Klima 334
Soziologie 333
Spannungstensor 252
Spezifische Wärme 195
Spinsystem 344
Sprache als Ordnungsparameter 357
Stab, Deformation eines 16
Stabilität 131, 138
–, asymptotische 125, 132
–, Austausch von 120
–, globale 135
–, marginale 134
–, orbitale 132
–, – asymptotische 133
Stabilitätsanalyse 284, 319
Stabilitätskriterium, lokales 133
Stabilitätstheorem 136
Statistische Mechanik 196
Stirlingsche Formel 44
Störung, gefährliche 147
Strange Attractor 347
Struktur, dissipative 331
–, funktionale 331
Strukturbildung 73
Subgraph 106
Subspezies 314
Superposition 14
Supraleiter 3
Supraleitung 244
Symbiose 308, 311
Symmetrie 119
–, gebrochene 182, 273
–, kontinuierlich gebrochene 185
Symmetriebetrachtung 23
Symmetriebrechung 263, 324
Synergetik 356, 357
Synergetischer Aufwand 340
Synergie 357
System, markovsches 72
Systeme, kontinuierliche 70
Systemtheorie 356

Taylor-Instabilität 7, 251
Taylor-Problem 7, 251
Temperatur, absolute 61, 62, 162
–, kritische 15, 193
Temperaturleitfähigkeit 253
Thermischer Ausdehnungskoeffizient 252
Thermisches Gleichgewicht 162, 295
–, lokales 66
Thermodynamik 61, 112, 194
Thermodynamische Kraft, verallgemeinerte 67
Thomsche Katastrophentheorie 145
Todesprozesse 290
Todesrate 307
Trajektorie 122, 123, 124, 126
Trimolekularer Prozeß 280
Tunneldiode 218
Turbulenz 341, 342

Übergangswahrscheinlichkeit 84, 89, 90
– pro Sekunde 85, 91
Umbilic, elliptic 154
–, hyperbolic 154
–, parabolic 154
Universalitätsklasse 355
Unkenntnis, Maß für 50
Unordnung 1
Unordnungs-Ordnungs-Übergang 8, 193, 251
Unterbeschäftigung 337, 340
Untermenge 19
Unterproduktion 340
Untersystem 13, 19, 70, 209, 212, 216, 219, 356

Van der Polsche Gleichung 144
Van der Waals-Gas 280
Variable, abhängige 62
–, kontinuierliche 80, 91
–, unabhängige 62
Varianz 32
Variation 56
Variationsableitung 300, 301
Variationsprinzip 60, 104

Verbundwahrscheinlichkeit 29, 34, 84, 88, 89, 92, 94
–, Gaußsche 43
Vereinigung von Mengen 20
Verhulst-Gleichung 308
Versklavung 211
Versklavungsprinzip 322, 329, 350
Verteilung 24
Verteilungsfunktion 26, 28
–, Boltzmannsche 61
–, thermische 170
Verzögerungsglied 304
Vielmodenkonfiguration 243, 260
Vielmodenlaser 242

Wachstumsrate 307
Wärme 2
–, verallgemeinerte 63
Wärmebad 166
Wärmefluß 72
Wärmeleitungsgleichung 253
Wärmemenge 63
–, verallgemeinerte 59
Wärmestrom 68, 253
Wahrscheinlichkeit 19, 23
–, bedingte 32, 84, 89
–, gemeinsame 31
Wahrscheinlichkeitsdichte 26, 95
–, Gaußsche 45
–, mehrere Variable 43
Wahrscheinlichkeitsfluß 174
Wahrscheinlichkeitsmaß 23
Wahrscheinlichkeitsstrom 179
Wahrscheinlichkeitstheorie 19, 172
Wahrscheinlichkeitsverteilung 26, 172
Wegintegral 92, 94, 190, 193
Wellen, chemische 10
Wellenfunktion des Elektronenpaares 246
Wellenlänge 14
Wellenzug 5
Wettbewerb 238, 308
– von Moden 15
Wiederkehrzeit 109, 113
Wirkungsparameter 212
Wirtschaftswissenschaft 333
Wohlstand 338
Wolkenbildung 7
Würfelspiel 19, 24

Zeitkonstante 209
Zeitmittelwert 352
Zeitumkehrinvarianz 166, 170
Zelldifferentiation 329
Zelle, totipotente 330
Zellkommunikation 329
Zentraler Grenzwertsatz 44
Zentrum 127, 128
Zufall 77, 159, 307, 355
Zufallsbewegung 83
– aus deterministischen Gleichungen 347
Zufallskraft 165, 181, 217
Zufallsprozeß 109
Zufallsvariable 22, 29, 31
–, abhängige 34
–, kontinuierliche 26, 28
–, unabhängige 34
Zustand, chaotischer 16
–, stationärer 109
Zustandssumme 57, 62
Zuverlässigkeit 217
Zweimodenlaser 140
Zyklisches Adenosin 3′ 5′ Monophosphat 12

Springer Series in Synergetics

Volume 1

H. Haken

Synergetics

An Introduction
Nonequilibrium Phase Transitions and Self-Organization in Physics, Chemistry and Biology
2nd enlarged edition. 1978. 152 figures, 4 tables.
XII, 355 pages
Cloth DM 66,–
ISBN 3-540-08866-0

Contents: Goal. – Probability. – Information. – Chance. – Necessity. – Chance and Necessity. – Self-Organization. – Physical Systems. – Chemical and Biochemical Systems. – Applications to Biology. – Sociology: A Stochastic Model for the Formation of Public Opinion. – Chaos. – Some Historical Remarks and Outlook.

Volume 2

Synergetics

A Workshop
Proceedings of the International Workshop on Synergetics at Schloss Elmau, Bavaria, May 2–7, 1977
Editor: H. Haken
1977. 136 figures. VIII, 274 pages
Cloth DM 58,–
ISBN 3-540-08483-5

This book presents the latest theoretical and practical advances in synergetics – a relatively new field of interdisciplinary research which studies the self-organized behavior of systems leading to the formation of structures and functionings. The authors of each of the contributions represent their most recent experimental and theoretical results in a way which can easily be understood by scientists working in different disciplines. The many additional references will enable research workers to quickly penetrate facts and methods dealing with pattern formation and self-organization. Particular emphasis is given to the profound analogies among phenomena of different disciplines, such as physics, astrophysics, chemistry, biology, and sociology.

Volume 3

Synergetics Far from Equilibrium

Proceedings of the Conference Far from Equilibrium: Instabilities and Structures, Bordeaux, France, September 27–29, 1978
Editors: A. Pacault, C. Vidal
1979. 109 figures, 3 tables. IX, 175 pages
Cloth DM 59,–
ISBN 3-540-09304-4

Volume 4

Structural Stability in Physics

Proceedings of Two International Symposia on Applications of Catastrophe Theory and Topological Concepts in Physics, Tübingen, Federal Republic of Germany, May 2–6 and December 11–14, 1978
Editors: W. Güttinger, H. Eikemeier
1979. 108 figures, 8 tables. VIII, 311 pages
Cloth DM 69,–
ISBN 3-540-09463-6

These contributions discuss recent applications to physical systems of topological concepts derived from structural stability. Catastrophe and singularity theory play a central role. The diverse physical systems considered exhibit analogous behavior on various scales. Owing to the broad scope of this rapidly expanding field, the papers cover a wide spectrum: topological aspects of wave motion including fractal regimes and optical diffraction catastrophes, catastrophe theory in infinite-dimensional systems and semiclassical quantum theory, stable defects and dislocations, structural stability in statistical mechanics, catastrophe theory and phase transitions, solitons in physics, chaos, and applications of catastrophe theory in biophysics and pattern recognition.

Volume 5

Pattern Formation by Dynamic Systems and Pattern Recognition

Proceedings of the International Symposium on Synergetics at Schloß Elmau, Bavaria, April 30–May 5, 1979
Editor: H. Haken
1979. 156 figures, 16 tables. VIII, 305 pages
Cloth DM 68,–
ISBN 3-540-09770-8

Contents: Introduction. – Temporal Patterns: Laser Oscillations and Other Quantum-Optical Effects. – Pattern Formation in Fluids. – Turbulence and Chaos. – Pattern Recognition and Pattern Formation in Biology. – Pattern Recognition and Associations. – Pattern Formation in Ecology, Sociology and History. – General Appraoches. – Index of Contributors.

Springer-Verlag
Berlin
Heidelberg
New York